L'Histoire du concept de « molécule »
tome I

Springer
*Paris
Berlin
Heidelberg
New York
Barcelone
Hong Kong
Londres
Milan
Singapour
Tokyo*

Henk Kubbinga

L'Histoire du concept de « molécule » tome I

Springer

Henk Kubbinga
Université de Groningue
Ancien boursier de l'Académie royale néerlandaise des Sciences et des Arts
Docteur habilité de l'École des hautes Études en Sciences sociales de Paris

ISBN 2-287-59703-4

Tous droits de traduction, de production et d'adaptation réservés pour tous pays.
La loi du 11 mars 1957 interdit les copies ou les reproductions destinées à une utilisation collective. Toute représentation, reproduction intégrale ou partielle faite par quelque procédé que ce soit, sans le consentement de l'auteur ou de ses ayants cause, est illicite et constitue une contrefaçon sanctionnée par les articles 425 et suivants du Code pénal.

© Springer-Verlag France, Paris, 2002
Imprimé en France

SPIN : 10768024

ISO 9706   Ce livre a été imprimé conformément aux conditions imposées par ISO 9706: 1994.

῞Οτι εὔφρανάς με Κύριε ἐν τῷ ποιήματί σου,
καὶ ἐν τοῖς ἔργοις τῶν χειρῶν σου ἀγαλλιάσομαι.

Ψαλμός ϟβ'

Puisque tu m'as enchanté, Seigneur, par ta création,
et je me réjouirai des travaux de tes mains.

Psaume 92

Beatrice regina

TABLE DES MATIERES

TOME I

Dédicace	xiii
Préface	xv
Introduction	xxiii

Chapitre I	La théorie de la matière avant Platon	1
1.1	Le problème de la matière	1
1.2	L'atomisme de Kanada	5
1.3	L'Ecole de Milet	7
1.4	Héraclite d'Ephèse	9
1.5	Pythagore	10
1.6	L'Ecole d'Elée	11
1.7	Une nouvelle génération	14
1.7.1	Empédocle	14
1.7.2	Anaxagore	17
1.7.3	Leucippe et Démocrite	19

Table des matières

    1.8   Entre éléments et atomes 20

Chapitre II   Platon   25

    2.1   Une nouvelle approche 25
    2.2   Esquisse de la doctrine des idées 26
    2.3   Le *Timée* 29
    2.4   Eléments et polyèdres réguliers 43

Chapitre III Aristote et ses commentateurs grecs   49

    3.1   D'une mathématique à une logique 49
    3.2   Le hylémorphisme; le processus de mixtion 52
    3.3   Les éléments 61
    3.4   La sentence de maxima et minima; le concept
            d'ἐλάχιστον 65
    3.5   Le concept d'ἐλάχιστον pendant la renaissance
            grecque de l'aristotélisme 72
    3.6   L'ἐλάχιστον en tant qu'*individu substantiel* chez
            Simplicius et Philopon 92

Chapitre IV Epicure et Lucrèce   97

    4.1   La matière et le divin 97
    4.2   L'atomisme épicurien; la sensation comme étalon . 101
    4.3   Primordia et concilia; les éléments 107
    4.4   Les interactions des concilia 114
    4.5   La transmission de l'atomisme épicurien 117
    4.5.1 Les objections de Lactance 126
    4.5.2. Isidore de Séville: *De atomis* 129
    4.5.3 Jean Scot Erigène 135
    4.6   L'atomisme: l'unité dans la différence 137

Table des matières v

Chapitre V   De Simplicius et Philopon à Beeckman et Basson   143

   5.1   Philosophie et science de la matière 143
   5.2   Etat des lieux historiographiques 151
   5.3   La tradition philosophique 154
   5.3.1 Le monde byzantin 154
   5.3.2 Les mondes arabe et latin 158
   5.4   La tradition des praticiens 168
   5.5   D'une philosophie à une science de la matière ... 184

Chapitre VI   Naissance de la théorie moléculaire   187

   6.1   Acquis et problèmes 187
   6.2   Les premières théories moléculaires 201
   6.2.1 Isaac Beeckman 203
   6.2.1.1 Primordia et homogenea, atomes et molécules 204
   6.2.1.2 Un univers discret et sa mathématique 217
   6.2.2 Sébastien Basson 226
   6.2.3 Basson et Beeckman 234
   6.3   Un modèle consciemment autre: Joachim Jungius . 238
   6.4   Les alternatives 246

Chapitre VII   Le concept d'*individu substantiel* au XVIIe siècle   251

   7.1   L'individu substantiel tel quel 251
   7.2   L'atomisme moléculaire: de Gassendi à Lamy ... 253
   7.3   La théorie particulaire; Descartes 271
   7.4   Constituants infinitésimaux: Galilée 287
   7.5   La « philosophie corpusculaire » de Boyle 294
   7.6   Unité et diversité: Leibniz 310
   7.7   L'individu substantiel à la veille du XVIIIe siècle, ou la « mécanisation de l'image du monde » au point de vue moléculaire 315

Chapitre VIII La molécularisation de l'image du monde
au XVIIIᵉ siècle; chimie 323

8.1	Stahl et Lavoisier	323
8.2	La chimie de Becher	326
8.3	Stahl: l'individu physique, l'agrégat et la complexité relative des substances	330
8.3.1	Eléments de biographie et de bibliographie	330
8.3.2	L'œuvre	332
8.4	Le stahlisme	354
8.5	La chimie moléculaire au temps de Lavoisier	363
8.6	L'achèvement de la molécularisation de la chimie	378

Chapitre IX La molécularisation de l'image du monde
au XVIIIᵉ siècle; minéralogie-cristallographie
et sciences de la vie 385

9.1	Matière morte, matière vivante	385
9.2	Minéralogie et cristallographie: de Guglielmini à Haüy	390
9.3	Les sciences de la vie; Trembley, Buffon	413
9.4	Assemblages moléculaires: Buffon et Haüy	432

Chapitre X La molécularisation de l'image du monde
au XVIIIᵉ siècle; physique 439

10.1	Le statut de la physique	439
10.2	L'atomisme moléculaire selon Newton; attraction et/ou répulsion	443
10.2.1	La taille des « particules de l'ultime composition » (« pulcoms »)	456
10.2.2	Les rapports interparticulaires selon *Query 31*	464
10.2.3	Une « alchimie exacte »: la chimie de Newton	470
10.3	Les états d'agrégations: Turgot, Black, Lavoisier	474

Table des matières   vii

    10.4   La cosmogonie de Laplace ou le molécularisme
            achevé 485

TOME II

Chapitre XI   De Laplace à Van der Waals; capillarité et
               l'équation d'état   497

    11.1   Mathématisation et molécularisme; optique et
            capillarité 497
    11.2   La capillarité selon Laplace 509
    11.2.1 Mathématique 512
    11.2.2 Physique 519
    11.3   Un nouvel état de la matière: Andrews et l' « état
            critique » 522
    11.4   Van der Waals: l' « équation d'état » 530
    11.4.1 Termes correctifs: capillarité et volume
            moléculaire 535
    11.4.2 L' « équation d'état » et l' « état critique » 537
    11.4.3 Dimensions moléculaires selon Van der Waals . . . 543
    11.5   Mécaniques analytique et physique:
            la mathématisation du molécularisme 548

Chapitre XII Positivisme et molécularisme: Auguste Comte   559

    12.1   Philosophie, sciences physiques et sciences sociales 559
    12.2   Le molécularisme et la « loi des trois états » 566
    12.3   L'origine de la « loi des trois états » 574
    12.4   Le legs: positivisme, molécularisme et atomisme . . 586

Chapitre XIII Thermodynamique générale et particulière — 599

- 13.1 Chaleur et son équivalent mécanique; conservation de « force » 599
- 13.2 La théorie « cinétique » des gaz; Clausius 616
- 13.2.1 Les molécules et leurs agrégats 618
- 13.2.2 Translation, chocs, pression; la loi générale des gaz 623
- 13.2.3 La « longueur moyenne de chemin parcouru » ... 631
- 13.3 La vision statistique; Maxwell 637
- 13.3.1 Une mécanique statistique de l'état gazeux 642
- 13.3.2 Molécularisme, métaphysique, statistique 646
- 13.4 Mécanique et thermodynamique statistiques; Boltzmann 655
- 13.5 Naissance de la physique quantique; Planck 670
- 13.5.1 Le rayonnement et le corps noir 673
- 13.5.2 Résonateurs et molécules; les quanta 678
- 13.6 Mathématique et physique discrètes; Boltzmann, Planck 684
- 13.7 Molécularisme et physique quantique 689

Chapitre XIV La chimie moléculaire de Dalton à Kekulé — 693

- 14.1 Molécules et atomes en chimie; Lavoisier 693
- 14.2 Lois pondéraux ou stœchiométrie chimique 700
- 14.3 La synthèse de Dalton 707
- 14.3.1 L'arrière-fond 709
- 14.3.2 *A new system of chemical philosophy* 712
- 14.4 Lois volumiques: Gay-Lussac et Avogadro 734
- 14.5 Berzelius: analyse, identité moléculaire et formules 748
- 14.5.1 Théorie moléculaire et classification chimique ... 749
- 14.5.2 Dualisme électrochimique et structure moléculaire . 756
- 14.6 Le « système unitaire » de Gerhardt; radicaux et types 764
- 14.7 Des molécules aux atomes; l' « atomicité » chez Kekulé 776
- 14.8 Corps purs, molécules, représentations 790

Table des matières ix

Chapitre XV   La chimie structurale et ses limites   801

15.1   Poids atomiques et formules moléculaires   801
15.2   Les philosophies chimiques de Thenard et Cannizzaro   804
15.3   Le congrès de Karlsruhe (1860); Kekulé   818
15.4   Chimie structurale et isoméries: Boutlerov, Van 't Hoff, Le Bel   827
15.5   Structure et identité moléculaires   847
15.5.1   Réarrangement et concurrence; produits secondaires   848
15.5.2   Baeyer et Laar: tautomérie, desmotropie   853
15.6   Le benzène, de Kekulé à Ingold et Arndt   856
15.7   La chimie moléculaire, l'espace et le temps   876

Chapitre XVI   L'essor de la théorie cellulaire ès sciences de la vie   883

16.1   L'être vivant et ses constituants; biologie et médecine   883
16.2   Bichat et Mirbel: les tissus comme « éléments » anatomiques   893
16.3   Une nouvelle vision « cellulaire »; Dutrochet   902
16.4   La théorie cellulaire généralisée   908
16.4.1   Schleiden et Schwann: pour une physiologie cellulaire   909
16.4.2   Virchow: pour une pathologie cellulaire   925
16.5   Etres unicellulaires et pluricellulaires   942
16.5.1   La classification des êtres vivants   943
16.5.2   Pasteur et Koch: des microbes pathogènes aux virus   947
16.6   Accroissement, reproduction et hérédité; de Mohl à Morgan   962
16.7   La notion de vie; « stœchiométrie » biologique . . .   971

Chapitre XVII La théorie moléculaire en cristallographie   981

17.1   La notion d'individu en histoire naturelle;
       mathématisations variées   981
17.2   Mitscherlich: isomorphisme et polymorphisme . . .   989
17.3   Le concept de « symétrie »; Haüy et Weiss   998
17.3.1 L'école française 999
17.3.2 L'école allemande 1019
17.4   La théorie des groupes et la symétrie;
       de Jordan à Schoenflies 1035
17.5   Le statut des « points »; molécules et/ou atomes . . 1040
17.6   Les rayons-X ou la percée de la théorie réticulaire;
       Laue *et al.*, Bragg et Bragg 1052
17.7   Le réseau moléculaire: de la règle à l'exception . . 1067

TOME III

Chapitre XVIII Les molécules: mesures et concepts.
               Thermodynamiques nouvelles   1083

18.1   Stœchiométrie physique: grandeurs additives et
       structure moléculaire. Kopp, Gladstone, Brühl . . . 1083
18.2   Loschmidt et le système moléculaire de poids
       et mesures 1104
18.3   D'autres voies; la sphère d'action et son statut . . . 1111
18.4   Le *Système d'unités C.G.S.* (1873) et la
       Convention du mètre (1875);
       Landolt-Börnstein et *CRC Handbook [..]* 1122
18.5   Perrin ou le triomphe du molécularisme;
       la constante d'Avogadro, N_A 1131
18.5.1 Sédimentation et distribution; Laplace 1137

Table des matières   xi

18.5.2 La mécanique statistique du mouvement brownien;
        Einstein et Smoluchowski 1148
18.6   Rutherford et le nombre de Loschmidt, N_L 1156
18.6.1 La technique du dénombrement: Geiger, Regener . 1159
18.6.2 Nombre et volume; Boltwood et Rutherford 1162
18.7   Les thermodynamiques nouvelles de Gibbs;
        phases et ensembles 1166
18.8   Mesures et concepts 1179

Chapitre XIX Physique et chimie, 1896-1925   1189

19.1   Lumière et rayonnement: phosphorescence,
        fluorescence 1189
19.2   Les électrons: J. J. Thomson, Lorentz, Zeeman . . 1209
19.3   Becquerel, les Curie, Rutherford: la radioactivité . 1227
19.4   La notion d'atome; Drude, J. J. Thomson,
        Rutherford 1252
19.5   Spectres, atomes et molécules; Bohr et Sommerfeld 1267
19.6   Valences et électrons; atomes, réseaux et molécules 1289
19.6.1 Le *Système périodique des éléments* (1903) 1289
19.6.2 Electrons, charges, valences; Lewis, Kossel 1296
19.6.3 Molécules et réseaux 1310
19.7   Une mécanique sur mesure: la mécanique quantique 1314
19.7.1 Ondes et particules; De Broglie 1320
19.7.2 Mécaniques matricielle et ondulatoire;
        Schrödinger et Heisenberg 1324
19.7.3 Atomes et molécules quantiques;
        stabilité relative ou stabilisation 1331
19.8   Théorie moléculaire et molécularisme 1337

Chapitre XX Epilogue   1349

20.1   Autres jalons, autres pistes 1349
20.2   Histoire et historiographie 1351

	20.3	Le vocabulaire scientifique; concepts et terminologie	1373
	20.4	Lexicologie moléculaire	1394

Bibliographie

	1.	Sources primaires	1399
	2.	Sources secondaires	1469

Reconnaissance illustrations — 1513

Index des noms — 1515

Index des matières — 1555

Index des notions grecques — 1855

Comité d'honneur — 1859

MAJESTÉ,

le royaume des Pays-Bas peut se faire prévaloir, à la veille de la réalisation de l'Union européenne, d'une Maison d'Orange-Nassau vitale et ouverte sur le dynamisme de la politique nationale et internationale. Votre règne à la fois sympathique et fier se distingue, devant l'œil critique du monde entier, par son attention sincère, chaleureuse et soutenue pour le bien-être de vos sujets, des plus grands des artistes contemporains aux plus humbles des victimes de catastrophes naturelles, aux Pays-Bas métropolitains ou d'outre-mer, en passant par les citoyens de tous les rangs et de tous les horizons. Vous pratiquez vous-même, en maîtresse éblouissante, la sculpture, chose qui ne tardera pas à accentuer davantage la cohérence et l'honnêteté de votre démarche.

Pratique, théorie et techniques de la matière: de même que le sculpteur s'efforce de faire parler la matière par sa forme extérieure, le scientifique, de son côté, s'emploie à lui arracher ses secrets intérieurs. Or cet ouvrage donne l'histoire des sciences de la matière et ceci au point de vue moléculaire. S'il confirme l'identité de l'Europe, quant à l'origine de la plupart des participants au débat dans la période envisagée, il ne s'adresse pas moins au monde entier. Sa composition s'inscrit par ailleurs dans un effort de mobilisation de l'intérêt public pour les sciences de la nature au sens large, qu'elles soient de tendance biologico-médicale, naturelle, physique ou plutôt mathématique. C'est que la physique, la chimie et les mathématiques en tant que secteurs scientifiques ainsi que les techniques associées n'ont plus le statut qui leur convient. Sans porter préjudice à une quelconque des autres sciences, il semble évident que le développement socio-économique et culturel du monde moderne relève en grande mesure de la recherche fondamentale dans ce domaine. Il faudrait raviver une appréciation équitable du propre de la pratique scientifique: c'est-à-dire de l'esprit de la découverte, résumé dans cette célèbre exclamation d'Archimède de Syracuse, εὕρηκα, reprise par Christian Huygens, le 6 août 1677, au moment suprême de ses travaux sur la double réfraction. Ce travail se veut alors contribution au rétablissement de l'esprit scientifique, à savoir par le biais d'une redécouverte de nos savants prédécesseurs dans leur contexte authentique.

Si la dédicace reflète la sympathie générale de la communauté scientifique nationale et internationale, dont une partie des plus honorables a bien voulu soutenir cette édition, elle n'est pas complètement désintéressée. En effet elle servira aussi, on l'espère, à attirer votre bienveillante attention sur le statut des sciences de la nature en général et sur celui de la physique, de la chimie et des mathématiques en particulier.

PREFACE

Cette monographie est le fruit des approfondissements apportés d'abord à une thèse de 3e cycle puis à une thèse d'habilitation à diriger des recherches, lesquelles nous avons soutenues le 20 décembre 1983 et le 24 juin 1996, respectivement, à l'Ecole des hautes Etudes en Sciences sociales de Paris. La thèse de 3e cycle, préparée sous la direction de René Taton (EHESS-CNRS) et de Reijer Hooykaas (Université d'Utrecht) et en tant que boursier du Gouvernement français, s'intitulait *Le développement historique du concept de « molécule » dans les sciences de la nature jusqu'à la fin du XVIIIe siècle*. La thèse d'habilitation, elle, a été réalisée grâce à une allocation Huygens-Descartes 1995 de l'Académie royale néerlandaise des Sciences et des Arts et bien sous la direction de John North (Université de Groningue) et de Jean Dhombres (EHESS-CNRS; Université de Nantes). Elle concernait *L'Histoire du concept de « molécule » (jusqu'à c.1925)*. Les travaux préparatoires pouvaient prendre l'envergure désirée par le moyen d'une bourse d'études pour trois ans (1988-1991) décernée par l'Académie royale néerlandaise des Sciences et des Arts. La force des circonstances se reflète par ailleurs dans l'ampleur qu'a pu adopter notre ouvrage.

La parution de cette monographie nous permet d'exprimer notre grande reconnaissance tout particulièrement à M. René Taton, notre directeur d'études d'autrefois qui, par son souci scientifique, sa bienveillance et son amabilité, nous a mis en état de continuer nos recherches. Son séminaire interdisciplinaire, animé autrefois dans le célèbre Centre Alexandre-Koyré de l'Ecole des hautes Etudes en Sciences sociales se double, comme on le sait, de l'ouvrage monumental *Histoire générale des Sciences* qui a paru sous sa direction et ces deux créations ont marqué de leur empreinte ineffaçable notre formation d'historien. Nous remercions aussi les savants membres du Jury qui, aux côtés de Jean Dhombres, de John North et de René Taton, ont bien voulu évaluer le contenu de la thèse d'habilitation. Il s'agit nommément de feu M. Hendrik Casimir (Heeze), M. Robert Halleux (Liège) et Mmes Danielle Jacquart (Paris) et Patricia Radelet-de Grave (Louvain-la-Neuve). Il y a aussi MM. Robert Reneman (Maastricht), Kees Vrieze (Amsterdam), Henk Braakhuis (Nimègue) et Thymen de Boer (Amsterdam) qui, avec MM. Ab van Kammen (Wageningue), Wiel Hoekstra (Utrecht), Gerard Nienhuis (Leyde), Henk Schenk (Amsterdam) et Folkert van der Woude (Groningue), nous ont permis d'affranchir les dernières entraves et que nous remercions chaleureusement pour leur appui généreux. De même, nous remercions MM. Jacques Revel, président de l'EHESS (Paris), et Doeko Bosscher, rector magnificus de l'Université de Groningue, de leur grâce en dernière instance. Enfin, l'Académie des Sciences de l'Institut de France, dans les personnes de MM. Hubert Curien, président, et Yves Quéré, délégué aux relations internationales, a bien voulu nous accorder son appui moral, ce dont nous sommes infiniment reconnaissants.

Nous tenons aussi à remercier MM. Charles Coulston Gillispie (Princeton; 1981-1982) et William Randles (Bordeaux; 1988-1989 et 1989-1990) qui nous ont permis de participer à leurs séminaires à l'Ecole des hautes Etudes en Sciences sociales de Paris. Nous remercions de même feu M. Jacques Roger pour la participation à son séminaire à l'Université de Paris-I-Panthéon-Sorbonne lors de l'année 1988-1989. Il y a aussi feu M. Linus Pauling (Palo Alto, CA) qui, dans un séminaire plutôt privé, a bien voulu commenter une présentation provisoire de la théorie de résonance.

Sur le plan personnel nous avons le plaisir d'exprimer nos sincères remerciements à M. et Mme A. Beaulieu (Levens, Fr.), feu M. Th.N.G. Böing (Amsterdam), Mmes R. Broer-Braam (Groningue) et S. Débarbat (Paris), MM. D. de Caro (Toulouse), L.M. de Rijk (Mheer), M.J.A. de Voigt (Eindhoven), H. de Waard (Groningue) et H.A. Ferwerda (Groningue), Mme K. Figala (Munich), MM. C. Haas (Groningue) et J. Halbronn (Paris), Mme M. Ilic (Paris), MM. A.W. Kleyn (Leyde), J.J. Kommandeur (Groningue) et N.C.M. Laane (Leyde), feu Mme C.H. McGillavry (Amsterdam), MM. F. Müller (Amsterdam) et W.C. Nieuwpoort (Groningue), M. et Mme C.J. Noordzij (groningue), Mme M.J. Nye (Oklahoma), M. C. Rubbia (Genève) et feu M.C.B. Schmitt (Londres), MM.

Préface

G.A. Sawatzky (Groningue), K.J. Schuhmann (Utrecht), R. Stuewer (Minneapolis, MN) et E.J.R. Sudhölter (Wageningue), M. et Mme J. et L. Touret (Amsterdam, Paris), MM. J. van Andel (Groningue), H. van Bekkum (Delft), H.E.A. van den Akker (Delft), S. van der Meer (Genève), A.M. van Leusen (Groningue), A. Wegener Sleeswijk (Groningue), D.A. Wiersma (Groningue) et A. Ziggelaar S.J. (Copenhague). Le chapitre XVII est dédié à la mémoire de Mme C.H. McGillavry.

Sur le plan institutionnel notre gratitude concerne d'abord l'Académie royale néerlandaise des Sciences et des Arts qui nous a cru digne de l'une des plus prestigieuses bourses de recherches et qui nous a bien voulu garantir, même après l'échéance de la bourse, son appui moral. Plus récemment elle nous a sélectionné comme l'un des trois candidats néerlandais au Prix Descartes-Huygens 1994 de l'Académie des Sciences de l'Institut de France et de l'Académie royale néerlandaise. Nous sommes reconnaissants d'une bourse de recherches de professeur visitant pour les mois de janvier à juillet de 1994 de la présidence de l'Université de Nantes. Nous remercions aussi M. Henk Wesseling, recteur de l'Institut néerlandais d'Etudes avancées ès Sciences humaines et sociales (Wassenaar), de son jugement aussi bienveillant que positif d'une demande de séjour en vue de la finition de notre travail. Notre reconnaissance va par ailleurs à M. Richard Sorabji (Oxford) pour avoir bien voulu nous croire digne de la bourse de recherche Hornik, pour un séjour de trois ans au Wolfson College, à Oxford, afin d'élaborer l'apport au développement de la théorie de la matière des commentateurs grecs d'Aristote. Enfin, nombreux ont été les comités préparatoires de colloques et de congrès, qui, par leur compréhension et leur bienveillance de tout ordre, nous ont permis, dans les rudes circonstances du moment, la participation. M. Helmut Albrecht (Freiberg), Mme Christine Blondel (Paris), MM. Marino Buscaglia (Genève), Antonio Clericuzio (Cassino), Wilhelm Fleischhacker (Vienne), Dieter Hoffmann (Berlin), Mariano Hormigon (Zaragoza), Mme Arlette Lavergne (Paris), MM. Zbigniew Liana (Cracovie) et Jean-François Mathiot (Clermont-Ferrand) en personne furent de celles et de ceux dont la générosité nous a soutenu et c'est à eux que nous adressons notre profonde gratitude.

Nous remercions également la Faculté de Philosophie de l'Université de Groningue. Notre reconnaissance va tout particulièrement à MM. Theo

Kuipers et Hauke de Vries. M. Kuipers, doyen sortant de la Faculté, a connu l'amabilité de soutenir notre cause. M. De Vries, de son côté, a bien voulu nous accorder son appui généreux et efficace sur le plan technique. Nos remerciements vont par ailleurs aux collaborateurs du Centre Alexandre-Koyré de l'Ecole des hautes Etudes en Sciences sociales de Paris, du Laboratoire d'Histoire des Sciences et des Techniques de l'UPR 21 du CNRS (Paris) et du Centre François-Viète d'Histoire des Sciences et des Techniques de l'Université de Nantes pour l'aimable coopération. Notre reconnaissance concerne aussi la Société française d'Histoire des Sciences et des Techniques, notamment dans les personnes de MM. Patrice Bret, Maurice Caveing, André Guillerme et Vincent Jullien, pour son soutien suivi. Nous sommes également très obligés à la Société d'Histoire et d'Epistémologie des Sciences de la Vie, dont le nom déjà témoigne des richesses de la francophonie internationale. C'est M. Christian Bange, ancien président, qui nous a permis de participer aux travaux de la Société, ce dont nous sommes profondément reconnaissants. Nous remercions au même titre les Sociétés de Physique de la France, de l'Allemagne et des Pays-Bas, personnifiées par MM. Jean-Paul Hurault, Dirk Basting et Harry van den Akker, présidents, pour la grande hospitalité. Il y a aussi l'Institut néerlandais de Biologie, tout particulièrement M. George Wullems, président, qui a bien voulu soutenir notre entreprise, ce dont nous sommes très reconnaissants. Notre reconnaissance s'adresse aussi à la présidence des Sociétés de Chimie de la France et des Pays-Bas, dans les personnes de MM. Philippe Desmarescaux et Hans van Suijdam, pour leur compréhension et leur bienveillance. Nous remercions, enfin, les collaborateurs du Centre d'Histoire des Sciences et des Techniques de l'Université de Liège de la chaleureuse collaboration.

Par ailleurs, ce travail n'aurait pu être réalisé sans la gentillesse et l'aimable collaboration des spécialistes des principales bibliothèques françaises et néerlandaises, nommément celles de Paris, d'Amsterdam et de Groningue. Qu'il nous soit permis d'adresser nos sincères remerciements en personne à M. Emmanuel Le Roy Ladurie, ancien directeur de la Bibliothèque nationale de France, qui par ses promenades matinaux parmi les lecteurs attendant l'ouverture de la Salle Labrouste, rue de Richelieu, symbolisa l'accueil chaleureux et désintéressé de l'une des bibliothèques les plus renommées du monde. Nous remercions au même titre personnel M. Alex Klugkist, directeur-conservateur de la Biblio-

Préface

thèque centrale de l'Université de Groningue. Nos remerciements vont par ailleurs aux directions des principales bibliothèques de l'Europe pour leur coopération dans le cadre de nos tentatives de retrouver des souvenirs de Sébastien Basson, d'Isaac Beeckman et de Georg Ernst Stahl. Il y a plus particulièrement Mme Paola Munafò de la Biblioteca Angelica (Rome), grâce à qui nous avons pu retracer le catalogue de la vente aux enchères de la bibliothèque d'Isaac Beeckman. Qu'elle retrouve ici les marques de notre reconnaissance. Nous remercions aussi M. David R. Lide, rédacteur en chef du *Handbook of Chemistry and Physics* de la Chemical Rubber Company (Gaithersburg, MD), qui nous a gentiment mis en état de consulter des parties des premières éditions de ce manuel qui est encore aujourd'hui le vademecum indispensable de tout scientifique.

Dans le cadre de notre enquête nous avons également consulté les principales collections minéralogiques de Paris, savoir celles du Muséum national d'Histoire naturelle, de l'Université Pierre et Marie Curie-Paris VI et du Musée de Minéralogie de l'Ecole nationale supérieure des Mines. Nous remercions tout particulièrement notre collègue et amie Mme Lydie Touret, conservateur-directeur, pour avoir bien voulu nous introduire dans la somptueuse collection du Musée de Minéralogie de l'Ecole nationale supérieure des Mines.

Nous tenons aussi à remercier les rédactions des revues scientifiques qui ont bien voulu publier des articles souvent provisoires et qui, dans des échanges multiples, nous ont cordialement permis de développer les détails de notre interprétation. Il s'agit nommément de la revue *Pour la science* (Paris), dans la personne de Mme Françoise Cinotti, et des journaux des sociétés savantes néerlandaises de biologie, de chimie, de cristallographie et de physique, dans les personnes de MM. Sander Voormolen et Jos van den Broek, Mme Marian van Opstal, MM. Fridus Valkema et Jasper Plaisier, Mme Claudia Biemans, feu M. At Compagner, MM. Herman de Lang et Niek Lopez Cardozo. Notre reconnaissance va au même titre aux éditeurs des actes de nombreux colloques, dont notamment ceux consacrés à la mémoire d'Isaac Newton (Nimègue, 1987), de Ruder Boscovich (Rome, 1988) et de Josef Loschmidt (Vienne, 1995). Nous remercions plus personnellement MM. Henk Braakhuis et Hans Thijssen, organisateurs du colloque *Traditions ancienne et médiévale du De generatione et corruptione* (Nimègue, 1991) et éditeurs bienveillants de ses actes.

Nombreux aussi ont été ceux et celles qui ont bien voulu prendre soin de certains détails variant de la construction d'un modèle en plexiglas de la théorie moléculaire d'Isaac Beeckman jusqu'à la répétition de l'*expérience cruciale* d'Isaac Newton en passant par l'évaluation quantitative d'une estimation des dimensions moléculaires rapportée par Walter Charleton. Ils retrouvent les marques de notre estime et de notre reconnaissance à l'endroit concerné. Tout spécialement nous remercions MM. Hedzer Ferwerda, Hans Jordens, Guus Armbrust et Foppe ten Broek du Département de Physique de la Faculté des Sciences de l'Université de Groningue du savoir et de la gentillesse qu'ils ont bien voulus investir dans la répétition de certaines expériences historiques, expériences qui vont de celle, *cruciale*, de Newton au compteur de Geiger en passant par l'interférence Young-Fresnel, les tubes à décharge de Crookes, le point critique selon Andrews, la détermination de la constante de Planck, la démonstration de l'effet-Zeeman et le spinthariscope de Crookes. Dans ce contexte nous avons pu étudier de plus près certains appareils historiques conservés dans la riche collection de la Faculté des Sciences de l'Université de Groningue (inducteurs de Rühmkorff, galvanomètres, électroscopes, électromètres, etc.). Nous remercions au même titre la direction de la S.A. Schöne Edelmetaal B.V. (Amsterdam), plus particulièrement M. Luuk Speijer, essayeur en chef, pour avoir bien voulu nous introduire dans la pratique chimique des métaux précieux (touchaux, pierre de touche; dissolvants; cupellation, cémentation).

Plus généralement parlé nous remercions de tout notre cœur les étudiants - très jeunes, jeunes et pas si jeunes - qui nous ont permis de peaufiner notre interprétation du développement de la théorie moléculaire. Notre reconnaissance particulière concerne les étudiants de l'Université de Nantes, de l'Académie des Séniors de l'Université de Groningue et, enfin, de l'Ecole internationale de Philosophie de Leusden. Ces participants de notre séminaire d'histoire des sciences ont bien voulu mettre à profit leurs savoir et expérience scientifiques dans un débat soutenu avec les textes de celles et de ceux qui ont faits l'histoire de la théorie de la matière.

Nous tenons par ailleurs à remercier chaleureusement nos anciens collègues du Lycée Waterlant (devenu dépendance du Lycée Bernard-Nieuwentijt), à Amsterdam, dans les personnes de M. Jan Dijkgraaf, ancien proviseur, et MM. Gerard Meijssen, Jos Resink, Leo van den Raadt, Jaap Veerman et Wim Wallroth.

Préface

La publication de ce travail a été réalisée avec l'appui matériel de l'Organisation néerlandaise pour la Recherche scientifique (NWO, La Haye), de la Fondation Nicolaas Mulerius (Groningue), de la Fondation Physica (Leyde), de la Fondation Radboud (Vught) et de la Faculté de Philosophie de l'Université de Groningue. Nous en sommes infiniment reconnaissants. Nous remercions très volontiers la Maison Springer-Verlag France (Paris) et ses collaborateurs de leur aimable coopération. Notre gratitude concerne surtout Mme Stéphanie van Duin, directeur éditorial, du fait de son intérêt et de sa gentillesse soutenus. Un exemplaire royal en demi-cuir et sous coffret, ainsi qu'une série d'exemplaires reliés en toile pour le Comité d'honneur ont été réalisés dans les ateliers de la Bibliothèque centrale de l'Université de Groningue, par MM. Duc van der Helm et Theo Rasker. Notre reconnaissance est à la hauteur de leur générosité. L'aimable appui de la Fédération Or et Argent (Federatie Goud en Zilver; Voorburg) et de la Société Schöne Edelmetaal B.V. (Amsterdam) se reflète par ailleurs dans l'or qui orne l'exemplaire royal. Nous remercions de ce chef MM. Jürgen Fugmann et Paul Beuming, de la Direction de Schöne Edelmetaal B.V., et M. Theo Vermeulen, directeur de la Fédération Or et Argent. La dorure sur tranche en question a été exécutée par M. Hans van der Horst, directeur de l'atelier De Eenhoorn (Amsterdam).

INTRODUCTION

Dans une première approximation la doctrine moderne de la matière connaît, depuis le début du XXe siècle, deux théories complémentaires pour définir l'espèce d'une substance, à savoir: la théorie dite *moléculaire* et la théorie dite *réticulaire*.

Selon la première théorie, l'espèce d'une substance se reflète dans des entités secondaires, composées d'atomes qui, eux, sont unis dans un arrangement spatial caractéristique. Ainsi, les substances telles que nous les observons sont considérées comme des *agrégats* de ces entités et ces derniers peuvent, le plus souvent, adopter trois *états*, ceci en fonction de la pression et de la température ambiantes. On distingue alors les états solide, liquide et gazeux. La deuxième théorie s'applique aux cas où la théorie moléculaire fait défaut: il s'agit de substances constituées d'atomes ou d'ions (ions composés ou non) et concerne surtout l'état solide. Ainsi, on connaît les réseaux atomiques et ioniques. On admet également le réseau dit métallique, qui représente un cas intermédiaire.

Parler en première approximation signifie dans la pratique que l'on fait abstraction de nombreux cas particuliers dont, entre autres, l'état solide amorphe, les cristaux liquides et les plasmas. D'autre part on ne considère que les deux niveaux supérieurs de la hiérarchie structurale: celui des atomes et ions, d'un côté, celui des molécules, d'autre.

Le pivot de la doctrine moderne de la matière est donc encore la notion d'*atome*. A l'heure actuelle on admet l'existence de quelque cent vingt espèces d'atomes plus ou moins stables. Ces espèces se distinguent par la nature, le nombre et l'arrangement de leurs sous-particules: protons, neutrons, électrons. Les protons et les neutrons composent le noyau, qui est entouré d'électrons en différents états énergétiques. Une différence dans l'arrangement de ces nucléons suffit pour donner naissance à différentes espèces d'atomes, du moins physiquement parlé. Inversement, un changement dans la distribution des électrons dans des atomes semblables donne lieu à un changement dans le comportement chimique. A ces genres d'*isomérie nucléaire* et *électronique* s'ajoute l'*isotopie*: le phénomène que le nombre de neutrons peut varier sans que les propriétés chimiques sont affectées, exception faite de la cinétique de réactions où les isotopes en question sont mis en jeu.

Les protons et neutrons, eux, sont composés de particules encore plus petites, les soi-disant quarks. Actuellement, on est à la recherche d'unités plus fondamentales encore, ceci dans la perspective d'une grande théorie unificatrice sur la nature des forces opérant les processus sur les différents niveaux dans la hiérarchie particulaire. D'une manière générale on peut soutenir qu'il existe tout un ensemble de particules plus ou moins stables et représentant certaines quantités d'énergie bien déterminées. Or certaines de ces particules suffisamment stables participent à la constitution du monde matériel tel qu'il se manifeste à l'observateur. On s'imagine les forces qui dirigent le comportement de ces particules comme engendrées par un échange de vecteurs particulaires d'une existence plutôt éphémère, d'abord à l'intérieur des nucléons eux-mêmes, puis entre les nucléons composants d'un noyau, ensuite entre le noyau et les électrons, enfin entre ces particules subatomiques et l'environnement. On parle de gluons là où il s'agit de la soi-disant interaction nucléaire forte entre les quarks dans un nucléon. L'interaction nucléaire dite faible entre les nucléons d'un même noyau s'effectue par le moyen de pions; c'est elle qui dicte la désintégration dite ß. L'interaction électromagnétique entre le noyau et les électrons et celle entre ces particules subatomiques et l'environnement reviennent à un échange de photons. Etant données les lois de conservation de qualités telles que la masse et la charge électrique, ainsi que l'interconvertibilité de masse et d'énergie, il paraît qu'il faut y avoir pour chaque particule une anti-particule de même masse mais de charge, etc. opposée. On peut donc s'imaginer des atomes, des molécules et des agrégats entiers composés en dernière analyse d'antimatière.

Or notre étude ne vise que la genèse de notions concernant la structure de la matière au-dessus du niveau de l'*atome*. Il y en a deux, nous l'avons vu, et bien deux notions mutuellement complémentaires, voire affiliées. En effet, comme nous comptons le montrer ci-après, la théorie *réticulaire* dérive, historiquement parlé, de la théorie *moléculaire*, qui, elle, s'ébau-

Introduction

che au début du XVIIᵉ siècle de notre ère. Pour ce qui concerne l'origine du mot de « molécule » nous savons que, selon toute vraisemblance, il a été conçu par Pierre Gassendi, au début des années 1630. Il s'agit de la traduction du terme grec ὄγκος signifiant, dans une tradition remontant à Galien et Hippocrate, tout genre de tumeurs, du simple gonflement de tissu enflammé jusqu'aux excrescences cancéreuses ou non, qu'elles soient internes ou externes. Or ce mot et sa racine grecque apparurent, chez Gassendi, dans une première version du Livre XIII de l'ouvrage *De vita et doctrina Epicuri*, livre qui s'intitule *De atomis* (MS Tours 709, folio 170. verso; voir la Figure 6, p.256). Cette ébauche date, selon les résultats d'Olivier Bloch, auteur d'une monographie déjà classique sur l'œuvre de Gassendi, de fin 1636-début 1637. Le mot apparaît soudain, sans préalable, ni explication, ce qui montre que, pour le philologue qu'était Gassendi, il n'avait rien de nouveau. Il n'empêche qu'en 1635, dans une lettre à son mécène, il parla encore d' « atomes » là où le mot de « molécules » eut été mieux à propos. C'est dire que le concept lui fut apparemment plus familier que le mot. Il est du reste curieux de constater que le vocable de *molécule* ne figure point dans les principaux dictionnaires contemporains, comme par exemple celui de Robertus Stephanus [1], ni d'ailleurs ultérieurement dans les faîtes de linguistique latine, tels le *Totius latinitatis lexicon [..]* d'Aegidius Forcellini [2] et le *Thesaurus linguae latinae* [3]. Or sachant que les recherches de Gassendi sur l'atomisme épicurien démarrèrent en 1629-1630 et, en plus, qu'il eut jeté bon nombre de manuscrits à l'époque même du procès de Galilée, à Rome, il semble au moins plausible que le mot de *molécule* en tant que terme justement physico-chimique ne date que des premières années de la décennie 1630-1640. Les trésors de latinité que nous venons de citer renseignent au reste abondamment sur l'origine étymologique de ce vocable. Le mot de « molécule » n'est en effet que la forme diminutive du substantif féminin « moles », dont le thésaurus précité nous fait savoir qu'il avait trait à des choses le plus souvent très grandes. Au sens *incorporel* il se réfère à des charges, des poids, des écroulements, des travaux, des affaires, des difficultés, des forces. Au sens *corporel* il

---

[1] Stephanus 1551.
[2] Forcellini 1868, iv.
[3] Thesaurus 1960, viii, fascicule ix.

concernait plutôt la grandeur excessive de tout genre de bâtiment (maison, bateau, machine de guerre) ou d'objet naturel: pierres, eaux (mers, rivières), le monde et ses parties (montagnes, îles), etc. Ceci vaudrait également pour les êtres animés où il indique les dimensions remarquables de certains individus (hommes, animaux). Il paraît que le mot de « moles » a également trait à la multitude d'êtres animés (dieux, hommes, animaux; combattants dans une bataille) ou non (étoiles, grains de sable ou de céréale, pièces de monnaie). Or si l'origine du mot « moles », considérée pour soi, paraît obscure, le Grec n'apportant qu'un aide approximatif, certaines de ses connotations latines correspondent plus au moins avec celles du mot de « masse » en Français moderne. Ce dernier concerne non seulement la grandeur de choses d'un seul tenant, mais encore l'ensemble nombreux de choses de même nature. Au point de vue linguistique le vocable de « molécule » en tant que diminutif du mot « moles » se définit alors, chez Gassendi au début des années 1630, ou bien quelque chose de petite grandeur ou poids, ou bien quelque chose constituée d'un petit nombre de composants de même nature, savoir des atomes au sens d'Epicure.

Par la suite nous allons donc reprendre l'analyse du développement historique de la théorie de la matière et bien à la lumière d'un constat important, à savoir: le rôle fondamental de l'analogie établie par Epicure entre le monde phénoménal et celui, microcosmique, des atomes d'une part et celui, macrocosmique, des mondes, d'autre part. Cette analogie épicurienne, qui débouche sur une classification tripartite en termes d'espèces et d'individus, a été négligée jusqu'ici dans l'historiographie concernant la théorie de la matière et cette négligence a donné lieu à bon nombre de malentendus. S'il est vrai qu'elle n'était pas tellement développée chez Epicure et se cachait plutôt, comme en filigrane, dans les licenses poétiques de Lucrèce, elle n'en était pas moins présente. Or, comme nous avons pu l'établir, elle réapparut dans certains ouvrages encyclopédiques qui ont fait la gloire de la renaissance carolingienne, et bien le plus prononcé dans l'œuvre de Jean Scot Erigène. Ajoutons que c'est justement elle qui, au début du XVIIe siècle, devait jouer un rôle important dans l'élaboration de cette nouvelle option tant organique qu'inorganique, que représenta la théorie moléculaire. Nous verrons par ailleurs que la nouvelle perspective a donné lieu à certains éclaircissements au sujet d'un de ces recoins peu connus de la doctrine épicurienne, à savoir la sentence de la constitution des atomes en entités minimales. Ainsi, nous nous sommes vus obligés de remonter aux sources mêmes de la théorie moderne de la matière. Pour des raisons à développer ci-après notre étude passe même au-delà de l'œuvre d'Epicure.

Il découlera, de notre analyse, que la théorie moléculaire était à proprement parler la solution d'une aporie remontant à Aristote, à savoir, l'impossibilité de discerner des quantités de substances, telles qu'une pépite d'or, une miette d'alun, ou un volume d'eau, d'une part, et les êtres vivants, d'autre part. On s'était assurément rendu compte que les substances subissent la division sans perdre leur nature, leur espèce, ce qui ne tient pas pour les êtres vivants. Nous verrons alors que la notion d'*individu* change d'aspect. D'abord elle se rattachait à tout objet naturel manifestant une certaine individualité, à un cristal d'alun ou de pyrite pas moins qu'à des êtres vivants. Cependant dès que la question de la divisibilité se pose, la distinction entre substances cristallines et amorphes n'est plus de mise. En effet, la division d'une quantité d'eau ou d'un cristal d'alun donne des quantités plus petites de la même espèce: toute miette d'alun quelque petite qu'elle soit est toujours d'alun, du moins c'est ce qu'on pourrait s'attendre. Comme chaque partie quelconque est évidemment de la même espèce que le tout, il faut la considérer *individu*. La question capitale sera donc s'il existe une limite inférieure en-deçà de laquelle une substance n'est plus de la même espèce qu'auparavant. Si l'on regarde une pépite, un cristal ou une miette comme un *agrégat* d'entités spécifiques, il est clair que l'espèce de la substance en question doit être représentée dans chacune de ces entités. Ces entités sont alors de véritables *individus*, c'est-à-dire: chacune prise à part sera la condition à la fois nécessaire et suffisante pour l'existence d'une espèce de substance. C'est pour cela que nous avons cru utile d'introduire le concept d'*individu substantiel*, qui résume non seulement ces notions moléculaires à base d'atomes classiques, mais bien d'autres encore. En effet il s'applique aux complexes atomiques spécifiques d'Isaac Beeckman, de Guillaume Lamy, de Georg Ernst Stahl et d'Isaac Newton pas moins aisément qu'aux « particules » géométriques de René Descartes et les siens, aux « monades » de Gottfried Wilhelm Leibniz, aux complexes d' « atomes-points » de Ruder Boscovich, aux « points matériels » de la physique éminemment moléculaire de Pierre-Simon de Laplace et aux « vortices » de William Rankine et de James Clerk Maxwell. Si Stahl parla, en 1700, d' « individus physiques » (individua physica), son interprète Gabriel François

Venel les intitula, en 1765, « individus chimiques », alors que Ludwig Boltzmann, le cofondateur en physique de la thermodynamique statistique, clôtura le XIXe siècle sur la notion d'« individu mécanique » (mechanisches Individuum). A notre connaissance, Boltzmann n'a cependant pas connu l'œuvre de Stahl. Par contre, sa référence à Nicolas Lémery, chimiste cartésien par excellence, est aussi directe que révélatrice. On peut y voir une indication, nous semble-t-il, que l'idée que l'espèce d'un corps, avec toutes les propriétés physico-chimiques essentielles se résume dans des entités individuelles, était d'une logique presqu'impérative.

Ceci nous amène du reste à un autre problème de vocabulaire assez pénible, car au sens étymologique les vocables de « substantia » et de « corpus » ont trait à des unités de « matière » et de « forme » - les οὐσιαι d'Aristote et de la tradition péripatéticienne -, plus précisément à des êtres vivants à notre échelle qui subsistent pour soi. Graduellement la connotation de ces termes s'est élargie d'abord pour comprendre les cristaux, du fait de leur figure géométrique, bien entendu, et enfin pour les matières amorphes. Or il y a là un contresens très net du moment - disons depuis les années 1620 - où l'on va prendre ces matières pour des *agrégats*, puisqu'un tel *agrégat* est nécessairement un amas d'une pluralité de « substances », ces dernières au sens d'entités individuelles. Ainsi les notions de « substance » et de « corps chimique » sont devenues, de nos jours, des *collectiva*, donc au même titre que les notions de « sable » ou de « farine ». De ce point de vue il est digne d'un intérêt particulier qu'à présent, dans le Français courant, le mot de « molécule » remplace souvent ces notions collectives. Apparemment on recommence, dans la francophonie, à regarder une molécule comme un « individu substantiel » plutôt qu'en tant que composant d'un amas.

Un autre problème terminologique concerne le mot de « materia », qui se référait, au moins pour les Anciens, au principe sousjacent, la ὕλη, de toute substance, incapable d'exister indépendamment de toute forme substantielle. A l'heure actuelle cependant le mot de « matière » se rencontre dans une expression telle que « matière grasse » et concerne à l'évidence quelque chose de concret. Nous nous contentons de signaler à l'avance ces tendances terminologiques et les ambiguïtés qui en dérivent. Ce qui serait sans doute recommandable dans un contexte limité, à savoir une terminologie stricte et convenablement codifiée, devient par cela même un handicap dans un cadre plus large. Ainsi, adopter un vocabulaire parfaitement consistent pour couvrir toute la période qui nous concerne porterait, nous semble-t-il, préjudice au naturel du discours. Nous verrons, par exemple, que si la φυσιολογία d'Epicure correspondra encore à la *physiologia* de Sébastien Basson (1621), au sens général de « science de la nature », la *physiologia* de Jean Fernel (1544) se réfère déjà à l'être vivant, plus particulièrement, à sa structure et son fonctionnement; depuis le XIXe siècle la « physiologie » deviendra, pour des raisons jusqu'ici incertaines, la science des processus physico-chimiques qui font le propre de l'être vivant [4]. Un autre exemple, beaucoup plus récent, concerne le terme et la notion de « mécanique statistique ». Si le terme ne date que de 1902, lorsqu'il apparut dans le titre d'un ouvrage devenu classique de Josiah Willard Gibbs, il a été associé à la longue, conformément à l'usage déjà traditionnel du complément « statistique » dans bien d'autres domaines, à toute interprétation de la théorie cinétique des gaz faisant intervenir une variabilité numérique, notamment celles de Maxwell et de Boltzmann. De ce point de vue, la belle mécanique de Gibbs ne sera qu'une précision particulière de la doctrine déjà reçue. Posé devant le problème, Gibbs nous eût excusé sans doute de cette acception un peu plus libre de son terme. Toutefois, nous avons retenu, dans le même esprit, la terminologie vacillante relative aux grands thèmes philosophico-théologiques associés à l'atomisme et au molécularisme, rassemblés depuis la fin du XVIIIe siècle sous la dénomination de déterminisme (« clinamen » et libre arbitre, chez Lucrèce; l'âme et son rapport avec le corps, chez Lactance; la prédestination et sa relation avec la providence divine, chez Beeckman; les singularités et le libre arbitre, chez Maxwell). Ceci ne nous a évidemment pas empêché de signaler, le cas échéant, certains virements terminologiques bien documentés, dont par exemple l'échange en toute connaissance de cause, par Stahl et plus tard par John Dalton et Jacob Berzelius notamment, du mot d'*atome* pour celui de *molécule*: quant à Dalton, par exemple, le mot d'*atome* exprime mieux l'indivisibilité par rapport à l'espèce de la particule envisagée, composée ou non. Enfin, le lecteur averti s'apercevra lui-même des légères nuances de connotation qui se sont faites jour de temps à autre et qui, à la longue, ont donné naissance à des mutations importantes de vocabulaire sinon d'épistémologie. Ce lecteur

---

[4] Pour l'arrière-fond médical voir Rothschuh 1953, p.2-3.

se rendra compte aussi qu'après tout c'est justement le développement épistémologique qui constitue le sujet propre de notre étude. Parfois cependant nous nous permettrons certaines précisions, surtout là où l'influence du langage, ou plutôt de la linguistique, sur la marche de pensée est évidente. C'est, par exemple, le cas de Robert Boyle et de Johann Joachim Becher, qui se sont inspirés, l'un comme l'autre, de la théorie grammaticale contemporaine pour éclaircir leur théorie tout à fait chimique de la complexité relative des substances [5]. Il y a du reste les termes techniques relevant de la nomenclature traditionelle, que nous avons retenus souvent dans le corps du récit tout en donnant leur équivalent moderne entre parenthèses ou en bas de page (nom des substances chimiques, des ustensils, des animaux et des plantes, par exemple). Pour raisons de clarté, nous avons souvent inséré l'étymologie d'un terme technique.

Si cette idée d'*individu substantiel* fit irrésistiblement son chemin depuis le début du XVIIe siècle, il nous a paru qu'elle fut déjà connue à certains commentateurs grecs d'Aristote, notamment à Simplicius et Philopon. Les éclaircissements que ces derniers ont apportés à la notion aristotélicienne d'$\dot{\epsilon}\lambda\acute{\alpha}\chi\iota\sigma\tau o\nu$ renvoient directement à Anaxagore de Clazomène, à qui, comme il se doit, nous avons donné le droit de regard. Chez Philopon et Simplicius il s'agit d'idées qui malgré leur originalité et leur intérêt indubitables sont néanmoins tombées rapidement en désuétude. Selon toute vraisemblance, elles n'ont pas été connues ou du moins appréciées par les scoliastes arabes et latins, ce qui explique qu'elles sont méconnues par l'historiographie moderne de la théorie de la matière. Nous verrons en effet que la tradition arabe et celle, latine, de la Haute Scolastique occidentale ont procédé comme si de rien n'était en fondant leurs commentaires directement sur le texte grec même des traités d'Aristote, ou le plus souvent - faute de textes authentiques, entre autre - sur des traductions arabes ou latines. Il apparaîtra que les grands commentateurs de l'Est comme de l'Ouest - pensons à Albert le Grand, Thomas

---

[5] Même aujourd'hui on a parfois recours à des notions linguistiques pour résumer le propre d'un certain type de réactions. Le terme de « métathèse » en est un parfait exemple. En linguistique il a trait au déplacement ou interversion de parties d'un ou plusieurs mots; en chimie organique, il se réfère à l'échange concerté et plus ou moins symétrique de parties de deux molécules non-saturées.

d'Aquin, Gilles de Rome et Averroès - se sont en effet très peu souciés de leurs prédécesseurs grécophones; même Robert Grosseteste et Roger Bacon, connus pour leur compétence en Grec, en ont fait abstraction. Le sort des commentateurs grecs nous semble du reste comparable à celui d'Epicure et de Lucrèce, qui, eux aussi, ont dû s'incliner devant la toute-puissance de l'aristotélisme renouvelé de la scolastique, à l'Est un peu moins voyant, il est vrai, qu'à l'Ouest.

Or, nous l'avons stipulé ci-dessus, depuis le début du XVIIe siècle la théorie moléculaire, plus particulièrement le concept d'*individu substantiel*, devait s'imposer d'une manière toujours plus manifeste dans la pensée des grands théoriciens de la matière. Ainsi, c'est depuis la fin du XVIIIe siècle que l'on peut parler à juste titre de *molécularisme* au sens d'une doctrine à part entière destinée à remplacer l'*atomisme* dans une première approximation du problème de la matière phénoménale. La cosmogonie que Laplace résuma dans son *Exposition du système du monde* embrasse en effet dans toute sa ravissante simplicité un molécularisme des plus abstraits et des plus efficaces, ne serait-ce que pour les seuls phénomènes physiques, sujets, tous, à la loi de la gravitation universelle d'Isaac Newton. On verra par ailleurs que la logique incontournable du molécularisme va s'imposer dans bien d'autres domaines que les seules sciences physiques. La théorie cellulaire, par exemple, y prit une partie de son inspiration: il nous a paru en effet que les « molécules organiques » de Buffon, présentées comme constituants de la matière vivante et par cela même rappelant les premières théories moléculaires, préfigurent les « cellules » de Henri Dutrochet et de Mathias Schleiden. Comme si cela ne suffisait pas encore, cette doctrine moléculaire a, d'autre part, donné naissance à une nouvelle philosophie de l'histoire et de la société, à celle d'Auguste Comte nommément. Ainsi, le molécularisme ambiant mettait son empreinte sur de nombreuses théories qui, à première vue du moins, n'ont rien à voir l'une avec l'autre. Notre analyse aboutira, par voie de conséquence, à la conclusion que, contrairement à une opinion aussi courante que tenace, la théorie moléculaire fut l'une des plus généralement répandues du XIXe siècle. On peut soutenir en effet à juste titre, selon notre avis, que la théorie moléculaire a été une véritable plaque tournante entre des domaines aussi divers que les sciences physico-chimiques et naturelles, les sciences de la vie et celles de la société, ainsi que les mathématiques et la philosophie proprement dite. Nous nous bornons ici à relever que la philosophie de Comte - ce positivisme souvent décrié pour avoir ralenti le pas des sciences physiques - était imbu d'un molécularisme des plus détaillés. Ce constat, à n'en pas douter, jette un jour entièrement nouveau sur le comportement obstiné de Marcelin Berthelot, sinon le plus distingué du moins le plus redoutable des partisans de la philosophie comtienne. Nous verrons, enfin, que le molécularisme a joué également dans la discussion sur la nature des « infiniment petits » du calcul différentiel et intégral: ainsi, comme autrefois chez Beeckman, on retrouve chez Augustin Cauchy et chez Ludwig Boltzmann que les considérations sur la nature du continu mathématique rejoignent celles consacrées au continu physico-chimique. Dans un certain sens il n'y avait rien de nouveau en cela. En effet, un traité manuscrit d'Archimède de Syracuse, retrouvé à la fin du XIXe siècle, décela l'indice recherché depuis longtemps, à savoir que le syracusien s'était servi effectivement, ainsi que l'on l'avait soupçonné, de conceptions infinitésimales dans le calcul du rapport numérique entre certaines surfaces ou solides géométriques. De ce point de vue il n'est guère surprenant de constater par ailleurs que la naissance de la théorie moléculaire, au XVIIe siècle, coïncida à peu près avec celle du calcul infinitésimal. Chez Beeckman déjà une vision « discrète », voire le mot même, présidait non seulement à ses conceptions de force et de temps, mais encore à son interprétation de la structure de la matière. D'où sans doute l'admiration profonde et spontanée de René Descartes pour la manière dont Beeckman réussit à combiner ses idées physiques et mathématiques. Dans une « physico-mathématique » digne de ce nom l'observation sèche d'éléments géométriques, tels triangles ou cercles, dans les phenomènes naturels - facettes cristallines, forme apparente des astres, etc. - ne suffit pas. Si la langue de la physique est d'ordre mathématique, comme l'écrivait Galiléo Galilée à la même époque, elle dépasse pourtant largement le niveau de considérations géométriques. Il faudrait une théorie des phénomènes qui se modèle directement sur la théorie de la matière, puis une mathématique parfaitement adaptée.

Par la suite nous allons donc esquisser l'histoire de la théorie de la matière et cette introduction est peut-être le moment requis pour faire l'honneur du grand savant Kurd Lasswitz (1848-1910), dont le chef-d'œuvre *Die Geschichte der Atomistik vom Mittelalter bis Newton* (*L'Histoire de l'atomistique du Moyen Age jusqu'à Newton*) nous a guidé et inspiré de plusieurs point de vue. Pour Lasswitz, on le sait bien, étudier le développement de la théorie de la matière n'était rien moins que reconstruire la marche historique de la pensée humaine. La vraie connaissance, d'après celui qui se cachait si volontiers derrière le pseudonyme de *Velatus*, est toujours relative à ce qui s'y prête le mieux, à savoir la matière à notre échelle; elle est alors sans exception d'ordre physico-chimique. Si nous ne partageons pas le parti pris philosophique de Lasswitz, nous nous rendons cependant compte que, d'emblée, notre optique s'apparente à la sienne. En effet, tout comme Lasswitz, nous avons abordé l'histoire de la théorie de la matière en tant que scientifique, toujours à la recherche d'un certain équilibre entre théorie et expérience, entre savoir-réfléchir et savoir-faire. En cela nous avons suivi l'exemple de Reijer Hooykaas, lui-même grand amateur de l'œuvre de Lasswitz. Du reste, nous tenons à dire que notre étude n'atteint nulle part la minutie et l'acuité que Lasswitz a investies dans sa *Geschichte der Atomistik [..]*. C'est que, sans toujours respecter la chronologie historique, nous avons suivi la voie royale qui passe par ce concept d'*individu substantiel*, sous lequel se subordonne le sujet propre de notre étude, savoir la notion de « molécule ». Or ce concept d'*individu substantiel* ou du moins une première ébauche de celui-ci fut conçu, nous l'avons vu, dans le cercle des commentateurs grecs d'Aristote et réapparut, d'abord chez un traducteur gréco-latin de Philopon au XVe siècle, puis au début du XVIIe siècle, nommément chez Basson et chez Beeckman, pour ne plus jamais quitter la scène scientifique. Force est de constater que Lasswitz n'a pas connu ce concept et c'est pour cela que notre interprétation de certains faits du reste bien documentés s'oppose à la sienne. Ainsi, là où Lasswitz ne pouvait pas s'empêcher de critiquer Descartes pour avoir raté la conception « moléculaire » de la matière, nous au contraire, nous le louons pour avoir soutenu, avec acharnement si ce n'est souvent avec une grande naïveté, l'idée de l'*individu substantiel*. Car, comme nous l'espérons le montrer par après, c'est effectivement ce concept qui a dicté le cours de l'histoire depuis cette première moitié du XVIIe siècle. C'est lui qui se cache, nous l'avons indiqué ci-dessus, derrière l' « individuum physicum » de Stahl, ce médecin et chimiste qui développa à partir des années 1680 une vaste synthèse moléculaire sur la base d'un atomisme approfondi, réunissant ainsi un remarquable savoir-faire chimique à une théorie extrêmement réfléchie. Or étant donné le rôle prépondérant qu'a joué cette puissante théorie au XVIIIe siècle, surtout dans les rangs des chimistes, des minéralogistes et des cristallographes où elle effaça tout souvenir éventuel de la théorie de Newton, on s'étonne que le nom de Stahl ne figure pas sur la table des matières de l'ouvrage de Lasswitz.

A côté de Lasswitz et de Hooykaas, il y eut pourtant Eduard Jan Dijksterhuis (1892-1965), dont le chef-d'œuvre *De mechanisering van het wereldbeeld* (*La mécanisation de l'image du monde*) nous a inspiré à maintes reprises, notamment par son emphase sur l'apport crucial des mathématiques à l'essor des sciences physiques modernes. Selon son interprétation favorite, cette soi-disant mécanisation reviendrait à une mathématisation progressive des différentes branches de la physique en combinaison avec des contributions toujours plus évidentes de l'atomisme en ce qui concerne la théorie de la matière. C'est elle qui caractériserait la transition de la philosophie naturelle verbale et livresque des commentateurs médiévaux d'Aristote aux sciences physiques expérimentales et mathématiques des temps modernes. Ainsi, là où Dijksterhuis situa une culmination de cette mécanisation de l'image du monde dans l'œuvre d'Isaac Newton, nous nous sommes crus permis, sur la base de notre enquête, de prolonger la ligne historique et de la suivre jusqu'au début du XXe siècle. En fait, il nous a apparu que, depuis Newton et Stahl, il ne faut pas tellement compter avec l'atomisme, mais bien plutôt avec la théorie moléculaire laquelle se frayera un chemin, dès le XVIIIe siècle, dans presque toutes les sciences de la nature. C'est dire que la mécanisation de l'image du monde ne s'arrête point avec Newton, mais retrouvera d'abord une nouvelle cîme dans la mécanique céleste de Laplace, alors qu'à plus long terme, elle sera centrale dans les thermodynamiques statistiques de Maxwell, de Boltzmann et de Gibbs, voire dans la physique quantique de Max Planck. Entretemps la théorie moléculaire, ou si l'on veut le molécularisme, s'était emparée des sciences de la vie, à témoin la théorie cellulaire, laquelle sera saluée par le grand zoologiste Oscar Hertwig, aux environs de 1900, comme l'un des acquis principaux du XIXe siècle, certes à côté de la théorie de l'évolution. Or Hertwig est, de notre point de vue, un témoin important dans la mesure qu'il ignore toute racine justement moléculaire de cette nouvelle cytologie. En cristallographie par ailleurs, la théorie moléculaire sera à cette époque pas moins manifeste, justement dans cette branche où les mathématiciens, dont Arthur Schoenflies, s'adonneront à la déduction aprioriste des arrangements spatiaux éventuellement possibles pour les molécules de tout corps. Ainsi, sur le plan de la mécanisation de l'image du monde et, accessoirement, quant à la mathématisation du molécularisme, Planck et Schoenflies vont de concert.

Nous avons repris l'étude des sources autant que les circonstances nous l'ont permis. Dans cet esprit nous nous avons laissé aller sur les vagues de l'enthousiasme renouvellé pour les commentateurs grecs d'Aristote qu'a engendrées Richard Sorabji du King's College, à Londres. Ces savants péripatéticiens étaient, à en croire Sorabji, rien moins qu'enterrés dans cette édition monumentale qui a paru sous la direction de Hermann Diels (1848-1922) aux environs de la dernière fin de siècle. Nous parlons des célèbres *Commentaria in Aristotelem graeca*, les *C.A.G.* pour les connaisseurs. Or depuis le début des années 1980 Sorabji anime une équipe de philologues d'un renommé mondial, qui s'empresse de traduire ces commentaires en Anglais. Si cette entreprise rafraîchissante nous a soutenu - par une action en distance, pour ainsi dire -, nous espérons que ce que nous rendons par la présente sera considéré non seulement comme un témoignage de respect, mais encore comme un plaidoyer chaleureux en sa faveur.

Le recours aux sources premières et secondaires a été grandement facilité par les deux ouvrages de référence qui dominent l'historiographie des sciences actuelle, à savoir l'*Histoire générale des Sciences*, sous la direction de René Taton, et le *Dictionary of Scientific Biography*, sous la direction de Charles Coulston Gillispie. Ces deux faîtes d'érudition et monuments de collaboration scientifique universelle rayonnent une certaine idée de l'histoire des sciences, à la fois savante et généreuse, que nous reconnaissons volontiers comme la nôtre. Nous nous sommes flattés avec l'idée que cette monographie peut être considérée comme un sous-ensemble moléculaire de ces deux chefs-d'œuvre, dont l'influence parle de chacune de nos pages. Il y a du reste un côté institutionnel qui y intervient semblablement. C'est que nous avons pu participer aux XVIIIe, XIXe et XXe *Congrès internationaux d'Histoire des Sciences* organisés par la *Division d'Histoire des Sciences* de l'*Union internationale d'Histoire et de Philosophie des Sciences*, celui d'Hambourg et de Munich (1989), celui de Zaragosse (1993) et celui de Liège (1997), comme d'ailleurs aux congrès de 1996 et de 1999 de la *History of Science Society*, à Atlanta (GA) et Pittsburgh (PA), respectivement. D'autre part il y eut les réunions annuelles de la *Société française d'Histoire des Sciences et des Techniques* et celles de la *Société d'Histoire et d'Epistémologie des Sciences de la Vie*, auxquelles nous avons participé régulièrement. Leurs organisateurs et participants en retrouveront les bienfaits dans les pages qui suivent.

Un curieux jeu du hasard a voulu que, depuis le début de notre enquête historiographique, l'idée d'*individu substantiel* est en train de refaire surface. Pour faciliter la compréhension de certains acteurs historiques qui y ont puisés leur inspiration, nous nous permettons alors quelques faits divers de l'histoire très récente. Or notre époque vit l'essor des soi-disant *nanotechnologies*, ce complexe de sciences qui visent l'observation, l'identification et le traitement de molécules individuelles, voire d'atomes, parfaitement dans l'esprit des premiers théoriciens moléculaires. Déjà on parle d'une nouvelle « révolution scientifique ». Or cette révolution, si tant est qu'elle est réelle, est la conséquence de l'invention, tout au début des années 1980, d'un nouveau genre de microscopes, les soi-disant microscopes électroniques à effet tunnel, dits aussi microscopes à balayage. L'appareil en question, que nous devons à Gerd Binnig et Heinrich Rohrer (IBM, Zurich, Suisse), les prix Nobel de Physique 1986, permet l'observation et la manipulation de molécules sinon d'atomes pris à part. Ainsi, on est arrivé à écrire le sigle IBM à l'aide de trente-cinq atomes de xénon (Donald Eigler, IBM, San José CA, Etats Unis; 1988). On s'efforce actuellement à réaliser, sous le microscope à effet tunnel ou ses descendants perfectionnés, des réactions chimiques - synthèse et décomposition notamment - de molécules individuelles. En effet, à en croire Donald Eigler, « Une bonne molécule suffit » [6]. D'autre part, l'idée de la machine moléculaire devient de plus en plus courante: on s'imagine la *nanomachine*, cette molécule individuelle apte à réaliser une action mécanique, électrique, optique ou autre, comme la limite du possible dans la miniaturisation. Déjà on parle de « pinces » et d' « interrupteurs » moléculaires: des « pinces » aptes à capter une autre molécule ou atome, des « interrupteurs » qui, suite à un signal lumineux, changent de structure pour laisser passer un courant d'électrons à travers un « nanocâble », un fil conducteur sous forme d'une seule macromolécule linéaire. Tout récem-

---

[6] Eigler 1995: « One good molecule is enough ».

ment on a rapporté la synthèse d'une molécule ayant la forme d'une roue et un poids moléculaire relatif d'environ 24.000 [7].

Ainsi, les chimistes arrivent à penser la molécule nanomachine au moment même où les spécialistes de la mécanique ultrafine conçoivent et construisent des appareils, les micromachines, toujours plus petits sur la base de techniques empruntées à la microélectronique. La manipulation assistée par ordinateur du rayonnement synchrotron, par exemple, a permis la réalisation de rouages de l'ordre de grandeur d'une cellule, constituant d'un tissu organique. Le procédé revient au remplissement par voie électrolytique d'un moule fait - avec une extrême précision - par le biais de ce rayonnement synchrotron. On s'imagine que les atomes du métal qui entrent le moule pour s'y agréger successivement se laissent compter l'un après l'autre. Composer un rouage par agrégation commence à ressembler beaucoup à l'assemblage de roues individuelles. Quoiqu'il en soit, déjà on est arrivé à faire des *micromoteurs* électriques bien performants dont le roteur ne dépasse pas l'ordre d'épaisseur d'un seul cheveu.

Si l'on songe que Giovanni Alfonso Borelli, l'un des partisans de la jeune théorie moléculaire parlait déjà dans les années 1670-1680 de « machinulae » - de « machinules », si l'on peut dire en Français - on comprend que même l'historien peut sentir l'haleine de l'histoire qui se fait. Ainsi les travaux menés depuis 1983 en vue d'une monographie sur l'histoire du concept de « molécule » jusqu'au début du XXe siècle se félicitent du soutien peut-être inconscient, mais toutefois aussi généreux qu'abondant du développement factuel ès sciences théoriques et appliquées.

Les spécialistes en question, nous parlons des nanotechniciens et des micromécaniciens, ont du mal à s'imaginer le moment du contact des deux approches et ses conséquences à long terme. D'ores et déjà il est clair que cette physico-chimie monomoléculaire se double d'une physico-chimie supramoléculaire, elle aussi en plein essor. Dans cette autre branche innovatrice on s'efforce de créer des entités fonctionnelles composées à partir d'unités nettement moléculaires qui s'arrangent spontanément en formant des complexes d'une structure bien déterminée. Il en résulte quelque chose qui tient le milieu entre un agrégat cristallisé et la molécule ultime et qui n'en est pas moins intéressante du fait de sa stabilité remar-

---

[7] A. Müller *et al.*, *Angewandte Chemie* 107 2293-2295 (1995).

quable et ses propriétés physico-chimiques du reste extraordinaires. Il paraît y avoir des systèmes supramoléculaires qui ressemblent des vésicules et d'autres qui pourraient servir de câble électrique. L'imagination des chimistes supramoléculaires rejoint parfois celle des nanotechniciens, comme dans le cas du dessin d'interrupteurs de courants électriques.

Terminons cet aperçu des tendances actuelles en direction d'une physico-chimie monomoléculaire en signalant la naissance et l'épanouissement de la femtochimie qui étudie les phénomènes à l'échelle temporelle de la femtoseconde (10^{-15} sec). C'est-à-dire que la cassure et la formation de liaisons interatomiques individuelles apparaissent enfin comme des processus se déroulant dans le temps et dont les étapes successives se prêtent à l'observation scientifique. Plus généralement parlé, on peut s'attendre à ce que tout processus physico-chimique jusqu'ici inabordable du fait de sa vitesse extrême, rentrera dans le domaine de l'expérience. La rencontre de cette femtochimie et de la nanotechnologie se laisse chaleureusement attendre.

Généralement parlé, l'année 1800 marquera, d'une façon certes approximative, un tournant dans notre présentation de l'histoire du concept de molécule. Le molécularisme s'est érigé en doctrine, tandis que les différentes sciences qui nous concernent vont se constituer en disciplines plus ou moins indépendantes, tendance qui se manifeste clairement dans des langages parfois consciemment émancipatoires [8]. Comme auparavant nous avons donc eu recours aux sources mêmes, mais, au lieu de nous contenter, le cas échéant, de notre propre traduction, nous avons consulté dans la mesure du possible les traductions françaises justement contemporaines. Ceci nous permettait de rendre justice aux vocabulaires particuliers des différentes branches des sciences de la nature au sens large. Citons en exemple, la traduction française par F. Folie de la célèbre *Théorie mécanique de la chaleur* de Rudolf Clausius, parue en 1868, aux éditions E. Lacroix, à Paris [9]. Dans sa 'Préface du traducteur', Folie s'explique sur les problèmes linguistiques auxquels il se trouvait exposés et rend compte de son choix de termes français pour leurs équivalents allemands. Es sciences physiques, les termes techniques, sauf quelques

---

[8] Il y avait bien sûr de nouvelles institutions et des revues de tendance semblable.
[9] Réimprimée aux Editions Jacques Gabay (Paris).

exceptions évidentes faites pour le besoin, n'ont plus une étymologie gréco-latine permettant une simple adaptation de la terminaison. En effet, si le mot d' « entropie », néologisme conçu par Clausius en 1865, ne pose aucun problème, la « mittlere freie Weglänge » (notre « libre parcours moyen ») et ses semblables demandent une attention spéciale. Pourtant ès sciences de la vie le recours presque systématique à une terminologie de souche justement gréco-latine a facilité, et ceci durablement sans doute, la compréhension internationale. Ainsi, bon nombre de néologismes introduits par Rudolf Virchow, entre autre dans son chef-d'œuvre intitulée *Die Cellularpathologie [..]* (1858), font toujours partie du vocabulaire médico-biologique. Généralement parlé nous avons évidemment suivi les coutumes françaises en matière de nomenclature chimique et biologique pour corps, flore et faune. De même, nous avons retenu l'épellation française des noms propres, dans la version de l'*Histoire générale des sciences* de R. Taton (dir.). Parfois il demeurent de petits problèmes, le plus souvent avec les prénoms. Ainsi, une fois installée en France et mariée à Pierre Curie, Manya Skłodowski va s'appeler Marie Curie. Sa thèse de doctorat donne pour nom d'auteur Skłodowska Curie, ce qui explique probablement que la traduction allemande, parue peu après, donne S. Curie. Plus tard, elle signera, selon la coutume française Mme Pierre Curie. Semblablement, dans beaucoup de pays les prénoms officiels (ou de baptême) diffèrent souvent de celui devenu courant. Ainsi, le physicien Walther Kossel qui signait ses articles avec W. Kossel, s'appela, selon le *Dictionary of Scientific Biography* de C. C. Gillispie (dir.), officiellement Ludwig Julius Paschen Heinrich. Encore, souvent - sinon le plus souvent - le prénom usuel n'est pas connu. Nous donnerons alors, en principe, tous les prénoms répertoriés dans le *Dictionary of Scientific Biography*. Qu'il nous soit permis de saisir l'occasion pour corriger l'épellation erroneuse d'un nom propre qui s'est glissée dans la littérature, à savoir celui du chimiste le plus distingué de notre pays natal, Jacobus Henricus van 't Hoff en personne. Suite sans doute à une faute d'imprimérie, l'espace après « van » a été supprimé, même dans le *Dictionary [..]*. Or un coup d'œil sur les publications du premier Prix Nobel de Chimie suffit pour se persuader du bien-fondé de l'espace. Il y a encore Thomas Hunt Morgan pour montrer que, parfois, un prénom présumé n'est autre chose qu'un distinctif parental.

Nous avons refait, dans la mesure du possible, les expériences et les calculs de Charleton, Huygens, Newton, Dutrochet, Loschmidt, Perrin et leurs confrères, ceci pour vérifier ce qu'ils en rapportent et pour avoir une meilleure indication de leur système de coordonnées quantitatives. Nous avons inséré aussi les dérivations des formules proposées par Laplace, Clausius et Planck entre autres, en laissant intacte la version originale; exception faite de quelques adaptations des symboles en vue d'une écriture uniforme, toute adaptation a été justifiée par une note en bas de page. Parfois, nous avons réécrit, pour une meilleure compréhension bien sûr, dans la notation algébrique moderne le raisonnement mathématique d'un auteur; pour ne pas porter préjudice à son traitement, ce sera toujours dans une note en bas de page. Quant aux systèmes d'unités successifs, nous avons eu recours aux tables réunies par Jan Hendrik van Swinden (1812) et aux manuels de Bigourdin (1901) et de Staring (1902), lesquels lient le système métrique, bienfait révolutionnaire datant de 1795, avec ses prédécesseurs, ses successeurs et ses concurrents survivants. Dans nos calculs, nous nous sommes servis du système d'unités moderne, le dit *Système international* (*SI*), tout en maintenant par-ci et par-là certaines unités encore courantes. Pour ce qui concerne les données numériques actuelles d'ordre physico-chimique nous nous sommes confiés au classique *C.R.C. Handbook of chemistry and physics*, dans sa soixante-quatorzième édition (sous la rédaction de David R. Lide; 1993-1994). Quant à leur valeur aux environs de 1900, nous avons consulté les *Physikalisch-chemische Tabellen* de Hans Landolt et Richard Börnstein, dont la première édition vit le jour en 1883. Au fait, l'apparition de ces manuels en tant que genre nouveau à l'époque de l'établissement des grandes laboratoires de recherches leur a valu une attention particulière. De même nous avons esquissé les tentatives contemporaines d'établir un système d'unités aussi cohérent que possible et, ce faisant, la naissance du *Système international de Poids et Mesures*. Ces indications illustrent, si besoin était, que notre point de vue d'historien s'est développé le long du récit: de contemplatif et philosophique dans l'Antiquité à foncièrement mathématico-déductif et expérimental au début du XXe siècle, en passant par le livresque des commentateurs grecs, arabes et latins, l'empirique prudent de la Renaissance et, enfin, le mathématique, d'abord provisoire puis excessif des XVIIIe et XIXe siècles.

Par la suite, nous reprenons d'abord, dans les dix chapitres du tome I, l'histoire du concept de « molécule » jusqu'à l'établissement du molécularisme, aux environs de 1800. Dans les tomes II (chapitres XI-XVII) et III (chapitres XVIII-XIX), nous suivrons ses aléas depuis 1800 jusqu'à c.1925 dans les différentes sciences de la nature au sens large (physique, chimie, cristallographie, minéralogie, biologie, médecine) avec des renvois à la philosophie et aux mathématiques. Notre recit se termine dans le tome III sur un épilogue sous forme d'un chapitre à part, le chapitre XX. Ce tome contient par ailleurs une bibliographie assez complète des sources primaires et secondaires, ainsi que les index (noms propres, matières et notions grecques).

CHAPITRE I

LA THEORIE DE LA MATIERE AVANT PLATON

1.1 Le problème de la matière

De nombreux phénomènes matériels ont sollicité l'attention des savants-philosophes depuis les temps les plus reculés. Parmi eux, c'est sans doute aux phénomènes physiologiques quotidiens des êtres vivants que revient la première place: génération, nutrition, digestion, croissance, vieillissement, mort, putréfaction. Puis il y a les processus engendrés par l'homme pour préparer sa nourriture, ses habits, ses outils, ses ustensiles, ses matériaux de construction et de bâtiment, ses médicaments et d'autres substances accessoires, telles que les parfums, les drogues, les épices, les encres, les colorants pour textiles, les pigments de peinture, les verres, les émaux, etc. Les ornements des tombes pharaoniennes nous montrent à l'évidence le niveau incomparable atteint, dès le IIIe millénaire av.J.-C., par les artisans égyptiens [1]. Des fouilles archéologiques nous ont donné par ailleurs la preuve d'une métallurgie encore plus ancienne [2].

---

[1] La science égyptienne peut se faire prévaloir, à l'heure actuelle, d'un intérêt renouvellé grâce aux efforts de Marshall Clagett. Voir Clagett 1989 et 1995.
[2] La paléométallurgie paraît en plein essor. Voir surtout Moher 1990.

Une récente mise au point, à l'occasion de la découverte de la nécropole chalcolithique de Varna, en Bulgarie, a permis de conclure que « le métal dans un état de technique très élaboré est [déjà] présent dans certaines régions en plein néolithique »[3]. Il s'agit surtout de l'or et du cuivre, trouvés à l'état natif et que l'on réussit à marteler, voire à faire fondre et à couler.

Les colorants et les fragrances occupent une position particulière. Les Egyptiens se servaient de nombreux minérais réduits en poudre: le galène (noir) et le blanc de zinc étaient, par exemple, d'usage cosmétique, alors que le lapis lazuli servait de colorant bleu. L'*Ancien Testament*, par ailleurs, illustre la haute valeur religieuse, parmi les Hébreux, d'un certain colorant bleu connu sous le nom de « tekhelet » et qui s'extrayait d'un mollusque; récemment Isaac Herzog en a écrit l'histoire[4]. Herzog renvoie par ailleurs à Aristote (384-322), qui donne le détail de l'élevage de ce genre de mollusques et de l'extraction d'un colorant pourpre, dite tyrien[5]. L'*Ancien Testament* mentionne aussi l'introduction, par Moïse, de l'usage d'encens et d'autres fragrances dans la vie liturgique, ainsi que l'apparition d'huiles cosmétiques[6]. Chez les Grecs comme chez les Romains, le commerce des dieux s'effectuait également par le moyen d'offrandes « par la fumée », c'est-à-dire par la combustion de fragrances; d'où le nom de « parfum » pour ces derniers (ambroisie; myrrhe, baie de genévrier, coriandre). C'est qu'on s'imaginait que les dieux se nourrissent des émanations volatiles qui s'échappent de l'autel. Comme nous le verrons par la suite les coutumes religieuses en question ont donné lieu, chez Empédocle d'Agrigente (c.492-c.432) notamment, à certaines réflexions sur la manière dont s'opère la communication avec le divin (voir la section 1.7.1).

Or depuis la dynastie des Ptolémées les fragrances d'Egypte étaient les plus célèbres. En fait l'industrie chimique égyptienne était beaucoup plus riche encore. Certains papyri, par exemple ceux de Leyde et de Stockholm (c.300 A.D.), nous parlent amplement des ingrédients et des outils dont usaient les artisans: extracteurs et affineurs de métaux, orfè-

---

[3] Moher et Éluère 1991, 'Préface', p.8.
[4] Herzog 1987.
[5] Herzog 1987, p.17.
[6] Exode 25, 1-9; 30, 1-10 et 22-38.

vres, joailliers, teinturiers. Ces papyri, qui ont été édités et traduits récemment par Robert Halleux [7], nous renseignent aussi en détail sur les recettes pour la fabrication des métaux, pour la purification de l'argent et de l'or ainsi que pour la dorure et l'argenture d'ustensiles en cuivre; ils traitent, enfin, de la fabrication de pierres précieuses et de la teinture de laine. Ces recettes ressemblent, selon Halleux, aux extraits pharmacologiques que le médecin Galien (129/130-199/200) avait composés à partir des ouvrages de ses illustres devanciers [8]. Selon toute vraisemblance les papyri de Stockholm et de Leyde ne sont alors que des abrégés d'un savoir-faire accumulé de siècle en siècle. Encore les connaissances qu'ils véhiculent ont été à l'origine de l'alchimie proprement dite, cette science - ou pseudo-science, si l'on veut - qui visait pas tellement la préparation des métaux en tant que tels, mais bien plutôt leur transmutation successive en or. Or de cette alchimie nous reparlerons dans la section 5.4.

L'homme remarquait également bon nombre de conversions matérielles qui s'effectuaient à son échelle mais hors de son pouvoir, telles que l'accroissement d'un arbre, la maturation de fruits cueillis, la détérioration de nourriture abandonnée ou la fermentation de jus de fruits. Il s'apercevait, enfin, des phénomènes géologiques, météorologiques et astronomiques sur des échelles toujours plus élevées. Il suffit de relire le livre V du *De rerum natura* (*De la nature des choses*) de Tite Lucrèce Carus (c.95-c.55) qui en donne un inventaire virtuellement exhaustif, pour en avoir une idée plus exacte.

Ce sont en gros les phénomènes matériels dont un savant-philosophe, un naturaliste, ne manquerait pas de se rendre compte, évidemment dans la mesure où le savoir les concernant était librement accessible et non pas gardé anxieusement par une classe de privilégiés ou d'initiés, tels les prêtres d'Egypte. Or ces philosophes ont été nombreux, surtout en Grèce, et l'historien moderne en retrouve la trace, par exemple, dans les traités Περὶ φύσεως (De la nature) qu'ils nous ont légués. Ces traités sont rarement complets, il est vrai; parfois ils sont fragmentaires, alors que souvent ils subsistent seulement sous forme de citations lapidaires rapportées par les commentateurs et les doxographes du début de l'ère chrétienne. Pourtant dès l'Antiquité il y a eu également des philosophes-

---

[7] Halleux 1981.
[8] Halleux 1981, 'Notice', p.16.

historiens qui ont fait la synthèse des doctrines de leurs prédécesseurs, ceci dans le but de mieux faire ressortir la leur. C'est le cas d'Aristote qui, le plus souvent, développait ses vues personnelles après avoir analysé celles léguées par la tradition. Il nous servira par la suite de source secondaire extrêmement valable.

Dans ce chapitre nous étudierons les premiers essais d'une interprétation rationnelle des phénomènes matériels relevés ci-dessus. Or selon Léopold Mabilleau, dans son *Histoire de la philosophie atomistique* [9], ceux-ci remontent au début du premier millénium av.J.-C., quand, à l'Inde, le savant Kanada développa une théorie concernant les êtres individuels et les objets sensibles. La théorie de Kanada devenait le cœur doctrinal d'une secte hindoue, appelée *Vaïseshika*, et bien sous forme de « soutras » ou aphorismes. Ceux-ci ont été édités sous la direction de Baman Dasi Basu avec traduction et commentaire annexes [10]. Malheureusement nous avons dû renoncer à une étude plus approfondie de cette édition, car ne connaissant pas le sanscrite il nous semblait que le traducteur des « soutras », Nandalal Sinha, use trop librement du terme « molécule », c'est-à-dire dans des contextes qui n'y invitent guère et sans en spécifier la signification [11]. D'autre part, là où les orientalistes croient voir des traces d'une conception moléculaire, Sinha n'en parle pas [12]. Du reste, une étude de cas des « soutras » de Kanada du point de vue de l'histoire des sciences exactes manque jusqu'ici d'autant plus que l'antériorité de la philosophie *Vaïseshika* par rapport à la science grecque semble hors de doute. Par la suite, nous nous bornerons alors à donner un résumé de l'analyse que Mabilleau a consacrée à la partie de cette philosophie concernant la théorie de la matière.

La science de la nature recevait un nouvel élan sur la côte d'Asie-Mineur, dans les riches colonies grecques, telle que Milet et Ephèse. Quant aux savants ioniens, l'histoire ne nous a légué, le plus souvent, que des fragments de traités, des aphorismes ou même pas plus que des

---

[9] Mabilleau 1895, livre I, chapitre II.
[10] Kanada 1911.
[11] Kanada 1911, V,i,8,9 et 10 (p.168-169).
[12] Kanada 1911, VII, 8.

fragments d'aphorismes, incorporés dans des commentaires et des doxographies postérieurs. Or ces fragments ou (parties d')aphorismes ont été réunis par Hermann Diels, dans ses *Doxographi Graeci* [13] et dans ses *Fragmente der Vorsokratiker* [14], deux ouvrages qui, depuis, ont été adaptés et enrichis à plusieurs reprises. Ceux-ci ont servi de point de départ à de nombreuses études de cas. D'une manière générale, notre analyse des vues des savants-philosophes pré-platoniciens s'appuyera sur ces monographies; dans les cas où une telle monographie manque encore nous nous référerons aux collections de Diels dans leurs dernières éditions. En plus, le cas échéant nous avons eu recours au contexte original. Dans l'absence de tout texte authentique nous ferons appel à la partie historique de l'œuvre d'Aristote, que nous citerons pour raisons d'uniformité dans l'édition d'Immanuel Bekker, *Aristoteles graece* (Berlin, 1831). Nous nous référons pareillement à l'encyclopédie Βίοι φιλοσόφων (*Vies des philosophes*) de Diogène Laërce (IIe-IIIe s.).

1.2 L'atomisme de Kanada

Kanada distingue cinq éléments matériels: la terre (« une substance odorante »), l'eau (« substance froide au toucher »), la lumière (substance à la fois colorée, colorante et chaude), l'air (substance dont l'existence est « induite du toucher ») et l'éther (substance simple qui a pour propriété le son) [15]. Selon Mabilleau, la définition de ces substances est arbitraire, dans ce sens que Kanada ne s'est guère soucié d'une systématisation des rapports entre les qualités fondamentales.

Toute substance consiste en atomes, dont il y en a autant d'espèces qu'il y a de substances élémentaires. Ainsi, la terre consiste en atomes odorants, l'eau en atomes froids, etc. Tout atome est simple, puisque la matière ne supporte pas une divisibilité à l'infini. L'atome n'est d'ailleurs pas fruit de l'expérience, quoique Kanada suggère une estimation de sa

---

[13] Berlin, 1879 et éditions postérieures. Nous citons d'après Diels 1965.
[14] Berlin, 1903 et éditions postérieures (depuis 1935 sous la rédaction de W. Kranz). Nous citons d'après Diels et Kranz 1951, édition qui a connue par après plusieurs tirages.
[15] Mabilleau 1895, chapitre II. Kanada distingue en plus quatre substances immatérielles, à savoir le temps, le lieu, l'âme et la conscience.

grandeur. A son avis, un grain de poussière qui se meut dans l'air et que l'on perçoit dans un rayon de lumière sera composé de *six* atomes élémentaires, pour chaque dimension un couple. Du reste, les atomes ne sont pas créés et ils ne périront pas. Les masses de terre, d'eau, d'air, etc. ne sont que des agrégats d'atomes de la même espèce. A partir de trois couples d'atomes se composent les particules secondaires comparables au grain de poussière dans le rayon de lumière; ce grain représente en quelque sorte le type du minimum visible, égal pour toute substance. D'une manière générale, il y a autant d'espèces de particules composées qu'il y a d'éléments. Il y a donc cinq espèces de particules composées, qui vont s'organiser, selon Kanada, en trois genres d'agrégats, à savoir les substances inorganiques, les êtres vivants et les organes de perception de ces derniers. Ainsi, il distingue pour les particules composées *terreuses* les pierres, l'argile, le bois, etc. comme *agrégats inorganiques*, les corps des êtres vivants comme *agrégats organiques* et, enfin, le nez, en tant qu'*organe* d'olfaction, puisque la qualité fondamentale des corps terreux est leur *odeur*. Et ainsi de suite. Il est important de noter que Kanada croit que les atomes des cinq ordres ne forment pas des particules mixtes. C'est pour cela qu'il distingue autant d'espèces de substances qu'il y a d'organes sensoriels, à savoir cinq.

En considérant les vues de Kanada dans la présentation de Mabilleau, on s'aperçoit que, apparemment, les atomes de même espèce, quoiqu'ayant la même grandeur - la sixième partie d'un grain de poussière visible dans un rayon de lumière -, ne sont pas identiques. Si les cinq espèces d'atomes ne forment pas *entre elles* des particules secondaires, il faut, pour expliquer la variation, par exemple, dans l'odeur des composés terreux, admettre que les atomes terreux qui les composent n'ont pas le même odeur. Un autre problème touche à la question de savoir si les particules secondaires, disons les grains de poussière de toutes sortes, peuvent être considérées, ainsi que le fait Mabilleau, comme des *molécules*. Sur ce point, il n'est d'ailleurs pas très clair. Si la philosophie de Kanada était à la vérité une philosophie de l'individu, comme le prétend Mabilleau, on s'attendrait à ce que les grains de poussière sont conçus comme des *individus substantiels*, donc en tant que la condition à la fois nécessaire et suffisante pour l'existence d'une substance. Fondamental dans ce contexte est l'axiome que les substances telles que nous les vivons sont des choses discrètes et spécifiques, axiome qui, à notre opinion, ne connaît pas son équivalent dans la philosophie de Kanada. Ainsi, la variabilité dans les solides (pierres, argile, bois, d'un côté, et coton, fleurs, etc., d'autre côté) ne relève pas de leurs grains de poussière, mais de l'agrégat de ces derniers: dans l'agrégat des corps moins durs, mous ou visqueux, il se trouve des grains de poussière de l'espèce de l'air et de l'eau. Aussi n'est-il pas question, à proprement parler, d'*individus substantiels*, d'autant moins qu'apparemment les grains de poussière de même espèce peuvent varier à l'infini, faute d'un système cohérent de qualités primaires et secondaires. Enfin, il importe aussi que les grains de poussière d'une certaine espèce ne sont remarqués que par un seul des organes sensoriels de l'homme.

Si nous ne saurons alors accorder que les grains de poussière de Kanada sont de véritables *individus substantiels*, ou, dans un sens plus stricte, des *molécules*, il demeure qu'elles sont porteuses de qualités de grandeur minimale. Nous verrons que d'idées semblables résurgiront bientôt chez Platon (427-348/347). Chez ce dernier en effet les corps qui nous entourent deviennent des agrégats de polyèdres élémentaires, causes de qualités (voir la section 2.3). Pour Kanada, toute substance affectant certains organes de sens est considérée comme un mélange d'autant de sortes de ces grains de poussière.

1.3 L'Ecole de Milet

Tout en négligeant la science hindoue, Aristote a pu suggérer que c'est à Milet, en Ionie, que les φυσίκοι (physiciens) prenaient, dans la première moitié de la Ve s. av.J.-C., la relève des poètes et des théologiens. Les représentants les plus distingués de cette école sont Thalès (c.625-c.547), Anaximandre (c.610-c.546) et Anaximène (c.585-c.528). Pour eux, nous lisons chez Aristote, il y a une matière première qui est à la base de toutes les conversions. Tous les corps proviennent de cette matière et c'est en elle qu'ils se résolvent à la fin de leur existence, alors qu'elle subsiste sous toutes les formes [16]. On ne distingue point encore matière morte de

---

[16] Aristote, *Métaphysique* I, iii, 983b6: « ἐξ οὗ γὰρ ἔστιν ἅπαντα τὰ ὄντα, καὶ ἐξ οὗ γίγνεται πρῶτον καὶ εἰς ὃ φθείρεται τελευταῖον, τῆς μὲν οὐσίας ὑπομενούσης, τοῖς δὲ

matière vivante: toute matière est considérée vivante. Quant à Thalès, dit Aristote, cette matière sousjacente à tous les phénomènes était l'eau [17]. Tout vraisemblablement, ajoute-t-il, Thalès y est arrivé en considérant que le commun des êtres vivants se nourrit d'aliments liquides, alors que la chaleur naît de l'humidité. En plus, les semences sont de nature humide. Selon Thalès, la terre flotte sur cette eau primordiale [18].

Pour Anaximandre, la matière originelle serait un corps difficile à décrire et dont on sait seulement qu'il est d'une étendue infinie [19]. Il l'appela τὸ ἄπειρον (l'illimité). Aristote dit que, pour Anaximandre, cet ἄπειρον était le divin; il serait aussi immortel et impérissable [20]. Dans l'infinité de l'ἄπειρον un nombre illimité de mondes se sont constitués, dont chacun retourne, le moment venu, à l'état initial, celui de l'ἄπειρον, alors qu'ailleurs de nouveaux mondes naissent [21]. A l'avis d'Anaximandre, la terre est un disque qui flotte au milieu de notre monde. Elle serait le résultat d'un tourbillon qui agite les grands morceaux de matière qui se sont formés d'abord à partir de l'ἄπειρον. Les animaux proviennent des pierres, l'homme des poissons [22].

Anaximène est plus concret qu'Anaximandre. Pour lui, la matière première est l'*air* [23] dont il admet une quantité infinie [24]. Par condensation de l'air se forment d'abord les nuages, puis l'eau, ensuite la terre et enfin successivement les pierres et les autres choses dont les êtres

πάθεσι μεταβαλλούσης, τοῦτο στοιχεῖον καὶ ταύτην ἀρχὴν φασιν εἶναι τῶν ὄντων [..] ».

[17] Aristote, *Métaphysique*, I, iii, 983b20-21: « [..] Θαλῆς μὲν ὁ τῆς τοιαύτης ἀρχηγὸς φιλοσοφίας ὕδωρ φησὶν εἶναι [..] ».

[18] Aristote, *Métaphysique* I, iii, 983b21 (cf. *Du ciel* II, xiii, 294a28): « [..] (διὸ καὶ τὴν γῆν ἐφ' ὕδατος ἀπεφήνατο εἶναι) [..] ».

[19] Simplicius, dans son commentaire sur la *Physique* d'Aristote 24,13, rapporte un fragment de Théophraste, qui est ainsi (Diels et Kranz 1961, fragment 9): « [..] ἀρχήν τε καὶ στοιχεῖον εἴρηκε τῶν ὄντων τὸ ἄπειρον, πρῶτος τοῦτο τοὔνομα κομίσας τῆς ἀρχῆς ».

[20] Aristote, *Physique* III, iv, 203b9: « [..] ἔτι δὲ καὶ ἀγένητον καὶ ἄφθαρτον ὡς ἀρχή τις οὖσα [..] ».

[21] Diels et Kranz 1951, fragment 17.

[22] Diels et Kranz 1951, fragment 30.

[23] Diels 1965, 278,9: « [..] ἀρχὴν τῶν ὄντων ἀέρα ἀπεφήνατο, ἐκ γὰρ τούτον πάντα γίνεσθαι καὶ εἰς αὐτὸν πάλιν ἀναλύεσθαι ».

[24] Diels 1965, 579,21.

vivants. La raréfaction de l'air le transforme en feu [25]. Anaximène donne même une expérience à ses yeux probante: l'exhalaison d'air à lèvres fermées le rend froid, tandis que ce même exhalaison à bouche ouverte rend l'air chaud. Ainsi, la condensation de l'air revient à son refroidissement, la raréfaction à son chauffage [26].

1.4 Héraclite d'Ephèse

Comme ses collègues de Milet, Héraclite (c.500 av.J.-C.) admettait l'existence d'une matière première, chez lui, le feu, d'une vie éternelle [27]. Peut-être qu'il s'est inspiré du rôle de la chaleur dans la croissance des plantes et des animaux, analogie qui la met au rang de l'eau de Thalès. En tout état de cause, son feu est matériel et peut être converti, successivement, en air, eau et terre; ces conversions seraient réversibles [28] et selon certaines proportions [29]. Ainsi, nous lisons chez Diogène Laërce, dans son encyclopédie précitée Βίοι φιλοσόφων (*Vies des philosophes*), que, d'après Héraclite, toute chose résulte d'une condensation ou d'une raréfaction du feu principe [30]. On le sait bien, du reste: la doctrine de la matière première n'est qu'un détail de la philosophie naturelle d'Héraclite, qui axe surtout sur les changements continuels que manifeste la nature et sur la contrariété que l'auteur croit voir en toute chose. Tout changement - non

---

[25] Diels 1965, 560,19 [cf.278,9]: « [..] πυκνούμενον γὰρ καὶ ἀραιούμενον διάφορον φαίνεσθαι· ὅταν γὰρ εἰς τὸ ἀραιότερον διαχυθῇ, πῦρ γίνεσθαι, ἀνέμους δὲ πάλιν εἶναι ἀέρα πυκνούμενον, ἐξ ἀέρος [δὲ] νέφος ἀποτελεῖσθαι κατὰ τὴν πίλησιν, ἔτι δὲ μᾶλλον ὕδωρ, ἐπὶ πλεῖον πυκνωθέντα γῆν καὶ εἰς τὸ μάλιστα [πυκνότατον] λίθους ».

[26] Diels et Kranz 1951, fragment B.1: « [..] τὸ γὰρ συστελλόμενον αὐτῆς καὶ πυκνούμενον ψυχρὸν εἶναί φησι, τὸ δ' ἀραιὸν καὶ τὸ χαλαρὸν (οὕτω πως ὀνομάσας καὶ τῶι ῥήματι) θερμόν ».

[27] Conche 1986, fragment 80: « κόσμον τόνδε, τὸν αὐτὸν ἁπάντων, οὔτε τις θεῶν οὔτε ἀνθρώπων ἐποίησεν, ἀλλ' ἦν ἀεὶ καὶ ἔστιν καὶ ἔσται, πῦρ ἀείζωον, ἁπτόμενου μέτρα καὶ ἀποσβεννύμενου μέτρα ».

[28] Conche 1986, fragment 85: « γῆς θάνατος ὕδωρ γενέσθαι καὶ ὕδατος θάνατος ἀέρα γενέσθαι καὶ ἀέρος πῦρ, καὶ ἔμπαλιν ».

[29] Conche 1986, fragment 81: « πυρὸς ἀνταμοιβὴ τὰ πάντα, καὶ πῦρ ἁπάντων, ὅκωσπερ χρυσοῦ χρήματα καὶ χρημάτων χρυσός ».

[30] Diogène Laërce IX, 7-9.

seulement matériel, mais aussi politique, économique ou sociale - s'effectue par la transition d'un extrême en son contraire.

1.5 Pythagore

Aucune source écrite directe nous a été laissée par l'histoire concernant la personne et la doctrine de Pythagore de Samos (c.560-c.480). Il n'y a donc ni doxographie ni commentaire. Ce dont on dispose ne sont pour la plupart que des témoignages d'adeptes du début de notre ère. C'est pour cela que l'analyse qu'Aristote, dans sa *Métaphysique*, a consacrée à la doctrine de la matière des pythagoriciens est particulièrement importante. Or il en découle que les pythagoriciens cherchaient l'essence des phénomènes dans leurs aspects numériques, disons arithmétiques. Comme leurs collègues contemporains d'Elée, Parménide et son groupe, les pythagoriciens croyaient qu'il ne faut pas s'occuper des phénomènes en tant que tels, dans toute leur ambiguïté, mais en faire abstraction. Pour Pythagore et ses disciples le principe sousjacent à la matière serait comparable à celui qui sert de fondement au monde tel que nous le vivons. Ainsi, la matière serait un agrégat d'unités, de *monades*, tout comme le monde à notre échelle se présente comme un ensemble de toutes sortes de choses spécifiques. Aristote s'exprime ainsi [31]:

> « Car ils construisent tout l'univers à partir de masses, exception faite des monades, mais ces monades sont supposées avoir de la grandeur ».

Ailleurs [32], il en parle comme si les pythagoriciens admettaient que leurs *monades* étaient des entités indivisibles, mais tout de même des entités non-étendues. Ceci l'amenait à se demander comment, dans un tel cas, une certaine grandeur puisse naître de parties indivisibles. Pour le moment, il laissait cette question sans réponse.

---

[31] Aristote, *Métaphysique* XIII, vi, 1080b18: « [..] τὸν γὰρ ὅλον οὐρανὸν κατασκευάζουσιν ἐξ ἀριθμῶν, πλὴν οὐ μοναδικῶν, ἀλλὰ τὰς μονάδας ὑπολαμβάνουσιν ἔχειν μέγεθος [..] ».
[32] Aristote, *Métaphysique*, XIII, viii, 1083b14: « οὔτε γὰρ ἄτομα μεγέθη λέγειν ἀληθές, εἴ θ' ὅτι μάλιστα τοῦτον ἔχει τὸν τρόπον, οὐχ αἵ γε μονάδες μέγεθος ἔχουσιν [..] ».

Du récit d'Aristote on ne peut pas déduire si les pythagoriciens pensaient que leurs *monades* se distinguaient ou non en espèce. Nous verrons que plus tard on a tenté de concevoir des théories de la matière en termes d'entités identiques, étendues (Francis Bacon; section 6.1) ou non (Ruder Boscovich, section 10.3).

1.6 L'Ecole d'Elée

Parménide (c.515-après 450) a cherché, comme les Milésiens et Héraclite, ce qui est caractéristique pour toutes les choses, ce qui leur est commun. Or, à son avis, il ne faut pas chercher ce dénominateur commun dans une matière première unique et ses conversions. Pour Parménide, ce qu'Anaximène et Héraclite avaient soutenu, à savoir que cette matière subsisterait sous toutes les formes qu'elle adoptera, est inconcevable [33]. En effet, la seule voie qui mène a une véritable connaissance réside dans l'*existence* même des choses, bref: dans leur *être*. C'est à cet *être* que devait se borner l'attention des philosophes, car les changements dans la nature ne sont, en dernier ressort, que des illusions. C'est-à-dire: les changements que subissent les choses ne touchent nullement à leur *être*. Dans ce contexte, une distinction entre le passé, le présent et le futur n'a pas de sens, car le temps est aussi illusoire que les changements dont il dérive.

Sans l'*être* des choses la réflexion des philosophes serait en vain [34]; ce qui n'existe pas, est inconcevable et, de ce fait même, impossible, dit Parménide [35].

La réflexion de l'homme lui apprend que le tout de l'*être*, c'est-à-dire tout ce qui est matériel, est sans commencement et sans fin, et qu'il est inaltérable, indestructible, indivisible, immobile, complet et unique. En fin de compte, il n'y a donc qu'un seul *être*, partout dans le même degré, disons, dans la même intensité [36]. Parménide s'imagine cet *être* comme une sphère, dans laquelle l'Amour et la Haine se disputent la place centrale.

---

[33] Coxon 1986, fragments 5 et 6.
[34] Coxon 1986, fragment 4: « [..] τὸ γὰρ αὐτὸ νοεῖν ἐστιν τε καὶ εἶναι ».
[35] Coxon 1986, fragment 3.
[36] Coxon 1986, fragment 8.

Mélissos de Samos (c.440 av.J.-C.), partisan de Parménide, rendait la théorie éléatique plus explicite d'un point de vue physique. Pour lui, l'*être* est infini, non seulement dans le temps [37], mais aussi quant à ses dimensions [38]. Il y ajoute [39]:

« Rien qui connaît commencement et fin ne sera éternel et sans bornes ».

En plus, si l'*être* ne serait pas unique, il devait avoir des bornes, ce qui n'est pas le cas [40]. L'*être* ne change jamais en aucune façon; il ne connaît pas la douleur, puisque douleur implique altérabilité; le vide n'existe pas, si bien que l'*être* ne saurait se mouvoir; partout l'*être* existe dans le même degré [41]. Il ne peut y avoir une pluralité d'*êtres* - les éléments des Ioniens, par exemple -, car chacun d'eux devrait avoir les mêmes caractéristiques que le véritable *être* unique. En effet, tout ce que nous percevons, varie en fonction de la personne et, en outre, dans le temps. Même un métal apparemment durable tel que l'or subit le frai, alors que l'eau donne naissance à la terre et aux pierres. A l'évidence, ce que nous observons n'est pas ce qui existe vraiment. Nos observations infiables s'opposent également à l'hypothèse d'une matière première inaltérable, que l'on devait nécessairement se représenter à l'exemple des substances phénoménales [42].

Nous concluons sur Zénon d'Elée (c.490-c.425), un élève direct de Parménide. Zénon souscrivait d'abord à la vue de son maître que l'*être*, pour peu qu'il existe vraiment, devrait être limité. Mais s'il existe en effet, dit Zénon à peu près, il faut qu'il ait des parties de certaines grandeurs et à une certaine distance les unes des autres. Et comme ces parties doivent être équivalentes, au point de vue de leur *être*, il faut qu'elles aient toutes les mêmes rapports entre elles; aucune ne pourrait donc se trouver à l'ultime limite de l'*être*. Par conséquent, dès que l'on

---

[37] Diels et Kranz 1951, fragment B1,2.
[38] Diels et Kranz 1951, fragment B3.
[39] Diels et Kranz 1951, fragment B4: « [..] ἀρχήν τε καὶ τέλος ἔχον οὐδὲν οὔτε ἀίδιον οὔτε ἄπειρόν ἐστιν ».
[40] Diels et Kranz 1951, fragment B5,6.
[41] Diels et Kranz 1951, fragment B7.
[42] Diels et Kranz 1951, fragments B8,9,10.

admet l'existence d'une pluralité de choses, il faut que celles-ci soient à la fois infiniment grandes et infiniment petites [43]. Ce qui est en contradiction avec le point de départ, à savoir que l'*être* est limité en grandeur. Ayant démontré, dans un fragment que nous ne connaissons pas, que toute chose spécifique ne saurait avoir de la grandeur, Zénon argue que tous ceux qui proclament une pluralité de choses se perdront en contradictions. Généralement parlé, une chose sans grandeur, épaisseur et pesanteur ne saurait exister; pour toute chose, quelque petite qu'elle soit, on en trouve toujours une qui est plus petite encore [44]. Le fragment en question n'est pas très clair, à vrai dire. Il nous semble que Zénon veut dire deux choses à la fois. D'une part, que, si quelqu'un admet l'unicité de l'*être*, il faut qu'il en tire la conséquence, à savoir que cet *être* sera limité en grandeur. Mais si le savant en question admet en même temps une pluralité de choses, il est amené à conclure que ces choses varient infiniment en grandeur et que, pour cette raison, l'*être* entier ne saurait pas connaître de bornes, conclusion qui s'oppose manifestement à la prémisse. Par contre, si le savant suppose que l'*être* soit illimité quant à ses dimensions, il lui faudrait en déduire que les choses telles que nous les apercevons sont des néants. Mais si elles sont de véritables néants, leur addition à une autre chose ne saurait jamais la faire grandir, si bien qu'il n'est pas compréhensible comment l'univers infini pourrait en résulter. Les considérations de Zénon aboutissent à d'autres paradoxes encore, dont les suivants [45]. S'il existe en effet une pluralité de choses, il faut qu'il y ait exactement autant de choses qu'il y en a en réalité dans l'univers. Mais si c'est le cas, le nombre des choses devrait être limité. D'autre part, une fois admise la pluralité, il faut en conclure que l'*être* est illimité, car entre deux choses il y en a toujours d'autres plus petites et ainsi de suite.

Nous voyons ainsi comment les paradoxes de Zénon illustrent les rapports parfaitement logiques mais au demeurant fort ambigues entre l'infiniment petit et le monde phénoménal, d'un côté, et les objets phénoménaux et l'univers infini, de l'autre [46]. Bientôt Archimède de Syracuse trouvera moyen pour contrebalancer la force de l'argumentation zéno-

---

[43] Diels et Kranz 1951, fragment B1.
[44] Diels et Kranz 1951, fragment B2.
[45] Diels et Kranz 1951, fragment B3.
[46] Voir surtout Caveing 1982.

nienne, tout en arrivant à des résultats à la fois beaux, étonnants et aisément vérifiables [47].

1.7 Une nouvelle génération

Comme nous l'avons vu auparavant, la perception sensorielle ne joue qu'un rôle de moindre importance dans l'Ecole d'Elée. La véritable connaissance, le vrai savoir ne concerne que l'*être* des choses; tout ce qui se rattache aux observations est illusoire et ne donne que des opinions fugitives. Le mérite de l'Ecole d'Elée est en effet qu'elle a reconnu qu'un *être* ne saurait jamais provenir d'un *non-être*, c'est-à-dire du néant, et en outre que, inversement, un *être* ne se réduira jamais à un *non-être*. Une nouvelle génération de philosophes-naturalistes va maintenant tenter de réconcilier ces vues avec les conversions des corps, qui, à leur opinion, ne sont décidément pas moins évidentes. Vis-à-vis de l'*être* unique et complète des Eléates, ils vont poser une pluralité d'*entités*. Chacune de ces *entités* serait une particule matérielle douée de toutes les propriétés qu'avait l'unique *être* de Parménide. Toute *entité* est alors sans commencement et sans fin, inaltérable et indestructible, éternelle. Le semblant des conversions serait alors le résultat du mélange et de la séparation de ces *entités*.

1.7.1 Empédocle

Empédocle d'Agrigente (c.492-c.432), dans son poème Περὶ φύσεως (*De la nature*), s'accorde avec Parménide en ce qu'il faut se méfier des organes des sens, du moins pour ce qui concerne les changements apparents des choses. Ce qu'Empédocle vise c'est avant tout la démythisation de la nature; s'il y a lieu de parler de divinités, il faut les chercher dans les éléments. Selon l'avis d'Empédocle il est également impossible qu'un *être* naîtrait d'un *non-être* ou qu'il serait réduit à un tel [48]. Rien ne peut être ajouté à ce qui existe; rien ne saurait disparaître dans le néant. L'univers

---

[47] Voir ci-après, la section 1.8, p.20 et suiv.
[48] Wright 1981, fragment 9.

est absolument plein [49]; le *non-être* au sens de Mélissos, donc en tant que vide, est répudié.

Empédocle tâche maintenant d'expliquer les conversions des corps en termes de quatre éléments quantitativement égaux quoique qualitativement différents, en même temps qu'immuables et impérissables: terre, eau, air et feu [50]. Ce sont ces quatre matières premières qui déterminent par leurs mélange et séparation les changements apparents [51]. Les processus en question s'opèrent sous l'influence de deux forces, l'Amour et la Haine, dont chacune domine à son tour [52]. Sous l'influence de l'Amour les grandes masses des éléments se divisent en parties qui vont se mêler en constituant d'abord des membres solitaires (têtes, yeux, bras, etc.), puis toutes sortes de combinaisons fortuites de ces membres. Or seulement celles de ces combinaisons qui sont équipées de tous les membres nécessaires pour la vie et la reproduction, seront à même de subsister [53]. Dans le stade suivant, sous l'influence prédominante de la Haine, le monde se désintègrera et les parties des éléments s'agrégeront dans leurs masses respectives originales. Ces masses correspondent à la terre, la mer, l'atmosphère et le soleil [54]. Ainsi, dans l'histoire cyclique de l'univers, la prédominance de la Haine succédera à celle de l'Amour et plus tard encore l'Amour cédera la place à la Haine [55]. On voit que, à proprement parler, il n'est pas question de génération et de corruption: tout ce qui saurait exister, existe déjà de toute éternité et existera pour toujours.

De même que les peintres composent leurs innombrables couleurs à partir de quelques pigments différents en les combinant en certaines proportions, le résultat du mélange des éléments, les choses dans la nature, dépend de la proportion d'entre eux [56]. D'une manière générale, la présence de tous les quatre éléments n'est pas indispensable pour qu'un matériau puisse exister; Empédocle cite l'exemple d'os consistant en feu,

---

[49] Wright 1981, fragment 10.
[50] Wright 1981, fragments 7 et 8.
[51] Wright 1981, fragment 12.
[52] Wright 1981, fragments 14 et 16.
[53] Wright 1981, fragments 47, 50, 51 et 52.
[54] Wright 1981, fragment 25.
[55] Wright 1981, fragment 16.
[56] Wright 1981, fragment 15.

terre et eau et bien dans la proportion de 4 : 2 : 2 [57]. Cependant tout être vivant consiste en tous les quatre éléments [58].

Les êtres communiquent entre eux par voie d'effluvia. Toute chose émet un effluvium sous forme de petites particules; celles-ci s'insinuent dans les pores d'un autre corps [59], du moins si la géométrie de ces pores le permet. Après tout, l'eau se mélange bien avec du vin, mais refuse d'admettre l'huile [60]. Le sens de l'odorat sert Empédocle de modèle pour toutes les autres interactions entre un être et son environnement: un parfum à particules convenables occasionne un sentiment agréable [61]. Ainsi, il explique non seulement la croissance comme suite de nutrition, mais également la respiration [62], la perception et la réflexion; toutes trois reviendraient à l'influx de particules venant de dehors, à travers les sens. L'influx relève d'une attraction du semblable pour le semblable: grâce au feu intérieur nous pouvons prendre connaissance du feu extérieur, etc. [63]. Comme nous dirigeons nous-mêmes nos sens, nous sommes maîtres de la situation, du moins dans une certaine mesure. Dans ce contexte, *avoir faim* et *être curieux* relèvent d'une même source [64]; tous deux dépendent aussi de l'environnement matériel [65]. En principe, il n'y a pas de différences entre les êtres vivants quant aux facultés de se nourrir, de percevoir et de réfléchir [66]. D'autre part, le commerce des dieux doit être effectué à l'aide d'offrandes de fragrances; eux aussi s'en nourrissent [67]. Nous voyons que, chez Empédocle, l'interprétation du culte se fait sur le modèle d'une théorie de la matière essentiellement particulaire. Il est significatif dans ce contexte que c'est justement l'odorat - et non pas la

---

[57] Wright 1981, fragment 48. Dans son commentaire Wright souligne en effet: « There is no reason to suppose that all four are constituents of everything » (Wright 1981, p. 209).
[58] Wright 1981, fragment 60.
[59] Wright 1981, fragment 73.
[60] Wright 1981, fragment 74.
[61] Wright 1981, fragment 93.
[62] Wright 1981, fragment 91.
[63] Wright 1981, fragment 77.
[64] Wright 1981, fragment 78.
[65] Wright 1981, fragment 79.
[66] Wright 1981, fragments 81 et 100.
[67] Wright 1981, fragment 118.

vision, par exemple - qui sert de point de départ. Ceci illustre, si besoin était, l'importance des fragrances dans la vie à la fois socio-économique et religieuse du siècle [68].

En résumant la position du savant d'Agrigente nous dirons que, selon son avis, les quatre éléments subsistent sous forme de menues parcelles dans les êtres qui, tous, seraient vivants. Ces parcelles ne sont pas spécifiées davantage quant à leur grandeur ou leur figure; Empédocle suggère qu'elles ont les mêmes qualités que les masses dont elles sont provenues. C'est apparemment pour cela qu'on a pu soutenir qu'elles sont infiniment divisibles tout en gardant leur nature. Le caractère d'un corps est défini par la nature des éléments qui y sont présents et par la proportion de ces derniers. Les interactions des corps s'effectuent par voie de particules qu'ils émettent et qui pénètrent, en cas d'adaptation mutuelle, les pores des autres corps. Le caractère de ces particules n'est pas non plus élaboré. Or par cette doctrine simple et assez rudimentaire Empédocle a exercé une influence certaine, notamment sur Epicure (341-270) et son panégyriste, Lucrèce.

1.7.2 Anaxagore

Le grand problème d'Anaxagore de Clazomène (c.500-c.428) était de savoir comment il faudrait s'imaginer l'origine de substances spécifiques telles que la chair ou les cheveux [69]. Dans les fragments qui nous restent, il constate d'abord [70]:

> « Toutes les choses étaient réunies, infinies selon la quantité et selon la petitesse. En effet, la petitesse était illimitée. Tant que toutes les choses sont une, elles ne sont pas visibles de par leur petitesse [..] ».

Apparemment les choses dont Anaxagore fait état sont des entités compa-

---

[68] Voir ci-dessus, la section 1.1.
[69] Diels et Kranz 1951, fragment B10: « [..] πῶς γὰρ ἄν, φησίν, ἐκ μὴ τριχὸς γένοιτο θρὶξ καὶ σὰρξ ἐκ μὴ σαρκος; ».
[70] Diels et Kranz 1951, fragment B1: « [..] ὁμοῦ πάντα χρήματα ἦν, ἄπειρα καὶ πλῆθος καὶ σμικρότητα· καὶ γὰρ τὸ σμικρὸν ἄπειρον ἦν. καὶ πάντων ὁμοῦ ἐόνεων οὐδὲν ἔνδηλον ἦν ὑπὸ σμικρότητος· [..] ».

rables à l'*être* de Parménide. Il précise, un peu dans l'esprit de Zénon [71]:

> « Parmi les petites il n'y a pas une grandeur minimale, mais toujours une grandeur encore plus petite. Car il est impossible qu'un être cesse d'exister. Mais parmi les grandes il y en a aussi toujours [au moins] une qui est encore plus grande. Et ces grandes choses sont aussi nombreuses que les petites. Toute chose est alors à la fois grande et petite ».

Il appelle ces entités σπέρματα (germes) et dit qu'elles se distinguent en trois qualités [72]:

> « Lorsqu'il est ainsi, il faut penser qu'en tout qui se réunit de nombreux corps très variés s'assemblent et des germes de toutes les choses, germes qui ont une grande variété de formes, de goûts et d'odeurs [..] ».

Leur nombre total serait fixe et invariable [73]. Les substances à notre échelle - dont chacune contient des *germes* de toutes les autres substances [74] - ont été engendrées à partir d'un mélange originel immobile d'une infinité de germes complètement différents entre eux [75]. La séparation des substances à partir de ce mélange originel de dimensions infinies est réglée par un Esprit omniprésent, qui agit d'au-dehors sur les semences et qui, au commencement, les a mis en mouvement tourbillonnaire [76]. Génération et corruption reviennent donc à mélange et séparation [77]:

> « [..] Car aucune chose ne naît ni ne périt, mais résulte d'un mélange ou d'une

---

[71] Diels et Kranz 1951, fragment B3: « [..] οὔτε γὰρ τοῦ σμικροῦ ἐστι τό γε ἐλάχιστον, ἀλλ' ἔλασσον ἀεί (τὸ γὰρ ἐὸν οὐκ ἔστι τὸ μὴ οὐκ εἶναι) - ἀλλὰ καὶ τοῦ μεγάλου ἀεί ἐστι μεῖζον. καὶ ἴσον ἐστὶ τῶι σμικρῶι πλῆθος, πρὸς ἑαυτὸ δὲ ἕκαστόν ἐστι καὶ μέγα καὶ σμικρόν ».
[72] Diels et Kranz 1951, fragment B4: « [..] τούτων δὲ οὕτως ἐχόντων χρὴ δοκεῖν ἐνεῖναι πολλά τε καὶ παντοῖα ἐν πᾶσι τοῖς συγκρινομένοις καὶ σπέρματα πάντων χρημάτων καὶ ἰδέας παντοίας ἔχοντα καὶ χροιὰς καὶ ἡδονάς [..] ».
[73] Diels et Kranz 1951, fragment 5.
[74] Diels et Kranz 1951, fragment 11: « [..] ἐν παντὶ παντὸς μοῖρα ἔνεστι πλὴν νοῦ, ἔστιν οἷσι δὲ καὶ νοῦς ἔνι ».
[75] Diels et Kranz 1951, fragment 4.
[76] Diels et Kranz 1951, fragments 12 et 13.
[77] Diels et Kranz 1951, fragment 17: « [..] οὐδὲν γὰρ χρῆμα γίνεται οὐδὲ ἀπόλλυται, ἀλλ' ἀπὸ ἐόντων χρημάτων συμμίσγεταί τε καὶ διακρίνεται [..] ».

séparation de choses déjà existantes [..] ».

Plus tard, ces germes seront appelés ὁμοιομέρειαι (homoiomères ou homoioméries), signifiant à peu près « parties de la même espèce ». Ils vont jouer un rôle important chez Aristote, et surtout chez ses commentateurs grecs, nommément chez Simplicius et Philopon. Ainsi, nous en reparlerons amplement. Retenons pour le moment qu'Anaxagore ne leur pose aucune limite quant à la grandeur, ni en haut, ni en bas.

1.7.3 Leucippe et Démocrite

Sur la doctrine de Leucippe (Ve s.) et de Démocrite (fin du Ve s.) nous sommes amplement enseignés par Aristote, dans sa *Métaphysique* et dans le traité *De la génération et de la corruption*. Ce n'est que dans ce dernier qu'il distingue le maître du disciple. Ainsi, Leucippe est dit avoir reconnu, en conformité avec les sens, la réalité des conversions des corps et de leur mouvement, tout en admettant une pluralité de choses [78]. Il y aurait le vide, qui correspondrait au *non-être* de Parménide et siens, et le plein, qui, quant à Leucippe, n'est pas *un*, mais une infinité de choses solides invisiblement petites. Ces choses se meuvent dans le vide. Aristote parle d'ἀδιαίρετα (indivisibles). Leur rencontre serait génération; lorsqu'ils se quittent, il y a corruption. L'accroissement d'un objet revient à l'insertion d'ἀδιαίρετα dans des interstices vides. Ainsi, le plein et le vide sont également réels [79]. Ailleurs [80], Aristote y ajoute que ces ἀδιαίρετα varient infiniment en figure et en nombre. Les choses observables se distingueraient les unes des autres à cause d'une différence dans la figure des ἀδιαίρετα constituants et dans leur arrangement spatial.

Dans la doctrine de Leucippe et de Démocrite la nature est conçue comme l'ensemble d'une infinité d'*êtres* se mouvant dans toutes les directions dans un vide de dimensions infinies. Ces *êtres*, appelés « atomes », ne se distinguent qu'en forme et en grandeur; ils sont physiquement insécables, bien que mathématiquement divisibles. En plus, ils sont

---

[78] Aristote, *De la génération et de la corruption* I, 8, 325a23 et suiv.
[79] Aristote, *Métaphysique* I, iv, 985b5-23.
[80] Aristote, *De la génération et de la corruption* I, 8, 314a21-24.

indestructibles et inaltérables. Leur substance est homogène, ou, si l'on veut, isotrope [81] et ne contient pas d'interstices vides. Ils ne sont pas nécessairement invisiblement petits; le fait que l'on n'a pas vu jusqu'ici un « atome » de grandeur perceptible, autrement dit quelque chose de parfaitement indivisible à notre échelle, n'exclut pas qu'il en existe ailleurs, dans un autre recoin de l'univers. Les différences perceptibles entre les choses sont engendrées par les différences dans l'arrangement et les positions relatives des atomes et dans leurs dimensions et leurs formes. Génération et corruption se réduisent à l'agrégation et la désagrégation des atomes, processus qui s'opèrent grâce à leurs mouvements et leurs chocs, sans aucune impulsion supplémentaire. L'altération qualitative d'un corps est le résultat d'un changement dans l'arrangement et les positions des atomes.

1.8 Entre éléments et atomes

Nous avons vu que les savants-philosophes pré-platoniciens, les « physiciens » d'Aristote, variaient, pour ce qui concerne la théorie de la matière, entre le monisme élémentaire assez concret des Ioniens et le pluralisme abstrait des atomistes. Les transformations que subit l'eau philosophique de Thalès s'inspirent à l'évidence du rôle que joue l'eau palpable dans les phénomènes physiologiques des êtres vivants: les plantes « naissent » de l'eau; par conséquent elles ne sont que de l'eau transformée; les animaux qui vivent des plantes consistent donc en eau doublement transformée, etc. Cependant dès que l'on considère de plus près les différentes propriétés que montrent les choses, on s'aperçoit qu'il y en a qui sont plus généralement reparties que d'autres et qui tout de même ne sauraient être attribuées à un seul principe. C'est un peu ce qu'aurait pu amener un Empédocle à faire la synthèse des doctrines monistes en posant une théorie particulaire de quatre éléments. Chez ce dernier, comme d'ailleurs chez ses prédécesseurs, cette matière qui nous entoure est active et vivante. Tous

---

[81] Au sens moderne, c'est-à-dire: dans toutes les directions les mêmes qualités. Dans le contexte de l'atomisme on parlait jusqu'ici le plus souvent d' « homogène ». Cependant une caprice de l'histoire a voulu que cet adjectif sera substantivé pour servir de nom pour les particules secondaires, les *molécules* avant la lettre. Voir la section 6.2.1.

les phénomènes naturels sont en dernière analyse la suite de cette vie de la matière, qui obéit périodiquement, selon Empédocle, aux lois de l'Amour et de la Haine. A cette poésie cosmogonique s'ajoute tout de même une physique simple, consistente et adéquate relative à la composition des substances et sur leurs interactions. Empédocle offrait ainsi une élaboration intéressante du dogme éléatique concernant l'apparence des changements, élaboration qui est toutefois redevable de ces « physiciens » d'Ionie. Or les précisions apportées à ce semblant des Eléates par Anaxagore et Leucippe et les siens vont beaucoup plus loin encore. Les ὁμοιομέρειαι d'Anaxagore sont les plus concrètes possibles: quoiqu'elles soient infiniment petites, elles possèdent la même couleur et le même goût que les substances qu'elles représentent. Cette doctrine est du reste aussi plérotique [82] que ses devancières: l'univers n'est qu'un agrégat colossal, rempli partout et toujours d'homoiomères qui se séparent et s'agrègent continûment sans admettre d'espaces vides. Or, plus tard, cette doctrine devait vexer Aristote: à l'évidence, être infiniment petit et posséder tout de même les qualités du concret ne va pas de soi. Le Stagirite y ajoutera l'idée d'une petitesse limite, qui, avec l'idée d'une grandeur limite, se déduit de considérations sur la constitution des êtres vivants et de leurs matériaux.

Selon Leucippe et Démocrite, enfin, l'invariance de la nature relève de la double permanence de choses aussi éternelles qu'inaltérables et partant insécables et de l'espace vide coexistant dans lequel elles sont supposées se mouvoir de toute éternité en toute éternité sans aucune direction préférentielle. Ces particules et ce vide existent dans la même mesure; ils sont aussi réels l'un que l'autre. Ainsi, les phénomènes physico-chimiques ne dépendent que de la syncrèse et/ou la diacrèse de ces ultimes particules. Toute qualité à notre niveau dérive de la figure, de la taille et du mouvement de ces *atomes*.

Epicure, élève de Nausiphane - qui, lui, avait été un disciple de Démocrite -, devait s'inspirer de cette doctrine aussi sobre et cohérente que plausible. Pour atteindre son but, c'est-à-dire libérer l'homme de son effroi devant ce qui se présente comme des caprices épouvantables des dieux et l'arbitraire de la nature, il va introduire un parallélisme entre les objets figurant dans le monde phénoménal et, d'une part, les atomes du

---

[82] De πλήρης, plein, rempli.

microcosme, et d'autre part, les mondes du macrocosme. Comme nous le verrons chez Lucrèce, dans son poème didactique consacré à l'atomisme épicurien, Epicure est probablement allé jusqu'à admettre la variabilité des propriétés, tant des atomes que des mondes [83]. En effet, toutes les précisions qu'Epicure apporte visent à familiariser l'homme avec l'idée d'une nature fidèle à soi-même et, ce faisant, à combattre les superstitions et à soutenir la constance, la logique et la compréhensibilité des phénomènes naturels, de la foudre à la maladie contagieuse en passant par les tremblements de terre. Si l'homme ne saurait se soustraire au cours usuel de la nature, il a tout de même droit à cette tranquillité d'âme appelée ἀταραξία (ataraxie) lui permettant de mener une vie exempte de contraintes superflues, physiques autant que mentales.

A côté de ces aspects religieux et éthiques, il y a aussi, nous l'avons vu chez Anaxagore et Zénon d'Elée, un aspect mathématique qui, lui, concerne la divisibilité d'un continu, soit spatial ou temporel, soit matériel. En mathématique, les Grecs, mis dans l'embarras par les paradoxes de Zénon, avaient tendance à éliminer, ne serait-ce qu'après s'en être servi pour une démonstration, toute allusion aux composants infinitésimaux d'un continu supposés au préalable [84]. Ainsi Archimède de Syracuse (c.287-212) paraît avoir démontré, par une méthode dite *mécanique*, le rapport de 4 à 3 entre le segment de parabole et le triangle inscrit de même hauteur. Cette méthode consiste à établir un rapport entre deux objets géométriques de même espèce (plans, solides) à l'aide d'une balance. En admettant, par hypothèse, que la pesanteur d'un plan soit proportionnelle à l'étendue de sa surface, on compare, dans la pensée, le poids des composants supposés correspondants de deux figures (lignes, plans) et on cherche le rapport des bras permettant l'équilibre. Ce dernier n'est rien moins que l'inverse du rapport recherché. Après coup, Archimède s'est efforcé de dissimuler la voie qu'il avait suivie tout en reprenant la preuve par le biais de la méthode purement *géométrique* dite d'exhaustion, méthode devenue classique depuis Eudoxe de Cnide (c.400-c.347) pour éviter les écueils de Zénon. Aristote, de son côté plutôt philosophique, s'était occupé des aspects *logiques* de cette notion de la divisibilité, mais lui non plus il n'arrivait pas à résoudre tous les problè-

---

[83] Voir ci-après, la section 4.2, p.103-104.
[84] Dijksterhuis 1956, p.318-321.

mes. Or, inévitablement, les problèmes en cause devaient résurgir de temps à autre. Nous voudrions y revenir dans un contexte plutôt physico-mathématique, celui des débuts du calcul infinitésimal, lorsque des résultats *physiques* tout aussi beaux, étonnants et aisément vérifiables que ceux foncièrement mathématiques d'Archimède, commençaient à se manifester à des savants tels que Galiléo Galilée, Johannes Kepler, Isaac Beeckman et René Descartes. Nous verrons qu'il s'agit d'une technique calculatrice qui devait valoriser l'approche d'Archimède et éviter en même temps les apories auxquelles achoppe un traitement par trop logique [85].

---

[85] Voir ci-après, la section 6.2.1.2, p.217 et suiv.

CHAPITRE II

PLATON

2.1 Une nouvelle approche

Jusqu'ici nous avons rencontré déjà plusieurs genres de philosophie naturelle, variant de collections d'aphorismes jusqu'à de vastes poèmes épuisant le sujet. Le plus souvent, nous l'avons souligné, il ne nous reste que des fragments éparses. De ce point de vue Platon (427-348/347) est un cas à part, puisqu'il est l'un des rares auteurs grecs dont on connaît virtuellement toute l'œuvre. A la variété de genres déjà connus il ajoute un nouveau, celui du *dialogue*. C'était à vrai dire la manière de procéder de son maître, Socrate, qui eut l'habitude d'approfondir un sujet par le moyen de discussions avec ses élèves. Or les dialogues de Platon sont en quelque sorte consacrés à Socrate, qui lui-même joue le rôle d'interlocuteur principal. Les premiers dialogues que Platon compose sont aussi bien dans l'esprit de Socrate. En effet, ils concernent des thèmes plutôt moraux comme le courage (*Lachès*), la piété (*Euthyphron*), l'obéissance à la loi (*Criton*), la sagesse (*Charmide*). Plus tard, tout en conservant le manque de systématique qui semble le propre d'un dialogue socratique, Platon va aborder également des sujets plutôt scientifiques. Ainsi, ce que la postérité s'est cru obligée de constituer en doctrine dite des *idées*, se retrouve dispersée dans plusieurs dialogues, dont *Ménon*, *Phédon* et la *République*. C'est un heureux jeu du hasard qui a fait que la théorie de la matière est développée dans un seul et même dialogue, à savoir le *Timée*. Platon y a repris - par la bouche de Τίμαιος (Timée), un savant venu de Locres, en Italie - la théorie des quatre éléments d'Empédocle sous une forme particulaire et en la réconciliant avec celle de la convertibilité de la matière originelle telle que celle-ci avait été professée par les φυσίκοι (physiciens) d'Ionie. Les particules élémentaires deviennent des constructions démontables et remontables, ce qui, par l'égalité des composantes, leur permet de se transformer les unes dans les autres. L'insistance sur l'aspect mathématique de toute théorie de la matière est frappante. En soi ce n'était pas vraiment nouveau; on se souvient les proportions numériques qu'avait considérées Empédocle pour la composition élémentaire des corps à notre échelle. Or Platon va beaucoup plus loin. C'est d'abord la figure géométrique de ces particules élémentaires qui attire son attention: chaque genre se voit attribué une figure régulière et parfaitement déterminée. Or ces figures, du moins trois d'entre elles, seraient composées des mêmes parties, ce qui permet de préciser leurs rapports numériques exacts.

Par la suite, nous allons d'abord esquisser la doctrine des idées pour entrer après dans le vif du *Timée*. Nous verrons en effet que la doctrine des éléments se situe dans la lignée directe de celle des idées. Notre interprétation du *Timée* s'est développée par ailleurs avec sur toile de fond le commentaire riche et virtuellement exhaustif de Francis Cornford (1937); nous nous sommes servis également des traductions de Robert Bury (1929) et Emile Chambry (1969). D'une manière générale, nous souscrivons à l'opinion de Cornford [1] et de Geoffrey Lloyd [2] selon laquelle le *Timée* donne la pensée authentique et originale de Platon sur l'une des topiques de la science antique, à savoir la genèse du cosmos et les raisons de son état actuel.

2.2 Esquisse de la doctrine des idées

C'est dans le *Ménon*, le plus ancien des trois dialogues en cause, que Socrate considère la *vertu*, notion qui se réfère à tout ce qui est parfait

---

[1] Cornford 1937, 'Preface', p.viii-xi; 'Introduction', p.3.
[2] Lloyd 1970, p.73-74; Lloyd 1990, p.92-93.

dans les qualités humaines. Le problème est de savoir si l'homme, lors de son éducation, s'approprie petit à petit la *vertu* par un processus d'appréhension ou que celle-ci fait déjà intégralement partie de sa nature. Socrate souligne qu'il n'est pas nécessairement contradiction en cela, du moins lorsqu'on se rend compte de ce que c'est que l'appréhension. Pour lui, *apprendre* correspond à *se ressouvenir*, car l'homme posséderait déjà en soi le savoir de tout ce qui est connaissable, sans pourtant s'en être conscient. Par l'interrogation d'un esclave, Socrate réussit à convaincre ses compagnons que ce dernier, s'il n'avait reçu aucune éducation, n'était pas moins à même de démontrer un théorème de géométrie. Cette connaissance latente l'homme le doit, selon son avis, à sa situation prénatale, qui n'est d'ailleurs pas spécifiée davantage.

Dans le *Phédon*, Platon revient au sujet. Cette fois-ci la mise en scène comprend une discussion qui se serait déroulée dans le prison d'Athènes, entre Socrate attendant la peine capitale et les quelques visiteurs avec qui il passa son dernier jour. Les visiteurs, parmi lesquels se trouva Phédon, s'étonnèrent de la tranquillité mentale de leur maître dans ces heures difficiles. A leurs questions Socrate répondit qu'il n'est point besoin de craindre la mort. Après tout, comme l'homme, d'après Socrate, consiste en *âme* et *corps*, la mort ne serait rien d'autre que leur séparation. Socrate s'empressa d'y ajouter qu'il faut que cette âme soit immortelle et l'un des arguments qu'il avança, concerne l'axiome que l'*appréhension* de l'homme revient à la *réminiscence*. Socrate précisa que le porteur du savoir complet bienque inconscient est justement cette âme, qui en quelque sorte participe aux choses éternelles. Ceci l'amena à conclure que l'âme est effectivement immortelle.

De plus, Socrate argua que l'homme a tendance à classer en *espèces* les choses dont il s'aperçoit dans la nature. Outre que tous les représentants d'une *espèce* se distinguent plus ou moins les uns des autres, chaque individu change continûment dans le temps. Il n'empêche que l'homme capte le propre de ces individus de même espèce, disons leur dénominateur commun. Socrate parle de l' « égal » de ces choses et soutient que celui-ci soit éternellement le même. Apparemment il y a deux mondes: celui où il ne change jamais rien, le monde des « égaux », et celui où tout change sans cesse, le monde à notre échelle. Ce dernier est perceptible pour l'homme à l'aide de ses sens, le premier ne l'est que par l'intermédiaire de l'âme. Dans ce monde des « égaux » règne par ailleurs l'être éternel, celui de Parménide. L'âme humaine provient de ce monde qu'elle a parcouru de tout part. Cependant, au moment où elle entre un nouveau corps, elle, agitée plus que jamais, oublie presque tout, tant elle voit de choses changeantes. Il n'empêche que l'âme a le sentiment de voir des choses vaguement connues et de s'en rappeler graduellement de plus en plus, avec un appétit toujours plus grand. Cette réminiscence viendrait alors au compte d'une certaine nostalgie qui dirige le comportement de l'homme.

Dans la *République*, un dialogue plus récent que le *Phédon*, Platon parle des « égaux » en les appelant εἴδη (idées). L'εἶδος (idée) d'une chose serait son *essence*, c'est-à-dire: ce qui est commun à tous les représentants de même espèce. La question discutée concerne le problème de la connaissance. Qu'est-ce que c'est que connaître ? Or selon Socrate, le vrai connaître se rapporte toujours au monde de l'*être* véritable, et c'est le monde des εἴδη. Mais si toutes les εἴδη sont dites également éternelles, elles ne sont pas équivalentes pour autant. Socrate admet en effet qu'il y a une hiérarchie, avec au sommet l'εἶδος du *Bien*, *idée* suprême qu'il compare avec le soleil: de même que le soleil de notre monde rend les choses visibles à l'œil, l'εἶδος du *Bien* fait que les autres « idées » sont intelligibles pour l'âme humaine. L'appréhension a donc une dimension nettement morale.

Le rapport entre les εἴδη et les choses périssables est développé dans l'allégorie de la grotte. Les choses ne seraient que des ombres vagues, vacillantes, imparfaites des *idées*. Tout un chacun qui vit dans le monde des ombres et qui serait forcé d'entrer dans celui des εἴδη n'est d'abord guère à même de distinguer quoi que ce soit, ébloui qu'il est par la lumière abondante qui y règne. Inversement, une fois accoutumé à la clarté des εἴδη et remis au monde, l'homme aura du mal à distinguer les ombres et ne s'en ressouviendrait l'origine que progressivement. D'autre part, ayant vu la réalité des *idées* il aura tendance à fuir la compagnie des savants d'ici-bas pour qui déjà les ombres suffissent pour s'enorgueillir. C'est d'après cette allégorie, dit Socrate enfin, qu'il faut juger la nature des choses et celle des εἴδη et leurs rapports, ainsi que le rapport entre l'âme et le corps.

Pour Platon, nous concluons de ce qui précède, il y a deux mondes, l'un des idées éternelles et l'autre des choses périssables, l'un de l'être et l'autre du devenir, l'un de la connaissance parfaite et l'autre qui ne permet guère d'aller au-delà de la conjecture. On se souvient que ses prédécesseurs avaient plutôt tendance à négliger consciemment ou bien le devenir (Parménide), ou bien l'être (les Ioniens), puis de les voir tous deux actifs dans la nature, l'un à côté de l'autre (Empédocle, Anaxagore, Leucippe, Démocrite). Or pour Platon, l'être et le devenir représentent deux mondes à part, l'un hors de l'autre. Sa théorie particulaire de la matière, qui ressortit à une cosmologie à part entière, en est d'autant plus intéressante. A n'en pas douter, cette théorie constitue la contribution la plus remarquable de Platon à la physique de son temps [3].

2.3 Le Timée

La datation des dialogues est une question épineuse, mais les commentateurs s'accordent en ce que le *Timée* est l'un des derniers écrits de Platon. Ce dialogue compte quatre interlocuteurs: Socrate, Critias, Timée et Hermocrate. La situation est la suivante. Socrate vient d'achever son discours sur le gouvernement idéal de l'état, résumé dans la *République*, et c'est le tour à Critias de parler de l'histoire la plus ancienne d'Athènes, puis à Τίμαιος (Timée), célèbre astronome de Locres, d'exposer sa vision sur l'origine du cosmos et sur la raison de son état actuel.

Timée partit de la distinction entre *être* et *devenir* [4]. Il y a des choses qui participent à l'être et ne changent nullement et il y a d'autres qui deviennent toujours et ne manifestent aucune constance. La question sera alors de déterminer lesquelles des choses *sont* et lesquelles *deviennent*. Le cosmos change comme tout produit de main-d'œuvre humain et serait de ce fait, par analogie, le produit d'un artisan divin et cosmique, ὁ δημιουργός, le Démiurge, qui, puisque ce monde est à l'évidence le plus

---

[3] C'est en tout cas l'opinion de Geoffrey Lloyd. Voir Lloyd 1970, p.74 et Lloyd 1990, p.92.
[4] Platon 1962, iv, 27d-28a.

beau qui se puisse, l'a fait d'après un modèle idéal [5]. Timée ajoute que son récit comporte le même défaut que le sujet, car: « ce que l'être est au devenir, c'est que la vérité est à l'opinion » [6]. Ainsi, la théorie qu'il va présenter relève donc plutôt de la vraisemblance; de la plus haute vraisemblance possible, il est vrai, mais certainement pas de la certitude.

Le cosmos en tant que construction artisanale n'a donc pas existé de tout temps. Le Démiurge l'a fait à partir d'un chaos déjà existant, car, selon Timée, l'ordre est sous tous les aspects supérieur au désordre [7]. Le cosmos est comparable à un être vivant, doué d'un corps et d'une âme, cette âme étant le siège de l'intelligence [8]; un animal unique et parfait ou presque, bien entendu, image de l'idée en même temps que modèle abstrait pour tous les animaux qu'il va contenir [9].

Toutes les choses dans le cosmos à notre échelle sont visibles et tangibles, si bien qu'il faut qu'il y ait aux moins deux sources: le feu et la terre. Car sans le feu, rien n'est visible et sans la terre, rien n'est solide et partant palpable. Comme il faut en outre qu'il y ait de la proportion, force est de conclure qu'il y a deux autres éléments, à savoir l'eau et l'air. Ainsi, ce que le feu est à l'air, l'air l'est à l'eau, et ce que l'air est à l'eau, l'eau l'est à la terre [10]. On n'est du reste pas par trop surpris de voir Timée arriver à une doctrine de justement quatre éléments, synthèse proposée auparavant par Empédocle [11].

Tout ce qu'il y a de feu, d'air, d'eau et de terre fut utilisé par l'Artisan, en sorte qu'il n'y a qu'un seul et unique cosmos, animal-type de forme idéale, c'est-à-dire sphérique, et dépouillé de tout organe superflu [12]. Comme il est seul, il n'a pas besoin ni de yeux, ni d'oreilles, ni d'organes de respiration ou de digestion puisqu'il n'existe rien hors de

---

[5] Platon 1962, iv, 28a,b et 29a. Le modèle est appelé παραδείγμα; il est τὸ ἀίδιον (l'éternel).

[6] Platon 1962, iv, 29c: « ὅτιπερ πρὸς γένεσιν οὐσία, τοῦτο πρὸς πίστιν ἀλήθεια ».

[7] Platon 1962, iv, 30a: « [..] εἰς τάξιν αὐτὸ ἤγαγεν ἐκ τῆς ἀταξίας, ἡγησάμενος ἐκεῖνο τούτου πάντως ἄμεινον ».

[8] Platon 1962, iv, 30b: « [..] τὸν κόσμον ζῷον ἔμψυχον ἔννουν [..] ».

[9] Cf. Platon 1962, iv, 32c-33b.

[10] Platon 1962, iv, 31b-32c.

[11] Pour une analyse du raisonnement assez dense et compliqué de Timée, voir Cornford 1937, p.43-50.

[12] Platon 1962, iv, 33b-34a.

II

lui qui puisse entrer en lui. L'animal qu'est ce cosmos manque également d'extrémités; tout mouvement se passe au-dedans de lui. Ce sont d'abord les astres dont les courses créent le temps comme reflet mobile de l'éternité [13].

Puis l'Artisan fit les dieux - immortels pour la durée du temps - qui, eux, furent chargés de la construction de la partie mortelle des animaux: oiseaux, poissons et animaux terrestres. Avant de se retirer l'Artisan leur fit les âmes, qu'il attribua, chacune, à son étoile; chacune était destinée par nécessité à adopter une fois un corps humain. Après une vie convenable et selon les ordonnances l'âme remontera à son étoile; après une vie incongrue, elle renaîtra dans un être inférieur.

Ainsi, tout animal fut fait selon l'élément qui lui est destiné; les dieux eux-mêmes - animaux, mais immortels pour la durée du temps - étant composés de l'élément de feu [14]. Encore, tout n'est pas fait n'importe comment, mais à l'exemple de l'animal-type cosmique et équipé de certains membres et de certains organes de sens, unis dans une certaine structure et bien dans un certain but. Il est clair: pour Timée le cosmos en général et l'homme en particulier ne sont donc point le fruit d'un concours fortuit d'atomes, par example. Rien n'existe sans qu'il ait une fin. Dans ce contexte Timée discute l'agencement de la vue, le sens le plus noble, d'après lui, puisqu'elle permet à l'homme d'apercevoir les astres et les étoiles qui l'incitent à chercher la plus haute des connaissances auxquelles l'homme aura accès. La sensation de voir proviendrait de la coïncidence d'un faisceau de feu des plus menus emis par le corps à travers les yeux et le feu plus grossier émis par le soleil. C'est la rencontre des deux espèces de lumière qui occasionne la sensation de voir, mais Timée, il est vrai, n'est pas tellement clair sur ce point [15]. Ses explications de l'ouïe et de la voix ne le sont d'ailleurs pas davantage [16].

Jusqu'ici la fabrication du cosmos et de l'homme en particulier releva de l'intelligence des déités. Quant au matériau utilisé, celui-ci doit être sujet à la nécessité et comporte partant des limitations et des imperfecti-

---

[13] Platon 1962, iv, 37d-39e.
[14] Platon 1962, iv, 39e-40a.
[15] Platon 1962, iv, 45b-46c.
[16] Platon 1962, iv, 47c-47e.

ons [17]. Il est en tout cas à l'origine de tout devenir. Encore il y a les quatre éléments qui donnent naissance les uns aux autres, « en cercle » selon le mot même de Timée [18], si bien qu'il faut qu'il y ait quelque chose de plus basale encore. Les noms de « feu », d' « air », etc., tels que les hommes s'en servent, ont trait à des classes entières de corps qui ont les qualités caractéristiques de l'élément en question. Mais ces corps semblent tout de même insaisissables du fait de la transmutation des éléments proprement dits [19]. Il ne faut cependant pas en déduire, comme le fait le commentateur Cornford, que Platon n'attribuait aucune valeur épistémologique aux substances à notre échelle [20]. Comme nous le verrons ci-après, l'élément, chez Platon, est plutôt une notion générique qui se réfère à des substances, ne serait-ce que souvent des substances idéalisées; on n'est donc pas en droit de conclure que les éléments ne sont rien que des qualités [21].

La matière basale est ce que Timée nomme le « réceptacle », plus précisément « ce qui doit recevoir toutes les choses matérielles » [22]. C'est elle qui donne naissance aux différents éléments et qui peut être comparée à l'or. Comme ce dernier, elle peut adopter en effet toutes sortes de figures [23], alors qu'elle n'a rien en commun avec les choses qu'elle fait naître [24]. Ailleurs Timée établit un parallèle entre cette matière première et une vanne ou un tamis, ustensiles qui opèrent la séparation des parties bien distinctes du blé battu et, ce faisant, rassemblent ce qui est semblable [25]. On a beaucoup parlé de la nature précise de cette ustensile et de la signification de l'analogie en question sans

---

[17] Platon 1962, iv, 47e ff.
[18] Platon 1962, iv, 49c,d: « [..] κύκλον τε οὕτω διαδιδόντα εἰς ἄλληλα, ὡς φαίνεται, τὴν γένεσιν ».
[19] Platon 1962, iv, 49e.
[20] Cornford 1937, p.181.
[21] Cornford 1937, p.178-181.
[22] Platon 1962, iv, 50b: « [..] τὰ πάντα δεχομένης σώματα [..] ».
[23] Ailleurs il la considère comme un ἐκμαγεῖον, c'est-à-dire comme une matière molle apte à recevoir des empreintes diverses (Platon 1962, iv, 50c).
[24] Platon 1962, iv, 50b,c: « δέχεται τε γὰρ ἀεὶ τὰ πάντα, καὶ μορφὴν οὐδεμίαν ποτὲ οὐδενὶ τῶν εἰσιόντων ὁμοίαν εἴληφεν οὐδαμῇ οὐδαμῶς· [..] ».
[25] Platon 1962, iv, 52e-53a.

toutefois aboutir à une solution satisfaisante [26]. A notre opinion, la fonction principale de l'ustensile de triage est que cette dernière impose certaines restrictions - et bien des restrictions d'ordre géométrique [27] - de façon que ce ne sont que les quatre éléments et rien d'autre qui peuvent provenir d'elle, chacun avec ses propres particularités, dont surtout celle d'avoir une place à soi dans le tout du cosmos. Car sur ce point il n'y a pas de doute: tout élément, selon Timée, a sa propre région et c'est justement son penchant d'aller y chercher ses semblables qui est l'une des forces motrices principales dans l'univers. On s'étonne par ailleurs de constater que nulle part, dans le dialogue, Timée n'aborde la question de savoir où et comment il faudrait s'imaginer ces régions. Cornford suggère que la division stratifiée autour du centre - la terre au milieu, entourée par les couches d'eau, d'air et de feu dans cet ordre - était déjà depuis longtemps une nette évidence au point qu'il ne valait plus la peine de la spécifier [28].

Pour Timée il est évident que les éléments, une fois constitués, sont des corps ayant, comme tous les autres, une profondeur et partant une surface enveloppante [29]. Or toute surface peut être engendrée par un enchaînement de triangles de forme quelconque, alors que chacun de ces triangles se dérive de deux types de triangles rectangles, à savoir, celui, isocèle, dont les deux côtés de l'angle droit sont égaux et celui où le carré du grand côté de l'angle droit est triple du carré du petit côté [30].

Ces triangles rectangles seraient les composantes des plus beaux corps qui existent - ceux des éléments - et qui devront être tels qu'on peut les démonter pour utiliser les triangles originelles afin d'en former le corps d'un autre élément. Ces σώματα (particules) doivent avoir partant une forme discrète ne permettant pas des formes intermédiaires, car il n'y a que quatre éléments parfaitement distincts [31]. En effet, les quatre éléments consistent en particules caractéristiques de certaines formes géométriques,

---

[26] Cornford 1937, p.201-203.
[27] Platon 1962, iv, 53b.
[28] Cornford 1937, p.246 et 265-266.
[29] Platon 1962, iv, 53c.
[30] Platon 1962, iv, 54c.
[31] Platon 1962, iv, 53e: « τότε γὰρ οὐδενὶ συγχωρησόμεθα καλλίω τούτων ὁρώμενα σώματα εἶναι σου καθ᾽ ἓν γένος ἕκαστον ὄν ».

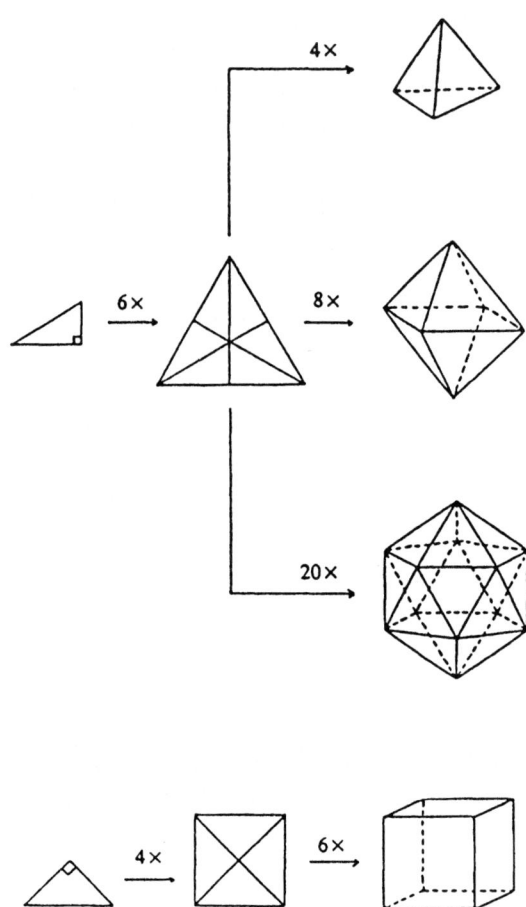

Figure 1

Les triangles ultimes et les particules polyèdres des éléments.

les plus belles qui sont.

C'est ici que Timée indiqua que contrairement à ce qu'il eut soutenu auparavant, il ne peut pas y avoir des transmutations en *cercle complet*, où tout élément se transformera successivement en tout autre [32]. La transmutation ne concerne que les particules élémentaires faites du *même* type de triangle. En tout état de cause, six triangles non-isocèles donnent naissance à un triangle équilatéral plus grand, qui, lui, sert pour construire quelques-uns des polyèdres réguliers, c'est-à-dire: ceux dont la sphère circonscrite est divisée par eux en parties égales et semblables. Or ces polyèdres seraient les figures des particules de feu, d'air et d'eau. Ainsi, la première figure solide, πρῶτον εἶδος στερεόν, la particule-type du feu serait un tétraèdre composé de quatre triangles équilatéraux, celle de l'air un octaèdre fait de huit et, enfin, celle de l'eau un icosaèdre fait de vingt de ces triangles. On voit alors que le solide tétraèdre du feu se compose de 4 x 6 triangles originels, l'octaèdre de l'air de 8 x 6 et l'icosaèdre de l'eau de 20 x 6 de ces mêmes triangles (voir la Figure 1) [33].

De l'autre type de triangle original, c'est-à-dire le triangle rectangle isocèle, on peut former un quadrangle équilatéral. Timée en prend quatre pour faire ce quadrangle, dont il se sert ensuite pour composer un cube, qui, lui, en tant que polyèdre régulier le plus stable, serait la forme privilégiée des particules de terre [34]. Dans ce contexte l'existence d'un cinquième polyèdre régulier, le dodécaèdre à pentagones, est un peu embarrassante, mais Timée se sauve du problème en disant que celui-ci est utilisé par le Démiurge pour achever la décoration de l'univers [35].

Ainsi, le feu serait « selon la saine théorie et selon le probable » [36] caractérisé par des particules qui ont adopté la figure d'un tétraèdre: les plus petites, les plus légères, les plus mobiles et les plus coupantes qui sont. Chaque στοιχεῖον (élément) ou σπέρμα (semence, graine) du feu sera alors un tel tétraèdre. Suivent les octaèdres de l'air et les icosaèdres

---

[32] Platon 1962, iv, 54c,d.
[33] Platon 1962, iv, 54d-55b.
[34] Platon 1962, iv, 55b-e.
[35] Platon 1962, iv, 55c.
[36] Platon 1962, iv, 56b: « [..] κατὰ τὸν ὀρθὸν λόγον καὶ κατὰ τὸν εἰκότα [..] ».

de l'eau, toujours plus grands, plus lourds, moins mobiles et moins coupants [37].

Si les particules des éléments, prises à part, sont invisiblement petites, elles ne deviennent sensibles que lorsqu'elles s'agrègent [38]. Autant que les handicaps, disons les restrictions techniques, de la matière première le permettent, le Démiurge les a fait les plus exactes et les plus harmonieuses que possible [39].

La transmutation des éléments revient donc à la dissolution des particules de l'élément de départ et la composition de celles du produit. Ainsi, une particule d'eau peut être transformée en deux particules d'air et une de feu [40]; deux particules de feu peuvent donner naissance à une particule d'air et inversement. Enfin, deux particules d'air et la moitié d'une troisième suffissent pour donner une seule particule d'eau [41]. Il est clair que les particules de terre ne puissent jamais produire autre chose que leur semblable.

Si des particules plus petites s'attaquent en grands nombres à des particules plus grandes, ces dernières sont converties en les premières, et inversement [42]. Ceci donne lieu à un mouvement continuel car toute particule menacée tend à s'échapper et à joindre ses semblables, réunies dans une masse, chaque espèce dans une région particulière [43].

Timée fait ressortir ensuite qu'il y a autant de genres de cubes, d'icosaèdres, d'octaèdres et de tétraèdres qu'il y a de différentes espèces de terre, d'eau, d'air et de feu dans le monde des idées [44]. Selon Cornford cela s'explique par l'hypothèse qu'à partir des triangles ultimes se forment d'autres plus grands de différents ordres, qui, eux, servent à constituer des polyèdres aux échelles successives. Ainsi, à partir de quatre

---

[37] Platon 1962, iv, 55e-56b.
[38] Platon 1962, iv, 56b,c: « πάντα οὖν δὴ ταῦτα δεῖ διανοεῖσθαι σμικρὰ οὕτως, ὡς καθ' ἓν ἕκαστον μὲν τοῦ γένους ἑκάστου διὰ σμικρότητα οὐδὲν ὁρώμενον ὑφ' ἡμῶν, συναθροισθέντων δὲ πολλῶν τοὺς ὄγκους αὐτῶν ὁρᾶσθαι· [..] ».
[39] Platon 1962, iv, 56c.
[40] Platon 1962, iv, 56d: « [..] ὕδωρ δὲ [..] ἐγχωρεῖ γίγνεσθαι συστάντα ἓν μὲν πυρὸς σῶμα, δύο δὲ ἀέρος ».
[41] Platon 1962, iv, 56d,e.
[42] Platon 1962, iv, 57a,b.
[43] Platon 1962, iv, 57b,c.
[44] Platon 1962, iv, 57c,d.

triangles ultimes (isocèles ou non) on peut former un seul triangle semblable mais plus grand; quatre de ce dernier peuvent servir à la construction d'un triangle semblable encore plus grand, etc. A chaque niveau, on peut former des triangles équilatéraux pour former des polyèdres correspondants (Figure 2). L'hypothèse très réfléchie de Cornford explique fort heureusement pourquoi Timée se sert de nombres assez excentriques pour constituer les facettes des polyèdres. En effet, le triangle équilatéral est fait à partir de *six* triangles rectangles non-isocèles, au lieu d'à partir de simplement *deux*, le carré de *quatre* au lieu de *deux* triangles rectangles isocèles. Or d'après Cornford ceci indique, dans le contexte extrêmement cryptique du *Timée*, que hormis l'exemple compliqué donné il y en a d'autres, l'un plus simple et d'autres encore plus compliqués pour atteindre le but, à savoir la construction de triangles équilatéraux ou de carrés, respectivement. En effet, l'hypothèse de Cornford - reprise par Lloyd [45] - fait voir très clairement que le Démiurge a établi des proportions bien déterminées entre les éléments. Autrement dit, que les polyèdres de même espèce ne varient pas indéfiniment en grandeur, mais discrètement, selon des proportions déterminées par les nombres de triangles ultimes qui constituent les facettes du polyèdre [46].

Du reste Timée souligne que ces particules polyédriques de différentes espèces et de différents ordres n'admettent pas de vide, car suite aux révolutions de l'univers comme tout les choses inférieures sont comprimées, ou du moins ne laissent pas d'interstices entre elles. Timée s'exprima ainsi [47]:

> « Le circuit du tout, du moment où il contient les espèces [des éléments], étant sphérique et ayant une tendance naturelle de revenir sur soi-même, les contraint toutes et ne permet pas qu'il y reste d'espace vide ».

Ce serait pour cela que les particules de feu ont pénétré parmi toutes les

---

[45] Lloyd 1970, p.75. Au sujet des différents ordres de particules de même espèce, Lloyd parle, du reste sans s'expliquer, d' « isotopes » ce qui toutefois fait figure d'anachronisme. Voir aussi Lloyd 1990, p.95.
[46] Cornford 1937, p.230-239.
[47] Platon 1962, iv, 58a,b: « ἡ τοῦ παντὸς περίοδος, ἐπειδὴ συμπεριέλαβεν τὰ γένη, κυκλοτερὴς οὖσα καὶ πρὸς αὑτὴν πεφυκυῖα βούλεσθαι συνιέναι, σφίγγει πάντα καὶ κενὴν χώραν οὐδεμίαν ἐᾷ λείπεσθαι ».

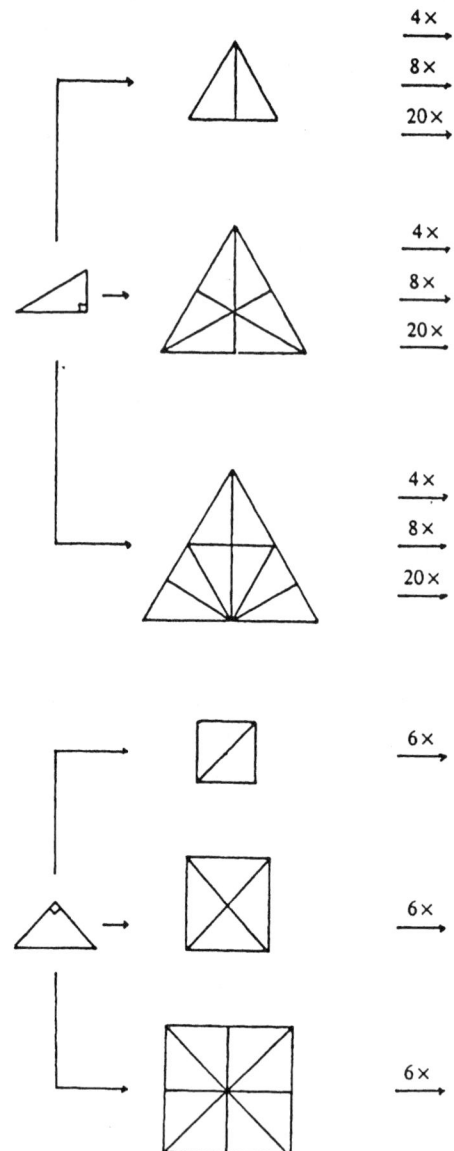

Figure 2

La construction de facettes de polyèdre de grandeur croissante à partir des deux types de triangles ultimes selon Cornford.

autres alors que celles d'air se sont insinuées parmi celles d'eau et celles de terre et, enfin, celles d'eau parmi celles de terre. Rien n'est moins clair, malheureusement. Apparemment la tendance en bas des particules plus petites n'est là que pour éviter la naissance d'interstices vides entre les particules plus grandes. Mais il est difficile, pour ne pas dire impossible, de rimer cette tendance en bas avec le mouvement circulaire de l'univers. Il n'empêche que, d'après Timée, c'est bien cette tendance des particules plus petites et plus actives de remplir les pores entre les plus grandes et de scinder ces dernières qui, en combinaison avec le penchant de toute particule de joindre ses semblables, cause les changements dans la nature.

Ayant traité des particules polyédriques en tant que telles, Timée va discuter plus en détail les différentes espèces de feu, d'air, d'eau et de terre dans la nature qui y répondent [48]. Il distingue le feu de la flamme du feu caché. Quant à l'air, Timée connaît l'éther, le brouillard et plusieurs autres sans nom. En plus il y a deux genres d'eau, à savoir les eaux liquides et fusibles. Les eaux liquides consisteraient en icosaèdres de dimensions diverses, alors que les eaux fusibles auraient des icosaèdres plus grands mais tout de même semblables. La fusion proprement dite s'opère par la pénétration de particules de feu entre les icosaèdres: le corps s'étend en devenant liquide. Inversement, lorsque les particules du feu se retirent d'un liquide, celui-ci devient solide, tout en se rétrécissant [49]. Le passage n'est pas très évident, à vrai dire, et nous ne dissimulons pas que Cornford l'a interprété tout autrement [50]. A son opinion, la fusion d'un métal, par exemple, revient au démontage d'une partie de ses icosaèdres suivi du montage d'icosaèdres d'un ordre inférieure. Ceci, nous semble-t-il, pourrait éventuellement impliquer qu'un métal, en fondant, au lieu de se dilater, se rétrécirait, car le volume d'un seul grand icosaèdre sera supérieur au volume des icosaèdres plus petits qui en dérivent, étant donné que le nombre de triangles ultimes soit le même. Selon notre avis, la liquidité d'un métal fondu au sens de Timée vient uniquement de l'insertion de particules de feu parmi les grands icosaèdres.

---

[48] Platon 1962, iv, 58c et suiv.
[49] Platon 1962, iv, 58e-59a.
[50] Cornford 1937, p.247-250.

Ainsi, les métaux sont des « eaux fusibles ». Le plus dense de ceux-ci est l'or, dont les particules sont les plus petites et se distinguent entre elles le moins que possible [51]. Si, en principe, la dureté d'un métal est en raison de sa densité, la dureté supérieure de l'airain (ou du cuivre) [52] par rapport à l'or est attribué à l'admixtion d'une terre. La preuve en est que celui-ci, dans le courant du temps, acquiert une apparence verdâtre [53] qui, selon Timée, n'est autre chose que cette terre qui s'est échappée des pores entre les grandes particules du métal. Cette même terre occasionnerait que le métal en question est plus léger que l'or [54].

Lorsque les particules de l'eau se débarrassent des particules d'air et de feu qui s'y étaient intercalées, elles constitueront de la grêle ou de la glace; si la séparation n'est pas complète, il en résulte de la neige ou de la gelée blanche [55].

D'après Timée, les liquides naturelles, les sucs, sont pour la plupart des mélanges d'eaux. Quelques-uns contiennent du feu et sont limpides: le vin, l'huile, le miel et le verjus [56].

Parmi les terres, il y en a une qui s'est épurée grâce à l'eau; lorsque (par le chauffage) les particules d'eau s'en séparent et se transforment en particules d'air, la quantité augmentée de l'air cause que les particules de terre laissent moins d'espace entre elles et n'admettent plus les particules d'eau. Ainsi se forment, par exemple, les pierres précieuses à partir de particules terreuses des plus égales. Puis Timée discute le comportement des particules du feu, de l'air et de l'eau vis-à-vis des terres et celui des particules du feu et de l'air vis-à-vis des eaux. Pour ce qui est des mélanges d'eau et de terre, Timée dit, qu'il y en a qui contiennent moins d'eau que de terre (le verre), ou, inversement, plus d'eau que de terre (la cire et corps similaires) [57].

---

[51] Platon 1962, iv, 59b.
[52] Platon 1962, iv, 59c: « χαλκὸς ».
[53] Il s'agit du verdigris.
[54] Platon 1962, iv, 59b,c.
[55] Platon 1962, iv, 60a. On s'attendrait peut-être à trouver ici au moins une allusion au comportement étrange de l'eau qui, contrairement à la plupart des corps fusibles, se dilate pendant la congélation. Or il n'en est pas.
[56] Platon 1962, iv, 60a,b.
[57] Platon 1962, iv, 61b,c.

II

Ayant exposé la doctrine des éléments et celle des substances telles que nous les vivons, Timée va traiter des différents effets que ces dernières excercent sur l'homme par leurs différentes qualités (chaleur, froideur; dureté, mollesse; pesanteur et légèreté; lisse et rugosité). Puis il analyse les sensations de plaisir et de douleur par le corps comme tout [58] et celles des différents organes de sens en particulier (le goût, l'odorat, l'ouïe et la vue) [59]. Généralement parlé, ces sensations sont engendrées par une pression de particules sur la surface de l'organe en question, pression qui est transmise à l'âme, au cerveau et aux autres parties à travers les veines. Viennent ensuite l'arrangement spatial des autres parties et leurs fonctions relatives (l'âme, le cœur, les poumons, l'appareil digestif, le foie) [60] et la formation du reste du corps à partir de la moelle encadrée par des ossements (cerveau, os, nerfs, chair, tendons, peau, dents, cheveux, ongles). Enfin, le tout du corps ainsi organisé est pourvu d'un système de tuyaux pour la respiration et la nutrition, fonctionnant sur un principe de tri selon lequel les particules plus petites sont à même de traverser les interstices entre les particules plus grandes [61]. Ainsi, le feu pénètre partout, alors que les particules d'air ne s'insèrent que dans les pores laissés ouverts entre celles d'eau et celles de terre, etc. Sous l'impulsion de l'air aspiré ce feu pénètre le ventre et divise la nourriture solide et les boissons en particules qui, en constituant le sang, se dirigent ensuite par les veines vers les différentes parties du corps [62]. La respiration sert au refroidissement de la partie centrale du corps où le feu s'est accumulé. Ce processus vital, comme tout autre, est cyclique, dans ce sens que l'entrée des particules d'air occasionne la chasse des particules de feu, car, nous l'avons vu ci-dessus, le vide n'est pas possible [63]. Le mouvement cyclique [64], causé par l'impossibilité du vide et la tendance de toute particule de joindre ses semblables, est par ailleurs à l'origine d'un bon nombre de phénomènes physiques: les ventouses

---

[58] Platon 1962, iv, 64a-65b.
[59] Platon 1962, iv, 65b-69a.
[60] Platon 1962, iv, 69a-73a.
[61] Platon 1962, iv, 77d.
[62] Platon 1962, iv, 78e-79a.
[63] Platon 1962, iv, 79b.
[64] Ce mouvement sera plus tard connu sous le nom d' « antipéristase », du verbe grec ἀντιπεριίστημι, signifiant « presser autour », « comprimer circulairement » [Bailly 1963].

médicales, la déglutition, les mouvements de projectiles, les sons divers, le cours des eaux, la foudre, l'attraction de l'ambre et de l'aimant [65].

Le feu, comme nous l'avons déjà remarqué, décompose la nourriture en des particules dont celles qui ont une ressemblance avec l'une des différentes parties du corps. Ces dernières forment d'abord le sang qui les transporte à la partie concernée où elles prennent la place devenue disponible; comme partout, chaque particule tend en effet de joindre ses semblables [66]. Le fonctionnement normal d'un corps jeune et croissant revient donc à la réplétion de places sinon vides du moins disponibles.

En principe l'homme se trouve dans un environnement ennemi, entouré qu'il est de l'air qui s'efforcera de le scinder en les différentes particules qui le composent pour faire repartir celles-ci à leur propre région dans l'univers. Sur ce même principe fonctionne le sang au-dedans du corps. En effet, l'accroissement et la diminution dépendent de la prédominance de la réplétion ou de l'évacuation, respectivement [67]. Sur ce point Timée fait ressortir que les triangles composant les particules des éléments n'ont pas tous le même âge, et que les jeunes, pour ainsi dire, sont plus forts que les vieux [68].

Les maladies viennent de la surabondance ou de la pénurie locales de certains éléments, ou de l'insertion d'un type malsain [69]. Un corps ne demeure sain et sauf, sinon en absorbant et en évacuant les bons éléments en due proportion [70].

D'autres maladies viennent d'une déviation dans la formation de la moelle, des os, de la chair et des tendons, qui, eux, naissent de choses déjà composées, à savoir le sang ou plus particulièrement les fibres qui se trouvent dedans [71]. Plus compliquée encore est la matière qui unit la chair aux os et qui naît de cette chair et des nerfs [72]. Toute déviation de

---

[65] Platon 1962, iv, 79e-80c.
[66] Platon 1962, iv, 80d-81b.
[67] Platon 1962, iv, 81b.
[68] Platon 1962, iv, 81b-e.
[69] Platon 1962, iv, 81e ff.
[70] Platon 1962, iv, 82b: « μόνως γὰρ δή, φαμεν, ταὐτὸν ταὐτῷ κατὰ ταὐτὸν καὶ ὡσαύτως καὶ ἀνὰ λόγον προσγιγνόμενον καὶ ἀπογιγνόμενον ἐάσει ταὐτὸν ὂν αὑτῷ σῶν καὶ ὑγιὲς μενεῖν ».
[71] Platon 1962, iv, 82c,d: « ἐξ ἰνῶν » (à partir de fibres).
[72] Platon 1962, iv, 82d,e.

la voie normale, c'est-à-dire la décomposition de parties déjà composées telle que la chair, occasionne la vieillesse ou, dans des cas graves, une maladie, c'est-à-dire la parution d'un liquide nocif, dont il y en a autant de genres qu'il y a de maladies, chacun avec sa propre couleur. Timée les appelle les « biles » [73]. Ces « biles » qui, bien entendu, ne sont autre chose que du vieux sang [74], sont à l'origine d'inflammations [75].

Généralement parlé, l'excès d'un des quatre éléments donne lieu à un type de fièvre particulier. L'excès de feu, par exemple, se manifeste par une fièvre continue; celui de l'air, par une fièvre quotidienne; celui de l'eau, par une fièvre tièrce; celui de terre par une fièvre quaternaire [76].

2.4 Eléments et polyèdres réguliers

Nous avons vu que Platon a introduit, à l'exemple de son maître Socrate, un nouveau genre littéraire, le dialogue, pour traiter de sujets scientifiques. Pour compliquer les choses, il se sert d'un astronome imaginaire de renom qui décrit la genèse de l'univers dans son état actuel en mélangeant avec une grande licence poétique le passé et le présent. D'après Cornford, et nous l'avons suivi sur ce point, la cosmogonie de Timée ne représente pas tellement un résumé de vues déjà anciennes, mais l'opinion nouvelle et originale de Platon. Il n'empêche que, pour Cornford, il n'est pas tellement question d'une doctrine scientifique, mais d'un mythe, si bien que toute tentative d'interprétation rationnelle sera vaine. Sur ce point il compare le *Timée* avec le poème didactique de Tite Lucrèce Carus, *De rerum natura*, dont nous aurons à parler par après (chapitre IV) [77]. Or cette dépréciation a de quoi troubler, surtout puisque Cornford lui-même a produit l'un des commentaires les plus approfondis et les plus ingénieux que le *Timée* a jamais connus. Enfin, quant à Lloyd - nous l'avons relevé ci-dessus - la doctrine particulière n'en est pas moins un apport important

---

[73] Platon 1962, iv, 83c.
[74] Platon 1962, iv, 85e.
[75] Platon 1962, iv, 85c.
[76] Platon 1962, iv, 86a.
[77] Cornford 1937, p.31-32: « [..] there is no key to poetry or myth ».

à la physique du IVᵉ siècle av.J.-C. [78]. Ajoutons de notre côté que si le *Timée* en rétrospective relève, pour ce qui concerne sa forme littéraire, de la mythe plutôt que de la science, il n'a pas moins été lu par nombreux savants-philosophes et bien pour la partie qui revêt le plus manifestement une application ès sciences de la nature; nous parlons de sa doctrine des éléments et des substances. Car précisément sur ce point on voit Timée, ou plutôt Platon, s'efforcer de rendre compte d'une façon consistante des particularités physico-chimiques ou médico-biologiques des corps: liquidité, solidité, dureté, pesanteur relative, fusion, congélation, dissolution, évaporation; constitution et fonctionnement normaux et anormaux du corps humain. Si certains phénomènes ont échappé à son attention, notamment la dilatation de l'eau lors de sa congélation, on apprécie pas moins - et même hautement - le souci soutenu de lier autant que possible la théorie à l'expérience. Or on ne saurait nier, à notre opinion, que ce souci soit d'une inspiration véritablement scientifique.

Qu'est-ce donc, en résumé, qu'un savant-philosophe - disons un élève attentif de Platon - a pu puiser de la doctrine exposée dans le *Timée* ? D'abord, qu'il y a quatre éléments, les quatre déjà classiques, dont seulement trois paraissent transmuables entre eux. Ensuite que chaque élément consiste en σώματα (particules) de figure polyédrique caractéristique, particules qui tout en restant invisiblement petites, connaissent différents ordres de grandeur. En effet ces σώματα ne sont perceptibles que sous forme d'un amas: au sujet d'un tel amas le Maître avait justement parlé d'ὄγκος πολλῶν (masse de beaucoup) [79]. Quant aux différents ordres de grandeur Cornford, de sa part, va jusqu'à suggérer qu'il devait y avoir une proportion déterminée entre les dimensions des polyèdres de même espèce, puisqu'un seul type de triangles ultimes a été à l'origine de tous [80]. Timée n'en parle pas, il est vrai, mais cela serait parfaitement dans la logique de sa conception de la transmutation. Cette dernière revient en fait à un simple problème de géométrie appliquée, à savoir le démontage des particules de départ et la construction de celles du produit à partir des triangles ultimes.

---

[78] Lloyd 1970, p.74; Lloyd 1990, p.92.
[79] Platon 1962, iv, 56c. Signalons en passant l'utilisation du mot ὄγκος au sens d'amas de particules.
[80] Cornford 1937, p.233-239.

Pour ce qui concerne les éléments, l'élève précité s'apercevra qu'il s'agit d'une notion générique: en principe il y aura autant de polyèdres similaires à grandeur variable qu'il y aura de substances correspondantes. Ainsi toute « eau » aura ses propres icosaèdres de grandeur spécifique, etc. Cependant les substances que nous connaissons ne sont jamais des éléments *purs*; elles contiennent toujours des quantités plus ou moins considérables des autres éléments. D'une manière parfaitement platonicienne la nature des différentes sortes d'or que l'on trouve dans les mines sera définie par rapport à l'icosaèdre-type de cette « eau fusible », l'εἶδος (idée) même, et en termes d'admixtion de tétraèdres du feu, des octaèdres de l'air et des cubes de la terre.

Nous croyons par ailleurs que cette notion de particules élémentaires *composées* marque une étape importante. En effet, les particules de chacun des quatre éléments sont non seulement de même forme géométrique, mais encore composées de parties semblables dans un arrangement spatial spécifique. Etant donné que cette figure est spécifique, on peut établir une comparaison avec les ἄτομοι (atomes) de Leucippe et de Démocrite. C'est qu'elles sont indivisibles, sinon de principe, du moins de par leur nature: étant coupées, ces particules perdent leur caractère. Ainsi Platon nous montre un nouvel aspect du problème de la divisibilité et bien un qui tient le milieu entre les points de vue atomiste et mathématique. Or c'est là toutefois un aspect qui aurait pu amener à des considérations d'ordre *moléculaire*, du moins à première vue [81]. Sur ce point il faut se méfier pourtant: c'est que, aux yeux de Platon, les particules élémentaires composent les substances à notre échelle et bien par un processus de mélange. Autrement dit: tout corps est agrégat de particules élémentaires, mais aucun n'est *corps pur* au sens d'un agrégat d'une seule espèce de particules. Ceci nous semble la clé de la pensée de Platon, directement redevable de la doctrine des *idées*. En effet, la nature d'une substance à notre échelle est toujours secondaire, déduite de son εἶδος. Or, on le sait, la notion moderne de *molécule* se réfère essentiellement aux unités constitutives de substances palpables considérées comme des agrégats. En principe un tel agrégat peut être *pur* et bien d'une manière indépendamment vérifiable. Chacune de ses unités constitutives représentera l'espèce

---

[81] Bury parle, dans les annotations qui accompagnent sa traduction, sans réserve de « molécules » (Bury 1929, p.133).

en question; chacune sera donc *individu substantiel*. La *molécule* n'est donc pas un concept vague ayant trait à tout ce qui est composé d'une manière caractéristique de certaines parties. Il apparaîtra que la notion de *molécule* sera en effet le fruit de considérations sur la nature des substances à notre échelle. Au début du XVIIe siècle de notre ère c'est Sébastien Basson qui, comme l'un des premiers, se rendra compte que ces substances sont tout aussi spécifiques que les êtres vivants et qu'il faudrait chercher cette spécificité dans des entités extrêmement petites qui les composent comme les briques forment un mur, ou plutôt comme les grains un tas d'une certaine céréale [82]. Or Basson a bien connu le *Timée*: il considère que ces briques ou grains - il parlera de *minima* - sont composés des quatre genres de particules élémentaires et que ces dernières peuvent éventuellement être composées de plans, précisément comme les polyèdres de Platon. Nous verrons par ailleurs que Basson s'est laissé conduire, dans sa théorie de *minima*, par une analogie suivie entre ces derniers et la structure des êtres vivants.

Un dernier point d'interrogation concerne le rapport entre les polyèdres élémentaires et l'espace: ces polyèdres remplissent-ils effectivement tous les pores que les grands d'entre-eux laissent ? Or il n'y pas lieu d'en douter. Si Platon ne s'est pas prononcé expressément sur l'existence d'un vide séparé, hors de notre monde, sur celle du vide disséminé parmi les polyèdres élémentaires il est clair et catégorique [83]: les petits polyèdres sont supposés de remplir toute interstice entre les grands, quelque petite qu'elle soit. Il rejoint ici Empédocle, qui lui aussi s'était opposé à l'existence d'un vide. Avec le savant d'Agrigente il admet deux tendances opposées qui dictent le déroulement des phénomènes. Il y a d'un côté la tendance des petits polyèdres élémentaires, ceux du feu notamment, de remplir les pores et d'attaquer les plus grands et de les convertir en de petits, pour peu qu'ils dominent numériquement. D'un autre côté il y a la tendance des plus grands à s'échapper à cette influence néfaste des plus

---

[82] Voir ci-après, la section 6.2.2, p.226 et suiv.
[83] Dans la tradition on distinguera trois types de vide. Le vide dit « séparé » (vacuum separatum) désigne celui qui règne ou non en-dehors de notre univers. Le vide dit « épars » ou « disséminé » (vacuum commixtum, disseminatum sive dispersum) sera celui des interstices entre les particules des corps. Le vide dit « accumulé » (vacuum coacervatum), enfin, serait celui des appareils (hydro-)pneumatiques.

petits et à se réfugier dans leur région particulière à eux. Remarquons aussi que chez Platon les deux tendances fonctionnent simultanément et non pas périodiquement, comme chez Empédocle. Plus tard, au temps de Basson, il y aura Jean Chrysostome Magnenus, qui va s'efforcer de faire la synthèse de Platon et de Démocrite en postulant l'existence de quatre genres d'*atomes*, d'une seule et même matière première, mais d'une forme adaptable. Avec Platon - et Basson, par ailleurs - Magnenus exclura le vide: chez lui, c'est par leur figure caractéristique en même temps que pliable, que les particules des éléments remplissent l'espace. Enfin, nous nous contentons pour le moment de signaler que Magnenus connaîtra, comme Basson, un concept de particule secondaire spécifique d'un caractère nettement moléculaire [84].

Il se trouve que Platon a eu au moins un élève attentif, venu de la ville de Stagira, dans le haut de la Macédoine; nous parlons d'Aristote. Celui-ci avait assisté son Maître durant de longues années à l'Académie et pu savourer les profondeurs de sa doctrine. Cependant à la mort du Maître l'élève s'était déjà détourné pour toujours des $εἴδη$ de l'au-delà au profit des choses matérielles et partant tangibles et réelles d'ici-bas. C'est un biologiste observateur de la nature qui succédait au mathématicien littérateur, si l'on peut dire. Ainsi ce que le Maître avait cherché dans un monde à part, hors du nôtre, l'élève le retrouvait dans les choses qui l'environnaient. La constance des phénomènes devrait s'expliquer, selon l'élève, par quelque principe immanent, réalisé dans les choses elles-mêmes: l'$εἶδος$ de l'au-delà devient la $μορφή$ (forme) d'ici-bas. En schématisant on peut soutenir que le *devenir* le remportera sur l'*être*, la biologie - ou plutôt une logique biologique - sur la mathématique.

---

[84] Voir ci-après, la section 5.5, p.185.

CHAPITRE III

ARISTOTE ET SES COMMENTATEURS GRECS

3.1 D'une mathématique à une logique

Aristote (384-322) fut étudiant puis professeur à l'*Académie* de Platon, où il passa une vingtaine d'années. A la mort du maître il quitta Athènes et fit de grands voyages. En 342 il entra au service de Philippe de Macédoine, qui le chargea de l'éducation de son fils Alexandre. Rentré à Athènes sous le nouveau régime, il enseignit à partir de 335 dans un gymnase connu sous le nom de *Lykeion*. En 323, après le décès de son élève et suite à une poussée de ressentiments anti-macédoines il se réfugea à Eubée où il mourut l'année suivante.

Ce qui nous reste des écrits d'Aristote, ce ne sont pour la plupart que des brouillons de textes destinés à l'enseignement oral et, pour cela, connus sous le nom d'écrits « acroamatiques ». Ces textes ont été corrigés et adaptés non seulement par leur auteur, mais encore par les gérants de l'héritage qu'il nous a laissé. Le tout a été rassemblé, mis en ordre et édité par Andronicus de Rhodos au cours du premier siècle avant notre ère. A l'évidence, aucun des textes n'est à la hauteur des dialogues platoniciens, du moins pour ce qui est du niveau littéraire. En revanche, on se rend vite compte que l'enseignement d'Aristote n'était rien moins qu'un cours systématique et haut de gamme de philosophie naturelle. Ainsi, la procédure pour traiter d'un problème était le plus souvent la suivante: présentation du problème, analyse méthodique et exhaustive des vues professées jusque-là et bien en perspective historique, comparaison de celles-ci entre elles, évaluation de leurs forts et de leurs faiblesses et, enfin, élaboration d'une nouvelle théorie propre à lui. Si d'aventure il se trouvait que les devanciers n'avaient pas parlé d'un certain sujet Aristote n'hésitait pas: en partant de la terminologie quotidienne à propos des phénomènes naturels, il en extrayait petit à petit ce qu'il estimait être de valeur la plus générale. Ce langage de tous les jours joue du reste un rôle essentiel dans l'approche du Stagirite: c'est dans ce langage, selon son avis, que s'est résumé au cours des siècles ce qu'on devait appeler plus tard le « consensus omnium », c'est-à-dire la somme des connaissances reconnue généralement [1]. Approfondir la science revient alors souvent à une critique de concepts déjà séculaires et, en cas de besoin, à leur refonte systématique.

Comme chez Platon, la mathématique d'Eudoxe de Cnide sert de référence, mais, à l'opposé de son maître pour qui cette mathématique avait été une étape obligatoire dans la recherche du Bien suprême, Aristote ne la pratique pas pour soi. Chez lui, cette mathématique est plutôt un modèle de procédure. La *logique* serait un décalque de la mathématique et en tant que tel un véritable ὄργανον, c'est-à-dire outil scientifique, plus exactement l'outil par excellence puisqu'elle est réalisée dans la nature même, et non pas dans un monde à part. Pour Aristote, en conséquence, il n'y a qu'un seul monde, celui des sens, où tout s'opère sous forme de successions de causes et d'effets que l'on peut, du moins en principe, figer pour toujours en syllogismes. Delà encore le rôle fondamental des concepts et de leur interprétation correcte. Or étant donné l'importance accordé à l'ὄργανον, à la méthodologie, on est surpris de constater qu'en fait il n'y a que très peu de syllogistique dans les ouvrages scientifiques proprement dits, ceux qu'Andronicus avait divisés en travaux de physique et de métaphysique.

Les ouvrages d'Aristote qui nous intéressent sont surtout la Φυσική, la *Physique*, Περὶ γενέσεως καὶ φθορᾶς, *De la génération et de la corruption*, et Περὶ οὐρανοῦ, *Du ciel*. Selon Düring, fin connaisseur de l'œuvre

---

[1] Düring 1966, p.21.

du Stagirite, ils datent probablement d'entre 355 et 347 av.J.-C. [2]. Ceci implique qu'ils ont été conçus à l'Académie et bien à l'époque même où Platon écrivait son *Timée*, ce qui donne une tension dramatique particulière aux passages où l'élève discute les vues du Maître. Ci-après nous étudierons d'abord la doctrine de matière et de forme qu'on a résumée plus tard dans le terme de *hylémorphisme*. Cette doctrine est développée dans la *Physique* et concerne principalement l'explication de la nature et du fonctionnement des choses concrètes et leurs dépendances hiérarchiques sous l'égide du Premier Moteur. Les changements qu'elles subissent sont analysés plus en détail dans le traité *De la génération et de la corruption* dont nous présenterons les grandes lignes avec une attention spéciale pour les conversions qu'Aristote appelle « essentielles ». Après, bien dans son esprit, nous traiterons de la doctrine d'éléments, laquelle on retrouve dispersée dans *De la génération et de la corruption* et *Du ciel*. Tout ceci nous facilitera la compréhension de la doctrine dite de maxima et de minima. Celle-ci n'est pas à proprement parler une doctrine, ou du moins pas encore. En effet, Aristote ne nous a légué que quelques allusions, dont nous brosserons le tableau. Or il apparaîtra que le concept d'$\dot{\epsilon}\lambda\acute{\alpha}\chi\iota\sigma\tau\sigma\nu$ sert de point de repère: sous forme d'adjectif il indique le minimum d'une grandeur continue, alors que le substantif se réfère au numériquement un, le minimum des nombres. Les allusions éparses d'Aristote ont été élaborées plus tard en corps doctrinal par les commentateurs de la renaissance péripatéticienne du début de l'ère chrétienne. Nous parlerons plus particulièrement d'Alexandre d'Aphrodise (fl.IIe-IIIe s.), de Thémistius (317?-c.388), de Jean Philopon (c.490-c.570) et de Simplicius (c.500-après 533). Nous verrons que dans ce cercle de commentateurs de nouvelles idées percent, idées relatives à la composition des substances et d'autant plus intéressantes qu'elles ont été négligées, selon toute vraisemblance, par les traditions arabe et latine pour ne refaire surface que dans la première moitié du XVIe siècle, ensévelies dans des éditions imprimées grecques et gréco-latines, puis au début du XVIIe siècle, à l'époque même de l'élaboration de la théorie *moléculaire*. Dans ce contexte, nous ne traiterons pas encore de la doctrine du médecin Galien (129/130-199/200), qui, on le sait bien, était à la fois partisan distingué d'Aristote et esprit d'une indépendance ardente. Il a paru que ses vues sur la composition du

---

[2] Düring 1966, p.50.

corps humain et sur la composition et le fonctionnement de médicaments ont largement contribué à la conception de la théorie *moléculaire*, ce qui lui a valu une attention particulière (chapitre VI).

Par la suite les références aux œuvres du Stagirite que nous donnerons concernent, comme auparavant, l'édition critique précitée d'Immanuel Bekker de 1831. Cette édition codifiait en quelque sorte la version d'Andronicus. Or notre interprétation de la *Physique* sera développée avec l'appui de la traduction de Henri Carteron (1952) et de celle de Philip Wicksteed et Francis Cornford (1957). En ce qui concerne le traité *De la génération et de la corruption* nous avons eu recours au commentaire de Harold Joachim (1922); nous nous référons également aux traductions modernes d'Edward Forster (1965) et de Charles Mugler (1966). Pour ce qui est du traité *Du ciel*, nous avons consulté fructueusement les traductions de William Guthrie (1971) et de Jules Tricot (1986).

3.2 Le hylémorphisme; le processus de mixtion

Une étude de l'univers, dit Aristote dans le premier livre de la *Physique*, devait nécessairement aboutir à une bonne compréhension des choses qui nous entourent. Il faut même commencer par ces dernières tout en les traitant comme des entités concrètes et distinctes les unes des autres. Il y ajoute que « comprendre » une chose veut dire: atteindre ses causes ultimes, trouver ses constituants et apprendre à connaître les principes généraux auxquels elle obéit. Il critique ses devanciers pour avoir commencé à la fin, c'est-à-dire d'avoir choisi d'abord un principe général tout en négligeant de vérifier suffisamment sa véracité par une confrontation avec les phénomènes que nous vivons tous les jours. Le problème cardinal serait l'interprétation du verbe *être*. En considérant ce problème les Eléates avaient été amenés à des axiomes selon lesquels « rien ne saurait provenir de rien » et « l'existant ne saurait provenir du non-existant, ou bien, le non-existant de l'existant ». Parménide et siens avaient en effet nié tout changement et tout mouvement dans la nature. Rien de plus contraire aux observations, selon Aristote, rien de plus manifestement faux ! A l'évidence, il n'y pas une seule manière d'être, ni au sens de Parménide, dans son adage qui dit que seul l'*être* - un et unique - est vraiment, ni au sens des « physiciens » d'Ionie qui, eux, font intervenir une matière première, divisée ou non en parties. Au lieu d'analyser les changements dont nous voyons sous nos yeux foisonner la nature et qui font en quelque sorte la nature de la nature, ils se contentaient de déterminer ce qui subsiste sous toutes les apparences et pensaient le trouver dans un seul, dans plusieurs ou même dans une infinité d'éléments. S'il est vrai qu'ils considéraient effectivement l'intervention de contrariétés, telle que le chaud et le froid ou le plus et le moins, ce n'était pas en tout cas comme termes ultimes de tout « changement », dit Aristote, alors que ce sont justement ces pairs de contrariétés qui importent. Sur cette base Aristote va développer, dans le chapitre I.7 de la *Physique*, sa propre théorie du « changement », une théorie qui consiste surtout dans une analyse approfondie du verbe γίγνομαι (devenir, naître).

Or ce verbe γίγνομαι se rapporte d'abord à des choses qui naissent et qui n'existaient pas encore, puis à d'autres qui adoptent une qualité qu'elles n'avaient pas auparavant [3]. Aristote se concentre d'abord sur le deuxième cas, où « quiconque observe, comme on dit » [4] conclura qu'il faut qu'il y ait un « sujet » [5] qui subit le changement, comme l'homme qui passe, de l'état non-éduqué à l'état éduqué [6]. Plus généralement parlé, ce « sujet » sera plutôt « quelque principe subsistant » [7], ce qui vaudra également pour les choses qui « naissent » au sens absolu, c'est-à-dire des choses concrètes telles que les animaux ou les plantes, qui ont toutes leurs semences. De ce point de vue on peut distinguer cinq sortes de « naissance » [8]:

1. le changement de forme que subit le bronze qui est utilisé pour en faire une statue (μετασχημάτισις);

2. l'addition, dans le cas de choses qui accroissent (πρόσθεσις);

3. la soustraction, dans le cas ou une pièce de marbre est travaillée (ἀφαίρεσις);

4. la combinaison de pièces, comme dans la construction d'une maison (σύνθεσις);

---

[3] Aristote, *Physique*, I.7, 189b30-32.
[4] Aristote, *ibid.*, 190a14-15: « [..] ἐάν τις ἐπιβλέψῃ (ὥσπερ λέγομεν) [..] ».
[5] Aristote, *ibid.*, 190a15: « τι [..] ὑποκεῖσθαι ».
[6] Aristote, *ibid.*, 190a23-24.
[7] Aristote, *ibid.*, 190a36: « τι ὑποκείμενον ».
[8] Aristote, *ibid.*, 190b6-10.

5. les changements dans les qualités des matériaux eux-mêmes (ἀλλοίωσις) [9].

Dans tout processus de « devenir » il y aura par conséquent un « principe sousjacent » et « l'état opposé » [10]. Dans le cas du statue, il y a le bronze, le marbre ou bien l'or qui sert de « principe sousjacent ». Il y a aussi l'état informe et « l'état opposé », c'est-à-dire, l'état avec forme, qui sont comme les pairs de contrariétés d'antan. Toute chose provient donc de ce « principe sousjacent » et d'une « forme » [11] et le changement proprement dit concerne la transition entre états contraires [12]. Dans le cas d'un corps concret la « forme » embrasse la collection de ses propriétés caractéristiques que l'on résume dans le mot de $μορφή$ [13]. Le plus souvent, il est vrai, cette « forme » est désignée par le mot $εἶδος$ [14], le « principe sousjacent » par $ὕλη$ [15].

Dans les chapitres qui suivent Aristote argue que l'état informe étant plus ou moins fortuit pour ce qui concerne le « principe sousjacent », il n'est pas moins essentiel dans le « devenir » d'une chose. Les platoniciens ne distinguaient que l' « être » et le « non-être » et subsumaient dans ce dernier à la fois le « principe sousjacent » et l'état sans forme, ce qui d'après Aristote est une erreur. Il n'empêche que le « principe sousjacent » ne saurait exister pour soi [16]. Comme la réalité des choses représente un état bon et désirable, on peut dire que le « principe sousjacent » aspire à l'actualité [17]. Sur ce point il reprend une analogie de Platon, selon laquelle le « principe sousjacent » est comme une mère et l' « idée » comme un père, disant que le « principe sousjacent » désire la forme [18]. « Quant

---

[9] Aristote, *Physique*, I.7, 190b9-10: « οἷον τὰ τρεπόμενα κατὰ τὴν ὕλην », ce qui veut dire littéralement: « comme les altérations selon la matière ».
[10] Aristote, *ibid.*, 190b11-17: le ὑποκείμενον et l'ἀντικείμενον, respectivement.
[11] Aristote, *ibid.*, 190b20: « [..] γίγνεται πᾶν ἔκ τε τοῦ ὑποκειμένου καὶ τῆς μορφῆς [..] ».
[12] Aristote, *ibid.*, 190b31: « τἀναντία ».
[13] Aristote, *ibid.*, 191a14.
[14] Aristote, *ibid.*, 191a20.
[15] Aristote, *ibid.*, 192a3.
[16] Aristote, *ibid.*, 192a5-7.
[17] Aristote, *ibid.*, 192a18-19.
[18] Aristote, *ibid.*, 192a23-25. La référence est au *Timée*, 50d.

à sa puissance » [d'adopter une forme] il ne peut ni naître ni périr [19]
Plus précisément [20]:

> « [..] je dis que la matière est l'ultime principe sousjacent, commun à toute chose naturelle, principe immanent d'où naît toute chose [de par sa nature et] non pas fortuitement [..] ».

Le but de la *physiologie*, ou plutôt de la *physique*, sera alors d'apprendre à connaître la « nature » même des choses, leur φύσις, telle que celle-ci se manifeste le plus généralement. Or toute chose à laquelle nous attribuons une « nature » semble avoir une tendance de changer (de place, de qualité ou de quantité). Ceci ne tient pas pour les produits d'un artisan. L'être vivant sert de modèle: une chose n'est naturelle qu'à la mesure qu'elle sait se reproduire [21]. Alors la « nature » d'une chose, ça sera l'origine de tout changement qu'elle subit [22]. Par « chose » on entend non seulement les objets concrets, chez Aristote le plus souvent les êtres vivants, mais également les matériaux qui les composent, par exemple la chair et l'os. Il ne faut pas chercher cette « nature » dans le « principe sousjacent », comme dans le bois qui devient un lit. Il faut distinguer sur ce point « puissance » et « actualité ». La « nature » d'une chose sera alors [23]:

> « [..] le principe immanent de mouvement des choses, la forme et l'idée, ce qui ne peut en être séparée que conceptuellement [..] ».

C'est bien la « forme » qui est la « nature » d'une chose et le changement qu'elle induit est un processus d'accroissement et la réalisation de l'état adulte. Dans ce contexte Aristote fait ressortir que « l'état sans forme » de quelque chose qui commence à devenir reflète déjà la « forme », la « nature », elle-même. Autrement dit, les semences contiennent déjà la

---

[19] Aristote, *Physique*, 192a28: « κατὰ τὴν δύναμιν ».
[20] Aristote, *ibid.*, 192a32-33: « [..] λέγω γὰρ ὕλην τὸ πρῶτον ὑποκείμενον, ἑκάστῳ, ἐξ οὗ γίνεται τι ἐνυπάρχοντος μὴ κατὰ συμβεβηκός [..] ».
[21] Aristote, *ibid.*, 193b8-12.
[22] Aristote, *ibid.*, 192b8-192b23.
[23] Aristote, *ibid.*, 193b4-5: « [..] τῶν ἐχόντων ἐν αὑτοῖς κινήσεως ἀρχὴν ἡ μορφὴ καὶ τὸ εἶδος, οὐ χωριστὸν ὂν ἀλλ' ἢ κατὰ τὸν λόγον ».

« forme »; elle est à la fois ce qui dirige le développement d'une chose et sa fin ultime [24].

Ainsi, la science connaît trois branches principales, à savoir les mathématiques, la physique et la métaphysique. Les mathématiciens s'occupent de choses qu'ils ont abstraites de la réalité et qu'ils peuvent considérer dans l'esprit, par exemple des surfaces ou des espaces [25]. La physique s'intéresse surtout aux choses en tant qu'unités de « matière » et de « forme », alors que la « première philosophie » vise uniquement les « formes ». Ailleurs, il restreint cette « philosophie première » aux choses immatérielles et inaltérables, alors qu'il divise la physique en deux branches, l'une concernant les choses mouvantes mais inaltérables (l'astronomie), l'autre concernant les choses sublunaires qui sont sujettes à toute forme de changement [26].

Puis Aristote déduit les causes dont dépend le devenir des choses: matérielle, formelle, efficiente et finale [27] et le rôle de l'hasard ou de la chance [28]. En dernière analyse, les événements naturels, c'est-à-dire tous les changements qui se puissent, ne sont qu'une succession de causes et d'effets engendrée par le Premier Moteur [29].

Dans le livre III, la « nature » d'une chose est définie principe de « changement ». Il paraît y avoir quatre espèces de changements: essentiel, quantitatif, qualitatif, local [30]. Aristote souligne encore que tout changement s'opère entre deux états. Tout changement peut alors être décrit comme la réalisation d'une puissance [31]. C'est que toute chose connaît une partie actuelle et une partie potentielle, si bien que les choses agissent et subissent: les unes sont actives par rapport à certaines autres, mais en même temps passives par rapport à d'autres encore [32].

Il est curieux de constater qu'Aristote ne distingue pas entre noms tels que *le bronze* et *la maison*. Dans ses mots le bronze comme bronze est

---

[24] Aristote, *Physique*, I.7, 193b18-21. Cf. *ibid.*, 194a28-30.
[25] Aristote, *ibid.*, 193b22-36.
[26] Aristote, *ibid.*, 198a28-32.
[27] Aristote, *ibid.*, 194b16-195a26.
[28] Aristote, *ibid.*, 195b30-198a13.
[29] Aristote, *ibid.*, 241b24 ff.
[30] Aristote, *ibid.*, 200b33-201a3.
[31] Aristote, *ibid.*, 201a10-12: « [..] ἡ τοῦ δυνάμει ὄντος ἐντελέχεια [..] ».
[32] Aristote, *ibid.*, 201a20.

comparable à la maison comme maison [33]. Les deux sont considérés sur la base de l'analogie qui est omniprésente dans la doctrine aristotélicienne, à savoir avec l'individu humain. Le bronze et la maison sont donc, tout comme l'homme, des unités de matière et de forme. Pour le moment, Aristote laisse de côté leur différence évidente quant à la divisibilité. Ceci est toutefois regrettable, car le bronze ne manifeste pas de forme cristalline, si bien que l'argument de sa divisibilité aurait pu être d'autant plus à propos. Quoiqu'il en soit, les « changements » qui engendrent ce bronze et cette maison sont étudiés ailleurs, dans le traité *De la génération et de la corruption*, et bien du même point de vue hylémorphiste.

Or dans *De la génération [..]* il emprunte d'abord à l'expérience quotidienne la distinction entre changements qualitatifs, où il n'y a qu'une seule qualité qui est convertie dans son opposé (altération), et changements essentiels où la forme du premier corps périt (corruption) et celui du produit naît (génération). Il y voit aussi accroissement et décroissement et changement de place. Remarquons que cette division ne recouvre pas complètement celle avancée dans la *Physique* [34]; on dirait qu'il s'agit d'un approfondissement inspiré par l'homme en tant que métaphore pour toute chose concrète.

De sa façon habituelle Aristote va ensuite critiquer les doctrines de ses prédécesseurs. Pour les monistes d'Ionie, les conversions de leur unique élément ne seraient tout au plus que des cas de ce qu'on a appelé de tout temps « altération », ce qui revient à dire qu'ils nient « génération et corruption ». Empédocle, lui, ne reconnaît point la réalité de l' « altération » et, en corollaire, la transmutation des éléments. En plus, il n'a pas indiqué comment il faudrait interpréter le rapport entre l'Un et les quatre éléments.

Platon en revanche, s'il a bien connu les phénomènes de génération et de corruption, il s'est toutefois borné à les détailler pour les éléments. Selon Aristote, Platon ne s'est guère soucié de la formation de chair ou d'os [35]. Or c'est injuste: nous avons vu, en effet, que Platon avait des idées assez précises à leur sujet. La chair, par exemple, ne serait autre chose que du sang coagulé, donc un amas de particules élémentaires

---

[33] Aristote, *Physique*, I.7, 201a30-201b6.
[34] Voir ci-dessus, cette section, p.53-54.
[35] Aristote, *De la génération et de la corruption*, 315a31-32.

provenant de la nourriture scindée par le feu. Ceci étant, il n'y avait pas, pour Platon, de différence disons physico-chimique entre « nourriture », « sang » et « chair », qui ne seraient, tous trois, que des amas de particules élémentaires [36]. La formation de ces matériaux reviendra donc au triage de ces particules qui, elles, subsistent intactes. Or Aristote n'en est pas content, car, à son avis, Platon ne s'est guère soucié des distinctions conceptuelles qu'il faut faire entre « génération et corruption », « altération » et « accroissement ». D'autre part Leucippe et Démocrite sont loués pour avoir au moins distingué le double processus de l' « altération ». Il n'empêche que, aux yeux d'Aristote, eux non plus, n'ont connu le processus de « mixtion », ni le rôle actif et passif des choses les unes vis-à-vis des autres [37]. De toute évidence le Stagirite préfère un trame terminologique préconçu, consacré par une utilisation quotidienne qui l'avait ennobli et perfectionné de siècle en siècle. C'est ce trame qui devrait être le point de départ naturel de la machine syllogistique, pour autant que celle-ci soit considérée vraiment praticable.

Dans le contexte d'une analyse des différentes formes de changement une question cruciale est de savoir s'il y existe à vérité des entités indivisibles, telles que les atomes de Leucippe et de Démocrite ou les triangles de Platon. Autrement dit: si les choses sont oui ou non infiniment divisibles [38]. Le raisonnement d'Aristote amène à la conclusion qu'ils le sont en effet, constat qui nous suffit pour l'instant; dans la section 3.4 nous y reviendrons.

Aristote va ensuite préciser ce qu'il faut, à son avis, entendre par « génération et corruption », d'un côté, et par « altération », de l'autre. Or la teneur de son récit est que le double processus serait un changement *essentiel*, à la fois dans la matière et dans la forme d'une chose, alors que l' « altération » n'est qu'un changement *accidentel* [39]. Et il ajoute que la division d'un corps en particules plus petites, par exemple d'une goutte d'eau en gouttelettes, favorisera un changement essentiel, à savoir la

---

[36] Voir ci-dessus, la section 2.3, p.42-43.
[37] Aristote, *De la génération et de la corruption*, 315b4-5.
[38] Aristote, *ibid.*, I.2.
[39] Aristote, *ibid.*, 317a23-26.

transformation de l'eau en air. Le double processus est alors le modèle pour toute conversion d'une substance en une autre [40]. Soulignons encore que, pour Aristote, tout objet concret - un objet en bronze pas moins qu'une maison - est pareillement « substance » et en tant que telle unité de « matière » et de « forme ».

L'être vivant, comme modèle pour toute chose naturelle, connaît non seulement le double processus de génération et de corruption et l'altération, mais encore nutrition, d'un côté, et accroissement et déperdition, de l'autre, processus qu'il faut définir l'un par rapport à l'autre [41]. Alors ce qui croît, ce sont les parties du corps, qui s'approprient la nourriture en la convertissant en leur nature. Il s'agit non seulement des parties dites « homoiomères » (chair, os), mais également des parties dites « anhomoiomères » (main, jambe) et l'accroissement (ou la déperdition) des derniers dépend nettement de celui des premiers [42]. Dans ce contexte Aristote fait ressortir que ce qui est en soi « substance » peut servir de « matériau » pour une entité plus complexe: ainsi la chair et l'os sont les « matériaux » qui composent la main - ou plutôt le corps entier - et que l'on peut considérer séparément de la « forme » de cette dernière [43]. Au cours de l'accroissement d'un corps les parties « homoiomères » s'approprient la nourriture comme le feu s'empare d'un combustible, tout en le transformant en sa propre nature [44]. Remarquons qu'Aristote, s'il reprend le terme même d'Anaxagore ne spécifie pas pour autant son acception: apparemment un matériau, tel la chair ou l'os, est dit « homoiomère » lorsqu'on ne voit pas de parties dissimilaires.

Aristote s'efforce ensuite de distinguer « nutrition » d'accroissement et de déperdition. A son opinion, la différence relève surtout de l'aspect quantitatif: « nutrition » ne concernerait un matériau qu'en tant que matériau, alors qu'accroissement et déperdition se rapportent plutôt au matériau comme quantité [45].

---

[40] Aristote, *De la génération et de la corruption*, 319b15-20.
[41] Aristote, *ibid.*, 320a8 et suiv.
[42] Aristote, *ibid.*, 321b17-19.
[43] Aristote, *ibid.*, 321b28-33.
[44] Aristote, *ibid.*, 317a23-26.
[45] Aristote, *ibid.*, 322a17-18: « Ποσὸν δὲ τὸ μὲν καθόλου οὐ γίνεται, ὥσπερ οὐδὲ ζῷον ὃ μήτ' ἄνθρωπος μήτε τῶν καθ' ἕκαστα· ἀλλ' ὡς ἐνταῦθα τὸ καθόλου, κἀπεῖ τὸ ποσόν ».

A partir de ces fondements terminologiques pour les changements divers que subissent les êtres vivants, Aristote va tenter de brosser un tableau des changements matériels en général [46]. Avant d'entrer dans les détails, il constate qu'il faut commencer par les éléments, dont les choses naissent pendant un processus que l'on appelle communément μίξις (mixtion) et qui s'opère par l' « action » et la « passion » des choses à mélanger. Il y ajoute que ce double processus n'est possible que grâce au « contact » de ces choses, qui revient à la coïncidence sinon la suppression des limites, disons de leurs surfaces. « Action » et « passion » concernent en tout cas le corps entier, lequel est présenté comme infiniment divisible, du moins en puissance [47].

Dans la dernière partie du premier livre Aristote discute le processus de « mixtion » qu'il entreprend de définir par rapport au double processus de γένεσις καὶ φθορά (génération et corruption), pour répondre après par l'affirmative la question de savoir s'il en existe des exemples [48]. D'une manière générale le double processus a trait à deux corps dont l'un agit et l'autre pâtit, encore qu'il y a une grande disparité dans leurs forces. Le résultat de leur interaction - qui revient à un combat de qualités - sera que le corps le plus faible périt et se transforme entièrement dans la nature de l'autre, le plus fort. Ceci arrivera par exemple lorsqu'on mélange un peu de vin avec beaucoup d'eau. Si, par contre, les pouvoirs des deux corps s'équilibrent plus ou moins, il résulte quelque chose d'intermédiaire entre les deux. Aristote souligne dans ce contexte qu'un vrai μιχθὲν (mixte) sera parfaitement ὁμοιομερὲς (homoiomère): les corps qui ont été mélangés ne subsistent point, même pas sous forme de petites particules. Toute partie quelconque, dit Aristote à peu près, quelque petite qu'elle soit, aura le même rapport avec le tout [49]; autrement dit, toute partie d'une quantité d'eau est de l'eau [50]. Il pense également que si la division en petites particules favorisera la « mixtion » [51], il n'en est pas moins impossible

---

[46] Aristote, *De la génération et de la corruption*, 322b6 et suiv.
[47] Aristote, *ibid.*, 326b29-327a30.
[48] Aristote, *ibid.*, 327a30 et suiv.
[49] Aristote, *ibid.*, 328a10: « [..] ἕξει τὸν αὐτὸν λόγον τῷ ὅλῳ τὸ μόριον ».
[50] Aristote, *ibid.*, 328a12: « [..] ὥσπερ τοῦ ὕδατος τὸ μέρος ὕδωρ, οὕτω καὶ τοῦ κραθέντος ».
[51] Aristote, *ibid.*, 328a33 et suiv.

que les corps sont divisés en réalité en leurs ἐλάχιστα, c'est-à-dire en leurs *plus petites particules* [52]. Nous touchons ici à un problème complex d'interprétation, car Aristote ne soutient pas que les corps consistent effectivement en ἐλάχιστα, autrement dit qu'ils sont des amas de ces derniers, au même titre, disons, qu'une quantité de sable est un amas de grains de sable. Toute sorte de questions secondaires y sont liées, car s'il s'agit bel et bien d'amas d'ἐλάχιστα, on pourrait se demander ensuite s'ils subsistent intégralement ou qu'ils abandonnent leur particularité dans le tout. Il se pourrait également que l'ἐλάχιστον n'est que le terme ultime d'un décroissement continu au lieu de dégressif. Nous en reparlerons amplement ci-après.

En résumant nous dirons que pour Aristote tout objet dans la nature, en tant qu'unité de matière et de forme, relève de la catégorie fondamentale et première, celle de la substance. Il admet l'existence de deux genres de « substances », à savoir les « homoiomères » (chair, os; cuivre, étain, bronze) et les « anhomoiomères » (les êtres vivants). Certains des substances « homoiomères » sont composées d'autres: ainsi le bronze résulte de la mixtion du cuivre avec de l'étain. Dans la biologie aristotélicienne les substances « anhomoiomères » sont composées de parties « homoiomères », qui y sont actuellement présentes. Au sens stricte, les êtres vivants ne sont donc pas de véritables « mixtes »; après tout on n'a même pas besoin d'être Λυγκεύς (Lynkée) - ce célèbre Argonaute ayant une vue perçante sans égale - pour voir les parties dans l'amas. On dirait que la logique aristotélicienne s'avorte sur ce point, car l'être vivant en tant que substance n'est point divisible quant à sa nature, alors qu'une quantité de bronze l'est manifestement.

3.3 Les éléments

Aristote va reprendre la doctrine de quatre éléments de ses prédécesseurs, tout en s'efforçant de les déduire de notions plus générales. Ainsi, ayant établi, dans la *Physique*, l'importance du phénomène de mouvement local

---

[52] Aristote, *De la génération et de la corruption*, 328a5-6: « ἐπεὶ δ' οὐκ ἔστιν εἰς τὰ λάχιστα διαιρεθῆναι [..] ».

en tant que cas spécial du changement, il va traiter, dans le *Du ciel*, des corps qui remplissent l'univers. Ces corps peuvent être distingués selon les trois espèces naturelles différentes de mouvements locaux, à savoir en haut vers la circonférence de l'univers, en bas vers le centre et en rond autour du centre [53]. L'existence d'un mouvement circulaire toujours identique à soi-même amène Aristote à conclure qu'il faut qu'il y ait un cinquième élément plus divin que les autres [54] qui n'est pas sujet à la génération et à la corruption et qui n'est ni léger, ni pesant, n'accroît ni ne diminue et qui est inaltérable et impérissable [55]. Ce cinquième élément n'est pas illimité en quantité, puisqu'un corps infini ne saurait exister [56]. L'univers lui-même - en soi unique [57] ! - est donc limité en grandeur [58]. Comme le cinquième élément qui constitue les cieux, les étoiles et les astres, l'univers a existé de toute éternité et existera en toute éternité [59]. Ayant discuté la structure de la partie supralunaire de l'univers [60], Aristote va développer ses vues sur les quatre éléments sublunaires. La faiblesse principale des théories reçues concerne, à son avis, la notion de pesanteur. Quoique Platon, dans l'exposé de Τίμαιος (Timée), ait soutenu que le poids d'une particule élémentaire est en raison directe du nombre des triangles ultimes, il est évident, selon Aristote, qu'un triangle n'a pas de poids. Or on se souvient que ce n'est pas précisément ce qu'on lit dans le *Timée*, mais peu importe. Le même argument touche les *points* des pythagoriciens, qui, eux non plus, ne sauraient expliquer la pesanteur des choses qui nous entourent [61]. Les éléments se révèlent par leur mouvement naturel qui leur fait joindre leur lieu naturel pour s'y reposer; leur pesanteur ou leur légèreté se déduit de ce mouvement [62]. Comme à l'accoutumée Aristote, ayant discuté les opinions de ces prédécesseurs, présente ensuite ce qu'il faudrait entendre, à son avis, par le concept en

---

[53] Aristote, *Du ciel*, I.2. Cf. Aristote, *Physique*, V.2, 4 et 5.
[54] Aristote, *Du ciel*, I.2.
[55] Aristote, *ibid.*, I.3.
[56] Aristote, *ibid.*, I.4.
[57] Aristote, *ibid.*, I.8,9.
[58] Aristote, *ibid.*, I.5-7.
[59] Aristote, *ibid.*, I.10-12.
[60] Aristote, *ibid.*, II.
[61] Aristote, *ibid.*, III.1.
[62] Aristote, *ibid.*, III.2.

question, pour voir enfin si, oui ou non, il existe effectivement quelque chose qui y correspond. Ainsi, sa définition du concept d' « élément » est la suivante [63]:

> « Soit alors l'élément des corps, ce en quoi tous les corps sont divisés, qui y est dedans [..] et qui est lui-même indivisible en choses qui diffèrent en espèce ».

Il y ajoute que s'il existe effectivement des éléments, il faudrait qu'ils ne soient qu'en puissance dans le composé. Le nombre d'éléments n'est pas infiniment grand [64], quoiqu'il y aura plus qu'un seul [65]. Ils ne sont pas éternels; ils se convertissent les uns dans les autres par transmutation [66]. Aristote critique Platon pour avoir soutenu que les qualités des éléments dérivent de façon du reste inconnue de la figure de leur polyèdre [67]; selon son avis, il vaut mieux étudier leurs qualités à notre échelle.

Dans le livre IV de l'ouvrage *Du ciel*, le Stagirite souligne le fait que les mouvements simples en haut et en bas révèlent non seulement qu'il y a pesanteur et légèreté, mais encore qu'il faut leur attribuer un sens absolu et un sens relatif. Cette pesanteur et cette légèreté représentent des tendances au mouvement, dans la direction du lieu naturel de l'élément en question [68]. La pesanteur absolue est propre à l'élément de terre, la légèreté absolue à l'élément de feu; l'air et l'eau ne sont que relativement pesants, à savoir par rapport au feu, et relativement légers, à savoir par rapport à la terre. Cependant, l'air est absolument léger par rapport à l'eau, alors que le dernier est absolument pesant par rapport au premier.

Dans le deuxième livre du traité *De la génération et de la corruption* Aristote avance une autre déduction de l'existence des quatre éléments, cette fois-ci sur la base des qualités tactiles des corps. Il distingue principalement deux couples de qualités contraires, le chaud et le froid, d'une part, et le sec et l'humide, d'autre part [69]. Le premier couple s'oppose

---

[63] Aristote, *Du ciel*, 302a15-19: « ἔστω δὴ στοιχεῖον τῶν σωμάτων, εἰς ὃ τἆλλα σώματα διαιρεῖται, ἐνυπάρχον [..], αὐτὸ δ' ἐστὶν ἀδιαίρετον εἰς ἕτερα τῷ εἴδει ».
[64] Aristote, *ibid.*, III.4.
[65] Aristote, *ibid.*, III.5.
[66] Aristote, *ibid.*, III.6-7.
[67] Aristote, *ibid.*, III.8.
[68] Aristote, *ibid.*, IV.3.
[69] Aristote, *De la génération et de la corruption*, II.2.

au deuxième comme l'actif au passif. A partir de ces quatre qualités tactiles, Aristote s'imagine la formation des éléments par combinaison en pairs: ainsi, le chaud et le sec combinent et forment l'élément de feu, le chaud et l'humide constituant l'air, l'humide et le froid l'eau et le sec et le froid la terre [70]. Il précise cependant que la terre est plutôt sèche que froide, l'eau plutôt froide qu'humide, l'air plutôt humide que chaud et le feu plutôt chaud que sec. Ainsi, dans chaque élément l'une des qualités domine l'autre. D'autre part, la transmutation s'opère par un combat de qualités [71]: l'eau devient air quand sa froideur est vaincue par la chaleur, etc. Ce qui importe pour nous c'est le constat d'Aristote que le monde sublunaire ne consiste qu'en mixtes dont chacun pour soi contient tous les quatre éléments [72]. Ces derniers n'existent donc point à l'état pur, ce qui implique que les quatre zones concentriques des éléments - leurs lieux naturels, bien entendu - ne sont que des régions géométriques. Si l'on s'attendait par ailleurs à la précision que le propre d'un mixte résiderait, du moins en partie, dans la proportion qui est entre les éléments, il n'en est pas. Aristote fait voir que le seul que l'on puisse dire, concerne la prédominance de tel ou tel élément. Ainsi tout objet qui coule dans l'eau contient une surmesure de terre, car la terre est partout pesante [73]. Une autre complication est que les éléments sont sujets à une transmutation continue et sans fin. Il n'empêche que tout corps devra nécessairement contenir tous les quatre éléments, du fait même de ses qualités tactiles fondamentales.

Terminons notre aperçu de la théorie des éléments avec la remarque qu'elle se subsume clairement sous la doctrine hylémorphiste. En effet, les rapports des éléments entre eux sont comme celui de la forme à la matière. Ainsi, l'eau est à la terre, l'air est à l'eau et le feu est à l'air ce que la forme est à la matière [74]. Le comportement des éléments est

---

[70] Aristote, *De la génération et de la corruption*, II.3.
[71] Aristote, *ibid.*, II.4.
[72] Aristote, *ibid.*, 334b30: « Ἅπαντα δὲ τὰ μικτὰ σώματα, ὅσα περὶ τὸν τοῦ μέσου τόπον ἐστίν, ἐξ ἁπάντων σύγκειται τῶν ἁπλῶν ». Voir aussi Aristote, *ibid.*, 335a9-10: « [..] ὥστ' ἐν ἅπαντι τῷ συνθέτῳ πάντα τὰ ἁπλᾶ ἐνέσται ».
[73] Aristote, *Du ciel*, 311b6-7: « γῆν μὲν οὖν καὶ ὅσα γῆς ἔχει πλεῖστον, πανταχοῦ βάρος ἔχειν ἀναγκαῖον [..] ».
[74] Aristote, *ibid.*, 312a12 et suiv.

également considéré de ce point de vue: le mouvement dans la direction de leur lieu naturel n'est autre chose que la réalisation de leur forme [75].

3.4 La sentence de maxima et minima; le concept d'ἐλάχιστον

Nous avons vu que pour Aristote, dans *De la génération et de la corruption* I.10, toute substance homoiomère est telle que toute partie, quelque petite qu'elle soit, est toujours de la même nature que le tout. Ceci revient à dire qu'une telle substance est infiniment divisible, du moins dans la pensée. Dans le même contexte il fait cependant remarquer qu'une substance véritablement homoiomère ne saurait être divisée en acte jusqu'en ses ἐλάχιστα, donc jusqu'en ses « particules minimales ».

Or il se trouve que dans la *Physique*, Aristote s'est employé aussi à éclaircir le problème lié de la divisibilité des continua de l'espace, du mouvement et du temps [76]. Ces derniers l'amènent à s'interroger sur l'existence de fait de l'ἄπειρον, l'infini, l'illimité au sens large du terme. Ainsi, il parle de l'illimité de l'univers chez les pythagoriciens, celle de l'étendu des éléments des Ioniens, celle de la petitesse des germes d'Anaxagore. Apparemment il s'agit d'un principe propre à la nature, raisonne-t-il, sinon il n'y avait pas tant d'opinions. En tout cas « l'illimité sera d'après l'addition, d'après la division, ou d'après toutes les deux » [77].

L'illimité ou l'infinie comme substance ne saurait exister, car si elle était divisible, elle donnerait, le cas échéant, des parties qui devraient être également illimitées [78]. Ceci implique qu'elle est ou bien essentiellement indivisible, ou bien divisible en parties limitées. En plus, si par hypothèse il y avait effectivement un corps illimité, ce dernier devrait être ou bien un composé ou bien un élément [79]. S'il était élément et sachant qu'il y en a trois autres, ces derniers seraient vaincus par la force infiniment

---

[75] Aristote, *De la génération et de la corruption*, 310a35-b1.
[76] Aristote, *Physique*, III.4.
[77] Aristote, *ibid.*, 204a7: « [..] ἄπειρον ἅπαν ἢ κατὰ πρόσθεσιν, ἢ κατὰ διαίρεσιν, ἢ ἀμφοτέρως ».
[78] Aristote, *ibid.*, III.5.
[79] Aristote, *ibid.*, 204b11 et suiv.

grand du premier, ce qui est contraire à l'expérience. Ils sont plutôt tous les quatre finis en quantité et bien balancés, en sorte qu'un composé de dimensions infinies, lui non plus, ne saurait exister. D'autre part, pour être perceptible, une substance ne pourra être infiniment grande; l'univers, lui, aura donc également des dimensions finies.

Il n'empêche que l'infinie doit tout de même exister, sinon le temps aurait un commencement et une fin, la grandeur ne serait pas divisible en grandeurs et l'énumération serait limitée [80]. En effet, dans les nombres « l'unité est [l'] ἐλάχιστον [minimum] » [81]. Un peu plus loin il parle de « la limite inférieure » qui se manifeste dans les nombres [82].

D'autre part, il y a des choses qui existent en acte et d'autres qui existent en puissance. Ainsi, la division donnera du moins potentiellement quelque chose toujours plus petite, ce qui implique un illimité en puissance, c'est-à-dire: qui n'est pas réalisable, comme dans le cas où l'on divise quelque chose toujours dans la même proportion [83]. Ce processus ne s'achèvera jamais, comme d'ailleurs l'addition d'un terme dans une série que nous autres modernes aurions appelée « convergente » ne donnera jamais la valeur limite. Un processus d'addition de choses naturelles par contre s'achèvera indubitablement, ne serait-ce que du fait des dimensions finies de l'univers.

Ainsi, l'infini ne concerne que la division des substances [84], l'étendue de grandeur infinie n'existant pas. En ce qui concerne la petitesse il faut dire qu'il est toujours possible de faire quelque chose qui soit plus petite; la division n'est point exhaustive, ne finit jamais. Au contraire dans le cas des nombres le décroissement se heurtera sur l'unité, tandis que l'addition sera sans bornes [85].

---

[80] Aristote, *Physique*, 206a10-13: « [..] τοῦ τε γὰρ χρόνου ἔσται τις ἀρχὴ καὶ τελευτή, καὶ τὰ μεγέθη οὐ διαιρετὰ εἰς μεγέθη, καὶ ἀριθμὸς οὐκ ἔσται ἄπειρος ».
[81] Aristote, *ibid.*, 206b32-33: « (ἡ γὰρ μονὰς ἐλάχιστον [ἐστιν]) ». Il s'agit de la réduction d'un nombre qui, chez Platon, finira dans l'unité.
[82] Aristote, *ibid.*, 207b2-3: « τὸ ἐλάχιστον πέρας ». Chez Epicure ce concept se réfère aux composants unitaires des atomes. Voir ci-après, la section 4.2, p.106.
[83] Aristote, *ibid.*, 206b3 et suiv.
[84] Aristote, *ibid.*, III.7.
[85] Aristote, *ibid.*, 207b16-19.

La notion de « mouvement » comprend d'ailleurs quatre types de changement, à savoir: de substance, de qualité, de quantité et de place [86]. Dans cette perspective il faut définir « contact », « entre », « successif », « contigu » et « continu » [87]. Tout mouvement est une unité [88].

La grandeur, le temps et le changement sont des continus de par leur divisibilité illimitée [89]. Ils ne sauront donc être résolus en entités indivisibles, car des points ne sauraient constituer un continu par contiguïté. La continuité du temps est une conséquence de la continuité de la grandeur, et inversement. Il n'existe pas de continua indivisibles [90].

Tout ce qui peut changer doit être divisible, car au cours d'un changement, qui se déroule dans le temps, l'une partie a changé et l'autre partie pas encore [91]. Au cours du temps qui lui est propre, ce changement s'opère à tout moment quelque petit qu'il soit [92]. Les dilemmes qu'avait avancés Zénon pour démontrer que le mouvement n'est qu'une illusion (l'objet en mouvement qui n'atteindra jamais son but; Achille qui ne pouvait dépasser la tortue; la flèche volante qui ne pouvait pas se déplacer en un instant indivisible; le stade, la moitié duquel égalait le tout) sont fallacieux. Si le temps était effectivement une suite d'entités atomiques, par exemple, toute vitesse serait égale à toute autre vitesse [93].

Dans le dixième chapitre Aristote introduit la notion d'ἀμερὲς (sans-parties), qu'il définit ainsi: « j'appelle sans-parties ce qui est indivisible quant à l'étendue » [94]. Il associe cette notion avec les parties d'une sphère qui tourne autour de son axe; ces parties se meuvent avec des vitesses qui varient en fonction de leur distance de cette axe. D'une manière générale, un « sans-parties » ne pourra changer de place qu'en tant que composant d'un tout, comme la sphère mentionnée; il ne saurait changer indépendamment, ni de substance, ni qualitativement, ni quantitativement,

---

[86] Aristote, *Physique*, V.2.
[87] Aristote, *ibid.*, V.3.
[88] Aristote, *ibid.*, V.4.
[89] Aristote, *ibid.*, VI.
[90] Aristote, *ibid.*, VI.2.
[91] Aristote, *ibid.*, V.4.
[92] Aristote, *ibid.*, VI.6.
[93] Aristote, *ibid.*, VI.9. Chaque entité est appelée un « νῦν ἀδιαίρετον » ou « νῦν ἄτομος » (« maintenant indivisible »).
[94] Aristote, *ibid.*, 240b12-13: « ἀμερὲς δὲ λέγω τὸ κατὰ ποσὸν ἀδιαίρετον ».

ni de place, car, présupposé qu'un tel changement prend du temps, le « sans-parties » connaîtra des moments où il a changé *partiellement*, ce qui est contre sa nature. L'admission de tels changements impliquerait par ailleurs qu'il y aurait également des « sans-parties » spatiaux et temporels, ce qui n'est pas le cas.

Tout changement doit être soutenu par un autre et bien par un contact direct entre le moteur et le mobile, etc.; il y a donc une série de causes efficientes qui finit dans le Premier Moteur.

Il faut distinguer alors d'un côté les continus mathématiques de la grandeur, du temps et du mouvement, et de l'autre, le continu substantiel, celui des corps homoiomères. Tous sont conçus comme infiniment divisibles. L'énoncé du traité *De la génération et de la corruption* I.10 est très important, dans ce contexte, car Aristote y niait qu'une substance homoiomère pourrait être divisée de fait jusqu'en ses ἐλάχιστα; ceci ne l'a pas empêché d'y ajouter que toute partie d'eau, quelque petite qu'elle soit, n'est autre chose qu'eau. Or nous avons déjà signalé ci-dessus que ce fragment pose en effet plus de questions qu'il ne répond [95]. Dans l'hypothèse, par exemple, qu'il y existe effectivement un ἐλάχιστον, celui-ci pourrait être ou bien composant - sinon actuel, du moins potentiel - d'un agrégat dénombrable, ou bien terme ultime d'une division continue. Or on s'aperçoit dès lors de toute une collection de problèmes dérivés, relatifs à cette grandeur limite, questions qui constitueront plus tard le délice des commentateurs. Nous nous contentons pour l'instant de souligner qu'Aristote se contredit ici.

C'est peut-être un bon moment pour avouer que nous avons plus ou moins consciemment changé la perspective, car déjà dans le quatrième chapitre du premier livre de la *Physique*, là où il combattait l'opinion d'Anaxagore, Aristote s'était expliqué longuement au sujet de la divisibilité de substances [96]. Son argumentation revenait à dire que les « germes » anaxagoriens ne sauraient être ni infiniment nombreux ni infiniment petits mais devraient avoir certaines dimensions. La thèse principale d'Anaxagore et des autres physiciens d'Ionie est « que rien ne saurait provenir de ce qui n'existe pas » [97] et sa corollaire selon laquelle « toutes

---

[95] Voir ci-dessus, la section 3.2, p.60-61.
[96] Aristote, *Physique*, 187a32 et suiv.
[97] Aristote, *ibid.*, 187a28-29: « [..] ὡς οὐ γινομένου οὐδενὸς ἐκ τοῦ μὴ ὄντος [..] ».

les choses coexistaient »⁹⁸, c'est-à-dire: au commencement. Par conséquent, si des choses dissemblables naissent de choses dissemblables, il faudrait qu'elles soient déjà les unes dans les autres, savoir sous forme de particules, « les germes », petites au point de s'échapper à nos sens. Les choses tirent leur nom de ce qui prédomine dans le mélange en question.

Or selon Aristote il serait impossible de connaître la grandeur et le nombre de choses qui sont justement infiniment en petitesse et en nombre; il serait tout aussi impossible de les dénominer du fait de l'infinité du nombre d'espèces. Pour « connaître » quelque chose - Aristote parle de substances -, il faut savoir les aspects qualitatif et quantitatif de ses parties. Si ces parties pouvaient adopter toute grandeur ou petitesse possible, le tout auquel elles appartiennent, serait également d'une grandeur ou petitesse indéfinie. Mais, étant donné que tout animal ou toute plante est limité en grandeur comme en petitesse, leurs parties - Aristote mentionne la chair et l'os d'un animal - seront également déterminées de la même manière⁹⁹. Il y aura donc pour tout matériau un intervalle d'étendue, défini par des limites de grandeur et de petitesse hors desquelles il ne saurait exister en tant que tel.

Puis Aristote s'efforce de démontrer qu'une infinité de « germes » ne sauraient coexister dans la même chose et il cite l'exemple d'une quantité d'eau dont on va extraire la chair qui y est dedans sous forme d'une infinité de « germes »¹⁰⁰. Il dit¹⁰¹:

> « En effet, lorsqu'on ôterait de la chair d'une quantité d'eau et qu'on continuerait à séparer de la chair de l'eau qui reste, même si ce que l'on prélève soit toujours plus petit, la quantité qui reste ne dépassera pas un certain degré de petitesse ».

Et il y ajoute¹⁰²:

---

[98] Aristote, *Physique*, 187a30: « ἦν ὁμοῦ τὰ πάντα ».
[99] Aristote, *ibid.*, 187b13-22.
[100] Aristote, *ibid.*, 187b23 et suiv.
[101] Aristote, *ibid.*, 187b28-31: « ἀφαιρεθείσης γὰρ ἐκ τοῦ ὕδατος σαρκός, καὶ πάλιν ἄλλης γενομένης ἐκ τοῦ λοιποῦ ἀποκρίσει, εἰ καὶ ἀεὶ ἐλάττων ἔσται ἡ ἐκκρινομένη, ἀλλ' ὅμως οὐχ ὑπερβαλεῖ μέγεθός τι τῇ σμικρότητι ».
[102] Aristote, *ibid.*, 187b33-34: « εἰ δὲ μὴ στήσεται ἀλλ' ἀεὶ ἕξει ἀφαίρεσιν, ἐν πεπερασμένῳ μεγέθει ἴσα πεπερασμένα ἐνέσται ἄπειρα τὸ πλῆθος· τοῦτο δ' ἀδύνατον ».

> « si [par contre] la séparation ne s'achevait pas, mais continuait toujours, il y aurait dans un objet de dimensions limitées un nombre infini de parties limitées et égales; ceci est impossible ».

D'une tout autre portée est son argument qui dit que la quantité de chair est définie en grandeur et en petitesse, en sorte que si dans l'eau de l'expérience de pensée que nous venons de décrire, il reste une quantité de chair de dimensions minimales, on ne saurait en extraire quelque chose de chair qui soit plus petite. Il vaut la peine de citer cet argument dans son intégralité [103]:

> « En outre, s'il est inévitable que le prélèvement de quelque chose d'un certain corps le rend plus petit et encore que la taille d'une quantité de chair est définie selon la grandeur et la petitesse, il est clair que de la plus petite partie de chair aucun corps [= aucune quantité de chair] ne saurait être extrait, puisqu'elle serait plus petite que la plus petite possible ».

Enfin, le dernier argument avancé par Aristote concerne la coexistence dans un objet d'une infinité d'espèces de « germes », chacune en quantités illimitées, ce qu'il estime être impossible, du moins dans l'hypothèse que ces « germes » devront avoir certaines dimensions.

Un bilan provisoire nous permettra alors de conclure que toute substance (homoiomère ou anhomoiomère) connaîtra des limites de grandeur et de petitesse. Il y a pour toute une chacune un intervalle de grandeur: en passant en-deça de la limite inférieure ou au-delà de la limite supérieure quelque chose cessera d'être ce qu'elle était auparavant. A l'appui de cette sentence on peut citer en outre un passage du VIe livre de la *Physique* [104]:

> « Le même vaudra pour l'accroissement et la diminution; la limite de l'accroissement est l'ultime grandeur conformément à la nature de la chose concernée,

---

[103] Aristote, *Physique*, 187b35-138a2: « Πρὸς δὲ τούτοις, εἰ ἅπαν μὲν σῶμα ἀφαιρεθέντος τινὸς ἔλαττον ἀνάγκη γίνεσθαι, τῆς δὲ σαρκὸς ὥρισται τὸ ποσὸν καὶ μεγέθει καὶ σμικρότητι, φανερὸν ὅτι ἐκ τῆς ἐλαχίστης σαρκὸς οὐθὲν ἐκκριθήσεται σῶμα· ἔσται γὰρ ἔλαττον τῆς ἐλαχίστης ».
[104] Aristote, *ibid.*, 241a33-241b3: « ὁμοίως δὲ καὶ αὐξήσεως καὶ φθίσεως· αὐξήσεως μὲν γὰρ τὸ πέρας τοῦ κατὰ τὴν οἰκείαν φύσιν τελείου μεγέθους, φθίσεως δὲ ἡ τούτου ἔκστασις ».

celle de la diminution définit la perte de cet état ».

Dans le traité *De l'âme* on lit [105]:

> « [..] mais pour toutes les choses qui sont composées d'après la nature il y a une limite ou loi de grandeur et d'accroissement; celles-ci relèvent de l'âme [..], de la forme plutôt que de la matière ».

Nous avons déjà relevé que, selon Aristote dans la *Physique*, la perceptibilité même d'un objet comporte d'une manière générale qu'il ne pourrait pas être infiniment grand ou petit. Dans le traité *De la sensation et des sensibles* il élabore ce passus, en se référant à la divisibilité illimitée de substances, telle qu'il l'avait proclamée dans *De la génération et de la corruption* I.2 et I.10 [106]. Ceci implique que toute partie d'une substance quelque petite qu'elle soit, sera pesante et colorée et douée de toutes les autres qualités. Or Aristote se sauve de l'aporie en distinguant la perceptibilité en puissance de la perceptibilité en acte: si un grain de millet est bien visible, la dix-millième partie de ce même grain se soustrait à la perception. Considérée pour soi, cette partie n'est perceptible qu'en puissance, car, dit le Stagirite, une fois isolée du tout auquel elle appartenait elle se perd dans l'environnement comme la goutte fragrante jetée dans la mer [107]. L'argument est très proche de celui avancé là où Aristote dit qu'une goutte de vin ajoutée à une grande quantité d'eau est simplement transformée en la nature de l'eau en conséquence de la différence en force [108].

Or, l'inconséquence est manifeste. Si, d'une part, la forme substantielle induisait des limites de grandeur et de petitesse à toute substance, il irait de soi qu'au dehors de l'intervalle prescrit, la chose en question perdrait cette forme et donc toutes les qualités.

Reconnaîtrons donc en définitive qu'il est question de deux sentences mutuellement exclusives. Il y a d'une part celle qui attribue à toute sub-

---

[105] Aristote, *De l'âme*, 416a16-19: « [..] τῶν δὲ φύσει συνισταμένων πάντων ἐστὶ πέρας καὶ λόγος μεγέθους τε καὶ αὐξήσεως· ταῦτα δὲ ψυχῆς [..], καὶ λόγου μᾶλλον ἢ ὕλης ».
[106] Aristote, *De la sensation et des sensibles*, chapitre VI.
[107] Aristote, *De la sensation et des sensibles*, 445b32-446a10.
[108] Aristote, *De la génération et de la corruption*, 328a26-28.

stance - tant anhomoiomère que homoiomère - de dimensions maximales et minimales; c'est la sentence de maxima et de minima. Il y a d'autre part celle qui exige pour toute substance homoiomère qu'elle soit foncièrement homogène, c'est-à-dire infiniment divisible.

3.5 Le concept d'ἐλάχιστον pendant la renaissance grecque de l'aristotélisme

C'est dans le traité *De la sensation et des sensibles*, à propos du mélange de couleurs, qu'Aristote a précisé ses idées sur le processus de *mixtion*, auquel il avait déjà consacré *De la génération [..]* I.10. Il y développe cette notion d'ἐλάχιστον dont nous avons vu l'émergence d'abord sous forme de complément de nom pour indiquer la plus petite partie possible de chair. C'était dans la critique de la théorie d'Anaxagore, qui lui même s'en était servi [109]. Or le mot figure également dans *De la génération [..]* I.10, mais dans un contexte fort ambigu, pour dire le moins. Ailleurs, dans la *Physique* I.6, Aristote l'avait utilisé pour indiquer le numériquement un, terme ultime du décroissement d'un nombre. Pourtant dans le fragment qui suit, emprunté au traité *De la sensation [..]*, Aristote discute les mêmes problèmes mais d'une façon beaucoup plus claire, raison pour laquelle nous le citons dans son entièreté [110]:

> « Lorsqu'il y a mixtion de corps, ce changement ne s'effectue pas tellement, comme le pensent certains, par la juxtaposition de leurs unités [ἐλάχιστα] qui nous sont imperceptibles, mais par la fusion complète de tous, comme il est convenu dans le traité sur la mixtion en général [111]. De ce point de vue-là, ce ne

---

[109] Voir ci-dessus, la section 1.7.2, p.17, la note 69.

[110] Aristote, *De la sensation [..]*, 440a31-b12: « Εἰ δ' ἐστι μίξις τῶν σωμάτων μὴ μόνον τὸν τρόπον τοῦτον ὅνπερ οἴονταί τινες, παρ' ἄλληλα τῶν ἐλαχίστων τιθεμένων, ἀδήλων δ' ἡμῖν διὰ τὴν αἴσθησιν, ἀλλ' ὅλως πάντῃ πάντως, ὥσπερ ἐν τοῖς περὶ μίξεως εἴρηται καθόλου περὶ πάντων. ἐκείνως μὲν γὰρ μίγνυται ταῦτα μόνον ὅσα ἐνδέχεται διελεῖν εἰς τὰ ἐλάχιστα, καθάπερ ἀνθρώπους ἵππους ἢ τὰ σμέρματα· τῶν μὲν γὰρ ἀνθρώπων ἄνθρωπος ἐλάχιστος, τῶν δ' ἵππων ἵππος· ὥστε τῇ τούτων παρ' ἄλληλα θέσει τὸ πλῆθος μέμικται τῶν συναμφοτέρων· ἄνθρωπον δὲ ἕνα ἑνὶ ἵππῳ οὐ λέγομεν μεμῖχθαι. ὅσα δὲ μὴ διαιρεῖται εἰς τὸ ἐλάχιστον, τούτων οὐκ ἐνδέχεται μίξιν γενέσθαι τὸν τρόπον τοῦτον ἀλλὰ τῷ πάντῃ μεμῖχθαι, ἅπερ καὶ μάλιστα μίγνυσθαι πέφυκεν ».

[111] Aristote se réfère à *De la génération [..]* I.10.

sont que les corps qu'il est possible de diviser en unités [ἐλάχιστα] tels que les hommes, les chevaux ou les semences, qui réagiraient entre eux; des hommes, l'homme est l'unité [ἐλάχιστον], des chevaux le cheval; ainsi, par la juxtaposition de ceux-ci, la masse des réactants réagirait. Mais [nous, par contre,] nous ne disons pas qu'un seul homme réagit avec un seul cheval. Toutefois, les choses qui ne sont pas divisibles jusqu'à l'unité ne peuvent pas réagir de cette manière, mais réagissent par une fusion complète, lesquelles choses sont aussi les plus aptes à subir ce processus ».

Ce fragment nous semble en effet très parlant pour ce qui concerne le concept d'ἐλάχιστον. Ce dernier se rapporte à l'évidence à quelque chose individuelle appartenant à une espèce. Sa signification a donc beaucoup évolué par rapport à *De la génération [..]* I.10.

Par la suite nous allons suivre les aléas de ce concept d'ἐλάχιστον à travers les travaux des quatre principaux commentateurs grecs: Alexandre d'Aphrodise, Thémistius, Philopon et Simplicius. Nous verrons qu'il donnera naissance à un nouveau concept pour les constituants d'une substance, tout particulièrement pour les substances qu'Aristote avait appelées « homoiomères ». Ce développement aura à long terme des conséquences fondamentales pour toute science de la nature, parce qu'il inaugurera une manière véritablement nouvelle de considérer les phénomènes. Or à l'époque où la doctrine des catégories d'Aristote était souvent considérée comme une propédeutique indispensable pour l'étude de Platon, on se rendait compte en effet qu'il s'agissait de rien moins qu'une nouvelle *catégorie*. C'est de toute façon ce qu'on lit à peu près chez Jean Philopon, déjà célèbre pour avoir avancé une critique très réfléchie - et d'un si brillant avenir ! - de la doctrine aristotélicienne du mouvement local.

Or le premier grand commentateur qui nous intéresse est Alexandre d'Aphrodise. Il occupa entre 198 et 209 A.D. la chaire impériale de philosophie aristotélicienne à Athènes et nous a laissé un traité *De la mixtion*[112]. Il y discute successivement les traits généraux du problème de la mixtion, puis les opinions des atomistes et ensuite - bien plus en profondeur, il est vrai - celle des stoïciens, pour conclure sur la théorie

---

[112] Alexandre d'Aphrodise 1892. Pour une édition critique récente, voir Todd 1976.

d'Aristote. Pour le moment nous laissons de côté ce qu'Alexandre dit des atomistes et des stoïciens. Ce qui nous regarde ici avant tout c'est la question de savoir comment justement il élabore la doctrine aristotélicienne, avec une attention particulière pour le concept d'ἐλάχιστον. Or avec le Stagirite dans *De la génération [..]*, I.10, Alexandre fait la distinction entre *mixtion* et *mélange* [113]. Dans le *mixte* les composants ne sont pas conservés, alors que dans le *mélange* ils subsistent sous forme de petites particules, comme des grains de blé et des petits pois une fois mélangés. Il souligne également qu'il faut qu'il y ait action et passion de contrariétés, ce qui est le plus manifeste dans le cas des éléments. Puis il précise la différence qui est entre *mixtion* d'une part et *génération et corruption* d'autre part. Il fait remarquer enfin que le processus de *mixtion* est facilité lorsque les composants sont divisés en petites particules. Or, si l'on s'attendait peut-être, et à juste titre selon notre opinion, à une allusion à la division éventuelle jusqu'aux ἐλάχιστα, il n'en est toutefois pas question; le terme d'ἐλάχιστα n'est pas non plus utilisé là où il est question du mélange de grains de blé et de petits pois. Ce n'est que dans un tout autre contexte qu'Alexandre en traite. Nous parlons de sa paraphrase du fragment *De la sensation [..]*, 440 a31, qui concerne également, comme nous l'avons remarqué chez Aristote, le problème de la *mixtion*. On se souvient qu'Aristote s'était expliqué ainsi: il y a des choses dont on connaît des unités, telles que les hommes, les chevaux et les semences, et il y a des corps qui ne se divisent pas de cette manière. Or la *mixtion*, processus crucial dont Aristote étudiait les modalités, n'est pas possible dans le premier cas: il y aura tout au plus juxtaposition d'hommes et de chevaux, par exemple. Dans les mots d'Alexandre, il s'agit d'une « juxtaposition d'unités qui y sont conservées » [114].

La véritable *mixtion*, conformément à *De la génération [..]* I.10, ne concerne que le deuxième genre de choses et s'effectuera par le moyen d'une fusion complète [115]:

---

[113] Alexandre, il est vrai, adapte la terminologie. Il distingue deux types de *mixtion* (Alexandre d'Aphrodise 1892, p.228.25 et suiv.), à savoir la *crase* donnant un corps homogène et la *synthèse* qui ne donne qu'un amas d'entités discrètes.

[114] Alexandre d'Aphrodise 1901, p.64, 1.9: « τῶν ἐλαχίστων ἐν αὐτοῖς σῳζομένων παραθέσει ».

[115] Alexandre d'Aphrodise 1901, p.64, 1.12-13: « ταῦτα οὐκέτι οἷόν τε τῇ παραθέσει

« on ne dit décidément pas de ces choses qu'elles réagissent en donnant une juxtaposition d'unités, mais que leur mixtion est d'après le tout ».

Alexandre cite l'exemple de l'eau et du vin dont le *mixte* manifeste une « forme relevant des deux » [116]. Pour ce qui concerne la divisibilité de matériaux, Alexandre est du reste tout aussi ambigu qu'Aristote lui-même: il dit que l'on n'atteindra jamais leur unité (τὸ ἐλάχιστον) et qu'ils ne se combinent pas par juxtaposition d'unités, ce qui formellement parlé n'exclut pas qu'ils consistent en ces unités.

Selon toute vraisemblance, l'*Interprète* a écrit des commentaires entiers sur *De la génération [..]* et sur la *Physique*, mais ceux-ci n'ont pas survécu [117]. Quelques-unes de ses vues concernant les topiques qui nous occupent se laissent cependant entrevoir par le détour des travaux de Simplicius, l'un des derniers commentateurs à tendance syncrétique néo-platono-aristotélicienne à la chaire de l'Académie d'Athènes [118]. Ainsi, Simplicius, au sujet de l'argumentation d'Aristote contre Anaxagore dans la *Physique* I.4, reprend le développement qu'Alexandre lui avait consacré. Ainsi, il fait voir d'abord qu'Alexandre avait appuyé la sentence des dimensions limitées des animaux et des plantes avec une référence à leur durée de vie également limitée. A en croire Simplicius, Alexandre avait souligné qu'il ne faudrait pas confondre les « germes » d'Anaxagore avec les semences des animaux et des plantes: les premiers composent le tout en s'accumulant alors que ces dernières ne subsistent point [119]. C'est par ailleurs dans ce contexte qu'il apparaît que, quant à Simplicius, la doctrine d'Anaxagore et la critique d'Aristote ne se rapportent pas uniquement aux substances organiques que ce dernier avait citées en exemple. Simplicius s'exprime ainsi [120]:

τῶν ἐλαχίστων μίγνυσθαι λέγειν, ἀλλ' ἐν τούτοις διὰ παντὸς ἡ μῖξις [..] ».

[116] Alexandre d'Aphrodise 1901, p.64, 1.24: « εἶδος ἐξ ἀμφοτέρων ».
[117] Todd 1976, 'Introduction', p.14.
[118] Pour la personne de Simplicius, voir Hadot 1990.
[119] Simplicius 1882, p.167, 1.30-p.168, 1.24.
[120] Simplicius 1882, p.167, 1.12-17: « εἰ δὲ λέγοι τις ὅτι πᾶν μέγεθος ἐπ' ἄπειρον ἔστι διαιρετὸν καὶ διὰ τοῦτο πάντως τοῦ λαμβανομένου ἐστὶν ἔλαττον, ἴστω ὅτι αἱ ὁμοιομέρειαι οὐκ εἰσὶν ἁπλῶς μεγέθη, ἀλλ' ἤδη τοιάδε μεγέθη, σὰρξ καὶ ὀστοῦν καὶ μόλυβδος καὶ χρυσός καὶ τὰ τοιαῦτα, ἅπερ οὐχ οἷόν τέ ἐστιν ἐπ' ἄπειρον διαιρούμενα φυλάττειν τὸ εἶδος. ὡς μὲν γὰρ μεγέθη, ἐπ' ἄπειρον διαιρεῖται καὶ ταῦτα· ὡς δὲ σὰρξ

> « Si quelqu'un dit, que toute grandeur est divisible à l'infini et que pour cette raison tout ce que l'on prend [d'un tout] peut être plus petit, il faut savoir que les homoioméries [ὁμοιομέρειαι] n'ont pas simplement une taille [du reste quelconque], mais qu'en tant que *chair, ou os, ou plomb, ou or, ou corps semblables*, elles ont des tailles déterminées, lesquelles [géométriquement parlé] ne sont pas capables de conserver leur forme lorsqu'elles sont divisées à l'infini. En tant que grandeur, celles-là se divisent à l'infini; en tant que chair ou os, elles ne se divisent pas ».

On voit que Simplicius fait abstraction ou presque du point de vue aristotélicien: une quantité d'une substance est devenue un agrégat d'ὁμοιομέρειαι dans l'esprit d'Anaxagore, ces dernières - il est vrai, contrairement à ce qu'avait soutenu leur inventeur - n'étant point infiniment petites, mais manifestant une grandeur caractéristique. Simplicius y ajoute que la division d'un tout composé de telles parties redonne ces dernières [121]:

> « Et le tout que l'on compose à partir de ces parties, en est actuellement divisé, comme les amas homoiomères, mais les corps ne sont pas divisés en tant que corps ».

Autrement dit: la démolition d'un agrégat au sens d'un triage d'ὁμοιομέρειαι ne touche pas à la nature de ces dernières. Il est du reste curieux que Simplicius ne se sert pas du terme d'ἐλάχιστα, mais use du mot ὁμοιομέρειαι pour désigner ces particules caractéristiques. Il n'est quand même pas lieu, nous croyons, d'y lire autre chose.

Un peu plus loin, dans le commentaire sur 187b22-34, Simplicius cite complaisamment ce qu'il présente comme l'interprétation d'Alexandre et celle de Thémistius [122]. Le fragment en question décrit l'expérience de pensée qu'Aristote s'était permise pour dénoncer la théorie anaxagorienne selon laquelle tout est dans tout. Or, c'est l'ἐλάχιστον qui indique, bien dans l'esprit de l'Aristote de la *Physique* I.4, la petitesse limite d'un matériau. Mais il y a plus. L'argumentation attribuée à Thémistius et Alexandre revient à dire que l'extraction de chair d'une quantité déter-

---

καὶ ὀστοῦν, οὐκέτι » [dans la traduction, c'est nous qui soulignons].

[121] Simplicius 1882, p.167, l.18-20: « καὶ τὸ ὅλον δὲ ἐξ ἐκείνων σύγκειται τῶν μερῶν εἰς ἃ καὶ διαιρεῖται ἐνεργείᾳ χωριζόμενα οἷα τὰ ὁμοιομερῆ, ἀλλ' οὐχὶ τὰ σώματα καθὸ σώματα ».

[122] Pour la personne de Thémistius, voir Blumenthal 1990.

minée d'eau doit être conçue comme la séparation successive d'$\dot{\epsilon}\lambda\dot{\alpha}\chi\iota\sigma\tau\alpha$, l'un après l'autre. Si cette extraction continuait indéfiniment, ceci impliquerait qu'il y a un nombre infini d'entités égales entre elles dans une quantité limitée d'eau, ce qui est estimé comme impossible [123]. Or l'innovation, reconnue pour la première fois en tant que telle par Hoenen [124], est manifeste et consiste en l'idée que s'il y avait effectivement, comme le veut l'expérience de pensée d'Aristote, une petitesse (et une grandeur) limite(s) pour la chair, il s'en suivrait que la quantité totale de chair qui se cache dans une quantité limité d'eau doit nécessairement être un multiple entier de cet $\dot{\epsilon}\lambda\dot{\alpha}\chi\iota\sigma\tau o\nu$. Nous voyons que cette idée n'est que la conséquence directe de ce qu'il venait de dire au sujet des $\dot{o}\mu o\iota o\mu\dot{\epsilon}\rho\epsilon\iota\alpha\iota$ d'Anaxagore. C'est donc bien dans ce commentaire que Simplicius fait état de deux trouvailles importantes, à savoir que, premièrement, tout matériau consiste en $\dot{\epsilon}\lambda\dot{\alpha}\chi\iota\sigma\tau\alpha$ de même espèce qui ont la même taille et que, deuxièmement, ces $\dot{\epsilon}\lambda\dot{\alpha}\chi\iota\sigma\tau\alpha$ ne sont divisibles que quant à leur grandeur; dès qu'ils sont divisés en réalité ils perdent leur nature.

Un $\dot{\epsilon}\lambda\dot{\alpha}\chi\iota\sigma\tau o\nu$ au sens de Simplicius est donc un véritable *individu substantiel*, c'est-à-dire qu'il représente la condition à la fois nécessaire et suffisante pour l'existence d'une substance. Par le mot même il se rattache au numériquement un d'Aristote (un cheval, un homme, une graine), qui s'amasse avec ses semblables dans un agrégat pour y subsister intégralement. Cet agrégat, on le voit bien, ne saurait être un continu au sens aristotélicien. Il sera plutôt, comme on le dira beaucoup plus tard, du reste bien dans l'esprit de la *Physique* VI.1, « un tout par contiguïté ». Nous avons consulté par ailleurs le commentaire de Simplicius sur la *Physique* VI pour voir s'il avait quelque chose à dire à propos du rapport entre les différentes sortes de continua qu'Aristote avait distinguées [125]. Or il nous a paru que, pour l'essentiel, Simplicius y soutient la vue d'Aristote selon laquelle tout continuum (temps, grandeur, mouvement) est infiniment divisible, du moins en puissance: la notion de « sans-

---

[123] Simplicius 1882, p.169, 1.16-19: « [..] $\ddot{\alpha}\pi\epsilon\iota\rho o\iota\ \dot{\epsilon}\nu\ \alpha\dot{\upsilon}\tau\hat{\omega}$ [c.-à-d. cette quantité limitée d'eau] $\ddot{\epsilon}\sigma o\nu\tau\alpha\iota\ \tau\dot{o}\nu\ \dot{\alpha}\rho\iota\theta\mu\dot{o}\nu\ \ddot{\iota}\sigma\alpha\iota\ \dot{\alpha}\lambda\lambda\dot{\eta}\lambda\alpha\iota\varsigma\cdot\ \alpha\dot{\iota}\ \gamma\dot{\alpha}\rho\ \dot{\epsilon}\lambda\dot{\alpha}\chi\iota\sigma\tau\alpha\iota\ \sigma\dot{\alpha}\rho\kappa\epsilon\varsigma\ \ddot{\iota}\sigma\alpha\iota\ \tau\dot{o}\ \mu\dot{\epsilon}\gamma\epsilon\theta o\varsigma\ \ddot{\alpha}\pi\epsilon\iota\rho o\iota\ \dot{\epsilon}\nu\ \alpha\dot{\upsilon}\tau\hat{\omega}\ \ddot{\epsilon}\sigma o\nu\tau\alpha\iota\cdot\ \tau o\hat{\upsilon}\tau o\ \delta\dot{\epsilon}\ \dot{\alpha}\delta\dot{\upsilon}\nu\alpha\tau o\nu\ \delta\iota\dot{\alpha}\ \tau\dot{o}\ \dot{\omega}\rho\dot{\iota}\sigma\theta\alpha\iota\ \tau\dot{\eta}\nu\ \dot{\epsilon}\lambda\alpha\chi\dot{\iota}\sigma\tau\eta\nu\ \sigma\dot{\alpha}\rho\kappa\alpha$ [..] ».

[124] Hoenen S.J. 1936, p.510.

[125] Simplicius 1895.

parties », que Simplicius prend au sens de l' « atome » d'autrefois, n'a donc pas de signification physique. Nous avons indiqué précédemment que l'ambiguïté principale dans la doctrine aristotélicienne concernait justement le fait qu'un matériau est conçu comme un continuum, ce qui n'est point réconciliable avec l'hypothèse d'ἐλάχιστα.

Malheureusement le commentaire que Simplicius, en toute vraisemblance, a composé pour le traité *De la génération [..]* n'a pas survécu. Nous sommes donc au regret de ne pas pouvoir évaluer l'aspect physico-chimique de sa prise de position remarquable, surtout pour ce qui est des particularités du processus de *mixtion*.

Remontons dans le temps à Thémistius, philosophe de Constantinople, symbole s'il en est un du Περίπατος byzantin d'avant le renouveau du XIe siècle A.D. Des ouvrages qui sollicitent notre attention, ce ne sont que les commentaires sur la *Physique* et sur le traité *De l'âme*, tous deux sous forme d'une paraphrase, qui ont survécu [126]. Ceux-ci, datant probablement des années 337-357, nous permettront cependant de vérifier les énoncés de Simplicius à propos de Thémistius, car il paraît que ce dernier a effectivement commenté le passus 187a32-188a19 où le Stagirite s'était entretenu avec Anaxagore et où Simplicius avait fait la synthèse des deux opposants. Or selon Thémistius, qui commence par résumer l'opinion d'Anaxagore, les « physiciens » d'antan avaient soutenu la subsistance des parties dans le tout en arguant que les choses provenues de contrariétés manifestent elles-mêmes des contrariétés, alors que jamais on ne voit surgir quelque chose à partir de choses non-existantes. Bref, delà les adages: « tout était ensemble » et « devenir est syncrèse, périr diacrèse » [127]. Chez Anaxagore, Thémistius y ajoute, ce sont les ὁμοιομέρειαι qui prédominent numériquement dans un certain matériau, qui en déterminent la nature [128]. Pour ce qui concerne le nombre d'ὁμοιομέρειαι, il critique Anaxagore en soutenant que ce nombre ne saurait être infiniment grand: d'abord puisque ces principes sont délimités quant à leur grandeur

---

[126] Thémistius 1900 et 1899, respectivement.
[127] Thémistius 1900, p.13, 1.34-35: « ἦν ὁμοῦ πάντα » et « τὸ γίνεσθαι συγκρίνεσθαι ἐστι καὶ τὸ φθείρεσθαι διακρίνεσθαι ».
[128] Thémistius 1900, p.14, 1.10-14: « ὅτι μὴ πάντα [..] ἐξ ἴσης ἐν ἑκάστῳ κατὰ τὸ πλῆθος, ἀλλὰ καθ' ἕκαστον ἕν τι πάντως ὑπερέχει καὶ πλεονάζει [..] ».

pour des raisons à développer un peu plus loin, ensuite du fait que l'infini est inconnaissable pour l'homme [129]. Thémistius fait ressortir aussi qu'Anaxagore s'était opposé à l'idée, que ces ὁμοιομέρειαι pouvaient adopter toute grandeur possible, dans ce sens qu'il y aurait non seulement d'ὁμοιομέρειαι infiniment petites, mais encore d'ὁμοιομέρειαι infiniment grandes [130]. Pour Anaxagore, il n'y avait que d'ὁμοιομέρειαι infiniment petites. Or Thémistius de sa part, combat cette thèse en disant approximativement que la grandeur d'un tout n'est que la sommation des grandeurs de ses parties. Si donc la chair, les nerfs et l'os pouvaient être quelconque en grandeur, le même vaudrait pour un animal ou une plante. Mais, continue-t-il, même Anaxagore admettait que les êtres vivants sont limités, ce qui exclut en conséquence une petitesse infinie pour les ὁμοιομέρειαι [131]. Enfin, il arrive à la prémisse d'Aristote selon laquelle, on s'en souvient, ce qui n'est pas possible pour le tout, ne l'est pas non plus pour les parties.

Or il découle du récit de Thémistius que la doctrine anaxagorienne eut été beaucoup plus compliquée que le compte rendu d'Aristote ne saurait faire croire. En effet, Anaxagore n'avait pas parlé d'une seule et même espèce d'ὁμοιομέρειαι de chair, par exemple: d'après lui, la grandeur de ces ὁμοιομέρειαι est en raison de l'espèce de l'animal en question. Le nombre des différentes sortes de matériaux sera donc une fonction du nombre total d'espèces d'animaux [132].

Il n'empêche, dit Thémistius en substance, qu'il serait absurde de supposer qu'un éléphant consisterait en d'ὁμοιομέρειαι de chair plus petites, ou un moucheron en d'ὁμοιομέρειαι plus nombreuses. Du reste, il est inutile de prétendre quelque chose de certain sur le nombre et la grandeur précis des ὁμοιομέρειαι dans un certain objet d'une grandeur du reste indéterminée. Tout au moins on peut soutenir, que [133]:

---

[129] Thémistius 1900, p.14, 1.15-22.
[130] Thémistius 1900, p.14, 1.27-31.
[131] Thémistius 1900, p.15, 1.5-6.
[132] Thémistius 1900, p.15, 1.15-16.
[133] Thémistius 1900, p.15, 1.31-p.16, 1.2: « ὅλως δὲ τὸ καθαιρεῖν ἐπ' ἄπειρον σάρκα οὐδὲ σάρκα ἔτι φυλάττειν ἐστίν· ὡς μὲν γὰρ σώματος οὐκ ἀδύνατον ἐπ' ἄπειρον νοεῖσθαι τὴν τομόν, ὡς δὲ σαρκὸς ἀμήχανον παντελῶς· διαφθείρεται γὰρ οὐκ εἰς μακρὸν τὸ σάρκιον ».

> « En général la division à l'infini ne comporte pas la conservation de la chair; s'il n'est pas impossible de s'imaginer que la division continue à l'infini, il n'empêche que ceci est parfaitement impossible pour la chair [en tant que chair]; car la partie de chair succombait bientôt ».

Or quoi qu'en dise Anaxagore, il faut que la grandeur de la plus petite partie de chair soit bien définie, en sorte qu'il est nécessairement impossible que tous les autres corps y sont encore dedans. Suit alors une paraphrase de l'argumentation d'Aristote de la *Physique* I.4 que Thémistius clôt avec un appel à l'impuissance de « l'esprit le plus sage » d'Anaxagore [134] de commettre des impossibilités. D'une manière générale, dit Thémistius, Anaxagore se trompait là où il soutenait que la chair et l'or ne sont que des amas où les parties de chair et d'or, respectivement, prédominent. L'axiome qui dit que « si un corps divisible est démonté en parties, le corps original résultera de la combinaison de ces parties » [135] n'est finalement pas évident en soi. Car après tout il y a des matériaux, tel que l'argile, qui se divisent de différentes manières: ou bien en parties d'argile, ou bien en parties d'eau et de terre. Comment faudrait-il alors décrire l'argile: comme un σύνθετον (amas, agrégat) de parties homoiomères d'argile ou comme un σύνθετον de parties d'eau et de terre ? Ne se pourrait-il aussi qu'il y a genèse d'argile et corruption d'eau et de terre, au sens d'Aristote ? Après tout, la formation d'eau à partir de l'air ne revient pas à l'agrégation de parties d'eau d'abord dispersées dans l'air; cette formation n'est pas comparable à la construction d'une maison par l'entassement de briques. Non, ce n'est pas par syncrèse, que ce processus se déroule. Avec un appel du reste peu convaincant au témoignage des sens, Thémistius rallie le camp d'Aristote [136]:

> « mais nous voyons l'air même se transformer et changer en eau, et c'est ainsi que l'eau naît de l'air ».

Si nous avons analysé le développement de Thémistius en détail,

---

[134] Thémistius 1900, p.17, 1.7-8: « ὁ νοῦς φρονιμώτατος ».

[135] Thémistius 1900, p.17, 1.15-16: « εἰ δέ τι φθειρόμενον διαλύεται, ἐξ ἐκείνων γίνεσθαι συντιθέμενων ».

[136] Thémistius 1900, p.17, 1.22-23: « ἀλλ' αὐτον μὲν ὁρῶμεν εἰς ὕδωρ μεταβαλλόμενον τὸν ἀέρα καὶ ἀλλοιούμενον καὶ τοῦτό ἐστιν ἐξ ἀέρος ὕδωρ γενέσθαι ».

c'est que son cas nous a paru typique pour les problèmes liés à une étude diachronique des commentateurs grecs d'Aristote. Il s'agit plus particulièrement de la valeur des références de Simplicius au philosophe de Constantinople. Le problème c'est que les vues que Simplicius devait lui attribuer, quelque deux cents ans plus tard, ne se retrouvent pas dans le texte original et apparemment authentique: d'après ce dernier Thémistius n'a pas connu un concept d'$\dot{\epsilon}\lambda\dot{\alpha}\chi\iota\sigma\tau o\nu$, moins encore une fusion de ce concept avec la notion anaxagorienne d'$\dot{o}\mu o\iota o\mu\dot{\epsilon}\rho\epsilon\iota\alpha$, sous quelque forme que ce soit. Thémistius ne parle que de $\dot{\eta}\ \dot{\epsilon}\lambda\alpha\chi\dot{\iota}\sigma\tau\eta\ \sigma\dot{\alpha}\rho\xi$ (la plus petite [partie de] chair) sans substantiver l'adjectif. Relatif à la grande innovation de Simplicius, à savoir, justement cette fusion, Thémistius apparemment n'y est pour rien. Rien d'étonnant, de ce point de vue, que Thémistius devenait pour une postérité encore lointaine le symbole par excellence de l'orthodoxie péripatéticienne.

Or vu la fiabilité habituelle des citations - du reste nombreuses - dans les travaux de Simplicius, ceci est pour le moins embarrassant. Il est vrai que, précisément dans le fragment qui nous concerne, Simplicius ne cite pas les mots mêmes de Thémistius (ni d'ailleurs ceux d'Alexandre) et ne donne pas des renvois exacts. Le problème nous dépasse en quelque sorte et nous nous contentons de le signaler. Notre premier souci, nous l'avouons volontiers, n'a pas été de vérifier l'authenticité des références plutôt bibliographiques de Simplicius. Ceci serait en effet une tâche à part entière, dans l'état actuel des recherches sur les commentateurs grecs d'Aristote. Or il nous a fallu nous borner à dégager la genèse d'un concept important qui, incontestablement, se dessine dans le commentaire de Simplicius sur la *Physique* I.4. Ainsi, nous le quittons en concluant qu'il a su associer l'$\dot{o}\mu o\iota o\mu\dot{\epsilon}\rho\epsilon\iota\alpha$ d'Anaxagore avec l'$\dot{\epsilon}\lambda\dot{\alpha}\chi\iota\sigma\tau o\nu$ d'Aristote, association qui relève directement du concept d'*individu substantiel* et qui constituait à tout le moins une invention capitale.

Si le dernier péripatéticien à la chaire de philosophie d'Athènes s'était présenté - du moins selon ses dires - comme représentant de la très riche tradition dont il était issu, Jean Philopon (c.490-c.570), professeur de grammaire à Alexandrie et pour cela surnommé le *Grammairien*, fait plutôt figure de solitaire, qui à lui seul reprenait la tâche de repenser

Aristote [137]. On sait par ailleurs que Simplicius, son contemporain, ne l'appréciait pas tellement; on soupçonne que le victime principal de la fermeture de l'Académie d'Athènes, en 529, était agacé par l'habilité avec laquelle le Grammairien avait prévu et paré la menace impériale. En effet, ce dernier, oubliant ce qu'il avait professé auparavant, eut choisi un bon moment, cette même année-là, pour publier son ouvrage *Sur l'éternité du monde contre Proclus*, dans lequel il revendiqua la vérité du dogme chrétien vis-à-vis de la philosophie néo-platono-aristotélicienne. Quelques années plus tard, il renforça encore sa nouvelle position par un traité *Sur l'éternité du monde contre Aristote*. Or la critique de Simplicius, ainsi que le zèle théologique jugé néfaste de Philopon ont gâché sa mémoire dans les mondes arabe et chrétien, du moins à court terme.

Dans le domaine des sciences de la nature, on est redevable à Philopon du concept d'*impetus*, concept qui sera, à la haute scolastique, à l'origine de la nouvelle théorie du mouvement local, l'un des fleurons des écoles d'Oxford et de Paris [138]. Plus tard encore, aux XVIe et XVIIe siècles, ce que l'on s'était accoutumé entre-temps à considérer comme l'insurgence de Philopon envers Aristote lui valait l'estime de la nouvelle génération de savants, pour la plupart aussi solitaires que leur illustre inspirateur alexandrin [139].

Or concernant la doctrine des ἐλάχιστα, nous avons vu que l'un des problèmes dans l'étude de l'œuvre de Simplicius vient du fait que l'histoire nous n'a pas laissé de sa main un commentaire sur *De la génération [..]*, ce qui nous empêche de nous former une idée des implications physico-chimiques de ses énoncés innovateurs sur les ἐλάχιστα. Or cet handicap n'existe pas dans le cas de Philopon; on lui connaît des analyses de presque tous les traités d'Aristote qui importent, analyses - à en croire Verrycken, connaisseur distingué de Philopon - au moins partiellement authentiques.

Une particularité propre à Philopon concerne sa transition, inaugurée par la publication du traité *De l'éternité du monde contre Proclus*, en 529,

---

[137] Sur la personne de Philopon, voir Sorabji 1986a, Chadwick 1986 et Ph. Hoffmann 1986. Voir aussi Verbeke 1988 et Verrycken 1990.

[138] Voir M. Wolff 1986 et Zimmermann 1986.

[139] Chez Robert Boyle, par exemple, Philopon devient le porte-parole des chimistes innovateurs. Voir ci-après, les sections 7.5, p.298, la note 171, et 7.7, p.316.

d'un philosophe néo-platono-aristotélicien de souche chrétienne à un théologien apologiste acharné du christianisme. Or il se trouve, d'après Verrycken [140], que c'est avant tout dans le commentaire sur la *Physique*, que l'on s'aperçoit de traces de cette transition. Il s'agit d'énoncés plus ou moins contradictoires au sujet de l'éternité du monde et du mouvement. Hormis la critique du cinquième élément, la théorie de la matière [141], plus particulièrement la sentence de la divisibilité, ne semble pas avoir été un litige en soi. C'est un constat important, nous semble-t-il, du moment où l'on veut comparer certains aspects de cette théorie dans des ouvrages de différentes époques. C'est donc pour cela que nous osons aborder la pensée de Philopon par son commentaire sur la *Physique* pour voir après ce qu'il a eu à dire au sujet de la physico-chimie aristotélicienne, telle le Stagirite l'avait abrégé dans *De la génération [..]* I.10. Pour terminer, nous vérifions ce que Philopon en dit dans son *in De anima*.

Or Philopon développe son analyse de la critique d'Aristote sur Anaxagore surtout dans le fragment consacré au passage 187b7-8, où il est question de l'infinité et son intelligibilité. Ainsi il fait valoir que si les principes des choses sont des ὁμοιομέρειαι en nombre infini, celles-ci, de par leur nombre, sont inconnaissables, puisque l'infini se soustrait à l'intellect humain: l'infini n'est pas dénombrable car « toujours après ce qui vient d'être atteint il y a quelque chose à trouver » [142]. Encore faut-il que les choses aient des dimensions déterminées: elles ne peuvent ni accroître, ni décroître indéfiniment. L'εἶδος (forme) ne saurait constituer autre chose qu'un homme d'une certaine grandeur, disons de quatre ou de cinq coudées [143]. L'homme ne peut être indéfiniment petit: le navire en bois fait par un artisan, ou l'amphore du potier ne le sauraient pas non plus. Ce qui tient pour les choses dans leur entièreté vaudra également pour leurs composants. Après tout, les ὁμοιομέρειαι ont également une certaine forme [144]:

---

[140] Verrycken 1990.
[141] Voir surtout De Haas 1995, qui a paru après la finition de cette partie.
[142] Philopon 1887, p.96, 1.19: « [..] ἀεὶ ἔξω τι τοῦ ληφθέντος ἐστιν εὑρεῖν [..] ».
[143] Philopon 1887, p.97, 1.24-27.
[144] Philopon 1887, p.97, 1.21-23: « [..] ἔστι τι πάντως μέγεθος, οὗ ἐν τῷ ἐλάττονι οὐκ ἂν συσταίη τὸ εἶδος τῆς σαρκός. ἔστιν ἄρα τις ἄτομος καὶ ἐλαχίστη σάρξ. ὁμοίως καὶ ἐπὶ παντὸς ὁμοιομεροῦς ».

« [..] il y a absolument une certaine grandeur en-deçà de laquelle la forme est incapable de constituer la chair. Il y a alors un certain morceau minimal et indivisible de chair. Semblablement chez toutes les autres substances homoiomères ».

Tous les corps composés ne proviennent pas au hasard d'une quelconque quantité de matière; c'est la forme qui exige une quantité bien déterminée [145] et ceci tiendra également pour les quantités des éléments qui vont constituer la chair ou l'os [146]:

« [..] la forme de la chair demande un certain mélange sousjacent, celle de l'os un autre, et un autre pour les autres ».

S'il est ainsi, il faut qu'il y ait de la part de ces formes des corps composés non seulement une certaine qualité, c'est-à-dire un certain mélange - disons une certaine proportion - des éléments, mais aussi une certaine grandeur [147]:

« Il y a donc des parties minimales de chair et d'eau telles que les formes ne sauraient constituer des quantités plus petites ».

Devant ces mêmes choses les mathématiciens sont dans l'embarras, poursuit Philopon. Car étant donné que toute grandeur en tant qu'espace géométrique soit infiniment divisible, une partie minimale de chair peut être divisée forcément, mais de quelle nature seront ses parties ? Si les nouvelles parties sont de chair, le morceau original n'était point un ἐλάχιστον. Mais si ces mêmes parties ne sont pas de chair, la question se lève comment celles-ci pourront éventuellement reconstituer la chair ? D'autre part, si la chair est vraiment homoiomère, ainsi que l'avait soutenu Aristote, il va de soi que toutes les parties sont de chair. Un morceau de chair peut donc subir la fission d'un double point de vue [148]:

---

[145]   Philopon 1887, p.97, 1.24-27.
[146]   Philopon 1887, p.97, 1.28-30: « [..] τὸ μὲν τῆς σαρκὸς εἶδος δεῖται τοιᾶσδε κράσεως ὑποκειμένης, ἑτέρας δὲ τὸ τοῦ ὀστοῦ, καὶ ἄλλο ἄλλης ».
[147]   Philopon 1887, p.98, 1.5-8: « ἔστιν ἄρα τις ἐλαχίστη σὰρξ καὶ ἐλάχιστον ὕδωρ, οὗ ἐν ἐλάττονι μεγέθει οὐκ ἂν συσταίη τὰ εἴδη ταῦτα ».
[148]   Philopon 1887, p.98, 1.22-26: « ὡς μὲν οὖν μέγεθος οὖσα ἡ σὰρξ ἐπ' ἄπειρον ἐστι διαιρετή (διὸ οὐδέ ἐστι λαβεῖν ἐλάχιστον μέγεθος), ὡς μέντοι εἶδος τι οὖσαν οὐκέτι

> « Comme grandeur justement la chair est infiniment divisible (parce qu'il n'y a pas un minimum de grandeur) ; en tant que quelque chose ayant une forme cependant, il n'est évidemment point possible qu'elle soit divisée à l'infini, car elle cesse complètement d'être dès que le minimum est atteint, et au cas où nous effectuons la division, nous détruirons, par cette division même, aussitôt tout à la fois la forme de chair ».

Philopon compare la fission d'un minimum de chair avec la fission d'un homme, car l'homme et ce minimum sont, argue-t-il, tous deux pareillement indivisibles [149]. Car si déjà la fission d'un homme ou d'un minimum de chair donne des parties, on est quand même dans l'impossibilité de s'en servir pour reconstituer l'homme en question, faute de forme [150]. C'est un peu comme vouloir construire un navire ou une maison par l'amoncellement en aveugle de bois et de pierres, sans l'entremise du savoir faire de l'artisan. Dans le cas de la chair, c'est le savoir faire de la nature qui compte. Or [151] :

> « Le minimum de chair est donc homoiomère, mais seulement pour autant que la totalité soit sauvée ».

Le lecteur moderne est ravi de la profondeur et de la consistance mêmes du développement de la pensée de Philopon. Il n'est pas seulement question, on s'en rend vite compte, d'un nouveau concept en tant que tel. Car c'est bien le concept d'*individu substantiel* qui est détaillé ici sous forme d'une comparaison suivie avec l'être humain. Non, il est clair que déjà le train des idées de Philopon dépasse de beaucoup celui de Simplicius, qui, lui, en arrivant à la même nouveauté était resté pour ainsi dire dans les termes de la tradition philosophique d'entre Anaxagore et Aristote. Or le plus remarquable chez Philopon est que celui-ci avait parfaitement compris que son approche ouvrait une voie nouvelle et revenait à une refonte de la base même de la science de la nature. Lisons

---

δυνατὸν ἐπ᾽ ἄπειρον διελεῖν, ἀλλὰ πάντως καταλήξει εἰς τινα ἐλαχίστην σάρκα, ἣν ἐὰν διέλωμεν, εὐθὺς ἅμα τῇ διαιρέσει τὸ τῆς σαρκὸς ἐφθείραμεν εἶδος ».

[149] Philopon 1887, p.98, 1.26-33.
[150] Philopon 1887, p.98, 1.33-p.99, 1.3.
[151] Philopon 1887, p.99, 1.7-8 : « ὁμοιομερὴς δὲ καὶ ἡ ἐλαχίστη σάρξ, ἀλλ᾽ ἐν ὅσῳ σῴζει τὴν ὁλότητα ».

de plus près ce qu'il en écrit [152]:

> « Il est ainsi, d'une part, que le plus générique et le plus communément répandu parmi les êtres, tous comptés, est par exemple l'être et l'unité [..] et, d'autre part, que les formes qui sont appelées indivisibles relèvent des catégories, parce qu'elles représentent le plus individuel en tant qu'elles participent aux idées; et que ce n'est pas d'après la pluralité que les catégories s'appliquent (mais l'homme d'après un seul homme, et le cheval d'après un seul cheval), ni d'après ce que les choses présentent par hasard. Car un homme mort n'est pas homme, et une partie d'un homme n'est plus homme. *La chair et l'os et les corps homoiomères constituent un ordre intermédiaire*, car c'est d'une part d'après le plus petit que l'existence et l'unité se présentent, et d'autre part sous l'aspect de la pluralité que la forme indivisible se manifeste. C'est que la chair et l'os se disent non seulement des chevaux et des autres animaux, mais également de leurs parties, ce qui bien entendu ne vaut point pour les parties du minimum de chair ou d'os, lorsqu'il est divisé. Toutefois quand ni la chair, ni l'os, ni aucun des mêmes [en tant que masses] ne s'affirment plus, l'être et l'unité y sont pas moins. Si d'autre part les parties du minimum de chair ne sont pas de chair, ce sont quand même des êtres, puisqu'il y a des grandeurs et des corps ».

Si Philopon n'arrive pas à la conclusion que l'idée d'ἐλάχιστον représente en soi une nouvelle catégorie à part entière, une nouvelle manière de considérer le monde, il est toutefois bien conscient du fait qu'au sujet de l'amas d'ἐλάχιστα, la doctrine des catégories fait défaut. C'est évidemment pour cela qu'il proclame, dans le fragment que nous venons de citer, que les corps homoiomères en tant qu'amas appartiennent à une μέση τάξις (ordre intermédiaire). En effet, à la différence des

---

[152] Philopon 1887, p.99, l.11-24: « τὰ μὲν γάρ ἐστι τῶν ὄντων γενικώτατα καὶ κοινότατα ἐπὶ πάντων τῶν ὄντων ἐκτεταμένα, οἷον τὸ ὂν καὶ τὸ ἕν [..], τὰ δὲ ἄτομα καλούμενα εἴδη ἐστένωται ταῖς κατηγορίαις διὰ τὸ μερικώτατα ὡς ἐν εἴδεσιν εἶναι, καὶ οὔτε ἐπὶ πλειόνων ἐστὶ κατηγορούμενα (ἀλλ' ὁ ἄνθρωπος ἐπὶ μόνων ἀνθρώπων, ὁ δὲ ἵππος ἐπὶ ἵππων), οὔτε ἐφ' ὧν κατηγορεῖται ὡς ἔτυχεν ἐχόντων· οὔτε γὰρ ὁ νεκρὸς ἄνθρωπος ἄνθρωπος, οὔτε τὸ μόριον τοῦ ἀνθρώπου ἔτι ἄνθρωπος. ῥὰρξ δὲ καὶ ὀστοῦν καὶ τὰ ὁμοιομερῆ μέσιν τάξιν ἔχοντα ἐπ' ἐλαττόνων μέν ἐστιν ἢ τὸ ὂν καὶ τὸ ἕν, ἐπὶ πλειόνων δὲ ἢ τὰ ἄτομα εἴδη· σὰρξ μὲν γὰρ καὶ ὀστοῦν καὶ ἐπὶ ἵππου καὶ ἐπὶ τῶν ἄλλων ζῴων κατηγορεῖται καὶ ἐπὶ τῶν μορίων αὐτῶν, οὐκέτι μέντοι καὶ ἐπὶ τοῦ μορίου τῆς ἐλαχίστης σαρκός ἢ τοῦ ὀστοῦ, ὅταν διαιρεθῇ. τότε γὰρ σὰρξ μὲν ἢ ὀστοῦν οὐκέτι ἂν αὐτῶν κατηγορηθείη, τὸ μέντοι ἓν καὶ τὸ ὂν οὐδὲν ἧττον. εἰ γὰρ καὶ μὴ σάρκης εἰσι τὰ μόρια τῆς ἐλαχίστης σαρκός, ἀλλ' οὖν ὄντα ἐστι· μεγέθη γὰρ εἰσι καὶ σώματα » [dans la traduction, c'est nous qui soulignons].

choses phénoménales, les ἐλάχιστα ne sont pas perceptibles, individuellement, chacun pour soi; ils ne sont connaissables qu'ἐπὶ πλειόνων, c'est-à-dire sous l'aspect de la pluralité, bref: en masse.

C'est du point de vue de cet « ordre intermédiaire » que Philopon va, par la suite, interpréter la pensée d'Aristote. Ainsi il soutient que tout corps délimité se mesure en d'autres corps plus petits, mais également délimités. Il en déduit que la sentence anaxagorienne que tout est dans tout est nécessairement fausse, car la quantité de chair qui serait dans l'eau, par exemple, devrait être un multiple entier de l'ἐλάχιστον, qui en est en quelque sorte l'étalon [153]. Ce même argument s'oppose à la supposition que toute chose contiendrait une infinité d'espèces de parties, chacune en nombre infini, donc une infinité multipliée par une infinité [154]. Aristote avait raison, dit Philopon, là où il objectait à Anaxagore que même l'*esprit* gouvernant ce monde ne saurait faire ce qui est impossible. Le Grammairien y ajoute qu'encore il n'est pas juste de soutenir, comme l'avait fait Anaxagore, que les corps proviennent de choses semblables: si l'argile résulte d'abord de parties argileuses, il demeure que celles-ci proviennent en dernière instance de terre et d'eau. Ceci vaut pareillement pour les choses naturelles et pour les choses artificielles: après tout le bois donne le feu et l'eau donne l'air, alors qu'une maison se construit à partir de planches et de briques [155].

Rappelons la question que s'était posée Anaxagore, à savoir [156]:

« comment le cheveu proviendrait-il de ce qui n'est pas cheveu et la chair de ce qui n'est pas chair ? »

Il avait répondu, on s'en souvient, en disant que le nombre d'espèces d'ὁμοιομέρειαι égalait le nombre des substances dans l'univers. Or, si Philopon n'approfondit pas tellement son sentiment sur ce point, il est néanmoins probable que ce qu'il dit des corps bruts (argile, bois, eau) a trait à leurs ἐλάχιστα: ce sont eux qui se composent, comme il l'avait remarqué lui-même auparavant, à partir des quatre éléments, unis dans

---

[153] Philopon 1887, p.99, l.26-p.100, l.21.
[154] Philopon 1887, p.100, l.28-p.101, l.4.
[155] Philopon 1887, p.101, l.5-28.
[156] Diels et Kranz 1961, fragment 10: « πῶς γὰρ ἂν [..] ἐκ μὴ τριχὸς γένοιτο θρὶξ καὶ σὰρξ ἐκ μὴ σαρκός; ». Voir ci-dessus, la section 1.7.2, p.17.

une certaine proportion. Il y a apparemment une hiérarchie de matériaux: les quatre éléments composent, par exemple, le feu, qui, lui, constitue avec d'autres corps (éléments ou non) le bois. C'est précisément ce feu disons phénoménal qui s'échappe du bois brûlant (et qui sans doute sera très riche en feu élémentaire).

Dans le commentaire sur le passus 187b13-16, où Aristote s'expliquait sur le rapport entre les parties et le tout, Philopon déclare avec lui que tout objet et partant tout matériau le composant connaît non seulement un minimum de grandeur, mais également un maximum. Or du fait que tout matériau est présenté comme amas d'$\dot{o}μοιομέρειαι$, les limites sont déterminées par la grandeur de l'$\dot{ε}λάχιστον$ et par son nombre. Il ne se permet toutefois pas de précisions [157]. Enfin, nous passerons ici outre le reste du commentaire de Philopon sur la *Physique* I.4, car il s'agit le plus souvent d'explications tout court du texte original.

Il serait intéressant de comparer la doctrine des $\dot{ε}λάχιστα$ du commentaire sur la *Physique* I.4 avec celle concernant la nature des continua en général, telle qu'Aristote l'avait élaborée dans le sixième livre de la *Physique*. Or il se trouve que nous ne possédons que des extraits du commentaire en question et le peu que l'on puisse en déduire c'est que Philopon croit, avec Aristote, que les continua du temps, de la grandeur et du mouvement sont infiniment divisibles et qu'ils ne sont point composés de « sans-parties » ou d'$\dot{ε}λάχιστα$ [158]; un $\dot{ε}λάχιστον$ est défini « la limite de ce qui relève de la grandeur » [159]. Cette dernière définition renvoie vraisemblablement à son analyse de deux passages de la *Physique* III.7, où Aristote s'était servi du mot $\dot{ε}λάχιστον$ pour indiquer le plus petit, la $μονάς$, dans le domaine des nombres. Une telle $μονάς$, en tant qu'unité, est indivisible. C'est comme chez le *genre* des animaux, dit Philopon, qui étant un ne laisse tout de même pas de se diviser en *espèces*. Ainsi, un *continu* est pareil à un *genre*: il est indivisible en tant que *continu*, comme par exemple le bois et la pierre. Ces derniers sont à la fois *unité* et, du moins en puissance, une *pluralité* [160]. On s'étonne

---

[157] Philopon 1887, p.102-104.
[158] Philopon 1888, p.809, 1.9-13; voir aussi p.815, 1.7-8 et p.820, 1.4-9.
[159] Philopon 1888, p.815, 1.21: « [..] τὸ πέρας τῶν ἐν τῷ μεγέθει ».
[160] Philopon 1888, p.487, 1.27-28: « φημὶ οὖν ὅτι καὶ τὸ γένος καὶ τὸ συνεχὲς οὐ μόνον ἕν ἐστιν, ἀλλὰ καὶ δυνάμει πολλά ».

du reste que Philopon ne situe pas le rapport entre les continus et leurs parties sur le niveau du rapport entre les *espèces* des êtres vivants et leurs *individus*.

Passons maintenant à son analyse du traité *De la génération [..]*. Remarquons d'emblée que cette analyse concerne selon les mots mêmes de l'auteur des « annotations prises pendant les réunions avec Ammonius, fils d'Hermeias [..] » et date probablement d'entre 510 et 517 A.D., en tout cas d'avant le commentaire sur la *Physique* [161]. Le ton y est en effet tout autre. Si l'on retrouve par-ci et par-là quelques développements intéressants de la pensée du Stagirite, ils demeurent cependant bien dans les bornes du texte original. L'auteur donne des citations litérales et, pour le reste, paraphrase amplement les dictes d'Aristote. Ceci contraste assez vivement avec l'abondant témoignage d'indépendance que l'on se souvient du commentaire sur la *Physique* I.4.

La partie du traité *De la génération [..]* qui nous préoccupe ici, c'est le dixième chapitre du premier livre, où Aristote avait développé ce qu'il faudrait entendre par *mixtion* et par le double processus de *génération et corruption*. Or la doctrine du Stagirite revient à dire que la nature d'un changement physico-chimique dépend des forces relatives des substances réagissantes. Réagir, c'est à la fois agir et pâtir. Si l'un des réactifs est beaucoup plus fort que l'autre, il le transforme entièrement dans sa nature: le corps le plus faible périt, alors qu'une nouvelle quantité du plus fort surgit et s'ajoute à la quantité déjà présente. Ceci sera un cas du double processus. Un cas de *mixtion* se présente lorsque les pouvoirs des réactifs se contrebalancent et une sorte de moyenne en résulte, un corps qui quant à ses propriétés tient le milieu entre tous les réactants. Quant aux annotations d'Ammonius-Philopon, deux choses demandent notre attention: à savoir, son opinion sur la nature du continuum matériel, plus précisément sur la divisibilité des substances et, en corollaire, celle sur l'agencement des processus physico-chimiques.

Sur la question de savoir s'il existe véritablement un processus digne d'être appelé μίξις (mixtion), Ammonius-Philopon répond d'abord par la considération de deux cas hypothétiques. Premièrement, un processus s'effectuant par la division des corps réagissants en parties imperceptible-

---

[161] Pour la datation des travaux de Philopon, voir Sorabji 1986a, Verrycken 1990 et surtout De Haas 1995, 'Appendix', p.289-301.

ment petites suivie par la παράθεσις (juxtaposition) de ces dernières, comme le mélange de la fleur de farine du froment avec de la farine d'orge. Devant le sens de la vue ce mélange semble uniforme et on serait tenté de parler d'un véritable processus de « mixtion » ou « crase », si ce n'est qu'un Lyncée pourrait percevoir les différentes parties. Deuxièmement, il se pourrait aussi que les (formes des) corps réagissants ne sont pas conservé(e)s et que c'est ainsi que les éléments qui les composent sont divisés en leurs particules ultimes, à savoir les atomes des atomistes. Ainsi, le mélange s'effectuerait par un regroupement de ces ἄτομα [162]. On pourrait comparer ce cas à la construction d'une maison à partir des briques provenant du démontage d'un théâtre.

Or selon Ammonius-Philopon, Aristote se serait opposé à ces deux manières de regarder la nature d'un processus de μίξις. D'un côté, puisqu'une simple juxtaposition ne saurait être une véritable « mixtion »; de l'autre côté, parce que toute substance est considérée comme infiniment divisible, tout comme les autres continua. Après tout, lorsqu'on ajoute de l'eau à une quantité de vin, le produit, le soi-disant κρᾶμα (crama), n'est point une juxtaposition de vin et d'eau, mais résulte d'une véritable « mixtion » ou « crase »; inversement, on ne dit pas non plus qu'une maison naît d'une « mixtion » ou « crase » de pierre, de bois et des autres matériaux. Bref: la sentence de la continuité exclut les deux premières manières hypothétiques. Ce qui, pour nos sens, a toute l'apparence d'un continuum, ne serait pour un Lyncée, dans l'une comme dans l'autre des deux hypothèses envisagées ci-dessus, un monceau discontinu [163].

Remarquons qu'Ammonius-Philopon ne distingue pas un niveau intermédiaire entre les ἄτομα et, disons, les granules de la fleur de farine. Il est cependant intéressant de le voir considérer la division ultime comme une dispersion des atomes des éléments (feu, eau). Nous verrons dans le chapitre suivant que de semblables idées se sont présentées à Tite Lucrèce Carus lors de son élaboration poétique de l'atomisme épicurien.

Là où Aristote avait nié que les substances puissent être divisées jusqu'en leurs particules minimales [164], Ammonius-Philopon montre que

---

[162] Chez Philopon le mot d'atome est un nom neutre, τὸ ἄτομον au singulier, τὰ ἄτομα au pluriel. Voir par exemple Philopon 1897a, p.193, l.4-6.
[163] Philopon 1897a, p.192, l.19-p.194, l.15.
[164] Aristote, *De la génération [..]*, I,10, 328a5-6.

la négation de l'identité de σύνθεσις (synthèse) et de μίξις (mixtion) semble avoir été, pour Aristote, la conséquence de cette division irréalisable. Comme d'ailleurs soutenir qu'une chose n'est pas divisible, chez le Stagirite, revenait à dire qu'elle ne saurait être divisée en minima. Enfin, soutenir que « mixtion » n'est pas « synthèse » correspond à dire, que les choses mélangées ne subsistent qu'en puissance. Le produit d'une « mixtion », pour autant que ce processus existe vraiment, est tel que toutes les parties auront le même rapport avec le tout [165]. Suivent alors des précisions sur l'agir et le pâtir des corps et la critique de certains phénomènes qui pourraient être décrits en termes de « mixtion ». Il faut des corps actifs et passifs et ceux-ci devront être facilement divisibles et, si cela se peut, déformables, comme les liquides. Le fait que les corps réagissent mieux et plus vite s'ils sont divisés en de petites particules vient de ce qu'ils se touchent mieux [166]. Il n'est pas surprenant alors qu'Ammonius-Philopon arrive à la même conclusion qu'Aristote, à savoir, premièrement, qu'il y a effectivement un processus digne du nom « mixtion » et deuxièmement que celui-ci implique l'unification de choses qui ont changées [167].

Or il est évident que la préoccupation principale de Philopon étudiant, celui qui prenait des notes lors du séminaire d'Ammonius consacré au traité *De la génération [..]*, était la fidélité à son maître qui, lui, avait commenté le texte même d'Aristote. Les allusions aux ἐλάχιστα ne sont point détaillées. Là où Ammonius-Philopon parle d'ἄτομα, il les avance comme la solution des atomistes. Ainsi il ne s'aventure pas dans une comparaison entre ces « atomes » et les ἐλάχιστα et le lecteur enthousiaste des grandes idées du commentaire sur la *Physique* reste un peu sur sa faim. Pour ce qui est du traité *De la génération [..]*, ce n'est qu'au regret que ce lecteur constate que le Philopon savant n'a pas pu refaire le travail de Philopon étudiant.

---

[165] Philopon 1897a, p.195-196.
[166] Philopon 1897a, p.199-202.
[167] Philopon 1897a, p.203, 1.9: « τουτέστι δι' ἀλλοιώσεως ἕνωσις ».

3.6 L'ἐλάχιστον en tant qu'*individu substantiel* chez Simplicius et Philopon

Par un remarquable dénouement l'imbroglio aristotélicien concernant la division des continua et la composition des substances homoiomères (et anhomoiomères) a donné naissance a une nouvelle vision sur la constitution du monde matériel. Ce qui n'était, chez le Stagirite, que l'un des deux termes ultimes du continuum de la grandeur d'une substance devenait ainsi, chez Simplicius approximativement et chez Philopon tout à fait développé, la composante discrète d'un ensemble dénombrable. Du double concept d'ἐλάχιστον (minimum) et de μέγιστον (maximum) n'en restait en effet que la première partie, laquelle ne sera autre chose que ce que nous avons résumé dans le concept d'*individu substantiel*. L'ἐλάχιστον va se confondre avec l'ὁμοιομέρεια (homoiomérie; germe) d'Anaxagore et cette idéosyncrasie, si l'on peut dire, va constituer la condition à la fois nécessaire et suffisante pour l'existence d'une substance. Chez Simplicius déjà les ὁμοιομέρειαι anaxagoriennes de même espèce sont de même grandeur et leur extraction d'un certain mélange revient à leur enlèvement successif, l'une après l'autre. Dans l'amas comme tout, ces « homoioméries » survivent intégralement: lorsqu'on divise un amas on sépare les « homoioméries » les unes des autres, mais la nature de ces dernières n'est pas atteinte, à condition bien sûr que l'on ne les fende pas. Nous avons appris que Simplicius discute, dans son commentaire sur la *Physique*, les vues d'Anaxagore en termes d'ὁμοιομέρειαι, encore qu'il présente le commentaire d'Aristote qui s'y réfère par le biais des gloses d'Alexandre d'Aphrodise et de Thémistius en usant du mot d'ἐλάχιστα. Ce qui importe pour nous cependant c'est qu'il se rend compte que, si cette vision disons individualiste tient pour les matériaux composants des êtres vivants, elle s'applique aussi aux corps manifestant une apparence et une divisibilité analogues, tels que le plomb, l'or et les « corps similaires », lisons les corps inorganiques en général et les métaux en particulier. Ainsi les métaux sont des substances homoiomères au même chef que les matériaux organiques. Dans tous ces cas il s'agit, aux yeux de Simplicius, d'entassements de choses d'une grandeur caractéristique et, chacune en soi, tout aussi individuelle que les êtres vivants eux-mêmes: dans les deux cas, c'est la forme qui résume l'individualité. Le lecteur intéressé s'étonne peut-être, et quant à nous avec raison, de ne trouver, chez ce Simplicius grand amateur de Platon, aucune allusion aux amas de polyèdres élémentaires, du moins dans son *in Physica*. Platon avait présenté les substances à notre échelle comme des masses de quatre genres de polyèdres remplissant l'espace sans laisser des pores. C'est le mélange qui, pour lui, définit la substance que nous observons. Cette dernière n'est donc point, comme chez Simplicius, une masse de particules semblables dont chacune résume l'espèce. C'est surtout une question d'optique: pour Platon les quatre éléments constituent le point de départ implacable de toute considération au sujet de la matière. Les corps à notre échelle ne sont que secondaires, alors que, chez Simplicius commentateur d'Aristote, ce sont eux qui, au témoignage des sens, se font prévaloir. La chair et l'os comme le plomb et l'or s'imposent en tant que choses spécifiques tout aussi naturellement que les différentes espèces d'animaux et de plantes.

A en croire Philopon, la particule caractéristique d'un matériau est tout aussi réelle et indivisible que l'homme. Comme chez Simplicius, cette indivisibilité concerne, il est vrai, la nature disons physico-chimique plutôt que la grandeur géométrique. Le Grammairien va cependant beaucoup plus loin. On se souvient que l'air du temps, à Athènes comme à Alexandrie, favorisait l'étude du traité d'Aristote sur les catégories logiques: celle-ci formait la propédeutique jugée indispensable aux hautes études visant la doctrine de Platon. Cet air justement résonne dans l'emphase que met Philopon sur l'amas en tant que $\mu \acute{\epsilon} \sigma \eta \ \tau \acute{\alpha} \xi \iota \varsigma$ (ordre intermédiaire), à savoir entre le monde des substances imperceptiblement petites et celui que nous vivons à notre niveau. Il se rend compte, nous l'avons vu, que cette logique aristotélicienne ne fut rien moins qu'éclaboussée par ces constituants hypothétiques qui, chacun pris à part, se soustraient, par définition, à l'observation et qui ne sont connaissables pour l'homme qu'$\dot{\epsilon}\pi\grave{\iota} \ \pi\lambda\epsilon\iota o\nu\hat{\omega}\nu$, c'est-à-dire sous forme d'une pluralité, disons en masse. L'imperceptibilité de fait propre aux $\dot{\epsilon}\lambda\acute{\alpha}\chi\iota\sigma\tau\alpha$ exclut en effet l'application de la méthode éminemment logique d'Aristote: c'est que les catégories proprement dites ne concernent que des entités individuelles perceptibles ayant une forme pour soi. Philopon naturaliste se voit tout de même obligé de postuler l'existence d'un genre d'entités imperceptiblement petites, sous la menace qu'il ressentit d'une faillite épistémologique quant à la compréhension de choses phénoménales manifestement non-individuelles, telles une pépite d'or ou un bout de chair. Ainsi ces particules hypothétiques sont présentées, par une analogie simple et efficace, comme tout aussi individuelles que les êtres vivants à notre échelle. Leur forme toutefois ne serait connaissable que lorsqu'elles se présentent ἐπὶ πλειονῶν, sous l'aspect de la pluralité, c'est-à-dire: en tant qu'amas ou agrégat. Les approfondissements d'ordre logique qu'apporte Philopon à la notion d'ἐλάχιστον et à son complément indissociable de la pluralité illustrent abondamment leur fertilité épistémologique. Ce que nous vivons à notre niveau est devenu une fois pour toutes agrégat de particules spécifiques et indivisibles. Que l'on se rende compte que l'univers qu'étudient les commentateurs péripatéticiens par le détour des ouvrages d'Aristote est encore celui de leur Maître, c'est-à-dire un univers géocentrique et clos, limité par le sphère des étoiles fixes, où tout phénomène s'effectue selon une causalité quadripartite: matérielle, formelle, efficiente et finale. Le travail d'un scientifique digne de ce nom se limitait à éclaircir les dictes séculaires du Maître consacrés par les collègues-devanciers. La place d'une virgule, dans une phrase, ou la nature d'un esprit ou d'un accent déterminait parfois l'issue d'un débat. De ce point de vue l'innovation de Philopon et de Simplicius prend les allures d'un tournant véritable. En effet, même si ces derniers ont fort bien respecté les us et coutumes scientifiques en écrivant des commentaires exhaustifs, ils ont su s'émanciper sur quelques points capitaux et décisifs dans un domaine d'une importance fondamentale.

Nous verrons par la suite que les innovations de Simplicius et de Philopon, pour des raisons pas toujours claires, n'ont guère survécu au début de l'*Hégire*. Dans les traditions arabe et latine on s'est tenu, le plus souvent, aux énoncés d'Aristote lui-même en faisant abstraction de la tradition des commentateurs grecs. C'était parfois un Aristote fragmentaire, il est vrai, composé de citations empruntées aux commentateurs de Constantinople, d'Athènes et d'Alexandrie. Ceci paraît notamment avoir été le sort de la *Physique* [168]. Les Arabes ont donc bien connu les commentaires en question et beaucoup de ces derniers ont effectivement été traduits en Arabe. Il n'empêche que leur influence paraît avoir été moins que modeste.

Ainsi, on voit s'effleurir, aux XIIe et XIIIe siècles, chez Averroès, à Cordoue, chez Thomas d'Aquin, à Paris, et chez Roger Bacon, à Oxford,

---

[168] Voir ci-après, la section 5.3.2, p.159.

par exemple, des doctrines de *minima naturalia* extrêmement détaillées, mais souffrant des mêmes ambiguïtés et imperfections que les sentences originelles de celui qui était devenu le patron de toute science de la nature. Même si ces commentateurs font abstraction de la limite supérieure, plus ou moins allant de soi dans leur univers sphériquement délimité, le problème sera de poinçonner justement la limite inférieure en-deça de laquelle une substance cesse d'être digne de son nom. Ainsi, tous les textes d'Aristote que nous avons étudiés dans ce chapitre seront de nouveau mis en jeu pour soutenir que les dimensions du *minimum naturale* d'une substance dépendent, selon l'école, de sa forme substantielle, de la force de l'environnement ou du pouvoir sensoriel de l'homme, ce qui amène les doctes scolastiques à distinguer toute sorte de minima de la *même* espèce de substance. Autant que nous avons pu l'établir aucun d'eux n'a entrevu cette idée aussi simple qu'adéquate qu'est l'*individu substantiel*, que Simplicius et Philopon ont créée en quelque sorte sous forme de la notion d'ἐλάχιστον. Il fallait attendre par ailleurs la première moitié du XVIe siècle avant que cette autre idée innovatrice, celle de l'analogie entre la plus petite particule d'une substance et l'individu humain, ne réapparaisse. Les commentaires sur la *Physique* de Simplicius et de Philopon connurent leur *édition princeps* en 1526 et 1535, respectivement, alors que les premières traductions parurent en 1543 et 1539, respectivement, tous à ce foyer éblouissant de culture gréco-latine qu'était Venise [169]. Toutefois autant que nous sachons les idées innovatrices qu'ils véhiculent n'ont guère attiré l'attention, même pas celle de Jules César Scaliger, l'illustre péripatéticien qui devait élaborer, sur les traces des scolastiques averroïstes latins, une théorie de minima naturels très proche du concept d'individu substantiel [170]. Or les savants-naturalistes qui, dans les premières décennies du XVIIe siècle, réinventeront les idées-clefs concernées, nous parlons de Beeckman et de Basson, ne se rendaient point compte qu'ils ravivaient un acquis des commentateurs grecs. En fait, à ce début du XVIIe siècle, l'initiative scientifique, si l'on peut dire, n'était plus aux péripatéticiens, même si leur emprise sur les universités perdu-

---

[169] Selon Deno Geanakoplos, Venise était devenue, à la fin du XVe et au début du XVIe siècle, le centre principal de science grécophone pour tout le monde Occidental. (Geanakoplos 1973, p.2).
[170] Voir ci-après, la section 5.3.2, p.162-165.

rait. Et encore: les nombreuses rééditions du *corpus aristotelicum*, surtout depuis le Concile de Trente (1545-1563) où l'interprétation de Thomas d'Aquin avait été consacrée, n'ont point pu empêcher un changement de décor essentiel. En effet, à l'époque même où les péripatéticiens s'enorgueillissaient de la splendeur de la nouvelle édition des Jésuites de Coïmbra, l'esprit de la Renaissance frappait enfin les scientifiques-naturalistes, les amateurs des phénomènes naturels tels qu'ils sont en soi. Ces derniers, dont Sébastien Basson, vont faire appel à des autorités plus anciennes encore qu'Aristote, qui, puisqu'elles vivaient plus proches de la Création, étaient dites moins corrompues et partant plus fiables. D'autres, tels que Thomas Harriot et Isaac Beeckman vivent à l'écart des universités et font preuve, chacun dans l'intimité de son cabinet, parmi ses livres, ses outils et ses appareils, d'une indépendance et d'une imagination scientifiques qui ne cèdent en rien devant celles, plus bruyantes certes, d'un Galiléo Galilée. Là où Galilée devait se perdre dans une lutte sans fin avec l'orthodoxie universitaire et ecclésiastique, Beeckman et Harriot vont simplement faire abstraction de l'œuvre du Stagirite pour s'aventurer dans la lecture de Lucrèce et y aspirer le souffle d'une science renouvellée sinon foncièrement nouvelle.

CHAPITRE IV

EPICURE ET LUCRECE

4.1 La matière et le divin

L'un des premiers à savoir profiter de la critique d'Aristote de l'atomisme était Epicure (341-270), c'est du moins ce que l'on peut déduire du commentaire de Simplicius sur la *Physique* [1]. Epicure arriva à Athènes à l'époque où Aristote s'apprêta à partir pour Eubée. Il n'est d'ailleurs pas sûr qu'Epicure ait effectivement pu suivre les cours du Stagirite au Lykeion. En revanche, on sait qu'il a connu la *Physique*. La référence d'Epicure est explicite et en fait, selon Düring, l'une des très rares avant le temps d'Andronicus [2]. On sait, en outre, qu'Epicure a assisté aux leçons de Nausiphane, à Téos, en Ionie; or Nausiphane était, à l'époque, le plus célèbre interprète de la philosophie naturelle de Démocrite. Epicure était donc en bonne position pour estimer l'argumentation d'Aristote à sa juste valeur et d'en profiter autant que possible.

D'une manière générale Epicure semble avoir détesté l'enseignement dispensé aux gymnases contemporains, qu'il estimait trop systématique et contraignant avec leur propédeutique souvent de nombreuses années avant

---

[1] Simplicius 1882, VII,1; voir Usener 1966, p.192 (fr.268).
[2] Düring 1966, p.35.

que les étudiants étaient jugés à même d'aborder les vrais problèmes. On nous rapporte également qu'il n'appréciait pas non plus la logique en tant qu'instrument scientifique. Les seules choses auxquelles un homme peut se confier sans hésitations, ce sont ses propres organes sensoriels, qui, selon l'avis d'Epicure, enrégistrent simplement l'état véritable de la nature sans qu'il y ait déformation ou même adultération par l'intervention de la raison humaine. Puisque son but principal était d'indiquer, à l'homme, une voie, une manière de vivre heureux, il était convaincu qu'il faudrait partir non pas des sophismes des philosophes, ni d'ailleurs des mythes des poètes ou des phantasmes des prêtres. Il ne faudrait rien moins qu'une connaissance inébranlable de la constitution du monde et de l'agencement des phénomènes. En effet, l'homme qui tente consciemment de vivre heureux s'efforcera d'éviter tout ce qui s'oppose à la tranquillité d'âme. Afin d'atteindre cette ἀταραξία (ataraxie), cette absence de trouble mental en laquelle consisterait le vrai bonheur, il faudrait que l'homme se prémunisse contre tout excès préjudiciable, de joie comme de tristesse. Il s'agit, on le voit bien, de toute une philosophie de la tempérance, considérée comme l'une des vertus cardinales. De plus, la joie de vivre étant naturelle et légitime, il faudrait fuir tout ce qui pouvait provoquer de la douleur, laquelle serait étrange à la condition humaine. De ce point de vue l'intérêt de l'atomisme de Nausiphane réside, quant à Epicure, justement dans son caractère éminemment scientifique. Car, dit-il, ce sont les sciences de la nature en général et l'atomisme en particulier qui permettent, à l'homme, de se libérer du joug de ses angoisses superstitieuses vis-à-vis de la nature et de la mort et qui, ainsi, le font jouir convenablement et honnêtement de la vie. Dans l'une de ses Κύριαι δόξαι, ou *Sentences principales*, Epicure s'explique ainsi [3]:

« Si nous n'étions pas dérangés par nos suspicions des phénomènes météorologiques et de la mort craignant qu'ils nous adressent, ni par notre incapacité de comprendre les bornes des maux et des désirs, nous n'aurions aucun besoin de science ».

---

[3] Diogène Laërce X, 142, Κύριαι δόξαι, nr.xi (p.73-74): « Εἰ μηθὲν ἡμᾶς αἱ τῶν μετεώρων ὑποψίαι ἠνώχλουν καὶ αἱ περὶ θανάτου, μή ποτε πρὸς ἡμᾶς ᾖ τι, ἔτι τε τὸ μὴ κατανοεῖν τοὺς ὅρους τῶν ἀλγηδόνων καὶ τῶν ἐπιθυμιῶν, οὐκ ἂν προσεδεόμεθα φυσιολογίας ».

IV

A en croire Tite Lucrèce Carus (c.95-c.55), panégyriste et apologète de l'atomisme épicurien, l'homme devait s'indigner devant les injustices inouïes commises de tout temps au nom de la religion. L'horreur s'incarnait, quant à lui, dans la personne d'Agamemnon qui, à Aulis, avait cru bon d'offrir sa fille Ephigénie afin d'apaiser le courroux d'Artemis et de garantir, ainsi, une bonne traversée pour la flotte grecque qui, sur le point de partir pour Troye, était immobilisée dans le port d'Aulis par un vent contraire sans fin [4]. Encore selon Lucrèce, il n'était point nécessaire de s'effrayer de centaures, de scylles, de chimères ou d'autres monstres mythiques, inventés par les poètes afin de s'imposer aux crédules et d'abuser de leurs faiblesses. Ces monstres ne sauraient exister en réalité, parce qu'ils ne s'accordent point avec l'agencement normal de la nature. Chaque espèce d'êtres, si tant est qu'elle existe, manifeste ses propres caractéristiques dans le temps, autrement dit: chaque espèce se développe à sa manière (« suo ritu ») en conservant ses particularités conformément à la loi de la nature (« foedere naturae »). Ainsi, la nature ne permet pas de combinaisons arbitraires [5].

Pour ce qui concerne la science et l'atomisme, le message d'Epicure nous est parvenu d'abord sous forme de quelques lettres: l'une, à destination de Hérodote, concerne un abrégé des implications microscopiques de l'atomisme; l'autre, adressée à Pythocles, s'agit plutôt des phénomènes météorologiques et astronomiques, alors que la troisième, destinée à Ménécé, traite des particularités des dieux et de l'âme. Il y a encore les *Sentences principales* auxquelles nous nous référions déjà ci-dessus. Les trois lettres et ces sentences sont vraisemblablement des documents authentiques. C'est Diogène Laërce (IIIe s. A.D.) qui les a inséré dans le dixième livre de son ouvrage encyclopédique Βίοι φιλοσόφων (*Vies des philosophes*). Enfin, il y a son traité Περὶ φύσεως (*De la nature*), dont on a retrouvé des papyri - malheureusement fort mutilés - à Herculanum, au

---

[4] Lucrèce I, 84-101.
[5] Lucrèce V, 878-924. En particulier les vers 922-924:
 « non tamen inter se possunt complexa creari,
 sed res quaeque suo ritu procedit, et omnes
 foedere naturae certo discrimina servant ».

milieu du XVIIIe siècle; ceux-ci ont été édités récemment par Graziano Arrighetti [6].

A côté de ces écrits originaux il y a l'extraordinaire poème didactique de Lucrèce, *De rerum natura [..]* (*De la nature des choses [..]*), composé dans la première moitié du premier siècle av.J.-C. par ce partisan illuminé de celui qui « passa largement outre les confins enflammés du monde et parcourit l'immense univers par la pensée et par l'imagination » [7,8]. Or les deux premiers livres de ce poème concernent les fondements de l'atomisme: arguments en faveur de l'existence tant des atomes que du vide et réfutation des systèmes d'Héraclite et des Ioniens, d'Empédocle et d'Anaxagore; les propriétés des atomes et de leurs amas. Le livre III est consacré à la nature de l'âme, le livre IV au fonctionnement des organes sensoriels en tant qu'intermédiaire entre l'environnement et l'âme. Suivent enfin deux livres dont l'un traite de la formation du monde, de la naissance de la société et du développement de la culture, alors que l'autre élabore les phénomènes météorologiques les plus effrayants (dont par exemple les tremblements de terre et la propagation de maladies contagieuses) et leur explication rationnelle.

L'encyclopédie de biographie philosophique de Diogène Laërce a été récemment le sujet d'une belle édition critique par Herbert Long à laquelle nous nous référons par la suite [9]. Il y a encore l'édition de R. D. Hicks avec en regard une traduction anglaise [10] et, enfin, la traduction française par R. Genaille [11]. Pour une meilleure compréhension de l'épicurisme nous avons également consulté les collections de Hermann Usener [12] et

---

[6] Epicure 1973.
[7] Lucrèce, I, 72-74: « [..] extra
processit longe flammantia moenia mundi,
atque omne immensum peragravit mente animoque [..] ».
[8] Le panégyrique de Lucrèce a été traduit en pièce de théâtre par *MC 93 Bobigny* en collaboration avec le *Centre National de la Recherche Scientifique*. Le spectacle fut créé à la Maison de la Culture de Bobigny, au mois de mars 1990, sous le titre *La nature des choses* et dans une magnifique mise en scène de Jean Jourdheuil et Jean-François Peyret.
[9] Diogène Laërce 1964.
[10] Diogène Laërce 1972.
[11] Diogène Laërce 1965.
[12] Usener 1966.

de Cyril Bailey [13]; cette dernière donne également une traduction et un commentaire. On se souvient que c'est entre autre par une traduction latine du dixième livre de cette encyclopédie, livre consacré justement à Epicure, que Pierre Gassendi, au début des années 1630, a essayé de raviver l'atomisme antique en tant qu'hypothèse de travail ès sciences physiques [14].

L'édition de référence du panégyrique de Lucrèce est celle de Cyril Bailey; elle donne non seulement le texte et sa traduction anglaise, mais de plus un commentaire perpétuel très approfondi [15]. Si nous renvoyons par préférence à l'édition de Bailey, nous avons comparé son interprétation avec celle de W. H. D. Rouse et Martin Smith [16], d'une part, et celles d'Alfred Ernout [17] et de Henri Clouard [18], d'autre.

4.2 L'atomisme épicurien; la sensation comme étalon

Avant d'aborder l'étude de cet atomisme rajeuni et consciemment émancipateur d'Epicure, force est de rappeler la position-clef des organes des sens et de la sensation tout court dans la philosophie épicurienne [19]. Or *La lettre à Hérodote*, chez Diogène, est la plus explicite. Epicure y préconise que les sensations s'opèrent sans aucune intervention perturbatrice de la raison. Cette dernière n'y intervient que seulement a posteriori, à savoir pour y puiser ses prolégomènes. En outre Epicure nous montre-t-il que les différents organes sont indépendants les uns des autres, du fait qu'ils ont leurs propres vecteurs venant des objets de dehors; et, enfin, que leurs témoignages ne peuvent donc point s'exclure ou se contredire. La conclusion s'impose que les organes des sens nous enseignent sur l'état réel des choses. Epicure le dit ainsi [20]:

---

[13] Bailey 1926.
[14] Voir ci-après, la section 7.2, p.253 et suiv.
[15] Lucrèce 1947.
[16] Lucrèce 1975.
[17] Lucrèce 1959-1960.
[18] Lucrèce 1964.
[19] Diogène Laërce X, 31-32, 38-39, 40; Lucrèce I, 423-424 et 699-700; IV, 478-521. Voir aussi Bailey 1928, p.275.
[20] Diogène Laërce X, 39: « [..] σώματα μὲν γὰρ ὡς ἔστιν, αὐτὴ ἡ αἴσθησις ἐπὶ πάν-

« [..] que les choses existent effectivement est attesté dans tout domaine par la sensation, et c'est d'après celle-ci que l'inconnu se révèle à la raison [..] ».

Or étant donné la réalité des choses perceptibles, l'invisible se laisse alors apprendre à connaître par une analogie soutenue avec le monde que nous vivons. Lucrèce, de sa part, explique que la foi ès sens est préalable à toute connaissance des choses cachées [21]. Ainsi, tout ce qui s'oppose à ce que nous remarquons être la marche normale de la nature est, par cela même, invraisemblable, voire suspect. La nature est sujette à des lois à elle qui, comme nous l'avons remarqué, dictent la permanence des espèces et de leurs caractéristiques, ou, plus généralement parlé, le déroulement immuable des phénomènes. Ces mêmes lois se révèlent au même titre dans tout genre de phénomènes périodiques (la succession des saisons et celle des générations, la durée de la gestation des animaux et de leur vie) et dans les régularités du comportement des animaux et des plantes [22]. En effet, dit Lucrèce dans le premier livre de son poème, s'il n'y avait pas de telles lois, tout pourrait provenir de tout et bien dans des durées de temps absolument quelconque: les hommes proviendraient de la mer et atteindre l'état adulte ne serait, pour eux, qu'un processus instantané. Mais, à l'évidence des sens, les êtres vivants s'engendrent à partir de semences spécifiques et s'accroissent graduellement. En plus, toute espèce connaît son terme de grandeur: il n'y a pas de géants, car l'homme s'est vu attribuer une quantité déterminée de matière, bref: de « primordia » [23]. Rien ne saurait provenir de rien; rien ne saurait se réduire à rien [24]. Bon nombre de phénomènes attestent l'existence de ces « corps inaperçus » (corpora caeca) [25]: les vents, les odeurs, les chaleurs et froideurs pénétrantes; le séchement par le soleil de linge, mouillé par les vapeurs de

---

των μαρτυρεῖ, καθ' ἣν ἀναγκαῖον τὸ ἄδηλον τῷ λογισμῷ τεκμαίρεσθαι [..] ».
[21] Lucrèce I, 422-425:
« corpus enim per se communis dedicat esse
sensus; cui nisi prima fides fundata valebit,
haud erit occultis rebus quo referentes
confirmare animi quicquam ratione queamus ».
[22] Lucrèce I, 159 et suiv.
[23] Lucrèce I, 199-204.
[24] Lucrèce I, 205-264.
[25] Lucrèce I, 271-328.

l'eau de la mer. Les gouttes tombant creusent la pierre, comme les passants éliment les pavés; la bague au doigt et la charrue dans la terre s'usent. Tout ceci se passe petit à petit, par la perte successive de parcelles infimes. Le même genre d'usure manifestent les statues en bronze à la porte des villes dont la main droite se consume à la longue par le contact avec les passants qui le secouent. L'accroissement graduel des choses s'opère de même, si ce n'est qu'inversement.

Or, curieusement, le mot d' « atomus » ne fait pas partie du vocabulaire de Lucrèce; celui-ci ne parle que de « primordia », de « corpora caeca », de « principia », d' « elementa » ou de « semina ». Tout compte fait, il n'y existe que deux genres d'êtres et bien ces primordia éternels et leurs assemblages plus ou moins durables, les soi-disant « concilia », dont les choses à notre échelle. Nous reparlerons par la suite de cette distinction (section 4.3). Remarquons, pour terminer, que la seule chose ayant le même statut épistémologique, ou si l'on veut ontologique, que les primordia, sera le *vide* dont l'existence est confirmée par tout un éventail de phénomènes, du mouvement en général à notre échelle à la différence en densité relative des substances en passant par la sensation à distance de la froideur [26]. Bref [27]:

> « la nature de toute chose, telle qu'elle est en soi, est double; car il y a les corps [= primordia] et le vide, en lequel les premiers sont et se meuvent diversement ».

C'est donc l'expérience quotidienne par le moyen des sens qui devait nous conduire, non seulement dans l'étude du micromonde des primordia, mais encore dans celle, macromondiale, de l'univers. C'est cette expérience en effet qui nous enseigne qu'il n'y a rien d'unique à notre niveau, toute chose existant en plusieurs exemplaires. Ceci tient pour les animaux, pas moins que pour les plantes, les rivières, les montagnes et ainsi de suite. La structure classificatoire du monde phénoménal se résume ainsi dans l'existence d'*espèces*, d'un côté, et d'*individus* qui y appartiennent,

---

[26] Lucrèce I, 329-357.
[27] Lucrèce I, 419-421:
« omnis ut est igitur per se natura duabus
constitit in rebus; nam corpora sunt et inane,
haec in quo sita sunt et qua diversa moventur ».

de l'autre côté. C'est en peu de mots ce qu'Epicure semble vouloir dire. Or d'après le philosophe du Jardin c'est cette même structure espèce-individu que nous constatons être le fond du monde phénoménal, qui serait aussi à la base de l'univers des mondes comme d'ailleurs à celle du micromonde des atomes [28]. Cette analogie est en effet à la base de considérations sur la figure des atomes [29] et elle a inspiré également le raisonnement aboutissant à la sentence de la pluralité des mondes [30]. C'est-à-dire: il y a des *espèces* différentes de mondes et d'atomes, comme il y a des *espèces* différentes d'oiseaux [31] ou de coquillages [32], par exemple, alors que chaque monde et chaque atome se présente, comme tout oiseau et tout coquillage, en tant qu'*individu*, ressortissant avec d'autres à une même *espèce*. Tout ceci rappelle vaguement le fragment du traité *De la sensation et des sensibles* où Aristote avait abrégé la position des atomistes en disant que, dans leur théorie, la mixtion reviendrait à la juxtaposition d'hommes et de chevaux [33]. Nous croyons en tout état de cause que cette analogie n'a guère été estimée à sa juste valeur dans l'historiographie de l'atomisme depuis Lasswitz. C'est à elle en effet, selon notre opinion, que bon nombre de détails jusqu'ici obscurs de l'atomisme épicurien sont imputables.

Chez Lucrèce, l'analogie entre atomes et objets macroscopiques est poussée plus loin encore. Ainsi, il fait voir que la même *variabilité* que manifestent, dans une même espèce, les êtres vivants, les grains de blé ou les coquillages, sera propre aux atomes [34]. Généralement parlé, la figure des atomes ne variera pas à l'infini, sinon il devrait y avoir des atomes infiniment grands; il n'y aurait pas non plus de distinction entre les couleurs, les odeurs, les saveurs, les sons produits pas les animaux [35]. Tous connaissent des bornes à ne pas franchir: pour tous les êtres et par-

---

[28] Lucrèce II, 1077-1089. Voir aussi chapitre XX, p.1357.

[29] Diogène Laërce X, 59. Comparer Lucrèce 1947, II, p.701-702 et Lucrèce 1975, p.48, note. Voir aussi Diogène Laërce X, 54-55 et Lucrèce II, 342-380.

[30] Diogène Laërce X, 45 et 74; Lucrèce II, 1077-1089.

[31] Lucrèce II, 344.

[32] Lucrèce II, 374.

[33] Aristote, *De la sensation et des sensibles*, 440b4-10. Voir ci-dessus, la section 3.5, p.72, la note 110.

[34] Lucrèce II, 333-380.

[35] Lucrèce II, 500-515.

tant pour toutes leurs qualités il y a un intervalle d'existence, pareil à celui entre les extrêmes de chaleur estival et de froideur hivernal [36]. Ainsi, à l'évidence des sens, les êtres et leurs propriétés varient entre certaines limites. Il demeure que les intervalles de différentes espèces ne coïncident nulle part; elles sont ce qu'on va appeler plus tard *discrètes*. Pour rendre plausible la variabilité limitée dans la figure des atomes Lucrèce s'imagine que ceux-ci sont composés de « parties minimales » (minimae partes), dont l'arrangement dans l'espace détermine la géométrie de l'atome [37]. Pour Lucrèce, étant donné un certain nombre de ces parties, le nombre de figures possibles pour l'atome sera limité, alors que ce dernier augmente avec le nombre des parties. Ailleurs, ces particules minimales des atomes sont mises en parallèle avec les plus petites parties du corps d'un être vivant, apparemment pour faire ressortir qu'il n'y a qu'un seul niveau dans le monde microscopique, à savoir celui des atomes [38]. Autrement dit: en descendant l'échelle, on ne risque pas de se perdre dans une hiérarchie particulière sans bornes, hiérarchie qui s'opposerait à la constance de la nature et le caractère discret de toute chose naturelle [39]. Or ce détail - assez étrange, à première vue - de la vaste doctrine d'Epicure qu'est la sentence des parties minimales des primordia atteste à notre opinion, une fois de plus, le rôle directeur de l'analogie entre atomes et entités phénomales, plus particulièrement entre atomes et hommes [40]. Car, devine-t-on, de même que les hommes consistent en certaines parties arrangées d'une certaine manière et en principe inséparables du tout, de même les atomes, eux, consistent en de parties minimales. Ces dernières ne sont donc introduites que pour satisfaire - ou parfaire, si l'on veut - l'analogie envisagée. Cependant, du moment où l'on se rend compte que les atomes dans les quelques propriétés géométriques qu'ils possèdent, manifesteront une variabilité comparable à celle des êtres à notre niveau, on voit tout de suite que le développement d'Epicure n'est que très appro-

---

[36] Lucrèce II, 514-517.
[37] Lucrèce II, 478-499; voir aussi Lucrèce I, 599-634 et 749-752.
[38] Diogène Laërce X, 59.
[39] Diogène Laërce X, 58-59; cf. Lucrèce I, 611 et 746 et suiv.
[40] Epicure lui-même le dit ainsi (Diogène Laërce X, 59): « ἐπεί περ καὶ ὅτι μέγεθος ἔχει ἡ ἄτομος, κατὰ τὴν ἐνταῦθα ἀναλόγιαν κατηγορήσαμεν, μικρόν τι μόνον μακρὰν ἐκλαβόντες ».

ximatif. Il faudrait préciser que ces parties minimales seront égales entre elles en figure comme en grandeur, puisque, sur le niveau des primordia ce qui compte n'est que cette unique matière première dépouillée de toute qualité non-géométrique. De légères variations dans l'arrangement de ces minima occasionnent que même dans une seule espèce de primordia on n'en trouvera jamais deux exemplaires entièrement identiques entre eux. C'est du moins ce que semble vouloir dire au fait l'analogie avec les grains de blé et les coquillages. Le commentateur Bailey considère de sa part que ces [ἐλάχιστα] πέρατα de la lettre à Hérodote, devenus « partes minimae » chez Lucrèce, sont à la fois « borne » de la petitesse et « étalon »: leur nombre déterminera la grandeur de l'atome qu'ils constituent [41]. Dans ses riches annotations au poème de Lucrèce il souligne que, aux yeux du Romain, l'hypothèse des « minimae partes » est en quelque sorte le complément naturel de celle des « primordia »: la divisibilité limitée de l'univers tient à l'existence d'atomes, de même que celle - dans la pensée seulement - d'un atome tient à la présence des minima [42]. Ainsi, en contrecoup on dirait, l'hypothèse des minima va servir de support pour l'hypothèse des atomes.

Ainsi la même analogie entre les primordia et les êtres vivants conduit à la question de savoir, si ces primordia auront ce qui semble constituer la différence entre êtres vivants et objets morts, à savoir la sensibilité [43]. La question ultime sera sans doute si les primordia eux-mêmes ne sont autant d'êtres vivants. Or Lucrèce pose la question pour la répondre catégoriquement par l'infirmative: ce qui *vit* ne saurait être exempt de la mort et serait dans l'impossibilité de garantir l'éternelle constance de la nature [44]. Il vaut mieux abolir toute distinction entre matières morte et vivante: la vie ne résulte que du mélange des primordia extrêmement fins de l'âme avec ceux du corps.

---

[41] Bailey 1926, p.212. Voir ci-dessus, la section 3.4, p.66, la note 82: l'unité des nombres d'Aristote correspond dans un certain sens avec le « pars minima » en tant que « borne » et « étalon ».
[42] Bailey 1947, ii, p.703.
[43] Lucrèce II, 886-906.
[44] Lucrèce II, 907 et suiv.

4.3 Primordia et concilia; les éléments

Pour les atomistes, c'est-à-dire pour Leucippe et pour Démocrite pas moins que pour Epicure, tout objet phénoménal n'est donc qu'un amas de primordia. En dernière analyse, il n'existe que deux genres d'entités, à savoir les amas et les primordia. Epicure les appelle respectivement « corps composés » et « corps indivisibles et inaltérables » [45]. Lucrèce parle de « réunions » (concilia) [46] de particules ultimes, ces dernières étant désignées, nous l'avons remarqué ci-devant, par « primordia », par « principia », par « elementa », ou bien par « semina rerum ».

Par la suite nous nous proposons d'étudier de plus près le statut des *primordia* et des *concilia*, les uns par rapport aux autres; ceci nous permettra de résoudre certaines ambiguïtés à propos des derniers. Dans ce contexte nous traiterons également de la question de savoir si la doctrine des quatre éléments est oui ou non réconciliable avec cet atomisme renouvellé et comment Epicure et Lucrèce ont perçu ce problème.

En faisant la synthèse des énoncés d'Epicure et de Lucrèce en ce qui concerne les primordia tels quels, nous acquérons l'image suivante. D'abord ils s'accordent que ces ultimes particules sont formées d'une matière première inaltérable [47] et bien sans qualités secondaires [48]. En plus, ils sont solides [49] et dépourvus d'espace vide intérieur [50], c'est-à-dire, en termes modernes, qu'ils sont des morceaux isotropes de la matière première. Comme il est naturel dans cet univers sans frasques ni failles qu'est celui des successeurs de Leucippe et de Démocrite, les primordia sont conçus comme impérissables [51], insécables [52] et éternels [53]. Quant à leur apparence physique on peut dire que, quoiqu'ils soient impercep-

---

[45] Diogène Laërce X, 40-41: « Καὶ μὴν καὶ τῶν [..] σωμάτων τὰ μέν ἐστι συγκρίσεις, τὰ δ' ἐξ ὧν αἱ συγκρίσεις πεποίηνται· ταῦτα δέ ἐστιν ἄτομα καὶ ἀμετάβλητα [..] ».
[46] Lucrèce I, 483-484, 516-517; II, 563-564, 920.
[47] Diogène Laërce X, 54; Lucrèce I, 591-592.
[48] Diogène Laërce X, 54; Lucrèce II, 730 et suiv.
[49] Lucrèce I, 486, 500, 510, 951; II, 87.
[50] Diogène Laërce X, 40-41; Lucrèce I, 510.
[51] Diogène Laërce X, 41 et 54; Lucrèce I, 519 et 548.
[52] Diogène Laërce X, 41 et 54; Lucrèce I, 533.
[53] Diogène Laërce X, 54; Lucrèce I, 539.

tiblement petits [54], ils sont caractérisés par une certaine figure [55], une certaine taille [56] et, sur le niveau de l'univers, par un mouvement continuel [57], non pas en toutes directions, il est vrai, comme autrefois chez Leucippe et Démocrite, mais uniquement vers le bas selon des voies plus ou moins parallèles et, du moins s'ils ne s'entrechoquent pas, avec une vitesse égale ; cette dernière caractéristique est présentée comme la conséquence de leur pesanteur [58]. Là où ils constituent quelque chose d'un ordre supérieur la cohésion se fait par des crochets [59].

Le nombre de figures possibles pour les atomes est sinon infiniment grand du moins très grand et en tout cas insaisissable [60]. On peut y voir une autre conséquence de cette analogie avec les êtres à notre échelle, car ces figures sont effectivement comparées avec les figures que prennent les différentes espèces d'animaux [61]. Le nombre des exemplaires d'une certaine figure est toutefois infiniment grand, ne serait-ce que pour pouvoir soutenir l'infinité de la quantité totale de la matière dans cet univers sans confins, ni dans le temps, ni dans l'espace [62]. Quant aux grandeurs admises, Epicure fait ressortir que les primordia se soustraient à la perception de par leur petitesse [63]. Jamais on ne voit une chose véritablement inaltérable, si bien que les entités qui malgré toute apparence garantissent la constance dans la périodicité se dérobent à nos sens ; c'est en gros ce qu'il semble prétendre. Rappelons-nous que ses maîtres, Leucippe et Démocrite, n'avaient en principe pas exclu qu'il pourrait y avoir des atomes très grands dans cet univers infiniment étendu qu'ils soutenaient. Ce ne serait qu'un jeu du hasard qui avait prévenu, disons jusqu'ici et peut-être pour l'instant, qu'on ne les rencontre dans notre recoin de l'univers.

---

[54] Diogène Laërce X, 56 ; cf. Bailey 1947, ii, p.701.
[55] Diogène Laërce X, 54 ; Lucrèce II, 333-477.
[56] Lucrèce I, 270 ; cf. Diogène Laërce X, 55-56.
[57] Diogène Laërce X, 43 ; Lucrèce II, 62-332.
[58] Diogène Laërce X, 61 ; Lucrèce, I, 358-370.
[59] Lucrèce II, 102, 394, 405, 444-446.
[60] Diogène Laërce X, 42-43 : « Καὶ καθ' ἑκάστην δὲ σχηματισιν ἁπλῶς ἄπειροί εἰσιν αἱ ὅμοιαι, ταῖς δὲ διαφοραῖς οὐχ ἁπλῶς ἄπειροι ἀλλὰ μόνον ἀπερίληπτοι [..] ».
[61] Lucrèce II, 342-380 et 478-480.
[62] Diogène Laërce X, 42 ; Lucrèce II, 525-531.
[63] Diogène Laërce X, 56 ; cf. Bailey 1947, ii, p.701.

Nous avons vu que la notion de *primordium* s'accompagne de celle de *concilium*. Lucrèce le dit ainsi [64]:

> « Enfin, les corps sont donc en partie les principes des choses, et en partie ce que ces principes constituent par réunion ».

Un peu plus loin il y ajoute [65]:

> « En outre rien ne saurait exister sinon de la matière une réunion, qui puisse coexister avec le vide dedans ».

On voit que le mot de « concilium » désigne ou bien le processus de réunion ou bien le résultat de ce processus qu'est tout objet phénomènal. Or, à plusieurs reprises, ce vocable a donné lieu à de graves malentendus. En effet, certains historiens ont voulu y voir un concept de *molécule* avant la lettre, ce qui, on le voit, est erroné [66]. Car pour être *molécule* il faut qu'un groupement d'atomes soit d'abord *individu substantiel*, au sens de composant d'un agrégat de semblables. Ce dont Epicure et Lucrèce parlent n'est qu'un assemblage quelconque d'atomes à notre échelle, bref un objet phénoménal. Un problème pareil concerne ce qu'Epicure a désigné par le mot d'ὄγκοι, les vecteurs du son selon la lettre à Hérodote. Nous voudrions y revenir dans la section suivante où les phénomènes vectoriels, si l'on peut dire, ceux donc qui entretiennent la communication des « concilia », seront discutés.

Ainsi par une coïncidence qui est peut-être dans la logique de la doctrine que nous étudions, nous sommes arrivés à la toute première sentence, avec laquelle ouvrent Epicure et Lucrèce la partie didactique. En effet, étant donnés les primordia tels quels, le problème physico-chimique

---

[64] Lucrèce I, 483-484:
« Corpora sunt porro partim primordia rerum,
partim concilio quae constant principiorum ».

[65] Lucrèce I, 516-517 (voir aussi Lucrèce II, 563-564):
« id porro nil esse potest nisi materiai,
concilium, quod inane queat rerum cohibere ».

[66] Sambursky, par exemple, écrit [Sambursky 1956, p.125]: « The simplest compound body of all is the molecule, called by Lucretius 'concilium', which means union or association and is close to our modern concept of chemical compound ». Voir aussi Bloch 1971, p.251, note 74.

des conversions des corps se résoud par l'hypothèse de la syncrèse et/ou la diacrèse de ces primordia et ceci explique en effet pourquoi « rien ne naît de rien » et « rien ne périt en rien » [67]. Généralement parlé ce sont la figure, la grandeur et le mouvement des primordia ainsi que leur arrangement dans l'espace qui déterminent les qualités sensibles des corps, c'est-à-dire: leur espèce [68]. La cohésion des primordia dans l'arrangement d'un concilium s'explique par l'hypothèse d'agrafes [69]. Un changement dans cet arrangement suffit en principe pour donner lieu à un corps d'une autre espèce [70], éventuellement avec l'addition et/ou le prélèvement d'atomes [71]. Lucrèce n'est d'ailleurs pas sans ambiguïtés sur ce point. De temps à autre il attribue certaines qualités macroscopiques directement à la forme des atomes individuels [72]. Il explique de la sorte la différence en vitesse de filtration entre le vin et l'huile d'olives, comme d'ailleurs la différence entre corps à goût sucré et d'autres à goût amer. Les différences en odeur, en cohésion et en liquidité relèveraient également de la forme des primordia en question. De même, l'eau de mer est décrite en termes d'un mélange d'atomes ronds et lisses (de l'eau) et d'atomes ronds et rugueux (du sel), mélange qui pourrait être séparé par filtration à l'aide d'une quantité de terre comme filtre [73]. Ceci dit, il est assez curieux que Lucrèce dénie carrément - et notamment sans argumentation - qu'un corps à notre échelle puisse consister en une *seule* espèce d'atomes [74].

Une dernière question nous reste à contempler. Il s'agit d'une suggestion avancée par Lucrèce sur la relation éventuelle entre la doctrine des quatre éléments et l'atomisme [75]. Cette suggestion est d'ailleurs vague et de moindre importance dans le cadre du poème lui-même. Nous la relevons tout de même, car il apparaîtra que c'est par la fusion de l'atomisme

---

[67] Diogène Laërce X, 38 et 54; Lucrèce I, 150 et 215-216.
[68] Lucrèce I, 675-679, 684-689, 907-912.
[69] Lucrèce II, 102, 394, 405, 444-446.
[70] Diogène Laërce X, 54; Lucrèce I, 907-912.
[71] Diogène Laërce X, 54; Lucrèce I, 798-802.
[72] Lucrèce II, 381-477.
[73] Lucrèce II, 471-477.
[74] Lucrèce II, 581-588.
[75] Lucrèce I, 782-829.

avec la doctrine des quatre éléments que naîtra au XVIIe siècle de notre ère la première théorie moléculaire [76].

Or Lucrèce, s'il était partisan convaincu d'Epicure, il n'était pas moins grand admirateur d'Empédocle, son devancier dans le genre du poème didactique scientifique. Ainsi, il se devait de se prononcer au sujet des quatre éléments [77]. Initialement il critique cette doctrine assez sévèrement, puisque, argue-t-il, elle ne présuppose pas le vide, proclame la divisibilité à l'infini de la matière et s'oppose à la sentence qui dit que rien ne naît de rien. Puis, Lucrèce considère que de tels éléments ne puissent point subsister l'un à côté de l'autre puisqu'ils se sont hostiles. Il croit aussi impensable l'éventualité que ces substances élémentaires puissent former un corps animé ou inanimé sans changement de caractère; ils devraient engendrer de nouvelles qualités, tandis qu'en fait, selon Empédocle, ils conservent leur nature inaltérée dans le corps composé. Lucrèce discute, enfin, la théorie - courante depuis Platon et Aristote - de la transmutation des éléments, théorie qui, ainsi que nous l'avons vu, n'est pas dans Empédocle. Cette théorie, dit Lucrèce à peu près, n'est pas correcte puisqu'elle n'exige pas quelque chose d'immuable qui subsiste malgré toutes les apparences. Or on s'étonne qu'il ne se réfère pas directement à Platon ou Aristote, qui avaient soutenu l'existence de triangles ultimes et d'un principe sousjacent, respectivement. Si dans ce contexte l'immutabilité de la ὕλη aristotélicienne est au moins discutable, celle des triangles platoniciens est assez bien documentée, même s'ils ne se sont pas vu attribués cette immutabilité dans la même mesure que les atomes d'Epicure. Toutefois, Lucrèce n'en parle pas. Il suggère simplement une explication atomiste de la transmutation. Chaque élément serait composé de particules ultimes et la transmutation s'effectuerait par l'apport ou l'enlèvement d'un certain nombre de ces particules et/ou par une altération dans leur arrangement ou leur mouvement [78]. Il paraît que, pour Lucrèce, l'atomisme tel qu'il le présentait, cadrerait en principe fort bien avec une théorie de substances ultimes: chacune de ces dernières est conçue à l'instar de tout autre corps composé, c'est-à-dire comme un conglomérat d'atomes en mouvement de certaines figures et grandeurs et en certains nombres, ainsi

---

[76] Voir ci-dessous, le chapitre VI.
[77] Lucrèce I, 705-829.
[78] Lucrèce I, 798-802.

qu'arrangés d'une manière spécifique dans l'espace. Une pareille opinion est attribuée par Diogène Laërce à Démocrite [79], mais dans la lettre à Hérodote il n'y a tout de même aucun renvoi; on a l'impression que l'attribution de cette sentence à Epicure n'est qu'une politesse par coutumace de Lucrèce vis-à-vis de son maître vénéré. Remarquons du reste que ni l'Epicure de Lucrèce ni le Démocrite de Diogène n'a songé à lier le concept empédocléen d'élément à une certaine espèce d'atomes, de figure et de grandeur spécifiques mais toutefois d'une seule et même matière première. Par contre, Lucrèce lui-même déduisait, comme nous venons de le voir, en certains cas la forme des primordia des qualités phénoménales d'un corps, liant ainsi presque directement l'espèce d'un corps tangible à une seule espèce d'atomes.

En fait la lettre à Hérodote est résumé didactique plutôt que traité doctrinal exhaustif, si bien que l'absence de renvois à d'autres doctrines n'est pas surprenant en soi. D'autre part il se trouve que parmi les quelques fragments couramment lisibles du traité Περὶ φύσεως (*De la nature*), il y en a qui concernent justement la doctrine des éléments du *Timée* de Platon. Il s'agit du papyrus 1148 qui donne le texte du quatorzième livre [80], plus particulièrement des paragraphes [22]-[27]. Or dès le début Epicure, en personne, s'en prend très vivement de celui dont il ne mentionne même pas le nom et de ceux qui soutiennent avec lui non seulement les quatre éléments, mais s'efforcent en plus de déterminer leurs figures. Il les appelle γελοιότεροι (parfaitement ridicules) [81]. Puis il se demande comment quelqu'un a pu soutenir que la terre - élément solide s'il en est un - se résoud tout de même et, comme si cela ne suffirait pas encore, qu'elle se résoud d'une autre manière que le feu, l'air ou l'eau [82]. Il faut carrément répudier cette division, car comme toute chose semblable à notre échelle les éléments risquent de se perdre dans une division sans fin ! Toutefois, dans l'hypothèse contraire que les trois éléments concernés (feu, air et eau), faute de solidité, sont effectivement divisibles, ils subiront toutes sortes de division si bien que les fragments auront des figures quelconques et non pas uniquement de triangles ou de

---

[79] Diogène Laërce IX, 7 et 44.
[80] Epicure 1973, p.254-277.
[81] Epicure 1973, par.[22], p.263-264.
[82] Epicure 1973, par.[23], p.264-266.

polyèdres; il n'y a aucun lieu de croire que les figures des quatre polyèdres sont plus plausibles que d'autres. Puis Epicure discute quelques particularités du feu [83] et de l'air [84]; là où il semble sur le point d'aller détailler ses vues sur l'élément de terre (et peut être celles sur l'élément d'eau), le texte du papyrus cesse malheureusement d'être lisible. La lisibilité du texte reprend avec le paragraphe 26 où Epicure critique le statut des triangles élémentaires, tout en soutenant que celui qui proclame que les triangles sont indivisibles aurait pu prendre la peine de démontrer cette sentence. Il répète que c'est vraiment « ridicule » que le même homme s'épuise tantôt à expliquer que les innombrables figures à notre échelle sont toutes périssables, tantôt à exposer en tout détail les figures qui y sont exemptées [85]. Or, l'objection principale d'Epicure contre Platon semble avoir été celle-ci [86]:

> « [..] c'est ridicule de raisonner [seulement] d'après l'imagination et de ne pas déduire, en homme averti, les choses cachées d'après les phénomènes ».

Certes, elle n'est pas inattendue, vu la grande importance de la sensation dans la philosophie épicurienne. Pour ce qui concerne plus particulièrement le rapport entre l'atomisme et l'hypothèse des quatre éléments nous nous contentons donc de signaler qu'Epicure s'est effectivement rendu compte des conséquences d'une synthèse éventuelle. Privilégier quatre figures atomiques distinctes parmi les innombrables possibilités parfaitement équivalentes, lui paraissait déjà inadmissible; spécifier ces quatre dans tous les détails, comme l'avait fait Platon dans le *Timée*, serait à plus forte raison une erreur impardonnable. Un appel à l'esthétique mathématique en tant qu'argument, comme celui, crucial, chez Platon, n'aurait jamais

---

[83] Epicure 1973, par.[24], p.266-267.
[84] Epicure 1973, par.[25], p.267-268.
[85] Epicure 1973, par.[26], pp.269-270.
[86] Epicure 1973, par.[25], p.268:
« [...........] ἀλλὰ γὰρ
καὶ τοῦ[τ]ο γελοίως ἐκ τῆς
φαντασ[ί]ας ἀναλελόγισται
καὶ οὐκ ἐπισταμένως τά-
φανες διὰ τοῦ φαινομένου
συλλογί[ζ]εσθαι ».

été jugé recevable par Epicure. S'il y a une esthétique dans la doctrine épicurienne, celle-ci serait ailleurs; elle se cachera bien plutôt dans l'art de vivre, cet hédonisme stylisé, tel que celui-ci avait été entériné dans les *Sentences principales*.

4.4 Les interactions des concilia

D'une manière générale on peut, dans l'univers épicurien à notre échelle, distinguer deux genres de phénomènes, à savoir ceux qui, pour l'instant, ne touchent pas à la nature du corps en question et ceux qui y changent l'espèce et ceci à brève échéance. Le fonctionnement des sens en tant que relais dans la transmission du dehors au dedans des vecteurs de la vision, du son, de l'odorat et du goût, est clairement du ressort du premier genre. Ainsi, Epicure s'imagine que les corps émettent depuis leur surface continûment et en toute direction des toiles de primordia d'une extrême subtilité et dont l'arrangement spatial reproduit leurs apparences [87]. Apercevoir un objet revient alors à capter par le moyen des yeux les soi-disant εἴδωλα ou « simulacra » que cet objet vient d'émettre et à les transmettre à l'âme, qui fait en sorte qu'elle reconnaît, par exemple, ce dont il s'agit [88]. Ces « simulacra » emportent à la fois plusieurs qualités: couleurs, figure et grandeur. Les corps ne s'épuisent toutefois pas puisqu'ils reçoivent les « simulacra » des autres corps, tout en émettant les leurs: il y a un échange continuel [89]. Or il y a d'autres moyens par lesquelles les choses manifestent leur présence, mais dans tous ces cas, dit Lucrèce, il s'agit d'effluves composés d'atomes [90]. Le son et la voix, par exemple, consistent en primordia qui en déterminent la nature. Une voix rude vient de primor-

---

[87] Diogène Laërce X, 46, 48-50; Epicure parle de ὁμοιοσχήμονες et d'εἴδωλα. Lucrèce IV, 50-51 donne:
   « [..] esse ea quae rerum simulacra vocamus,
   quae quasi membranae vel cortex nominitandast [..] ».
[88] Diogène Laërce X, 46-50; Lucrèce IV, 54-216.
[89] Diogène Laërce X, 48.
[90] Lucrèce IV, 225-226:
   « usque adeo omnibus ab rebus res quaeque fluenter
   fertur et in cunctas dimittitur undique partis [..] ».

dia rudes; une voix douce de primordia doux [91]. Epicure, lui, dans la lettre à Hérodote, fait voir que [92]:

> « Ainsi écouter se fait par un courant qui nous atteint depuis celui qui parle ou la chose qui fait le son ou le bruit ou engendre la sensation d'audition de quelque manière que ce soit. Ce courant est divisé en des parties homoiomères qui conservent une concertation entre elles et une unité caractéristique s'étendant depuis l'objet émetteur, et qui causent ainsi la perception, ou du moins indiquent la présence, au dehors, de cette chose sonore ».

L'odorat devait s'expliquer de la même manière par des ὄγκοι, ces « parties homoiomères » aptes à agréer ou à violer l'assemblage atomaire de l'organe en question. Nous avons signalé qu'au XVIIe siècle Gassendi devait traduire ce terme d'ὄγκοι par « moleculae »; un prédécesseur tel Camaldinus, dans une traduction influente datant d'avant 1432, avait mis « tumor ». Or le sens du terme d'Epicure n'est aucunement clair, même si l'on comprend bien qu'il s'agit de quelque chose composée, et bien composée d'atomes. Y voir un véritable concept de *molécule* nous semble, avec Cyril Bailey [93], toutefois aller trop vite en besogne. Ce n'est pas à dire qu'une théorie moléculaire du son ou de la lumière, dans l'esprit de l'atomisme épicurien, serait en soi chimèrique; bien au contraire. Nous verrons en fait que l'un des premiers protagonistes d'une théorie moléculaire à base d'atomes épicuriens n'aura aucun problème à inclure les phénomènes de la lumière et du son. Mais n'allons pas, nous-mêmes, trop vite.

Aux sens mentionnés par Epicure, Lucrèce ajoute celui du toucher qui enrégistre entre autres les primordia de la chaleur et de la froideur [94].

---

[91] Lucrèce IV, 524 et suiv.; tout particulièrement 542-543:
« Asperitas autem vocis fit ab asperitate
principiorum, et item levor levore creatur ».

[92] Diogène Laërce X, 52: « Ἀλλὰ μὴν καὶ τὸ ἀκούειν γίνεται ῥεύματος φερομένου ἀπὸ τοῦ φωνοῦντος ἢ ἠχοῦντος ἢ ψοφοῦντος ἢ ὁπωσδήποτε ἀκουστικὸν πάθος παρασκευάζοντος. τὸ δὲ ῥεῦμα τοῦτο εἰς ὁμοιομερεῖς ὄγκους διασπείρεται, ἅμα τινὰ διασῳζοντας συμπάθειαν πρὸς ἀλλήλους καὶ ἑνότητα ἰδιότροπον, διατείνουσαν πρὸς τὸ ἀποστεῖλαν καὶ τὴν ἐπαίσθησιν τὴν ἐπ᾽ ἐκείνου ὡς τὰ πολλὰ ποιοῦσαν, εἰ δὲ μή γε, τὸ ἔξωθεν μόνον ἔνδηλον παρασκευάζονται [..] ».

[93] Bailey 1928, p.577, appendix IV.

[94] Lucrèce IV, 490-491.

Mentionnons pour terminer son interprétation du magnétisme, phénomène qu'il situe plus ou moins dans le prolongement de l'action des corps qui affectent les sens par des effluves d'atomes. La question est de savoir « par quelle loi de la nature » [95] l'aimant attire le fer. Comme toute interaction entre « concilia », celle-ci s'effectuerait par des effluves de « semina », venant cette fois de l'aimant. Selon le modèle de Lucrèce, l'effluve en question se dirige vers le bout de fer tout en chassant l'air qu'il rencontre; la conséquence sera que le bout de fer bombardé - et partant poussé - dans le dos par les atomes de l'air, va prendre la place de l'air chassé tout en s'approchant de l'aimant [96].

Epicure et Lucrèce nous laissent alors avec l'image d'un univers rempli d'amas de « concilia » plus ou moins fortuits qui s'entretiennent pour le meilleur et pour le pire par un échange sans fin de « simulacra » et/ou d'$\check{o}\gamma\kappa o\iota$, ou du moins de « primordia » ou « semina ». Ces « concilia » ou « amas de concilia » naissent et succombent, chacun selon les lois que la nature lui a imposées. En effet, les « concilia » à notre échelle ne communiquent pas toujours pour le meilleur. On se souvient que Lucrèce a peint, effroyablement malgré lui, les horreurs de la peste par laquelle Athènes avait été ravagée en 430 av.J.-C. et qui, venue d'Egypte, s'était répandue selon lui par le moyen de « semina » flottant dans l'air. En effet, éclaircit-il [97]:

> « [..] j'ai enseigné ci-dessus qu'il y a beaucoup de semences de choses qui nous sont vitales, mais il faut aussi qu'il y ait beaucoup d'autres qui volent [dans l'air] et qui engendrent maladie et mort ».

A la Renaissance, le médecin Girolamo Fracastoro (c.1478-1553), grand amateur de Lucrèce, devait reprendre l'analogie entre la contagion de maladies et la propagation d'embrasements: de même que le feu est transmis par de petites particules de feu, les maladies, elles, se propagent

---

[95] Lucrèce VI, 906-907: « quo foedere [..] naturae ».
[96] Lucrèce VI, 1002 et suiv.
[97] Lucrèce VI, 1093-1096 (voir aussi Lucrèce VI, 771 et suiv.):
« [..] primum multarum semina rerum
esse supra docui quae sint vitalia nobis,
et contra quae sint morbo mortique necessest
multi volare [..] ».

par des « semences de contagion » (seminaria contagionis) du reste insensiblement petites. Nous en reparlerons par la suite [98]. Contentons-nous pour le moment de relever que cet atomisme scientifique, cette φυσιολογία (physiologie) des *Sentences principales* d'Epicure [99], a pu effrayer autant que rassurer, car soupçonner la cause de la contagiosité d'une maladie telle que la peste dans un support matériel se répandant dans l'air, n'équivaut pas à savoir la guérir. Ainsi, les intentions les meilleures d'Epicure ne sauraient empêcher que la simplicité apparente de ses explications semait le désarroi chez ses lecteurs menant à d'impitoyables accusations de tout ordre, renforcées encore par l'auréole de décadence qui entourait sa philosophie de la vie.

4.5 La transmission de l'atomisme épicurien

Autant que nous sachons, le dixième livre de l'encyclopédie de Diogène Laërce qui contient les lettres authentiques d'Epicure ainsi que ses *Sentences principales*, n'a pas donné lieu a des approfondissements doctrinaux, du moins dans le monde grécophone. En revanche le monde arabe a connu deux formes tout à fait particulières de l'atomisme, l'une développée par les Motakallimûn, les philosophes-scolastiques de la nouvelle théologie, l'autre proposée par le naturaliste Abû Bkar Muhammad ibn Zakarîyâ al-Râzî (c.854-925/35), mieux connu, dans l'Occident latin, sous le nom de Rhazès.

Lasswitz a dressé un sommaire de la doctrine des Motakallimûn [100]. Or ceux-ci cherchaient, selon Lasswitz, à ancrer la théologie musulmane, appelée Kalâm, dans l'omnipotence divine, dogme-clé du Qorân, en ôtant à la nature de toute idée de régularité ou de périodicité, bref en abandonnant les « lois naturelles » dont on se souvient le caractère inébranlable dont elles jouissaient chez Lucrèce. Les atomes des Motakallimûn, appelés « juz' » et tous égaux entre-eux, sont créés par Allah, pour être anéantis un moment plus tard. Ce que nous éprouvons comme continuité dans le

---

[98] Voir ci-après, la section 6.1, p.193-196.
[99] Diogène Laërce X, 142-143, Κύριαι δόξαι, nr.x et xi. Voir aussi ci-dessus, la section 4.1, p.98, la note 3, pour le texte de la sentence xi.
[100] Lasswitz 1890, i, p.134-150.

temps n'est à proprement parler qu'une succession de créations et de destructions à volonté, d'un Allah absolument libre. Aussi le nombre des atomes n'est-il point constant, comme chez les anciens « physiciens », mais varie de création à création, selon le goût d'Allah. Pour les Motakallimûn le temps est alors tout aussi discontinu que la matière et ceci tiendra également pour l'espace. Ainsi les apologètes de l'Islam réussissaient à accentuer, d'une part, la toute-puissance divine et d'autre part, l'impuissance de l'homme devant ce monde dépourvu de causalité ainsi que sa nullité devant le Créateur. Ce faisant, il est vrai, ils n'ont pas tellement promu le développement des sciences physiques, mais tel n'etait point leur but. Nous voyons en même temps que cet atomisme souvent pourfendu du fait de son déterminisme implicite, se prête également à des interprétations inspirées par le plus extrême hasard. A l'époque, le dilemme était déjà classique et il le serait encore longtemps. Dans les deux cas cependant le libre arbitre humain cède entièrement, sinon devant les caprices du destin, du moins devant la liberté absolue de Dieu.

La découverte récente de documents arabes datant de la première moitié du XIe siècle A.D. a permis Alnoor Dhanani d'avancer quelques précisions. Les documents ont trait à la théorie de la matière des Mo'tazilites de Basra, l'une des écoles les plus anciennes des Motakallimûn. Or Dhanani a pu établir que la forme de l'atomisme développée par les Mo'tazilites dérive vraisemblablement de la doctrine d'Epicure [101]. Dhanani a fait voir que les « juz' », ou plutôt les « jawâhir » [102], de cette école correspondent avec les $\pi\acute{\epsilon}\rho\alpha\tau\alpha$, les « parties minimales », les ultimes constituants d'autrefois. Comme ces derniers, ils seraient pour cela d'une seule et même forme cubique. Les nouveaux documents confirment l'image présentée par Lasswitz et complétée plus tard par Léopold Mabilleau [103] et Salomon Pines [104], pour ce qui concerne l'importance de l'idée de discontinuité dans la pensée arabe. Il est par ailleurs curieux de constater une

---

[101] Dhanani 1991.
[102] Dhanani a démontré l'équivalence, chez les Mo'tazilites, des termes « substance » (« jawhar »; le singulier de « jawâhir ») et « atome » (« juz' »). Voir Dhanani 1991, section 5.2.1. On serait tenté d'y voir une analogie entre objets à notre échelle et atomes, une analogie pareille à celle d'Epicure.
[103] Mabilleau 1895, livre III, partie i, chapitre iv.
[104] Pines 1936.

tendance comparable et à peu près contemporaine en Occident, dans la tradition latine, ce dont nous reparlerons dans l'une des sections suivantes. On regrette pourtant que dans le Kalâm du début de l'Hégire, il n'est pas question de références directes, ni à l'œuvre personnelle d'Epicure, ni à l'ouvrage de Diogène, ni d'ailleurs à Lucrèce. Dhanani, de sa part, souligne l'absence de sources directes, de textes authentiques des fondateurs du Kalâm. Les textes nouvellement découverts seraient, selon son avis, comparables aux traités d'Aristote par rapport aux philosophes pré-socratiques, en ce sens qu'ils ne donnent que de citations plus ou moins longues sans aucune référence aux prédécesseurs, grecs, syriaques, ou autres [105,106]. On ne sait donc pas au juste de quelles sources les premiers savants islamiques se sont inspirés. Ce qu'on sait tout au moins avec certitude c'est qu'aucun des ouvrages qui nous intéressent nous est parvenu en Arabe. En fait nous ne connaissons aucune traduction gréco-arabe ou latino-arabe, ni du début de l'Hégire, ni de la période de haute conjoncture scientifique depuis la fondation d'un grand centre de traduction à Bagdad, par al-Ma'mûm, au IXe siècle [107]. Même les indices indirects nous font défaut: références dans des ouvrages congénères, mentions dans les bibliographies, etc.

Le même problème de sources joue dans le cas de Rhazès qui paraît avoir considéré une forme d'atomisme qui, selon Pines, rappelle à la fois la théorie de Platon et l'analyse d'Aristote et qui s'apparente d'autre part à l'atomisme pré-socratique [108]. Or Rhazès fut en polémique soutenue avec les Imams chiites, qui avaient tendance à s'approprier l'autorité doctrinale dans tout domaine spirituel, en théologie comme en philosophie. Ces Imams se considèrent moins rigides que les Motakallimûn, mais toutefois d'une orthodoxie irréprochable, du moins par rapport aux philosophes hellénisants, dont Rhazès. Or selon ce dernier - et nous suivons ici la présentation de Pines [109] - les corps consistent en « atomes », également appelés « juz' », et en espace vide. Les « juz' » ont une certaine grandeur

---

[105] Dhanani 1991, 'Préface', p.iv.
[106] Pour une discussion des rapports éventuels entre l'atomisme islamique, d'une part, et les différentes formes d'atomisme de l'Inde, voir surtout Pines 1936, p.102-123.
[107] Dhanani 1991, p.4, note 7.
[108] Pines 1936, p.76.
[109] Pines 1936, Partie II.

qui détermine leur nature; ils sont du reste éternels, tout comme l'espace infiniment grand dans lequel ils se situent. Ce caractère d'incorruptibilité de la matière et de l'espace vient de Dieu, qui, Créateur avant tout et de toute éternité, n'aurait pu faire quelque chose exempte d'éternité. Comme pour Rhazès l'univers a été créé une fois dans le temps, c'est qu'il y avait une matière informe qui a reçu, à cette occasion, l'empreinte divine. Rhazès s'oppose carrément à une création *ex nihilo*: jamais nous n'apercevons, à notre niveau, quelque chose se rapprochant d'un tel processus, si bien que Dieu en est apparemment incapable. Pines fait voir que la terminologie de Rhazès ressemble beaucoup à celle d'Aristote, là où ce dernier traite de la matière informe, disons les triangles, de Platon [110]: contraire à la ὕλη d'Aristote, les « juz' » de Rhazès existent actuellement avant d'être composants des éléments et des corps, tout comme les triangles platoniciens. Rhazès postule cinq éléments, terre, eau, air et feu, et celui des cieux, dont les propriétés dépendent de leur densité relative, c'est-à-dire la grandeur et le nombre des interstices. Ainsi, la terre et l'eau sont plus denses et tendent par cela même au centre du monde, pendant que l'air et le feu tendent en haut. Pesanteur et légèreté sont apparemment des notions *relatives*, à l'opposé de ce qu'avait soutenu Aristote. La transmutation des éléments, chère à Platon et à Aristote, revient alors à un changement dans la porosité: les étincelles du silex sont de l'air devenu feu par raréfaction.

D'une manière générale l'espace comprend à la fois les atomes et les pores et, étant infiniment grand, il s'étend manifestement au-delà des confins de notre univers. Du fait de sa grandeur infinie, il est éternel. A côté des atomes et de l'espace il y a le temps, ce qui fait trois entités absolues dont Rhazès réclame l'indépendance vis-à-vis de Dieu. C'est ce qu'on apprend de certains commentateurs de tendance plutôt chiite, qui l'accusent de ce chef d'hérésie. Le moins que l'on puisse dire c'est que le Dieu travailleur de la matière de Rhazès n'a pas beaucoup à voir avec un Allah terrifiant, tel celui des Motakallimûn. Or l'atomisme de Rhazès lui sert à contester le principe d'autorité en théologie comme en philosophie: la science n'est pas entérinée une fois pour toutes dans les œuvres d'Aristote mais progresse continûment, grâce aux contributions de tout un chacun qui s'y intéresse, quoi qu'en pense la hiérarchie ecclésiastique.

---

[110] Pines 1936, p.41.

Abstraction faite du contexte théologique assez compliqué de la polémique concernée nous retenons que Rhazès s'est prononcé, aux environs de l'an 900 A.D., pour un atomisme démocritéen lié à une théorie de quatre éléments d'inspiration platono-aristotéliciennes. Les différences des éléments dépendent, généralement parlé, de la porosité, si bien que leur transmutation revient à un processus de condensation ou de raréfaction. Il est du reste important de constater qu'il n'attribue pas une forme particulière à chaque espèce d'élément, une idée qui aurait pu être dans la lignée droite de son interprétation. Déjà chez Platon nous avons vu le charme d'une telle hypothèse: elle permettait d'établir un parallèle entre les qualités idéalisées des éléments et leur figure géométrique. Dans le domaine de l'atomisme pur, l'idée d'une synthèse avec la doctrine de quatre éléments, où chaque atome élémentaire aura une figure spécifique n'etait du reste pas entièrement inconnue aux Arabes [111].

Ceci dit, la question épineuse des sources reste entière. Même si l'atomisme des Motakallimûn et, plus généralement, leur vision discontinuiste de la nature, ressemblent fort la doctrine d'Epicure, l'hypothèse d'une quelconque influence directe semble hors de propos.

Si donc l'encyclopédie de Diogène en tant que telle n'a apparemment guère retenu l'attention des Arabes et des Byzantins, elle réapparaît à l'Ouest, au milieu du XIVe siècle et probablement sous forme d'une traduction latine du reste disparue. C'est Walter Burley [Burlaeus](c.1275-1345?) qui y puisa pour la composition de son ouvrage *De vita et moribus philosophorum*. Quant au Xe Livre, Burley ne donne pas le texte des lettres d'Epicure et ne parle même pas de l'atomisme [112].

L'atomisme épicurien dans la forme didactique que lui avait conférée Lucrèce s'est perpétué surtout en Occident, dans la tradition latine. L'histoire codicologique du poème de Lucrèce, résumée par Bailey et

---

[111] Voir Pines 1936, p.77, note 1. L'auteur y cite un commentateur arabe, Fahr al-Dîn qui avait distingué, parmi les Anciens, deux écoles atomistes, l'une attribuant les différences des éléments à la figure des atomes, l'autre à la porosité de leur agrégat. Pour la première école les atomes de Feu seraient de forme conique; ceux de Terre seraient massifs et de forme cubique. Ceci reviendra à une élaboration atomiste d'une théorie comme celle du *Timée*, dont nous n'avons trouvé par ailleurs aucun partisan. Une idée d'inspiration voisine apparaîtra au début du XVIIe siècle, chez Beeckman; voir ci-après, la section 6.2.1, p.207.

[112] Burley 1472, p.58.v-59.v.

Jones [113], est marquée par deux années. C'est d'abord l'an 1417. En mai de cette année en effet un codex du *De rerum natura* fut redécouvert par Gianfrancesco (Pogge) Bracciolini (1380-1459), secrétaire papal et fervent humaniste, probablement dans la bibliothèque de l'abbaye de Meurbach. Sur place Bracciolini en fit faire une copie, qu'il envoya à son ami Niccolo Niccoli à Florence. Cette transcription a été à l'origine de toute une tradition manuscrite italienne, à laquelle se rattache aussi l'*editio princeps*, c'est-à-dire celle de Brescia, qui vit le jour en 1473. Ce n'est qu'en 1850, deuxième année d'importance, que le philologue Karl Lachmann réussit à dater approximativement deux versions manuscrites du *De rerum natura* conservées à la bibliothèque universitaire de Leyde. Selon l'avis de Lachmann ces deux versions, connues sous les noms de *Codex Vossianus Oblongus* et *Codex Vossianus Quadratus*, sont plus vieilles encore que celle découverte par Bracciolini. Les trois manuscrits renvoient cependant à une seule et même version du VIIe siècle, qui, elle, dérive d'une devancière datant du IVe siècle. Or autant que nous avons pu le vérifier pour la période qui nous concerne, le poème de Lucrèce n'a pas été traduit en Grec ou en Arabe.

On se souvient que ce sont justement les éclaircissements plutôt poétiques apportées par Lucrèce qui ont joués un rôle dans l'invention des premières théories moléculaires. C'est qu'il avait mis un accent particulier sur l'analogie entre objets phénoménaux et atomes épicuriens. C'est donc naturel que nous étudierons de plus près cette tradition latine, qui du reste a paru être assez riche. Or nous verrons en effet que c'est justement parmi les savants encyclopédiques de l'ère carolingienne que l'on rencontre certaines innovations relatives à l'analogie envisagée. Commençons pourtant par une vue générale de l'appréciation qu'Epicure et son apologète ont reçue en Occident.

Howard Jones a décrit, dans une monographie remarquable intitulée *The Epicurean tradition*, les vicissitudes de l'épicurisme [114]. Le philosophe du Jardin fut considéré comme un allié là où l'on s'efforça de démontrer la fausseté des arts divinatoires et toute autre forme de superstition, ainsi que le bien-fondé de la doctrine du libre arbitre. Par contre, la nais-

---

[113] Bailey 1947, I, 'Prolegomena', III; Jones 1992, p.154 et suiv.
[114] Jones 1992.

sance de notre univers suite à un concours absolument fortuit d'atomes, sans aucune intervention divine et dénudé de tout sens ou but, bref comme un accident cosmique, était carrément répudiée. Elle ne s'accordait pas avec le récit biblique qui fait plutôt penser à une création *ex nihilo* par un Dieu tout-puissant. D'autre part, elle ne fut que difficilement assortie à cette apparente harmonie et efficacité de la construction et du fonctionnement de notre monde et de tout être vivant, quelque petit qu'il soit. Cette harmonie manifeste présuppose une intelligence créatrice supérieure, argua-t-on à l'instar de Cicéron, largement dépassant les capacités humaines. Or de telles considérations admettaient de passages rapides d'arguments d'ordre cosmologique et scientifique à d'autres, émotionnels, d'ordre éthique. Delà, par exemple, les fréquentes objections des plus vives contre la philosophie épicurienne de la vie, cet hédonisme jugé abject, résumé dans les *Sentences principales*.

L'appréciation pour la personne et l'œuvre d'Epicure variait d'ailleurs dans le temps. La teneur des opinions des Pères de l'Eglise était plutôt sur la négative. Lactance mérite notre attention spéciale, puisqu'il a consacré tout un chapitre de son ouvrage *De ira Dei [..]* (*La colère de Dieu*), à la réfutation de l'atomisme en question. Par contre, Isidore de Séville et successeurs, dignitaires ecclésiastiques en majorité, donnent sans aucune réserve ou préalable un aperçu de l'atomisme tel quel, tout en condamnant la moralité supposée d'Epicure. Nous verrons que ces auteurs avaient, à en croire le nombre des citations et la familiarité apparente avec les détails, le plus souvent un texte du *De rerum natura* devant eux. Quant à l'âge carolingien, les manuscrits les plus anciens qui nous sont parvenus, ceux de Leyde, datent justement de cette période et témoignent d'un intérêt incontestable dans l'œuvre de Lucrèce. L'un de ces manuscrits, plus exactement le *Codex Vossianus oblongus*, paraît avoir été fait au scriptorium de l'école palatine de Charlemagne, à Aix-la-Chapelle, au début des années 800 [115]. C'est-à-dire, à la cour même de celui qui vint d'être sacré, par le pape Léon III, empereur chrétien de l'Occident et partant héritier direct de la gloire d'Auguste. Depuis, du Xe au XVe siècle A.D., l'atomisme ne semble plus de mise en Occident: si l'on cite le poème de Lucrèce, ce n'est que très rarement, dans des florilèges par exemple, sans

---

[115] Jones 1992, p.137.

aucun approfondissement sur le plan théorique (Reichenau, St. Gall)[116]. La subsistence du texte est tout au moins attestée par les catalogues contemporains de quelques bibliothèques abbatiales (Bobbio; Lobbes et Corbie).

Depuis la renaissance latine de l'aristotélisme, à la fin du XIe siècle, l'atomisme refait surface quand même, mais seulement dans le contexte des traités d'Aristote. Ainsi, à l'exemple de leurs collègues arabes et juifs, les commentateurs occidentaux vont reprendre l'analyse que le Stagirite avait consacrée à l'atomisme. Or l'atomisme qui y est traité amplement c'est celui de Leucippe et de Démocrite. Ainsi, par un curieux jeu de facteurs historiques, les *recentiores* Epicure et Lucrèce cèdent la place à leurs devanciers et disparaissent simplement dans l'ombre imposante d'Aristote qui, à lui seul, dominait tout l'enseignement universitaire. Les développements que les commentateurs vont consacrer aux énoncés d'Aristote concernent donc l'atomisme assez rudimentaire des fondateurs. Or il serait intéressant de savoir si, dans les œuvres des premières générations de savants *universitaires*, des idées comparables à celles d'Epicure ont trouvé un écho, ou bien par le biais du poème de Lucrèce, ou bien indépendamment. Nous reparlerons de cette question dans le chapitre suivant. Il suffit pour le moment de constater que le rejet de l'atomisme par Aristote au profit de son hylémorphisme a coûté cher. Déjà suspect du fait de la critique des Pères de l'Eglise et des us et coutumes méprisables attribués aux épicuriens, c'est la répudiation du Stagirite qui inflige un véritable coup de grâce à l'atomisme académique.

A l'époque où les commentateurs universitaires s'emploient, obligatoirement et souvent à contre-cœur, à critiquer l'atomisme version Aristote dans les mots mêmes du Stagirite, le texte du panégyrique de Lucrèce refait surface. Jones a admirablement peint l'accueil chaleureux qu'éprouva le *De rerum natura* en tant qu'œuvre littéraire chez les humanistes du siècle de Bracciolini[117]. En effet les humanistes adorent la poésie lucrétienne et s'ils ne sont pas à leur aise quant à la morale attribuée à Epicure ou pour ce qui concerne l'atomisme tel quel, ils s'aperçoivent en même temps que cette morale n'a pas grand-chose à faire avec le contenu des *Sentences principales*, dont la teneur avait été faussée manifestement.

---

[116] Jones 1992, p.137.
[117] Jones 1992, chapitre 6.

IV

Au XVIe siècle, si l'on admire le poète Lucrèce, on commence aussi à valoriser les aspects scientifiques de l'atomisme épicurien. Nous avons signalé le cas du médecin Girolamo Fracastoro (c.1478-1553) qui s'y inspire pour sa théorie de la contagiosité de maladies. A la fin de ce siècle, c'est Thomas Harriot (c.1560-1621) qui sera l'interprête principal d'un atomisme d'un ordre plutôt physico-chimique. Dans les deux cas la source principale paraît avoir été l'une des nombreuses éditions du *De rerum natura* plutôt que les comptes rendus d'Aristote ou de ses commentateurs. Or l'atmosphère avait beaucoup changé entretemps, surtout depuis le *Concile de Trente* (1545-1563). Au cours de ce concile, c'est en 1551 que la doctrine de la transsubstantiation sera arrêtée, doctrine qui concerne la transformation du pain et du vin dans le corps et le sang de Jésus Christ, lors de l'Eucharistie. Or l'atomisme, sous quelque forme que ce soit, était devenu une nette hérésie et Epicure, du fait bien sûr de sa prétendue éthique, plus encore que Leucippe et Démocrite, en encourait le blâme. L'atomisme deviendra l'équivalent de l'athéisme le plus pur, une menace pour toute religion chrétienne. Un constat s'impose en effet: c'est que le problème de l'atomisme joue non seulement dans l'Eglise Catholique Romaine, mais également ailleurs. Abstraction faite de la doctrine de la transsubstantiation, doctrine assez neuve, ce sont entre autres les problèmes déjà séculaires de la nature de Dieu et de celle de l'âme qui sont en cause. On en trouve des indications dans les quelques colonnes que Walter Burleigh, au début des années 1340, avait vouées à la mémoire d'Epicure. Il s'agissait de problèmes théologiques essentiels pour tout Chrétien, de quelque souche qu'il soit. Enfin, on comprend que le précité Harriot, par exemple, suspect d'atomisme et partant d'athéisme fut frappé d'anathème de la part des autorités Anglicanes. C'était en 1605 et beaucoup de choses devaient changer rapidement dans le proche futur.

Par la suite nous nous proposons de donner d'abord une impression des problèmes que posait l'atomisme aux Pères de l'Eglise. Lactance paraît en avoir fait un résumé précieux. Puis nous présenterons le texte intégral du chapitre *De atomis* emprunté à l'encyclopédie qu'Isidore de Séville, aux environs de l'an 630 A.D., avait faite pour servir de manuel dans l'enseignement espagnol. Or nous verrons que l'encyclopédie d'Isidore a servi de modèle pour quelques ouvrages qui ont marqué l'ère carolingienne. Nous conclurons sur Jean Scot Erigène, un laïc qui, dans les années 860 A.D., développa une première théologie philosophique à part entière sur le rapport entre Dieu et ses créatures. Il paraîtra que les auteurs que nous allons étudier semblent, tous, avoir connu l'analogie fondamentale qui se dérobe au fond de la cosmologie épicurienne. A l'instar d'Isidore ils vont tourner cette analogie, Erigène le plus manifestement. Nous verrons en effet qu'il va classer les objets à notre échelle selon un système du reste assez compliqué, où les êtres vivants figurent comme des « atomes », au sens simple d'entités indivisibles de par leur nature.

Tout curieusement, du moins dans le contexte de notre monographie, un genre de littérature scientifique survécut, un genre d'ouvrages qui s'intitulaient le plus souvent *De rerum natura*. Le poème de Lucrèce se rattache lui-même aux traités Περὶ φύσεως (*De la nature*) d'Epicure et d'Empédocle et, nous avons vu que tel était justement le titre traditionnel d'un ouvrage de philosophie naturelle. Isidore de sa part en a retenu le titre et ses successeurs l'ont suivi. Il nous a paru qu'il s'agit de traités didactiques de cosmographie au sens large. Ainsi, celui d'Isidore [118] discute la division du temps et les principes de l'astronomie, de la météorologie, de la géologie et de la géographie. Il n'est toutefois pas question d'une théorie de la matière, sous quelque forme que ce soit. Si ces ouvrages semblent donc se rattacher au poème de Lucrèce, sinon par leur contenu exact du moins pour ce qui concerne le genre, c'est une théorie globale de la matière qui fait défaut. C'est pour cela que nous renonçons à une analyse de ces ouvrages.

4.5.1 Les objections de Lactance

Dans son traité *De ira Dei [..]* (*La colère de Dieu*), datant d'après 311 A.D., Caecilius Firmianus Lactantius (c.250-c.325) a présenté un bilan des objections théologiques contre les dieux fainéants, apathiques et insensibles des diverses sectes philosophiques - platoniciens, stoïciens et épicuriens -, avec une attention spéciale pour les derniers [119]. Ce faisant il ravivait en quelque sorte le vieux débat sur la nature des dieux. Marcus Tullius Cicéron (106-43) y avait consacré son dialogue *De natura deorum*

---

[118] Isidore de Séville 1857.
[119] Pour une belle édition critique, voir Lactance 1982.

et celui-ci sera l'un des points de départ de Lactance. Son surnom de *Cicéron chrétien* n'y est donc pas pour rien. Or à l'encontre de ces philosophes Lactance souligne la vivacité du Dieu de l'Ancien Testament, qui avait été un Dieu personnel et providentiel, un Dieu rempli de miséricorde, un Dieu qui aimait ses créatures et intervenait dans leurs affaires, et qui, le cas échéant, se mettait en colère devant leur mépris. Or, à en croire Christiane Ingremeau, spécialiste en ces matières, la colère et la bonté d'un Dieu actif et intervenant, comme celles d'un sévère « pater familias », constituait un thème parfaitement nouveau [120]. Lactance se devait donc de présenter les idées théologiques des diverses écoles en vogue, dont les atomistes épicuriens, qui avaient nié toute activité divine et, en corrollaire, la providence. Or dans un chapitre relativement longue il prend son temps pour décortiquer l'atomisme en tant que phénomène historique. Leucippe est d'abord désapprouvé pour avoir introduit la notion d'*atomes* en tant que composants invisiblement petits d'une seule nature et indivisibles de par leur petitesse [121]. Pour expliquer toutes les différences qualitatives Leucippe les avait attribué aux formes variables des atomes: lisses, rugueuses, rondes, anguleuses et/ou crochues. Mais, Lactance raisonne-t-il, des atomes ronds et lisses - comme des grains de blé à notre échelle - ne sauraient jamais composer quelque chose de massif et de consistent. Mais, d'autre part, s'ils sont donc effectivement rugueux, anguleux et/ou crochus, pour expliquer la massivité d'un corps, ils seront par cela même divisibles, car les crochets, par exemple, puissent être découpés, du moins en principe [122]. Ces atomes, dit-on, se meuvent dans le vide, comme les bouts de poussière dans les rayons du soleil [123] et c'est à partir de ces atomes infiniment nombreux que tout est composé et, en son temps, résolu. Or Lactance retorque que ce qui pourrait être le cas pour les choses à notre échelle, est manifestement impossible à l'échelle de l'univers, car ceci amènerait à la conclusion qu'il y aura une infinité de mondes différents [124]. Pour Lactance tout ceci est parfaitement incompréhensible: comment se pourrait-il que de telles choses immenses

---

[120] Lactance 1982, 'Introduction', surtout p.16 et 24.
[121] Lactance 1982, 10,4-5.
[122] Lactance 1982, 10,8.
[123] Lactance 1982, 10,9.
[124] Lactance 1982, 10,10.

proviennent d'entités insensiblement petites ? D'où viennent d'ailleurs ces dernières; qui les a fait [125] ?

Or en renversant l'argumentation de Lucrèce, qu'il cite d'ailleurs nommément, Lactance argue que, dans l'hypothèse atomiste, il n'y aurait aucune raison pour laquelle les êtres vivants devraient provenir de leur propre semence [126]. Il faudrait en outre que tout phénomène naturel se passait dans l'air et en toute direction, comme les mouvements des atomes eux-mêmes dans le vide. Ainsi [127]:

> « [..] il apparaît que rien ne saurait naître d'atomes, car dès l'origine toute chose aura sa propre nature déterminée, sa semence et sa loi ».

Tout ce qu'un atomiste tel Lucrèce attribuerait à l'agrégation et la désagrégation d'atomes est incompréhensible pour Lactance. Ainsi la conversion de l'eau en vapeur ou en brouillard, puis en nuages, et ensuite la formation de la pluie à partir de ces nuages, lui sont étranges en terme d'atomes. Le grand problème c'est, dit-il, que [128]:

> « [..] rien ne saurait consister en choses intangibles et invisibles ».

Tout ceci tient particulièrement pour les êtres vivants: attribuer leur formation à un processus fortuit tel que la rencontre d'atomes, comme l'avaient soutenu les épicuriens, est carrément ridicule [129]. En outre, la raison de l'homme ne saurait s'engendrer d'atomes dénudés de toute rationalité. Et Lactance en tire la conséquence ultime: faire d'un homme une statue impassible mais ressemblant relève déjà de la plus haute artisticité humaine, combien grand sera celui qui fera un homme vivant avec tous ses organes et toutes ses pensées [130] ?

---

[125] Lactance 1982, 10,11.
[126] Lactance 1982, 10,13-17.
[127] Lactance 1982, 10,15: « [..] apparet nihil ex atomis fieri, quandoquidem una quaeque res habet propriam certamque naturam, suum semen, suam legem ab exordio datam ».
[128] Lactance 1982, 10,21: « [..] nihil potest consistere in eo quod nec tangitur nec videtur ».
[129] Lactance 1982, 10,22.
[130] Lactance 1982, 10,25-27.

Mais même si nous admettons que les choses d'ici-bas sont constituées d'atomes, que faut-il alors penser des êtres célestes ? On pouvait admettre que les dieux des épicuriens ne sont pas composés d'atomes, ceci pour contourner l'objection que de dieux atomiques puissent se décomposer et ne soient donc aucunement éternels. Il faut donc dire qu'ils sont l'exception à la règle. Mais s'il y en a effectivement une exception pourquoi ne pas en conclure que le reste de l'univers devra être conçu semblablement [131] ?

L'univers n'est pas le fruit du hasard ou d'une nature dépourvue de raison, mais la création volontaire de Dieu. Ainsi, la sagesse et la providence de Dieu soutiennent l'univers, comme l'intelligence et l'âme gouvernent l'homme [132]. En se référant à Cicéron, Lactance conclut par dire que c'est l'âme, due à Dieu, qui donne l'homme ces facultés intellectuelles. L'âme humaine serait l'équivalent de la providence divine.

La critique de Lactance s'inspire donc principalement d'un Dieu actif et bienveillant mais sévère, quitte à se mettre en colère en cas de besoin, un Dieu qui contraste assez vivement avec les dieux impassibles des différentes écoles philosophiques, plus particulièrement ceux des atomistes. Pour ce qui concerne les processus météorologiques, il est enclin à admettre que ceux-ci puissent être interprétés en termes d'atomes, même s'il ne comprend pas tous les détails. Le problème fondamental pour Lactance est d'ordre théologique: le Dieu des deux Testaments, en tant que « pater familias », ne saurait jamais être agrégat d'atomes. Remarquons pour terminer que son image anthropomorphe de Dieu aurait vexé Cicéron, du moins son porte-parole dans le *De natura deorum*. Pour ce dernier toute qualité humaine aurait porté préjudice à la perfection divine en tant qu'abstraction pure. Si le « pater familias » passionné et l'abstraction pure constitueront l'alternative, il est évident que l'atomisme n'y est pour rien.

4.5.2 Isidore de Séville: *De atomis*

C'est aux environs de l'an 630 qu'Isidore (c.570-636), archevêque de Séville et proche du roi wisigothe Sisebut, terminait l'ouvrage en vingt

---

[131] Lactance 1982, 10,29.
[132] Lactance 1982, 10,44.

livres qu'il avait préparé en vue de la réorganisation de l'enseignement du clergé et de la haute bourgeoisie [133]. Il s'agit d'une « encyclopédie » au sens d'une collection d'articles le plus souvent courts, consacrés à certains sujets, du trivium (livres I et II) et du quadrivium (III), à la construction de bateaux et de bâtiments (XIX) et les ustensiles agronomiques et domestiques (XX), en passant par des sujets plutôt ecclésiastiques (VI-VIII), linguistiques (IX-X), biologiques (XI-XII), cosmologiques et cosmographiques (XIII-XVI) et, enfin, socio-politiques (XVII-XVIII).

L'encyclopédie d'Isidore s'intitule *Originum, sive Etymologiarum [..]* (*Sur l'origine, ou des étymologies [..]*) [134]. Or ce titre est révélateur en ce sens qu'il résume en quelque sorte l'épistémologie tout particulière qui est en cause. Celle-ci relève de l'idée que la reine des sciences c'est l'*étymologie*, parce qu'elle donne les racines linguistiques et historiques des mots et sert ainsi de moyen pour saisir leur signification actuelle. Delà sans doute l'idée que le vrai savant, ayant cette encyclopédie à sa disposition, devra se réjouir des bornes qu'on a ainsi posées à la connaissance [135]. On a cru que cette tentative de délimiter un savoir christianisé et de lui poser des bornes, était consciente, dans ce sens que l'on voudrait éviter que l'étudiant, le laïque, devait avoir recours aux textes philosophiques antiques [136]. Car le temps de la culture et la civilisation romaines avait irrémédiablement révolu. Aux VIe et VIIe siècles, suite à des turbulences socio-politiques persistantes, l'Occident, pour ce qui concerne le commun des hommes, vécut la fin de cette culture séculaire et ce n'est que l'Eglise qui permit à la *romanitas* de survivre, ne serait-ce que dans le cercle ecclésiastique. Ainsi toute une nouvelle culture latine prit graduellement forme dans les seules places où régna la tranquillité de la longue durée, si l'on peut dire, les abbayes et les monastères nouvellement créés en Italie et Espagne, puis, par les missionaires venus de Rome, en Irlande, Angleterre et le Nord-Ouest du Continent. C'était, il est vrai, une culture secondaire, car les étudiants durent s'approprier une langue déjà tombée en désuétude. Il n'empêche qu'on voit naître toute une nouvelle

---

[133] Pour la personne et l'œuvre d'Isidore nous renvoyons à la savante monographie Fontaine 1959.
[134] Isidore de Séville 1601 et 1911.
[135] L'édition Isidore de Séville 1601 porte l'en-tête « Gaudet suo sapiens sic limite ».
[136] Jones 1992, p.120.

littérature latine d'inspiration chrétienne: poèmes, chansons, histoires saintes, pièces de théatre, hagiographies, homélies, liturgies. Dans ce contexte les encyclopédies comme celle d'Isidore servirent d'arrière-fond scientifique, simple mais durable, ce qui explique sa grande notoriété, à l'époque qui nous occupe, et les nombreuses fois que ses articles réapparurent, souvent sans aucune altération, dans d'autres encyclopédies ultérieures.

Dans le livre VIII, article vi, consacré à l'Eglise et les différences qui la distinguent des diverses écoles philosophiques, Epicure est appelé « amateur de la vanité, non de la sagesse », et condamné le plus hautement pour s'être adonné aux plaisirs charnels, du reste sans référence aucune aux sources [137]. Epicure aurait soutenu qu'il n'y a pas de providence ou règne divines; que tout provient de concours fortuits d'atomes; que Dieu ne fait rien et que même l'âme consiste en atomes et se dissoud à la mort. On reconnaît les thèmes que Lactance avait déjà traités et qui étaient devenus classiques. Ceci dit, on s'étonne que le même auteur qui ridicule la moralité du philosophe du Jardin et quelques conséquences néfastes de sa doctrine, ne se gène pas de donner un peu plus loin une description minutieuse de ces atomes maudits, ainsi que des divers genres qu'il convient d'en distinguer. Voyons de plus près cette description [138]:

---

[137] Isidore de Séville 1911, lib.VIII, cap.vi: « [..] amator vanitatis, non sapientiae [..] ».

[138] Isidore de Séville 1911, lib.XIII, cap.ii: « *De atomis*. Atomos philosophi vocant quasdam in mundo corporum partes tam minutissimas ut ne visui pateant nec τομή, id est sectionem, recipiant; unde et ἄτομοι dicti sunt. Hi per inane totius mundi inrequietis motibus volitare et huc atque illuc ferri dicuntur, sicut tenuissimi pulveres qui infusi per fenestras radiis solis videntur. Ex his arbores et herbas et fruges omnes oriri, ex his ignem et aquam et universa gigni atque constare quidam philosophi gentium putaverunt. Sunt autem atomi aut in corpore, aut in tempore, aut in numero. In corpore, ut lapis. Dividis eum in partes et partes ipsas dividis in grana, veluti sunt harenae; rursumque ipsa harenae grana divide in minutissimum pulverem, donec, si possis, pervenias ad aliquam minutam, quae iam non sit quae dividi vel secari non possit. Haec est atomus in corporibus. In tempore vero sic intellegitur atomus. Annum, verbi gratia, dividis in menses, menses in dies, dies in hora; adhuc partes horarum admittunt divisionem, quousque venias ad tantum temporis punctum et quandam momenti stillam, ut per nullam morulam produci possit; et ideo iam dividi non potest. Haec est atomus temporis. In numeris, ut puta octo dividuntur in quattuor, rursus quattuor in duo, deinde duo in unum. Unus autem atomus est, quia insecabilis est. Sic et littera: nam orationem dividis in verba, verba in syllabas, syllabam

Des atomes

« Les philosophes appellent *atomes* certaines parties des choses du monde, tellement petites qu'elles ne sont pas visibles et n'admettent pas la τομή, c'est-à-dire la section; delà qu'elles sont appelés ἄτομοι. On dit que celles-ci pervolent sans repos le vide de tout l'univers, et se meuvent par-ci et par-là, comme les plus petits grains de poussière que l'on voit dans les rayons du soleil qui pénètrent une fenêtre. A partir de celles-ci les arbres et les herbes et tous les fruits s'engendrent, ainsi que le feu, l'eau et les univers, qui en consistent aussi. C'est ce que pensent certains philosophes. Il y aurait différentes espèces d'atomes: des corps, du temps et des nombres. Pour ce qui concerne les corps, prenons une pierre. Divisons-la en parties et ces dernières en grains, comme ceux du sable, et divisons ces grains davantage en la plus fine poussière, jusqu'à ce qu'on arrive, si tout va bien, à quelque chose tellement petite, qu'il n'y aura plus rien capable à la diviser. C'est l'atome des corps. Dans le cas du temps on le comprendra ainsi. L'année par exemple se divise en mois, les mois en jours, les jours en heures; les parties de l'heure admettent la division jusqu'à ce on arrive à un point temporel, un moment tellement petit, que l'on ne saurait en faire un délai plus petit; c'est pour cela que l'on n'arrive pas à le diviser. C'est l'atome temporel. Dans le cas des nombres il est ainsi. Prenons huit en exemple et divisons-le: on aura quatre; puis quatre en deux, ensuite deux en un. *Un* c'est donc un atome, puisqu'il est insécable. Il en est ainsi chez lettres: un discours se divise en mots, les mots en syllabes, les syllabes en lettres. La lettre, la plus petite partie, c'est l'atome et ne saurait être divisée. L'atome est donc en général ce qui ne se divise pas, comme le point en géométrie. Puisque τόμος c'est Grec pour division et ἄτομος pour indivision ».

On le voit, la connotation du mot d'*atome* s'est élargie énormément. Depuis Isidore il sera une expression générale pour toute entité qui se soustrait, de par sa nature ou faute d'outil adéquat, à la division. Or c'est manifestement l'analogie d'Epicure à l'envers. Le philosophe du Jardin avec sa confiance sans faille ès organes des sens avait établi un parallèle entre les objets à notre échelle et les *atomes*, comparaison introduite afin d'approfondir le statut épistémologique de ces entités insensiblement

---

in litteras. Littera, pars minima, atomus est, nec dividi potest. Atomus ergo est quod dividi non potest, ut in geometria punctus. Nam τόμος divisio dicitur Graece, ἄτομος indivisio ».

petites. Or l'archevêque de Séville, connaissant bien son Lucrèce [139], va traiter les objets macroscopiques comme des « entités indivisibles de par leur nature », abstraction pour laquelle la dénomination d'*atome* avait déjà servi depuis des siècles, ne serait-ce que dans un contexte diamétralement opposé.

Selon Jacques Fontaine, auteur d'une belle monographie sur Isidore et son temps, une partie du fragment d'Isidore *De atomis* est une synthèse de deux textes antérieurs (dont le dixième chapitre du *De ira Dei [..]* de Lactance, auquel nous avons fait allusion ci-dessus) [140]. C'est pourquoi il caractérise le travail d'Isidore par « [..] une fidélité routinière à la tradition scolaire plutôt qu'un authentique effort de pensée philosophique » [141]. Or la partie recopiée, si tant est qu'il est effectivement question d'emprunt, ne correspond qu'au début, en lignes le tiers, du chapitre *De atomis*. L'originalité d'Isidore réside justement dans la partie qui suit, où il développe ses vues sur les différentes espèces d'atomes qu'il convient de distinguer. C'est là où il présente sa vision discontinuiste de la nature, non seulement de la matière et des objets à notre échelle, mais également du temps. Or considérer le temps comme un discontinuum n'est pas évident à l'époque d'Isidore. Nous avons vu que cela sera plus tard une particularité de l'atomisme théologique des Motakallimûn, qui devait l'introduire pour justifier le message central du Qorân d'un Allah suprême, créant et démolissant à volonté. Cependant le problème du temps était discuté au moins depuis Zénon d'Elée, dont on se souvient les paradoxes. Aristote y avait même consacré une bonne partie de sa *Physique*, et bien pour refuter la théorie discontinuiste (voir la section 3.4). Epicure et Lucrèce ne s'étaient point décidés, quoiqu'en disent nombreux commentateurs qui considèrent, à tort à notre opinion, que cette thèse fait partie de leur doctrine.

Lasswitz a suggéré que, aux VIIe-IXe siècles, la connotation du mot d'*atome* devient de moins en moins métaphysique et entre le langage quotidien, ce qu'il considère être signe regrettable du temps [142]. Or nous

---

[139] L'ouvrage d'Isidore contient au moins quinze références au *De rerum natura* de Lucrèce, dont treize concernent une citation littérale.
[140] Fontaine 1959, p.652.
[141] Fontaine 1959, p.652.
[142] Lasswitz 1890, i, p.36-37.

croyons que Lasswitz se trompe dans la mesure où il n'a pas tenu compte de l'analogie fondamentale d'Epicure. On peut soutenir, selon notre avis, que l'insertion du mot d'*atome* dans le langage quotidien n'est autre chose que le dernier chaînon d'un développement circulaire: l'essentiel de l'*atome* d'Epicure que ce dernier avait emprunté au monde phénoménal, est rendu à ce même monde par Isidore et successeurs. Nous verrons que les successeurs immédiats, qui ont puisé de l'article *De atomis* d'Isidore, tout en mentionnant leur source, n'y ont rien contribué ou presque. Nous parlons de Bède le Vénérable (c.673-735) et de Hraban Maure (780-856), tous deux ecclésiastiques. Bède fit partie de la communauté bénédictine de Yarrow, en Angleterre, où il travailla sous la device « suivant les traces des pères »[143]. Dans son ouvrage *De divisionibus temporum* (*Sur la division du temps*)[144] on retrouve une paraphrase de l'article *De atomis* d'Isidore, sous forme d'un dialogue entre un maître et son élève. Or la période entre la Création et le Jugement dernier est divisée conformément au système qu'Isidore avait proposé dans son *Etymologiarum*[145], à savoir selon une échelle de treize unités de grandeur descendante, l'*atome* étant la plus petite. Bède discute ces unités dans des chapitres successifs: atome, moment, minute, point, heure, etc. Dans le chapitre consacré au plus petite unité de temps Bède établit un parallèle entre celle-ci et quatre autres genres d'atomes. Aux quatre d'Isidore il ajoute les grains de poussière qui voltigent dans les rayons de lumière. Isidore les avait laissé de côté dans son énumeration des genres d'atomes: quant à lui, un tel grain ne serait rien d'autre qu'un amas d'atomes matériels.

Cette préoccupation de Bède pour le temps, que nous remarquions auparavant chez Isidore, dans son *De rerum natura*, s'explique par la nécessité d'établir un calendrier eccléciastique, dont le calcul exact de la date pascale constituait la partie la plus compliquée. N'oublions pas, enfin, que Bède était aussi historien de renom: nous lui devons une importante histoire de l'Eglise en Angleterre.

Avec un autre successeur d'Isidore, Hraban Maure, nous entrons en pleine ère carolingienne. Hraban avait été l'élève d'Alcuin, à l'époque

---

[143] Meyvaert 1976, p.42.
[144] Inséré dans Beda 1612, i, p.89-100.
[145] Isidore de Séville 1911, lib.V, cap.xiii.

ancien recteur de l'école palatine de Charlemagne. Après il entra dans les ordres à Fulda, où il devint abbé du monastère créé le siècle passé par Boniface en vue de la christianisation de Germanie; en 840 il fut nommé archevêque de Mayence, en Allemagne, et reçut de la postérité l'épithète « praeceptor Germaniae ». On lui connaît un ouvrage *De universo libri XXII* qui reproduit à peu près litéralement l'article *De atomis* d'Isidore, tout en y ajoutant une dimension religieuse.

4.5.3 Jean Scot Erigène

Le plus célèbre savant de l'ère carolingienne était sans doute Jean Scot Erigène (mort c.877), l'un des très peu ayant une bonne connaissance du Grec, ce qui était énormément prisé par son seigneur, Charles le Chauve [146]. C'est lui qui va traduire le codex que Charles avait reçu en cadeau de l'empereur byzantin, un codex qui contenait les écrits du (pseudo) Denys l'Aréopagite, l'un des convertis de Saint-Paul, soupçonné d'être le même que Denis, premier évêque de Paris. Or l'étude des ouvrages de Denys lui apprit l'interprétation platonicienne de la nature, hiérarchisée à l'extrême. Or dans son ouvrage Περὶ φύσεων μερισμοῦ, *id est de divisione naturae* [147], qu'il fit dans les années 860, on en reconnaît facilement les retombés. Il s'agit d'un système de classification hiérarchique des objets de la nature dans leur rapport avec Dieu. D'abord il y présente la quadripartition de Denys: une chose est ou bien « incréée et créante », ou bien « créée et créante », ou bien « créée et non-créante », ou bien « incréée et non-créante », ce qui correspond visiblement avec Dieu, un ange, quelque chose d'ici-bas et quelque chose qui ne saurait exister. Or après une discussion des divers rapports sous lesquels on peut parler de la distinction entre « être » en « ne pas être », il présente le sauvetage de l'homme comme la transition de l'état après la Chute à celui d'avant, transition qui correspondrait à l'un des passages possibles du « ne pas être » à l' « être ». Dans ce sauvetage les soi-disant théophanies, c'est-à-dire des apparitions de Dieu qu'il fait naître lui-même dans des êtres animés, les anges ou les hommes, sont essentielles. Puis Erigène discute, comme il se doit

---

[146] Sur la personne de Jean Scot Erigène, voir O'Meara 1988 et Moran 1989.
[147] Nous avons consulté Jean Scot Erigène 1681 et 1987.

pour un partisan d'Isidore, l'étymologie du mot Θεός et, en large, les dix catégories d'Aristote et la mesure dans laquelle elles ont trait à Dieu. Sa conclusion est que Dieu ne se prête pas aux catégories, sinon il serait un « genre », autrement dit: il y aurait une pluralité de dieux. Enfin, les choses que nous vivons se divisent en « genres », « espèces » et « individus ». Or le plus souvent Erigène parle d' « atomes », là où nous aurions parlé d' « individus ». Toute pluralité de choses consiste en « individua », en « atomes » donc, dont les accidents subsistent inaltérés [148]. C'est dans cette perspective qu'il développe, dans le troisième livre du *De divisione naturae* une arithmétique à base de l'unité numérique, la « monade », qui est en quelque sorte l'équivalent de l' « atome » physique, c'est-à-dire de tout objet à notre échelle. A l'évidence, Erigène va beaucoup plus loin qu'un Isidore, à point qu'il signale non seulement les particularités du concept d'*atome*, utilisé pour tout objet indivisible de par sa nature, mais en développe les conséquences épistémologiques, voire mathématiques. S'il est vrai qu'on y voit très peu de l'atomisme proprement dit d'Epicure, il est clair en même temps qu'Erigène en a emprunté, directement ou non, le concept d'*atome* en tant que dénominateur commun pour tout ce qui se soustrait à la division. Ce concept d'*atome* est central dans sa classification hiérarchique de l'univers, où figurent les choses phénoménales à la base et Dieu au sommet. Son glossaire sur l'ouvrage *De nuptiis philologiae et Mercurii* (*Sur les noces de la philologie et de Mercure*) de Marcianus Capella (fl. Ve s.), traité faisant autorité au Moyen Age relatif à l'enseignement ès arts libéraux, est très révélateur, surtout là où il commente la notion de « genre » (genus) [149]. Le *genre*, dit Erigène, constitue l'unité dans une pluralité de formes substantielles. Le genre le plus général sera ce que les Grecs appelaient οὐσία et qu'il va appeler « essence ». Enfin, les êtres sont supposés de participer en cet essence selon une échelle descendante, de *genre* en *espèce* etc. jusqu'à l'*espèce* la plus spéciale que

---

[148] Jean Scot Erigène 1681, §36 (p.21): « Nam genera & species & atoma propterea semper sunt ac permanent, quia inest eis aliquid unum individuum quod solvi nequit, neque destrui: Ipsa quoque accidentia propterea in sua natura immutabiliter permanent, quia omnibus eis unum quiddam individuum subest, in quo naturaliter omnia unum subsistunt ».
[149] Jean Scot Erigène 1970, p.84, r.10-17.

les Grecs appelaient ἄτομος, au sujet de laquelle Erigène éclaircit [150]:

> « c'est l'individu, comme l'homme en est un et le veau ».

Que l'on se rende compte que le concept d'οὐσία d'Erigène s'applique à la nature comme totalité dont Dieu serait l'*essence* la plus élevée. Enfin, ce qui importe pour nous c'est qu'il illustre le renversement de l'analogie d'Epicure. Là où le philosophe du Jardin, dans la poésie de Lucrèce, s'était inspiré d'objets phénoménaux, tels les coquillages ou les grains de blé, pour renforcer la base épistémologique de son concept d'*atome*, le scoliaste se sert justement de ce concept pour échafauder sa classification des créatures. Or si Erigène ne saurait être considéré comme un « atomiste » au sens classique, il montre tout de même incontestablement la grande fertilité des idées associées à la doctrine en question. De ce point de vue on peut en fin de compte rejoindre Lasswitz: en effet ce n'est guère l'atomisme tel quel qui est en jeu, c'est-à-dire en tant que philosophie naturelle à part entière. Il ne s'agit que de quelques notions, importantes il est vrai, qui sont entrées dans le langage des grands penseurs.

4.6 L'atomisme: l'unité dans la différence

Nous avons suivi dans ce chapitre le développement interne de la doctrine atomiste d'Epicure, avec une attention spéciale pour son panégyriste, Lucrèce, ainsi que sa diffusion en Orient et en Occident. L'une des différentes formes d'atomisme qui ont contribuées à la théologie musulmane, notamment celle des Mo'tazilites, rappelle certaines vues d'Epicure, surtout celle concernant les « parties minimales », les constituants supposés des atomes. L'atomisme que Rhazès lui devait opposer est plutôt redevable à Aristote, Platon et Démocrite: son Dieu assez modeste, ayant arrangé les atomes éternels comme le Démiurg du *Timée*, se tient dorénavant à l'écart de sa Création. Ainsi, les atomes arrangés en éléments, vont composer les corps de telle sorte que toute qualité est secondaire et se déduit de la grandeur des atomes et des interstices ainsi que de la proportion

---

[150] Jean Scot Erigène 1970, p.84, l.16-17: « [..] hoc est individuum, ut est unus homo vel unus bos ».

relative de ces derniers. La transmutation des éléments se fait par raréfaction ou condensation. Le problème sera que certaines qualités devraient être liées entre elles: ainsi une grande pesanteur exige peu de porosité ce qui comporterait nécessairement une plus grande dureté et une transparence moins prononcée, etc. Or le mercure et la terre, d'un côté, et le cristal de roche et le verre, de l'autre, démentissent ces conséquences [151].

Lucrèce avait élaboré dans les ciselures de son chef-d'œuvre poétique l'analogie suggérée par le philosophe du Jardin entre le monde des objets à notre échelle et celui des atomes. Or le travail de Lucrèce n'a pas été vain, du moins en Occident. Les grands éducateurs de la chrétienté latine ont en effet, tous, bien connu son *De rerum natura*. On voit donc que, pendant la renaissance carolingienne, cette analogie sera renversée: suivant l'exemple d'Isidore de Séville on va traiter des objets phénoménaux à l'instar de leurs composants ultimes, les atomes. Si la tradition lucrétienne n'a survécu qu'à l'Ouest et ceci à grande peine, elle devait pourtant céder devant la recrudescence implacable de l'aristotélisme, au XIIe siècle. La logique aristotélicienne en tant qu'outil méthodologique ainsi que son application en physique étaient redécouvertes et, dès le début, fascinaient les savants des premières universités comme elles avaient auparavant passionné les commentateurs arabes en byzantins. D'un certain point de vue peu de choses n'avaient vraiment changé dans le monde latin. A la fin du XIIe siècle, Anselme de Cantorbury (1033/34-1109) cherchera la bonne compréhension de la nature par le biais de la foi en Dieu, tout comme auparavant Saint Augustin. Cependant l'entrée en lice d'Aristote devait changer l'équilibre entre moyen et but. C'est la méthode logique, résumée dans l'*Organon* d'Aristote, qui va compter plus que jamais en Occident. Même si le but est encore toujours la compréhension de la nature, la voie qui y mène semblait plus fiable et plus sûre.

Or là où le Stagirite avait traité de l'atomisme, c'était celui de Leucippe et de Démocrite. Son jugement négatif sera le point de départ des scoliastes qui, dans leurs commentaires, faisaient appel aux énoncés des Pères de l'Eglise. Or ces derniers avaient le plus souvent, nous l'avons constaté chez Lactance et Isidore, un texte du *De rerum natura* sous la main. Ainsi, ne connaissant point les détails des spécifications d'Epicure, les Albert le Grand, les Thomas d'Aquin et les Bacon des universités fraî-

---

[151] Pines 1936, p.44.

chement instaurées vont repenser le récit d'Aristote sur cet atomisme encore assez lapidaire, avec en tête les gloses des commentaires patristiques. On pourra donc s'attendre à ce que certaines particularités de l'atomisme épicurien entrent dans le débat, même dans l'absence de tout texte originel. Cela concernerait probablement bien plutôt les côtés théologiques de l'atomisme, tels la nature de Dieu et la constitution de l'âme, qui avaient retenus l'attention d'Epicure et étaient au cœur des préoccupations des Pères comme plus tard des scolastiques. En témoigne le résumé de la doctrine d'Epicure que composa Walter Burley aux environs de 1340 [152]. Or Aristote, lui aussi, s'était expliqué à profusion en ces matières et on sait que beaucoup d'autres questions épineuses étaient en jeu; on peut penser au problème de la forme substantielle ou à celui de l'intelligence humaine, questions qui devenaient de véritables shibbolets dans les campagnes entre les différentes factions universitaires. Dans tous ces problèmes, combien différents qu'ils semblent être à première vue, c'est l'atomisme qui jouait dans l'arrière-fond.

On comprend donc que la découverte d'un manuscrit oublié du *De rerum natura*, au début du XVe siècle, et son impression dans les années 1470, si elles annonçaient une nouvelle prise en considération de l'atomisme, amenaient tout au plus à une appréciation essentiellement littéraire de sa forme poétique. C'est ce qu'a établi de manière convaincante Howard Jones dans son histoire de la tradition épicurienne à laquelle nous nous sommes référées auparavant. En effet Denys Lambin (1516-1572), fin connaisseur de Lucrèce et responsable de l'une des premières éditions critiques du poème, s'est efforcé de dégager le poète du philosophe, de disjoindre la forme du contenu [153]. A l'avis de Lambin, la faute manifeste était à Epicure et si Lucrèce a suivi le philosophe du Jardin, ceci ne porte aucun préjudice à son génie poétique. Jones a par ailleurs élégamment mis en lumière la position privilégiée de Lucrèce dans les *Essais* de Michel Eyquem de Montaigne (1533-1592). Ce dernier s'inspirait sans aucune hésitation du *De rerum natura* avec une nette préférence, il est vrai, pour les trois derniers livres, ceux donc concernant les conséquences de la doctrine, telle que celle-ci avait été décrite dans les deux premiers livres. Si Montaigne cite de temps à autre quelques vers du livre I ou II,

---

[152] Burley 1472, p.59.v.
[153] Jones 1992, p.156-157.

il manifeste aucun intérêt pour la théorie de la matière en tant que telle. Enfin, il n'y a pas de doute que Montaigne connaissait bien son Lucrèce; d'après Jones, il était, à proprement parler, l'une des rares exceptions à la règle [154].

Or la fin du XVe siècle était l'ère des académies platoniciennes, dont celle de Cosme de Médicis, à Florence, où dans les années qui virent l'*editio princeps* du *De rerum natura*, Marsilio Ficino (1433-1499) s'employa à traduire des dialogues de Platon. Ceci illustre la réception assez calme de Lucrèce: les humanistes laïcs les plus ardents s'enorgueillissaient de Platon, tandis que leurs collègues universitaires se perdaient dans les acuités d'Aristote et de ses partisans. Il fallait attendre le XVIe siècle pour voir certains esprits suffisamment indépendants et désintéressés pour savoir apprécier le message de Lucrèce comme hypothèse de travail sur l'agencement et le fonctionnement de la nature. C'est Girolamo Fracastoro qui va élaborer les conséquences médicales des vers que Lucrèce avait voués à la contagiosité de maladies, alors que quelques décennies plus tard Thomas Harriot considérera plus particulièrement les aspects physico-chimiques. Ce faisant l'atomisme devient une hypothèse courante et efficace ès sciences, en dépit de toute opposition académique. Car ne dissimulons pas qu'il y avait une forte résistance contre l'atomisme dans le monde de la Contre-Réforme, c'est-à-dire depuis 1563. A Paris, les professeurs de la Sorbonne recevaient, l'air du temps, le consigne d'épurer l'enseignement de la doctrine d'Aristote et de mettre un accent particulier sur les objections de ce dernier contre l'atomisme [155].

L'idée de particules secondaires spécifiques, composées d'atomes, semble encore lointaine. S'il est question par-ci et par-là de particules caractéristiques, comme chez Jules César Scaliger, ce sont plutôt des minima naturels issus de la tradition péripatéticienne. Parfois ce sont déjà des *individus substantiels*, si ce n'est qu'en ébauche, car leur composition n'est pas vraiment débattue, moins encore leur comportement chimique. Nous en parlerons amplement par la suite.

Ayant suivi le sort de l'atomisme d'Epicure et de Lucrèce, nous nous proposons de renouer avec la tradition philosophique des premiers siècles

---

[154] Jones 1992, p.159 et suiv.
[155] Lasswitz 1890, i, p.464-467.

de l'ère chrétienne. Nous verrons que la philosophie d'Aristote, qui, dans les écoles de d'Athènes, d'Alexandrie et de Byzance, servait d'introduction aux études supérieures consacrées à Platon, va bientôt suppléer cette dernière. Les Byzantins, les Arabes et les Latins occidentaux préfèrent de loin le Stagirite et ceci du fait de son attention pour la nature telle qu'elle se manifeste aux sens. Nous verrons pourtant que cette nouvelle génération de commentateurs faisait comme s'il n'y avait eu de tradition grécophone. Ils rouvrent les livres d'Aristote, d'abord la partie logique, puis celle des sciences, et recommencent l'exégèse. Ainsi, ils vont faire la connaissance de la doctrine de maxima et de minima et de l'atomisme, c'est-à-dire l'atomisme de Leucippe et de Démocrite qu'Aristote avait si vivement pourfendu. Cette doctrine de maxima et de minima deviendra une théorie de *minima naturels* très variée selon les commentateurs. Il y aurait des naturalistes - Jules César Scaliger, par exemple - qui arrivent malgré tout à une conception se rapprochant de l'idée de l'*individu substantiel*, alors que d'autres, tel Daniel Sennert, passent d'une théorie de *minima naturels* nettement péripatéticienne à une théorie essentiellement moléculaire. Nous suivrons par ailleurs le développement doctrinal remarquable qu'ont connu les travailleurs de la matière, les alchimistes notamment.

CHAPITRE V

DE SIMPLICIUS ET PHILOPON A BEECKMAN ET BASSON

5.1 Philosophie et science de la matière

Nous avons constaté la naissance du concept d'« individu substantiel » dans le cercle des commentateurs grecs d'Aristote. Si une ébauche de ce concept se dessine dans l'œuvre de Simplicius [1], le concept proprement dit apparaît chez son collègue alexandrin, Philopon, dans le commentaire de ce dernier sur la *Physique*. Pour Philopon, on s'en souvient, les matériaux homoiomères perceptibles se soustraient en quelque sorte aux catégories, puisqu'ils ne sont pas en soi des entités individuelles mais, innovation fondamentale, *agrégats* d'entités individuelles imperceptiblement petites. Au sujet de ces agrégats Philopon avait parlé, et ceci à juste titre, d'une $\mu\acute{\epsilon}\sigma\eta\ \tau\acute{\alpha}\xi\iota\varsigma$, d'un « ordre intermédiaire », à savoir entre l'ordre des individus perceptibles et celui des individus imperceptibles. Or

---

[1] L'*editio princeps* de son commentaire sur la *Physique* d'Aristote parut à Venise en 1526; une première traduction gréco-latine, de la main de Lucillus Philatheus, date de 1543 (Venise).

l'*editio princeps* du commentaire de Philopon date de 1535; la première traduction latine, faite par le théologien Guillaume Dorotheus, parut en 1539, également à Venise [2]. La version latine nous a paru fidèle dans ce sens que l'innovation de Philopon est clairement reconnue [3]: les « similaria » (corps similaires) tels la chair et l'os représentent un « medius ordo » (ordre intermédiaire). Un « minimum » d'une certaine espèce est par ailleurs tout aussi indivisible qu'un homme en tant qu'homme. Le « minimum » d'un amas fait figure d'aune, d'unité, qui sert à mesurer la grandeur du tout. La grandeur d'un « corps similaire » sera alors proportionnelle au nombre de « minima » qui se sont entassés. C'est pour cela que Dorotheus parle, dans l'une des gloses qu'il ajoute au corps du texte, de « partes proportionales » (parties proportionnelles) [4]. A l'évidence, les « minima » sont, pour Dorotheus, tout aussi bien des *individus substantiels* que les ἐλάχιστα de Philopon.

D'une manière générale on pourrait s'attendre à ce que sinon le concept même d'*individu substantiel* du moins une certaine idée de la particularité des matériaux homoiomères - les futurs « corps similaires » de Dorotheus - a été repris avant tout dans la tradition byzantine, mais aussi dans l'aristotélisme arabe et latin. Or à en croire Basileios Tatakis, dans sa précieuse étude synthétique *La philosophie byzantine* [5], la philosophie de l'Empire romain hellénique était avant tout « la forme chrétienne [..] de la pensée grecque » [6]. Ainsi, le christianisme, hautement centralisé à Constantinople, se développa dans une tradition nettement romano-hellène. En Occident ce christianisme se répandit, nous l'avons vu, sous une forme latine et dans un chaos politique presque sans fin, entre, d'un côté, les soubresauts des grandes migrations et, d'autre, les pillages des Normands. Pour les *basileus* byzantins, véritables autocrates à l'exemple des monarches orientaux et, ce qui est plus, tenants des insignia de l'ancien *imperium romanum*, l'Occident ne représentait guère plus que de provinces loin-

---

[2] Par la suite nous citons d'après l'édition Philopon 1546.
[3] Philopon 1546, p.22.v-23.r.
[4] Philopon 1546, p.23.r. La glose marginale qui s'y réfère lit: « Similaria medium modum praedicandi habent inter generalissima & species specialissima. Ecce partes proportionales secundum argumentum principale, sed primum ex re ».
[5] Tatakis 1949.
[6] Tatakis 1949, p.2.

taines tombées en barbarie. Ceci explique que l'autorité ecclésiastique du pape, qui avait survécu, à Rome, aux troubles politiques et démographiques, était perçue d'un mauvais œil.

Or au VIe siècle déjà le temps des maîtres fondateurs de cette majestueuse synthèse que représenta le christianisme, fut décidément révolu. En Orient, un conservatisme philosophique s'installa « pour, autour et à propos de la religion », selon l'expression de Tatakis [7]. Le goût de la rhétorique se doubla d'une prédilection pour une langue grecque déjà morte, celle de l'Athènes de Platon et d'Aristote, et ces deux tendances ont largement contribué au traditionalisme byzantin. L'archaïsme ambiant s'appropria, d'autre part, le mysticisme de la théologie allégorique et plutôt néoplatoniste de l'Ecole d'Alexandrie. Delà l'image monolithique de cette philosophie, servante d'une théologie dont l'orthodoxie par rapport à la foi des Pères était la préoccupation principale sinon la seule.

Si Constantinople fonda une université en 425 A.D., celle-ci ne prit son essor qu'à partir du VIIe siècle, surtout depuis la fermeture de l'Ecole d'Athènes par l'empereur très chrétien Justinien, en 529. On se souvient que Simplicius et bon nombre de ses collègues furent amenés à quitter Attique et qu'ils cherchèrent un refuge dans le royaume perse, puis à Harrân. L'Ecole d'Alexandrie sous Philopon eut su changer de cap, juste à temps, mais resta sous la menace d'une intervention impériale. En Byzance toutefois la théologie envahit la société: depuis le concile œcuménique de Chalcédoine, rassemblé en 451, les problèmes de la Trinité et de l'Incarnation du Verbe constituèrent les principaux enjeux du débat théologique, un débat mené avec une même ardeur par les autorités ecclésiastiques et temporelles. La philosophie en tant que telle devint sinon hérétique tout court, du moins fort suspecte [8]. Les dogmes s'engendrèrent et s'approfondirent avec les hérésies et inversement; parfois ils se substituèrent. L'historien Louis Bréhier nous rapporte, dans sa monographie sur *Le monde byzantin - Vie et mort de Byzance* qui fait encore autorité, que le même Justinien qui s'efforça de rétablir l'empire romain universel et l'unité religieuse, « finit par tomber lui-même dans l'hérésie de ceux qu'il voulait ramener à la vraie foi » [9]. Ainsi, les partisans de la divinité individuelle

---

[7] Tatakis 1949, p.4.
[8] Tatakis 1949, p.23.
[9] Bréhier 1947, p.32.

des trois personnes, dont Philopon selon toute vraisemblance, furent appelées trithéistes et condamnés sous ce nom au deuxième concile de Constantinople (680-681). Ceux qui dénièrent la double nature de la seule personne du Christ, les monophysites à proprement parler, subirent le même sort à plusieurs reprises, pour la première fois à Chalcédoine. Du côté ecclésiastique le monothélisme succéda, en 638, au monénergisme: la double nature du Christ se compléta d'abord par un seul principe d'activité, puis par une seule volonté. Conciles et contre-conciles, schismes et réunifications se succédèrent et emmenèrent avec eux un déferlement d'engagement religieux, dans tous les rangs de la société byzantine et ne cessèrent, en outre, d'accentuer les divergences à la fois théologiques et politiques entre fidèles et clergé, d'une part, et entre autorités civiles et religieuses, d'autre part. C'est sur ce fond que se développa le conflit presqu'inévitable entre l'Occident resté papal et l'Orient devenu impérial. La querelle la plus acerbe fut déclenchée par une mesure d'un calife arabe, Yézid nommément, qui ordonna en 723, avec un appel au Qorân la destruction de toute image religieuse apte à inspirer l'idolatrie [10]. Or cet iconoclasme de principe se révéla contagieux. Il gagna également les esprits byzantins et bien à tel point que l'empereur Léon III vint, en 730, à destituer le patriarche Germain, après avoir sommé le pape Grégoire II d'abjurer le culte des images et des réliques. Ainsi, l'iconoclasme byzantin traduisit d'une part le souci des *basileus* qui devaient composer avec leurs voisins, les prêcheurs du *jihad*; il devint d'autre part une arme politique majeure contre cette Rome lointaine et discréditée, d'où s'exerça un pouvoir spirituel affaibli peut-être, mais du reste fort envié. On conçoit aisément le malaise sinon l'agace que devait engendrer, à Constantinople, le couronnement de Charlemagne comme « empereur Auguste », ce jour de Noël de l'année 800, par le pape à Rome [11].

Il apparaît que les orthodoxes autant que leurs adversaires puisèrent le fond de leurs doctrines chez les Pères de l'Eglise, qui, on le sait, avaient été pour la plupart de tendance néo-platoniste. Pour ce qui concerne la dialectique ils eurent recours à l'*Organon* d'Aristote, dont l'autorité alla en croissant. Tatakis rapporte avec compréhension que Jean Damascène, chrétien de souche arabe et le même qui composa un pamphlet virulent

---

[10] Bréhier 1947, p.78.
[11] Bréhier 1947, p.95.

contre les iconoclastes, se demanda ouvertement, au VIIIe siècle, s'il fallait considérer ou non Aristote comme le treizième Apôtre [12]. Si le Stagirite n'est pas encore le « precursor Christi in naturalibus » (précurseur du Christ dans les affaires naturels), qu'il devint pour la haute scolastique occidentale, sa position n'en est pas moins solide.

La vie intellectuelle à Constantinople devenue uniquement grécophone à la longue depuis Justinien se rythma par ailleurs d'après l'intérêt et le goût des empereurs. Les règnes de Héraclius (610-641), de Michel II (856-866), le même qui enchanta Charles le Chauve avec un manuscrit de (pseudo-)Denys l'Aréopagite [13], et enfin Constantin Porphyrogénète (912-959) marquent incontestablement les cimes de la science byzantine. A la mort du Porphyrogénète, l'Université fut fermée pour ne rouvrir ses portes qu'au XIe siècle, en 1045 plus précisément, grâce à Constantin X Monomaque. Le Byzantin cultivé de la veille du Schisme se réjouissit de la bonne fortune économique de l'Empire et s'enorgueillit d'être l'héritier direct du savoir et de la civilisation helléniques, ces trésors du siècle de Platon et d'Aristote. Ainsi, la ville de Constantinople se vanta d'être la nouvelle Athènes, comme encore récemment Aix-la-Chapelle s'enthousiasma du souvenir de la Rome d'autrefois. Un rationalisme à l'ancienne, personnifié par Aristote, refit bientôt surface. C'est Michel Psellos (1018-1078), doyen de la Faculté de Lettres de Constantinople nouvellement rétablie, qui instaura une fois pour toute l'indépendance de la science en général et de la philosophie en particulier, ceci par rapport à la théologie bien entendu. Nous verrons que Psellos se réclame de Platon pour la métaphysique, science la plus estimée, et qu'il se réfère à Aristote au sujet de la logique et de la physique, considérées ensemble comme une propédeutique indispensable [14]. Il manifeste par ailleurs une connaissance certaine des principaux commentaires, ceux de Plotin et de Proclus, d'une part, et ceux de Simplicius et de Philopon, d'autre part.

Il se trouve que, dès le début de l'Hégire, les scientifiques arabes autant que leurs contemporains byzantins et, plus tard, leurs successeurs

---

[12] Tatakis 1949, p.115.

[13] Voir ci-dessus, la section 4.5.3, p.135.

[14] Zervos 1919, p.145; voir aussi Tatakis 1949, section 4.4, tout particulièrement p.188.

latins ont été des amateurs passionnés du *corpus aristotelicum*. Dans le cas des Arabes ceci n'a rien d'étonnant puisqu'Aristote lui-même a pris soin de paraître, en songe, au roi al-Ma'mûn, au début du IXe siècle, pour l'inciter à envoyer des savants à la recherche de manuscrits grecs. Cette anecdote est dûment rapportée par 'Abd al-Rahmân Badawî, dans son chef-d'œuvre *La transmission de la philosophie grecque au monde arabe* [15]. Dans le Baghdâd des années 830-900 toute l'œuvre d'Aristote fut traduite, d'abord en Syriaque puis en Arabe, mais parfois aussi directement du Grec en Arabe. Souvent il ne s'agissait du reste que de fragments empruntés par les commentateurs aux textes du Stagirite. A en croire l'orientaliste Francis Peters, les Arabes n'ont pas connu, par exemple, une version intégrale et authentique de la *Physique* [16]; nous en reparlerons par la suite. Les commentaires principaux, ceux d'Alexandre d'Aphrodise, de Thémistius, de Simplicius et de Philopon, furent traduits, eux aussi, avec enthousiasme. Il n'empêche que leur influence a été assez faible.

Malgré sa prise de position oiseuse dans la question de la Trinité qui lui valait l'anathème [17], la mémoire de Philopon fut le mieux conservée à Byzance. Nous savons que son commentaire *in De anima*, par exemple, a été consulté par Psellos [18]. Ce même commentaire fut retrouvé, au XIIIe siècle, par Guillaume de Moerbeeke (c.1220/35-1286), lors de ses longues voyages en Orient, et ramené à Rome. Une fois traduit en latin, par Guillaume, ce commentaire devait servir Thomas d'Aquin (c.1225-1274). Autant que nous le sachons, les commentaires de Simplicius et de Philopon sur la *Physique* et sur le traité *De la génération [..]* n'ont pas été traduits en Latin avant le XVIe siècle, ni du Grec ni de l'Arabe [19]. On peut soutenir en conséquence que leurs inventions en ce qui concerne la théorie de la matière n'ont trouvé aucun écho parmi les scolastiques, ni à Padoue, ni à Paris, ni à Oxford, ni ailleurs. Si l'on a trouvé des rémini-

---

[15] Badawî 1987, p.16 et 78. Voir aussi les précisions que donne Francis Peters dans son *Aristoteles Arabus* (Peters 1968). Badawî s'est concentré sur Aristote; il ne mentionne ni Leucippe, ni Démocrite, ni Empédocle, ni Epicure, ni Diogène Laërce.

[16] Peters 1968, p.31: « What is immediately apparent is that the Arabs had no free-standing text of the *Physica* but used one taken from one or other of the Greek commentators ».

[17] Sorabji 1987.

[18] Zervos 1919, p.157 et suiv.

[19] Schmitt 1987.

scences à la théorie philoponienne du mouvement d'un projectile - plus particulièrement à la notion de « vis impressa » (force imprimée) - dans la doctrine de Jean Buridan (c.1295-c.1358), l'un des coryfées de la Sorbonne de la première moitié du XIVe siècle, celles-ci rappellent certaines gloses sur la *Physique* attribuées à Philopon et reprises par Ibn Bâjja (Avempace; déc. 1139) [20]. Malheureusement les indices ne sont pas en soi évidents: il n'y a aucune référence directe à Philopon. Selon l'avis de Zimmermann, le problème était que la personne de Philopon, du fait de son sectarisme théologique, n'a point suscité la confiance et l'admiration: si les Arabes connaissaient bien son œuvre et ont su en profiter, ils n'ont toutefois pas osé avouer leur dette. Zimmermann cite l'exemple de sa théorie du mouvement [21]. Sorabji, qui lui aussi a pris pour sien la cause de Philopon, y a ajouté le cas de Bonaventure: ce dernier enseigna au XIIIe siècle une doctrine sur la création de l'univers dans le temps en avançant toute une série d'exemples typiquement philoponiens, du reste sans reconnaissance aucune [22].

Par la suite nous allons donc d'abord esquisser ce que dit Psellos sur la théorie de la matière, avec une attention spéciale pour son commentaire sur la *Physique* et pour un petit traité didactique, intitulé Διδασκαλία παντοδαπὴ, ou bien *Enseignement de tout genre*. D'une manière générale le savoir physique du polygraphe que fut Psellos n'impressionne pas tellement: Tatakis stipule que, dans ce domaine, son premier souci n'a point été l'originalité, mais plutôt la didactique [23]. Enfin, si Psellos revêt quelque intérêt pour nous, c'est seulement puisqu'il a connu un concept d'ἐλάχιστον, dont nous présenterons les détails assez surprenants [24]. Ce qui, pour le reste, plaide en son faveur c'est qu'il a écrit une apologie de l'alchimie, c'est-à-dire d'une alchimie rationnelle et claire, libérée des extravangances occultes.

---

[20] Zimmermann 1987, p.125-126 et surtout Lettinck 1994.
[21] Zimmermann 1987, p.127.
[22] Sorabji 1987, p.33.
[23] Tatakis 1949, p.193.
[24] Voir Van Melsen 1962, p.70; Van Melsen signale la section concernée mais ne donne pas des particularités.

Certes, l'histoire de la théorie de la matière au Moyen Age n'est pas seulement une lignée doctrinale directe, de théorie en théorie, ou d'œuvre en œuvre, comme la tradition des scolastiques, de ceux donc, helléniques, syriaques, arabes, hébreux ou latins, qui ont pu vivre les sciences dans l'univers fascinant mais toutefois clos de leurs bibliothèques. Non, il y a eu également une tradition riche des familiers de la matière, celle des gens donc qui, loins des académies et des universités, la travaillent quotidiennement tout en s'efforçant de rendre compte de ses étonnantes propriétés. On peut penser aux artisans qui s'occupaient de l'isolation, de la préparation et de l'application de matériaux de construction (métaux, bois, briques; peaux), de denrées ou de substances plus raffinées telles les colorants, les odorants, les condiments et les médicaments. Or si le plus souvent les connaissances ne dépassaient guère le niveau de recettes, trouvées plus ou moins par hasard et jalousement tenues secrètes depuis, il arriva que des esprits plus ambitieux, aux tendances vraiment scientifiques, s'enquérèrent par voie expérimentale du fond des processus en cause. C'est en effet dans les rangs des médecins et des alchimistes que l'on retrouve les scientifiques empiriques qui ont su apprécier la valeur intrinsèque des phénomènes. Nous verrons ainsi qu'une doctrine incontestablement scientifique sur la composition des substances naquit parmi les alchimistes.

Depuis Paracelse (c.1493-1541) l'alchimie devient iatrochimie, discipline aux services de la médecine. Cette alliance d'habitués de la matière, si l'on peut dire, a donné lieu, chez Daniel Sennert (1572-1637) nommément, à une théorie manifestement moléculaire. Le cas de Sennert est d'ailleurs intéressant de plusieurs points de vue. C'est d'abord du fait qu'il s'est transformé, entre 1618 et 1636, d'un fidèle pur et simple d'Aristote en un grand théoricien innovateur de la matière, inventeur indépendant d'un concept de *molécule* tout à fait singulier. Son parcours intellectuel est en effet d'autant plus intéressant que Sennert est issu d'une tradition foncièrement péripatéticienne. Ses *Hypomnemata physica* (*Mémoires physiques*), qui parurent en 1636, devinrent un point de référence pour toute une génération de théoriciens, dont Jean Chrysostome Magnenus (c.1590-1679), en France, et Johannes Sperling (1603-1658), en Allemagne.

A côté des médecins et des chimistes, il y avait les ingénieurs-techniciens, ceux donc qui, comme Léonard de Vinci (1452-1519), construisent des fontaines et des machines de guerre, pour ne nommer que ces deux genres de mécanismes, et qui faisaient marcher leurs appareils par le moyen de l'air ou du vapeur d'eau, par exemple. Or la plupart de ces mécaniciens se sont contentés sans doute de l'étonnement de leur mécène et de ses marques d'estime, mais il y a eu certains qui se sont interrogés des aspects théoriques de leurs gadgets et des phénomènes engendrés. Léonard, par exemple, expliquait l'évaporation de l'eau par une division en des particules extrêmement petites. Ces particules dispersées dans l'air peuvent s'attirer comme des petits aimants et forment alors des agrégats qui grandissent et tombent quand l'air ne peut plus les supporter. C'est ainsi que Léonard décrit la formation de la pluie et, par analogie, la distillation chimique. En fait, les cahiers qu'il nous a laissés témoignent du fait que Léonard était aussi un grand amateur d'alchimie [25], ce qui illustre une fois de plus l'importance de cette science et de ses pratiques dans le développement de la théorie de la matière.

Nous abordons alors les trois principales filières de la tradition philosophique, à savoir grecque, arabe et latine, qui séparent le VIe siècle, celui de Simplicius et de Philopon, du XVIIe siècle qui verra, dans les œuvres de Beeckman et de Basson, la naissance des premières théories moléculaires à base d'atomes. Faute de références directes nous nous permettons un nombre assez élevé de détails bibliographiques, ceci pour mieux cerner les filiations et leurs importances respectives. Après la tradition philosophique nous esquissons le développement conceptuel chez les praticiens de tendance scientifique, avec un accent particulier sur les exploits des alchimistes et de leurs successeurs. Avant d'y procéder cependant il nous faut un compte rendu historiographique sommaire, ceci pour mieux situer nos propres recherches dans le temps.

5.2 Etat des lieux historiographiques

La période qui nous va occuper, dans ce chapitre, a déjà profité de l'attention des plus grands parmi les historiens des sciences et ceci d'une variété de points de vue. La voie ouverte par Pierre Duhem, dans son célèbre *Système du monde*, a été reprise par Lynn Thorndike, Anneliese Maier,

---

[25] Pour un résumé de la chimie chez Léonard, voir Partington 1961, ii, p.1-8.

Alistair Crombie, Eduard Jan Dijksterhuis et Reijer Hooykaas, et plus récemment par Guy Beaujouan, Richard Dales, Edward Grant, Michael Haren, David Lindberg, John Murdoch et John North. Pour ce qui concerne la théorie de la matière, domaine où Kurd Lasswitz sert encore de référence suprême, ce sont surtout Duhem, Maier, Van Melsen et Hooykaas qui ont contribué à une meilleure compréhension du Moyen-Age. Dès 1909, dans ses *Etudes sur Léonard de Vinci*, Duhem avait fait remarquer dans l'œuvre de Gilles de Rome (c.1245-1316) une théorie de *minima naturels* qui lui semblait étrangement moderne [26]. Par rapport à l'ouvrage *Geschichte der Atomistik vom Mittelalter bis Newton* de Lasswitz, il s'agissait effectivement d'un élément nouveau et important, digne de l'attention qu'il a reçue. Maier a dressé, dans ses savantes *Studien zur Naturphilosophie der Spätscholastik*, un bilan virtuellement exhaustif de son développement au Moyen-Age [27]. En rétrospective, la théorie de Gilles remonte à la *Physique* et au traité *De la génération [..]* d'Aristote, où elle s'élabore, comme nous l'avons vu [28], sous forme de quelques sentences du reste mutuellement exclusives. Prospectivement, depuis l'époque de Gilles, cette théorie a joué un rôle important dans le cercle des commentateurs universitaires jusqu'au XVIIe siècle [29].

De fait la reconnaissance du rôle du concept d'*individu substantiel*, dont nous venons de décrire, dans le chapitre précédent, la première apparition chez Simplicius et Philopon, a fait changer la perspective. Ce qui avait l'air, à première vue, d'une étape sinon majeure du moins intéressante dans la tradition péripatéticienne, s'est révélée entretemps un moment capital dans l'histoire de la théorie de la matière dont les conséquences pèsent lourdement. C'est que, dans l'historiographie de la théorie de la matière, les noms de Philopon et de Simplicius étaient déjà connus: Van Melsen et son maître, le R.P. Hoenen S.J., ont déjà signalé l'emphase qu'ont mis ces commentateurs sur la limite inférieure propre à

---

[26] Duhem 1906-1913, 2e série (1909), p.11 et suiv. Voir aussi Duhem 1913-1959, vii, (1956), section 1.4.
[27] Maier 1949, chapitre VII, p.155-219.
[28] Voir ci-dessus, la section 3.4, p.65 et suiv.
[29] Hoenen 1938 et surtout Van Melsen 1941. Voir aussi Hooykaas 1947.

tout matériau, non seulement pour la chair et l'os, mais aussi pour l'or et le plomb [30].

En outre les recherches menées jusqu'ici sur les commentateurs arabes et latins ont, toutes, visé les mêmes sections de la *Physique* et du traité *De la génération [..]* principalement, sans que l'on ait trouvé des références, ni à Philopon, ni à Simplicius. Les commentateurs préféraient le plus souvent un texte prétendument authentique d'Aristote et l'expliquaient tout court. C'est ainsi que travaillaient, par exemple, Thomas d'Aquin, Jean Duns Scotus (c.1266-1308) et Gilles de Rome, les chefs de file des Dominicains, des Franciscains et des Augustins, respectivement. Parmi les savants laïcs, tels Siger de Brabant (c.1240-1281/84) et Jean de Jandun (déc. 1328) de la Faculté des Arts de la Sorbonne, c'est surtout Ibn Roshd (Averroès) qui, par son plaidoyer pour l'indépendance de la philosophie, a excercé une grande influence; il a su s'imposer à point d'être considéré *le* Commentateur là où Aristote était *le* Philosophe. Or il serait intéressant de savoir si Averroès a connu les commentaires de Simplicius et/ou ceux de Philopon. C'est que l'on retrouve, comme nous le verrons par la suite, dans le cercle des philosophes averroïstes du XVIe siècle, plus particulièrement chez Jules César Scaliger (1482-1558), une élaboration de la théorie des minima naturels qui se rapproche de beaucoup du concept d'*individu substantiel*. L'œuvre de Scaliger revêt un intérêt particulier parce que c'est justement chez lui que la faillite chimique, si l'on peut dire, de la théorie des minima naturels apparaît le plus clairement.

Dans la section qui suit nous reprendrons donc l'étude de la tradition philosophique avec une attention particulière pour Averroès et ses successeurs. Le nouveau que nous présenterons concernera d'abord Michel Psellos: si Van Melsen a signalé ses énoncés au sujet des ἐλάχιστα, ceci pour souligner l'importance accrue du concept en cause, il ne les a pas analysées pour autant [31]. Après nous esquisserons les filiations arabe en latine et vérifions s'il n'est pas question de précisions intéressantes. Le tableau qui résulte nous servira après d'arrière fond pour une analyse des apports des praticiens.

---

[30] Hoenen 1938, p.104; Van Melsen 1941, p.64-68 et 1962, p.68-70.
[31] Van Melsen 1962, p.70.

5.3 La tradition philosophique

5.3.1 Le monde byzantin

Dans son ouvrage *Enseignement de tout genre* [32], Michel Psellos (1018-1078) présente une petite encyclopédie en quelque deux cents lemmes, dans laquelle il discute les principales notions théologiques et physiques. L'ouvrage ressemble de loin au traité *De rerum natura* d'Isidore de Séville dans ce sens qu'il s'agit d'un écrit didactique composé expressément pour l'éducation d'un souverain. Chez Psellos, c'est l'empereur Michel VII Doukas, qui devait régner seul entre 1071 et 1078. Or le professeur y traite amplement de la foi chrétienne et ceci d'un point de vue plutôt platonicien: il parle successivement de la terminologie précise du christianisme, de la nature de la Trinité, de l'origine de la connaissance humaine de l'existence de Dieu, de la nature et des facultés de l'âme et de l'intelligence, et, enfin, des vertus. Puis il entre dans le domaine de la physique: sont traités successivement le rapport entre *idées* et matière et les différentes causes professées par Platon et Aristote. Ainsi il arrive à la différence qui doit y avoir, selon son opinion, entre *mixtion* et *crase* [33]: pour Psellos la *mixtion* revient à la παράθεσις (juxtaposition) des masses des composants, comme celle de l'eau et de l'huile d'olives, qui donne un système à deux couches, l'une sur l'autre, alors que la *crase* sousentend l'interpénétration des composants, ce qui se passe lorsqu'on mélange de l'eau et du vin. Tout ceci rappelle la doctrine qu'Alexandre d'Aphrodise avait proposée dans son traité *De mixtione* et dont nous avons résumé auparavant les traits principaux [34]. Après des sections consacrées au double processus de génération et de corruption et aux corps, respectivement, Psellos présente à son élève impérial, du reste sans préalable, un bilan des

---

[32] Pour une édition critique du texte grec, voir Psellos 1948.
[33] Psellos 1948, par.90:
a ligne 2-3: « οὐ γὰρ δι' ὅλου ταῦτα κίρναται, ἀλλὰ κατὰ τὰς ἄκρας ἐπιφανείας αὐτῶν ἔνονται [..] ».
b ligne 5-6: « κρᾶσις δέ ἐστιν ὅταν τὰ ἑνούμενα σώματα δι' ἀλλήλων ἀνακραθῇ, ὡς ἐπὶ οἴνου καὶ ὕδατος ».
[34] Voir ci-dessus, la section 3.5, p.74, surtout la note 113.

différents sens attribués au vocable d'ἐλάχιστον, bilan que nous citons dans son entièreté [35]:

> « Les philosophes appellent *minima* certains corpuscules dont il n'en existe d'autres plus petits. Ils admettent aussi comme principes des choses ou bien certaines *sans-parties*, ou bien des particules [à la fois] incomposées et sans masse, ou seulement extrêmement petites: des principes inactifs, il est vrai, mais toutefois matériels. On parle aussi d'un *minimum* dans un tout autre sens: c'est que les arithméticiens parlent, par exemple, de nombres doubles, triples, et les autres du même genre, comme le nombre 8 est le double de 4, le 4 de 2, et le 2 de 1. Le rapport double de 2 à 1 [en soi] n'est pas inférieur aux autres. Le *doublement minimum* est [cependant] le rapport de 2 à 1, le *triplement minimum* celui de 3 à 1. On parle aussi de *minimum* dans le contexte de l'amoindrissement. Mais au sens propre, selon les philosophes, c'est le corpuscule le plus petit qui est appelé *minimum* ».

D'emblée on est frappé par le peu de profondeur des considérations avancées par Psellos; ceci rapproche son *Enseignement [...]* davantage du genre encyclopédique pratiqué par les dignitaires ecclésiastiques occidentaux. Le texte même fait par ailleurs penser, du fait de son caractère de bilan lexicologique, au lemme *Des atomes* de l'ouvrage qu'Isidore avait composé sur l'étymologie des termes scientifiques et dont nous avons parlé ci-dessus [36]. Ce qui étonne surtout c'est la référence bizarre aux proportions numériques où le cas le plus simple est appelé « minimum ». Il se pourrait que la connotation de cet adjectif a changé, à Byzance, mais ceci nous semble pourtant invraisemblable: l'attisme, cette tendance à écrire le Grec de l'Académie et du Lycée, servit en quelque sorte de preuve d'orthodoxie. On se souvient, d'autre part, le renvoi d'Isidore aux nombres: le

---

[35] Psellos 1948, p.54, par.93: « Ἐλάχιστα φασιν οἱ φιλόσοφοι σώματα τινὰ ὧν οὐν ἔστιν ἕτερα σμικρομερέστερα. καὶ ὑποτίθενται ἀμερῆ τινὰ, ἤτοι σμικρομερῆ, καὶ ἄογκα, ἤτοι σμικρομεγέθη, ἀρχὰς τῶν ὄντων· ἀρχὰς δὲ οὐ ποιητικάς, ἀλλ' ὑλικας. λέγεται πάλιν ἐλάχιστον ἑτέρῳ λόγῳ· οἷον οἱ ἀριθμητικοὶ λέγουσιν ἀριθμοὺς διπλασίους καὶ τριπλασίους καὶ ἑτέρους τοιούτους, οἷον διπλάσιος λόγου χάριν ὁ η' τοῦ δ', καὶ τῶν β' ὁ δ', καὶ τοῦ α' ὁ β'. τοῦ δὲ β' πρὸς τὸ ἓν διπλάσιον λόγου οὐκ ἔστιν ὑποδεέστερος ἕτερος. ἐλάχιστος οὖν διπλάσιος ὁ β' πρὸς τὸ ἕν, καὶ ἐλάχιστος τριπλάσιος ὁ τρία πρὸς τὸ ἕν. λέγεται ἐλάχιστον καὶ τὸ κατ' εὐτέλισμον λεγόμενον. ἀλλὰ κυρίως ἐλάχιστον κατὰ φιλοσόφους τὸ βραχύτατον σωμάτιον ὀνομάζεται » [dans la traduction c'est nous qui soulignons].

[36] Voir ci-après, la section 4.5.2, p.131-132.

numériquement *un* serait l'atome du monde des nombres. Il se trouve qu'Isidore avait donné les mêmes nombres et les mêmes divisions, mais seulement pour arriver à l'unité en tant que fondement de la multiplicité. Psellos a-t-il eu accès à une source comparable à celle d'Isidore ? On s'en doute. L'utilisation du mot de « minimum » pour la proportion la plus simple et non pas pour le terme ultime d'une division n'en est pas moins étrange. La section sur les ἐλάχιστα paraît du reste assez isolée: dans les autres deux cents lemmes il n'y a aucune contre-référence, même pas dans la section sur la différence entre mixtion et crase, ou dans celles sur les phénomènes météorologiques. S'ajoute à la confusion où nous nous trouvons le fait que Psellos a composé un commentaire entier sur la *Physique* d'Aristote et a certainement connu la section III.4 où Aristote avait désigné le numériquement un comme ἐλάχιστον [37]. Or ce commentaire a été traduit en latin par Jean Baptiste Camotius, traduction qui vit son *editio princeps* en 1554 [38]. Christian Zervos, le biographe de Psellos, était surpris par la grande influence de Simplicius [39], ce qui nous semble quand même exagéré. Pour ce qui concerne le chapitre I.4, consacré aux parties du corps des êtres vivants (chair, os) et à la théorie des homoioméries d'Anaxagore, ni le nom, ni les idées pourtant innovatrices de Simplicius ne sont mentionnés. Psellos reprend simplement la leçon d'Aristote [40]: le processus de séparation des parties de chair d'une quantité limitée d'eau ne continuera indéfiniment qu'au cas que les parties sont toujours plus petites, donc sans qu'il y ait une grandeur minima. Or pour des raisons connues, principalement la forme substantielle [41], Psellos fait voir qu'il faudrait y avoir des limites, inférieure et supérieure, si bien que la séparation cessera inévitablement un moment donné, ce qui confirmera le tort d'Anaxagore: on ne saurait donc soutenir que tout est dans tout. L'allusion à la grandeur limitée des êtres vivants manque, il est vrai, mais pour le reste on n'y trouve aucune déviation tant soit petite de la doctrine

---

[37] Voir ci-dessus, la section 3.4, p.65 et suiv.
[38] Psellos 1554.
[39] Zervos 1919, p.147-148.
[40] Psellos 1554, p.5.verso.
[41] Psellos 1554, p.6.recto: « [..] quamquam secundum materiam talis [c'est-à-dire toujours à diviser davantage en tant que continuum] est, secundum formam omnis caro terminata & circumscripta est & magnitudine & exiguitate ».

aristotélicienne, celle des minima et des maxima.

Le même défaut d'originalité sur le plan scientifique parle des *Philosophica minora* de Psellos dont le premier volume d'une belle édition, contenant les opuscules logiques, physiques et allégoriques entre autres, vient de sortir sous la rédaction de John Duffy [42]. Quant à la physique il s'agit de sujets assez traditionnels: mentionnons, entre autres, les différences entre les corps composés, les particularités de la jeunesse et de la vieillesse, les phénomènes météorologiques (pluie, grêle; les vents; les halos, l'arc en ciel et les parhélies), les comètes, les tremblements de terre, etc. Ce sont de petits textes de quelques pages tout au plus, qui, s'ils sont plus longues, ressemblent par leur sujet même aux lemmes du traité didactique *Enseignement de tout genre*. Enfin, nous n'avons trouvé, dans ces opuscules de physique, aucune allusion au lemme Περὶ ἐλαχίστων du traité didactique.

Or le bilan que nous avons dressé pour les travaux plutôt physiques de Psellos est assez maigre: le niveau de ses connaissances n'atteint même jamais celui de l'encyclopédie étymologique d'Isidore de Séville. En plus, son commentaire sur la *Physique* ne se distingue point. Si Psellos a sans doute connu les travaux d'un Simplicius ou d'un Philopon, par exemple, on n'en retrouve aucune trace dans ses écrits, ni dans l'*Enseignement [..]*, ni dans les opuscules précités, ni dans son commentaire *in Physica*. Les philosophes arabes, eux aussi, font défaut. Il est vrai, le Psellos qui marque l'un des faîtes de la culture littéraire gréco-byzantine n'était pas pour autant physicien ou chimiste. Cependant, même si une comparaison avec Lactance ou avec Isidore nous semble assez à propos, le zèle théologique de ces derniers lui fait entièrement défaut. Psellos se distinguait sur ce point aussi de ses collègues contemporains. Zervos rappelle en effet à juste titre que Psellos n'aimait point la vie contemplative, mais proposait « de chercher le progrès de l'individu dans l'épanouissement harmonieux de ses facultés intellectuelles » [43]. Ce constat cadre en effet mieux avec l'image d'un Psellos, doyen de faculté et, plus tard, homme politique de premier plan. Ce qui reste pour nous c'est qu'il a su enthousiasmer la jeunesse byzantine pour la culture grecque et a contribué ce faisant à sa conservation.

---

[42] Psellos 1992.
[43] Zervos, 1919, p.253.

Remarquons, enfin, pour rendre justice à Psellos qu'il a connu l'obligéance d'écrire une introduction à un recueil de manuscrits alchimiques consacrés à la χρυσόποια, à l'art de faire de l'or [44]. Les recettes sont précédées d'une introduction, sous forme d'une lettre adressée à son protecteur, le patriarche Michel Cérulaire; le tout date probablement de 1045 ou 1046 [45]. Or la lettre paraît rien moins qu'une apologie de l'alchimie rationnelle, disons scientifique. Pour Psellos l'alchimie proprement dite n'a pas besoin d'incantations de formules diaboliques ou de miracles: elle n'est qu'un art, un art véritable qui nous permet la transmutation des métaux et dont les opérations devraient s'expliquer par des lois naturelles et en termes des quatre éléments. Si en soi la physique de Psellos n'a pas trouvé d'écho, parmi la postérité, son opinion sur la distinction à faire entre l'occultisme des thaumaturges et l'alchimie scientifique a vraiment compté. Une traduction latine de son recueil parut en 1573 et encore au début du XVIIIe siècle il sert à Jean Mangetus, dans sa *Bibliotheca chemica curiosa*, d'autorité pour cautionner la fiabilité de l'alchimie [46].

5.3.2 Les mondes arabe et latin

Alors qu'en Occident la culture latine rajeunit et s'effleurit sous les Carolingiens, c'est à Baghdâd, sous le règne des Abassides, que la science grecque fut redécouverte, notamment l'œuvre d'Aristote. Badawî a souligné que ceci est curieux du fait qu'aucune œuvre authentique de Platon nous soit parvenue sous forme d'un manuscrit en Arabe [47]: apparemment on lui préférait de loin le Stagirite. Selon Badawî ce choix pour Aristote s'explique « par pure curiosité scientifique, pour l'amour de la science désintéressée » [48]. Ce mérite peut être mis au compte du calife al-Ma'mûn (786-833), dont le goût des sciences spéculatives le distingua de ses prédécesseurs. Ces derniers, à partir d'Abû Ja'far al-Mansûr (déc.775) s'étaient adonnés plutôt aux sciences d'ordre pratique, telle la médecine,

---

[44] Pour une édition critique, voir Bidez 1928.
[45] Bidez 1928, p.4-5.
[46] Mangetus 1702, ii, p.896-897.
[47] Badawî 1987, p.35-36.
[48] Badawî 1987, p.78.

l'astronomie et les mathématiques. L'arabiste Salomon Pines a, de sa part, justement mis en relief l'importance relative de ces dernières [49].

Or c'est dans le centre de linguistique comparée dirigé par Hunayn ibn Ishâq (déc.873) et son fils Ishâq ibn Hunayn (déc.910) que sont traduits les traités plutôt scientifiques d'Aristote, tels la *Physique* et *De la génération et de la corruption* ainsi que les principaux commentaires grecs, ceux d'Alexandre d'Aphrodise, de Thémistius, de Simplicius et de Philopon. Nous avons déjà remarqué que ce que les Arabes faisaient passer sous le nom de la *Physique* n'était tout au plus qu'une compilation de fragments tirés des commentateurs grecs. En effet, selon Peters, dans sa bibliographie très poussée *Aristoteles arabus*, ils n'ont pas eu accès à une version sinon originale du moins intégrale de la *Physique*. Or la prise de position de Peters [50] a de quoi déconcerter car elle surenchérit en quelque sorte sur l'image courante qui souligne l'infiabilité croissante des textes au fur et à mesure que les traductions se succédaient, du Grec en Syriaque, du Syriaque en Arabe, de l'Arabe en Latin (cette dernière étape éventuellement par le détour de l'Hébreu). Ceci étant, la mise en garde de Peters nous prémunira, si besoin était, contre une surestimation de la valeur des traductions arabo-latines scolastiques de la *Physique*.

Selon l'avis de Peters, la version arabe de la *Physique* a vraisemblablement été réalisée par Ishâq à partir d'une version syriaque faite par son père, Hunayn [51]. C'est aux environs de l'année 900 que cette traduction de la *Physique* commençait à compter dans la vie académique de Baghdâd. Peters signale quatre commentateurs du Xe siècle, dont le célèbre Thâbit ibn Qurrah (836-901). Le plus important commentaire sera sans doute celui d'Abû'l-Walîd Mohammad ibn Ahmad ibn Mohammad Ibn Roshd (1126-1198; Averroès), fait à Cordoue et terminé en 1186 et dont les différentes formes - le Grand, le Moyen et le Petit Commentaire - ont survécu sous forme arabe, hébraïque et/ou latine. La traduction arabo-latine du Grand Commentaire est attribuée à Théodore d'Antiochie (c. 1200): c'est elle qui contient le texte complet de la *Physique* tel que celui-ci avait été légué par la tradition arabe. A l'époque deux versions gréco-latines de la *Physique* étaient déjà disponibles grâce à Jacques de Venise

---

[49] Pines 1986, ii, p.329-353: 'What was original in Arabic science.'
[50] Voir ci-devant, la section 5.1, p.148, la note 16.
[51] Peters 1968, p.32.

(c.1125-1150) et un traducteur du reste anonyme; celle de Jacques fut revisée par Guillaume de Moerbeeke et servira Thomas d'Aquin. Mentionnons, pour compléter cet aperçu bibliographique, la première version arabo-latine de la *Physique* qui vient probablement de la main de Gérard de Crémone (c.1180).

Pour ce qui concerne Philopon, les savants arabes le connaissaient sous le nom Yahya al Nahwî (Jean le Grammairien). Badawî se réfère à Ibn al-Nadîm, qui rapporte dans son encyclopédie *Kitâb al-Fihrist* que le commentaire *in Physica* de Philopon avait été traduit par Qusta ibn Lûqâ (livres 1-4) et Ibn Nâ'imah al-Himsî (livres 5-8). De son *in De Generatione* existaient deux versions dont l'une, en syriaque, paraît avoir été supérieure à l'autre, en arabe [52].

Quant à Simplicius, les Arabes ne paraissent avoir connu que ses commentaires sur les *Catégories* et sur le traité *De l'âme*. Les autres commentaires ont été moins heureux: selon l'opinion de Badawî, on ne retrouve aucune mention, ni de son *in Physica*, ni de son *in De Generatione* [53].

Du traité *De la génération et de la corruption* il est dit que Hunayn en avait fait une version syriaque et son fils une version arabe. Cette dernière serait traduite en Latin par Gérard de Crémone. Les commentaires arabes n'ont pas été nombreux, apparemment, mais au moins Averroès s'en est chargé. Le sien fut traduit en Latin par Michel Scot (avant 1200-c.1235). Le commentaire grec de Philopon paraît avoir été disponible en versions syriaque et arabe, aucune de celles-ci n'ayant été traduite en Latin.

En dressant un bilan on peut soutenir que les innovations de Simplicius et de Philopon dans le domaine de la théorie de la matière n'ont pas retenu l'attention des savants Arabes. Apparemment les Motakallimûn, plus particulièrement les Mo'tazilites, et d'autre part Abû Bakr Mohammad ibn Zakariyyâ al-Râzî (c.854-925/35; Rhazès), ceux donc qui développaient des visions nettement atomistes (voir ci-dessus la section 4.5), ne les ont pas connu. En Occident, au début de la Scolastique universitaire, on demandait des traductions du *corpus aristotelicum* faites, dans la mesure du possible, fraîchement sur des textes grecs venus de Constantinople et au moins prétendument authentiques. Si les versions arabo-latines étaient

---

[52] Badawî 1987, p.118.
[53] Badawî 1987, p.126.

faites dans un respect des plus profonds pour l'apport des Musulmans au progrès des sciences, les Roger Bacon, les Thomas d'Aquin et les Siger de Brabant préféraient de loin les traductions à partir du Grec. Etant donné que la plupart des traductions latines des commentaires grecs n'étaient réalisées que beaucoup plus tard, les scolastiques occidentaux n'ont pas pu tenir compte des idées innovatrices d'un Philopon ou d'un Simplicius, du moins pour ce qui concerne la théorie de la matière. On voit donc Thomas d'Aquin s'efforcer d'éclaircir la pensée du Stagirite, tout comme ces prédécesseurs grecs et arabes, en suivant ses textes de ligne en ligne, sinon de mot en mot. Ainsi, il distingue, dans le contexte de la *Physique* I.4 et *De la Génération et de la Corruption* I.10, deux acceptions du mot « minimum », l'un d'après la nature du corps en question (le « minimum secundum naturam »), l'autre par rapport au sens (le « minimum secundum sensum ») [54]. Dans le cas d'un tout continu, tel qu'une quantité d'eau, le corps en question est dit foncièrement homogène. On se souvient qu'Aristote avait proclamé que de même que toute partie d'eau est eau, de même toute partie d'un mixte est mixte [55]. Une certaine quantité d'eau ne se distingue donc point d'une autre de grandeur différente: les deux sont « homoiomères », c'est-à-dire, pour Aristote comme pour ses partisans médiévaux, parfaitement isotropes. Les « minima », s'ils sont dedans, n'existent qu'en puissance, leurs parois ayant succombé et disparu. On le voit: c'est en effet tout autre chose que les unités constitutives des amas de Simplicius et de Philopon, qui, elles, sont aussi réellement présentes dans l'amas que possible. Or les successeurs de Thomas vont encore plus loin dans leurs distinctions des différents genres de *minima*. Anneliese Maier en a fait une analyse érudite [56]. Elle montre très clairement comment la doctrine s'avorte dans l'école de Siger de Brabant, ce libertin averroïste de la Faculté des Arts de la Sorbonne. C'est là où l'on met l'accent sur l'existence *indépendante* des minima, c'est-à-dire détachés du tout auquel ils appartenaient et submergés dans une matière enveloppante. La grandeur du *minimum* dépendra alors, d'une manière très aristotélicienne, de sa « virtus » (force)

---

[54] Thomas d'Aquin 1882a, Lib.I, Cap.IV, Lect.IX; Thomas d'Aquin 1882b, Lib.I, Cap.X, Lect.XXV.
[55] Voir ci-dessus, la section 3.4, p.60 et 68.
[56] Maier 1949, partie II, chap.VII.

et de celle de son environnement: en-deça d'une certaine limite inférieure, qui, elle, dépendra de la nature du milieu, le corps perdra son « virtus » et adoptera justement la nature du milieu en question, tout comme la goutte de vin ajoutée à beaucoup d'eau se transformera en cette dernière [57]. C'est dire, dans le contexte péripatéticien, que la grandeur d'un « minimum separatum » (minimum séparé) n'est point définie du tout. Vers le milieu du XIVe siècle, Albert de Saxe (c.1316-1390) en tire la conséquence ultime: il rejette une fois pour toutes l'existence de minima au sens absolu du mot. A la fin du XIVe siècle, Marsilius d'Inghen (déc. 1396) retourne à une obédience aristotélicienne stricte définie par *De la génération [..]* I.10: la forme substantielle d'un corps tel que l'eau peut être produite dans une quantité aussi petite que l'on veuille. Ainsi la théorie de *minima naturels* proprement dite abandonne en quelque sorte les corps inorganiques et rentre dans le domaine d'où elle venait, à savoir, celui des êtres vivants et leurs matériaux, où elle ressortissait à la doctrine plus générale de maxima et de minima. Par cela même elle quitte en outre le cadre plus général de la divisibilité du continu: celle des continus mathématiques (espace, plan, ligne) et celle du temps.

La version plutôt médico-biologique de la doctrine de *minima naturels* survécut donc malgré les contradictions inhérentes face aux corps inorganiques. En faisant abstraction de ces inconsistences elle atteignit même, par contre-coup on dirait, le niveau d'une véritable hypothèse scientifique. C'est en effet le mérite d'Agostino Nifo (c.1469/70-1538), de Scaliger et de Toletus (1532-1596) d'avoir osé prendre leurs distances d'Aristote. Jules César Scaliger (1484-1558) nous servira d'exemple. L'approche de celui-ci se distingue déjà quant à la forme. En effet ce n'est pas dans un commentaire en bonne et due forme qu'il développe ses idées, mais, signe du nouveau temps, dans un pamphlet virulent intitulé *De subtilitate, ad Hieronymum Cardanum* (*De la subtilité, contre Jerome Cardan [..]*) [58]. Il y a inséré un paragraphe consacré aux *minima naturels* qu'il traite du même point de vue que les minima de l'espace et du temps [59]. Selon Scaliger, le creusement d'une pierre par des gouttes d'eau qui y tombent au-

---

[57] Voir ci-dessus, la section 3.4, p.71.
[58] Scaliger 1557.
[59] Scaliger 1557, exercitatio XVI, section 5, 'De minimo naturali. Et de quanti occupatione per motum', p.35.r.

dessus s'explique par l'enlèvement successif de minima. De même le temps et l'espace connaissent des « minima quanta » (quantités minima). Or du fait de la soi-disant continuité des limites ces minima ne se laissent pas distinguer dans un tout [60]. Scaliger admet par ailleurs que les minima de corps différents ne sont pas de grandeur égale. Ceci n'empêche pas que des corps avec de *grands* minima peuvent avoir la même « densitas » (densité) qu'un corps avec des *petits*: s'il n'y a rien entre les minima de deux corps, ils ne diffèrent point en densité. Scaliger remarque que la grêle, la pluie et la neige sont, entre elles, aussi « grosses » et consistent en la même matière (c'est-à-dire que leurs minima sont de grandeur égale), tandis que leur « densité » varie: celle de la grêle est la plus grande et celle de la neige la plus petite [61]. Le cuivre consiste en des minima solides et des interstices remplis d'air [62]. Ces interstices absorbent rapidement la chaleur - les particules du feu -, tandis que les minima proprement dits s'opposent à l'entrée du feu. Dans une pierre, les parties les plus solides sont plus proches les unes des autres, en sorte que ce corps résiste encore plus que le cuivre à la pénétration de la chaleur. Les minima naturels des éléments diffèrent entre eux en grandeur [63]: ceux de la terre sont les plus grands et puis suivent, dans un ordre décroissant, ceux de l'eau, de l'air et du feu.

Ainsi au sujet de la physique des corps, la théorie de Scaliger se révèle une hypothèse plus ou moins efficace. Il est à noter toutefois que les minima qu'il a en vue ne sont pas des entités vraiment individuelles: dès qu'il se forme un agrégat ils s'y intègrent tout en abandonnant leurs limites. C'est la continuité qui s'impose et qui exclut, ce faisant, la permanence individuelle des minima. Scaliger lui-même constate que ces minima ne sont donc point des « atomes » au sens de Démocrite. La différence entre « atomes » et « minima » ne relève apparemment pas de l'indivisibilité de ces derniers, mais bien plutôt de la continuité des limites, préalable essentiel de tout amas. Pas question donc, à ce point de vue, de parler

---

[60] Scaliger 1557, *ibid.*, p.35.r: « Quae non licet actu designare propter continuitatem ».

[61] Scaliger 1557, exercitatio CCLXXXIII, 'Quare tenuia densa. Ratio densitatis', p. 356.r-356.v.

[62] Scaliger 1557, exercitatio XVI, paragraphe 1, p.33.r-33.v.

[63] Scaliger 1557, *ibid.*, p.33.v. Cf. exercitatio XX, p.40.v-41.r et exercitatio XCIII, p.136.v-137.r.

d'*individus substantiels* au sens de composants permanents d'un agrégat. D'autre part, en postulant, avec Scaliger, une certaine grandeur spécifique propre à tout minimum, on peut soutenir qu'un tel minimum est tout de même *individu substantiel*. La question qui se lève a une certaine actualité, car les exercices critiques de Scaliger datent de 1557. C'est dire que les commentaires de Simplicius et de Philopon avaient été mis au jour et imprimés entretemps, leurs versions grecques originales autant que les traductions latines. A notre connaissance Scaliger ne les a pas connu cependant, du moins on n'en trouve aucune trace dans ses exercices contre Cardan.

La chimie péripatéticienne au sens de Scaliger pose tout de même quelques problèmes assez fondamentaux. C'est d'abord la transmutation des éléments, minimum en minimum: comme les minima de différents éléments consistent en la même matière première mais ne sont pas de même grandeur, la conversion d'un minimum en un autre reviendra à un changement de la quantité de matière. Le processus de « mistio » s'effectuerait ainsi [64]: les minima des corps qui réagissent s'assemblent et forment un corps continu, qui sera un tout par la « continuatio terminorum » (continuité des limites) [65]. Il n'est donc pas question d'interpénétration de minima; ce ne sont que les parois des minima qui, lors d'une « mistio » sont supprimées. La condition d'une seule forme substantielle que Thomas d'Aquin et ses contemporains avaient posée est donc abandonnée au profit de celle de la continuité des limites. Les problèmes qu'entraîne cette prise de position apparaissent clairement dans le cas du « crama » [66], ce mélange d'eau et de vin célèbre pour avoir déjà attiré l'attention d'Aristote et ses commentateurs grecs [67]. C'est qu'on avait trouvé moyen à séparer au moins une partie de l'eau, ceci par un bout de linge trempé dans le « crama »: aux yeux de Scaliger, c'est l'eau incolore qui monte plus vite - en mouillant le linge - que le vin qui ne peut que suivre. Or la continuité

---

[64] Scaliger 1557, exercitatio CI, p.143.v et suiv., 'De mistione, incremento, misti forma, repetitio subtilior'.

[65] Scaliger 1557, exercitatio CI, p.143.v: « Mistio est motus corporum minimorum ad mutuum contactum, ut fiat unio. Neque enim uelut atomi Epicureae sese contingunt: ita corpuscula nostra, sed ut continuum corpus, atque unum fiat. Fit enim unum continuatione terminorum: quae est mistis omnibus communis ».

[66] Scaliger 1557, exercitatio CI, p.144.r.

[67] Voir ci-dessus, la section 3.5, p.75 (Alexandre d'Aphrodise) et p.90 (Philopon).

apparente du « crama » suggère qu'il s'agit d'un vrai mixte, tandis que la facilité de la séparation invite à croire qu'il n'est qu'un mixte pour les sens, c'est-à-dire un mélange de particules différentes qui ont gardées leur individualité, comme le mélange bien connu d'or et d'argent. Ailleurs [68], Scaliger n'admet qu'une seule forme substantielle pour le « crama », celles des composants subsistant dans un état imparfait [69]. On le voit, Scaliger ne s'est pas décidé pour autant, mis dans l'embarras qu'il était par l'expérience chimique qui lui suggère justement la séparabilité du « crama ».

Deux autres naturalistes ayant optés pour une théorie de minima naturels issue de la tradition de l'averroïsme latin sont Anselme Boèce de Boodt (c.1550-1632) et Johannes Kepler (1571-1630). Leurs élaborations manifestent par ailleurs les mêmes inconvénients que la doctrine de Scaliger: elles ne visent tout au plus qu'à expliquer certaines qualités physiques en négligeant bien d'autres. Les aspects plutôt chimiques font défaut. Par la suite nous esquisserons les idées de Kepler et de Boèce de Boodt, pour conclure cette section avec une analyse de la théorie à la fois physique et chimique qu'a proposée, en première instance, le médecin Daniel Sennert.

C'est tout à fait dans l'esprit de Scaliger que le minéralogiste Boèce de Boodt dans son ouvrage *Gemmarum et lapidum historia* (*Histoire naturelles des pierreries et des pierres*), expliqua la « diaphanéité » (c'est-à-dire, chez lui, la transparence) des gemmes par leur continuité: les minima des composants se sont unis de telle sorte qu'il n'y a plus de pores et que les limites des particules ont disparu [70].

Pour expliquer la forme sexangulaire d'un cristal de neige l'astronome Johannes Kepler, dans ses *Strena seu de nive sexangula* (*Etrennes, ou de la neige sexangulaire*), admet l'existence de minima naturels de la vapeur d'eau, des « guttae » (gouttes) de forme sphérique et d'une grandeur à résister le froid [71]. Son raisonnement rappelle celui des averroïstes qui faisaient dépendre la grandeur du minimum d'un certain corps de la nature

---

[68] Scaliger 1557, exercitatio CI, p.144.v-145.r.
[69] Scaliger 1557, exercitatio CI, p.144.v: « [..] crama formam habet è formis non corruptis compositum, & in eas quae resolui possit ».
[70] Boèce de Boodt 1609, p.9 et 21.
[71] Kepler 1611, p.15.

et donc de la force de la substance environnante [72]. Cependant chez Kepler la grandeur du minimum indique une limite dans la division à partir et en-deça de laquelle une partie d'un corps se refuse à une certaine influence de l'environnement, par exemple au froid dans le cas de la « goutte » de vapeur. Les cristaux hexagonaux de neige se forment alors par la juxtaposition de ces « gouttes » sphériques et sous l'influence d'une « facultas formatrix » (faculté formatrice), dont témoignent également les cristaux d'autres corps.

Chez Kepler comme chez Boèce de Boodt le concept de *minimum* est utilisé pour rendre compte d'une certaine propriété physique isolée, disons en tant qu'hypothèse auxiliaire. Implicitement cependant, le concept fait partie d'une théorie générale de maxima et de minima. Une étude de cas de l'ensemble de cette théorie par un naturaliste est relativement rare. C'est la raison pour laquelle celle du médecin Daniel Sennert (1572-1637), avancée dans son *Epitome naturalis scientiae* (*Abrégé de la science de la nature*) de 1618 mérite une attention spéciale.

Comme la tradition l'exigeait, la théorie de minima de Sennert s'inscrit dans un exposé sur le continuum et l'infinité [73]. Chaque espèce naturelle connaît une grandeur maximale et minimale, déterminée par la forme substantielle [74]. Au-delà de ces limites la nature ne saurait ni produire ni conserver un être vivant. Si, par exemple, la longueur maximale de l'homme est de quatre aunes et sa longueur minimale de un, il ne peut être engendré d'homme de plus de quatre aunes ou de moins d'un aune de longueur, toutes les valeurs entre un et quatre aunes étant admises. La détermination de ces limites pour une certaine espèce est du reste très difficile [75]. Ceci ne vaut pas pour les éléments; ceux-ci n'ont pas de limites « intrinsèques », c'est-à-dire prescrites par la forme [76]. Leur grandeur dépendra de l'environnement; à mesure que la quantité est plus grande, l'efficacité, la force, augmente, et, par conséquent, plus d'une matière « contraire » peut être convertie en sa propre nature. Comme la matière

---

[72] Voir ci-dessus, cette section, p.161-162.
[73] Sennert 1618, p.58-72, chap.V, 'De continuo et infinito'.
[74] Sennert 1618, p.69.
[75] Sennert 1618, p.70.
[76] Sennert 1618, p.71 (on lit: 51): « Elementa vero determinatam aliquam magnitudinem ex se, & intrinsecus non habent [..] ».

première est limitée, la quantité des éléments ne peut pas augmenter indéfiniment. La quantité d'un élément change par cause de « raréfaction » et de « condensation » [77]. Quand l'air est trop condensé, il est converti en eau; de même, lorsque l'eau est trop raréfiée, elle se change en air. L'expérience montre que la terre n'est jamais suffisamment raréfiée pour devenir feu; la transformation inverse n'est jamais observée non plus. Pour les mixtes inanimés et homogènes s'applique ce qui est dit des éléments; par contre, les substances hétérogènes peuvent être mises en comparaison avec les êtres vivants. Sennert termine cet aperçu par une discussion sur la relation entre un corps et ses parties. S'il s'agit d'un être vivant, les parties connaissent des limites quant à leur grandeur. S'il s'agit, au contraire, d'un corps homogène, ce corps ne consiste pas en minima, n'est donc pas un amas de minima conservés. Sennert s'explique ainsi [78]:

> « [..] Si par contre elles [à savoir, les parties] sont homogènes, il ne peut pas y avoir un minimum et il n'y aura point de limite à la petitesse ».

Tout « continuum », dont le corps homogène ne serait qu'un cas particulier, est dit infiniment divisible [79].

Voilà une théorie de minima presqu'entièrement philosophique, conçue par Sennert avec, on dirait, sous la main la *Physique* et le traité *De la génération et de la corruption* d'Aristote. La chimie est virtuellement absente. En 1619 cependant parut son traité *De chymicorum cum Aristotelicis et Galenicis consensu ac dissensu* (*Sur les accords et les divergences entre les chimistes d'une part et les Aristotéliciens et Galénistes, d'autre part*), où il se veut plutôt chimiste. Une année lui a suffi pour s'approprier les éléments théoriques et pratiques de la chimie contemporaine. Par cela même nous le rencontrerons encore dans la section suivante.

---

[77] Sennert 1618, p.71 (on lit: 51): « [..] Elementa etiam quantitatem mutant secundum rarefactionem & condensationem [..] ».
[78] Sennert 1618, p.72: « [..] Si vero sunt homogeneae, non potest in iis dari minimum inexistens, nulloque parvitatis termino continentur ».
[79] Sennert 1618, p.72: « [..] cum omne continuum sit divisibile in infinitum: ita non potest dari ignis portio, qua non existat alia minor in eodem igne ».

Nous concluons alors cette section en disant que les Arabes et les scolastiques occidentaux ont repris l'étude du *corpus aristotelicum* sans tenir compte, ou presque, des apports des commentateurs grecs. Ils rouvraient le débat sur le statut des *minima* dans le contexte aristotélicien, c'est-à-dire celui de la doctrine plus générale de maxima et minima. Or, nous l'avons vu, l'existence d'une limite inférieure déterminée était fort douteuse, lorsqu'on considère le cas d'un minimum séparé d'un tout et submergé dans un environnement hostile. Marsilius d'Inghen se croyait en droit de conclure que, dans ce cas, la notion de *minimum* s'avorte. Néanmoins l'idée générale de *minimum naturel* survécut dans le cercle des averroïstes latins. Chez Scaliger elle devient même une hypothèse assez efficace pour une analyse de l'état physique des corps. En fait c'est la séparation du « crama », c'est-à-dire l'extraction de l'eau ajoutée auparavant, qui mit le doigt sur la faiblesse: la continuité des limites, ou la seule forme substantielle, que l'on devrait postuler pour le « crama » est démentie formellement par cette séparation, qui, de son côté, suggère la subsistence intacte des composants. Scaliger nous a paru en possession d'un certain concept d'*individu substantiel*, qui ne lui permettait tout de même pas de conclure que la masse d'un corps tel que l'eau soit agrégat d'entités tout aussi individuelles que permanentes.

5.4 La tradition des praticiens

La tradition des travailleurs de la matière culmina, à la fin du XIIIe siècle, dans l'œuvre de l'alchimiste que le Moyen Age a connu sous le nom de Geber, plus particulièrement dans la *Summa perfectionis magisterii* (*Somme de la perfection du magistère*) de ce dernier. Ce chef-d'œuvre de l'alchimie médiévale vient d'être réédité, avec une traduction et un commentaire annexes, grâce aux soins de William Newman [80]. Newman a même réussi à identifier l'auteur: selon toute vraisemblance il s'agit d'un certain Paul de Tarente, maître de conférences à l'abbaye des Franciscains à Assisse. C'est donc sans doute un savant occidental, n'en déplaise à son pseudonyme latin qui fait songer à des rapports avec un alchimiste arabe légendaire connu sous le nom de Jâbir ibn Hayyân (fl.c.900). La date de

---

[80] Newman 1991.

composition de la *Summa [..]* semble du reste assez incertaine; le moins que l'on puisse dire, avec Newman, c'est qu'elle a été composée avant 1310 [81].

L'idée-clé de l'alchimie médiévale, plus particulièrement de la doctrine de Paul/Geber, paraît être la théorie soufre-mercure, selon laquelle tous les métaux (ou, dans un sens plus large, tous les minéraux) sont composés de deux principes, le soufre et le mercure. Cette théorie remonte aux premiers siècles de notre ère, à l'origine de l'alchimie elle-même. Par la suite nous reprenons l'esquisse d'Edmund von Lippmann, que nous complétons par les approfondissements de Reijer Hooykaas. Malheureusement Newman, dans son édition du reste très soignée, passe outre les aspects plutôt chimiques.

L'alchimie provenait de l'industrie chimique égyptienne, où l'on s'occupait de la préparation de tout un éventail de produits, renommés du fait de leur qualité inouïe [82]. Il s'agissait de l'extraction et de l'affinage des métaux, la fabrication d'alliages, de produits de verre colorée, de médicaments, de teintures pour tissu, etc. Les fragrances d'Egypte, nous l'avons vu dans la section 1.1, étaient même hors pairs. Les papyri de Leyde et de Stockholm nous donnent le détail des recettes en cause. La bonne qualité des produits ne saurait pourtant masquer le fait que les connaissances des Egyptiens ne dépassaient guère le niveau de recettes utilitaires. Pour ce qui concerne les métaux, par exemple, le savoir faire d'un artisan égyptien comprenait la formulation pour la préparation du plomb, du cuivre, de l'argent et de l'or et de leurs alliages. Dorure et argenture de produits en cuivre ou en argent ne posaient pas de problèmes. L'utilisation du mercure était courante, par exemple, pour effectuer la dorure. Ces quelques indications illustrent déjà, à elles seules, l'ampleur et la profondeur du savoir-faire des métallurgistes égyptiens.

Les papyri mentionnés datent du début du IVe siècle A.D. Or c'est l'époque même où les esprits plutôt théoriciens - ou rêveurs, si l'on veut - vont tenter de se rendre compte des processus engendrés par les artisans. Pour eux le problème sera de produire des métaux nobles, en étapes et bien à partir des métaux vils. Tout métal était considéré capable de se transformer en métal plus noble, voire finalement en or. En fait c'est ce

---

[81] Newman 1991, p.100.
[82] Voir surtout Halleux 1975.

que l'on soupçonnait être le processus qui se passe dans les filons de roches aurifères. C'est que l'or se trouve le plus souvent accompagné d'argent, etc. La tâche de l'alchimiste se réduit donc a l'accélération d'un processus naturel, trop lent pour être suffisamment profitable. Or le problème de la transmutation artificielle fut d'abord envisagé dans les milieux éclectiques d'Alexandrie, influencés notamment par les philosophies grecques, telles que le platonisme, l'aristotélisme et le stoïcisme. Le gnosticisme et de différents courants mystiques orientaux, en vogue à l'époque, y ont également contribué. Dès lors on parle de l' « alchimie » au sens d'une science à la fois théorique et pratique visant la préparation artificielle des métaux précieux et leurs succédanés. Déjà au XIe siècle A.D. elle était devenue l'occupation privilégiée de charlatans de tout bord, qui se servirent d'incantations magiques et autres pratiques occultes. Ci-dessus nous avons relevé l'apologie que Psellos se voyait obligée d'ajouter à une collection de recettes alchimiques, simplement pour se défendre de toute ingérence: l'alchimie n'était qu'une science pour soi, visant la production d'or sur la base de la doctrine des quatre éléments d'Aristote.

A en croire Lippmann, dans son chef-d'œuvre *Entstehung und Ausbreitung der Alchemie*, la transmutation envisagée s'appuyait au début en partie sur un raisonnement par analogie [83]. A partir d'un morceau de « tabasi » (silice), un corps transparent et incolore, on savait faire une pierre précieuse par l'absorption d'un principe colorant, comme le verdet (acétate de cuivre). Le « tabasi » poreux se transforme alors en une pierre verte translucide, qui ressemble fort bien à l'émeraude naturelle [84]. Pour les alchimistes, il n'est pas question d'une simple ressemblance: pour eux, le « tabasi » coloré est une vétitable émeraude. La synthèse des pierres précieuses en général revient alors à l'addition d'un principe colorant à une base apte incolore. De cette façon, on s'imagine que pour effectuer une transmutation il suffit d'ajouter une teinture propre à la base commune de tous les métaux, leur seule matière première, pour faire à volonté l'argent ou l'or. Initialement on considérait le plomb comme le corps le plus proche de cette base commune, ou même comme identique à elle [85]. C'est que le plomb se fond facilement et peut être converti en de nom-

---

[83] Lippmann 1919, p.31.
[84] Lippmann 1919, p.14-16.
[85] Lippmann 1919, p.35, 100, 302 et 345.

breux produits colorés, nommément le galène (sulfure de plomb; noir), la céruse (blanc de plomb; hydrocarbonate de plomb; blanc), la litharge (protoxyde de plomb; jaune) et le minium (oxyde salin de plomb; rouge). On distinguait d'ailleurs des espèces différentes de plomb: le « noir » (plumbum nigrum), le « blanc » (plumbum candidum; l'étain) et parfois l'antimoine métallique [86]. Le principe colorant, la teinture, serait un corps volatil, comme les « mercures » et les « soufres ». Les « mercures » comprenaient le mercure proprement dit et le « mercure fixe », l'arsenic métallique. Parmi les « soufres » on comptait les formes différentes du soufre pur et des arsenics jaune (orpiment; trisulfure d'arsenic), rouge (sandaraque; réalgar; bisulfure d'arsenic) et blanc (trioxyde d'arsenic). Parfois on doutait de la position du mercure jugée ambiguë; il porte à la fois le caractère d'un métal et celui d'une teinture [87].

Depuis le IVe siècle le mercure remplace le plomb en tant que matière première des corps en général et des métaux en particulier [88]. Après tout le mercure autant que le plomb forme des composés colorés: les oxydes rouge et jaune et les sulfures rouge, jaune et noire (cinabre). Dorénavant nous rencontrons le mercure et le soufre - pris dans le sens générique indiqué ci-dessus - comme les deux principes antagonistes des minéraux et/ou des métaux. Dans cet ordre d'idées il est bien compréhensible que l'or, le produit visé par la transmutation, est parfois appelé le « cinabre philosophique » [89].

Chez Jâbir ibn Hayyân (fl.c.900) le mercure est devenu un principe de tous les corps; il est un « esprit » comme le soufre, l'arsenic et le salmiac. Chaque corps est composé des quatre éléments dans une proportion spécifique [90]. Dans le métal le mercure et le soufre retiennent leurs propres natures; ils subsistent en parties diluées qui se sont rapprochées intimement. Pour le sens de la vue, le métal semble peut-être un tout homogène; il ne l'est toutefois pas.

Dans l'*Encyclopédie* des Frères de la Pureté (c.950) la théorie soufre-mercure porte déjà un caractère dogmatique; elle est interprétée, comme

---

[86] Lippmann 1919, p.35.
[87] Lippmann 1919, p.345 (cf. p.391).
[88] Lippmann 1919, p.99 et 345.
[89] Lippmann 1919, p.346.
[90] Lippmann 1919, p.365 et 368.

chez Jâbir, en termes d'une théorie corpusculaire. Le soufre et le mercure, constitués des quatre éléments, forment tous les minéraux compte tenu des circonstances (pureté, chaleur, proportion, etc.) [91]. Tous les corps sont ultimement composés de particules des quatre éléments.

En Occident, nous retrouvons la théorie soufre-mercure par exemple dans l'encyclopédie *De proprietatibus rerum* (*Des propriétés des choses*) de Barthélemy l'Anglais (c.1240) [92]. D'après Barthélemy, le soufre et le mercure sont les principes matériels des métaux. Le mercure est composé d'une substance aqueuse mélangée avec une terre subtile, qui ont entre elles une liaison tellement forte qu'elle s'avère indissoluble. Le mercure est conçu comme un *élément relatif*, c'est-à-dire qu'au sens physique absolu il est composé d'eau et de terre, mais il se comporte dans la pratique comme un vrai corps indécomposable [93]. Chez Barthélemy aussi, on voit par ailleurs une tendance nettement corpusculaire. Les éléments qui constituent le métal, y sont actuellement présents: une partie de ce métal est donc air, une autre feu, etc., mais chaque partie d'air est vraiment air, etc. Ils composent d'abord le soufre et le mercure, qui, eux aussi, sont conservés actuellement dans le métal.

La théorie soufre-mercure atteignit le niveau le plus remarquable, du moins pour une théorie alchimique, à la fin du XIIIe siècle. Grâce aux précisions qu'y a apportées Paul de Tarente, le Geber d'autrefois, dans sa *Summa perfectionis magisterii*, la théorie acquiert effectivement le statut épistémologique d'une hypothèse scientifique, ainsi que l'a démontré Reijer Hooykaas [94]. Nous traiterons d'abord ici de la théorie propre à Paul/Geber et ensuite de ses qualités sans commune mesure.

D'après Paul/Geber, le principe de *soufre* embrasse le soufre pur, dit teinture rouge (pour l'or), et l'arsenic blanc, dit teinture blanche (pour l'argent). Il admet encore deux *mercures*: le mercure commun et le mercure fixe (arsenic métallique). Comme chez les anciens alchimistes, le *soufre* et le *mercure* de la théorie représentent des notions génériques; ils sont la base commune des espèces différentes. Le *mercure* et le *soufre* nous sont présentés du reste comme des porteurs matériels de qualités.

---

[91] Lippmann 1919, p.369 et suiv.
[92] Hooykaas 1933, p.40-41.
[93] Hooykaas 1933, p.40.
[94] Hooykaas 1933, p.41-49.

Non seulement les qualités classiques (couleur, metallicité) ont des causes matérielles, mais aussi, par exemple, la combustibilité, qui est attribuée à un soufre spécial. C'est ici qu'entre un élément d'arbitraire, car chaque nouvelle qualité jugée essentielle exigera un nouveau porteur [95].

Les principes, chez Paul/Geber comme naguère chez Barthélemy, sont des *éléments relatifs*. Ils consistent en les quatre éléments - dans une proportion fixe - encore que les liaisons mutuelles de ces éléments soient tellement fortes qu'elles ne peuvent nullement - ou du moins très difficilement - être dissolues. De même que les éléments composent les principes, ces derniers constituent - également dans une proportion fixe et spécifique - les métaux. Les particules des éléments sont en simple juxtaposition dans les corpuscules des principes, tandis que ces derniers constituent une soi-disant « mixtion uniforme », savoir les métaux, dont la nature dépend de la proportion des principes. Apparemment Paul/Geber entend dire que les corpuscules des principes, en constituant un métal, remplissent l'espace d'une manière toujours semblable, un peu comme les cases composent l'échiquier. Le problème c'est que l'on peut s'imaginer, pour une certaine proportion numérique des composants, une infinité de répartitions certes moins simples que celle de l'échiquier, mais tout de même parfaitement « uniformes » au sens de Paul/Geber. C'est dire, on le voit, que l'arrangement spatial n'a pas encore la position privilégié qu'elle aura bientôt chez les théoriciens moléculaires.

La terminologie scolastique de Paul/Geber ne peut pas dissimuler ses innovations conceptuelles [96]. En dépit de la subsistance des éléments dans les principes et de ceux-ci dans les métaux, Paul/Geber parle d'une « mixtion uniforme ». Son concept de « mixte » est alors quelque chose qui tient le milieu entre le vrai mixte et le mixte relatif au sens, dont l'un est parfaitement homogène et l'autre correspond au mélange mécanique. Le mixte de Paul/Geber, aussi bien que ses composants sont de véritables substances. Comme nous allons le voir dans la section 6.3, cette interprétation de la structure de la matière - réservée ici aux métaux, il est vrai - préfigure l'un des deux axes de la pensée moderne et bien celui que nous avons résumé dans le terme de *répartition spécifique*. Dans ce dernier un arrangement spatial spécifique des particules constitutives est superposé

---

[95] Hooykaas 1933, p.43.
[96] Hooykaas 1933, p.49.

sur la *répartition uniforme* au sens de Paul/Geber. Nous verrons que chez Joachim Jungius, où nous avons décelé une première ébauche de la *répartition spécifique*, celle-ci fut développée à partir d'un concept d'*élément analytique* et d'un point de vue décidément anti-moléculaire [97].

Or Hooykaas a mis en lumière la consistence épistémologique de l'alchimie de Paul/Geber et son caractère d'hypothèse réellement scientifique. Son raisonnement revient au suivant.

Selon la théorie soufre-mercure, c'est le mercure qui cause la métallicité et la fusibilité des métaux; le soufre, lui, cause la combustibilité. Ceci dit, les propriétés d'un métal dépendent de la proportion des principes, de leur pureté et du degré de leur mélange. Ainsi, le cuivre contient plus de mercure que le fer, parce qu'il fond plus facilement. D'après l'ancien axiome des alchimistes, les corps semblables s'attirent et se résolvent. Or le cuivre, formant plus facilement un amalgame que le fer, contient donc plus de mercure. En plus, l' « amitié » du mercure pour l'or est plus grande que pour l'argent; l'or renferme par conséquent plus de mercure. D'autre part, l'or est incombustible et ne se combine pas avec le soufre, d'où il paraît ne pas contenir le principe de soufre. Il faut donc nécessairement que son contenu en mercure soit grand, ce qui est confirmé par ses grandes ductilité et malléabilité. Le fer, par contre, renferme beaucoup de soufre et peu de mercure, parce qu'il fond difficilement, forme à peine un amalgame, brûle facilement et réagit bien avec le soufre natif. La composition d'un métal est donc déduite de ses propriétés et le résultat paraît s'accorder avec l'axiome - indépendant, mais également d'origine expérimentale -, que les corps semblables s'attirent et se résolvent: l'or s'amalgame rapidement, mais ne réagit pas avec le soufre, tandis que le fer s'amalgame à peine mais réagit fort bien avec le soufre.

Ainsi, d'après Hooykaas, la théorie soufre-mercure dans la forme où la préconisait Paul/Geber, est une théorie chimique qui mérite incontestablement l'épithète de « scientifique »: elle unit sous un seul point de vue les phénomènes divers que montrent les métaux aux contemporains de Paul/Geber et en plus les explique assez convenablement. Elle est donc une théorie « vraie », du moins pour l'état des connaissances à la fin du XIIIe siècle. Toujours est-il que c'est surtout ce caractère de clarté et de

---

[97] Voir ci-après, la section 6.3, p.244-246.

vraisemblance qui a procuré à la théorie comme à Paul/Geber lui-même, une notoriété sans pareille parmi les alchimistes.

L'un des aspects les plus fructueux de la théorie soufre-mercure concerne la permanence des éléments dans les principes et de ces derniers dans les métaux. Les éléments des philosophes - la terre, l'eau, l'air et le feu -, sont emprisonnés dans les principes des alchimistes praticiens, et ceci de façon à être inséparables. Cette inséparabilité comporte implicitement - ou bien sousentend - l'aveu que les principes, eux, ne sont pas transmuables, à l'opposé des éléments péripatéticiens. La permanence des éléments - admise au préalable - et des principes - résultat de l'expérience - a inspiré aux alchimistes des idées de particules caractéristiques de dimensions sinon minimales et définies, du moins très petites.

En conséquence, comme nous l'avons vu, on admettait l'existence d'un état de la matière intermédiaire entre le mélange mécanique et le mixte homogène, c'est-à-dire la *répartition uniforme*, qui, elle, est une condition nécessaire mais insuffisante pour la *répartition spécifique*, l'un des deux concepts fondamentaux - à côté du concept de « molécule » - de la doctrine moderne de la structure de la matière. L'image présentée par Paul/Geber et Barthélemy montre des aspects *moléculaires* quant aux principes, tandis qu'au niveau du métal, elle admet une *répartition uniforme*, soit de particules métalliques, constituées, elles, des principes dans cette même proportion.

A mesure que l'on commençait dans la pratique à comprendre la relation intime entre un corps et les produits qui en dérivent - directement ou indirectement - l'idée de la *permanence substantielle* se confirmait de plus en plus. Thomas Norton (1477) marqua une étape importante [98]: lorsque les métaux se dissolvent dans les eaux fortes, ils conservent dans le liquide, d'après Norton, leur propre composition. L'énoncé du chimiste anglais implique la permanence de particules tertiaires: les éléments subsistent dans les principes, qui, eux, sont conservés dans les métaux dont les particules subsistent dans la dissolution. C'est un peu comme l'or qui se dissoud dans du mercure, réaction déjà bien connue aux métallurgistes égyptiens: les particules de l'or subsistent dans le mélange et peuvent en être séparées. Il suffit de laisser évaporer le mercure pour récupérer l'or du début. Or les métaux dissouts dans des acides peuvent en être recou-

---

[98] Hooykaas 1933, p.64 et suiv.

vrés, eux aussi. Enfin, il y avait encore le cinabre et l'électrum pour soutenir l'idée de la permanence des composants dans un corps, malgré toutes les apparences du contraire.

Grâce à Theophrastus Philippus Aureolus Bombastus von Hohenheim (c.1493-1541), surnommé Paracelse, l'alchimie devient iatrochimie, science visant une thérapeutique chimique apte à compléter la pharmacie des simples, celle à base de plantes et des herbes. Le mercure, par exemple, devient remède dans le traitement du syphilis, nouvelle maladie contagieuse qui se répandit très vite en Europe. Girolamo Fracastoro, médecin-humaniste et grand amateur de Lucrèce en a dressé un compte rendu historique sous forme d'un poème didactique, intitulé *Syphilis sive morbus Gallicus* [99]. Ce rémède assez efficace contre le syphilis, du moins à en juger les signes cliniques, était d'autre part l'un des trois principes chimiques que considère Paracelse: le « soufre » et le « mercure » d'antan enrichis avec le « sel ». Ce sont des corps composés des éléments qui, eux-mêmes, vont constituer les corps à notre échelle. L'expérience chimique est cruciale en ce sens que, aux yeux de Paracelse, elle vérifie l'hypothèse des « tria prima » (trois premiers): le bois brûlant, par exemple, les rend visibles, voir palpables, puisqu'ils se libèrent. La fumée représente le « mercure », le feu indique le « soufre », tandis que le « sel » se cache dans le cendre qui reste.

Le succès relatif de l'iatrochimie occasionne que le médecin académique devient sinon chimiste pur et simple du moins pharmaceute. Or le cas de Daniel Sennert est exemplaire. Ci-dessus nous avons parlé de son *Epitome naturalis scientiae* (*Abrégé de la science de la nature*; 1618), qui nous offrait une théorie de minima naturels tout à fait classique. Or Sennert s'est adonné ensuite à la chimie théorique et expérimentale en résumant les résultats de son enquête dans une étude comparative sur les principaux différends de la chimie avec la médecine des galénistes et la philosophie naturelle des aristotéliciens (1619). Dans l'ouvrage en question il s'explique sur le rapport entre les éléments et les principes, rapport qui avait posé pas mal de problèmes aux théoriciens. Or Sennert soutient que les principes ne sont pas de simples mélanges des éléments, mais

---

[99] Fracastoro 1530; voir Fracastoro 1555.

possèdent une forme particulière due à Dieu [100]. Les corps naturels consistent en ces principes, mélangés entre eux et avec les éléments; il n'y a donc pas une stricte division au sens que les éléments forment les principes et ces derniers, exclusivement, les corps à notre échelle. En constituant un corps, les principes provoquent des qualités qui, dit Sennert, ont jusqu'ici vainement été attribuées aux éléments (odeurs, couleurs, etc.) [101]. Un corps peut d'ailleurs être composé de principes d'ordres différents: les uns sont plus simples ou se rencontrent plus souvent que les autres [102]. Les corps consistent en les principes que montre l'analyse [103]; ils sont dans le composé comme le beurre, le fromage et le lait clair dans le lait. Sur ce point Sennert proclame qu'une distinction entre « en puissance » et « en acte », quant au mode de leur présence, n'éclaircit rien [104]. Ce faisant, il clôturait en quelque sorte un débat vraiment séculaire, remontant au Stagirite lui-même, et qui adressait surtout le rapport des formes substantielles des composants dans un tout individuel.

Sennert souscrit maintenant à la doctrine de Scaliger sur la « mixtion »: ce processus serait en fait « le mouvement de corps minimaux jusqu'au contact mutuel, en sorte qu'il y naît une union » [105]. Pour avoir une forme propre, il faut que le mixte soit continu [106]. Pendant la mixtion les composants sont réduits en minima et ceux-ci s'unissent pendant que les qualités contraires agissent et pâtissent. Ce faisant les composants ne perdent pas leurs formes; si les formes étaient détruites effectivement, il ne serait pas question d'une union de composants altérés [107]. Après tout, Aristote lui-même avait exigé que pour subir vraiment la « mixtion », les corps réactants devront être changés chacun pour soi [108]. Non, on

---

[100] Sennert 1619, p.272.
[101] Sennert 1619, p.272.
[102] Sennert 1619, p.281.
[103] Sennert 1619, p.289.
[104] Sennert 1619, p.295-296.
[105] Sennert 1619, p.356: « [..] motum corporum minimorum ad mutuum contactum, ut fiat unio ». Voir ci-dessus p.164, note 65.
[106] Sennert 1619, p.356-357.
[107] Sennert 1619, p.357.
[108] Aristote, *De la génération et de la corruption*, 328b18-19: « [..] ἡ δὲ μίξις τῶν μικτῶν ἀλλοιωθέντων ἕνωσις ».

aurait une corruption de tous les composants [109]. Les corps différents se fondent ensemble ou sont mélangés et, en quelque sorte, réduits à un seul corps sous le régime d'une certaine forme supérieure, à laquelle ce nouveau corps doit son espèce. Si les formes intégrales des composants sont conservées, ou qu'elles soient « brisées » (refringantur), il laisse aux autres savants le soin d'en discuter. Dans tous les cas, les formes des éléments n'ont pas péri, puisque le mixte est résolu en les corps qui le composaient véritablement. La forme du mixte ne vient d'ailleurs pas des éléments, mais est due à un principe plus divin, à une « natura quinta » (cinquième nature) [110]. Les éléments ne donnent que la matière.

Selon Sennert, cette interprétation du processus de mixtion correspond aux théories des plus anciens philosophes, notamment de Démocrite lui-même. Enfin, la réduction du processus de génération à l'agrégation d'entités atomiques implique deux choses: d'abord, que les particules des éléments ne se pénètrent pas mutuellement et, ensuite, que lors d'une mixtion les corps ne sont pas toujours divisés jusqu'aux éléments ou à la matière première [111]:

> « mais les nouveaux mixtes peuvent s'engendrer à partir de corpuscules qui sont déjà mélangés et constitués dans leur essence auparavant ».

Pour défendre cette vue Sennert fait appel à bon nombre d'autorités et emprunte en outre toute une série d'arguments à la chimie pratique. Ainsi il prétend entre autres que [112]:
* une vapeur ou une fumée est composée de milliers d' « atomes », ce qu'on peut constater lorsqu'on regarde de tout près;
* pendant la distillation d'un liquide celui-ci est divisé en de très petites particules qui s'agrègent ensuite dans le réceptacle sans changement de nature;
* d'une eau minérale limpide peuvent précipiter des pierres, qui étaient dispersées auparavant sous forme de particules invisiblement petites dans le liquide;

---

[109] Sennert 1619, p.357.
[110] Sennert 1619, p.358.
[111] Sennert 1619, p.360: « [..] sed ex corpusculis jam antea mistis & in sua essentia constitutis nova mista generare posse ».
[112] Sennert 1619, p.361-363.

* l'or et l'argent peuvent être mélangés à l'état liquide, de sorte que l'on ne voit plus ni l'or ni l'argent. A l'aide d' « aqua fortis » (solution d'acide nitrique) on peut ensuite dissoudre l'argent du mélange. Dans la solution obtenue on ne voit plus l'argent. Pourtant, si l'on évapore le liquide on obtient une « calx » (chaux), laquelle peut être reconvertie par fusion en argent pur. L'or pour sa part est récupéré par la fusion du résidu après dissolution de l'argent du mélange. Tous ces phénomènes sont expliqués par la désagrégation et l'agrégation des *minima* d'or et ceux d'argent.

Dans ce contexte Sennert parle de « corpuscula minima », ce qu'il faut traduire par « très petits corpuscules » plutôt que par le superlatif relatif, parce que les arguments de Sennert ne soutiennent que la permanence de particules très ténues, de grandeur du reste indéfinie. Aussi n'y a-t-il pas lieu, selon notre opinion, de parler ici d'*individus substantiels*, moins encore de *molécules*. Sa référence à la doctrine de Démocrite illustre par ailleurs le cadre encore très aristotélicien de sa démarche.

En 1636 parurent les *Hypomnemata physica* (*Mémoires physiques*) où le chimiste, ou plutôt le physico-chimiste, Sennert a pris définitivement la relève du médecin. C'est en effet dans ces *Mémoires [..]* que Sennert arrive à un concept véritable de particule secondaire caractéristique d'un composé, bref: à un concept de *molécule*, sans pour autant supprimer la doctrine des formes. La forme du composé est devenue, en 1636, une « quinta essentia » qui est « superaddita » (ajoutée) au mixte [113]. C'est cette forme qui attire les matériaux nécessaires et les arrange d'une certaine manière; elle est alors en même temps « causa efficiens » [114].

Sennert admet maintenant *deux* genres d' « atomes »: ceux des quatre éléments et ceux des composés [115]. Les « atomes » des éléments sont insensiblement petits [116], immuables et gardent leur nature dans le mixte [117]; ils sont appelés « minima naturae » (minima de la nature),

---

[113] Sennert 1636, p.42.
[114] Sennert 1636, p.144.
[115] Sennert 1636, p.94. Le double usage du mot d' « atome », tant pour les particules ultimes des éléments que pour celles des composés, réapparaîtra à plusieurs reprises. Voir ci-après, la section 8.3.2, p.342.
[116] Sennert 1636, p.95.
[117] Sennert 1636, p.106 et 125.

« atoma corpuscula » (corpuscules insécables) et « corpora indivisibilia » (corps indivisibles) [118]. L'analyse des corps ne peut aller plus loin que ces « atomes » et ce sont eux qui composent les corps naturels [119].

Les « atomes » des composés, qui pourrait être nommés « prima mista » (premiers mixtes), sont les particules [120]:

> « [..] en lesquelles, comme les corps similaires, les autres corps composés sont résolus ».

Il est clair que ces « atomes » composés notamment doivent leur nom à leur indivisibilité, même si ce n'est pas tellement l'indivisibilité absolue au sens de Démocrite. C'est la nature des « premiers mixtes » qui exclut une division ultérieure: dès que l'on s'attaquerait à un tel mixte, il perdait sa nature.

Comme auparavant, en 1619, Sennert cite ensuite, dans une section spéciale intitulée 'Les opérations chimiques démontrent les atomes', tout un éventail d'arguments expérimentaux [121]. Or cet appel en dernière instance, disons, à l'expérience quotidienne du chimiste nous montre la différence avec la philosophie académique contemporaine. S'il est vrai que Sennert se sert encore du vocabulaire de l'Ecole, ce n'est que dans la mesure où il a besoin d'une terminologie familière pour exprimer ce qu'il a trouvé de nouveau. En effet, pour Sennert, le langage de l'Ecole est encore toujours la langue des savants. Cependant en ce qui concerne la théorie de la matière le dernier mot est aux opérations et aux expériences chimiques.

Du reste Sennert se révèle véritable philosophe de la nature, surtout là où il reconnaît que le processus de *mixtion* est « le fondement de presque toute la physique » [122]. Quant à lui, il n'y a pas cette lutte de qualités qu'Aristote avait considérée; il suffit que les réactants soient

---

[118] Sennert 1636, p.91.
[119] Sennert 1636, p.91.
[120] Sennert 1636, p.107: « [..] in quae, ut similaria, alia corpora composita resolvuntur ». Pour le terme « similaria », voir aussi ci-dessus, la section 5.1, p.144.
[121] Sennert 1636, p.108. Dans la marge on lit « Chymicae operationes atomos probant ».
[122] Sennert 1636, p.118: « [..] totius penè Physicae fundamentum [..] ».

réduits en minima et que ces derniers concourent [123]. D'autre part, la continuité des limites n'est pas une condition suffisante pour le mixte; pour être un mixte véritable, il lui faut une forme à part [124]. Les formes des composants sont dites subsister intégralement [125].

Sennert voit encore plus loin. Ainsi, il distingue nettement le *minimum* de l'*agrégat de minima* [126]. Dans le cas de l'eau et de l'huile, par exemple, on sait qu'elles ne sauraient être mélangées que sous forme de *minima*. D'une manière inverse ceci arrive dans le cas du « sal tartaris » (carbonate de potassium) et le « spiritus vitrioli » (trioxyde de soufre ou sa solution): si l'on les met en présence l'un de l'autre sous forme de « quantités ou portions notables » [127], ils se combattent et réagissent avec véhémence. En revanche lorsqu'on les divise en particules minimales en les mélangeant, on ne remarque presque pas de combat du tout, la mixtion s'opérant « amicalement » [128]. Ainsi, lorsque les « atomes de même genre » sont séparés des autres et s'agrègent ensuite, ils recouvrent leur « activité » [129]. Il apparaît alors des digestions et des fermentations chimiques que les corps [130]:

> « qui dans une masse plus grande étaient des contraires, sont réduits en atomes minimaux, si bien qu'ils conspirent après en amitié et sont unis ».

Sennert offre ici une nouvelle interprétation du fait expérimental que la mixtion s'effectue le mieux lorsque les corps sont divisés en particules minimales. Pour Aristote déjà, la division en petites parties était un facteur favorisant un changement essentiel, tel que la transformation d'eau en air [131]. Pourtant, chez Sennert l'expression « per minima » est devenue

---

[123] Sennert 1636, p.136.
[124] Sennert 1636, p.121: « [..] nihil verè mistum esse, nisi quod formaliter unum est ».
[125] Sennert 1636, p.125-126.
[126] Sennert 1636, p.136-137.
[127] Sennert 1636, p.136: « notabiles magnitudines & portiones ».
[128] Sennert 1636, p.136: « amice ».
[129] Sennert 1636, p.139: « atomi eiusdem generis »; « activitas ».
[130] Sennert 1636, p.139: « quae in majori mole erant contraria, in minimae atomos redigantur, ut postea amice inter se conspirent & uniantur ».
[131] Voir ci-dessus, la section 3.2, p.60.

un terme technique avec une charge tout à fait exceptionnelle. Sur ce point il l'emporte sur Paul/Geber, qui s'en était servi lui aussi, à la fin du XIIIe siècle [132].

En ce qui concerne le processus de *mixtion*, un autre problème touche à la question de savoir si ce sont seulement les éléments qui peuvent subir ce processus, ou bien s'il y a d'autres corpuscules ou « minima naturels » qui s'y prêtent [133]. La permanence des métaux dans leurs solutions - ces dernières prises dans le sens de mixtes -, ainsi que la nutrition des plantes, des animaux et de l'homme suggèrent effectivement qu'il n'est pas nécessaire que la mixtion passe toujours par le stade d'éléments. Il est vrai que les mixtes plus ordinaires sont la matière des mixtes plus nobles [134]. Pourtant les particules de ces mixtes ne sont pas des « minima » dans le sens absolu du terme; elle ne sont que de « minima sui generis », c'est-à-dire [135]:

« de tels [minima] en lesquels ces corps-là se convertissent lorsqu'ils sont résolus, et donc [..] en lesquelles ils consistent dernièrement ».

Ces « minima sui generis », correspondant aux « premiers mixtes » dont nous avons traité auparavant, sont alors des particules secondaires caractéristiques, tout au moins semblables entre elles. Très vraisemblablement en effet, le terme « minima sui generis » se rapporte à des corpuscules d'une certaine espèce qui sont extrêmement petits justement de par leur espèce [136]. Dans ce sens le mot de *minimum* n'a donc aucune relation directe avec la théorie générale de maxima et de minima ou avec celle

---

[132] L'expression « per minima » fut monnaie courante parmi les chimistes jusqu'au milieu du XVIIIe siècle. Le plus souvent elle se réfère à de « très petites particules » (Paul/Geber, Boyle), parfois aux « particules les plus petites possibles », au sens d'*individus substantiels* (Stahl, Juncker). Voir tout particulièrement Venel 1765.

[133] Sennert 1636, p.140 et suiv.

[134] Sennert 1636, p.141.

[135] Sennert 1636, p.142: « talia, in quae corpora illa, cum resolvuntur, abeunt, atque ita [..] è quibus proxime constant ».

[136] Chez Albert le Grand (1890, iv, p.412b) et Thomas d'Aquin (dans la partie apocryphe de son commentaire sur *De la génération et de la corruption* d'Aristote; Thomas d'Aquin 1882b, lib.I, cap.X, lect.XXV, par.2: probablement empruntée à Albert) l'expression « minima sui generis » est utilisée pour indiquer quelque chose de très petit d'une certaine espèce, comme les grains d'orge ou de blé.

de minima naturels, qui elles, impliquent toutes deux un processus de division limité. Le mot se rapporte plutôt à une notion d'« individu physique », telle que l'a conçue Georg Ernst Stahl à la fin du XVIIe siècle, à savoir en tant que complément de la notion d'« agrégat ».

Remarquons, enfin, la compréhension précise qu'a Sennert de la distillation et de la sublimation. En 1619, ces deux processus étaient encore interprétés comme des divisions en petites particules de dimensions du reste indéfinies. Par contre, en 1636, ils se trouvent décrits en termes d'une résolution en « corpuscules spécifiques indivisibles », ou « corps spécifiques minimaux », suivie par une réagrégation de ces particules. L'image qu'en donne Sennert est de ce fait beaucoup plus approfondie que la vision d'un Léonard de Vinci, par exemple, et d'autre part plus simple que celles de ses devanciers dans la théorie moléculaire, Basson et Beeckman, dont nous nous proposons de parler dans le chapitre suivant.

Terminons notre analyse du remarquable développement qu'a parcouru Daniel Sennert entre 1618 et 1636. Même s'il n'abandonne pas entièrement le vocabulaire des philosophes, il est devenu physico-chimiste: pour lui tout corps à notre échelle est un agrégat de molécules, qui sont composées d'atomes de quatre éléments. Dans la terminologie sennertienne, les formes substantielles des atomes subsistent intégralement sous le règne de la forme supérieure. Sennert distingue par ailleurs sans problème ce que nous aurions appelé *corps pur* et *mélange mécanique*. Le premier se cache dans le « corps visible et rassemblé » qui serait constitué d'« atomes du même genre »[137]. Le second, notre notion de *mélange mécanique*, se reconnaît dans le mot de « crama », ce mélange de vin et d'eau d'antan devenu nom générique pour toute une classe de corps mélangés; il s'agit d'un tout composé de « petites particules de genres divers »[138]. Ainsi, le mélange d'eau et de vin n'est plus qu'un cas particulier des « cramata », auxquels ressortit également le mélange d'or et d'argent, connu sous le nom d'électrum.

Ceci étant, on s'étonne que le concept de *mixte* n'est pas formulé en rapport direct avec, d'une part, celui de *minima sui generis* et, d'autre

---

[137] Sennert 1636, p.139: « corpus [..] conspicuum & coagulatum »; « eiusdem generis atomi ».
[138] Sennert 1636, p.145 (cf. p.120): « minima corpuscula varii generis ».

part, de *corps pur* en tant qu'agrégat. Il est plutôt dérivé des êtres vivants (plantes, animaux); comme ceux-ci les pierres, les pierreries, les minéraux et les métaux sont considérés comme des « mixtes parfaits »[139]. Un parallèle direct entre le monde des *minima* et celui des êtres vivants aurait pu être très profitable. Un autre problème du même ordre concerne le fait que Sennert n'a pas su extrapoler sa théorie. Il aurait pu conclure en effet que tout objet à notre échelle n'est qu'en dernier ressort soit un « crama », soit ce que nous connaissons sous le nom de *corps pur*. Contentons-nous de dire qu'il ne l'a pas fait.

5.5 D'une philosophie à une science de la matière

Par son introduction du mot de *crama* comme nom générique pour toute une classe de corps mélangés, Sennert marquait une étape importante. Chez Aristote et ses commentateurs grecs, nommément chez Alexandre d'Aphrodise, le *crama* était encore le mélange particulier de vin et d'eau. Chez Alexandre, le couple d'eau et de vin était l'opposé d'un couple tel l'eau et l'huile. Or chez Scaliger, Aristotélicien si l'en était un, un fait d'ordre expérimental indiquait le faible de la doctrine scolastique du *mixte véritable*: en dépit de la forme substantielle une et indivisible prescrite par la tradition, la facilité apparente de la séparation de l'eau surajoutée auparavant suggérait la permanence des composants. Or on a l'impression que le Sennert néophyte en chimie s'est aperçu de ce faible dans la doctrine de Scaliger: chez lui, le *crama* recouvrait sa signification plus générale de « mélange » tout court. Ainsi le vin dilué serait un *crama* au même titre que l'électrum des métallurgistes. Enfin, le *minimum sui generis* de Sennert est l'une des premières manifestations de notre concept de *molécule*: il est composé des atomes des quatre éléments qui conservent leurs formes tout en s'unissant grâce à la forme du mixte qui s'y ajoute.

Dans l'œuvre de Sennert culmine un développement où la chimie joue un rôle toujours plus probante. Dans l'alchimie de Paul/Geber, nous l'avons vu, la science de la matière est devenue véritablement science, dans ce sens qu'elle lia, non pas différentes sections de l'œuvre d'Aristote, mais bien plutôt les domaines principaux des connaissances expéri-

---

[139] Sennert 1636, p.145 (cf.p.120).

mentales. Or l'alchimie devenue iatrochimie se heurtait toujours davantage à l'expérience du laboratoire. C'est qu'une recherche menée pour vérifier la qualité d'un remède compte dans un cadre autrement plus générale que la seule transmutation des métaux.

Une autre conclusion qui s'impose c'est que les innovations de Simplicius et de Philopon concernant la notion d'*individu substantiel* sont passées inaperçues. Les scolastiques byzantins, arabes et occidentaux n'ont point su apprécier leurs apports à la tradition. Cependant il y a une certaine réminiscence du statut particulier de l'agrégat selon Philopon dans les *Mémoires physiques* de Sennert: ce qui se manifeste à nos organes sensoriels comme un agrégat de *minima* pourra avoir d'autres qualités que les minima pris à part. Sennert soutient en effet que l'animosité sur le niveau des masses, devient souvent amitié sur le niveau des *minima*.

Sennert a exercé une très grande influence. Le médecin français Jean Chrysostome Magnenus (c.1590-1679), dans son ouvrage *Democritus reviviscens sive de atomis* (*Démocrite reviviscent, ou sur les atomes*), paru en 1646, lui emprunta son concept de « minima physica » [140], l'homologue du concept sennertien de *minima sui generis*. Magnenus fut un esprit ouvert et conciliateur, qui s'aventura à une synthèse de Démocrite et de Platon, dans une perspective essentiellement moléculaire. Ainsi il s'imagina quatre genres d'*atomes*, représentant les quatre éléments [141]: les atomes de la terre seraient des cubes, à l'instar du polyèdre platonicien, etc. Pour éviter, avec Platon, l'idée du vide, il invente un genre d'atomes de forme à la fois caractéristique et pliable. Magnenus connut par ailleurs des minima de différents ordres de complexité, dont l'idée originale paraît remonter à Sébastien Basson (1621), l'un des pères fondateurs de la théorie moléculaire. Signalons, enfin, qu'il attribua également à chaque sorte de « minimum physicum » une certaine « texture des parties » [142].

En Allemagne c'est Johannes Sperling (1603-1658) qui fut un élève de Sennert. Dans ses *Institutiones physicae* (*Leçons de physique*) Sperling parle, à l'instar de son maître, d'atomes élémentaires et composés, qu'il

---

[140] Magnenus 1646, p.171.
[141] Magnenus 1646, disputatio II, caput III, prop.XXVI-XXX. Voir aussi ci-dessus, la section 2.4, p.47.
[142] agnenus 1646, p.115: « textura partium ».

appelle tous deux « individua », c'est-à-dire non-divisés, de par leur petitesse extrême [143].

A l'époque de Sperling et de Magnenus la notion d'*individu substantiel* sinon la théorie moléculaire pour soi semble déjà un acquis définitif pour la science de la matière. Par la suite nous allons étudier de plus près la naissance de cette théorie moléculaire dans les années 1610-1620.

---

[143] Sperling 1639, p.787.

CHAPITRE VI

LA NAISSANCE DE LA THEORIE MOLECULAIRE

6.1 Acquis et problèmes

Nous avons vu que les ingrédients d'une éventuelle synthèse théorique concernant la structure de la matière étaient présents aux alentours de 1600. Il y avait d'abord les différentes notions de *minima* qui se disputèrent la priorité, surtout dans le cercle des philosophes partisans d'Averroès: celle de Jules César Scaliger se révéla la plus efficace, du moins pour ce qui concerne la physique. Le minéralogiste avant la lettre Boèce de Boodt et l'astronome Kepler sont là pour témoigner de sa grande maniabilité: dans les deux cas il s'agissait d'interpréter certaines qualités de corps cristallins, pierreries chez Boèce de Boodt (1609), étoiles de neige chez Kepler (1611). D'une manière générale, ces diverses variantes échouaient devant les problèmes d'ordre chimique. C'est premièrement du fait que la transmutation des *minima élémentaires* exige un changement dans la quantité de matière, ceci à cause des différences en grandeur que Scaliger, en 1557, s'était vu obligées d'admettre. En ce qui concerne la mixtion Scaliger avait mis l'accent sur la soi-disant continuité des limites: le vrai mixte sera avant tout un *continu* dans lequel les parois des *minima* ont été supprimées, puis, accessoirement on dirait, un tout ayant une propre forme substantielle. C'est sans doute une concession à la divisibilité que manifestent les corps « homoiomères » d'antan, propriété qui les distingue si malencontreusement des êtres vivants. On se rend vite compte du fait que Scaliger n'a pas connu la solution de Philopon et de Simplicius, qui consistait en la reconnaissance de la permanence d'entités invisiblement petites du reste foncièrement individuelles. La séparation de l'eau de son mélange avec le vin indiquait toutefois que ce mélange, le *crama* bien entendu, malgré sa continuité apparente n'est point un vrai mixte, mais bien plutôt un amas de *minima* ayant conservé leur particularité ainsi que leur paroi. Or cette faillite à expliquer ce que les sens régistrent comme de nettes évidences se doublait d'un défaut de clarté relatif à la spécificité de la grandeur des *minima*. Si la petitesse relative des *minima* du feu va presque sans dire, étant donnée la rapidité de leur propagation et de leur pouvoir à pénétrer, la grandeur relative des *minima* des métaux, par exemple, n'en est pas moins une question fort pénible. A l'arrière-fond résonne encore le débat scolastique sur la nature de la grandeur minimale, ravivé en quelque sorte par une vague de nouvelles éditions de l'œuvre d'Aristote, cette fois-ci aux services des théologiens et philosophes post-tridentines. En effet depuis le *Concile de Trente* la théorie de la matière n'était plus une théorie scientifique indifférente, comme toute autre [1]. C'est que le sacrement de l'Eucharistie, vigoureusement débattu depuis le début de la Réforme, avait été entériné une fois pour toutes dans une série de onze canons. Pendant l'Eucharistie, on le sait bien, le pain et le vin sont changés en le corps et le sang du Christ, comme autrefois à l'occasion de la Cène. Ce changement est connu sous le nom de *transsubstantiation* depuis Hildebert de Lavardin (1057-1136), évêque du Mans. Le prêtre y arrive en répétant les mots que Jésus lui-même avait prononcés à la Cène et qui depuis l'établissement de la tradition latine - c'est-à-dire depuis les années 370, sous le pontificat de Damasus I [2] - sont représentés ainsi: « Hoc est enim corpus meum [..] ». Le grand problème a toujours été l'exégèse de la forme verbale « est » dans cette phrase. Au cours des siècles, beaucoup de mouvements oppositionnels sinon sectaires s'étaient crus obligés de formuler une propre interprétation de ce mot-clef. La po-

---

[1] Pour ce qui concerne l'histoire générale de l'Eglise, nous nous référerons par la suite à Rogier *et al.* 1963.
[2] Marrou 1964, p.105.

lémique devait s'acerber encore pendant la Réforme, raison pour laquelle le *Concile de Trente* y a consacré une session entière, la treizième nommément, en date du 11 octobre 1551 [3]. A cette occasion le dogme de la *transsubstantiation* fut arrêté comme fondement de la doctrine de l'Eucharistie. Les canons principaux qui le concernent sont ainsi [4]:

« 1. Si quelqu'un nie que dans le très saint sacrement de l'Eucharistie soient contenus vraiment, réellement et substantiellement le corps et le sang avec l'âme et la divinité de Notre-Seigneur Jésus Christ, et par conséquent le Christ tout entier; mais s'il prétend qu'il n'y sont qu'en signe ou en figure ou par leur vertu, qu'il soit anathème.
2. Si quelqu'un dit que, dans le très saint sacrement de l'Eucharistie, il reste la substance du pain et du vin avec le corps et le sang de Notre-Seigneur Jésus Christ, et nie cette merveilleuse et unique conversion de toute la substance du pain au corps et de toute la substance du vin au sang, qui ne laisse subsister que les apparences du pain et du vin, conversion que l'Eglise catholique appelle du nom très approprié de transsubstantiation, qu'il soit anathème.
[..]
8. Si quelqu'un dit que le Christ présenté dans l'Eucharistie, est mangé spirituellement, et non pas aussi sacramentalement et réellement, qu'il soit anathème ».

Abstraction faite des problèmes concernant l'utraquisme [5], l'explication

---

[3] Jedin 1970, iii, p.270.
[4] Societas Goerresiana 1961, p.203-204:
« 1. Si quis negaverit, in sanctissimo Eucharistiae sacramento contineri vere, realiter et substantialiter corpus et sanguinem una cum anima et divinitate Domini nostri Iesu Christi, ac proinde totum Christum, sed dixerit tantummodo esse in eo ut in signo vel figura aut virtute: anathema sit.
2. Si quis dixerit, in sacrosancto Eucharistiae sacramento remanere substantiam panis et vini una cum corpore et sanguine Domini nostri Iesu Christi, negaveritque mirabilem illam et singularem conversionem totius substantiae panis in corpus et totius substantiae vini in sanguinem, manentibus duntaxat speciebus panis et vini, quam quidem conversionem catholica ecclesia aptissime transsubstantiationem appellat: anathema sit.
[..]
8. Si quis dixerit, Christum in Eucharistia exhibitum spiritualiter tantum manducari et non etiam sacramentaliter ac realiter: anathema sit ».
[5] L'*utraquisme* concernait une doctrine très populaire au XVIe siècle selon laquelle le sacrement de l'Eucharistie doit être administré aux fidèles sous les deux espèces. Après une ample discussion le concile de Trente se prononça contre cette doctrine.

de ces canons selon l'orthodoxie hylémorphiste est ainsi. Avant la consécration la hostie n'est qu'un morceau de pain, avec toutes les qualités du pain. La hostie est une « substance » et en tant que telle, une unité de « matière » et de « forme ». Ainsi, elle porte une certaine individualité. Comme toute autre substance elle consiste en les quatre éléments, dans une certaine proportion; ceux-ci n'y sont qu'en puissance, la substance étant foncièrement isotrope. D'autre part, la *nature* de la substance en question n'est connaissable qu'à travers les qualités perceptibles. La somme de ces qualités n'est tout de même pas identique à cette *nature* de par leur variation dans les autres hosties; c'est en tout cas cette somme qui fait la soi-disant « forme accidentelle ». Les qualités essentielles constituent, elles, la forme dit « essentielle ». Enfin, par l'intervention du prêtre la *transsubstantiation* prend lieu, en sorte que la substance du pain devient la substance du Christ: pendant que cette forme accidentelle demeure, la forme essentielle du pain périt et celle du Christ surgit. Après la consécration la hostie « est », par conséquent, le corps du Christ, malgré toutes les apparences, c'est-à-dire, malgré toutes les qualités accidentelles du pain. Ceci vaudra *mutatis mutandis* également pour le vin.

L'interprétation courante que nous venons d'offrir remonte à un hylémorphisme version Thomas d'Aquin. Ce dernier avait été sanctifié dès 1323, puis promu « doctor Ecclesiae », en 1567, suite au *Concile de Trente* et sur les vagues de la Contre-Réforme en quête de persuasion et de crédibilité. On conçoit bien que le principal souci des apologètes de la Contre-Réforme n'était pas tellement la perfection des subtilités entourant la théorie de maxima et minima, moins encore l'approfondissement de la doctrine plus limitée de *minima naturels*. Il n'empêche que le *Concile de Trente* par ses énoncés au sujet de la *transsubstantiation* avait, en quelque sorte malgré lui, focalisé l'attention sur la théorie de la matière [6].

A première vue il semble évident qu'une théorie de la matière telle que l'atomisme, qui admet l'existence d'entités inaltérables, éprouvera de l'embarras devant le problème de la *transsubstantiation*. Selon l'atomisme, soit celui de Démocrite, soit celui d'Epicure, une substance est en effet une unité d'un certain nombre d'atomes de certaines espèces, arrangés

---

[6] Pour un précis historique sur le développement de la doctrine de la transsubstantiation, voir Armogathe 1977 et Redondi 1985, chapitre VII.

dans une structure spatiale caractéristique. Une conversion substantielle s'opérera, par conséquent, par l'addition et/ou la substraction d'atomes et/ou par un changement dans leur arrangement dans l'espace. Pour devenir le Christ il faudrait donc que les atomes du pain de la hostie sont échangés contre les atomes qui constituaient autrefois le corps du Christ, ce qui amène évidemment à des contradictions fondamentales. Bref: l'atomisme classique était dans l'impossibilité d'appuyer le dogme de la *transsubstantiation*, pour ne pas dire qu'il le contredisait carrément. Ainsi un atomiste de principe devait traduire le verbe « esse » de la Consécration un peu au sens de « symboliser ». Ce faisant il encourira l'anathème du Saint-Office puisque cette interprétation se démarque du premier canon précité. Son désaccord avec le deuxième canon est plus flagrant encore; comme nous venons de le voir, une transsubstantiation reviendrait nécessairement à un changement en termes d'atomes. Il y a, enfin, le huitième canon qui, lui aussi, exige la présence réelle du Christ et qui, par cela même, valait l'anathème pour tout atomiste. Un dernier et ultime problème concerne la pluralité des hosties et l'unicité du Christ, problème qui, au point de vue atomiste est parfaitement irrésoluble.

Hormis ces problèmes d'ordre plutôt technique il y eut les objections d'un Père de l'Eglise tel Lactance, objections qui n'eurent rien perdu de leur actualité [7]. Lactance avait soutenu principalement, on s'en souvient, que le Dieu des deux Testaments est un véritable « pater familias », bien vivant et en proie d'émotions de tout genre, dont la colère. Or un tel Dieu est tout autre chose que l'agrégat d'atomes qu'avait postulé Epicure et successeurs.

C'est à cause de l'incongruité dogmatique de l'atomisme pour ce qui concerne la nature de Dieu et la transsubstantiation que depuis le *Concile de Trente*, l'atomisme était encore plus suspect qu'il ne l'était déjà auparavant et ceci d'autant plus parce qu'il venait de reprendre son essor en tant qu'hypothèse de travail dans les sciences de la nature. C'était un véritable renaissance qui se dessine, imminente peut-être depuis la redécouverte d'un exemplaire du poème *De rerum natura* par le secrétaire papal Poggio Bracciolini, en 1417, et son imprimérie, aux environs de 1473. Entre 1473 et 1620 quelque trente-sept éditions du panégyrique virent le jour. Nous devons cette information à C.A. Gordon qui a dressé récem-

---

[7] Voir ci-dessus, la section 4.5.1, p.126 et suiv.

ment une bibliographie virtuellement exhaustive [8]. Cette précieuse étude de cas nous permet par ailleurs de suivre l'élargissement du cercle des intéressés: l'*éditio princeps* parut à Brescia, en Italie, alors que les lieux d'imprimérie se déplacèrent petit à petit vers le Nord-Ouest de l'Europe. Entre 1575, année de la fondation de cette forteresse de la Réforme qu'était l'université de Leyde, et 1620, cinq éditions parurent sur le marché dans les seules Pays-Bas, dont les premières quatre à Leyde. Inversement, dans un haut lieu de la Contre-Réforme que devint Paris, pas moins que neuf éditions parurent, dont les meilleures éditions critiques, à savoir celles du philologue-imprimeur Denys Lambin (1516-1572) [9]. On voit que sinon l'atomisme épicurien tel quel, du moins le poème *De rerum natura* comme œuvre de poésie, se réjouissait d'une popularité croissante. Michel Eyquem de Montaigne (1533-1592) devait y puiser son inspiration plutôt littéraire. De son côté, Giordano Bruno (1548-1600), cette célébrité aussi embarassante qu'embrouillée et rebelle des années 1590, avait fait sien bon nombre d'idées venant directement de Lucrèce. Delà sans doute l'inquiétude des autorités de la Faculté de Théologie de la Sorbonne devant la recrudescence de cette doctrine ressentie comme menaçante. Lasswitz rapporte à juste titre qu'en 1601 les curateurs de la Sorbonne imposaient aux professeurs le soin de mieux faire ressortir la critique d'Aristote contre les « physiciens » d'Ionie, dont les atomistes [10]. Il souligne que la Sorbonne craignait le minage de l'autorité du Stagirite, mais nous croyons qu'il y a plus. A notre opinion, c'est rien moins que le Contre-Réforme tel quel qui était en jeu, plus particulièrement le dogme de l'Eucharistie devenu pierre de touche pour vérifier l'orthodoxie des fidèles. Nous verrons par après comment on arrivera bientôt à mélanger physico-chimie et théologie et ceci dans le but d'éliminer l'enseignement de la théorie atomique sous quelque forme que ce soit. De toute façon, s'il y avait menace, celle-ci n'etait pas tellement dans l'atomisme que combattait Aristote, celui de Leucippe et de Démocrite, mais plutôt dans sa variante épicurienne, beaucoup plus réfléchie que sa devancière. Or dès le cinquième *Concile de Latran*, en 1512, le panégyrique de Lucrèce

---

[8] Gordon 1985.
[9] Paris, 1563-1564.
[10] Lasswitz 1890, i, p.464-467.

fut condamné, une sanction répétée au *Synode de Florence*, celui de 1518 [11]. Il figurait bien entendu sur l'*Index librorum prohibitorum* (*Index des livres défendus*), institué, en 1559, par le pape Paul IV et renouvellé si ce n'est sous une forme plus accommodante par son successeur Pie IV, en 1564.

Une première application scientifique de l'atomisme epicurien avait déjà été proposée par le médecin Girolamo Fracastoro, dans son ouvrage *De contagione et contagiosis morbis et eorum curatione* (*De la contagion, des maladies contagieuses et de leurs soins*), qui parut en 1546. Or Fracastoro reprend simplement la méthode qu'avait adoptée Lucrèce et qui consiste principalement à garder en vue les proportions et d'en déduire les causes des phénomènes [12]. Aussi faut-il voir grand, c'est-à-dire voir tout phénomène dans son rapport avec l'univers sans bornes: après tout le rapport de l'homme à la terre dépasse déjà celui de notre monde à l'univers entier. Ainsi, au point de vue médical, l'homme passe des crises de santé comme la terre subit des tempêtes, des tremblements et des activités volcaniques. La raison en est qu'il y a énormément de « semina » (semences; les atomes bien entendu) qui nuisent, au monde comme à l'homme. En effet, nous avons retenu de notre analyse de Lucrèce que les interactions d'un être vivant avec son environnement s'opèrent, pour le meilleur et pour le pire, par le moyen de « semina » d'une seule et même matière première et du reste insécables, inaltérables, etc. [13]. Enfin, selon l'avis de Fracastoro, élaboré dans un petit opuscule *De sympathia et antipathia rerum* (*De la sympathie et de l'antipathie des choses*), l'attraction de choses semblables s'effectue grâce aux « athomorum effluxiones » (effluves d'atomes) [14]. Or cet opuscule devance le traité *De la contagion [..]*, où Fracastoro s'emploie d'abord à distinguer contagion et intoxication: la première n'est autre chose qu'une étape dans un processus en chaîne, l'étape initiale plus exactement. Elle se passe par le transfer d'une qualité néfaste d'un corps à un autre corps semblable et de ce dernier au suivant [15]. La contagion s'attaque à l'essence, non pas aux accidents d'un

---

[11] Redondi 1985, p.108.
[12] Lucrèce VI, 647-679.
[13] Voir ci-dessus, la section 4.4, p.116.
[14] Fracastoro 1555, p.82.v.
[15] Fracastoro 1555, p.105.r.

être vivant: elle démarre par une infection des « particulae minimae & insensibilis » (particules minimales et insensibles) pour gagner bientôt le tout, et se propage ensuite d'un corps à un autre. Dans le langage de Fracastoro cela se dit ainsi [16]:

> « disons que la contagion sera la corruption semblable d'un certain mixte [= être vivant] selon son essence et qu'elle est une infection qui se transfère d'un mixte à un autre et qui commence par les parties insensibles ».

En exemple d'une contagion directe il cite l'exemple d'un fruit pourri qui incite son voisin à la putréfaction (raisins, pommes) [17]. Cette contagion se produit par des « particulae insensibiles » (particules insensibles), qui « evaporent è primo » (s'évaporent du premier) et s'attaquent au second; ces particules sont ce que Fracastoro appelle les « seminaria contagionum » (germes des contagions). Elles exercent leur influence grâce à leurs qualités, notamment la chaleur et l'humidité.

Ensuite il distingue des contagions qui se font non seulement directement mais aussi par le biais de soi-disant « fomites » (les vêtements, les draps et les ustensiles en bois) et dont les « germes » demeurent après le décès du victime, parfois pour deux ou trois ans. Il les compare avec l'odeur d'autrui qui tient longtemps dans ses vêtements et qui se propage par ailleurs aussi grâce à de très menues particules. Il cite également les exemples de la suie et de la fumée qui recouvrent les murs d'une maison, puisqu'elles contiennent une teinture dont les particules minimales subsistent très longtemps. Ces particules seraient très petites et d'une mixtion forte et constante: leur petitesse leur permet de pénétrer les pores, tandis que leur puissante union, disons leur stabilité, garantit leur conservation intacte.

Un troisième et dernier genre de contagion se caractérise par des semences qui agissent non seulement par le contact direct et les « fomites », mais encore en distance. La peste d'Athènes avancée par Lucrèce en est un exemple. Cette maladie serait venue d'Egypte: apparemment ses « semences » ont traversé la mer et devront nécessairement être quelque chose

---

[16] Fracastoro 1555, p.105.v: « [..] dicemus contagionem esse consimilem quandam misti secundum substantiam corruptionem, de uno in aliud transeuntem infectione in particulis insensibilibus primo facta ».

[17] Fracastoro 1555, chapitre 3, p.105.v-106.r.

de « corporel ». Pour comprendre cette influence en distance, dit Fracastoro, il faut considérer d'abord des cas semblables: l'oignon qui de loin déjà nous incite à pleurer, le poivre qui cause l'éternuement, le safran qui fait dormir et le travail des métaux qui cause l'apoplexie [18]. Tous ces phénomènes sont dûs à de « corpora insensibilia » ou de « corpusculi » (corpuscules infimes) qui s'évaporent en montant, puis se répandent en toute direction. L'un des facteurs principaux est l'air qui « divise [le corps] jusqu'à ses parties minimales qui ne sont plus divisibles » [19]. Ces germes sont donc extrêmement stables, à peu près comme ceux du poivre, de la chaux, du suc de l'euphorbe, de la pyrite et des métaux; ils ne sont brisés que par la très forte chaleur du feu ou par de l'eau très froide. La vitesse de leur action dévastatrice s'explique par le fait que ces germes ne sont pas inertes, mais se multipient dans le corps infecté jusqu'à ce que tout le corps est atteint, puis se communiquent aux voisins semblables [20]:

« les premiers germes [..] génèrent d'autres semblables et se propagent, comme le feront ces autres ».

C'est justement le fait que ces germes donnent naissance à de « nova seminaria » (nouveaux germes) qui les distingue des particules d'eau qui composent une vapeur. Il est curieux de constater que Fracastoro ne dit pas pour autant que ces germes de la contagion sont des êtres vivants, disons des bestioles imperceptiblement petites. Or c'est étonnant dans la mesure qu'il a sans doute connu l'influence sinon néfaste du moins irritante de certains petits animaux, tels les abeilles, les guêpes, les moustiques, les pucerons et les acariens, et aurait pu extrapoler à des espèces suffisamment petites pour pénétrer le corps humain par des pores. On a l'impression que Fracastoro oublie de se poser la question: même s'il dit qu' « ils procréent en donnant d'autres semblables comme rejetons » [21], il ne

---

[18] Fracastoro 1555, chapitre 7, 'Quomodo seminaria contagionum ad distans ferantur, et in orbem'.
[19] Fracastoro 1555, p.108.v: « [..] dividit usque etiam ad minimas et non ultra divisibiles partes [..] ».
[20] Fracastoro 1555, p.109.v: « [..] prima enim seminaria [..] consimilia sibi alia generant, & propagant, & haec alia [..] ».
[21] Fracastoro 1555, p.112.v: « [..] consimilia sibi alia ceu sobolem procreant [..] ». Voir par ailleurs ci-après, la section 16.5.2, p.948-949.

discute pas leur nature précise. Enfin, Fracastoro se contente de donner un modèle, si l'on veut, de la contagion, plus ou moins dans l'esprit de Lucrèce, mais en médecin confirmé. C'est sur ce modèle qu'il arrive à expliquer sa théorie du reste sans égale des trois principaux genres de contagion.

Un autre partisan d'un atomisme adapté aux besoins du temps était Thomas Harriot (c.1560-1621), mathématicien et astronome de renom. Il est un cas particulier dans ce sens qu'il n'a rien publié ou presque. Ce ne sont que ses manuscrits qui ont survécu. Ils ont été analysés par Robert Kargon, dans une monographie consacrée à l'atomisme en Angleterre entre Harriot et Newton [22]. Du récit de Kargon il découle que Harriot fut considéré comme l'instigateur principal de la revivification de l'atomisme en Angleterre [23]. D'après ses manuscrits, Harriot paraît effectivement avoir soutenu une conception atomiste, dérivée en grande partie de Démocrite, d'Epicure et de Héron d'Alexandrie. L'univers de Harriot consiste alors en atomes éternels et continus avec des espaces vides interstitiels. Les qualités des corps concrets découlent de la grandeur, de la figure et du mouvement de ces atomes ou de corpuscules secondaires. Harriot insiste sur le rôle du mouvement. Les corps dits « homogènes » sont composés d'atomes de figures semblables et possèdent une « densité » similaire; cette densité dépend des interstices vides. L'augmentation du poids que subit un corps dans certains processus est causée par l'interposition de petits atomes dans les pores que laissent les grands. Manifestement, Harriot est à la recherche d'une théorie essentiellement physique de la matière, comparable sous cet aspect avec la théorie de Scaliger. On voit pourtant que par rapport à Fracastoro le niveau laisse à désirer. Il n'empêche que, en 1605, Harriot a été condamné par les autorités ecclésiastiques anglicanes du fait de ses positions atomistes, jugées incompatibles avec la doctrine théologique nationale. L'auréole d'impiété ne l'a pas quitté depuis [24].

On le voit, aux environs de 1600, l'atomisme est bel et bien de retour en tant qu'hypothèse scientifique [25]. Que cet atomisme était vraiment

---

[22] Kargon 1966.
[23] Kargon 1966, p.34.
[24] Jacquot 1952.
[25] Dans l'une de ses *Cogitationes de natura rerum* (*Réflexions sur la nature des choses*; c.1605), intitulée 'De aequalitate ac inaequalitate atomorum sive seminum' ('De l'égalité

considéré menaçant, apparaît de la défense officielle d'un débat publique projeté par trois chimistes-conspirateurs, Etienne de Clave, Antoine Villon et Jean Bitaud, les 24 et 25 août 1624, à Paris. Les trois se proposaient de défendre quatorze propositions contre les dogmes aristotéliciens, paracelsistes et cabalistiques. Ces propositions, dont la teneur était nettement en faveur de l'atomisme, visaient la révalorisation de deux vieux thèmes, l'un remontant à Anaxagore, l'autre à Démocrite: « omnia scilicet esse in omnibus » (à savoir tout est en tout) et « omnia componi ex atomis seu indivisibilibus » [26]. Dans ce but la matière première d'Aristote est combattue (thèse I), ainsi que les formes substantielles (thèse II) et sa théorie du changement qui demande comme troisième principe la soi-disant privation (thèse III). Les Péripatéticiens se sont trompés par ailleurs au sujet des éléments (thèse IV). En vérité il faut poser l'existence de cinq principes, les « vrais et seuls principes naturels » [27], à savoir la terre, l'eau, le sel, le soufre et le mercure. Ce sont eux qui ne sont pas composés les uns des autres ou même d'autres encore et qui justement constituent tout composé physique. Enfin le contenu précis des thèses à soutenir n'explique point l'éclat qui se produisit, du moins à première vue, car de nombreux autres savants avaient déjà publié des théories tout aussi anti-conformistes que celle-ci. On peut penser à Daniel Sennert, bien entendu, mais aussi à David Gorleaus (c.1592-c.1611; 1620), à Sébastien Basson (1621) et à Jean d'Espagnet (né c.1560; 1623). Il n'empêche que les autorités de la tout-puissante Faculté de théologie considérèrent les thèses à défendre « valde pericolosas » (fort dangereuses), non seulement à cause de leur désaccord avec la philosophie séculaire de l'Ecole, mais aussi puisqu'elles se révèlent en lutte avec les « principia fidei & religionis » (principes de la foi et de la religion) [28]. Suite à cette censure, les trois téméraires

---

ou l'inégalité des atomes ou semences'), Francis Bacon considère une variante de l'atomisme qu'il attribue aux Pythagoriciens et selon laquelle les atomes sont identiques entre eux. Cette collection n'a pas été publiée du vivant de Bacon. Elle fut insérée par Isaac Gruterus dans l'ouvrage postume Bacon 1653, p.395-397. Autant que nous sachons une théorie atomique à base d'atomes identiques n'a pas contribué à la formation de la théorie moléculaire. Voir pourtant ci-après, les sections 7.2, p.255, et 10.3, p.479.

[26] Bibliothèque nationale (Paris), Fonds Dupuys, Ms.nr.630, fol.72: 'Positiones publicae. Contra dogmata aristotelica, paracelsica, et cabalistica'.
[27] *Ibid.*, thèse V: « [..] vera & sola Principia naturalia [..] ».
[28] De Launoy 1662, p.205.

étaient condamnés et bannis par la Cour de justice du Parlement de Paris; depuis, enseigner des « maximes contre les anciens Autheurs & approuvez » est simplement interdit « à peine de la vie » [29]. Tout ceci ne suffit pas aux yeux d'un adversaire trop zélé, tel Jean-Baptiste Morin (1583-1656), qui, dans un écrit dédié au chancelier de la Sorbonne, flétrit le principal des trois conspirateurs, Villon, surnommé le soldat philosophe, comme foncièrement hérétique [30]. La réfutation de Morin illustre par ailleurs comment on associait l'atomisme tel quel avec la doctrine de l'Eucharistie. C'est qu'en niant, avec les trois condamnés, qu'un corps soit unité de matière et de forme, il faudrait conclure ainsi [31]:

> « Doncques l'homme comme est dit cy dessus ne sera pas corps. Or si l'homme n'est pas corps, Jésus Christ sans doute ne l'est pas; car il ne le peut estre qu'en tant que homme. Et luy que est la voye, la verite et la vie, aura parlé contre vérité, quand il a dit *Cecy est mon corps*; Doncques il ne sera pas Dieu; car Dieu ne peut mentir; Il n'y aura donc point de Dieu. Voyez un peu quelle heresie, blaspheme, & atheisme [..] ».

Remarquons, pour conclure, le caractère assez superficiel des propositions concernées, du moins relatif à certaines théories physico-chimiques contemporaines. Tout d'abord, on n'y trouve aucune trace d'une relation éventuelle entre les atomes d'une part et les principes chimiques, d'autre. Il n'est question ni de complexes atomiques spécifiques constitués d'atomes d'une seule matière première, ni d'atomes qualitativement différents. En second lieu, l'image du mixte présenté n'atteint même pas le niveau d'une simple *répartition uniforme* des particules constituantes. La juxtaposition des énoncés d'Anaxagore et de Démocrite serait un troisième point d'interrogation, car l'un n'est pas nécessairement le complément de l'autre. Enfin, déjà Paul/Geber avait des idées plus précises sur la hiérarchie particulaire qu'il faut projeter dans le monde des minérais, ce qui nous amène au troisième contrefort soutenant la doctrine de la matière aux environs de 1600.

Le manifeste de l'alchimie médiévale, la *Summa perfectionis magisterii* (*Somme de la perfection du magistère*), vécut son *editio princeps* en 1475,

---

[29] De Launoy 1662, p.213.
[30] Morin 1624, p.2.
[31] Morin 1624, p.47-48.

à Venise, puis deux réimpressions au XVIᵉ siècle, plus précisément en 1542 (Venise) et en 1598 (Strasbourg). Ci-dessus nous avons fait ressortir la profondeur de la pensée géberienne. Paul/Geber avait soutenu, on s'en souvient, que les éléments subsistent sous forme de fragments dans les particules des principes qui, elles, par leur *répartition uniforme* déterminent le propre d'un minérai. La divisibilité d'un métal ou d'un corps « homoiomère » en général sous permanence de son espèce ne pose alors aucun problème, du moins jusqu'à un certain point. C'est seulement le mode d'uniformité qui restait dans le vague. La consistence de sa théorie des métaux saute aux yeux: le degré de perfection, si l'on peut dire, s'exprimait dans la proportion relative des deux principes « soufre » et « mercure », qui, elle, explique non seulement la combustibilité décroissante dans la série du fer à l'or, mais encore la réactivité croissante par rapport au mercure et celle, décroissante, par rapport au soufre.

Cependant si l'alchimie proprement dite n'était point morte, l'iatrochimie avait pris la relève, grâce à Paracelse notamment, et l'étude systématique des propriétés des médicaments potentiels ne pouvaient qu'augmenter les connaissances d'ordre physico-chimiques. Le problème de l'identification des corps n'en devenait que de plus en plus pressant.

Au début du XVIIᵉ siècle plusieurs chimistes témoignent de la profondeur de leurs doctrines à la fois pratiques et théoriques. L'idée de la *permanence substantielle* se confirme de plus en plus: les quatre éléments classiques subsistent dans les principes (deux, plus tard trois ou même cinq), les principes, eux, subsistent dans les métaux, alors que ces derniers subsistent dans leurs alliages et leurs solutions. Angelo Sala décrit une telle solution comme une dispersion de très petites particules métalliques dans le liquide. L'eau régale, par exemple, s'unit à l'or après l'avoir résolu en « atomes ». C'est la réduction du métal dissous et la réitération à volonté du cycle dissolution-réduction-dissolution qui appuient la permanence du métal dans la solution et, indirectement, celle des éléments dans les principes et de ces derniers dans les métaux. Or tout ceci est décrit en termes de particules caractéristiques considérées comme « atomes », c'est-à-dire comme indivisibles quant à l'espèce [32].

---

[32] Nous avons vu que Daniel Sennert usera du mot d' « atome » pour désigner une particule spécifique secondaire (ci-dessus, la section 5.4, p.179-180). Voir aussi ci-après, la section 8.3.2, p.341-342.

Parallèlement à l'approfondissement de la notion de *permanence substantielle* on voit se développer une meilleure compréhension de la *complexité relative* dans une série de substances chimiquement apparentées. Hooykaas a étudié notamment les apports d'Angelo Sala (1576-1637) et de Jean Béguin (c.1590-c.1620) [33]. Ci-après nous reproduirons les grands traits de son analyse.

Ce qu'un Paracelse ignorait encore quant à la relation entre le cuivre et le vitriol bleu - c'est-à-dire si l'un est extrait de l'autre ou bien inversement - fut élucidé par Angelo Sala, dans sa célèbre *Anatomia vitrioli*. Sala réussit à décomposer le vitriol bleu naturel en trois produits, à partir desquels il put recomposer le vitriol. En plus, il établit d'autres voies de synthèse de ce vitriol. La première consistait en la combustion de soufre suivie de la dissolution en eau de l' « esprit » produit, puis la dissolution de cuivre dans la « menstrue acide » qui reste. Une deuxième voie prescrit la calcination du cuivre avec le soufre et, ensuite, l'extraction aqueuse du produit. En outre, Sala détermine avec une exactitude remarquable la composition quantitative de ce vitriol. Pour Sala le fer ne saurait pas être transmué en cuivre: plongé dans une solution du vitriol bleu le fer attire simplement les particules de cuivre dispersées et en est recouvert. Cependant Sala ne s'aperçoit point du départ d'un corps (le gaz) au cours de la dissolution d'un métal; il ne voit pas non plus que le fer prend la place du cuivre dans la solution et qu'il s'agit à proprement parler d'un échange de particules. Son mérite n'en est pas moindre. En effet, son « anatomie » du vitriol reste par sa méthode et son exactitude, une étude exemplaire de chimie analytique. La vérification de la décomposition par la synthèse et, par conséquent, l'arrière-pensée implicite - celle de la réversibilité des réactions chimiques - constituent en effet un programme et une méthode pour la chimie scientifique, dont nous retrouverons les retombées dans l'œuvre de Joachim Jungius et dans celle de Robert Boyle.

Une réaction qui se passe par un *double* échange fut rapportée par Jean Béguin, dans ses *Elemens de chymie*. Celui-ci effectua la conversion d' « antimonium » (trisulfure d'antimoine) et « sublimé corrosif » (bichlorure de mercure) en « beurre d'antimoine » (chlorure d'antimoine) et « cinabre » (sulfure de mercure). Il trouva que l' « antimonium » est

---

[33] Hooykaas 1933, p.145-159.

composé de régule d'antimoine (antimoine pur) et de soufre; et de plus, que le « sublimé corrosif » consiste en mercure et en un « esprit acide ». Il prouva, enfin, que pendant la réaction un échange de composants a lieu: l' « esprit acide » est transféré de l' « antimonium » au « beurre d'antimoine », ce qui paraît clair du fait que si l'on traite ce « beurre » avec de l'eau, celle-ci reprend l' « esprit acide » du « beurre » en devenant de plus en plus acide (suite à l'hydrolyse du trichlorure d'antimoine). Or on conçoit qu'il s'agit d'un exemple très persuasif de la permanence des composants dans le composé et par cela même argument fort à propos pour une théorie admettant que l'espèce de ces composants se cache dans des particules imperceptiblement petites. Autant que nous sachons ni Béguin, ni Sala s'est prononcé par ailleurs sur la nature précise des particules caractéristiques sur quelque niveau de complexité que ce soit. Ils ont en tête une idée vague d'*individu substantiel*, à la fois spécifique et stable à résister les attaques des liquides acides. Une réaction chimique est un processus qui joue sur le niveau de ces particules: elle revient à une division des plus grandes en des plus petites, au regroupement de ces dernières, à leur transfer ou à leur échange réciproque. Sala constate la précipitation du cuivre sur le fer, sans remarquer qu'il s'agit en vérité d'un échange; Béguin de sa part décrit en des termes parfaitement clairs ce que la postérité va appeler une *double décomposition*.

6.2 Les premières théories moléculaires

C'est contre l'arrièrefond des trois filières décrites ci-dessus qu'il faut projeter le tournant que prend la théorie de la matière dans la deuxième décennie du XVIIe siècle. Nous verrons que deux savants-naturalistes vont résoudre, presque simultanément, mais selon toute vraisemblance indépendamment l'un de l'autre, le problème central qui nous occupe, à savoir la définition de l'espèce des corps « homoiomères » d'autrefois. La question sera donc en quoi consiste au juste la différence entre des métaux tels l'or et l'argent, le plomb et l'étain, le cuivre et le fer, ou entre des minéraux tels le sel de roche et l'alun, le cinabre et la chaux. Certains corps appelés couramment « métaux » ne seraient que des mélanges: l'électrum, le bronze, etc. C'est qu'on pouvait les composer puis analyser en trouvant toujours les mêmes produits. Sennert avait avancé, dès 1619, l'exemple de l'électrum, alliage d'or et d'argent, que l'on pouvait faire et défaire à volonté.

Les deux savants qui arrivaient à donner, à la théorie de la matière, cette base solide tant convoitée sont Isaac Beeckman et Sébastien Basson. Beeckman étudia la théologie à Leyde, de 1607 à 1610, puis soutint, en 1618, une thèse de doctorat en médecine à l'université de Caen, thèse intitulée *De febre tertiana intermittente* (*Sur la fièvre tièrce*) [34]. D'ici-là il élaborait une curieuse synthèse médico-physico-chimique des vues d'Epicure, version Lucrèce, et de Galien: les *primordia* du premier vont se confondre avec les *humores* ou plutôt les *éléments* du dernier, croissement qui donnera lieu à la première théorie moléculaire digne de son nom. Sa terminologie reflète par ailleurs des réminiscences aux *Eléments* d'Euclide, dont nous aurons également à parler par après. Elles nous permettent une vue intéressante sur l'arrière-fond de la pensée de Beeckman relative au rapport entre l'univers physique et le royaume des mathématiques.

Basson pour sa part fut docteur en médecine, lui aussi, et ancien élève de l'université de Pont-à-Mousson, dans la Lorraine. Le peu que l'on sait avec certain c'est qu'il a étudié sous Petrus Sinsonius (fl.c.1590), qui fut nommé professeur de philosophie à deux reprises, notamment en 1593 et 1596 [35]. On peut donc inférer avec une certaine vraisemblance que Basson naquit aux environs de 1580. Autant que nous avons pu le vérifier Basson, comme Beeckman par ailleurs, n'a pas occupé une position universitaire. Or en 1621 parut son seul ouvrage *Philosophiae naturalis adversus Aristotelem libri XII* (*Douze livres de philosophie naturelle contre Aristote*), chef-d'œuvre de critique indépendante. Le style est direct comme celui des thèses de De Clave, Villon et Bitaud, ce qui paraît déjà du soustitre: *[..] dans lesquels la physique cachée des Anciens est restaurée et les erreurs d'Aristote réfutées par des arguments solides* [36]. En effet, les péripatéticiens avaient de quoi s'enquérir sinon de s'inquiéter.

---

[34] Beeckman 1618.
[35] Gavet 1911, p.83-84 et 89-90.
[36] Basson 1621: « in quibus abstrusa Veterum physiologia restauratur, & Aristotelis errores solidis rationibus refelluntur ».

6.2.1 Isaac Beeckman

Beeckman développa ses vues dans le privé d'un journal intime de caractère scientifique, entre 1604 et 1634. Ce journal a été retrouvé, en 1905, par Cornélis de Waard, puis édité sous sa rédaction en quatre volumes, entre 1939 et 1953. Beeckman paraît y avoir résumé très systématiquement le développement de sa pensée. Sa méthode, pour ainsi dire, consistait à s'interroger sur la littérature scientifique contemporaine et ancienne, à formuler des hypothèses, des théories tentatives, et de faire, le cas échéant, des expériences pour vérifier. Ainsi on rencontre des réflexions à propos de bon nombre de questions physiques et médicales: théorie de la matière, la nature du son et de la lumière, la chute libre des graves, la composition matérielle du corps humain, la causes des maladies, le mode d'action de médicaments. L'historien des sciences est à son aise: les ouvrages commentés sont pour la plupart ceux qui ont fait l'histoire.

Dans son journal Beeckman insérait aussi des comptes rendus de conversations avec des collègues, tels René Descartes, Marin Mersenne et Pierre Gassendi, qui, tous trois, sont venus voir le recteur de l'Ecole latine de Dordrecht. Enfin, on y trouve aussi les minutes de sa correspondance, ainsi que le texte de son discours inaugural en tant que recteur nouvellement nommé. Or le recteur Beeckman fit recopier ses brouillons par l'un de ses employés aux écritures, puis relier convenablement les cahiers, si bien que le résultat fut fort soigné et durable. Si le journal ne servit que ses propres intérêts, ceux d'un haut fonctionnaire public lié par le devoir de réserve, il a été consulté du vivant de son auteur, et bien par trois personnes, à savoir ses collègues Descartes et Mersenne et son élève Martinus Hortensius. C'est dire, en peu de mots, que Beeckman était au rendez-vous de l'histoire. L'écho de ses innovations résonnait en effet par les différentes voies de la célèbre correspondance de Mersenne, qui à lui seul s'imposait comme suprastructure aux échanges épistolaires des scientifiques européens de la période 1630-1648 [37].

---

[37] La correspondance de Mersenne a été éditée par les soins d'un équipe du Centre Alexandre-Koyré (Ecole des hautes Etudes en Sciences sociales, Paris), dirigé par René Taton et sous la rédaction d'Armand Beaulieu. Pour un bilan récent des mérites de Mersenne, voir: Constant et Fillon (éds.) 1994. Voir aussi Taton 1975 et Beaulieu 1994.

La période qui nous préoccupe c'est celle d'entre 1612 et 1620 [38]. Dans le courant de 1613 il devint clair, que le théologien ancien élève de l'université de Leyde n'eut aucune chance d'être nommé pasteur. Il eut rejoint entretemps ses parents et leur entreprise, puis s'établit indépendamment sans pour autant abandonner les études. Au contraire, le théologien déçu devint naturaliste, amateur de Galien et de Lucrèce. Suite à ses travaux de loisirs il arrive même à soutenir une thèse de doctorat, le 6 août 1618, à Caen. Enfin, c'est le 14 septembre 1620 que Beeckman résuma dans un seul paragraphe de son journal sa grande innovation, cette théorie à la fois atomiste et moléculaire qui devait renverser, à la longue, la physico-chimie structurale.

6.2.1.1 Primordia et homogenea, atomes et molécules

Tout comme Epicure, Beeckman manifeste une confiance aprioriste en les organes des sens. Ceux-ci nous permettent de prédire les propriétés des *atomes* par une analogie avec le monde perceptible [39]. Le sens du tact est le fondement des autres sens, la perception n'étant en dernier ressort que l'acte du contact entre le corps macroscopique ou les corpuscules microscopiques (des odeurs, des saveurs, ou de la lumière et du son) et le sens concerné. Dans cet ordre d'idées il est bien compréhensible que pour Beeckman c'est uniquement la « figura » (figure) des choses qui se prête à l'appréhension par le toucher en même temps que par l'intellect [40]. Ainsi, les *atomes* qui constituent l'univers ne diffèrent entre eux qu'en figure, étant composés d'une seule matière première [41]. En se référant

---

[38] Voir Cornelis de Waard, 'Vie de l'auteur', in: Beeckman Jn., vol.i, p.viii-xiv.

[39] Beeckman Jn., i, p.129 (fol.57.r)(23 décembre 1616-16 mars 1618): « Nihilominus tamen consultum est valde res μακροκόσμου cum μικροκόσμῳ conferre, [et] ex similitudine effectorum similes causas elicere ».

[40] Beeckman Jn., i, p.152 (fol.63.v)(23 décembre 1616-16 mars 1618): « Figura sola rerum et tactu et ratione comprehensibilis, nam reliquae qualitates non intelliguntur nisi sub specie figurarum ».

[41] Beeckman Jn., i, p.152-153 (fol.63.v)(23 décembre 1616-16 mars 1618): « Videntur haec primò a materiâ primâ primae differentiae constitui, ita ut non plures sint differentes figurae quam quatuor; ergo quatuor atomorum figurae constituunt quatuor differentias [..] ». Cf. *ibid.*, iii, p.138 (fol.353.r)[11 octobre-(21 novembre) 1629]: « Atomi videntur

au poème de Lucrèce, dont il étudie apparemment le deuxième livre, Beeckman admet que le *nombre* des figures possibles est limité, parce que le nombre des formes et des espèces des choses qui nous entourent est fini [42]. Les *atomes*, appelés « atomi », « primordia naturae » ou « primordia physica », ont été créés par Dieu et bien « ex nihilo » [43]. Au commencement ils ont acquis une figure telle qu'ils ne peuvent point former toutes sortes de choses, mais seulement celles dont on s'aperçoit dans la nature [44]. Une fois pour toutes les *atomes*, au départ, sont faits « legitime » (légitimement) [45], c'est-à-dire assujettis à une conduite impérative prescrite par leur figure, leur grandeur et leur mouvement. Beeckman compare les possibilités de ses « primordia physica » avec celles des triangles équilatéraux dont on peut composer un octaèdre en combinant huit, ou bien un icosaèdre à partir de vingt exemplaires. Aucune autre combinaison de 5, 6, 7, 9 ou 10 triangles ne sauraient produire un polyèdre régulier [46], c'est-à-dire: dont les sommets occupent le plan d'une sphère. Ceci explique, aux yeux de Beeckman, d'une part qu'il en est des espèces biologiques diverses mais constantes et discrètes [47], autrement dit: sans formes transitoires [48]. A l'évidence, le souci de Beeckman est celui, séculaire, d'Epicure: il s'agit de rendre

tantùm esse quatuor generum, quorum unum est ex quibus constat terra [..], ita ut pura terra constet ex solis atomis eiusdem generis etc. ».

[42] Beeckman Jn., ii, p.43 (fol.117bis.v)(27 mai 1620): « Atomorum igitur, ut ait Lucretius, figurae sunt finitae idque ex finitis formis et speciebus rerum rectè probat ». La référence est à Lucrèce II, 342-380. Cf. *ibid.*, ii, p.32 (fol.157.r)(21 mars 1620).

[43] Beeckman Jn., ii, p.43 (fol.117bis.v)(27 mai 1620): pour le fragment en question, voir la note suivante. Ailleurs il dit que les atomes ont été faits « artificialiter » (artificiellement) par Dieu. Voir *ibid.*, ii, p.63 (fol.124bis.r)(5 juillet 1620).

[44] Beeckman Jn., ii, p.43 (fol.117bis.v)(27 mai 1620): « Adhaec mirari potiùs convenit Dei sapientiam qui naturae primordia, minimaque corpuscula ex nihilo creata, talem figuram dederit ut ex ijs non quidvis possit nasci, sed ea duntaxat quae convenientia toti universitati futura erant ».

[45] Beeckman Jn., ii, p.63 (fol.124bis.r)(5 juillet 1620): « Semel enim omnibus rebus in principio creationis legitimè dispositis, quae sunt coelum et elementa cum corporibus aeternis, coguntur ab ijs atomi non alio quàm debito modo congregari ».

[46] Beeckman Jn., ii, p.124-125 (fol.145bis.v)(1-12 septembre 1620).

[47] Pour l'adjectif « discret », voir ci-après, la section 6.2.1.2, p.220, la note 91.

[48] Voir aussi Beeckman Jn., ii, p.32 (fol.157.r)(21 mars 1620) et *ibid.*, ii, p.69 (fol.126bis.v)(14 juillet-4 août 1620).

plausible la constance dans la succession des générations et d'exclure l'éventualité de monstruosités hybrides, telles les centaures, les syrènes et les griffions de la mythologie grecque. D'après Beeckman, ce caractère discret des *atomes* reflète également la providence de Dieu [49]: c'est que la figure des *atomes* détermine, au préalable, leurs futures possibilités combinatoires et partant la discontinuité des espèces perceptibles. Ainsi, par le choix des figures Dieu a en quelque sorte prédéterminé le cours de l'histoire. L'agrégation d'*atomes* n'est donc aucunement fortuite, comme l'avait soutenu Epicure [50].

Le lecteur moderne remarquera que Beeckman s'avoue ici partisan d'un atomisme déiste: la syncrèse et la diacrèse des *atomes* et partant tout phénomène dans la nature dépendent, selon son avis, des lois que Dieu, en créant ce monde, a investies dans la matière et qui rendent superflue toute action divine ultérieure, du moins sur ces *atomes*. L'enchevêtrement apparent des phénomènes qui se manifeste à l'homme cache alors une succession de causes et d'effets entièrement déterminée. Il est d'ailleurs curieux de voir avancer Beeckman l'argument de la permanence des espèces biologiques en faveur de ce déisme; chez Lucrèce, on s'en souvient, ce même argument avait servi à soutenir l'admission d'une matière inaltérable [51]. Quoiqu'il en soit, il s'agit naturellement d'une question de grande importance, intimement liée qu'elle est à celle de la providence divine et à celle de la prédestination de l'homme, questions très débattues à l'époque dans le cercle des Calvinistes néerlandais. On est à la veille du Synode de Dordrecht, le premier synode national, où les orthodoxes et les flexibles devaient se confronter principalement sur ce point. Beeckman en Calviniste orthodoxe pourtant modéré estime, de sa part, que la prédestination « n'est autre chose qu'un aspect particulier de la providence » [52]. Son atomisme ne lui posait apparemment aucun problème, bien au contraire.

---

[49] Beeckman Jn., ii, p.43 (fol.117bis.v)(27 mai 1620).

[50] Beeckman Jn., ii, p.63 (fol.124bis.r)(5 juillet 1620) et aussi *ibid.*, ii, p.56 (fol.121 bis.v-122bis.r)(24 juin 1620).

[51] Voir ci-dessus, la section 4.2, p.102.

[52] Beeckman Jn., i, p.230 (fol.95.r-95.v)(16-20 octobre 1618): « [..] niet anders is dan een bysondere specie van de providentie ».

Le noyau dur de la nouvelle théorie de la matière est l'association de l'atomisme épicurien christianisé avec la doctrine classique des quatre éléments. Ainsi, Beeckman admet l'existence de quatre genres d'*atomes* correspondant aux quatre éléments [53]. Quoique ces *atomes* ne se distinguent qu'en figure, Beeckman ne précise sagement pas les formes respectives des différentes espèces. C'est donc à partir de ces quatre espèces d'*atomes*, ceux de la terre, ceux de l'eau, ceux de l'air et ceux du feu, qu'est composé tout ce qui se présente dans le monde phénoménal. Le niveau très abstrait de la théorie de Beeckman lui permet non seulement de s'abstenir d'énoncés sur la figure des *atomes*, mais également de noter que le nombre de *quatre* n'est, en fin de compte, qu'une concession à la tradition. La théorie s'avérerait aussi bien sur la prémisse d'un autre nombre d'espèces d'*atomes*, pour peu qu'elles expliquent toutes les qualités des corps. Beeckman convenait expressément que la théorie qu'il avait développée ne prouvait pas qu'il n'y avait pas d'autres figures atomiques hormis les quatre admises; elle ne démontrait que le fait que l'on n'avait pas besoin de *plus* que quatre espèces [54]. Son indifférence relative sur ce point paraît également là où il confond presque inconsciemment les éléments, les qualités primaires (chaleur, froideur, sécheresse, humidité), les quatre humeurs galéno-hippocratiques (phlegme, sang, bile jaune, bile noir) et les principes des chimistes (sel, soufre et mercure). Cette indifférence est du reste raisonnée: Beeckman n'admet, en dernier ressort, qu'un *petit* nombre d'espèces d'*atomes* pour la seule raison qu'un *petit* nombre suffit déjà pour une explication satisfaisante de toute qualité à notre échelle. Après tout, un élément, principe ou humeur était, pour les péripatéticiens, les spagyristes et les médecins, respectivement, quelque chose d'omniprésente. C'est qu'ils occasionnent, par définition, les qualités les plus générales, propres à *tout* objet sous considération. Nous verrons en effet que, sur cette base, le problème de la nature et des conversions des corps est résoluble, et bien d'une manière fort élégante.

---

[53] Voir ci-devant, cette section, p.204-205, la note 41. Voir aussi ci-dessus, la section 4.5, p.121, la note 111.
[54] Beeckman Jn., i, p.153 (fol.64.r)(23 décembre 1616-16 mars 1618): « Nec hinc certò probatur nullam aliam figuram praeter ejus quatuor in atomis esse, sed saltem non plures requiri ».

En commentant l'ouvrage Περὶ συνθέσεως τῶν φαρμάκων τῶν κατὰ γένη (*De la composition de médicaments distribués en genres*) de Galien, Beeckman fait ressortir que les médicaments sont composés de particules dont chacune pour soi possède la vertu curative [55]:

> « Lesquelles parties sont parfois dans leur genre les plus petites possibles; c'est-à-dire, si elles sont coupées, elle perdent cette faculté ».

De telles particules minimales - ailleurs appelées « minima naturalia » [56] ou « minima substantialia » [57] - il remarque dans le même fragment du journal [58]:

> « Mais tantôt ces minima sont de la même nature, si bien que chacun pris à part, disjoint de l'amas des autres minima de la même nature, montre une telle vertu dans la partie du corps [humain concernée] ».

Beeckman parle, apparemment, de particules très petites de la même espèce, sans qu'il précise pour autant si elles sont égales entre elles quant à la figure, la grandeur et/ou la composition. Une telle notion est également dérivée pour les filaments qui constituent les matériaux divers du corps humain [59]:

> « [..] les minima naturels de ces filaments, c'est-à-dire de tels corpuscules, qui étant coupés en deux ne peuvent plus être nommés parties de chair (c'est-à-dire, de filaments de chair), d'os, etc. ».

Quelque temps plus tard, selon le journal, les vues de Beeckman se sont développées encore. Maintenant il considère la *composition* des *minima* en

---

[55] Beeckman Jn., ii, p.91 (fol.134bis.r)(4-7 août 1620): « Quae partes aliquando in eo genere sunt minimae; id est, si secentur, amittunt suam hanc vim ».

[56] Beeckman Jn., ii, p.98 (fol.136bis.v)(7-19 août 1620).

[57] Beeckman Jn., ii, p.117 (fol.143bis.r)(24-26 août 1620).

[58] Beeckman Jn., ii, p.91 (fol.134bis.r)(4-7 août 1620): « Sunt autem haec minima interdum ejus naturae, ut unumquodque per se positum, ab aliorum ejusdem naturae minimorum commercio sejunctum, talem vim exerat in membro ».

[59] Beeckman Jn., ii, p.103 (fol.138bis.v)(7-19 août 1620): « [..] filamentorum minima naturalia, id est talia corpuscula, quae bisecta non possint dici partes carnis, id est filamenti carnei, ossei, etc. ».

proposant une échelle de complexité décroissante, le niveau le plus haut correspondant au *minimum* de la substance dont consiste la partie du corps humain concernée. Si l'on divise un tel *minimum*, dit-il à peu près, les facultés de cette partie du corps (la chair, par exemple) périssent, tandis que les vertus de ses particules constituantes se révéleront; ces particules étant divisées à leur tour, elles perdent leurs propres facultés et font paraître celles de leurs composants, et ainsi de suite. La relation des *minima* de différents niveaux de complexité est comparée à celle qui existe entre le doigt, la main, le bras et le corps entier [60]:

> « [..] le doigt est le réalisateur de certaines actions, la main d'autres actions en plus, le bras dans son entièreté avec la main et les doigts encore d'autres actions en plus, et, enfin, tout le corps encore d'autres en plus ».

A la limite, le *minimum* d'un matériau du corps humain est comparé, quant à ses pouvoirs et à la relation aux pouvoirs de ses particules constituantes au corps humain et les membres qui le composent [61]. Au fur et à mesure que la doctrine beeckmanienne s'effleurit au cours des mois de mai jusqu'au mi-septembre 1620, cette analogie devient de plus en plus prononcée, quoiqu'elle aille rapprocher le *minimum* d'une substance quelconque pas tellement à l'individu humain, mais plutôt à l'individu animal en général. Chaque *minimum* pris à part est donc considéré comme ce que nous avons appelé *individu substantiel*. Chacun est effectivement la condition à la fois nécessaire et suffisante pour l'existence d'une espèce de matériau. Beeckman est très clair sur ce point: chacun des *minima* d'un médicament manifeste la vertu curative, l'activité de l'amas n'est que la somme de celles des *minima* composants. Parallèlement, le *minimum* devient, par son aspect de complexe d'*atomes*, de plus en plus l'homologue épistémologique de notre *molécule* moderne. Nous allons retracer ci-après le train d'idées qui y a amené. Signalons à l'avance que Beeckman abandonne à un moment donné le mot de *minimum* pour ne parler que d'*homogenea*.

---

[60] Beeckman Jn., ii, p.117 (fol.143bis.r)(24-26 août 1620): « [non aliter quam] digitus actionis alicujus est auctor, manus extrema alterius, brachium totum cum manu et digitis alterius, totum corpus alterius ».
[61] Voir, par exemple, Beeckman Jn., ii, p.118 (fol.143bis.v)(26 août 1620).

La nouvelle théorie de la matière de Beeckman peut être regardée, approximativement, comme une interprétation atomiste de la doctrine médicale de Galien. Ainsi Beeckman commence par quelques considérations sur la composition élémentaire des hommes et des animaux et sur les modalités de leur procréation [62]:

> « [..] parce que l'homme s'engendre d'une certaine proportion de ces quatre [éléments, qualités] et les animaux d'autres proportions. Si la proportion qui est apte à l'homme est en effet un peu changée, si bien que la chaleur prédominera, le résultat peut encore toujours être un homme; si cependant la chaleur prédomine par beaucoup, non seulement il n'en résultera pas d'homme, mais pas d'animal non plus. Parce qu'il n'est pas digne de foi qu'il peut y avoir beaucoup de formes intermédiaires entre l'homme et l'animal qui prendraient une partie de l'homme et une partie de l'animal. Chaque espèce possède sa [propre] proportion des éléments, laquelle, lorsqu'elle périt, ne sera pourtant pas tout de suite [la proportion caractéristique d']une autre espèce; dans ce cas le composé sera résolu entièrement jusqu'à ce que les parties atteignent une certaine proportion, d'où puisse se former quelque chose ».

Nous lisons ici que, pour Beeckman, chaque espèce exige une certaine proportion caractéristique des éléments (ou des qualités) et que pour chaque proportion il y a un petit intervalle de variation. Selon lui, il existe en effet une certaine moyenne dans la proportion des composants de chaque espèce [63]:

> « Pour cette raison il y a une certaine [proportion] moyenne dans toute espèce, laquelle, s'il y a un individu qui est plus chaud ou plus sec etc., est moins performante dans cette espèce [..] ».

---

[62] Beeckman Jn., ii, p.69 (fol.126bis.v)(14 juillet-4 août 1620): « [..] homo enim fit ex certâ illorum quatuor proportione, bestia ex alia. Si verò proportio quae homini convenit, paulum mutetur, ita ut calor superet, poterit adhuc esse homo; si magis superet, non modò non erit homo, sed ne animal quidem. Nam non credibilè est inter hominem et bestiam posse esse multas formas medias, quae partem hominis et partem bestiae capiant, sed unicuique speciei est sua elementorum proportio, quae, si corrumpatur, non tamen statim erit alia species, verùm compositio planè dissolvetur donec perveniant partes ad aliquam proportionem, ex quâ aliquid fieri potest ».

[63] Beeckman Jn., ii, p.69 (fol.126bis.v)(14 juillet-4 août 1620): « Hinc fit aliquod esse medium in omni specie, quod si quis est calidiùs, sicciùs etc. jam minus efficax est in illâ specie [..] ».

Sur la semence de l'homme il remarque plus en particulier [64]:

> « Nous savons que la semence de l'homme a alors une certaine [proportion] moyenne et que si elle est [un peu] plus chaude, elle donne un homme faible, mais quand même un homme. Si la chaleur dépasse la largeur de l'intervalle prescrit pour l'homme, il n'y aura cependant pas directement un quelconque animal spécial [..], puisque cette proportion est telle qu'elle ne peut aucunement produire un animal ».

Et Beeckman de conclure [65]:

> « [..] qu'il y a dans l'homme une certaine [proportion] moyenne que l'on appelle 'conforme aux ordonnances' et qui permet 'un bon mélange'; quelqu'un qui en dévie dans une des directions [dans l'intervalle autour de la moyenne] manifeste une aberration; propre à cette aberration est [un intervalle d'] une [certaine] largeur ».

La proportion moyenne et l'intervalle qui l'entoure correspondent à une certaine proportion numérique entre les *atomes* des éléments; Beeckman cite l'exemple d'une composition imaginaire consistant en particules de terre, d'eau, d'air et de feu dans la proportion de 5 : 3 : 4 : 3. L'espèce d'un matériau du corps humain n'est pourtant pas déterminée par cette seule proportion: il y a aussi l'arrangement spatial des *atomes* concernés qui compte. Remarquons que Beeckman sort ici du domaine des considérations sur la constitution du corps humain pris dans son entièreté: il va appliquer ce qu'il a dit de l'*individu* humain aux amas de *minima* que sont les matériaux composant l'homme, dont il cite en exemples les veines, les nerfs et les os [66]. Ainsi, il admet que ces substances, elles aussi, sont caractérisées par une « temperies media » (proportion moyenne) des *atomes*, ces derniers ayant également un intervalle de dimensions défini.

---

[64] Beeckman Jn., ii, p.69 (fol.126bis.v)(14 juillet-4 août 1620): « Sciamus igitur semen hominis aliquod esse medium, quo, si sit calidiùs, constituit hominem imbecillem, sed tamen hominem. Si verò excedat latitudinem humanam, non tamen statim erit propriùs alicujus animalis [..], quia ea talis est proportio quae nullum animal possit producere ».
[65] Beeckman Jn., ii, p.70 (fol.127bis.r)(14 juillet-4 août 1620): « [..] in homine aliquod esse medium quod vocant *justitiae*, qualis dicitur εὔκρατος, a quo, qui recedit in alterutram partem, intemperatus est, cujus intemperiei est aliqua latitudo ».
[66] Beeckman Jn., ii, p.70 (fol.127bis.r)(14 juillet-4 août 1620).

En se référant à ce qu'il venait d'écrire sur l'analogie entre les *atomes* et les entités discrètes qui en dérivent, d'une part, et les triangles équilatéraux et les polyèdres réguliers qui en peuvent être composés, d'autre, Beeckman fait quelques observations très pertinentes sur les espèces distinctes - six en total - des métaux [67]:

> « c'est-à-dire qu'il n'y a que six homogenea métalliques, dans la mesure où ils sont distingués des pierres et des autres choses, donc six espèces de substances fusibles et malléables par le marteau etc. Les éléments ou principes ou atomes ou, si l'on veut, ces homogenea ou particules (à partir desquels l'homogeneum ou la particule métallique est composé) ne peuvent pas de quelque façon que ce soit qu'ils sont unis, constituer quelque chose d'intermédiaire entre l'or et l'argent, entre le plomb et l'étain, ou entre le fer et le cuivre. Mais ces métaux qu'on appelle 'moyens' sont composés de divers[es espèces d']homogenea, dont chacun[e] réuni[e] séparément constituerait un métal pur [..]; ainsi si les homogenea d'où se forment les métaux sont composés d'une manière différente des six manières mentionnées, ils ne cohéreront pas ou ils n'auront pas la fusibilité et la ductilité, etc. [..] ».

Les différences que Beeckman suppose entre les *minima* des six espèces de métaux - appelés « homogenea » dans ce fragment - correspondent à celles que manifestent les espèces animales, du moins c'est ce qu'il suggère ici: puisqu'il n'y ait pas d'êtres vivants intermédiaires entre l'homme et les animaux, il n'existerait pas non plus des entités métalliques constituant des formes transitoires entre les différentes espèces de métaux. Il en découle aussi, de ce fragment, que Beeckman était conscient de ce que c'est qu'un *corps pur*: un échantillon d'un métal véritable n'est, pour lui,

---

[67] Beeckman Jn., ii, p.127 (fol.146bis.r-146bis.v)(13 septembre 1620): « [..] id est sex tantùm sunt homogenea metallica, prout distinguuntur à lapidibus et rebuscaeteris, existentia videlicet (*) substantiae fusilis et extensilis malleo etc. Neque possunt elementa aut principia aut atomi, aut, si placet, ea homogenea vel particulae (ex quibus proximè et immediatà homogeneum aut particula metallica constat), quovis modo inter se conjuncta, medium quid constituere inter aurum et argentum, plumbum et stannum, ferrum et aes. Sed ea, quae media dicuntur, constant ex diversis homogeneis, quorum unumquodque separatim collectum constitueret metallum purum [..]; sic si homogenea, ex quibus metalla fiunt, aliter conjungantur, quàm sex dictis modis, vel non cohaerebunt, vel non habebunt fusibilitatem et ductibilitatem, etc. [..] ». (*) Dans le texte latin De Waard a inséré ici les mots « ex particulis ». Nous craignons cependant qu'il s'agisse d'un malentendu. Notre traduction sur ce point est d'ailleurs assez libre pour raisons de clarté.

qu'un amas d'*homogenea* de la même espèce, dont chacun est composé d'*atomes* des quatre éléments. Il paraît également de ce fragment que Beeckman utilisait le mot d' « homogeneum » en deux sens: pour la particule ultime de la matière première, donc pour l'*atome*, ainsi que pour les *minima* qui en sont composés. Il admet, on le voit, l'existence d'*homogenea non-composés* et d'*homogenea composés*. Cependant depuis 1620 il réserve, le plus souvent, le mot d'*homogeneum* pour les complexes et le mot d'*atomes* pour les particules élémentaires.

L'analyse de ce fragment de contenu déjà très riche nous facilitera la compréhension de la partie cruciale du journal concernant l'énoncé sur les « homogenea physiques ». En rendons-nous compte, du reste, que le développement qu'a parcouru la pensée de Beeckman à ce sujet s'est passé très vite: la plupart des considérations datent de 1620, plus précisément d'entre le mois de mai et le mi-septembre de cette année. Ainsi, le fragment cité ci-dessus date du 13 septembre. Le lendemain, nous voyons dans le journal, Beeckman a élaboré encore son opinion sur les *homogenea composés* [68]:

« Certains homogenea [des éléments, des principes spagyriques] assemblés d'une certaine manière constituent alors une certaine espèce quelconque. Les différences dans la grandeur des homogenea déterminent en effet les différences individuelles infinies de cette espèce, par lesquelles cet individu-ci est meilleur que celui-là; différences infinies en grandeur et en distinction entre les homogenea [de la même espèce]; différences, enfin, qui varient dans la mesure qu'il peut s'établir une jonction [entre les homogenea constituants] dans cette proportion qui détermine l'espèce. L'individu diffère alors de l'espèce, parce qu'entre cette grandeur-ci et celle-là il y a des grandeurs infinies, plus grandes que la dernière, plus petites en effet que la première. Et entre cet *homogeneum physique*-ci - ou bien celui-ci - et celui-là, il n'y a aucun qui intercède quant à la figure, car les

---

[68] Beeckman Jn., ii, p. 128 (fol. 146bis. v) (14 septembre 1620): « Certa igitur homogenea et certo modo conjuncta constituunt certam aliquam speciem. Differentiae verò quantitatis homogeneorum constituunt hujus speciei infinitas differentias individuales, quibus hoc individuum est meliùs illo, infinitis diversitatibus, quantitate et intercapedine inter homogenea tam diu variatis, quàmdiu in illâ proportione potest fieri connectio, quae speciem constuit. Differt igitur individuum à specie, quòd inter hanc et illam quantitatem sint infinitae quantitates, majores illâ, minores verò hac. At inter hoc vel illud *homogeneum physicum*, et hoc, quoad figuram, nullum aliud intercedit, cùm figurae sint finitae et determinatae, quae hanc speciem possint constituere » (c'est nous qui soulignons).

figures qui peuvent constituer cette espèce sont finies [en nombre] et déterminées ».

Selon Beeckman, ce 14 septembre 1620, chaque espèce de substance, en tant que *corps pur*, consiste donc en particules minimales caractéristiques appelées *homogenea physiques*. Ces corpuscules secondaires montrent de petites dissemblances individuelles et sont alors de la même *espèce substantielle* sans être entièrement identiques. Apparemment, ces *homogenea physiques* sont définis *individus substantiels*: chacun pris à part résume en effet l'espèce en question. En outre ces *homogenea* sont formés d'un certain nombre d'*atomes* des éléments ou des principes unis dans un arrangement spatial caractéristique; quant à la figure et la grandeur, les *atomes* montrent une certaine variabilité [69]. Il va de soi, dans ce contexte, que l'*amas* d'*homogenea physiques* d'une certaine espèce - l'agrégat selon la terminologie moderne - n'a pas un propre statut épistémologique à soi dans la doctrine beeckmanienne.

Comme nous l'avons déjà indiqué ci-dessus, le parallèle entre l'*homogeneum* d'une substance et le rapport avec ses composants, d'un côté, et le corps humain et la relation avec ses parties, de l'autre, s'est présenté plusieurs fois à Beeckman [70]. Or l'idée directrice de ce dernier paraît avoir été l'analogie que nous avons rencontrée auparavant chez Simplicius et Philopon, à savoir celle entre le corpuscule caractéristique mais invisiblement petit d'une substance phénoménale et l'individu animal et/ou humain. Cependant, chez Beeckman, l'analogie est poussée plus loin encore du fait de son hypothèse des *atomes* élémentaires. L'être vivant avec son nombre déterminé de parties (disons tête, tronc, bras, jambes) de grandeur légèrement variable et arrangées dans une certaine structure spécifique, nous semble effectivement le modèle beeckmanien pour saisir l'*individu substantiel*. A en croire Beeckman, l'arrangement spatial des *atomes* dans l'*homogeneum* est en effet essentiel dans ce sens, qu'un changement dans

---

[69] Un modèle en plexiglas de la théorie de Beeckman a été réalisé, en 1985, par la Société Eiso Bergsma (Amsterdam) en coopération étroite avec Wim Wallroth, préparateur de chimie au Lycée Waterlant (Amsterdam). Ce modèle a été exposé à plusieurs reprises, entre autre, en 1988, à l'occasion du quatrième centenaire de la mort de Beeckman, pendant le congrès d'été de la Société royale néerlandaise de Chimie (Université de Delft, les 25 et 26 août 1988).

[70] Voir ci-dessus, cette section, page 209, la note 60.

cet arrangement suffit pour donner naissance à l'*homogeneum* d'un tout autre corps [71]. La cohésion des *atomes* dans l'*homogeneum* et des *homogenea* dans l'amas est par ailleurs attribuée à une action de contact, comme celle de deux surfaces planes bien polies. Etant donné que la surface disons active croît à la mesure que les parties d'un tout sont plus petites, Beeckman conclut que l'attraction entre les particules minimales d'un corps, les *atomes* en particulier, sera maximale [72]. Nous remarquons

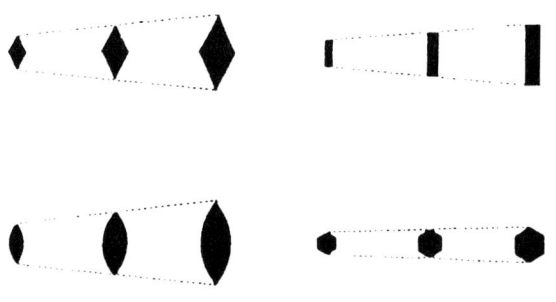

Figure 3

Les quatre genres d'*atomes* de Beeckman avec leur domaine de grandeur. Nous avons réduit les légères différences individuelles en forme et en grandeur à la seule différence en grandeur. Les figures que nous avons choisies sont du reste entièrement arbitraires.

pour conclure que tout matériau, de quelle origine qu'il soit, est considéré comme amas d'*homogenea*, les matériaux d'un être vivant pas moins que

---

[71] Beeckman Jn., i, p.153 (fol.64.r)(23 décembre 1616-16 mars 1618): « Fieri enim potest ut duae res aequalibus constent portionibus corporum ignis, aeris, aquae et terrae, suntque tamen dissimilis naturae »; « [..] forma enim ex diverso situ spectatur ».

[72] Beeckman Jn., ii, p.30 (fol.156)([15]-21 mars 1620): « Cùm igitur superficiebus sibi invicem applicentur et corporeitate quodque ad proprium locum secedat, sequitur connexionem in parvis rebus esse validissimam fitque ex aere, aqua, terrâ [et] igni purissimis, in minimasque sectis particulas, corpus omne mixtum continens elementa, arctissimè conjuncta ».

les composants du règne minéral. D'où sa théorie de l'action thérapeutique d'un médicament en cas de maladie: les *homogenea* du médicament rétablissent la composition normale des *homogenea* du matériau touché, soit par l'enlèvement du surplus, soit par la restauration d'un déficit,

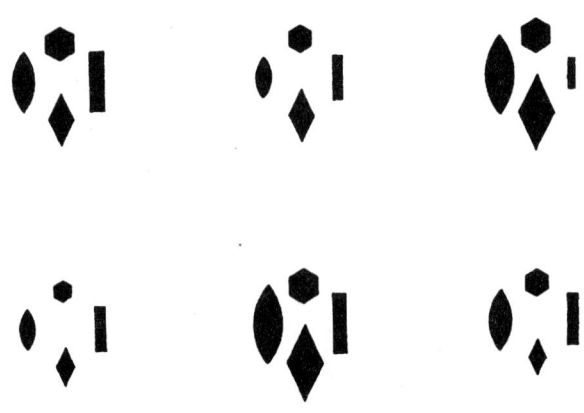

Figure 4

Quelques exemples d'*homogenea physiques* de même espèce, qui montrent entre eux de petites différences - comme les individus animaux - à cause des légères différences en grandeur des *atomes* constituants. L'arrangement spatial est pourtant semblable. Ainsi, la variabilité sur le niveau des *atomes* est à l'origine de celle sur le niveau des *homogenea*.

tout ceci en termes d'*atomes* de terre, d'eau, d'air et de feu. Ainsi l'action d'un remède composé de plusieurs médicaments simples est décrite comme suit [73]:

---

[73] Beeckman Jn., ii, p.72 (fol.127bis.v)(14 juillet-4 août 1620): « [..] Cum enim ex diversis ea sint composita homogeneis, hoc homogeneum hanc corporis particulam mutat; hoc verò illam vicinam. Hoc est: id quod egreditur ex hoc homogeneo, adjungitur huic particulae; quod verò corpusculum exit ex altero homogeneo, applicatur alteri corporis particulae, ita ut una eademque corporis particula unumque idemque tantùm recipiat alterans ».

> « Comme ceux-ci [les médicaments] sont composés de différent[e]s [espèces d'] homogenea, cet homogeneum-ci changera cette particule du corps et cet homogeneum-là une particule voisine. C'est-à-dire: ce qui se détache de cet homogeneum-ci rejoint cette particule-ci; le morceau qui se libère de l'autre homogeneum s'applique à l'autre particule du corps, en sorte que l'une et la même particule du corps reçoit toujours un seul et même homogeneum curatif ».

C'est dire que le corps vivant est un agrégat de différents amas d'*homogenea* et que l'état physique du tout est déterminé par la composition de ces constituants. Une déviation locale de la « temperies media » (proportion moyenne) occasionne une indisposition, qui peut être guérie par le rétablissement de la composition originale. L'anatomie moléculaire de Beeckman se double alors d'une pathologie ainsi que d'une pharmacologie tout aussi moléculaire ! Il est du reste à noter que Beeckman n'aborde pas la question de la contagiosité de maladies [74]. C'est seulement l'interprétation d'une maladie en tant que phénomène d'ordre physico-chimique qui le préoccupe [75].

6.2.1.2 Un univers discret et sa mathématique

La terminologie tout particulière de Beeckman nous révélera par ailleurs un autre aspect de sa vision du monde. Il parle d'*homogenea physiques*, et souvent depuis 1620, d'*homogenea* tout court, pour désigner les entités que nous reconnaissons sans problème comme nettement moléculaires. Le plus souvent, au XVIIe siècle comme aujourd'hui, un corps est appelé « homogène », lorsqu'il a partout les mêmes propriétés, disons la même composition [76]. Dans ce sens l'adjectif est venu remplacer en quelque sorte le terme d' « homoiomère » des philosophes médiévaux et antiques.

---

[74] A en croire son journal, Beeckman n'a pas connu l'œuvre de Fracastoro avant 1631; voir Beeckman Jn., iii, p.204 (fol.379.v)(16 mars-12 avril 1631). De toute façon il n'établit pas un parallèle entre sa théorie d'*homogenea physiques* et celle des *semences de la contagion* de Fracastoro, ni en 1620, ni en 1631.

[75] Sur ce point, sa théorie peut être rapprochée de celle de Platon; voir ci-dessus, la section 2.3, p.42-43.

[76] Voir ci-dessus, la section 5.3.2, p.167, la note 78 (Sennert) et ci-après, les sections 6.3, p.242, la note 177 (Jungius), et 7.2, p.266, la note 70 (Lamy).

Comme substantif cependant le mot en question est très rare, voire unique, dans le contexte d'une théorie de la matière: à notre connaissance, aucun auteur avant ou depuis Beeckman ne s'en est servi [77]. Par contre dans la littérature mathématique contemporaine il nous a paru très courant, notamment depuis François Viète (1540-1603). Or Viète est l'un des fondateurs de la nouvelle algèbre symbolique, une nouvelle forme de mathématique résumée dans son chef-d'œuvre *In artem analyticem isagoge (Introduction en l'art analytique)*, publié en 1591. Il est question d'une « lex homogeneorum » (loi des homogènes) qui veut que, dans une équation, seulement des choses semblables sont comparées entre elles et peuvent être additionnées ou soustraites [78]. Dans ce sens on le rencontre aussi chez les successeurs de Viète, dont Thomas Harriot [79], que nous connaissons, et William Oughtred (1575-1660) [80] et John Wallis (1616-1703). Ce dernier, historien à son heure, nous indiquait par ailleurs la source probable de cette terminologie, à savoir les Στοιχεῖα (*Eléments*) d'Euclide, plus exactement la définition V.3 [81]. Or cette définition est ainsi [82]:

Λόγος ἐστι δύο μεγεθῶν ὁμογενῶν ἡ κατὰ πηλικότητά ποια σχέσις.

Ce qui se traduit par:

« Une proportion est quelque rapport de deux grandeurs homogènes selon leur taille ».

L'interprétation de cette définition a donné lieu à un débat qui perdure encore aujourd'hui. D'après Eduard Jan Dijksterhuis il y en a deux possibilités, qui remontent toutes deux à la distinction d'Aristote entre choses

---

[77] Le mot n'est pas dans la partie de la thèse qui ait survécue (Beeckman 1618) et n'apparaît qu'une seule fois dans la sélection des pensées de Beeckman publiée par son frère Abraham (Beeckman 1644, 'problema' 88, p.55-56).
[78] Viète 1591, p.4.v: « homogenea homogeneis comparari ».
[79] Harriot 1631.
[80] Oughtred 1631.
[81] Wallis 1656, p.15.
[82] Euclide 1883-1916, p.2.

continues et choses dénombrables [83]. Or il se trouve que selon Frans van Schooten père (1581/82-1645), professeur des mathématiques à l'université de Leyde et dont Beeckman a suivi les cours, la définition V.3 se réfère à la fois à des choses continues et discontinues [84]. Or les principales traductions contemporaines, celle de Federico Commandino (1509-1575) notamment, parlent de « magnitudines eiusdem generis » (grandeurs de même genre) [85]; le mot latin d' « homogeneum » n'y figure toutefois pas. Remarquons, enfin, que les « grandeurs homogènes » au sens euclidéen se réfèrent, dans le cas discret, à l'amas plutôt qu'aux composants de ce dernier.

Beeckman a sans doute connu les *Eléments* d'Euclide. Ils figuraient dûment sur une liste d'ouvrages recommandés par son professeur de physique à l'université de Leyde, Rudolphe Snellius (fl.c.1605) [86], et Beeckman en possédait plusieurs exemplaires [87]. A notre opinion, il en a emprunté ce mot d'*homogeneum*. Chez lui cependant l'adjectif est devenu substantif et va s'appliquer, non à l'amas, mais aux constituants individuels de l'amas. Le débat sur l'interprétation de la définition V.3 d'Euclide se reflète en quelque sorte dans la distinction que chérie Beeckman entre le monde physique, essentiellement *discret*, et le monde mathématique, foncièrement *continu*. Ainsi, pendant l'été de 1619, Beeckman discute la distinction à faire entre *points* mathématiques et *points* physiques: dans un objet quelconque le nombre de points mathématiques est sans doute infiniment grand, alors que celui de points physiques est peut-être très grand mais en tout cas limité [88]. Parfois ce qui est mathématiquement impossible n'en est pas moins physiquement réalisable. Il cite en exemple la quadrature du cercle: les « primordia physica » du cercle physique et donc matériel, disons d'une corde arrangée en cercle, se prêtent sans problèmes à un arrangement rectangulaire. Après tout, ces « primordia physiques »

---

[83] Dijksterhuis, in: Euclide 1929-1930, ii, p.56-57.
[84] Euclide 1617, p.41.
[85] Euclide 1572, p.57.r.
[86] Cette liste date de 1609. Voir Beeckman Jn., iv, p.17-18.
[87] Le catalogue de la vente aux enchères de sa bibliothèque mentionne deux éditions d'une traduction néerlandaise, de la main de Jan Pietersz Dou (Leyde, 1606 et 1607). Voir Beeckman 1637.
[88] Beeckman Jn., i, p.317 (fol.126.v-127.r)(18 juin 1619).

constituent la « communis mensura » (mesure commune) du carré et du cercle. En effet, aucune chose matérielle n'est, physiquement parlé, infiniment divisible. On rétorquera peut-être que ce cercle physique ne saurait être parfaitement rond. Quoique Beeckman ne se soit pas posé cette question, du moins dans son journal, il aurait pu répondre que ces « primordia physiques », disons les futurs « homogenea physiques », sont presque par définition imperceptiblement petits, si bien que notre œil qui, lui comme tout autre organe sensoriel, fonctionne physiquement, ne remarquera aucune différence entre le cercle matériel et le cercle idéal. Ailleurs il stipule que, au point de vue mathématique, le temps et l'espace sont infiniment divisible, tout comme une ligne mathématique [89]. Ceci n'empêche tout de même que le temps *physique*, celui que nous vivons, consiste, comme la ligne *physique*, en « primordia ». Or les « primordia » du temps sont appelés « momenta individua » (moments indivisibles) [90]. Ainsi, d'une manière générale *tous* les phénomènes naturels sont, sans exception, décrits en termes d'un genre approprié de « primordia physica », non seulement les phénomènes durables comme les substances physico-chimiques et médicales, mais aussi les phénomènes plutôt passagers comme la lumière, le son et le magnétisme. Même la « vis attractiva » (force attractive) avec laquelle la terre attire un objet abandonné à la chute libre se fait de façon « discrète » [91], par une succession de petites secousses. « Haec vis » (Cette force), écrit Beeckman notamment [92]:

---

[89] Beeckman Jn., iii, p.102 (fol.138bis.r-138bis.v)(7-19 août 1620). Voir aussi *ibid.*, ii, p.246 (fol.178bis.r)(16 avril-6 juillet 1623).

[90] Beeckman Jn., i, p.262 (fol.105.v)(23 novembre-26 décembre 1618): « Cum autem momenta haec sint individua [..] ».

[91] L'adjectif de « discret » a une histoire à lui. Commandino, dans ses prolégomènes aux *Eléments* d'Euclide, souligne la distinction à faire entre choses « continues » et choses « discrètes » en se posant la question: « Quis enim ignorat quantitatem aliam esse continuam, aliam vero discretam ? » (Qui pourtant ignore que certaines grandeurs sont continues et d'autres discrètes ?)(Euclide 1572, 'Prolegomena', p.ii). Sa division des mathématiques dérive justement de cette distinction. La scholie antique qu'il reproduit suite à la définition 5.3 dit par ailleurs que celle-ci se réfère au même titre aux deux genres de choses. Le texte dont Commandino donne la traduction gréco-latine remonte à Théon d'Alexandrie (IVᵉ s. A.D.). Pour un exemple contemporain, tiré de Basson, de l'usage du mot de « discreta » au sens de Beeckman, voir ci-après, p.230, la note 123.

[92] Beeckman Jn., i, p.264 (fol.106.v)(23 novembre-26 décembre 1618): « [..] non [..] reverâ continua, sed discreta, et, ut belgicè loquar, sy treckt met cleyne hurtkens [..] ».

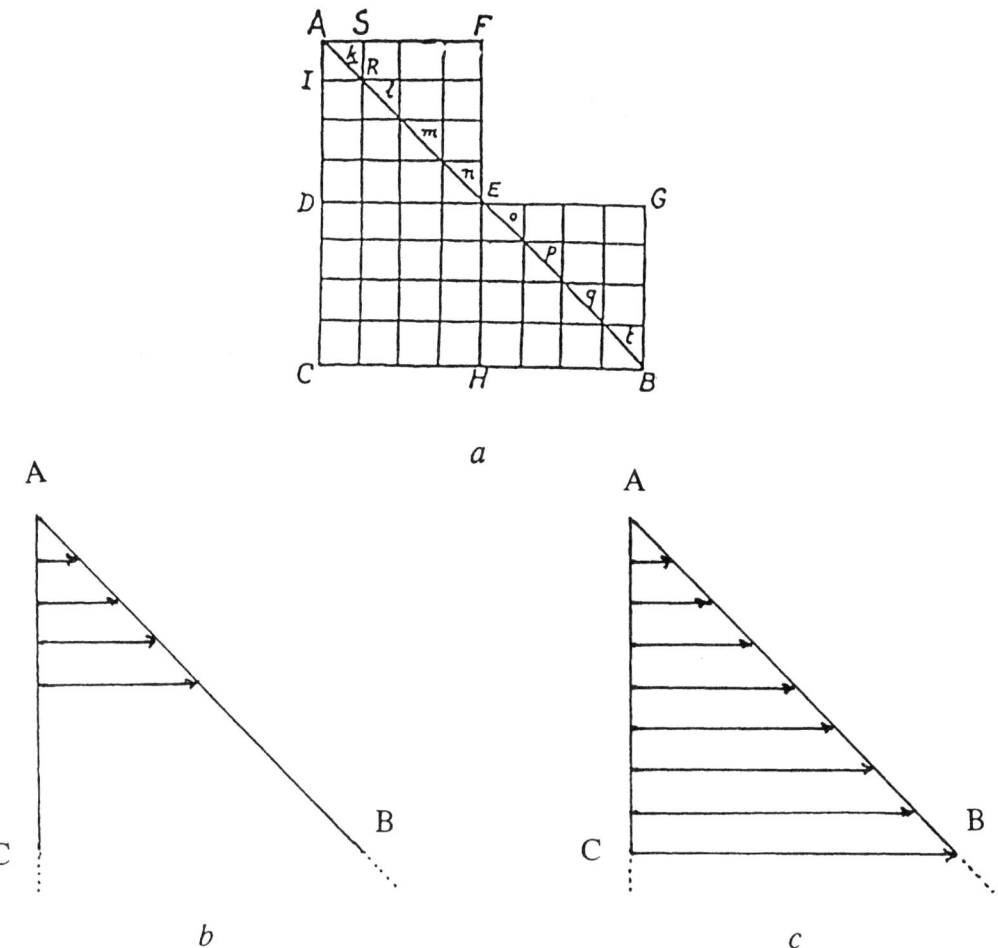

Figure 5

A la recherche du rapport entre le temps et l'espace parcouru pendant la chute libre d'un grave, Beeckman va établir avec une précision croissante le rapport des trajectoires en une et en deux heures. Ce rapport revient au rapport de deux sommes de la même suite arithmétique, prises sur des nombres de termes dont l'un est le double de l'autre. Lorsqu'on augmente les nombres en question indéfiniment, le rapport des sommes se rapprochera toujours davantage de 1 : 4, pour n'y dévier, à la longue, que « non sensibiliter » (insensiblement). Figure 5.a est la reconstruction d'un dessin de Beeckman [Beeckman Jn., i, p.264 (fol.106.v)(23 novembre-26 décembre 1618)]. Figures 5.b, c reproduisent notre élaboration.

« n'est pas vraiment continue, mais discrète et, comme on dit en Néerlandais 'elle tire avec de petites secousses' ».

C'est précisément pour cette raison que les effets additionnés de la force attractive puissent être évalués mathématiquement. C'est qu'ils constituent, d'après Beeckman, une « progressio arithmeticae » (suite arithmétique) que l'on peut sommer. Avec Descartes il trouve alors le rapport exact entre l'espace parcouru et le temps: lorsqu'on conçoit ces « minima physica vis attractiva », c'est-à-dire les ultimes secousses, suffisamment petits, la vitesse du grave s'accroît avec le temps et l'espace parcouru avec le carré du temps. Beeckman compare dans ce but les espaces parcourus en une et en deux heures (Figure 5). Il s'imagine d'abord le temps divisé en deux parties d'une heure ce qui donne un rapport de 1 : (1 + 2) = 1 : 3 pour les sommes des termes. Or, en cas de quatre parties *par heure* on aura (1 + 2 + 3 + 4) : (1 + 2 + .. + 7 + 8) = 10 : 36 (Figures 5.b et c). Pour huit parties encore plus petites *par heure* le rapport des sommes de vitesses sera de 36 : 136. Or Beeckman s'aperçoit qu'à mesure que les parties du temps sont plus petites, ce rapport se rapprochera davantage de 1 : 4. Dans le cas extrême, pour ne pas dire, par anachronisme, *à la limite*, le rapport des espaces parcourus ne déviera que « non sensibliter » (insensiblement) de 1 : 4 [93]. Du fait que le temps *physique* est composé de « moments indivisibles », qui, comme tout autre genre de « primordia », sont imperceptiblement petits, le cas extrême ne résume que l'état de fait. Ainsi, le fonctionnement physique de la nature comporte une mathématique adaptée, c'est-à-dire: tout aussi discrète. La preuve arithmétique de la proportionnalité entre l'espace parcouru et le carré du temps se situe par ailleurs dans le prolongement d'une autre, plutôt géométrique et attribuée à son ami Descartes, où l'on déduit ce rapport sur la base de considérations sur le rapport de surfaces triangulaires; dans ce cas le

---

[93] En notation moderne, le raisonnement de Beeckman revient au suivant:

$$\frac{s_1}{s_2} = \frac{\sum_{n=1}^{n=i} n_i}{\sum_{n=1}^{n=2i} n_i} \downarrow \frac{1}{4}$$

temps est devenu une entité *mathématique* et on arrive au rapport correct des surfaces en admettant des moments *mathématiques*, c'est-à-dire « nullius quantitatis » (de grandeur zéro). Le fait que la méthode plutôt géométrique donne la bonne réponse n'implique du reste pas qu'elle représente la réalité physique. C'est qu'il y a [94]:

> « [..] un certain espace minimal physique [du reste] mathématiquement divisible, par lequel le minimum physique de la force attractive meut un objet [..]; [si bien que cette méthode géométrique est correcte] puisque ce [minimum] est tellement petit, que du fait de la quantité des termes de la suite, la proportion [des sommes] des nombres ne diffère qu'insensiblement de la proportion continue des triangles ».

Ainsi, tout ce qui est physique et discret se double d'une mathématique parfaitement adaptée. D'où sans doute l'expression *physico-mathématique* que Beeckman adoptait pour caractériser sa vision des sciences de la nature. René Descartes, à qui il avait posé la question du rapport de l'espace parcouru et le temps, avait proposé la méthode géométrique, mais Beeckman, comme nous venons de le voir, préfère sa propre interprétation qui lui paraît conforme à la réalité physique. Remarquons ce trait particulier de la mathématique envisagée qui consiste à calculer un rapport de surfaces congénères par la sommation de deux suites semblables et un passage à la limite tant soit peu développé. Le traitement de suites, soit arithmétiques, soit géométriques, était monnaie courante, surtout depuis Richard Swineshed (fl.c.1340-1355), le célèbre Calculateur du Collège de Merton, à Oxford, qui avait étudié des changements de tout ordre et leur expression mathématique sous forme de progressions. Si cette mathématique de Swineshed était encore et avant tout une mathématique logique, elle fonctionnait pas moins de façon efficace, comme l'a récemment montré John North [95]. Toutefois, chez lui, comme plus tard chez Nicole Oresme (c.

---

[94] Beeckman Jn., ii, p.264 (fol.106.v)(23 novembre-26 décembre 1618): « [..] aliquod minimum physicum mathematicè divisibile spacium, per quod minima physica vis attractiva rem movet [..] quia hoc [minimum] est tam parvum et insensibile, ut propter multitudinem terminorum progressionis, proportio numerorum non sensibiliter differat à proportione triangulari continuâ ».

[95] North 1992a, p.89-92, et North 1992b, p.163-165.

1320-1382), les changements en question étaient conçus comme, en soi, continus. Dans le calcul de Beeckman se reflète par ailleurs la géométrie des indivisibles, où, dans une logique remontant à Archimède (c.287-212 av.J.-C.) [96] en passant par Oresme et Swineshed, le rapport de deux surfaces est décrit en termes d'agrégats équinumériques de lignes. Dès 1604 Galiléo Galilée (1564-1642) s'en servit - un peu maladroite encore, à en croire Egidio Festa [97] - pour l'analyse de la chute libre et bientôt son élève Bonaventure Cavalieri (1598-1647) va approfondir cette nouvelle branche de la géométrie.

D'après Beeckman, tout phénomène physique sera donc foncièrement discret, la lumière et le son pas moins que la force attractive de la terre ou les matériaux physico-chimiques ou biologiques. Les *primordia* de la lumière et du son seraient des *homogenea* au même titre que ceux des matériaux, c'est-à-dire composés des *atomes* des quatre éléments. Tous ressortissent à ce que Beeckman appelle les « species infimae » (espèces les plus basses), c'est-à-dire les entités moléculaires [98]. Ainsi, émettre un son revient alors au rayonnement d'*homogenea*: une source sonore est mise en parallèle avec une chandelle qui brûle tout en émettant une lumière moléculaire, faite des *homogenea* du suif. Dans le cas du son, ce sont les *homogenea* de l'air qui sont brisés par la source, disons la corde d'un violon, puis éparpillés sur l'auditoire. Toute source, tout instrument musical, produit son propre genre d'*homogenea* et Beeckman s'épuise à réduire les différentes qualités du son à des différences dans la composition des *homogenea* concernés [99]. Enfin, ce qui tient pour les cordes d'un violon tient également pour les cordes vocales de l'homme. C'est pour ce-

---

[96] Voir ci-dessus, la section 1.8, p.22-23.
[97] Festa 1992.
[98] Beeckman Jn., ii, p.127-128 (fol.146bis.r-146bis.v)(13 et 14 septembre 1620). Dans ce sens l'expression « species infima » est déjà utilisée dans une corollaire qui, selon le journal, devait figurer dans sa thèse de doctorat mais qui pourtant n'y a pas été insérée. Le texte est ainsi: « Homo aut canis non est infima species logica », ce qui se traduit librement par « Pourquoi l'homme et le chien n'appartiennent pas aux espèces les plus basses ». C'est dire que, au-delà des hommes et des animaux, il y a des espèces plus basses encore, à savoir les entités moléculaires. Voir *ibid.*, i, p.201 (fol.83.r)(9 juillet-[mi-août] 1618).
[99] Beeckman Jn., i, p.92 (fol.41.v)(6 février-23 décembre 1616; lumière). Pour des analyses semblables quant au son, voir H.F. Cohen 1984 et Buzon 1985.

la que Beeckman ait pu écrire, à la fin de sa thèse, c'est-à-dire à la fin du seul exemplaire (incomplet) qui nous en reste [100]:

> « La matière du son qui pénètre les oreilles et fera mouvoir l'ouïe est quantitativement égale à l'air qui était [auparavant] dans la bouche de celui qui parle ».

Les différents tons musicaux, chacun avec ses propres *homogenea*, reflètent d'un autre point de vue le caractère essentiellement discret de la nature. Ce dernier apparaît également dans les couleurs, dans les lettres de l'alphabet et même dans les maladies [101]. Le titre de sa thèse en donne un exemple, à savoir la fièvre tierce, c'est-à-dire une forme de paludisme endémique à l'époque en Europe occidentale et connaissant des accès de fièvre tous les trois jours.

Concluons en disant que la doctrine beeckmanienne est vraiment universelle dans ce sens que tout phénomène, sans exception, serait sujet à certaines régularités numériques qui reflètent sa nature discontinuiste. Si les phénomènes du son, des couleurs et des maladies semblent trop compliqués, du moins à première vue, il est certain qu'ils sont sujets à leur propre mathématique discrète. Cette dernière sera sans doute moins simple et moins éloquente que celle de la chute des graves, mais on peut raisonnablement s'attendre à ce qu'il y aura effectivement un fond mathématique semblable. Beeckman lui-même ne s'exprime pas avec autant d'audace, mais, vu les grandes lignes de sa doctrine, cette conséquence semble s'imposer. On comprend l'enthousiasme du jeune Descartes qui, faisant la connaissance de Beeckman à la fin de 1618, se rendit compte immédiatement que la manière prônée par ce dernier de façonner la physique sur le modèle de la mathématique était, dans les sciences, la seule voie garantissant de succès. En effet, une science, pour être vraiment science, se doit d'opter pour cette approche « physico-mathématique ». Beeckman de sa part fut conscient de la valeur intrinsèque de l'appréciation de son brillant interlocuteur qui sera son ami pour longtemps.

---

[100] Beeckman 1618, p.7: « Soni materia, quae auribus ingreditur auditum motura est ille idem numero aer, qui erat in ore loquentis ».
[101] Beeckman Jn., ii, p.127 (fol.146bis.v)(13 septembre 1620).

6.2.2 Sébastien Basson

En 1621 parurent deux versions d'une même composition typographique des *Philosophiae naturalis adversus Aristotelem libri XII [..]*, les *Douze livres de philosophie naturelle contre Aristote [..]*, l'une à Genève, l'autre à Orléans; une réimpression virtuellement identique parut en 1649 à Amsterdam. Or l'œuvre de Basson fit date. Nous avons vu qu'il n'était ni le premier, ni le seul à s'adonner à une critique d'Aristote, ou plutôt de la philosophie péripatéticienne telle que celle-ci domina la vie académique. Cependant là où les critiques restaient le plus souvent dans le domaine de la doctrine règnante et ne quittaient point le cadre des formalités académiques - disputations et thèses de doctorat -, Basson, pour le besoin avoué des sciences physiques, publia une monographie exhaustive visant rien moins qu'une rupture définitive avec la doctrine hylémorphiste. Par cela même le débat devint ouvert et publique. Pourtant Basson, lui aussi, resta pour ainsi dire dans les confins de la tradition: il oppose Scaliger à Aristote, souligne les torts de Toletus vis-à-vis de Scaliger, loue les Conimbricenses par rapport à Zabarella et cherche à rétablir, non pas l'atomisme d'Epicure, mais celui de Démocrite pourfendu par Aristote. Ce n'est pas à dire qu'il n'a pas connu le panégyrique de Lucrèce. On dirait qu'il s'agit d'un choix conscient: même s'il ne faisait pas partie de la communauté universitaire, Basson respectait son enseignement qui imposait un choix pour Démocrite plutôt que pour Epicure.

Dans un 'Au lecteur' Basson prend son temps pour s'excuser de son attaque au Stagirite. Il se dit frappé du fait que les plus grands amateurs de la philosophie d'Aristote sont en plein désaccord sur presque tout point doctrinal de quelque importance. Inutile, à ses yeux, de dissimuler ces dissemblances. Le plus souvent elles ne proviennent même pas des énoncés d'Aristote ou ne sauraient pas non plus être résolues dans les termes de ce dernier. Selon Basson c'est une question d'erreurs dans les fondements: une petite erreur notamment dans la notion de « nature » a eu des conséquences graves pour celle de « mouvement », considérée, elle, comme le « pivot autour duquel tourne [toute] la philosophie naturelle »[102].

---

[102] Basson 1621, p.iii: « [..] qui cordo est circa quem Naturalis philosophia versatur ».

On n'a pas le droit de négliger de telles failles, tant elles sont voyantes [103]. Tout le monde peut s'en persuader facilement, mais le problème c'est que dévier d'Aristote est considéré comme un méfait, disons un délit scientifique [104]. Pourtant Aristote lui-même avait été sévère avec son propre maître, Platon. Ainsi nous ne lui devons pas davantage de respect, qu'il ne l'avait lui-même pour Platon. Respecter ses devanciers et choisir un modèle, c'est normal: Augustin et ses successeurs, par exemple, suivaient Platon [105], tandis que Lucrèce avait opté pour Empédocle [106]. Or nous aussi, nous sommes en droit de consulter les Anciens, surtout puisque les principes de ces derniers ne donnent pas naissance à des luttes sectaires comme celles qui divisent les péripatéticiens [107]. Les sentences des Anciens, qui d'habitude sont ridiculisées dans les Ecoles, s'appuient sur l'expérience et sont assorties d'une logique forte et incontournable [108].

Quant à la théorie de la matière Basson argue, que chaque substance consiste en *minima* composés de sous-particules [109]:

> « De même que dans la partie d'os et de chair, il y a dans le minimum de tout corps une conjonction de particules dissemblables qui conservent dans cette composition leur propre nature ».

Pour ce qui concerne le crama, ce mélange de vin et d'eau, Basson suit Scaliger dans ce sens qu'il croit que ce crama n'est pas un tout par sa forme substantielle, mais à cause de la continuité des limites. Les parties des composants subsistent « actu naturali » et non pas « actu mathematice », car leurs limites ont péri [110]. Le crama est un tout accidentel, comme un

---

[103] Basson 1621, p.v.
[104] Basson 1621, p.vi: « crimen est ab Aristotele deficere ».
[105] Basson 1621, p.xvii.
[106] Basson 1621, p.xviii.
[107] Basson 1621, p.xxvii.
[108] Basson 1621, p.xxix.
[109] Basson 1621, p.26: « [..] Ita ut in parte ossis, vel carnis quam minimam reris [sic], sit particularum diversi generis coniunctio, quae in illa compositione propriam naturam retineant ».
[110] Basson 1621, p.28.

amas de grains de blé et de fèves, ce qui fait que les parties puissent être triées; dans ce dernier cas cependant les limites sont conservées. L'électrum, c'est-à-dire le mélange d'or et d'argent, est un autre exemple d'un mélange que l'on peut séparer, car les composants ont survécu. Or Basson s'emploie à jouer Scaliger contre Aristote et inversement. Ainsi il fait valoir que la définition du processus de mixtion du premier, définition qui soulignait le mouvement de petites particules, s'oppose à ce qu'Aristote avait exigé pour le vrai mixte, à savoir l'identité de toute partie quelque petite qu'elle soit, de même que toute partie d'eau est eau [111]. Or ce qu'Aristote avait avancé contre Empédocle, est également en lutte avec les dictes de Scaliger. Il vaut mieux définir la mixtion avec Empédocle et les atomistes comme une sorte de composition dans laquelle les principes subsistent [112]. Etant donné que l'on peut scinder virtuellement tout corps en trois principes chimiques, les trois de Paracelse bien entendu, et une matière inutile, le « caput mortuum », on peut raisonner comme dans le cas du crama: même si l'on ne les voit plus, ces principes sont dans le mixte comme le vin et l'eau sont dans le crama. Et dans le prolongement de ceci on peut soutenir que ce qui tient pour les principes, vaudra également pour les quatre éléments. On ne les voit plus, mais ils sont tout de même là [113]. C'est un peu comme dans les corps fragrants et les condiments, où les parties actives se cachent en quelque sorte parmi les autres, mais puissent en être extraites et rassemblées par l'eau ou par le feu, ce qui les rend beaucoup mieux perceptibles [114]. Au sujet du crama Scaliger s'est contredit lui-même, justement là où il avait soutenu d'une part sa continuité quant aux limites et d'autre part le caractère accidentel et fortuit de cette unité [115]. La distillation nous enseigne clairement que la vapeur d'eau n'est autre chose que le liquide de départ: combattre cette évidence « s'approche de la folie » [116]. En effet, comme dans le cas du crama,

---

[111] Basson 1621, p.29: « [..] quemadmodum aqua pars aquae est, ita & temperati temperaturam ».

[112] Basson 1621, p.35, Intentio IV: « Qua probatur mistionem nihil aliud esse quam elementorum remanentium compositionem ».

[113] Basson 1621, p.36-37.

[114] Basson 1621, p.45-46.

[115] Basson 1621, p.55.

[116] Basson 1621, p.61: « [..] insaniae sit proximum ».

« une chose est résolue en ce dont elle est composée »[117]. Enfin, il y a des « particules matérielles que nous appelons premiers principes », les *minima* de tout à l'heure[118]; ce sont ces particules qui s'entassent et composent les différents genres de corps que nous connaissons[119]. Toutes ces particules sont composées des atomes des quatre éléments[120]. Dans un bilan provisoire qu'il dresse, Basson stipule entre autre que[121]:
1. la matière est composée de particules élémentaires (terre, eau, air, feu) ou de choses encore plus petites[122];
2. une fois créés, ces principes subsistent toujours;
3. dans les mixtes ils gardent leur nature;
4. le fait de leur permanence se déduit du cas du crama;
5. les « compositions naturelles » sont de « particules primaires », des *minima* à proprement parler, caractérisées par une certaine proportion des éléments et une certaine disposition des parties;
6. ces « particules primaires » sont tellement petites qu'elles n'affectent les sens que sous forme d'une masse;
7. à partir de ces « particules primaires » se composent des « particules secondaires », et à partir de ces dernières des « particules tertiaires », etc.;
8. ces particules composent les différents genres de corps que nous rencontrons à notre échelle et que Basson divise en corps solides et fixes, corps liquides, corps fusibles et corps atmosphériques;
9. le comportement des particules de tout corps peut être attribué directement à leur composition élémentaire et l'arrangement spatial des sous-particules. Ainsi, ces sous-particules s'emballent, disons se cachent, les unes dans les autres, si bien que souvent on ne remarquera pas toutes les qualités.

Le processus de la digestion est décrit en termes d'une résolution successive de la nourriture: les parties plutôt aqueuses constitueront le

---

[117] Basson 1621, p.79: « [..] res in ea resolvitur, ex quibus componitur ».
[118] Basson 1621, p.80: « [..] particulas materiales quas prima principia diximus ».
[119] Basson 1621, p.80.
[120] Basson 1621, p.11 et 105.
[121] Basson 1621, p.125-129.
[122] Ailleurs il suggère qu'il se peut que les particules ultimes sont ou bien des plans, comme les triangles de Platon, ou bien des atomes, comme chez Démocrite. Voir Basson 1621, p.426.

phlegme, celles plutôt terrestres composeront le bile noir, etc., alors que chaque humeur nouvellement formée rejoint le réceptacle qui lui est propre. Le sang se distribue à travers les veines, permettant les diverses parties du corps à s'approprier ce dont elles ont besoin. Enfin, la digestion revient alors à une succession compliquée d'extractions et de recompositions. Basson s'explique ainsi [123]:

> « En sorte que ces particules qui étaient d'abord dispergées dans la nourriture et entravées par les autres avec lesquelles elles étaient mélangées, deviennent détachées et libérées après la résolution [..] et que les semblables rejoignent les semblables ».

De la même manière le sang donne naissance au lait et le lait au beurre et au fromage. Les extractions et recompositions de parties préexistentes sont mises en parallèles avec la reconstruction d'un bâtiment à partir des composants - pierres, poutres, etc. - d'un autre [124]. Basson se rend compte qu'une variation dans la disposition des parties suffit pour donner un autre bâtiment.

La reproduction sexuée se fait sur le même modèle. La semence provient du sang et d'autres parties [125]. Le fait qu'un chèvre engendre des chèvres et un mouton des moutons est une question de la composition élémentaire de la semence: c'est que cette proportion est fixe et n'admet qu'une petite variation [126], ceci apparemment pour expliquer les différences individuelles. Le fait que les particules qui composeront un tout resteront ensemble est attribué à un « vinculum universale » (courroie universelle), à savoir la présence active et continue de Dieu [127]. Ceci n'empêche qu'on peut donner raison à Démocrite qui avait soutenu la fortuité dans le concours des atomes: la fortuité n'est que dans les atomes

---

[123] Basson 1621, p.243: « Itaque cum prius essent per cibum dispersae hae particulae; atque ab aliis quibuscum confundebantur impeditae, facta iam resolutione [..] discretae, & liberiores redditae similes iunguntur similibus [..] ».

[124] Basson 1621, p.241-242.

[125] Basson 1621, p.243-244.

[126] Basson 1621, p.259: « Scilicet magis fixa est in illis elementorum proportio, ut non multum immutetur: unde semen simile, vel fere simile temperetur ». Une déviation notable occasionne la formation de monstruosités ou d'embryons imparfaits, sinon des cas de fausses couches. Voir *ibid.*, p.316.

[127] Basson 1621, p.269.

particuliers qui vont composer telle ou telle « structura » déterminée. C'est Dieu qui les a doué de leurs possibilités bien définies [128].

Un problème important sera de déterminer les raisons pour lesquelles les éléments concourent pour former les corps composés, que Basson appelle maintenant « minima naturalia » (minima naturels). Toutefois la densification et la raréfaction reviennent à un changement dans les distances interatomiques à l'intérieur de ces minima [129]:

> « Et bien de façon qu'un corps devient plus dense lorsque tous les minima naturels de même espèce se rétrécissent et plus raréfié lorsqu'ils grandissent [..] ».

Ce qui se passe au niveau des *minima naturels* se déduit par ailleurs des choses à notre échelle [130]:

> « En effet ce que nous apercevons dans les choses plus grandes doit déterminer notre opinion sur les petites. Ainsi, dans ce bout de chair, par exemple, il est certain que cette partie-ci n'est pas celle-là, ou n'est pas ce que l'autre est. De même il est certain qu'au niveau des particules minimales, dans lesquelles quelque corps peut être divisé, l'une n'est pas [identique] à l'autre, quoiqu'elles soient conjointes ».

La chair est donc un amas de *minima naturels* de même espèce, mais pourtant bien distincts. Basson suggère, à notre avis, que ces *minima* manifestent de petites dissemblances individuelles, une variabilité, tout comme « les choses plus grandes », celles que nous observons à notre niveau. Dans le cas des *minima* la variabilité dans les qualités remonte sans doute aux particules élémentaires.

Etant donné qu'un *minimum* est composé de sous-particules, la raréfaction exige qu'il s'installe du vide entre les particules constituantes du minimum d'air, par exemple, ou qu'il s'y insère un autre corps [131]. Or

---

[128] Basson 1621, p.317-318.
[129] Basson 1621, p.326: « Atque hunc in modum, dum omnia eiusmodi minima naturalia minuuntur, densari, cum vero augentur [..] rem rarefieri ».
[130] Basson 1621, p.328-329: « Nam quod in maioribus videmus, id ipsum & de parvis censendum est. At in hac carne v.c. certum est hanc partem non esse illam, vel non esse id quod illa est. Ita & inter illas minimas particulas, in quas res quaepiam partiri potest, certum est unam non esse aliam, quamquam coniunctae sunt ».
[131] Basson 1621, p.330.

Basson est convaincu que la nature abhorre le vide. C'est pour cela qu'il croit qu'il y ait un corps extrêmement fin qui [132]:

« [..] lors de la raréfaction de l'air, s'insinue dans les parties de l'air et repousse les atomes les uns des autres, si bien qu'elles prendront plus de place ».

Ce corps sera rien moins que le « spiritus » (esprit) des stoïciens. Cet « esprit » ne pénètre pas les particules ultimes; il est leur « nexus » (lien) en même temps que le « vinculum » (courroie) de notre monde qui maintient l'unité [133]. D'une manière générale cet « esprit » occasionne, le cas échéant, le mouvement local des particules ultimes ce qui suffit pour décrire tous les changements matériels dans la nature. Cette explication est jugée beaucoup plus facile, certaine et claire que la théorie péripatéticienne qui demande la création continue d'une infinité de qualités et de formes substantielles [134]. En fin de compte c'est Dieu qui meut cet « esprit » et qui est, ce faisant, responsable de tout ce qui se passe dans le monde matériel [135]. Nous voilà devant ce *mouvement local* que Basson avait décrit, dans son adresse au lecteur, comme le pivot autour duquel tourne toute la philosophie.

Il nous a paru que, selon Basson, la non-identité des *minima naturels* d'une certaine espèce de substance, la chair en l'occurrence, est due à la même raison que la non-identité des choses à notre échelle, disons les individus d'une espèce animale [136]. Enfin ces minima sont apparemment de véritables *individus substantiels*, dont chacun représente l'espèce. L'*individu animal*, de son côté, doit son caractère spécifique à une certaine proportion des éléments (sujette à de petites variations pour expliquer la non-identité des individus) et encore à la structure dans laquelle les composants sont unis. Dans le cas des *minima* de même espèce la non-identité peut être attribuée à une certaine variabilité dans les sous-particules. Quoiqu'il en soit, c'est sans doute l'analogie entre *minima naturels* et entités macroscopiques qui lui inspira la comparaison entre la locomotion

---

[132] Basson 1621, p.333: « [..] in aëris v.g. rarefactione, in partes aëris sese insinuans alias ab aliis diducat, ut plus loci occupent ».
[133] Basson 1621, p.340.
[134] Basson 1621, p.343-344.
[135] Basson 1621, p.344.
[136] Voir la page précédente, la note 130.

des serpents et des vers, d'un côté, et le mouvement de l'eau courante [137] et du feu [138], de l'autre: l'amas d'*individus substantiels* que sont l'eau et le feu, se comportera, quant au mouvement, comme un groupe d'*individus animaux* d'une certaine espèce. Ailleurs Basson parle plus en chimiste-mécanicien [139]:

> « De ces premières particules très différentes entre elles peuvent être composées, du reste, des parties infiniment diverses; il n'est pas difficile de comprendre que par l'écartement ou l'addition de particules quelconques, ou bien par un changement dans l'arrangement des parties, les unes sont facilement converties en la nature des autres ».

Apparemment un « changement dans l'arrangement des parties » suffit pour donner un *minimum* d'une autre espèce. Il nous semble fort justifié de parler ici d'un concept d'*isomérie*, bien sûr avant la lettre [140]. Tout comme chez Beeckman [141], par ailleurs, étant données les particules constitutives, c'est leur « situs » qui détermine l'espèce du *minimum* concerné.

La raréfaction, chez Basson, revient en quelque sorte au gonflage des *minima naturels* avec et par l' « esprit » stoicien, pendant que la *structure* est conservée à une échelle plus grande, donc sans que la nature du minimum change. Comme Beeckman, qui réduit une différence en rareté d'un corps à une différence en grandeur des *homogenea*, il quitte l'analogie avec l'individu animal dans le cas où l'espèce ne change pas. Nous avons vu déjà que pour Sennert, la raréfaction n'est que l'extension des distances entre les « minima sui generis » [142].

---

[137] Basson 1621, p.428.
[138] Basson 1621, p.429.
[139] Basson 1621, p.81 (voir aussi *ibid.*, p.126): « Caeterum quomodo ex illis diversissimis particulis primis partes in infinitum discrepantes conflari possint; atque per aliquarum particularum, vel detractionem, vel additionem, vel situs partium variationem, aliae in aliarum naturam facile transeant, non intellectu est difficile ».
[140] Nous devons le mot d'*isomérie* à Jøns Jacob Berzelius (1831). Voir ci-après, la section 14.5, p.755, la note 158.
[141] Beeckman Jn., i, p.153 (fol.64r)(23 décembre 1616-16 mars 1618): « Fieri enim potest ut duae res aequalibus constent portionibus corporum ignis, aeris, aquae et terrae, suntque tamen dissimilis naturae ». Voir aussi, *ibid.*, ii, p.70 (fol.126.bis.v)(14 juillet-4 août 1620).
[142] Voir ci-dessus, la section 5.4, p.183.

6.2.3 Basson et Beeckman

En comparant les doctrines de Basson et de Beeckman, on voit que, de notre point de vue et schématiquement parlé, elles sont plus ou moins complémentaires. C'est que la première se distingue par son caractère plutôt *chimique*, là où la seconde nous frappe par son caractère plutôt *physique*. Beeckman en effet ne regarde en toute chose que le mouvement, la figure et la grandeur des atomes [143] et leur arrangement [144]. La solution qu'il nous offre au problème des qualités des corps et de leurs conversions, reste effectivement dans le domaine de ces catégories atomistiques, celle d'Epicure notamment. Son concept d'*homogeneum* est aussi plutôt la conséquence d'un modèle *physique* du monde élaboré, par après, dans un sens chimique, que le résultat d'une interprétation chimique de la nature. Nous avons vu que l'univers de Beeckman est un univers foncièrement *discret*: la trame logique du discret que l'observation du monde à notre échelle nous impose et qu'Epicure avait projetée dans le macrocosme des mondes et dans le microcosme des atomes est appliquée aussi au niveau des *homogenea* et, enfin, à tout phénomène naturel. La déduction de la loi correcte de la chute des graves illustre d'un autre point de vue la fertilité et l'efficacité de l'approche « physico-mathématique » prônée par Beeckman. Ceci n'empêche toutefois que l'élaboration disons chimique qu'il propose est particulièrement riche, surtout là où il discute la nature des métaux et, ailleurs, l'anatomie de l'homme, avec en corollaire une pathologie et une pharmacologie parfaitement adaptées. Quant à ces aspects médicaux, nous remarquons que son analyse concerne surtout les indispositions temporaires et l'effet curatif d'un médicament, comme celui de l'alun sur les plaies faites par le rasoir. Le corps humain ne sera qu'un amas d'unités physico-chimiques, bien ordonné sans doute grâce à la providence de Dieu qui se reflète dans la figure des atomes. Une maladie et les soins à administrer relèveront alors du même ordre de phénomènes: une partie du corps est dite « malade » lorsque la composition de ses *homogenea* s'approche par trop des deux extrêmes de son

---

[143] Beeckman Jn., i, p.216 (fol.89.v)([6]-8 septembre 1618): « Omnes igitur vires emerguntur ex motu, figurâ et quantitate, ideòque in unâquâque re tria haec sunt consideranda ».

[144] Beeckman Jn., i, p.153 (fol.64.r)(23 décembre 1616-16 mars 1618): « situs ».

intervalle caractéristique, ceci par la perte ou l'ajout de certains atomes, alors que les soins reviennent à la rétablissement de la composition optimale par les *homogenea* d'un médicament approprié. Enfin, Beeckman ne traite pas de maladies *contagieuses*, comme l'avait fait auparavant Girolamo Fracastoro [145]. La pathologie plutôt statique et moléculaire du Néerlandais s'oppose, de ce point de vue, à l'étiologie plutôt dynamique et microbienne de l'Italien. Si l'anachronisme est patent, nous l'avouons volontiers, il illustre pas moins efficacement le contraste envisagé.

Quant à l'origine de son inspiration, on pourrait parler, chez Basson, d'une situation inverse. Pour lui, le concept de *minimum* est à la fois la semence et le fruit d'une analyse du processus de *mixtion*, alors qu'il paraît également d'utilité physique. Comme nous l'avons vu les précisions de Beeckman en ce qui concerne les atomes vont plus loin que celles de Basson: le premier parle des formes distinctes des atomes (sans pour autant les spécifier), atomes faits « artificiellement » par Dieu d'une seule et même matière première, tandis que ce dernier - tout en avouant expressément qu'ils ont été créés par Dieu - ne se décide même pas sur la question de savoir s'ils sont des corps ou des plans. Les *homogenea* sont d'ailleurs des petits mécanismes, des *machinula* au sens dont usait plus tard Giovanni Alfonso Borelli (1608-1678) [146], sujets à la loi que Dieu a mis dans la matière. Une fois créés, par Dieu, sous une certaine forme et mis en mouvement, les *primordia* de Beeckman contiennent pour toujours l'empreinte divine; le Dieu des deux Testaments n'a plus rien à faire dans son univers. Les *minima* de Basson, au contraire, sont dirigés par un corps très subtil, l' « esprit », guidé, lui, directement par Dieu. Ainsi, l'*homogeneum* déiste de Beeckman s'oppose en quelque sorte au *minimum* théiste de Basson. En effet, le Dieu de Beeckman a investi, tout au commencement, sa volonté dans la géométrie des atomes et n'a pas besoin, dorénavant, de se mélanger dans les affaires de ses créatures. Le Dieu de Basson, par contre, travaille encore toujours et intervient à tout moment dans les événements terrestres.

Il se trouve que Basson figure sur la liste des auteurs que Beeckman a consultés pendant ses loisirs. Ainsi il nous a laissé son commentaire dans un fragment de son journal intime scientifique, fragment datant d'en-

---

[145] Voir ci-dessus, la section 6.1, p.193-196.
[146] Voir ci-après, la section 7.7, p.317.

tre le 16 avril et le 6 juillet 1623 [147]. A cette époque les jeux étaient déjà faits: Beeckman avait parachevé sa théorie en septembre 1620, alors que le livre de Basson avait paru en 1621. Beeckman avoue, dans le fragment précité, que l'œuvre de Basson venait de lui tomber entre les mains. Son commentaire n'est d'ailleurs pas exhaustif: c'est qu'ayant déjà éclairci sa propre position, il renonce, selon ses mots, à une discussion avec Basson. Tout d'abord Beeckman déclare qu'il n'y a trouvé jusqu'ici rien ou très peu d'éléments qui soient contraires à ses opinions. Les observations qui touchent à la théorie de la matière sont malheureusement peu nombreuses. Les voici. Beeckman répond d'abord à la question relevée par Basson concernant la raison pour laquelle la « pulvis pyrius » (poudre à canon) qui, étant si facilement enflammée par un feu externe, n'est point touchée par son feu interne. Basson a négligé, dit-il en substance, toute la règle de la proportion entre la surface d'une particule et son contenu. Selon l'avis de Beeckman, les particules du feu externe qui entourent les petits corps de la poudre sont grandes par rapport à celles du feu interne. Les particules du feu interne - atomes composant la molécule - sont alors liées de tous côtés, et c'est pour cela qu'un feu externe est nécessaire [148]. On se souvient que pour Beeckman la mesure de cohésion entre deux particules était fonction de la surface de contact. Or la cohésion des atomes intramoléculaires sera simplement trop grande, du fait de leur surface supérieure.

Un deuxième point d'interrogation concerne la divisibilité des continua du mouvement et du temps. Basson avait soutenu la discontinuité du mouvement local, qu'il s'imaginait assez traditionnellement comme des successions de mouvements et de repos. Beeckman répond avec sa conception particulière du mouvement: ce qui se meut une fois, continue toujours à se mouvoir, à moins qu'il n'y ait pas quelque entrave [149]. Sans doute il aurait pu détailler davantage sa réponse, étant donné le cadre discontinuiste de sa propre théorie, mais il y renonce pour des raisons du reste

---

[147] Beeckman Jn., ii, p.243-247 (fol.177bis.v-178bis.v)(16 avril-6 juillet 1623).
[148] Beeckman Jn., ii, p.243 (fol.177bis.v)(16 avril-6 juillet 1623).
[149] Beeckman Jn., ii, p.246 (fol.178bis.r)(16 avril-6 juillet 1623): « Quod tamen multò est verisimilius. Cur enim id quod in vacuo movetur semel, aliquando quiesceret ? Quod tam necessarium videtur quàm si id quod semel quiescit, semper quiesceret, quamdiù ab alio non moveretur ».

incertaines. Relevons toutefois la différence essentielle entre les deux options toutes deux discrètes. C'est que dans la vision de Basson, le repos est tout aussi important que le mouvement, à point que, dans un cas précis, les sommes des temps de repos et de mouvement sont égales. Pour Beeckman, on s'en souvient, il n'est aucunement question de repos: les périodes de mouvement acceleré se succèdent immédiatement, ce qui vérifie justement son traitement mathématique.

Un dernier point d'intérêt, aux yeux de Beeckman, est relatif à la nature des particules ultimes, soit les atomes des atomistes, soit les plans de Platon. Chez Basson, ces particules ne sont pas conçues en tant qu'indivisibles dans la pensée, mais telles qu'elles sont, indivisibles faute de pores [150]. Nous n'avons pourtant pas réussi à retrouver l'endroit envisagé dans l'ouvrage de Basson.

En résumant les positions de Basson et de Beeckman, nous pouvons dire que, dans les deux cas, il est question d'un véritable concept d'*individu substantiel*: chaque *homogeneum* et chaque *minimum* est en effet la condition à la fois nécessaire et suffisante pour l'existence d'une certaine espèce physico-chimique. Nous avons vu que le terme technique de Beeckman, en dépit de son etymologie prestigieuse et riche, n'a point trouvé d'écho auprès de la postérité. Celui de Basson, jouissant d'une ancienneté séculaire, a connu plus de chance: il a servi jusqu'au milieu du XVIIIe siècle dans le cercle des naturalistes et était redécouvert en quelque sorte par Pierre Duhem (1861-1916), au début du XXe siècle, puis révitalisé par les philosophes néo-thomistes, nommément Peter Hoenen S.J. et Andreas van Melsen. C'est le néologisme de « molecula », proposé dans les années 1630 par Pierre Gassendi, qui devait s'imposer à la longue. Avant de retracer les vicissitudes du reste assez mouvementées de ce terme, nous allons étudier une théorie de la matière décidément alternative mais non moins réussite, où la notion d'individu substantiel est répudiée en toute connaissance de cause. Il s'agit d'une brillante théorie mariée à une pratique chimique invraisemblable. Si celle-ci a été tout aussi solitaire que les tentatives de Basson et de Beeckman, elle préfigure pas moins avec celles-ci les deux grands axes de la physico-chimie moderne.

---

[150] Beeckman Jn., ii, p.245 (fol.178bis.r)(16 avril-6 juillet 1623).

6.3 Un modèle consciemment autre: Joachim Jungius

Une solution du problème de l'espèce des substances tout aussi intéressante que celle de Basson et de Beeckman fut proposée par Joachim Jungius (1587-1657), recteur du gymnase de Hambourg. Il enseigna la physique à partir de 1630 et ses leçons ont été éditées, en 1662 et 1679 notamment. Ces deux éditions posthumes ont cependant souffert du zèle excessif de leur éditeur, ce qui paraît clairement d'une étude comparative avec les manuscrits qui ont survécu et qui, grâce aux soins de Christophe Meinel, ont été honorés récemment d'une belle édition critique [151]. Les collègues de Jungius, eux, auraient pu prendre connaissance des idées remarquables de ce dernier par le biais de certaines disputations qui se sont déroulées sous sa présidence, disputations qui ont été publiées de son vivant et, ce qui est plus, reflètent très fidèlement ses vues. Récemment toutes ces disputations devenues extrêmement rares ont été rééditées dans un seul volume grâce à Clemens Müller-Glauser [152].

Ci-après nous présenterons un aperçu de la théorie de la matière de Jungius sur la base des *Praelectiones physicae*, les *Leçons de physique* précitées. Pour éviter tout équivoque, nous avons consulté, le cas échéant, la version de 1662, intitulée *Doxoscopiae physicae minores* (*Florilège de pensées physiques*) [153] et les quelques disputations qui importent, ces dernières dans l'édition de Müller-Glauser.

D'après Jungius, l'existence d'*atomes* doit être reconnue comme une conséquence nécessaire du moment où l'on admet l'existence de ce qu'il appelle « corpora apparenter similares » ou « corpora ad sensum similares » (corps apparemment similaires; corps similaires relatifs au sens). Il s'agit d'un concept d'une grande importance. Jungius entend par là un corps dont chaque partie extensive quelconque, même si elle est petite à point de s'échapper à la vue, possède les mêmes qualités [154]. Les com-

---

[151] Jungius 1630.
[152] Jungius 1642.
[153] Jungius 1662.
[154] Jungius 1630, D I 11: « Corpus ad sensum (apparenter) similare dicitur, cujus quaelibet extensiva pars ijsdem sensûs judicio fruitur attributis ». Cf. Jungius 1630, A I 6 et 1662, 2.153.

posants d'un tel corps ne sont pas distinctement perceptibles, puisqu'ils sont divisés en de très menues particules (« secundum minimas particulas »)[155]. Ceci arrive au beurre et au sérum dans le lait, à l'eau et au sel dans la saumure et à l'or, à l'argent et au cuivre dans le soi-disant « or hongrois ». Par contre, un corps « reverâ similare » (véritablement similaire) ne saurait être scindé en corps de propriétés différentes[156].

Un corps quelconque contient des parties dites « hypostatiques » et des parties dites « synhypostatiques », dont les premières peuvent exister indépendamment de ce corps, tandis que les dernières ne sauraient exister qu'en tant que parties d'un tout substantiel[157]. Selon Jungius, l'hylémorphisme, auquel il s'en prend d'ailleurs très vivement, ne connaît que des parties « synhypostatiques », savoir la matière et la forme[158]. Il appelle « parties hypostatiques » parties qui peuvent subsister pour soi et qui existent actuellement dans un tout, à savoir divisées en de très menues particules[159]. Dans ce contexte le « principe hypostatique » correspond au « corps véritablement similaire »[160]. On aurait pu parler d'*élément*, dit Jungius, si ce mot n'était pas déjà utilisé de façon si abusive par les diverses écoles[161].

Les changements dans l'espèce des corps reviennent chez le philosophe hambourgeois à l'agrégation et/ou la désagrégation d'atomes, ou bien à leur syncrèse et/ou leur diacrèse, respectivement. Delà la dénomination *syndiacrèse* pour l'essentiel du mécanisme des conversions des corps[162] et l'adjectif *syndiacrétique* pour toute la théorie. Le complément de la

---

[155] Jungius 1630, D I 15. A comparer avec Jungius 1642, DH XXV, thèse 59 et Jungius 1662, 1.2.2.1.4.

[156] Jungius 1630, D I 12: « Corpora reverâ similare est, quod in corpora specie (attributis) diversa secerni nequit ». Voir aussi Jungius 1642, DH XXV, thèses 68 et 71, et Jungius 1662, 1.2.2.1.12.

[157] Jungius 1630, D I 16 et D II 8, respectivement. Voir aussi Jungius 1642, DH XXV, thèse 32-37 et Jungius 1662, 1.2.2.1.2 et 1.2.2.1.5.

[158] Jungius 1630, D II 9; 1642, DH XXV, thèse 40; 1662, 1.2.1.1.

[159] Jungius 1630, D I 15 et 16; 1642, DH XXV, thèse 33; 1662, 1.2.2.1.2.

[160] Jungius 1630, D I 17; 1642, DH XXV, thèse 71; 1662, 1.2.2.1.16.

[161] Le passage en question ne figure qu'en Jungius 1662, 1.2.2.1.16: « Elementum posset dici, nisi id vocabulum jam tot absurdis consturpatum esset opinionibus Morphitarum sive Averroistarum ».

[162] Jungius 1630, A I 5; 1642, DH XXV, thèse 56 et 57.

syndiacrèse sera la *métasyncrèse*, par laquelle Jungius entend « la variation de la situation et de l'arrangement des atomes d'un corps apparemment similaire » [163]. L'aigrissement du vin qui s'effectue dans de bouteilles bien bouchées sera un exemple d'une telle *métasyncrèse*: quant aux atomes du vin, rien n'y est ajouté et aucun d'eux n'en est ôté [164]. Jungius admet pourtant que, souvent, dans des cas précis il est difficile ou même impossible à établir ce qui se passe. Le changement de l'eau liquide en sa vapeur, par exemple, pourrait s'opérer ou bien par *métasyncrèse*, ou bien par une *syncrèse* des atomes de l'eau et du feu [165]. La congélation de l'eau relève d'une *métasyncrèse* de ses atomes accompagnée d'une *syncrèse* d'air ou d'une admission de vide [166].

Il résulte de notre examen que les concepts de *syndiacrèse* et de *métasyncrèse* recouvrent, dans leur ensemble, ce que nous autres modernes appelerions *réaction chimique* et *changement d'état d'agrégation*, sans que l'on puisse identifier *syndiacrèse* et réaction chimique, ou *métasyncrèse* et changement d'état.

L'hypothèse syndiacrétique permettait à Jungius de tirer quelques conséquences sur l'interrelation des corps en général et sur leur complexité relative en particulier [167]. Ainsi le cuivre formé à la surface d'un objet en fer plongé dans une solution de vitriol bleu, n'est pas tellement le produit d'une transmutation du fer en cuivre, mais plutôt le résultat d'une « permutatio » (permutation), c'est-à-dire, d'un échange d'atomes de fer par des atomes de cuivre [168]. Ceci découle manifestement du changement de couleur de la solution, de bleu en vert, et du fait que le processus s'arrête dès qu'il n'y a plus de cuivre dans la solution.

En fait la complexité relative des corps prend chez Jungius les allures d'une véritable doctrine chimique. De l'hypothèse syndiacrétique il dédui-

---

[163] Jungius 1630, A I 7: « variatio sitûs et ordinis atomorum corporis apparenter similaris ». Voir aussi Jungius 1642, DH XXV, thèses 73-78; 1662, 2.154.
[164] Jungius 1630, A I 126; 1662, 2.1.23.6.
[165] Jungius 1630, A I 42: « [..] per [..] stricto atomorum situ in laxiorem mutato [..] » ou « [..] per syncrisin ex aquae et ignis atomis [..] », respectivement. Voir aussi Jungius 1662, 2.1.12.18.1.
[166] Jungius 1630, A I 64.
[167] Jungius 1630, A I 42; 1662, 2.1.12.18.1.
[168] Jungius 1630, A II 44: « [..] atomis aeris in locum atomorum ferri subeuntibus [..] ». Voir aussi Jungius 1662, 2.1.19.6.

sait par exemple, la règle suivante: si quelques conversions se succèdent à partir d'un premier corps et en telle sorte que les produits successifs puissent être réduits tous en ce premier corps, il est certain que ce premier corps subsiste en entier dans les substances qui en dérivent [169]. Cette règle lui faisait voir que le plomb subsiste dans la céruse (ici: acétate de plomb) [170] et dans le « sandyx » (minium de plomb), ce dernier étant un dérivé direct de la céruse, dérivé qui peut être réduit en plomb sans être reconvertible en céruse. Or Jungius argue qu'une telle relation existe également entre l'eau, sa vapeur et la neige.

L'expérience chimique justifie encore quelques précisions. La conversion du plomb et de l'étain en céruse (donc: leur acétate) et celle du fer et du cuivre en leur rouille enseignent qu'il s'agit dans tous ces cas de syncrèse et de métasyncrèse et non pas de diacrèse comme on le croyait communément [171]. En effet, il faut qu'il y ait un liquide acide ou un « halitus » (exhalaison) corrosif, dont les atomes adhèrent au métal. La céruse et la rouille sont, par conséquent, des corps *plus* complexes que les métaux concernés. Lorsqu'un certain troisième corps y est ajouté, dans le feu, les atomes étrangers quittent le métal pour ce nouveau corps, si bien que le métal reprend sa forme initiale [172].

La diacrèse des corps minéraux, opérée par le feu et contrôlée de temps en temps par la balance, sert à Jungius de critère expérimental pour les classifier. Ainsi il distingue d'abord les corps *composés* des corps *non-composés* [173]. Les corps *composés* peuvent être nommés « apparenter dissimilare » (apparemment dissimilaires); les corps *non-composés* sont les corps « apparemment similaires », que nous avons déjà rencontrés ci-dessus. Ces derniers sont divisés en corps « simples » et corps « mixtes » [174]. Les « mixtes » peuvent être scindés, par diacrèse, en parties

---

[169] Jungius 1630, A I 42; 1662, 2.1.12.18.1.
[170] La céruse proprement dite est le blanc de plomb, c'est-à-dire le carbonate basique de plomb. L'acétate de plomb, le produit de la réaction entre le plomb et le vinaigre s'appelait à l'époque « saccarum saturni » (sucre de plomb), du fait de son goût sucré. Un chauffage prudent du « sucre » donne le « blanc » et de l'acétone, réaction que Jungius connaît. Voir Jungius 1630, A II 12.
[171] Jungius 1630, A I 97; 1662, 2.1.22.7.1.
[172] Jungius 1630, A I 97; 1662, 2.1.22.7.5.
[173] Jungius 1630, A II 3.
[174] Jungius 1630, A II 4.

hypostatiques d'espèces différentes; ils ne sont en effet rien que des corps « apparemment similaires ». Le corps dit « simple », au contraire, ne consiste qu'en parties de la même espèce; il est par conséquent « véritablement similaire », ce qui est bien plus qu' « apparemment similaire », mais ne peut pourtant pas davantage être constaté par les sens. Quant à ces corps simples Jungius remarque, qu'il y en a beaucoup moins qu'on ne le pense et il cite l'exemple de l'or, de l'argent, du mercure, du soufre et du talc. Ces derniers ont été étudiés de façons diverses, sans que l'on ait pu les diviser « hactenus » (jusqu'ici) en parties hypostatiques différentes. Que les autres corps appartenant à la classe des non-composés peuvent être scindés est certain pour une partie d'entre eux et espéré pour l'autre partie [175].

Dans la classification des minéraux Jungius suit l'exemple de George Agricola (1494-1555) et distingue quatre familles [176]. Les sels constituent l'un des deux genres des soi-disant « succa concreta » (sucs solides); ils sont divisés en trois groupes, dont le premier embrasse le « sal vescus » (sel marin), le « nitrum » (natron) et le « halonitrum » (salpêtre). Ces derniers sont des « corps simples et homogènes dont la diacrèse n'a pas encore été découverte jusqu'ici » [177].

Ailleurs [178], Jungius distingue d'abord les sels purs des sels impurs, les premiers étant ensuite divisés en sels simples et sels composés. Les sels simples sont des corps « véritablement similaires ». Aux exemples déjà mentionnés du sel de mer, du natron et du salpêtre, Jungius ajoute le miel, le sucre, les deux formes du « sal sanguinis » (sel sanguin)(?) et d'autres corps engendrés hors du règne minéral [179]. Sur ces derniers il remarque que, quoiqu'ils ne soient peut-être pas tous des vrais corps simples, il faudra cependant les compter dans la classe des sels simples, du moins jusqu'à ce que leur diacrèse soit trouvée [180]. Le « sal armeniacus » (chlorure d'ammonium) est avancé comme un exemple d'un « sel

---

[175] Jungius 1630, A II 4: « [..] partim compertum est, partim spes est ».
[176] Jungius 1630, A II 5.
[177] Jungius 1630, A II 8: « [..] corpora simplicia homogenea sunt quorum diacrisis hactenus nondum est inventa ».
[178] Jungius 1630, A II 24.
[179] Jungius 1630, A II 25.
[180] Jungius 1630, A II 25: « [..] forsan non omnes simplices, tamdiu tamen in simplicium salium classe collocandos, donec diacrisis eorum inventa fuerit ».

pur composé » [181]. Jungius admet enfin qu'il y en a des sels qui sont regardés comme des sels simples, mais dont la constitution nous est inconnue pour la seule raison que l'on n'a pas encore essayé leur diacrèse [182]. Dans les *Doxoscopiae physicae minores [..]* on peut lire que, inversement, toute substance que l'on n'arrive pas à résoudre et dont on ignore si elle est oui ou non composée, peut être regardée comme un « corps simple » ou « corps véritablement similaire » [183].

Toute la teneur de l'exposé de Jungius sur la classification des minéraux et sur le rôle-clef de ce qu'il appelle « corps simple » ou « corps véritablement similaire » nous fait tout naturellement songer à la définition qu'Antoine-Laurent Lavoisier devait proposer pour sa conception de l' « élément chimique », conception qui inaugurera à la fin du XVIIIe siècle une nouvelle voie à la chimie [184].

Le couple de concepts « corps véritablement similaire » et « corps apparemment similaire » constitue donc, comme nous venons de le voir, le noyau dur de la théorie syndiacrétique. Or Jungius, atomiste par conviction, va associer chacun des « corps véritablement similaires » à une espèce d'atome particulière, si bien qu'il reconnaît en principe autant d'espèces atomiques que de « corps véritablement similaires » [185]. Dans ce train d'idées un « corps véritablement similaire » tel que l'or ou l'argent ne sera autre chose qu'un amas d'atomes d'or ou d'argent, respectivement. Nous avons vu que, selon Jungius, les atomes de fer et de cuivre peuvent se remplacer. Bien dans l'esprit d'Epicure, il y ajoute par ailleurs que les atomes de même espèce ne sont pas supposés entièrement identiques entre eux, tout comme les grains d'une certaine céréale ou les feuilles d'un certain arbre [186]. Il ne spécifie toutefois pas si les différences que manifestent entre elles les espèces atomiques proviennent

---

[181] Jungius 1630, A II 26.
[182] Jungius 1630, A II 27: « [..] qui simplices habentur, verum ob diacriseos neglectum constitutionem ipsorum latere ».
[183] Jungius 1662, 2.1.20.8: « Non sequitur, id omne, quod dissolvi hactenus nequit, compositum non esse. [..] At si quid dissolvi nequeat, cujus compositio ignoretur, id ut simplex, sive exacte similare corpus haberi potest ». Ce paragraphe ne figure pas dans les *Praelectiones physicae*.
[184] Voir ci-après, les sections 8.5 et 8.6, p.363 et suiv.
[185] Jungius 1642, DH XXV, thèse 71.
[186] Jungius 1662, 2.1.7.1.13. Cf. ci-dessus, la section 4.2, p.104-105.

uniquement de la forme et de la grandeur de particules d'une seule et même matière première, ou qu'il devait y avoir différentes matières premières.

Une dernière question que le lecteur captivé de l'œuvre de Jungius se pose inévitablement, c'est celle de savoir comment le savant hambourgeois s'imaginait la nature des « corps apparemment similaires ». Tendait-il à une solution *moléculaire* ou avait-il une interprétation personnelle ? Or à en croire le grand historien Hans Kangro, dans son chef-d'œuvre consacré à la chimie de Jungius, ce dernier a bel et bien connu la notion de *molécule* au sens de « particule secondaire spécifique », mais l'a répudié en toute connaissance de cause [187]. Malheureusement Kangro ne spécifie-t-il pas si les manuscrits, à l'endroit indiqué, contiennent des précisions sur les motivations de Jungius. Ailleurs cependant ce dernier s'explique amplement sur le problème, sans pourtant élucider ses raisons anti-moléculaires. Il se contente de proposer une solution à lui, solution qui paraît être la suivante. D'abord il fait voir que la notion de « corps apparemment similaire » comprend non seulement l'alliage de l'or, l'argent et le cuivre, mais également les solutions du sel dans l'eau et des métaux dans les eaux fortes [188]. Ce qui s'oppose alors au « corps véritablement similaire » avec ses atomes spécifiques est, par conséquent, un mélange d'atomes différents qui, bien entendu, y sont dans une certaine proportion numérique [189]. Ce genre de mélange ressemble la *répartition uniforme* que nous avons signalée auparavant chez l'alchimiste Paul/Geber; on se souvient qu'une telle structure de la matière ne saurait être spécifique. Jungius pourtant a été conscient du problème. Chez lui, l'espèce du « corps apparemment similaire » est déterminée en plus par la situation, l'ordre etc. de ces atomes, c'est-à-dire par leur arrangement spatial [190]. Jungius use du terme « textura » (texture) en parlant de tissus [191] et de pierreries [192]. C'est cette « texture » qui constitue, pour lui, la partie synhypostatique d'un corps, inséparable du tout et l'homologue syndiacrétique de la forme

---

[187] Kangro 1968, p.143.
[188] Jungius 1630, A I 15 et 44; 1662, 1.2.2.1.4.2 et 1.2.2.2.23.
[189] Jungius 1630, A I 107; 1662, 2.1.20.7.9.
[190] Jungius 1630, A I 12; 1662, 2.1.3.2.2.
[191] Jungius 1642, DH XXV, thèses 34, 36 et 37; 1662, 2.1.Proœmium.7.95-100.
[192] Jungius 1662, 2.1.12.20.

et de la matière péripatéticiennes [193].

Pour le savant hambourgeois, le « corps apparemment similaire » sera donc caractérisé par un mélange des atomes élémentaires constitutifs, à laquelle s'est ajoutée une *texture*, c'est-à-dire un arrangement spatial exclusif. Or nous avons cru utile de résumer cette idée sur la structure de la matière dans le terme de *répartition spécifique*. Il est évident que cette notion s'approche de beaucoup de la théorie réticulaire moderne. En effet, on ne saurait guère par trop apprécier la profondeur de la théorie de la matière du recteur du gymnase d'Hambourg. Cette théorie n'est pas le fruit d'études presque uniquement livresques comme chez Beeckman et chez Basson: le premier avait puisé de Lucrèce et de Galien, le dernier s'appuyait sur une discussion suivie avec Aristote, Scaliger et les successeurs de ce dernier. Or Jungius, lui, parle en véritable chimiste, habitué de laboratoire, et raconte de temps en temps des réactions qu'il a vues se passer sous ses yeux. Concernant cette réaction entre le fer et la solution du vitriol bleu, par exemple, il avait constaté de ses propres yeux que la couleur de la solution tourne de bleu en vert: or le chimiste Jungius savait bien entendu que le vitriol de fer donne des solutions jaunâtres. Cette solution du vitriol bleu devenant d'abord verte puis toujours plus jaunâtre lui enseignait le remplacement des atomes de cuivre par ceux du fer, processus qui se doublait du recouvrement toujours plus prononcé du bout de fer. Quel joli jeu d'expériences chimiques tout aussi simple que probant à l'appui de la théorie atomique ! Or pour ce qui concerne le haut niveau de ses connaissances chimiques, Jungius n'était pas seul. En effet, nous avons discuté ci-dessus la chimie d'Angelo Sala et celle de Jean Béguin. L' « anatomie » ou l'analyse quantitative remarquable du vitriol bleu et ses différentes préparations font l'honneur du premier, alors qu'une double décomposition fort bien interprétée constitue la gloire du second. C'est dire en peu de mots qu'au moins pour ces trois, la chimie était devenue une science émancipée à part entière. Nous avons constaté par ailleurs que bon nombre d'observations de laboratoire avaient guidé Daniel Sennert, lors de sa conversion d'un philosophe scolastique en péripatéticien éclairé partisan d'une théorie véritablement moléculaire. Ainsi la chimie pratique a joué un rôle-clef dans l'élaboration des théories, soit moléculaire de

---

[193] Jungius 1630, D II 8 et 9; 1642, DH XXV, thèse 36, 37, 38 et 72; 1662, 1.2.2.1-5 et 1.2.1.1.

Sennert, soit plutôt atomiste de Jungius. Enfin, quant à ce dernier on peut inférer que la théorie moléculaire faisait figure d'hypothèse superflue: l'atomisme tel quel en combinaison avec quelques notions de chimie pratique, celles de « corps véritablement similaire » et de « corps apparemment similaire », suffit déjà pour décrire les changements physico-chimiques. Généralement parlé il n'y a, dans la nature, que deux genres d'agrégats: les premiers sont des amas d'une seule et même espèce d'atomes (les métaux, par exemple), les seconds des amas d'autant d'espèces d'atomes qu'il y a de corps mélangés, dans une certaine proportion bien sûr et réunis selon une *répartition spécifique* (l' « or hongrois », par exemple, composé de l'or, de l'argent et du cuivre).

On s'étonne que cette chimie atomiste extrêmement réfléchie de Jungius n'a trouvé virtuellement aucun écho auprès de la postérité. Les thèses soutenues par ses élèves ont été imprimées, certes, mais sans doute dans de faibles tirages. Aussi leur rayonnement a-t-il été modeste. Même les éditions posthumes de ses leçons, celles de 1662 et 1679, sont passées complètement inaperçues. On soupçonne que le style staccato et le langage assez exotique de Jungius y ont été pour quelque chose. Toutefois un cosmopolyte curieux tel Marin Mersenne aurait été ravi sans doute d'apprendre à connaître le recteur du gymnase de Hambourg, qui aurait pu figurer fort avantageusement dans sa correspondance. Or il n'en est guère question. Il n'y a qu'une seule référence directe dans la correspondance de Mersenne, alors que celle-ci ne touche point ses titres de gloire, moins encore son œuvre physico-chimique [194]. On s'imagine d'autre part René Descartes sur son flottille suédois en route pour la cour de la reine Christine, fin 1649: s'il avait connu Jungius, il aurait sans doute fait escale à Hambourg pour rendre visite à son illustre collègue.

6.4 Les alternatives

Nous avons vu que dans l'élaboration des premières théories adéquates de la matière le problème de l'*espèce* a joué un rôle important. Identifier un métal ou un médicament comme un *ens sui generis*, sujet à une logique

---

[194] Lettre de Samuel Sorbière (1615-1670) à Mersenne, en date du 25 août 1642. Voir Mersenne XI, lettre 1121, p.240-243.

comparable à celle du monde des animaux et des plantes, telle était la réponse de Basson et de Beeckman, mais aussi celle de Jungius. Ce sont des processus surtout physico-chimiques qui ont guidé les trois naturalistes. Chez Beeckman et Basson l'analogie avec les êtres vivants amène à une refonte du concept d'*individu substantiel* et par cela même à des options plutôt moléculaires: la particule caractéristique d'une substance serait une particule *secondaire*, composée de briques élémentaires de quatre dénominations, en certains nombres et dans un certain arrangement spatial. L'univers de Beeckman nous a paru être un univers foncièrement *discret* exigeant une mathématique toute aussi adaptée: en effet les phénomènes, de quelque ordre qu'ils soient, durables ou transitoires, sont conçus sur le même modèle discontinuiste, des lettres de l'alphabet aux fièvres tierces, en passant par l'attraction que la terre est supposée exercer sur les graves en chute libre. La nouvelle science de la nature professée par Beeckman sera une « physico-mathematica », disons une « science physico-mathématique »: c'est le complement de nom qui tombe dans les discussions que Beeckman eut avec Descartes à cette heureuse fin de 1618 et qui sera destiné à un si brillant avenir [195]. Quant à la constitution de la matière, nous avons vu que les particules ultimes de Basson et de Beeckman sont celles des quatre éléments classiques. Déjà cette identification peut être considérée comme une nette percée, si ce n'est du fait que, du moins chez Beeckman, elle exclut la transmutation des éléments, processus qui avait tant gêné un Jules César Scaliger, par exemple. D'autre part, les particules caractéristiques des corps phénoménaux au sens de Beeckman et de Basson, les *molécules* avant la lettre, offrent un cadre adéquat pour tout un éventail de théories, non seulement physique et chimique, mais aussi biologique, voir médicale. Dans le chapitre suivant nous verrons que le crux de cette théorie de la matière, savoir le concept d'*individu substantiel*, va effectivement dominer le développement ès sciences mises en cause. Or l'analyse mathématique de la chute des graves par Beeckman - en coopération étroite avec Descartes - illustre on ne peut plus clairement la fertilité de l'approche discrète des phénomènes. Cette élaboration sous forme d'une sommation d'éléments toujours plus petits d'une progression arithmétique, conçue comme l'équivalent du calcul de la grandeur d'une surface, préfigure nettement le calcul intégral de la fin du XVIIe siècle.

---

[195] Descartes X, p.52 et 67-78.

L'influence de Basson est par ailleurs bien documentée. Ci-dessus nous avons déjà relevé que Jean Chrysostome Magnenus, dans son travail *Democritus reviviscens sive de atomis* (*Démocrite reviviscent, ou sur les atomes*) lui emprunta l'idée d'une échelle de complexité, où les particules du deuxième ordre vont constituer celles du troisième ordre, etc. [196].

Quant à Jungius, nous nous sommes rendus compte de la profondeur de sa théorie de la matière d'une inspiration autrement plus expérimentale que celles de Basson et de Beeckman. Chez le recteur hambourgeois, on s'aperçoit du haut niveau qu'a pu atteindre la chimie de laboratoire dans ces premières décennies du XVIIe siècle. Or Jungius n'était pas seul à s'adonner à une chimie pratique: il y a aussi les témoignages de Béguin et de Sala, qui confirment en quelque sorte l'image à la fois grossière et positive que nous en avons présentée. Pourtant la chimie expérimentale très sophistiquée de Jungius se double encore d'une chimie théorique des plus poussées: les particules ultimes de la matière seraient les *atomes* dont il distingue autant d'*espèces* qu'il y a de corps indécomposables dans la nature. Du seul fait de cette notion de *corps indécomposable* on peut situer Jungius dans le sillage historiographique d'Antoine-Laurent Lavoisier. Encore: sa mise en parallèle de cette notion avec l'idée d'atomes spécifiques s'approche de la synthèse réalisée par John Dalton, au début du XIXe siècle. Or les belles éditions critiques des œuvres de Jungius, ces dernières décennies, attestent, à notre opinion, abondamment la raison de la *Joachim-Jungius-Gesellschaft* de révaloriser le statut historiographique du savant hambourgeois. Il n'empêche que, justement en ce qui concerne la théorie de la matière, elles n'ont guère contribué à une meilleure appréciation. L'un des éditeurs s'est même plu à dédaigner sinon à discréditer les innovations remarquables de Jungius en les présentant seulement comme des intuitions fortuites d'un esprit encyclopédique [197], plutôt que comme des découvertes fondamentales dans le domaine de la structure de la matière. L'historien se doit de juger équitablement non seulement ceux qui ont fait l'histoire, mais aussi ceux qui pour des raisons quelconques ont failli faire l'histoire, tout ceci bien entendu vu la situation générale et par ailleurs dans la mesure du possible et du raisonnable. De ce point de vue,

---

[196] Magnenus 1646, p.173.
[197] Meinel 1982.

VI

la déconvenue qu'on a infligée à la mémoire de Jungius nous semble par trop injuste.

Concluons en disant que, dans ce chapitre, nous avons eu occasion de peindre dans le détail l'avènement de la théorie moléculaire, chez Basson et chez Beeckman notamment, ainsi que l'apparition d'une théorie consciemment non-moléculaire, celle de Jungius. Or le haut niveau à la fois théorique et expérimental de cette dernière nous a permis de peser notre jugement quant aux premiers. Dans les trois cas il était question de théories de la matière à base d'atomes jugés élémentaires.

Par après nous nous proposons de suivre le développement qu'a connu le concept d'*individu substantiel* à travers le XVIIe siècle. Il s'agira d'entités décidément moléculaires, c'est-à-dire secondaires et composées d'atomes, mais aussi de conceptions plus abstraites. Il y aura des entités géométriques indivisibles de dimensions ou bien infimes mais en tout cas déterminées, ou bien carrément infiniment petites. Les savants, ceux qui ont fait l'histoire, parleront de « petites parties », de « particules » et de « molécules », mais aussi de « concrétioncules », d' « atomes sans grandeur », de « clusters », voire de « monades ». Or cet échantillon terminologique seul suffit pour le moment pour illustrer la richesse en connotations qu'aura le concept en question. Nous verrons qu'à la fin du XVIIe siècle le concept d'*individu substantiel* constituera le cœur même de toute théorie de la matière, de quelque orientation qu'elle soit. Au XVIIIe siècle il deviendra incontestablement le noyau solide autour duquel vont se constituer les différentes sciences de la nature: la chimie, la minéralogie, la cristallographie, les sciences de la vie et la physique. Même s'il sera principalement question de la structure de la matière, sous ces différents points de vue, l'aspect mathématique refera surface de temps à autre. Nous verrons que, dans un futur encore lointain, le dualisme physico-mathématique qui avait marqué de son empreinte les débuts de la théorie moléculaire, refera surface. Les savants qui, au XIXe siècle, s'adonneront à la mathématisation de la physique vont reconsidérer, au point de vue mathématique justement, les avantages respectifs des visions continuiste et discontinuiste de la matière. Pour l'instant nous rentrons au XVIIe siècle, pour voir après ce qui s'est passé dans les principales branches de la science de la nature.

CHAPITRE VII

LE CONCEPT D'INDIVIDU SUBSTANTIEL AU XVIIe SIECLE

7.1 L'individu substantiel tel quel

Tirer des lignes historiques depuis la parution des premières versions imprimées des commentaires de Simplicius et Philopon, dans les années 1520-1550, jusqu'au début du XVIIe siècle, nous a paru sinon vain, du moins trop risqué. Scaliger, par exemple, le grand panégyriste d'Aristote et l'une des références obligées des innovateurs du début du XVIIe siècle, semblait ignorer les apports de ses grands devanciers, plus particulièrement leurs idées sur la constitution de la matière. Sa fidélité au Stagirite ne lui empêchait toutefois pas de prôner une approche consciemment indépendante, voire orgueilleuse, digne d'un homme de la Renaissance. En effet sans vraiment sortir de la tradition averroïste, c'est dans une polémique soutenue contre Jerôme Cardan (1501-1576) qu'il développa ses vues assez remarquables sur les *minima naturels*. Chez lui, les *minima* qui vont constituer un « mixte », tel qu'une quantité d'eau de dimensions du reste quelconques, abandonnent leurs limites: la seule forme substantielle exigée pour un « vrai mixte » cède ici devant la nouvelle condition de la continuité des limites. Le *crama* et l'*électrum* - comme d'ailleurs le cinabre - avaient montré que les *minima* qui y étaient entrés, peuvent en être séparés. Ainsi, même s'il est question d'un certain mode de permanence, l'amas n'est pas pour autant agrégat d'*individus substantiels*. Or Basson s'était aperçu de la faille qui est d'ordre physico-chimique et en avait tiré la conséquence essentielle: de même que les composants du *crama* et de l'*électrum* subsistent intégralement sous forme d'*individus substantiels*, de même les éléments subsistent dans les principes et ces derniers dans les composants des « mixtes » précités. D'où ce postulat de minima permanents composés de sous-particules tout aussi permanentes. La logique physico-chimique était encore plus forte et plus contraignante chez Daniel Sennert, qui, en 1619, eut rassemblé tout un éventail d'arguments pratiques en faveur de l'existence et de la permanence des « minima sui generis » (minima spécifiques). Dans les deux cas les minima sont présentés comme de véritables *individus substantiels*, car chacun résume l'espèce physico-chimique. Chez Beeckman, on s'en souvient, ces *individus substantiels* sont devenus des *homogenea physica* composés d'atomes d'une seule et même matière première au sens classique, mais en même temps représentants des quatre éléments tout aussi classiques.

Ci-après nous allons suivre les aléas du concept d'*individu substantiel* au XVIIe siècle. Même si les traces ne sont pas toujours évidentes, on peut tout de même indiquer quelques lignes de démarcation. Il y a d'abord les savants qui se situent dans la lignée de Pierre Gassendi, l'apologiste chrétien d'Epicure et l'inventeur même du néologisme de « molécule ». Ces savants tiendront compte de l'expérience chimique et nous parlerons de réactions d'échange, de complexité relative et de permanence substantielle. Puis il y a ceux qui se réclament de René Descartes et de sa théorie « particulaire » en postulant un univers discret sous forme d'un agrégat de dimensions immenses. Nous traiterons aussi de la théorie de la matière de Galiléo Galilée, en contrepoint, si l'on peut dire, ceci pour une meilleure appréciation des théories de ses contemporains Gassendi et Descartes, ce qui par ailleurs nous permettra un passage rapide à la doctrine de Boyle. Ce dernier, à la fois grand chimiste et physicien aux yeux de la postérité, concevra sa célèbre « philosophie corpusculaire » sous forme d'une synthèse des vues de Gassendi et de Descartes. Il y aura, enfin, Gottfried Wilhelm Leibniz, dont la théorie de *monades* nous a paru l'une des expressions les plus abstraites du concept d'*individu substantiel*.

7.2 L'atomisme moléculaire: de Gassendi à Lamy

Le mi-juillet 1629 Pierre Gassendi (1592-1655), en voyage aux Pays-Bas septentrionnaux, visita Beeckman à Dordrecht et discuta avec son hôte les détails de la théorie de la matière en général et de l'atomisme épicurien en particulier; surtout les théories du son, de la lumière et du magnétisme paraissent avoir figuré sur l'ordre du jour [1]. La visite marqua assurément un tournant dans la vie du provost de Digne: persuadé de la vérité de l'élaboration de l'atomisme que lui exposa le recteur de l'Ecole latine, il rentra en France et se posa la tâche d'abord de réhabiliter la personne d'Epicure, puis de réconcilier son atomisme maudit avec la doctrine de l'Eglise catholique. Une certaine franchise ne lui fut du reste pas étrangère: dès 1624, à la veille du dispute défendu d'Etienne de Clave et siens, il composa ses *Exercitationes paradoxicae adversus Aristoteleos* (*Exercices en forme de paradoxes contre les Aristotéliciens*), dont - sans doute signe du temps - ne parut que le premier volume. Enfin, selon son biographe Howard Jones, le voyage de Dordrecht le transforma une fois pour toutes d'opposant critique d'Aristote en champion constructif d'Epicure [2].

La période de gestation devait durer jusqu'à 1647, quand Gassendi fit paraître une apologie du philosophe du jardin sous le titre *De vita et moribus Epicuri* (*Sur la vie et les mœurs d'Epicure*). En 1649 parurent ses *Animadversiones in decimum librum Diogenis Laertii [..]* (*Observations sur le dixième livre de Diogène Laërce [..]*). Enfin, les innovations de Gassendi furent rassemblées dans son *Syntagma philosophicum* (*Somme philosophique*), véritable synthèse de la philosophie d'Epicure.

Or dans les *Animadversiones [..]* Gassendi reprend le texte même de Diogène Laërce et le traduit en latin. Texte et traduction parallèle prennent quelque quatre-vingt-dix pages; ils sont complétés par un commentaire précieux qui suit le livre X de Diogène dans les détails. C'est donc dans cette traduction que l'on rencontre le néologisme de « molecula » que Gassendi utilise comme traduction du mot ὄγκος. Le fragment en question, nous le rappelons pour mémoire, traite de l'explication de l'audition,

---

[1] Beeckman Jn., iii, p.123-124 (fol.346.v)(14 ou 17 juillet 1629). Voir aussi: F. Sassen 1960.
[2] Jones 1981, p.28.

qu'Epicure avait conçu sur le modèle de la vision, donc étant agitée par « quelque chose venant de dehors » [3]. Dans sa traduction déjà Gassendi se démarque nettement des versions latines antérieures. La plus importante de ces dernières paraît avoir été celle d'Ambrosius Traversarius Camaldinus, qui date d'avant 1432 et qui a servi pour les deux éditions bilingues d'avant Gassendi, celle de 1570 et celle de 1593. Or Camaldinus avait traduit le mot d'ὄγκος par « tumor », ce qui dans le contexte du reste assez flou de son interprétation semble signifier « enflure », « gonflement » ou « bouffissure » [4]. On dirait que le son consiste, d'après Camaldinus, en « simulacra » un peu plus grossiers que ceux qui causent la vision. L'interprétation de Gassendi nous semble en tout cas beaucoup plus claire: l'appareil sonore produit un effluve qui, à l'instar de l'eau exprimée par un foulon « est dispergé en molécules qui consistent en de particules semblables » [5]. Enfin, si le rapport entre ces « particules » et ces « molécules » n'est pas spécifié, il demeure que le son est expliqué en termes tout au moins corpusculaires. Quant au legs manuscrit, nous avons pu établir que le mot de « molecula » fit son apparition, du reste assez brusquement, à la fin de 1636 ou au début de 1637, dans les brouillons d'un traité *De vita et doctrina Epicuri* (voir la Figure 6). Le problème c'est que bon nombre de manuscrits ont disparu et bien aux environs de 1632-1633, c'est-à-dire après la conversion de Gassendi à l'atomisme; le procès mené à Rome à l'encontre de Galilée se fit sentir apparemment. Le document reproduit dans la Figure 6 ne sera donc pour nous que le plus ancien témoignage de l'utilisation du mot « molecula » dans un contexte physico-chimique. Pourtant, encore en 1635, dans une lettre à son mécène, Nicolas Fabri de Peiresc (1580-1637), Gassendi ne parle qu'en termes d'*atomes* dans un contexte où le terme de molécule aurait été parfaitement à propos [6]. C'est dire, nous semble-t-il, que sa terminologie est encore vacillante. Par la suite nous reprenons l'interprétation que Gassendi développait de la doctrine d'Epicure, ceci par le biais du *Syntagma philosophicum*, qui, dans les deux premiers tomes des *Opera omnia*

---

[3] Gassendi 1649, p.40: « ex aliquo extrinsecùs adueniente ».

[4] Diogène Laërce 1593, p.740.

[5] Gassendi 1649, p.40: « [..] dispergitur in moleculas, quae ex particulis similibus constent ».

[6] Rochot 1944, p.66.

(1658), en donne la forme la plus réfléchie. Nous nous référons également au *Philosophiae Epicuri syntagma* (*Somme de la philosophie d'Epicure*), qui résume son commentaire sur l'ouvrage de Diogène Laërce et parut dans le troisième tome des *Opera omnia*.

Selon Gassendi, les atomes sont les principes matériels des choses qui se meuvent dans le vide [7]. A l'encontre d'Epicure il soutient que ces atomes ne sont ni éternels, ni non-faits [8]; quant à leur mouvement, il rejette l'existence d'une direction exclusive, de haut en bas, ainsi que l'idée du « clinamen », c'est-à-dire la déclinaison fortuite qu'Epicure avait introduit pour justifier le libre arbitre [9]. Même dans les corps concrets solides ce mouvement intestin ne s'arrête jamais [10]. Les atomes d'une certaine figure ne sont du reste pas infinis en nombre; le nombre des figures est très grand mais cependant limité, d'où découle le fait que le nombre total des atomes dans l'univers est limité [11]. Autant que nous avons pu le vérifier, Gassendi ne se pose pas la question de savoir si, oui ou non, les atomes d'une certaine figure sont de même taille.

Les atomes sont la matière première que Dieu créa au commencement dans une quantité finie lui permettant de construire tout ce monde [12]. Or ces atomes peuvent adhérer mutuellement grâce à des sortes d'agrafes et de portes [13]. Il n'est pas vrai, ainsi qu'on l'a objecté toujours à Epicure, que dans son système, tout peut provenir de tout. Selon Gassendi les atomes ne sont pas tous identiques entre eux et n'ont donc pas tous la même « capacitas » (aptitude) à former des corps [14]. Les atomes composent d'abord certaines « molécules », d'une petitesse insensible, qui sont les « semences des choses diverses » [15]. Chaque substance concrète résulte de ses propres « semences » et « est tressée » (texi) et constituée en sorte qu'elle ne saurait se former autrement.

---

[7] Gassendi 1658, i, p.279b et suiv. (voir aussi *ibid.*, iii, p.18b).
[8] Gassendi 1658, i, p.280a.
[9] Gassendi 1658, i, p.275b.
[10] Gassendi 1658, i, p.277a.
[11] Gassendi 1658, i, p.280a.
[12] Gassendi 1658, i, p.280b.
[13] Gassendi 1658, i, p.281a-282a; *ibid.*, i, p.472a et 475a.
[14] Pour ce qui concerne l'identité éventuelle des atomes, voir ci-dessus, la section 6.1, p.196-197, la note 25.
[15] Gassendi 1658, i, p.472a: « semina rerum diversarum ».

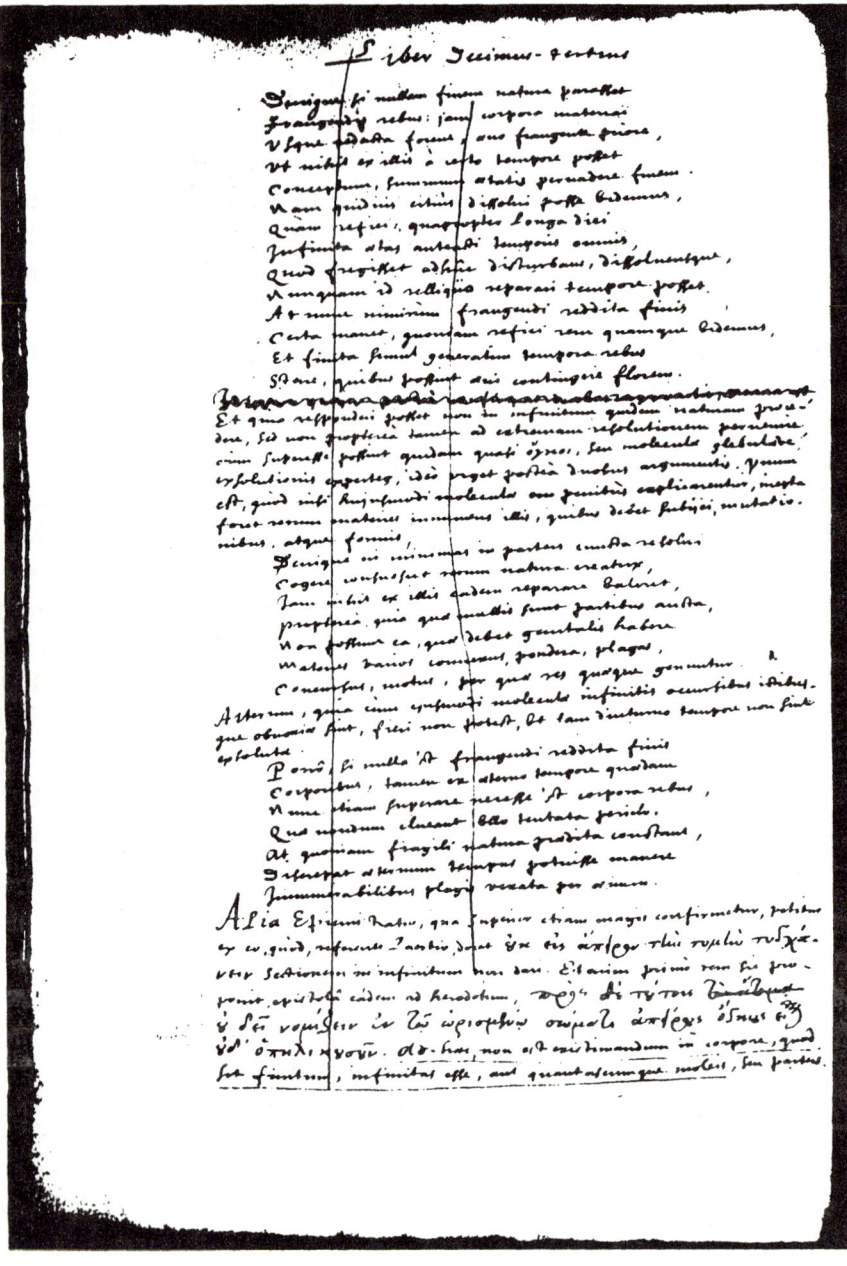

Figure 6 (p.256)

> Folio 170.verso du *Ms Tours 709* (reproduite avec la permission de la Bibliothèque municipale de Tours). Il s'agit du XIIIe livre, section 2 (intitulée 'Quibus rationibus probetur existere atomos'), du traité *De vita et doctrina Epicuri*. Ce fragment date de fin 1636-début 1637 (voir Bloch 1971, p.258). Le mot de « molecula » apparaît dans le deuxième paragraphe comme traduction du mot d'ὄγκος.

Les « molécules », « concretioncules » [16], « parties intégrantes » [17], ou « petites mottes » [18] sont des complexes secondaires d'atomes qui ne peuvent être démontés qu' « aegrè » (avec peine) [19]. Elles sont « comme des semences qui subsistent longuement » [20]. Ces « molécules » diffèrent pourtant des germes homoiomères d'Anaxagore, dit Gassendi, en ce qu'elles sont démontables en atomes, du moins en principe [21]. Ce sont elles qui constituent d'abord le feu et l'eau et les éléments des chimistes, à savoir le sel, le soufre et le mercure, et les « corps similaires » [22]. A partir de ceux-ci les espèces variées des corps s'engendrent selon la proportion des composants et leur arrangement [23]. Ainsi, au cours de la résolution d'un mixte, les molécules ou atomes semblables s'unissent et forment de nouveaux corps: le bois, par exemple, donne alors la flamme, la fumée, les cendres et d'autres corps. Le bois est considéré comme un mélange d'une grande variété de molécules [24]. La nature du bois (disons chêne, hêtre, etc.) est déterminée par la manière suivant laquelle ces molécules se sont unies [25]. Ainsi, le bois représente, pour Gassendi, une

---

[16] Gassendi 1658, iii, p.18b: « concretiuncula ».
[17] Gassendi 1658, i, p.473b: « partes integrantes ».
[18] Gassendi 1658, i, p.260a: « glaebulae ».
[19] Gassendi 1658, i, p.472a; voir aussi *ibid.*, i, p.260a.
[20] Gassendi 1658, iii, p.18b: « quasi semina diu perdurantia ».
[21] Voir la note 19 et aussi Gassendi 1658, iii, p.19a.
[22] Gassendi 1658, iii, p.19a; « ὁμοιομερῆ, similaria ».
[23] Gassendi 1658, i, p.472a: « iuxta varietatem mistionis, dispositionísque ».
[24] Gassendi 1658, i, p.472b.
[25] Gassendi 1658, i, p.473a: « ex omnium congerie, concretione, complexione, dispositione ».

entité spécifique qui ressemble beaucoup à la *répartition spécifique* de Jungius, même s'il s'agit de molécules et non pas d'atomes. Avec un anachronisme patent on aurait pu parler d'une entité *supramoléculaire*, où la proportion numérique ainsi que l'arrangement spatial de différentes espèces de molécules déterminent l'espèce d'une substance à notre échelle.

Les atomes de Gassendi sont donc la matière première, tandis que les molécules sont des entités secondaires qui, en s'amassant, constituent le feu, le sel, l'argent, l'or et les autres substances que nous connaissons [26]. Ce que l'on appelle communément corruption et génération revient, respectivement, au démontage des molécules du corps de départ suivi par le montage des molécules du produit [27]. Comme chez Basson et chez Beeckman, la réaction chimique observable est alors à tout le moins un processus de masse.

Les atomes ne se combinent point indifféremment, mais en raison de leur grandeur, de leur figure, de leur position et de leur arrangement [28]. Une résolution ne donne du reste pas toujours les particules ultimes, les atomes, mais le plus souvent des molécules ou des parties composées de celles-ci [29]. Gassendi suggère ici que les molécules d'un corps déterminent son espèce [30]; il les prend alors effectivement au sens d'*individus substantiels*.

Quant à la transmutation tant recherchée par les alchimistes celle-ci est, aux yeux de Gassendi, un phénomène tout à fait normal et ne revient, compte tenu des restrictions quant à la « capacitas », qu'à un réarrangement des atomes, si bien que l'un des types de molécules disparaît pendant que l'autre apparaît. Ainsi, lorsqu'un morceau de fer plongé dans une solution du vitriol bleu acquiert une surface rougie, ceci veut dire, dans le train d'idées de Gassendi, que le fer à sa surface s'est transformé en cuivre [31]. On voit qu'il cite le même exemple que Jungius, qui, lui, rapportait en outre le changement de couleur de la solution. Angela Sala, de son

---

[26] Gassendi 1658, i, p.479a.
[27] Gassendi 1658, iii, p.25a,b.
[28] Gassendi 1658, iii, p.25a,b: « juxta proportionem magnitudinem, figurarum, positionum, ordinum [..] ».
[29] Gassendi 1658, iii, p.25b.
[30] Gassendi 1658, iii, p.25b: « moleculas [..] quae sint species quaedam concretorum corporum ».
[31] Gassendi 1658, ii, p.141a,b.

côté, avait cru qu'il ne s'agisse que d'une simple précipitation des particules de cuivre dispergées dans la solution. Gassendi, lui, y ajoute que de la même manière le mercure peut se transmuer en un métal quelconque [32]; et, dit-il, on peut même s'attendre à ce que tous les gemmes puissent être converties en diamant [33]. Comme nous allons le voir ci-dessous, l'or, pour Gassendi, n'est pourtant pas le produit d'un simple processus atomique tel quel, disons le fruit du travail d'un chimiste-mécanicien, mais s'est engendré au moyen sinon d'un germe propre à lui, du moins d'un pouvoir germinateur [34]. Quant à la réaction entre le fer et le vitriol bleu, on s'aperçoit que, face à Sala et Jungius, c'est, à l'évidence, le théoricien qui parle plutôt que l'expérimentateur: Gassendi ne discute ni la disparition du bleu, ni l'apparition du vert, ni le jaunâtre ultime de la solution.

Il importe de noter la différence qui est entre l'interprétation de Gassendi et celle de Jungius. Là où le recteur hambourgeois parlait d'un échange d'atomes spécifiques, le chanoine de Digne voit la décomposition des molécules de fer, suivie par la constitution des molécules de cuivre. Or si l'interprétation de Gassendi ne tient pas compte de tous les phénomènes observés, le modèle essentiellement moléculaire présenté pour la transmutation des métaux n'en est pas moins attachant. Il suffit de signaler ici qu'Isaac Newton, dans ses travaux (al)chimiques, partait d'une conception semblable, selon laquelle non seulement les métaux mais en principe *toutes* les substances sont congénères et transmuables les unes dans les autres, et ceci selon un mécanisme moléculaire nettement dans l'esprit de Gassendi. Nous en reparlerons par après, dans la section 10.2.

Ayant traité des conversions que nous appellerions « chimiques », c'est-à-dire des processus où une ou plusieurs substances changent de nature, il nous faut considérer maintenant les phénomènes plutôt physiques. Or dans l'interprétation que nous offre Gassendi, les agrafes et les portes des atomes jouent un rôle de premier plan. Au cours du processus d'évaporation, par exemple, les particules les plus lisses et les moins pourvues de crochets s'échappent le plus facilement. Ceci explique peut-être aussi pourquoi l'eau s'évapore beaucoup plus vite qu'une huile, et le plomb plus

---

[32] Gassendi 1658, ii, p.141b.
[33] Gassendi 1658, ii, p.142b-143a.
[34] Gassendi 1658, ii, p.142b.

vite que l'argent [35]. Ailleurs Gassendi explique de la sorte la ductilité extraordinaire, le manque de solubilité et la purification relativement aisée de l'or, ainsi que sa pesanteur remarquable [36]. Selon lui, les crochets n'empêchent point que le bronze est un matériau à la fois dur et fragile [37]. Abstraction faite de l'intérêt particulier des données physiques dont Gassendi prétend rendre compte, il est clair que ses explications laissent beaucoup à désirer, pour ne pas dire qu'elles sont foncièrement arbitraires.

Enfin, hormis quelques aspects qualitatifs, la doctrine de Gassendi demeure donc épicurienne en ce sens que, le plus souvent, elle ne quitte pas le domaine des catégories de la grandeur, de la figure et du poids des atomes. Dans une suite d'associations pas toujours convaincante, loin delà, il soutient que ce poids implique une « propension au mouvement » [38]. Celle-ci serait à l'origine de ce qu'il appelle l'« antitypia », qualité qui concerne la résistance qu'offre un atome au toucher, autrement dit, son impénétrabilité [39]. La matière des atomes n'est du reste pas inerte; elle est « active » [40].

Nous porterons ici une attention spéciale à la figure des atomes, car il se trouve que Gassendi a tenté d'établir un rapport entre les corps sensibles, tout particulièrement les cristaux, et leurs molécules constituantes [41]. En ce qui concerne la figure d'un cristal de sel gemme ou d'alun, les recherches menées par Gassendi, à l'aide d'un « engyscopium » (microscope) [42], sur la cristallisation et sur le clivage lui révélaient la constance de la forme [43]. Dans la lettre à son mécène Peiresc, à laquelle nous avons déjà fait allusion ci-dessus, Gassendi conclut en 1635 que la figure des « atomes » (le mot de « molécule » date probablement de fin

---

[35] Gassendi 1658, i, p.282a; voir aussi *ibid.*, i, p.279a,b.
[36] Gassendi 1658, ii, p.136a,b et 137a.
[37] Gassendi 1658, ii, p.137a.
[38] Gassendi 1658, i, p.273b: « propensio ad motum ».
[39] Gassendi 1658, i, p.267a.
[40] Gassendi 1658, i, p.280a.
[41] Olivier Bloch a pu établir que la théorie des pierres de Gassendi dérive directement de celle d'Etienne de Clave, l'un des conspirateurs de 1624, qui avait publié, en 1635, une monographie sur les pierres et les pierreries. Voir Bloch 1971, p.259 et suiv.
[42] Peiresc possédait un microscope dès 1620. Voir Rochot 1944, p.66, note 82.
[43] Gassendi 1658, i, p.271a (cristallisation); *ibid.*, ii, p.114b (clivage).

1636-début 1637 !) devait être identique à celle des cristaux sensibles [44]. Dans le *Syntagma philosophicum* il y ajoute que la figure spécifique des particules du sel et de l'alun se vérifie en quelque sorte par les phénomènes de la dissolution et de la saturation: les deux corps, sel et alun, se dissolvent indépendamment l'un de l'autre et jusqu'à une certaine mesure dans une même quantité d'eau pour se recristalliser par après tout aussi indépendamment [45]. Ailleurs dans le *Syntagma philosophicum*, il a étendu cette hypothèse: il suggère maintenant, d'une part, que « sinon les atomes, du moins les molécules » [46] du sel sont des carrés ou des triangles isocèles et, d'autre part, que ceci vaut, compte tenu des particularités, pour l'alun et le sucre et pour tous les corps semblables de forme régulière et caractéristique. Or l'hypothèse limitée, selon laquelle les cristaux à notre échelle sont des amas de particules de forme semblable devait se révéler, à la longue, extrêmement profitable. Un cristallographe tel Domenico Guglielmini (1655-1710) y va puiser son inspiration et, d'un autre point de vue, les spécialistes des autres règnes de la nature, avec à leur tête George Louis Leclerc (1707-1788), comte de Buffon.

Terminons notre précis de la théorie corpusculaire de Gassendi par une analyse succincte de ce qu'il a dit au sujet de la relation individu-espèce dans les questions qui, de notre point de vue, relèvent de la chimie et de la physique. En fait Gassendi ne s'est jamais décidé sans ambiguïté à cet égard. D'une part, nous l'avons vu, il rejette l'opinion que les cristaux soient des êtres vivants qui se nourissent, grandissent et engendrent leurs similaires [47]. Pour lui, les cristaux se forment par l'intervention d'une « vis seminalis » (force séminale), qu'il compare ailleurs avec un « ventum » (vent); ce dernier sera la cause qui fait que les molécules cubes du sel gemme s'arrangeront en sorte qu'il en résulte un cristal cubique sensible [48]. Une telle force serait également responsable de la formation de l'or [49]. La comparaison des cristaux d'une certaine dénomination avec les

---

[44] Rochot 1944, p.66.
[45] Gassendi 1658, ii, p.36b-37b.
[46] Gassendi 1658, i, p.271a: « nisi atomi, saltem moleculae ».
[47] Cf. Gassendi 1658, ii, p.118a.
[48] Gassendi 1658, ii, p.117a,b.
[49] Gassendi 1658, ii, p.142b.

grains de blé [50] semble encore indiquer que Gassendi considère le cristal tangible en tant qu'*individu*. Il donne la même impression lorsqu'il discute la génération des animaux, des plantes, des métaux et des pierres, qu'ils s'imagine s'effectuer à partir des principes des chimistes [51]: dans tous ces cas, l'*espèce* dépendrait de la proportion et de la disposition des molécules de ces principes, donc du sel, du soufre et du mercure. Ce serait comme dans le cas du bois lequel, pour Gassendi, n'est qu'un mélange d'une grande variété de molécules, arrangées d'une certaine manière spécifique [52]. Ci-dessus nous avons déjà relevé la ressemblance de ce modèle de la structure du bois avec l'idée de la *répartition spécifique* de Jungius: au lieu des *atomes* de ce dernier, il faut lire ici *molécules*.

Gassendi a soutenu d'autre part que, le plus souvent, la résolution d'un corps n'atteint pas les atomes, mais s'arrête au niveau des molécules, qui, elles, représentent l'espèce des corps concrets. Il distingue, nous l'avons vu, très clairement les *molécules* comme la matière seconde des *atomes* comme la matière première. Il dit même que les atomes dans la molécule d'un métal sont arrangés de façon spécifique: ils composent une certaine « structura » (structure) ou « configuratio » (configuration) propre au métal concerné [53]. C'est enfin le comportement par rapport à la lumière qui ajoute des qualités à l'agrégat que la seule molécule ne possède point: le plomb devient transparent et l'eau opaque « à cause d'un seul changement dans la situation des parties » [54].

A tout prendre, nous pensons que les observations de Gassendi en ce qui concerne particulièrement les métaux ne lui ont pas permis de se décider définitivement. Il les regarde tantôt comme des *mélanges* de diverses molécules constituantes - à savoir, celles des principes chimiques - arrangées d'une manière caractéristique par une « force séminale », comme dans le bois. Tantôt aussi il les traite en *corps pur*, dans le sens d'un agrégat d'un seul et même type de molécules. Nous présumons que cette ambiguïté n'est pas tellement la conséquence d'observations irréconciliables, mais qu'elle découle plutôt de l'épistémologie même de Gassendi. Comme

---

[50] Gassendi 1658, ii, p.114a.
[51] Gassendi 1658, i, p.472a.
[52] Gassendi 1658, i, p.472b-473a.
[53] Gassendi 1658, ii, p.141a.
[54] Gassendi 1658, ii, p.118a: « propter solam situs partium variationem ».

Olivier Bloch l'a fort bien mis en lumière, il y a partout dans l'œuvre de Gassendi des traces plus ou moins évidentes d'un dualisme mécano-biologique [55]. Ainsi, en confondant miettes d'une matière première morte avec les graines d'une semence bien vivante, Gassendi donne d'abord au nom de l'atomisme, ce qu'il reprend tout de suite au nom de l'animisme.

En conclusion nous dirons que le chanoine de Digne a réussi là où bien d'autres avaient échoué, à savoir, dans ce que Bloch a appelé « la restauration de l'épicurisme » [56]. Sa méthode était principalement celle d'un érudit, d'un humaniste, qui revitalisait un texte ancien par le moyen d'une savante édition critique des sources - à la hauteur de la philologie la plus poussée de son temps -, accompagnée d'une traduction latine sophistiquée et suivie d'un commentaire des plus approfondis. Une fois développé son commentaire devient, dans le *Syntagma philosophicum*, une philosophie à part entière, où l'on retrouve toute l'histoire ou presque de l'atomisme et des problèmes liés, tels ceux des *minima naturels*. Ainsi on y trouve non seulement des références aux fondateurs de l'atomisme tel quel, mais encore à Empédocle, Héraclide du Pont, Asclépiade de Bithynie, Cicéron, Sextus Empiricus, Lactance, voire à Jean Philopon [57]. En principe son approche ne différait guère de la manière dont, voici quelques siècles, Aristote avait été repris par les traducteurs et les commentateurs de la Scolastique pour devenir le patron de la théologie chrétienne. Or si Gassendi a effectivement réussi à restaurer l'épicurisme, la question se lève si tel était précisément le but qu'il s'était posé, ou si l'on veut le seul but. Bernard Rochot a déjà suggéré qu'il ne s'agissait pas tellement d'une réhabilitation tout court, mais bien plutôt d'une tentative consciente de mettre Epicure à la place d'Aristote [58]. Plus récemment Barry Brundell a soutenu de son côté que Gassendi n'a voulu rien moins que la succession d'Aristote par Epicure dans l'enseignement théologique de l'Eglise catholique, apostolique et romaine [59]. Or de ce point de vue son entrepri-

---

[55] Bloch 1971, p.252-253.
[56] Bloch 1971, p.42.
[57] Les références à Philopon ne concernent que quelques généralités sur l'indivisibilité des atomes (Gassendi 1658, i, p.257a) et sur leurs autres propriétés (*ibid.*, i, p.267a).
[58] Rochot 1955, p.34.
[59] Brundell 1987, p.13-14 et tout particulièrement le chapitre 3.

se était vouée à l'échec. Les théologiens contemporains, de quelque souche chrétienne qu'ils soient, n'ont point abandonné la philosophie péripatéticienne, ni au XVIIe, ni au XVIIIe siècle. Entérinée au cours du *Concile de Trente* dans la version de Thomas d'Aquin, elle n'a cessé d'inspirer l'Eglise, notamment grâce à l'édition actualisée des jésuites de Coïmbre. Au XIXe siècle, surtout depuis l'encyclique *Aeterni Patris* (*Du Père éternel*) du pape Léon XIII (1879), elle devait même prendre un nouvel essor. La célèbre édition dite léontine des œuvres complètes de Thomas en est le fruit; cette édition démarrait en 1892 et ne s'est pas encore achevée, alors que les premiers volumes sont encore toujours en vente.

Le succès relatif de l'atomisme épicurien en matières physico-chimiques ne saurait masquer sa faillite théologique. Soutenir que Gassendi a christianisé l'atomisme c'est seulement avouer qu'il a donné, à l'exemple de Beeckman, une place au Dieu biblique, celui de la création « ex nihilo ». Ce n'est donc pas à dire qu'il a repensé tous les aspects théologiques de l'atomisme: ainsi on ne retrouve aucune allusion aux problèmes séculaires de la nature de l'âme et de la providence divine, ou, plus pressant encore depuis le *Concile de Trente*, celui de la transsubstantiation. Malgré son état ecclésiastique et ses options ambitieuses quant au remplacement d'Aristote par Epicure dans la doctrine de l'Eglise, Gassendi se profile en philosophe physico-chimiste plutôt qu'en théologien apologiste.

Sur le continent, la philosophie gassendienne de la matière fut propagée particulièrement par François Bernier (1625-1688), qui publia, en 1674, un *Abrégé de la philosophie de Mr Gassendi* [60]. En Angleterre ce fut Walter Charleton (1620-1707), dont la *Physiologia Epicuro-Gassendo-Charltoniana*, une traduction et extension de la partie physique des *Animadversiones [..]* de Gassendi, parut en 1654. L'ouvrage de Charleton paraît être une synthèse des vues de Sennert (1636), de Magnenus (1646) et de Gassendi (1649), même s'il est vrai que l'apport du dernier domine. Charleton admet [61]:

---

[60] Cet *Abrégé [..]* vient d'être réédité par Sylvia Murr (Bernier 1992).
[61] Charleton 1654, p.85: « [..] one Catholique Material Principle, of which all Concrete Substances are composed; and into which they are again, at length by Corruption resolved ».

« [..] un seul principe matériel général, dont tout corps concret est composé; et en lequel tout corps est résolu de nouveau à la longue par la corruption ».

C'est de cette matière que sont composés les « proto-elements », c'est-à-dire les atomes, qui, eux, constituent les « moleculae » des quatre éléments traditionnels [62], un peu comme l'avait soutenu Sébastien Basson. Quant à ces complexes secondaires d'atomes, Charleton parle également de « seminaries » [63] et de « first conventions of atoms » [64], pour ne mentionner que ces deux termes. Il se réfère par ailleurs aux « expériences syncrétique et diacrétique de chimie » réalisées par Sennert et Magnenus, « par lesquelles tous les corps sont visiblement résolus en ces molécules, ou conventions premières d'atomes » [65,66].

D'une manière générale, Charleton et Bernier restent dans le domaine défini par les *Opera omnia* de Gassendi, même si Charleton a regardé un peu plus loin. Une théorie bien dans l'esprit de Gassendi mais pourtant

---

[62] Charleton 1654, p.100.
[63] Charleton 1654, p.105.
[64] Charleton 1654, p.109.
[65] Charleton 1654, p.109: « [..] whereby all Bodies are sensibly dissolved into those Moleculae, or First Conventions of Atoms ».
[66] Charleton donne une citation tirée, comme il l'indique, de l'ouvrage *Adversus physicos* de Sextus Empiricus (Charleton 1654, p.135): « Exempli caussâ, ut ex dulci fiat aliquid amarum, aut ex albo nigrum; oportet *moleculas*, seu Corpuscula quae ipsum constituunt, transponi, & alium, vice alterius, ordinem suscipere: Hoc autem non contigerit, nisi ipsae *moleculae*, motione transitus, moveantur » (c'est nous qui soulignons). Sans autre contre-indication, cette citation rouvre la discussion sur l'origine du mot de « molécule ». Or l'*Adversus physicos* fut inséré dans le livre *Adversus mathematicos*, dont une première édition latine parut en 1569, grâce à Gentianus Hervetus. Une deuxième édition de cette même traduction date de 1621 et donne, à la même page, le texte grec et la version latine. Nos recherches bibliographiques n'ont pas révélé l'existence d'autres éditions antérieures à 1654. C'est donc, selon toute vraisemblance, dans les éditions mentionnées que Charleton a dû puiser le fragment concerné, si, du moins, il n'eut pas la disposition d'un texte manuscrit. Or nous avons retrouvé le fragment original, qui est ainsi (Sextus Empiricus 1569, p.321 et 1621, p.387-C et D): « exempli causa, ut ex dulci fiat aliquid amarum, aut ex albo nigrum, oportet massam quae ipsum constituit transmutari, & alium pro alio ordinem suscipere. Hoc autem non aliter euenerit, nisi massa illa per transitum moveatur ». Abstraction faite du sens précis de ce fragment, on voit que Charleton commettait un anachronisme évident en introduisant le mot de « molecula ».

originale et même très ingénieuse fut considérée par le médecin parisien Guillaume Lamy (1644-1682). En 1669 parut son ouvrage *De principiis rerum* (*Sur les principes des choses*), consistant en trois livres et deux appendices. C'est sans doute à cet ouvrage, dont le titre déjà rappelle Lucrèce, qu'il devait sa réputation d' « épicurien outré ». Ce qualificatif vient par ailleurs d'un côté peu suspect, de Pierre Bayle nommément, dont le libertinage lui avait valu l'exil en Hollande [67]. Autant dire que Lamy, du moins en France, était d'une notoriété certaine.

Dans le premier livre de sa monographie Lamy discute les principes péripatéticiens des choses, pour les rejeter par après. Le second livre traite de la méthode philosophique de Descartes ainsi que de ses principes, que Lamy ne retient pas non plus. Enfin, dans le troisième livre, la doctrine d'Epicure est commentée et précisée. Le contenu de ce dernier livre permet de comprendre l'épithète dont Bayle le jugeait digne. Bienque Lamy répudie le « clinamen », cette déclinaison dans le mouvement des atomes pour rendre compte du libre arbitre humain, il admet l'éternité [68] et l'infinité [69] de la matière et de l'espace, saus aucune allusion à une création éventuelle, démontrant ainsi que, quant à lui, le plaidoyer de Gassendi avait été vain. Les atomes existent pourtant, d'après Lamy, dans un nombre de formes limité, bien qu'il y en ait infiniment beaucoup d'exemplaires de chacune d'entre elles. Comme Gassendi, il admet que les atomes constituent des unités secondaires, également appelées « molécules ». Les idées les concernant sont ébauchées dans le troisième livre du *De principiis rerum*; leur forme mûrie se retrouve pourtant, on dirait presque déguisée, dans le dernier des deux appendices, lequel s'intitule 'De naturâ & modo fermentationis' ('De la nature de la fermentation et de la manière dont elle s'opère').

C'est dans le troisième chapitre de l'appendice en question [70] que Lamy précise la théorie d'Epicure, du reste tout à fait dans l'esprit de Gassendi, mais d'une manière beaucoup plus systématique et consistante [71].

---

[67] Bayle 1684.
[68] Lamy 1669, p.253.
[69] Lamy 1669, p.251.
[70] Ce chapitre s'intitule 'Ex atomis concrescunt moleculae, & ex moleculis similibus corpora, quae homogenea & aliorum respectu simplici dici potest' (Lamy 1669, p.329).
[71] Lamy 1669, p.329-330.

A partir d'un petit nombre d'atomes, dit-il, se composent les « molécules », dont il y en a beaucoup de poids et de figure égaux et aussi beaucoup d'autres de poids et de figure inégaux. Un grand nombre de molécules semblables constituent un corps sensible, dont elles sont les « partes integrantes ultimae » (parties intégrantes ultimes). C'est là, disons au dépourvu, un concept de *substance pure* assez net.

Les « principes » sont les atomes qui composent les molécules. Ces dernières ne sont d'ailleurs divisées que très rarement et très difficilement, à cause de leur resserrement et de leur petitesse [72]. Enfin, les corps perceptibles composés peuvent ainsi être appelés « corpora simplicissima homogeneaque » (corps les plus simples et homogènes). C'est ainsi qu'il faut considérer « forsitan » (peut-être) les éléments des chimistes: l'esprit, le sel, le soufre, l'eau et la terre. Comme dans le cas du sel, ces corps peuvent être résolus en « moleculae similes » (molécules similaires), dont chacune est le grain minimal, qui, si l'on le divise davantage, sera résolu en atomes et partant perdra la nature du sel [73].

Dans un chapitre spécial Lamy discute en détail du problème du *nombre* des corps simples [74]. Il réfuse ici catégoriquement de déterminer ce nombre, puisqu'il n'y a pas, à son opinion, d'expériences qui sauraient démontrer que les corps prétendument simples le sont aussi en réalité. Il tombe ainsi presque dans le même scepticisme que nous rencontrerons bientôt chez Robert Boyle, lorsqu'il dit que l'établissement de quelque chose de certain sur ce point est, selon toute vraisemblance, entièrement impossible [75].

Les « corps simples » constituent des « corpora heterogenea » (corps hétérogènes) lorsqu'ils sont mélangés entre eux « per minima », ce qui veut dire ici « molécule par molécule » [76]. Ces corps hétérogènes, également appelés « mixtes », comprennent les pierres, les métaux, les animaux et les plantes, avec leurs fruits et leurs sucs. Ceux-ci sont composés de

---

[72] Lamy 1669, p.329: « ob compactionem & exiguitatem ».
[73] Lamy 1669, p.330: « [..] si vlterius diuideretur resolueretur in atomos salisque proinde naturam amitteret ».
[74] Lamy 1669, p.332-333.
[75] Lamy 1669, p.332: « si tamen coniecturis non fallor, quidquam circa haec certo definire omnino impossibile est ».
[76] Lamy 1669, p.330-331.

« parties intégrantes » semblables entre elles, qui lorsqu'elles sont coupées ne conservent pas la nature du tout, mais sont résolues en les molécules des corps simples. Lamy discerne ici les « principia immediata » (principes immédiats), les molécules des corps simples, des « prima principia » (premiers principes), les atomes. Ainsi, les « partes integrantes » (parties intégrantes) du vin, dont chacune participe à la nature du vin, perdront cette nature dès qu'elles sont divisées et donneront les molécules de la terre, de l'eau, du soufre et de l'esprit de vin dont elles étaient composées. Il est d'ailleurs curieux que le seul exemple d'un corps dit hétérogène que donne Lamy, c'est-à-dire le vin, a été pendant fort long temps l'enjeu principal du débat sur la nature des *mixtes*, les seuls corps prétendument « homogènes » selon la terminologie péripatéticienne.

Les mots-clés de la théorie de la matière de Lamy sont alors ceux d'*atome* (apparemment, de la matière première universelle), de *molécule* (des principes) et de *partie intégrante* (des principes ou des mixtes). L'hypothèse des *molécules* en tant que corpuscules secondaires de masse et de figure égales implique qu'elles sont constituées d'un même groupe d'*atomes* de masse et de figure définies, unis dans un arrangement caractéristique. Ce qui s'applique aux *molécules* des corps simples, vaudra également pour les *parties intégrantes* des corps mixtes: la composition et l'arrangement spécifiques définissent, dans notre terminologie, l'*espèce substantielle*, qui s'est réalisée déjà dans le seul *individu*. C'est pour cela, nous semble-t-il, que l'on peut soutenir que la doctrine de Lamy rappelle celle de Beeckman, puisqu'il interprète la nature sur la base d'un concept d'*individu substantiel* qui ne dépasse nullement les bornes prescrites par le poids (c'est-à-dire, en cas d'une seule matière première, la taille), par la figure et le nombre des composants d'une seule et même matière première. Beeckman toutefois se sert des quatre éléments péripatéticiens, tandis que Lamy, à l'instar de Boyle peut-être, cherche des corps concrets absolument irrésolubles.

Par la suite Lamy va s'occuper de la question des *conversions* des corps. Suivant son opinion, toute conversion peut être réduite au mouvement seul, ou bien des molécules et des atomes, ou bien des particules intégrantes. L'ébullition du lait, par exemple, n'affecte que l'arrangement des particules intégrantes et non pas la nature de la substance du lait [77].

---

[77] Lamy 1669, p.337: « ad naturam corporis non interest, quo situ quove ordine parti-

Il est étonnant que le cas du lait soit avancé, non pas pour servir de modèle pour le changement d'état en général, mais pour la seule raison que l'ébullition du lait est accompagnée par une effervescence qui ressemble aux phénomènes connus de certaines sortes de fermentations. En effet, rappelons que c'est la *fermentation* (de la bière, du vin, des pâtes, etc.) qui est le sujet propre de l'appendice dont nous nous occupons ici. Ce processus de conversion apparemment spontané et du reste on ne peut plus trivial devait fasciner les théoriciens de la matière, surtout puisqu'il concerne des matériaux vitaux provenant du règne végétal ou animal. Ceci explique que la *fermentation* put devenir le modèle pour toute conversion matérielle. C'est en effet en ce rôle que nous la rencontrerons bientôt chez Georg Ernst Stahl. Les conséquences tirées par Lamy de l'exemple du lait indiquent de toute façon que l'amas de particules intégrantes n'est vu qu'en tant que chose tout aussi transitoire que fortuite.

La position très nette adoptée par Lamy, dans son ouvrage *De principiis rerum*, au sujet de l'atomisme explique peut-être la mystification qui entoura la publication de ses *Discours anatomiques*, en 1675. Dans les pages introductives, intitulées 'De quelle manière une personne qui voyageoit a trouvé ce discours', l'éditeur, c'est-à-dire ce voyageur prétendu, se plaint ainsi [78]:

> « C'est une chose étrange que dans un Royaume où les Corps sont en liberté, les esprits soient en servitude, & qu'on permette tous les jours d'écrire de nouveaux Romans, quand on défend d'imprimer de nouveaux sentiments de Philosophie ».

A en croire l'auteur, l'atomisme renouvelé est encore mal apprécié et ceci tout spécialement à la Faculté de médecine de Paris. Quoiqu'il en soit, Lamy a adouci très visiblement les tendances extrêmes de sa théorie originale. Dans le second discours, par exemple, il souligne que Dieu, l' « Autheur de la nature », a créé la matière sous forme de particules en mouvement. A l'avis de Lamy, Dieu ne visa aucun but spécial; il a créé l'univers « pour son plaisir » [79]. Ainsi, les atomes et leur mouvement

---

culae ipsius integrantes collocentur ».
[78] Lamy 1675, p.X.
[79] Lamy 1675, p.30.

constituent « la cause seconde à quoy un Physicien doit s'attacher » [80]. Ce physicien ne devrait pas s'occuper de questions touchant la fin et les qualités relatives des animaux et de l'homme. Lamy cite complaisamment l'analogie de la machine: le nombre, la structure et la situation des parties suffisent pour expliquer le fonctionnement de celle-ci. Ce faisant « on évitera toutes les questions inutiles, & l'embarras où elles jettent » [81]. Il s'agit, on le voit, de problèmes relevant de l'anatomie comparée, où les professeurs de la Faculté de médecine divulguaient encore, à en croire Lamy, une doctrine purement téléologique remontant à Galien.

Terminons notre aperçu de l'œuvre de Lamy avec un examen bref de son ouvrage *Dissertation sur l'antimoine*, qui date de 1682. On s'étonne, de prime abord, de n'y trouver presqu'aucune trace de la théorie moléculaire de 1669. Par contre, Lamy, dans cette *Dissertation [..]*, présente une théorie purement empirique de la *complexité relative* des corps, sur la base de laquelle il défend l'utilisation de l' « antimoine » (antimonium, trisulfure d'antimoine) en tant que médicament vomitif. Tout comme Jungius, il se fonde sur une classification des minéraux en termes de corps « simples » et « composés ». Les minéraux « simples » sont [82]:

> « ceux qui ne sont point composez d'autres minéraux, quoy qu'ils soient composez d'autres corps qui sont leurs principes ».

Lamy cite l'exemple du sel gemme, de l'alun et du soufre. Les minéraux dits « composés » consistent en différents autres minéraux, comme le cinabre (sulfure de mercure). On voit que, comme chez Jungius, le concept de « minéral simple » correspond à peu près à celui d' « élément analytique » au sens de Lavoisier. Dans le cas des métaux ce rapprochement nous semble en effet tout à fait justifié. Lamy remarque à ce sujet [83]:

> « On peut douter à la vérité si les métaux ne sont point composez d'autres mineraux; mais comme on n'a encore pû jusqu'icy les détruire, ny faire voir de quoy ils sont composez, ce n'est pas une grande faute de les mettre au nombre des

---

[80] Lamy 1675, p.19-20.
[81] Lamy 1675, p.31.
[82] Lamy 1682, p.2.
[83] Lamy 1682, p.3-4.

mineraux simples, dautant plus que quelques-uns d'eux, comme le Mercure, entrent dans la composition d'autres minéraux ».

Le fait que la substance métallique ne se perd jamais, sous quelque transformation que ce soit, amène Lamy à laisser indécis le problème de leur composition éventuelle [84]. Il est curieux de constater chez l' « épicuriste outré » d'antan l'absence de toute théorie atomique et moléculaire. L'expérience chimique du reste fort riche lui suffit pour définir la *complexité relative* des minéraux.

En dépit de ses vues remarquables en ce qui concerne la théorie de la matière et la pratique chimique, Lamy n'a guère laissé de traces dans la littérature contemporaine. Lui-même, il ne mentionne ni devanciers, ni contemporains. On soupçonne à tout le moins qu'il a connu l'une ou l'autre des éditions postumes de l'œuvre de Joachim Jungius et peut-être l'ouvrage *The sceptical chymist* de Robert Boyle, ceci du fait de la ressemblance théorique générale. Il n'empêche que les grands théoriciens de la matière de la fin du XVIIe et du début du XVIIIe siècle - Stahl, Newton, Leibniz - l'ignorent en tout cas complètement.

7.3 La théorie particulaire: Descartes

C'est en 1637 que parut le *Discours de la méthode [..]*, avec en annexe trois applications de cette méthode, trois *essais*. Or ces *essais* consacraient, chacun pour soi, sinon une science nouvelle du moins une branche innovatrice au tronc commun, à savoir la géométrie analytique, l'optique géométrique et la physico-chimie particulaire. Cette dernière, exposée dans les *Météores*, nous concernera bien entendu par priorité. Nous verrons que cette théorie particulaire, qui n'était, au départ, que l'une des trois applications proposées par Descartes, sera le thème principal de ses *Principia philosophiae (Principes de la philosophie)*. Ce chef-d'œuvre peut être considéré, à notre opinion, comme la constitution axiomatique de la théorie particulaire, dans ce sens que tout phénomène d'ordre physico-chimique sera interprété par préférence en termes d'un processus s'effectuant par le moyen de particules matérielles spécifiques en mouvement.

---

[84] Lamy 1682, p.25.

Souvent on a, à l'exemple de Blaise Pascal (1623-1662) [85], jeté le ridicule sur cette théorie particulaire du fait de la naïveté excessive avec laquelle Descartes et siens se permettaient de donner des détails sur la figure géométrique des constituants de la matière. Or si l'on peut effectivement regretter certains excès, il ne faut tout de même pas perdre de vue l'innovation principale - et capitale ! -, savoir le modèle justement particulaire.

Dans les *Météores* Descartes donne d'abord une classification des différents genres de « petites parties » qui composent notre monde, avec une attention spéciale pour celles de l'eau [86]:

> « ie suppose que les petites parties dont l'eau est composée, sont longues, vnies & glissantes, ainsi que de petites anguilles, qui quoy qu'elles se ioignent & s'entrelacent, ne se noüent ny ne s'accrochent iamais, pour cela, en telle façon qu'elles ne puissent aysement estre separées [..] ».

La figure des autres genres est définie par rapport à celle des « petites parties » de l'eau: celles de la terre, de l'air et la plupart des autres corps auraient « des figures fort irregulieres & inesgales ». Ces « petites parties » ne remplissent du reste pas tout l'espace; elles laissent, entre elles, des pores qui sont remplis d'une « matière subtile » qui est composée de parties beaucoup plus petites et qui se meut partout et toujours. C'est cette « matière subtile » qui transmet la lumière, c'est-à-dire « vn certain mouuement, ou vne action », venant des corps lumineux [87]. Cette « matière subtile » occasionne le mouvement des « petites parties » dont l'intensité détermine « le froid & le chaud » [88]; ce mouvement disons intestin ne s'arrête jamais. Lorsque la « matière subtile » n'a pas suffisamment de force, elle n'arrive pas à faire « plier & agiter » les parties de l'eau, si bien que celles-ci font composer un « corps dur », la glace [89]:

> « En sorte que vous pouués imaginer mesme difference entre de l'eau & de la glace, que vous feriés entre vn tas de petites anguilles, soit viues, soit mortes, flotantes dans vn batteau de pescheur tout plein de trous par lesquels passe l'eau

---

[85] Pascal 84-79: « Il faut dire en gros: cela se fait par figure et mouvement. Car cela est vrai, mais de dire quelles et composer la machine, cela est ridicule [..] ».
[86] Descartes 1637, p.159.
[87] Descartes 1637, p.160.
[88] Descartes 1637, p.161.
[89] Descartes 1637, p.162-163.

d'vne riuiere qui les agite, & vn tas des mesmes anguilles, toutes seiches & roides de froid sur le rivage ».

Les « petites parties » des sels sont longues comme celles de l'eau, mais plus grosses et ne se plient point; celles des « esprits ou eaus de vie » sont aussi longues, comme celles de l'eau, mais plus petites, si bien que ces corps ne gèlent jamais.

Descartes souligne qu'il ne conçoit pas ces « petites parties » des corps terrestres comme des « atomes ou particules indiuisibles ». Selon son avis elles sont d'une « mesme matiere » et, en plus, divisibles d'une infinité de façons. Il les compare avec des pierres de différentes figures coupées d'un même rocher [90].

En résumant la base de la théorie particulaire de Descartes on peut dire que tout matériau à notre échelle est présenté comme un amas de particules d'une figure et d'une grandeur spécifiques et douées d'une mobilité tout aussi spécifique. Ces particules, on le voit, sont de véritables *individus substantiels*, dans ce sens que la description du comportement d'une seule suffit pour comprendre les phénomènes que manifeste l'amas. Même l'analogie avec les êtres vivants, plus particulièrement avec les anguilles, est là. Dans ce contexte rien n'est plus éclairant et persuasif que les illustrations, de la main de Frans van Schooten fils (c.1615-1660), avec laquelle Descartes a enrichi son essai. Le comportement d'une particule d'eau est expliqué sur le modèle d'une petite corde, tenue au milieu et tournée en rond: une fois dépliée et tournant en toutes directions celle-ci occupera une sphère, d'où elle chassera toute autre particule. Or les phénomènes météorologiques ne sont en dernier ressort que de processus de masse de ce genre de mouvements particulaires (Figure 7). Dans la suite des *Météores* Descartes explique la cristallisation du sel, la naissance des vents, des nués, du brouillard, de la neige, de la pluie et de la grêle, puis les orages avec leurs tonnerres, éclairs et foudres, enfin l'arc en ciel, la couleur des nués, les couronnes observées parfois autour des astres et, pour terminer, les parhélies.

---

[90] Descartes 1637, p.164.

Dans les *Principia philosophiae* Descartes va élaborer la base épistémologique de la théorie particulaire [91]. Le fait que les matériaux à notre échelle sont effectivement composés de particules insensiblement petites se déduit de processus d'accroissement et de décroissement soutenus, dont par exemple l'accroissement d'une plante [92]. Ainsi en étudiant le fonctionnement de machines à notre échelle on peut déduire l'agencement de processus microscopiques qui se dérobent à la vue [93]:

> « C'est pourquoy, en mesme façon qu'vn horologier [..], en voyant vne montre qu'il n'a point faite, peut ordinairement juger, de quelques vnes de ses parties qu'il regarde, quelles sont toutes les autres qu'il ne voit pas: ainsi en considerant les effets & les parties sensibles des corps naturels, j'ay tasché de connoistre quelles doiuent estre celles de leurs parties qui sont insensibles ».

Il est curieux de constater que cette justification ne se retrouve qu'à la fin de la tout dernière partie des *Principia [..]*, qui, nous l'avons remarqué ci-dessus, n'est rien moins qu'un manifeste pur et simple de la doctrine particulaire. En effet la cosmogonie que propose Descartes, dans la troisième partie, ne parle qu'en termes de particules. Elle est hypothétique, certes, et peut-être au fond fausse, mais à en croire son auteur, pas moins correcte et efficace pour ce qui concerne l'*état actuel* de l'univers [94]. Dieu a créé le monde par l'introduction d'une quantité déterminée de mouvement dans le plenum qui règnait, suite à laquelle se formaient d'abord des particules « aussi égales entr'elles qu'elles ont pû estre » [95]; celles-ci étaient mises en mouvement, chacune autour de son centre, alors

---

[91] Dans le cas de références aux *Principia philosophiae* nous donnerons la traduction française de Claude Picot, laquelle a été corrigée et adaptée, du moins en partie, par Descartes lui-même. Voir Charles Adam, 'Avertissement', in: Descartes IX-B.

[92] Descartes 1644, IV, art.201: 'Dari particulas corporum insensiles' ('Qu'il est certain que les corps sensibles sont composez de parties insensibles'). Pour l'argumentation de Lucrèce, voir ci-dessus, la section 4.2, p.102-103.

[93] Descartes 1644, IV, art.203: « Quamobrem, ut ii qui in considerandis automatis sunt exercitati, cùm alicujus machinae usum sciunt & nonnullas ejus partes aspiciunt, facilè ex istis, quo modo aliae quas non vident sint factae, conjiciunt: ita ex sensilibus effectibus & partibus corporum naturalium, quales sint eorum causae & particulae insensiles, investigare conatus sum ».

[94] Descartes 1644, III, art.47.

[95] Descartes 1644, III, art.46.

qu'elles se groupaient en autant de tourbillons qu'il y a d'étoiles dans l'univers. A cause du frottement émoussant réciproque naissent, par la suite, des parties de figure sphérique [96] et une raclure de particules extrêmement petites et facilement divisibles [97], et en outre très mobile [98]. Cette poussière est supposée remplir tous les pores parmi les particules sphériques, si bien qu'il n'y a pas de vide. L'univers est du reste composé

Figure 7

Différents phénomènes météorologiques à base d'eau rassemblés dans une seule gravure (de la main de Frans van Schooten fils). Chez A l'eau de mer s'évapore: les parties s'étendent, comme chez B, et montent. Chez C, D, E, F et G on voit les mêmes parties dans de différentes conditions (Descartes, *Discours de la méthode [..]*, essai *Les Météores*).

[96] Descartes 1644, III, art.48.
[97] Descartes 1644, III, art.50.
[98] Descartes 1644, III, art.51.

d'une troisième classe de particules qui « à cause de leur grosseur & de leurs figures, ne pourroient pas estre meuës si aisement que les precedentes »[99]. Ainsi le soleil et les étoiles sont composés à partir de particules sphériques, appelées « premier élément »; les « cieux » - disons l'espace interstellaire et interplanétaire - naissent du « second élément », c'est-à-dire de cette raclure extrêmement fine, alors que la nouvelle classe de particules - le soi-disant troisième élément - va constituer une partie de la terre, des planètes et des comètes.

Avant de prendre sa place actuelle, dans le tourbillon qui entoure le soleil, la terre était elle-même une étoile. Les particules de la poussière se sont fusionnées en formant des particules plus grosses, moins mobiles et plus lourdes, celles du troisième élément. En conséquence, la terre était forcée de descendre vers l'étoile la plus proche, qui, ainsi, devenait notre soleil. Les particules du troisième élément qui prédominent en elle se divisent en trois genres [100]:

1. les particules ramifiées, comme des « branches d'arbres ou choses semblables »;
2. les particules plus compactes, mais cependant anguleuses comme les « pierres qui n'ont jamais esté taillées »;
3. les particules longues, sans ramifications, comme des « joncs ou des bastons ».

D'une manière générale, ce sont ces particules qui engendrent les phénomènes naturels à notre échelle. Quant au « particules longues » et, en outre, pliantes, de l'eau, on se souvient de leur rôle préponderant dans les interprétations météorologiques de 1637. En principe, tout phénomène est occasionné par un certain type de particule, dont chacun est caractérisé par une certaine figure géométrique, une certaine grandeur ainsi qu'un mouvement spécifique. Malheureusement Descartes ne s'exprime pas aussi « clairement et distinctement » que l'on aurait pu le souhaiter. En effet, ce n'est qu'en quelques cas précis, célèbres pour avoir hanté les philosophes-naturalistes des derniers siècles, qu'il se permet de donner quelques détails. Ainsi, les particules du salpêtre (nitrate de potassium), l'un des principaux composants du poudre à canon, se voient attribuées - dessin à

---

[99] Descartes 1644, III, art.52.
[100] Descartes 1644, IV, art.33.

l'appui [101] - une figure conique et par ailleurs un mouvement tout aussi conique [102]; quant à leur grandeur, Descartes n'en parle que par rapport à celle des particules du soufre, autre composant du poudre [103]. Outre le sel commun il y a d'autres sortes de sel dans la nature et Descartes s'imagine qu'une petite perte quant à la figure suffit pour convertir une particule du sel commun en une de salpêtre, de sel ammoniac ou d'un autre sel. D'une manière générale ces particules sont « assez longues & roides, sans estre diuisées en branches » [104], comme les bâtonnets dont il décrivait la cristallisation dans les *Météores*. Mentionnons, enfin, que la production d'un « suc âcre, acide et érosif » à partir d'un sel est comparée avec le laminage d'une barre en fer chauffée à blanc, du moins selon le texte latin; les particules du « suc » sont dites affilées « à l'instar de petits glaives » [105]. Dans la traduction française autorisée, ce processus est comparé au changement de forme que subit « une verge de fer, ou d'autre metal » lorsqu'elle est « batuë à coups de marteau ».

La conversion d'un matériau en un autre revient alors à un changement de figure et/ou de grandeur des particules constituantes. Tantôt la nature d'un matériau se reflète dans la figure et dans la grandeur seules (sels, métaux) [106], tantôt dans ces qualités en combinaison avec celle du mouvement (salpêtre) ou avec celle de la flexibilité (eau, air) [107]. Ces particules sont apparemment de véritables *individus substantiels* en ce sens que la description de l'extérieur et du comportement d'une seule d'entre elles suffit pour déterminer le caractère de l'espèce. Chaque particule n'est par ailleurs qu'une quantité délimitée de l'espace tridimensionnel, divisible à l'infini: comme dans le cas des rouages du mouvement d'une montre, c'est plutôt leur figure géométrique abstraite qui, sur l'épure du constructeur, détermine la qualité chronométrique théorique de l'appareil. Tout matériau y apportera une certaine imprécision, même s'il est évident que la longévité et l'exactitude d'un mouvement en laiton seront supérieures

---

[101] Descartes 1644, planche XVIII, fig.3.
[102] Descartes 1644, IV, art.110 et 112.
[103] Descartes 1644, IV, art.111.
[104] Descartes 1644, IV, art.69.
[105] Descartes 1644, IV, art.61: « gladiolorum instar ».
[106] Descartes 1644, IV, art.69 (les sels); art.63 (les métaux).
[107] Descartes 1644, IV, art.46 (l'air); art.48 (l'eau douce).

à celles d'un mouvement à base de bois. Généralement parlé, Descartes distingue les processus - disons chimiques - lors desquels les particules changent de nature par un changement de leur figure, et d'autres - plutôt physiques -, lors desquels ce n'est que leur comportement qui change sous l'influence de la chaleur, c'est-à-dire de la matière subtile. C'est sur ce dernier type de processus qu'est fondée, par exemple, son explication du comportement collectif de l'eau qui dicte les phénomènes météorologiques.

Dès la parution des *Principia philosophiae* il était clair que ce fut surtout le modèle particulier proposé par Descartes qui tomba mal. On peut même soutenir que ce modèle agaça les représentants de la tradition scolastique. En effet, depuis la publication, par les soins de Theo Verbeek, des documents concernant la soi-disant querelle d'Utrecht on a pu s'en former une idée assez nette [108]. Sans doute la forme des exposés de Descartes y fut aussi pour quelque chose: au lieu de la passionante poésie en prose que l'on y trouve, les péripatéticiens eurent préféré sans doute des traités scolastiques dans un Latin suffisamment aride pour ne pas par trop blesser les us et coutumes académiques. D'une certaine manière, l'historien des sciences le regrette avec eux, car autant que nous sachons, nulle part dans son œuvre ou sa correspondance Descartes ne nous présente les quelques définitions qui auraient pu suffir pour résumer sa doctrine. Geneviève Rodis-Lewis, spécialiste s'il en est une, remarquait à ce propos [109]:

> « Ainsi, bien qu'à la lettre les textes de Descartes touchant directement l'individualité semblent rares et d'intérêt secondaire, par toutes les questions qu'il implique, ce problème rayonne sur l'ensemble de la philosophie cartésienne [..] ».

Quant à l'origine de la théorie particulière de Descartes on soupçonne avec une certaine vraisemblance qu'elle est le fruit de ses réflexions sur les idées de Beeckman concernant le caractère discret des phénomènes. Il en a discuté à plusieurs reprises avec le (futur) proviseur de l'école latine de Dordrecht; il a même eu accès au journal intime scientifique de ce dernier. Ce n'est pas pour lui porter préjudice que nous remarquons ceci.

---

[108] M. Schoock, 'L'Admirable méthode', in: Verbeek (éd.) 1988, section III, chapitre VI: 'Ce qu'il faut penser des *parties insensibles* des cartésiens et de la façon dont ils s'imaginent que la matière sensible en est formée'.
[109] (Rodis-)Lewis 1950, 'Introduction', p.8.

Après tout Descartes n'en a pas extrait l'idée de molécules composées d'atomes, mais seulement celle, autrement plus générale, d'*individu substantiel*, notion déjà ancienne et du reste vouée à un brillant avenir. Descartes a réussi à éliminer la nature de la matière première, laquelle avait toujours hanté les fidèles de l'atomisme: rappelons pour mémoire cette déduction aussi curieuse que bizarre et inutile de l'impénétrabilité des atomes à partir de leur tendance au mouvement, proposée par Gassendi. Quant à Descartes, les trois dimensions lui suffisent pour définir le caractéristique d'une particule. Ceci dit, on ne peut pas lui reprocher, comme l'a fait l'historien Kurd Lasswitz, d'avoir en quelque sorte raté la théorie moléculaire [110]. Cette dernière a sans doute figuré sur l'ordre du jour de ses nombreuses entretiens avec Beeckman [111], ce qui nous amène à croire que Descartes a consciemment opté pour la notion plus abstraite d'*individu substantiel*.

Le mérite de Descartes se présente alors sous deux aspects, dont l'un touche à la reprise et la corroboration du concept d'*individu substantiel* et à celles de sa corollaire immédiate, les processus physiques et chimiques au sens de processus de masse. L'autre aspect concerne le mouvement de ces particules et la nature des chocs lorsqu'elles se heurtent. Pour Descartes, le mouvement et le choc, à quelle échelle de grandeur que ce soit, sont assujettis à des lois mathématiquement déterminées, dont la forme générale est une *loi de conservation* [112]. Or la « quantité de mouvement »

---

[110] Lasswitz 1890, ii, p.117.

[111] Dans une lettre de janvier 1630 à Marin Mersenne (Descartes I, p. 109), Descartes remarquait au sujet de la théorie du son de Beeckman: « De dire que la mesme partie d'air *in individuo*, qui sort de la bouche de celuy qui parle, va fraper toutes les oreilles, cela est ridicule ». A l'évidence ce n'est pas précisément ce qu'avait soutenu Beeckman, mais peu importe. Si le malentendu est manifeste et à dessein, nous craignons, Descartes montre à tout le moins qu'il a pu prendre connaissance de la théorie des *homogenea physiques*. Pour le contexte des aspects sonores de cette théorie, voir ci-dessus, la section 6.2.1.2, p.224-225.

[112] L'idée de la conservation était dans l'air. Francis Bacon, par exemple, stipulait, pour éclaircir l'idée d'Epicure selon laquelle rien ne saurait provenir de rien ou être réduit à rien, que « summa materiae in vniverso eadem manet [..] » (la totalité de la matière dans l'univers reste la même). Voir Bacon 1658, p.10; cf. *ibid.*, p.3-4 (le texte date de 1605). Signalons que cette idée de *conservation* se situe apparemment dans le prolongement de celle, très épicurienne, de la constance de la nature et du tout des « foedera naturai » (lois de la nature) qui se révèlent dans la succession des phénomènes.

dont il avait proclamé la conservation, n'est pas, comme Descartes lui-même le pensait, indépendante de la direction du mouvement et, pour cette raison les règles dérivées pour les chocs de deux corps « durs », sauf une, sont complètement erronées. Il n'empêche que ce sont avant tout les énoncés de Descartes sur cette question de la conservation éventuelle de certaines qualités mécaniques qui incitaient à des études approfondies [113]. Effectivement, ceux-ci devaient attirer l'attention du jeune Christian Huygens, qui va prendre la peine de les vérifier, au début des années 1650. Par son principe de la relativité du mouvement rectiligne il arrivera à réduire la plupart des cas imaginables au choc élastique de deux boules égales venant à la même vitesse de côtés diamétralement opposés. D'une manière générale on peut dire que Huygens a fait sien la théorie particulaire de Descartes avec sur toile de fond l'idée de la conservation, non seulement de la matière telle quelle, mais encore de certaines qualités numériques, telle la « quantité de mouvement ». Pour Huygens comme pour Descartes l'univers est un agrégat gigantesque de particules en mouvement, alors que les phénomènes s'engendrent sur la base de leurs rencontres. D'où l'analogie toujours reprise avec le mécanisme en général et le mouvement d'une montre en particulier. Pour se former une idée des vues de Huygens à ce sujet, on peut consulter, dans ses *Œuvres complètes*, les fragments réunis sous le titre 'Propriétés générales de la matière'. Il paraît que Huygens s'est assez peu occupé du fond de la théorie particulaire, disons de la nature du concept d'*individu substantiel*. Apparemment cette théorie, pour lui, est trop évidente pour être démontrée. Quoiqu'il en soit, début août 1669, dans une communication faite devant l'Académie royale des Sciences de Paris, Huygens développa ses vues 'Sur la coagulation', processus jugé crucial puisqu'il concerne le changement d'état d'un corps *liquide* en *solide* [114]. Pour bien comprendre ce qui se passe, dit-il en substance, il faut d'abord définir en quoi consistent justement liquidité et solidité. Dans l'hypothèse particulaire, la liquidité implique, selon Huygens, le « détachement » des particules ainsi que leur mouvement continuel. Ceci explique que les liquides prennent toujours une surface plane et horizontale, autrement dit, permettent le centre de gravité de leur masse de descendre autant que possible. En s'imaginant des amas

---

[113] Scott 1970, p.12 et suiv.
[114] Huygens XIX, p.327-330.

d'entités particulaires toujours plus petites (grains de blé, grains de moutarde ou de sable, grains de plâtre d'albâtre), Huygens montre qu'il faut les secouer, ces amas, pour obtenir une surface plane. Ceci démontre la vraisemblance du mouvement intestin, car les liquides adoptent d'eux-mêmes cette surface plane. Ce mouvement se manifeste par ailleurs lorsqu'on les mélange, tout prudemment: en effet un peu d'esprit de vin (alcool) ajouté à une quantité d'eau se distribuera sur toute l'étendue de l'eau. En ajoutant un peu d'un colorant tel le safran à une quantité d'eau ce processus est même visible à l'œil nu. Bref, les particules d'un liquide sont secouées légèrement et ceci continûment. Huygens ne croit pourtant pas que ces particules conservent ce mouvement d'elles-mêmes: il leur faut une matière « fortement agitée » et subtile à point de pénétrer les pores de tous les corps, même des plus solides. Sinon on ne saurait comprendre que l'eau enfermée dans un vase ou même comprimée, ne perdra point sa liquidité. Aux yeux de Huygens il est du reste évident que les particules de cette matière subtile seront beaucoup plus petites que celles d'un quelconque liquide.

Ceci dit au sujet de la liquidité, la solidité impliquera une certaine manière d'attachement des particules grâce à leur figure qui connaît « des accroches pour se prendre et lier ensemble »[115]. Sur ce point Huygens avoue qu'il n'est pas de l'avis de Descartes qui avait dit que le repos des particules suffit pour expliquer la solidité.

Ayant décrit le propre des états liquide et solide, Huygens va traiter le cas de coagulation par excellence, si l'on peut dire, à savoir celle du lait. Or ce dernier consiste, à son avis, en deux sortes de particules, celles du fromage « tant soit peu herissees ou branchues » et celle du petit lait. Lorsqu'on met du lait à cailler, les particules du fromage vont s'accrocher en composant le solide. Huygens paraît avoir étudié l'influence d'autres liquides et solides sur cette coagulation: eaux corrosives, eau astringente, esprit de vin; sel. Les divers effets qu'il observe sont attribués à la figure des particules en question et à leur mouvement particulier: dans les termes classiques il aurait pu parler de syncrèse et diacrèse, ou de mélange et séparation. Car les figures des particules ne sont pas touchées; ces particules subsistent intégralement dans le mélange pas moins que dans le corps pur. Cette figure constante explique probablement que Huygens parle souvent

---

[115] Huygens XIX, p.328.

d'*atomes*. Dans la minute d'une lettre à Leibniz, en date du 12 janvier 1693, il compare la forme de ces *atomes* avec celle des grains de sable supposée constante de siècle en siècle: « c'est que le Createur les a fait une fois naitre telles, et de mesmes pour les atomes » [116]. Dans la même lettre il lui semble, que, pour ces atomes, on n'a besoin que d'une seule matière première, présupposé qu'elle soit d'une dureté parfaite et infinie, ceci pour saufgarder les lois de la mécanique [117].

Une belle application de la théorie particulaire concerne la structure des cristaux que Huygens esquisse dans son *Traité de la lumière*. D'une manière générale il croit que tout corps cristallin naît de l'arrangement des « petites particules invisibles & egales », dont il est composé [118]. Dans le cas du spath d'Islande il attribue les régularités trouvées à un genre de particules « sphéroïdes » [119], dont le rapport des axes peut être calculé à partir de la géométrie du cristal, nommément de l'angle solide régulier dont chacun des angles plans mesure 101°52'. Or ce rapport des axes serait à peu près de $1 : \sqrt{5}$ [120]. Si un amoncellement de tels « sphéroïdes » rend parfaitement compte des différents plans de clivage que manifeste un cristal du spath d'Islande, il ne correspond toutefois pas avec la géométrie de la double réfraction (Figure 8). En effet, Huygens trouve, à son vif regret sans doute, que le « sphéroïde » qui décrit le comportement du rayon extraordinaire est caractérisé par un rapport des axes de 8 : 9, alors que son inclinaison ne coïncide point avec celle des particules constituantes. Toutefois, il faut que ces particules occasionnent le comportement remarquable du cristal par rapport à la lumière: le rayon ordinaire se propage, comme dans d'autres milieux cristallins diaphanes, à travers l'éther qui entoure les particules constituantes, auquel phénomène s'ajoute, dans

---

[116]   Huygens XIX, p.326.
[117]   Huygens XIX, p.325.
[118]   Huygens 1690, p.92.
[119]   Ellipsoïde engendré par une rotation d'une ellipse autour de son petit axe.
[120]   En fait, Huygens donne $1 : \sqrt{8}$. Pourtant les angles plans autour de D (Figure 8) étant de 101°52', on calcule, dans la figure suivante, successivement $x^2 = 2,41a^2$ et $y^2 = 0,83a^2$ (puisque $\alpha = 120°$), d'où on tire $z^2 = 0,17a^2$. Ainsi, $z : y = 1 : 2,20 \approx 1 : \sqrt{5}$, ce qui revient au rapport des axes des « sphéroïdes » postulées, soit EF : CH (p.283, en bas). Le rapport de $1 : \sqrt{8}$ donné par Huygens correspondrait à des angles plans de 109°30'. Un angle de cette taille figure effectivement dans son récit: il s'agit de l'angle fait par DC (Figure 8) et la bissectrice de $\angle$ ADB.

le cas du spath d'Islande, la déviation du rayon extraordinaire qui, elle, sera donc imputable, d'une manière du reste pas très évidente, aux particules mêmes. Voilà en tout cas une première tentative pour capter mathématiquement le propre des particules physico-chimiques ainsi que leur comportement collectif dans un cristal. On s'aperçoit aussi que ces « sphéroïdes » sont comparables aux cubes moléculaires qu'un Gassendi s'imagina, par exemple, dans les cristaux cubiques du sel gemme. C'est qu'ils constituent des amas d'une forme géométrique parfaitement définie à l'avance. Huygens va beaucoup plus loin cependant, car il rend compte des différents plans de clivage et de leur fréquence relative: là où les « sphéroïdes » se touchent parallèlement aux grands axes, leur interaction sera plus forte, ce qui explique que le clivage selon un tel plan sera moins probable. Du moment où, au XIXe siècle, on s'aperçut que, à l'exemple de la double réfraction, bien d'autres propriétés des cristaux dépendent de la direction, encore que cette dépendance est assez générale dans le règne minéral, on redécouvrit les « sphéroïdes » de Huygens en tant que modèle mathématique pour visualiser la symétrie physique constatée [121].

Note 120, suite:

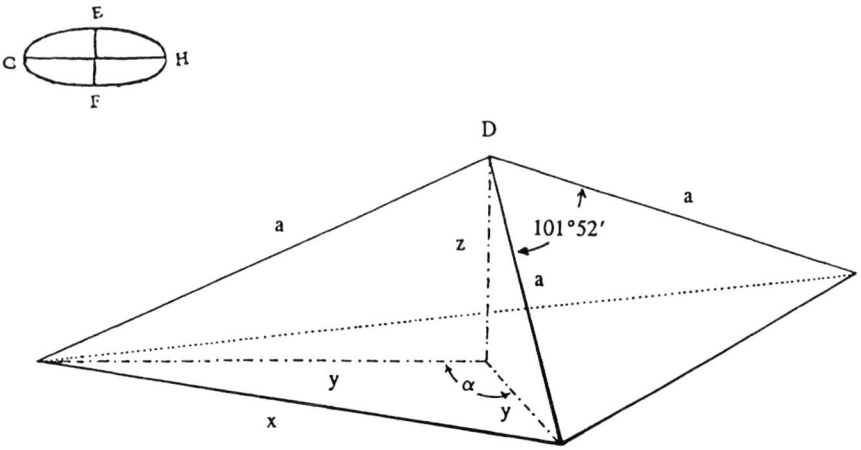

[121] Voir ci-après, les sections 17.3.1, p.1002, la note 63 et 17.4, p.1042, la note 176.

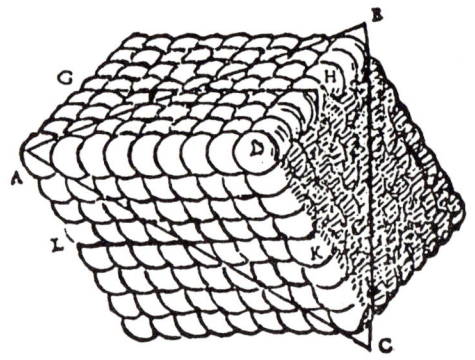

Figure 8

L'empilement des « sphéroïdes » dans un cristal du spath d'Islande selon Huygens et les différents plans de clivages (source: Huygens 1690, p.93).

Une théorie chimique qui invitait en quelque sorte à une interprétation particulaire est celle du dualisme acido-alcalin, théorie qui domina la seconde moitié du XVIIe siècle. Descartes, on le sait, avait déjà élaborée, dans son *Traité de l'homme* (1633) et dans *La description du corps humain [..]* (1648), une théorie de la digestion essentiellement particulaire. Or la découverte que tous les animaux connaissent un suc gastrique acide, faite par Jean-Baptiste van Helmont (1577-1644) et publiée en 1648, avait donné libre cours à une physiologie entière à base de particules, une théorie qui trouva ses partisans les plus ardents chez François de le Boë (Sylvius) (1614-1672) et son contemporain Otto Tachénius (fl.XVIIe s.).

C'est dans le *Cours de chymie* (1675) de Nicolas Lémery (1645-1715) que nous trouvons l'élaboration particulaire la plus systématique du dualisme acido-alcalin [122]. Lémery admet que l'acidité d'une liqueur consiste en des « particules de sels pointuës, lesquelles sont en agitation » [123]. Ce sont le goût et en outre les phénomènes de la cristallisation qui en témoignent abondamment. Les différentes sortes d'acides sont caractérisées par

---

[122] Pour une discussion détaillée de la théorie de Lémery, voir Metzger 1923, p.281-338.
[123] Lémery 1681, p.36.

des « pointes plus ou moins aiguës »; ceci détermine les « pointes différentes en longueur & en grosseur » des cristaux des sels dérivés [124]. Les observations faites aux réactions acido-alcalines suggèrent qu'un alcali est composé de [125]:

> « parties roides & cassantes dont les pores sont figurez de façon que les pointes acides y estant entrées, elles brisent & écartent tout ce qui s'oppose à leur mouvement ».

L'effervescence qui se produit toujours lorsqu'on verse de l'acide sur un alcali, est causée par l'acide qui fait « rarefier » une partie du corps. Les différences entre les alcalis entre eux proviennent des différences de leurs pores [126]. Un acide ne réagit pas avec un alcali à moins qu'il n'y ait de la proportion entre « les pointes acides & les pores de l'alkali » [127]. Quand une réaction se passe, l'acide et l'alcali se détruisent mutuellement: l'acide se rompt les pointes dans les pores des corpuscules alcalins, les pointes restant dans ces pores [128]. Lémery admet qu'il y a une relation quantitative entre le nombre des « pointes acides » et celui des « pores » dans l'alcali. La réaction entre le sel marin (chlorure de sodium) et l'huile de vitriol (acide sulfurique concentré), qui s'accompagne d'une effervescence, montre qu'il y a des acides qui se comportent en alcali [129]. D'après Lémery, enfin, les « huiles » qui ne sont pas attaquées par les acides, sont composées de parties « pliantes », « molasses & rameuses »; elles ne brisent pas les « pointes acides », mais ne font que « lier l'acide, en sorte qu'on peut le retirer » [130]. Ailleurs il considère que les métaux jouent le rôle d'alcali lorsqu'ils sont dissous dans un liquide acide [131].

Tout l'exposé de Lémery sur les acides et son manque de précision quant à la forme des particules alcalines, rappellent d'ailleurs l'analogie

---

[124] Lémery 1681, p.36.
[125] Lémery 1681, p.37.
[126] Lémery 1681, p.38.
[127] Lémery 1681, p.38.
[128] Lémery 1681, p.40. Le sort des restes des « particules pointuës », après le brisement des pointes, n'est pas discuté.
[129] Lémery 1681, p.39. Voir aussi ci-après p.357 (Henckel) et p.464-465 (Newton).
[130] Lémery 1681, p.40.
[131] Lémery 1681, p.125.

des petits glaives de Descartes. Remarquons aussi que l'origine de la forme cristalline du produit d'une réaction acido-alcaline reste dans le vague. Or ce qui fait défaut chez Lémery, on le trouve élaboré dans le détail dans les *Conjectures physiques* de Nicolas Hartsoeker (1656-1725). Comme Lémery, Hartsoeker n'est du reste pas un disciple servile de Descartes.

Pour Hartsoeker, les particules du « sel alcali » sont comme des « cylindres ou autres corps semblables, avec une cavité qui va d'un bout à l'autre ». C'est dans ces cavités que se logent les aiguilles du « sel acide », dont les « pointes paroissent hors de ces corps de part & d'autre »[132]. Contrairement au mécanisme proposé par Lémery, celui-ci permet, du moins en principe, une explication des réactions de déplacement acido-alcalines, qui exigent la subsistance des deux genres de particules dans celles du produit. Du reste, Hartsoeker reprend le modèle de la cristallisation proposé par Descartes. Ce dernier avait constaté, dans les *Météores*, que deux aiguilles qui flottent parallèlement sur l'eau sans être trop éloignées, s'approchent l'une de l'autre jusqu'à ce qu'elles se touchent[133]. Ainsi, raisonne Hartsoeker à son tour, les « parcelles du sel » qui se sont élevées pendant l'évaporation de l'eau, se rangent en escadrilles carrées qui, elles, vont composer des « feuilles », dont l'épaisseur et la pesanteur s'augmentent continuellement par de nouvelles couches de particules salines, qui s'y précipitent. Ainsi se forme « une espèce de pyramide tronquée & creuse en dedans », qui tombe au fond.

L'arbitraire que Hélène Metzger attribue à Lémery[134], puisqu'il déduit la forme des particules des qualités perceptibles en imaginant, s'il y a lieu, des précisions sur cette forme au cas d'une éventuelle qualité nouvelle, cet arbitraire ne manque jamais chez Hartsoeker lorsqu'il cherche à déterminer la figure spéciale des particules des corps. Mais cet arbitraire et son complément, une crédulité peu justifiée, ne sauraient pourtant dissimuler la position-clé tenue par le concept d'*individu substantiel* dans l'arrière fond de la pensée de Hartsoeker. Ses particules d'air sont des mécanismes minuscules individuels, des « machinula » parfaites, disons, dans la terminologie très frappante d'un esprit congénère contemporain

---

[132] Hartsoeker 1706, ii, iv, art.III.
[133] Descartes 1637, p.174-189.
[134] Metzger 1923, p.299.

comme Giovanni Alfonso Borelli (1608-1679). Ce dernier avait consciemment élaboré l'image de l'eau et de l'air comme des « agrégats » (aggregata) de « petites machines » (machinula), aptes à se rapprocher et se fuir [135]. Nous verrons par ailleurs que, dans un futur encore lointain, à la fin du XIXe siècle notamment, les « molécules lémeryques » (Lémery-Moleküle) deviendront proverbiales pour les gadgets physico-mathématiques avec lesquels les partisans de la jeune théorie cinétique vont peupler l'espace de l'état gazeux [136]. Pourtant on est en effet encore loin delà: si l'on postulait en certains cas un rapport entre liquidité et solidité, ou dans d'autres entre liquidité et l'état aérien, l'hypothèse généralisée de *trois* états d'agrégation n'est pas encore en cause.

7.4 Constituants infinitésimaux: Galilée

Galilée tient une position assez délicate dans l'histoire de la théorie de la matière et ceci de plusieurs points de vue. C'est d'abord du fait simple que ce révolutionnaire de l'astronomie et de la mécanique n'a pas réussi à s'imposer dans le débat sur la nature de la matière. Son cas ressemble en effet à celui de Johannes Kepler, qui, lui, s'était limité à quelques généralités sur la formation des étoiles de neige, sous forme d'étrennes pour l'année 1611 [137]. Les grands interprètes de la théorie de la matière de la fin du XVIIe siècle les passent sous silence le plus souvent et, comme nous le verrons, à juste titre. Il est vrai que Galilée, comme d'ailleurs Kepler, ne s'en est occupé qu'assez peu, du moins en écrit. Etant donné l'éclat de l'affaire de 1624, à Paris, ce peu mérite pourtant une attention spéciale, si ce n'est du fait que Galilée fréquenta assidûment le cour papal, à Rome. Ses confrontations avec la hiérarchie ecclésiastique sont trop connues pour être rappelées ici dans le détail; Egidio Festa vient d'en dresser un bilan précieux [138]. Nous nous contentons de dire que les divergences concernaient pour la plupart des problèmes astronomiques soulevés par les

---

[135] Borelli 1686, V, propositions CXXIII-CXXV (air) et VII, proposition CLVI (liquides aqueux).
[136] Voir ci-après, la section 20.3, p.1382.
[137] Voir ci-dessus, la section 5.3.2, p.165-166.
[138] Festa 1995.

observations à l'œil récemment armé. Les actes du procès mené contre Galilée, en 1632 et 1633, sont du reste très claires: le Florentin a été condamné pour avoir soutenu et professé le modèle cosmologique de Copernic. Cependant au début des années 1980 Pietro Redondi a cru pouvoir démontrer que le procès contre Galilée n'a été qu'une farce, montée de toutes pièces pour cacher la véritable raison de sa persécution [139]. C'est que le plus grand physicien du temps et fils fidèle de l'Eglise, le même qui dédia, en 1623, son *Essayeur* au nouveau pape Urbain VIII, son ami de longue date, était soupçonné, par le Saint-Office, d'adhérer à un atomisme à l'ancienne. Redondi est convaincu d'avoir retrouvé, dans les archives de la Sacrée Congrégation pour la doctrine de la Foi, à Rome, la dénonciation manuscrite [140], datant de 1624, dans laquelle un indicateur au demeurant anonyme développait le désaccord qu'il avait constaté entre la théorie de la matière présentée dans *L'Essayeur* et la doctrine de la transsubstantiation. On se souvient que *L'Essayeur*, qui parut en 1623, avait été écrit dans le but bien affiché de combattre une théorie sur la nature des comètes élaborée par le père jésuite Orazio Grassi, dans un traité de 1619, intitulé *De tribus cometis anni MDCXVIII, disputatio astronomica* (*Discussion astronomique sur les trois comètes de l'année 1618*). Enfin, Redondi croit que l'indicateur anonyme n'était nul autre que ce même Grassi, en mal d'une revanche pour le traitement assez rude qu'il avait subi de Galilée, notamment dans *L'Essayeur* [141]. Or cette identification a été contestée: l'écriture du document ne paraît pas correspondre avec celle d'autographes authentiques contemporains de Grassi. Redondi, de son côté, a objecté que le document diffamatoire pourrait bien être une copie, faite, par exemple, par le secrétaire de Grassi [142]. Cependant ce qui importe pour nous, dans le cadre de notre recherche, c'est d'abord le fait sec qu'il y existe effectivement une dénonciation de Galilée pour raisons d'atomisme et que cette dénonciation fut suffisamment prise au sérieux par les autorités ecclésiastiques pour être conservée dans les archives de la Sacrée Congrégation [..]. Ce qui compte en outre c'est que le chef-d'accusation concer-

[139] Redondi 1985.
[140] Redondi 1985, p.178 et suiv.; *ibid.*, p.212.
[141] Redondi 1985, p.212 et suiv.
[142] Redondi 1985, 'Postscriptum', p.429.

nait justement les problèmes que cet atomisme devait inévitablement poser à l'interprétation du dogme de la transsubstantiation, avec des références directes et précises aux canons de la treizième séance du Concile de Trente. Tout ceci confirme, si besoin était, que l'atomisme en tant que théorie de la matière était fort suspect.

Ci-après nous nous proposons d'esquisser les énoncés de Galilée, qui nous ont paru du reste assez rudimentaires. En 1612, parut le *Discorso [..] intorno alle cose, che stanno in sù l'acqua, ò che in quella si muovono* (*Discours [..] sur la cause pour laquelle les choses flottent sur l'eau ou y foncent*). Galilée y considère que le feu consiste en *atomes* qui s'insinuent dans les pores entre les parties des corps. En développant le rôle de ces atomes du feu, il se réclame ouvertement de Démocrite, qu'il s'aventure à opposer à Aristote [143]. Autant dire que le débat était académique, dans ce sens qu'il respecta les bornes aristotéliciennes imposées par le curriculum en vigueur. Il n'y a aucune référence à Epicure ou à Lucrèce, ce qui du reste n'étonne pas dans la mesure où le poème didactique de ce dernier figura, nous l'avons remarqué auparavant, depuis des décennies sur l'*Index des livres prohibés*. Dans *L'Essayeur*, que nous avons consulté dans la traduction de Christiane Chauviré, Galilée va attribuer, en 1623, à chaque élément une espèce d'atomes spéciale, capable à affecter par préférence l'un des organes sensoriels: ainsi, les atomes de terre sont pour le tact ce que sont respectivement ceux de l'eau pour le goût, ceux du feu pour l'odorat et, enfin, ceux de l'air pour l'ouïe [144]. Toute perception se passe sur le modèle du tact, c'est-à-dire par le biais d'atomes rencontrant les complexes atomiques que sont les organes sensoriels. Les atomes de la lumière, ceux donc qui affectent la vue, sont un peu spéciaux: Galilée admet qu'il n'en sait que fort peu, sinon que ces derniers sont extrêmement fins. Ainsi ce que nous appelons saveurs, odeurs et sons ne sont point des qualités réelles, disons indépendantes de l'observateur, mais peuvent être réduites aux grandeurs, figures, nombres et mouvements de ces atomes. Ces derniers sont d'une grandeur infime: on peut dorer un bouton en argent à l'aide d'une feuille d'or battu sans apercevoir aucun changement de poids; pourtant dans deux ou trois mois cette couche fort

---

[143] Galilée 1612, p.62.
[144] Galilée 1980, par.48, p.240-241.

mince d'or s'use progressivement. Cette usure se passe apparemment par d'imperceptibles diminutions de poids [145]. Galilée cite par ailleurs l'exemple des matières odorantes, telles l'ambre et le musc, que l'on peut porter plusieurs semaines sur soi, sans qu'elles semblent se consumer.

La composition élémentaire d'un corps concret à notre échelle s'exprimera par le biais des organes sensoriels qu'il arrive à stimuler. En principe il faudra pourtant admettre l'omniprésence des quatre espèces atomiques, même si l'idée d'atomes lumineux pose un problème. Il est digne d'un intérêt particulier que Galilée établit un parallèle entre les quatre éléments et, d'une part, les atomes démocritéens et, d'autre part, les organes des sens. Nous avons pu constater auparavant que le parallèle éléments-atomes était déjà connu, grâce à Beeckman et Basson notamment [146]; Descartes (1631) [147] et Magnenus (1646) [148] en témoignent et plus tard, en 1661, Boyle le devait reconsidérer [149]. Toutefois, autant que nous sachons, aucun des nommés n'a lié ces atomes élémentaires à des organes sensoriels. L'idée n'est pourtant pas sans précédent: autrefois le philosophe Kanada avait postulé autant d'espèces atomiques que d'organes sensoriels [150].

D'une manière générale, on s'étonne, au point de vue de la théorie de la matière, du niveau peu élevé des énoncés de Galilée. En effet en comparaison avec des contemporains tels Beeckman, Basson et Jungius, il fait piètre figure. Même par rapport à Gassendi et Descartes il reste visiblement en arrière. Or on méconnaît le Galilée de *L'Essayeur* lorsqu'on le mesure uniquement à l'aune du progrès de la théorie de la matière. C'est que le Florentin, dans le débat sur la nature des comètes visa pas tellement à établir une nouvelle théorie de la matière, mais bien plutôt à critiquer, sinon à démolir, en astronome, la position aristotélicienne, sous quelque forme que ce soit. C'était une manière indirecte certes, mais au demeurant assez efficace pour promouvoir le système géocinétique de Copernic. S'il est vrai que les quelques sentences concernant la matière n'ont point

---

[145] Galilée 1980, par.42, p.226.
[146] Voir par ailleurs ci-dessus, la section 4.5, p.121, la note 111.
[147] Descartes, lettre à Villebressieu (été 1631); voir Descartes I, p.212-218.
[148] Voir ci-dessus, la section 5.5, p.185.
[149] Voir ci-après, la section 7.5, p.306-308.
[150] Voir ci-dessus, la section 1.2, p.6 notamment.

trouvé d'écho, ceci vaut également pour celles relatives à la nature des comètes.

Il importe à noter que les atomes de *L'Essayeur*, ou plutôt les *minima*, sont des fragments d'une matière première tout à fait classique, donc sans qualité aucune, sauf celles, géométriques, de la figure et de la grandeur, et, si l'on veut, le mouvement. Démocrite eût sans doute souscrit à une telle présentation, même s'il ne s'est pas occupé de la théorie de quatre éléments, moins encore de l'éventualité d'une interprétation atomiste de cette dernière. Pour Démocrite, les *atomes* eux-mêmes étaient les « éléments » au sens de composants de la matière phénoménale: face à l'unité de l'être de Parménide et siens il avait postulé une pluralité d'entités tout aussi éternelles et se mouvant dans le vide. Ci-dessus nous en avons parlé amplement [151]. Or cet aspect prendra un relief tout particulier lorsqu'on s'aperçoit que Galilée, entre 1623 et 1638, a diamétralement changé d'avis précisément quant à la nature de ces *atomes*. Entretemps, à l'issue du procès, il avait été condamné à résidence surveillée, à Arcetri, jugement assorti d'une défense de publier quoi que ce soit. Galilée continua pourtant ses travaux scientifiques et réussit à faire parvenir le manuscrit résumant les résultats à la maison d'édition des Elzevier, à Leyde. En 1638 parurent alors clandestinement les *Discorsi e dimostrazioni matematiche, intorno a due nuove scienze [..]* (*Discours et démonstrations mathématiques concernant deux nouvelles sciences [..]*). Lasswitz déjà a remarqué le tournant qu'a pris la pensée de Galilée [152]: ce dernier a tenté rien moins qu'une refonte de la base épistémologique de l'atomisme démocritéen.

Par après nous reprenons l'étude des *Discours [..]* sur la base de la belle traduction de Maurice Clavelin [153]. Les considérations de la structure de la matière, plus particulièrement des raisons qui expliquent la résistance qu'offrent les matériaux à la rupture, paraissent constituer la première des deux nouvelles sciences qu'annonce le titre. Or la résistance à la rupture d'une corde sert de modèle pour expliquer celle d'un cylindre (ou prisme) de tout autre matériau: les fibres constituant le bois et les « parties » composant les métaux et le marbre sont comparées avec les fils de chanvre de la corde. La cohésion disons physico-chimique de ces

---

[151] Voir ci-dessus, la section 1.7.3, p.19-21.
[152] Lasswitz 1890, ii, p.37-55.
[153] Galilée 1995.

« parties » exige pourtant quelque chose de plus, un « principe de liaison » dépassant celui des filaments de la corde [154]. Selon Salviati, le porte-parole de Galilée, il est question de l'horreur du vide, celle de la tradition aristotélicienne, en combinaison avec un autre facteur. L'effet de l'horreur du vide paraît lorsqu'on s'efforce de séparer deux plaques de marbre, de métal ou de verre bien polies: la nature abhorre la naissance d'un vide entre les plaques avant que les particules de l'air n'y pénètrent [155]. Cette cause ne semble pourtant pas la seule, ce qui découle du comportement de cylindres en marbre, en métal ou en eau assujettis à des forces violentes: dans l'hypothèse de la seule horreur du vide, la force nécessaire pour opérer la rupture devrait être égale dans les trois cas. Or, l'expérience des pompes à eau montre que les cylindres d'eau ne sauront dépasser une longueur de dix-huit « coudées » sans se rompre sous l'effet de leur propre poids. Selon Salviati, c'est justement la mesure recherchée de l'horreur du vide et si, dans le cas de cylindres de dimensions identiques en métal ou en pierre, le poids soutenu sera égal à celui de la colonne d'eau, il sera clair qu'il n'y a qu'une seule cause de cohésion. A l'évidence il n'en est pas ainsi et Salviati, avec sa courtoisie habituelle vis-à-vis de la tradition, s'impose en quelque sorte de chercher la cause dans une nouvelle horreur du vide, cette fois-ci sur le niveau des particules ultimes des corps et dont l'effet va en s'amplifiant en fonction du nombre des interstices. La fusion et la solidification des métaux lui donnent la clé [156]: il s'agit de la pénétration des particules du feu, les plus petites qui existent, dans les interstices entre les particules métalliques, et de l'évacuation de ces mêmes particules, respectivement. Or ces vides infimes disséminés dans l'agrégat empêchent normalement la disjonction des particules métalliques, comme le vide accumulé dans la pompe à eau prévient la cassure de la colonne de liquide. Dans le cas d'un métal l'effet total des innombrables interstices serait additif, de même - c'est Salviati qui parle - que la force tractive d'une masse de fourmis sera fonction de leur nombre. A en croire Salviati, le problème sera d'indiquer comment des nombres *infinis* de pores et de particules pourront coexister dans une quantité de matière de dimensions *finies*. Ainsi, il arrive à la conclusion que le continu matériel

---

[154] Galilée 1995, p.11.
[155] Galilée 1995, p.14-15.
[156] Galilée 1995, p.21.

VII   293

sera constitué d'une infinité de particules et de vides, tous deux d'une petitesse infinie [157]. En effet, ces particules comme ces interstices devront être « dépourvus de toute grandeur et en nombre infini », apparemment de véritables *infinitésimaux* selon la terminologie postérieure [158]. C'est de cette manière, dit Salviati, qu'il faut regarder le fait qu'une petite quantité d'or, sous le marteau, puisse s'étendre presque indéfiniment. Par la suite il va s'employer à rendre vraisemblable - non à démontrer, du fait avoué de l'incapacité de notre entendement *fini* de rimer l'*infini* avec l'*indivisible* - la composition d'un tout continu à partir d'une infinité d'indivisibles. Au point de vue physico-chimique ceci implique que la fusion d'un métal revient à la résolution de l'agrégat en l'infinité de particules indivisibles qui le constituent [159]. Ainsi, un *liquide* transparent tel l'eau - donc composé d'indivisibles devenus libres et nageant dans une mer d'atomes de feu - et un *poudre* opaque, disons de verre, diffèrent essentiellement. La fusion d'un métal diffère, de même, de sa dissolution dans de l'eau forte: cette dernière serait tout au plus une forme de broyage, d'une division très poussée certes mais décidément pas ultime. Un métal en solution sera alors un *poudre* dont les grains se sont distribués dans le liquide. La condensation et la raréfaction s'expliquent en termes de particules infinitésimales de dimensions variables: il s'agit de la contraction et de l'expansion des indivisibles matériels et des pores, les deux restant infiniment petits en même temps qu'infiniment nombreux [160]. L'étirage d'un fil d'argent doré sert d'exemple, un peu comme le martèlement de la feuille d'or de tout à l'heure. Ce qui frappe par ailleurs c'est que Galilée considère ce cas comme un exemple probant d'une *expansion*, car la quantité d'or en soi n'est point en cause: ni la masse, ni le volume, ni la densité ne changent. Pour nous comme sans doute pour la plupart des collègues de Galilée, l'expansion d'un bout de métal se fait par la chaleur, donc, dans les termes du prisonnier d'Arcetri, par la pénétration des atomes du feu, alors que le rétrécissement s'opère

---

[157] Le raisonnement de Galilée est fondé sur une nouvelle interprétation du problème de la *roue d'Aristote*. Pour une belle analyse de ce raisonnement et des réactions qu'il suscitait, voir Costabel 1968.
[158] Galilée 1995, p.25.
[159] Galilée 1995, p.36-37.
[160] Galilée 1995, p.45.

par le refroidissement, donc par la sécrétion de ces mêmes atomes du feu. Curieuse opposition en effet, ce passage à la grandeur infinitésimale apparemment par l'accès de la chaleur, d'une part, et celui d'une grandeur infinitésimale à une autre sous l'impulsion d'un marteau, de l'autre ! Enfin, si Descartes, Huygens, Boyle, Stahl, Newton et Leibniz ont sans doute étudié avidement les *Discours et démonstrations mathématiques concernant deux nouvelles sciences [..]*, on conçoit bien que la théorie de la matière qui y est exposée n'a guère su retenir leur attention. Car, à l'évidence, la solution de Galilée fait entièrement abstraction de la question de l'espèce physico-chimique des corps, question certes difficile, mais pas moins centrale dans les problèmes en cause. En fait, le problème de *L'Essayeur* du rapport entre propriétés atomiques géométriques et qualités phénoménales, celui des anciens atomistes et celui même qui se reflète dans le débat des années 1690 sur les qualités primaires et secondaires entre Isaac Newton et John Locke, reste entier. Pour Galilée les indivisibles du continu physico-chimique sont pas moins des représentants de l'espèce concernée; ce sont donc bel et bien des *individus substantiels*, même s'ils sont de grandeur infinitésimale. Ainsi, cette perspective physico-chimique rudimentaire souligne par ailleurs le changement d'emphase, signalé par Carl Boyer dans son histoire intéressante du calcul infinitésimal, dans la conception de l'infinité [161]. Cette dernière se référera dorénavant à des agrégats, à des multiplicités, au sens des ensembles du XIXᵉ siècle. Or les correspondances que Galilée établit entre les nombres positifs, leurs carrés et leurs racines en témoignent abondamment.

7.5 La « philosophie corpusculaire » de Boyle

Plus ouvertement encore que Galilée, Robert Boyle (1627-1691) soutint une polémique inlassable contre l'Ecole, ou selon ses mots, contre cette « paresseusse manière aristotélicienne de philosopher » [162]. Boyle prôna, depuis 1658, une synthèse des doctrines cartésienne et épicuro-gassendiste. A son avis, celles-ci s'accordent en ce qu'elles cherchent à rendre intelligibles les phénomènes par l'hypothèse de petites particules diversement fi-

---

[161] Boyer 1959, p.116.
[162] Boyle 1772, iii, p.75: « lazy Aristotelian way of philosophizing ».

gurées et mues. En tant que différences principales, Boyle cite la notion du corps en général, la possibilité du vide, l'origine du mouvement et la divisibilité de la matière. Cependant quelques-unes de celles-ci sont des différences de caractère plutôt métaphysique que physique, tandis que quelques autres touchent plutôt à l'origine de l'univers qu'aux phénomènes dans son état actuel. Comme les deux parties n'en font en fait qu'une seule quant aux catégories explicatives principales, c'est-à-dire la matière et le mouvement local, une personne douée d'une certaine attitude conciliatrice pouvait parler d'une seule philosophie, à savoir d'une philosophie « corpusculaire » ou « mécanique »[163]. Or Boyle s'est efforcé à démontrer que cette philosophie est digne de l'intérêt de tout partisan de la nouvelle méthode expérimentale et mettra ce dernier dans une position avantageuse par rapport à la religion chrétienne[164]. Ce n'est pas à dire que Boyle résoud enfin les grands problèmes auxquels ses collègues d'antan s'étaient heurtés, tels l'existence de Dieu, l'immortalité de l'âme et la providence divine, mais il les discute et montre leur vraisemblance dans le contexte de la *philosophie corpusculaire*. Depuis la condamnation de Galilée, écrit-il, les sciences de la nature sont généralement ressenties comme une menace pour la religion; car, chose nouvelle, la seule existence de Dieu devint ou sembla devenir discutable. Cependant toute personne de bonne volonté qui adoptera la nouvelle méthode essentiellement expérimentale, le « virtuoso chrétien » selon le mot de Boyle, découvrira que la nature est parfaitement loyale vis-à-vis de son Créateur. En effet la beauté et la complexité de la nature sont déjà des indications suffisantes pour l'existence de Dieu. Boyle se réfère dans ce contexte à Saint-Paul, qui, dans la première épître aux Romains, avait fait valoir que, dès la Création, la raison humaine avait été parfaitement capable de discerner dans la nature l'essence invisible de Dieu[165].

A première vue on serait peut-être tenté de lire *philosophie moléculaire* au lieu de *philosophie corpusculaire*. C'est toutefois avec cette tentation en tête que nous avons analysé la synthèse boylienne et bien à partir de trois ouvrages, à savoir *Certain physiological essays* (1661), *The sceptical chymist* (1661) et *The origin of forms and qualities, according to the*

---

[163] Boyle 1772, i, p.355-356
[164] 'The christian virtuoso', in: Boyle 1772, v, p.512-520.
[165] Boyle 1772, v, p.514.

corpuscular philosophy (1666). Les fragments qui importent ont été comparés avec le texte des traductions latines.

La version latine du *The sceptical chymist* que nous avons pu consulter est celle parue à Rotterdam, en 1662, et réalisée, comme le frontispice l'indique, par Boyle lui-même. Il semble par ailleurs qu'il y ait eu une version anglaise antérieure, datant d'entre 1651 et 1657; celle-ci a été retrouvée et rééditée par Mary Boas-Hall [166]. Tout curieusement ce premier état ne contient aucune référence à quelle théorie particulaire que ce soit. L'auteur y discute la chimie de Jean-Baptiste van Helmont qui ne connaît qu'un seul principe actif, à savoir l'eau, unique source de tous les corps à notre échelle. Vu les travaux ultérieurs de Boyle, ceci étonne, d'autant plus que les travaux de Gassendi et Charleton avaient déjà paru. Or on soupçonne que l'annonce des expériences d'Otto von Guericke (1602-1686) avec la nouvelle pompe à air l'ont convaincu de la réalité du vide et partant de la vérité de l'atomisme, ou plutôt de l'idée générale de particules. Les expériences de Von Guericke, dont celle des hémisphères exécutée à Magdebourg, en 1657, furent publiées cette année même par Gaspar Schott dans son ouvrage *Mechanica hydraulico-pneumatica*. Or dès qu'il en prit connaissance, Boyle chargea son collaborateur Robert Hooke (1635-1702) de la construction d'une version améliorée de la pompe de Von Guericke. Parmi les nombreuses trouvailles faites à l'aide de la nouvelle machine pneumatique, nous relevons la confirmation du rôle de l'air dans le maintien de la colonne de mercure dans l'appareil de Torricelli, le rôle de l'air dans la propagation du son et dans certains processus chimique (combustion) et vital (respiration). En corrollaire se situait la découverte capitale de ce que nous connaissons comme l'inverse proportionnalité entre la pression et le volume d'une quantité d'air. Cette découverte fut publiée en 1661, dans le traité *A defence of the doctrine touching the spring and weight of the air*. Dans les mots de Boyle, il s'agissait d'un rapport entre une colonne de mercure et le ressort, disons la force élastique, d'une quantité d'air inclue dans l'enceinte close d'un tuyau courbe (Figure 9) [167]. Ainsi il décrit la variation de la colonne d'air avec celle de mercure: si la « force of the spring of the air » est normalement capable de soutenir une colonne de 29 pouces de mercure,

---

[166] Boas-Hall 1954.
[167] Boyle 1772, i, p.156-163.

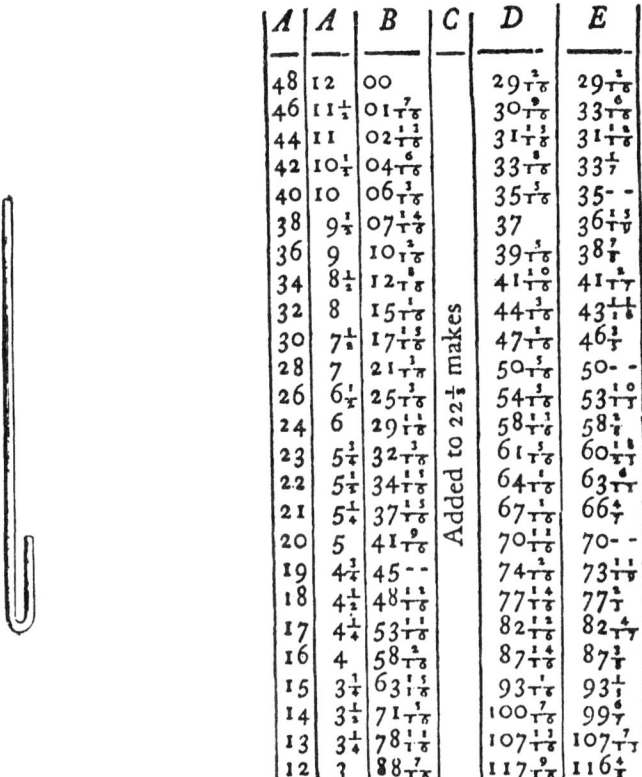

Figure 9

Le tuyau courbe flexible de Boyle et le tableau rassemblant ses résultats (en pouces) avec la condensation de l'air. AA = colonne d'air à comprimer; B = le surplus de mercure; C = colonne d'air faisant équilibre avec l'air atmosphérique (à lire: « added to 29 makes »); D = B + C = pression ressentie par l'air dans l'enceinte; E = valeur attendue de D dans l'hypothèse de la proportionnalité inverse (source: Boyle 1772, i, p.86 et 158).

un certain volume d'air paraît être réduit au moitié par une colonne de 58 pouces. Ceci l'amena à croire que la pression exercée et le volume d'air seront en raison inverse l'un de l'autre, ce qui se vérifia par après par une suite d'expériences quantitatives: en variant la colonne de mercure, Boyle mesura la colonne d'air, qu'il compara ensuite avec sa valeur attendue dans l'hypothèse d'une proportionnalité inverse. En rassemblant les résultats dans une table (Figure 9), il constate de faibles divergences entre valeurs expérimentales et valeurs attendues: d'après lui, ces divergences seraient dues à un « want of exactness » (défaut d'exactitude) que l'on ne saurait exclure dans ce genre d'expériences [168]. Or la raréfaction de l'air lui parut suivre une régularité semblable. A la fin de son écrit il offre une explication [169]: les particules de l'air seraient des « laminae » (lames) tournant en rond et occupant une espace sphérique (un peu comme les cordelettes de Descartes) [170]. Ainsi elles manifestent une certaine élasticité: à mesure qu'on diminue la pression de la colonne de mercure, elles se déploient et vont occuper une sphère plus étendue. De même sous l'influence de la chaleur: les atomes du feu accélèrent le mouvement sphérique des « lames », ce qui augmente leur ressort et les fait s'étendre.

Dans le *The sceptical chymist* [171], Boyle, en bon chimiste, distingue les corps en fonction de leur *complexité relative*, telle que la lui révèle l'expérience chimique. Il parle de corps « composés » (compounded) et « décomposés » (decompounded), dont les premiers sont les composants des derniers [172]. Ainsi, l'or, l'argent et le mercure sont regardés comme

---

[168] Boyle 1772, i, p.159: « [..] they may probably enough be ascribed to some such want of exactness as in such nice experiments is scarce avoidable ».

[169] Boyle 1772, i, p.178 et suiv.

[170] Voir ci-dessus, la section 7.3, p.273 et la Figure 7, p.275.

[171] Soit dit en passant qu'il s'agit d'un dialogue, conçu à l'instar de Cicéron, entre cinq personnes, dont Eleutherius, Carnéade, Thémistius et Philopon. Carnéade est l'interprète du point de vue sceptique de Boyle, Thémistius représente les Aristotéliciens et Philopon les novateurs, les Paracelsistes en l'occurrence. Eleutherius (Liberté) joue le rôle de l'interlocuteur bienveillant.

[172] Boyle 1661, p.58 (voir aussi ci-après, p.301, la note 188). Quant à l'étymologie du terme « de-compound », Boyle dit seulement qu'il a emprunté ce terme aux grammairiens (« they are rather (to borrow a term of the Grammarians) De-compound Bodies [..] »). Il s'agit, selon toute vraisemblance, d'une abréviation du latin « compositum de composito », c'est-à-dire « composé de chose[s] déjà composée[s] » (Becher 1669, p.527; ci-après la section 8.2). On s'imagine alors la naissance du substantif « decompositum »

des corps « composés » et les sels qui en dérivent, les « vitriols » nommément, comme des corps « décomposés » [173]. Or, selon l'avis de Boyle, les corps « composés » subsistent dans les corps « décomposés » [174], qui, eux, peuvent constituer des corps encore plus complexes, comme certains médicaments [175] ou le sang [176]. Il apparaît donc que Boyle a développé, comme d'ailleurs Jungius avant lui, une théorie approfondie sur la *complexité relative* des corps. On en trouve par ailleurs, ainsi que nous l'avons fait voir auparavant, des réminiscences dans l'œuvre de Guillaume Lamy [177].

Les « composés » consistent en petites particules de la matière universelle, de figure et de grandeurs diverses, ainsi que diversement mues [178]. Dans l'ouvrage *The origin of forms and qualities [..]*, Boyle dit que ces atomes, appelées ici « minima naturalia » ou « prima naturalia », sont insensiblement petits et possèdent une figure déterminée [179]. Le nombre de leurs figures est « almost innumerable » (presqu'innombrable) et les grandeurs sont « very various » (très variés) [180]. Ils sont divisibles, mais seulement dans la pensée ou par l'omnipotence divine; la nature ne les

---

par la contraction des deux derniers mots, marquant un niveau de complexité *plus* élevé que celui de « compositum ». Le « terme des grammairiens » remonte probablement à Jules César Scaliger qui, dans son ouvrage *De causis linguae latinae* (*Sur la philosophie de la langue latine*), discute l'admission de « dictiones decompositae », c'est-à-dire de « mots composés de mots », un troisième niveau à côté des « syllabes » et des « mots composés de syllabes ». Scaliger, lui, rejette ce niveau, tout en reconnaissant que les Grecs y avaient souscrit. Voir Scaliger 1540, p.162. Nous verrons que les partisans d'une chimie à la celle de Boyle vont inventer une terminologie semblable pour indiquer des niveaux toujours plus élevés. Remarquons, enfin, que le terme technique moderne de « décomposition » au sens d' « analyse » et de « résolution » vient du latin « discompositio », où le préfixe indique que le mot se réfère à un processus où la complexité *diminue*.

[173] Boyle 1661, p.57.
[174] Boyle 1661, p.39-41.
[175] Boyle 1661, p.216.
[176] Boyle 1661, p.355.
[177] Voir ci-après, la section 7.2, p.270-271.
[178] Boyle 1661, p.37 (Proposition 1): « It seems not absurd to conceive that at the first Production of mixt Bodies, the Universal Matter whereof they [..] consisted, was actually divided into little Particles of several seizes and shapes variously mov'd ».
[179] Boyle 1772, iii, p.29-30.
[180] Boyle 1772, iii, p.34.

divise jamais ou presque, ceci à cause de leur petitesse et de leur solidité [181].

La permanence de l'or et du mercure dans les mélanges ou dans leurs « décomposés », les sels, est un argument qui plaide en faveur de l'existence de particules secondaires d'une certaine stabilité [182]. La deuxième proposition de Carnéade, le porte-parole de Boyle et sa personnification du chimiste sceptique, les concerne [183] :

> « Il n'est pas non plus impossible que de ces petites particules diverses certaines des plus petites qui se voisinaient se sont associées par-ci et par-là dans de très petites masses ou grappes, et constituaient ainsi par leurs coalitions une grande quantité de ces petites concrétions (ou masses) premières, qui se dissocient moins facilement dans de telles particules qui les composaient ».

Remarquons que Boyle parle ici de particules secondaires et qu'il considère les corpuscules d'or et de mercure comme étant plus complexes.

Une coalition de « minima naturels » - donc d'atomes - donne alors naissance à des corpuscules secondaires, également insensiblement petits, qui subsistent dans des corpuscules encore plus complexes, ceux des corps tangibles. Ces atomes et les « concrétions premières » ont, tous, leur propre figure et leur propre taille (« determinate bulk and shape »). C'est cette figure et grandeur qui déterminent (en combinaison avec le mouvement et le repos), les qualités, c'est-à-dire l'interaction éventuelle avec les pores des sens humains [184], tout comme l'adéquation ou l'inadéquation d'une clé avec la serrure détermine l'effet de leur combinaison [185]. On s'attendrait alors à ce que les corpuscules des corps « composés » soient considérés comme des entités spécifiques, donc comme des *clés* en tant qu'*individus substantiels*. La métaphore du mouvement d'une montre, empruntée sans doute à Descartes et du reste fréquemment utilisée dans

---

[181] Boyle 1772, iii, p.29-30.
[182] Boyle 1661, p.39-41.
[183] Boyle 1661, p.28-29 (Proposition II) : « Neither is it impossible that of these minute Particles divers of the smallest and neighbouring ones were here and there associated into minute Masses or Clusters, and did by their Coalitions constitute great store of such little primary Concretions or Masses as were not easily dissipable into such Particles as compos'd them ».
[184] Boyle 1772, iii, p.30.
[185] Boyle 1772, iii, p.18.

l'œuvre de Boyle, suggère, de même, l'identification de ce mouvement avec le corpuscule des « composés ». Or l'une des ambiguïtés les plus fondamentales dans la philosophie corpusculaire boylienne concerne précisément la distinction conceptuelle entre le corpuscule d'un corps et un échantillon de ce même corps: ce qui manque à Boyle, c'est un concept défini d'*espèce* et d'*individu substantiels*. Nous reviendrons plus loin sur ce problème.

Dans les ouvrages consultés on cherche par ailleurs vainement une description positive du corpuscule d'un corps « composé » ou « décomposé » [186]. L'un des énoncés les plus parlant se trouve, comme l'a décrit Boas-Hall [187], dans les *Experiments, Notes, &c. about the mechanical origin or production of divers particular qualities*, que nous citons ici d'après les *Œuvres* de 1772 [188]:

> « lorsque je parle ici de corpuscules, ou particules menues d'un corps [..] [j'entends par cela] seulement de telles particules, d'une nature simple, composée ou décomposée, qui gardent unies les particules dont elles sont constituées aussi fermement, qu'elles ne seront pas totalement disjointes [..] par ce degré du feu ou de la chaleur, dans lequel la substance est dite d'être volatile ou fixe. Mais ces particules combinées [..] monteront ou resteront en bas 'per modum unius' (comme ils disent), ou comme un seul et entier corpuscule ».

Boyle cite l'exemple du sel ammoniac (naturel et artificiel), du soufre et du colcothar de vitriol, dont les premiers peuvent être sublimés, tandis que le dernier n'est pas touché par le feu.

Boyle distingue par ailleurs les corpuscules quant à leur stabilité relative. Les corpuscules de l'or et de l'argent, « dans lesquels les particu-

---

[186] Le mot de « molécule » n'est pas dans le *The sceptical chymist*; il est utilisé, au sens de corpuscule composé, dans la traduction latine (Boyle 1662, p.5 et 246) et dans l'ouvrage *The origin of forms and qualities [..]* (Boyle 1772, iii, p.105).

[187] Boas-Hall 1958, p.101.

[188] Boyle 1772, iv, p.293-294 (cf. Boyle 1661, p.64): « when I speak of the corpuscles, or minute parts of a body [..][I mean] only such corpuscles, whether of a simple, compounded or decompounded nature, as have the particles they consist of so firmly united, that they will not be totally disjoined [..] by that degree of fire or heat, wherein the matter is said to be volatile, or to be fixed. But these combined particles will [..] either ascend, or continue unraised per modum unius, (as they speak) or as one entire corpuscle ».

les sont tellement petites ou la cohésion tellement ferme, ou tous les deux [en même temps] » [189], sont stables à subsister dans leur mélange. Il y a également des « clusters » (grappes) dont les particules constitutives ont une disposition plus adéquate à celle des particules d'autres « grappes » et réciproquement. Deux « grappes », de l'une et de l'autre dénomination, peuvent alors constituer le corpuscule d'un troisième corps avec ses qualités propres et toutes nouvelles. Il arrive aussi que le corpuscule de ce troisième corps ne peut plus être facilement divisé en les « grappes » qui le composent, alors que ces dernières, prises à part, peuvent être résolues sans aucun problème en d'autres parties plus petites [190]. Ceci est le cas du *sacharum saturni* (sucre de plomb; acétate de plomb), qui est produit à partir de vinaigre (acide acétique) et de minium (oxyde de plomb) et qui, exposé au feu, donne entre autres « une liqueur très pénétrante, mais nullement acide » [191]. Il apparaît donc que, pour Boyle, la réaction chimique est, comme autrefois chez Descartes et Gassendi, un processus défini par une multitude d'interactions semblables entre corpuscules individuels d'espèce différente. La description d'une seule de ces interactions, qui du reste s'effectuent par contact et dont l'effet dépend de la figure, de la taille et du mouvement des particules concernées, suffit pour déterminer la réaction chimique phénoménale, qui n'est en dernier ressort que sa version collective. Ceci vaut *mutatis mutandis* pour les processus physiques comme, par exemple, l'expansion et la condensation de l'air, son élasticité et sa pression [192], et les changements d'état que subit l'eau [193].

En discutant et en arguant contre l'existence d'un nombre déterminé d'éléments ou de principes, Carnéade déduit de la permanence de l'or et de l'argent, qu'il pourrait y avoir un bon nombre de corps qui, pour les moyens actuels de l'analyse chimique, seraient irrésolubles et partant sembleraient être élémentaires [194]. Il n'en reste pas moins vrai que l'on

---

[189] Boyle 1661, p.152: « wherein the Particles are so minute, and the Cohesion so strict, or both [..] ».
[190] Boyle 1661, p.153-154.
[191] Boyle 1661, p.155-156: « Liquor very Penetrant, but not at all Acid »; voir aussi *ibid.*, p.421-422. Il s'agit de l'acétone.
[192] Voir la première expérience dans *New experiments physico-mechanical, touching the spring of the air and its effects [..]*, in: Boyle 1772, i, p.10-15.
[193] Boyle 1661, p.381.
[194] Boyle 1661, p.173.

pourra découvrir, ultérieurement, un nouveau moyen d'analyse pour l'or et pour l'argent, un moyen plus efficace que l'eau régale, qui, elle, est plus efficace que le feu, puisqu'elle sépare l'alliage de l'or et de l'argent, ce que le feu ne permet pas [195]. La teneur du concept d'*élément* ou de *principe* serait alors temporaire, dépendant du niveau technique de l'époque et, par là même, en quelque sorte aléatoire. Un tel concept correspondrait pourtant à celui de *corps simple* ou bien de *corps véritablement similaire* de Jungius, hormis l'hypothèse complémentaire d'atomes spécifiques et à celui d'*élément* ou *principe* chez Lavoisier, qui, tous deux, représentent le dernier terme de l'analyse. Carnéade, le sceptique, exige néanmoins des éléments absolus, c'est-à-dire des composants absolument indécomposables et, ce qui est plus, *tous* présents dans *tout* corps composé, donc comme les quatre éléments d'autrefois. Ceci découle bel et bien de la définition d'*élément* que Carnéade propose dans un « paradoxical appendix », suite à la sixième partie du *The sceptical chymist* [196]:

> « j'entends maintenant par éléments, comme ces chimistes qui parlent le plus clairement entendent par leurs principes, certains corps primitifs et simples, ou parfaitement non-mélangés; qui, eux, n'étant pas composés d'autres corps, ou l'un des autres, sont les ingrédients dont ces soi-disant corps parfaitement mixtes sont directement composés et dans lesquels ils sont résolus en dernier terme; la question que je pose présentement c'est de savoir s'il y aurait en effet de tels corps que l'on retrouve dans tout corps dit composé d'éléments et en chacun d'eux ».

Or après une ample discussion il rejette l'existence de tels éléments qui devraient constituer, sans exception, toutes les substances à notre échelle [197]. Le caractère du corps concret qui s'exprime dans certaines qualités spécifiques n'est alors pas déterminé par la nature des composants ou

---

[195] Boyle 1661, p.185-186.
[196] Boyle 1661, p.350: « I now mean by Elements, as those Chymists that speak plainest do by their Principles, certain Primitive and Simple, or perfectly unmingled bodies; which not being made of any other bodies, or of one another, are the Ingredients of which all those call'd perfectly mixt Bodies are immediately compounded, and into which they are ultimately resolved; now whether there be any such body to be constantly met with in all, and each, of those that are said to be Elemented bodies, is the thing I now question ».
[197] Boyle 1661, p.424 et 428.

par leur proportion quantitative précise. C'est, pour ainsi dire, comme dans une montre: ce qui compte pour le but escompté de l'appareil, c'est la taille, la figure et l'adaptation mutuelle des parties constituantes plutôt que les matériaux utilisés, bien que Carnéade avoue que le laiton et l'acier sont plus aptes à la construction de roues dentées que le plomb ou le bois [198]. Cette analogie, d'inspiration nettement cartésienne, justifie, à notre avis, la réduction, par Boyle, des catégories explicatives aux seules « matière » et « structure » ou bien « texture » [199], dont la dernière comprend le mouvement et le repos, et leurs effets, c'est-à-dire [200]:

> « le résultat ou l'agrégat de ces accidents, qui sont le mouvement ou le repos, [..], la taille, la figure et la texture [des parties] ».

Ainsi les différences des corps sont engendrées uniquement par les « schemes » (schémas) dans lesquels la matière commune est déposée [201]. Par conséquent, la réaction chimique revient à un changement dans la « texture » des parties, si bien que la combinaison de « matière » et de « texture » acquiert une nouvelle dénomination distincte [202]. Le plomb, par exemple, peut être converti par le feu « without any additament » (sans aucun additif) en des corps gris, jaunes, rouges, violets ou même en un verre transparent [203]. Ailleurs il considère plus en particulier la texture des corpuscules individuels [204]; un seul changement dans la texture d'un tel corpuscule produira un nouveau corpuscule d'une tout autre dénomination [205]. Ainsi les nuages, la pluie, la grêle, la neige, la mousse et la gla-

---

[198] Boyle 1661, p.341; cf. Boyle 1772, iii, p.15.
[199] Boyle 1661, p.379: on aurait pu parler de « forme », dit-il, « Provided the word be interpreted to mean but what I have express'd, and not a Scholastick Substantial Form, which so many intelligent men profess to be to them altogether Unintelligible ». Dans l'ouvrage *The origin of forms and qualities [..]*, il l'appelle « specifical or [..] denominating state » ou bien « essential modification », ou bien, en un seul mot, « stamp » (Boyle 1772, iii, p.28).
[200] Boyle 1661, p.378: « the result or Aggregate of those Accidents, which are the Motion or Rest, [..] the Bigness, Figure, Texture [..] ». Voir aussi Boyle 1772, iii, p.15, 22 et 26.
[201] Boyle 1661, p.422.
[202] Boyle 1661, p.422.
[203] Boyle 1661, p.342.
[204] Boyle 1661, p.408-409.
[205] Boyle 1661, p.410 et 381. Remarquons que Boyle admet la transmutation, du

ce ne sont autre chose que de l'eau, dont les « parts » (parties) ont changé de « texture », c'est-à-dire « quant à leur grandeur et la distance entre elles » et, en outre, quant au mouvement et au repos [206]. Enfin, comme chez Beeckman et chez Basson, le changement d'état reviendrait alors à une mutation dans l'échelle de grandeur des corpuscules, au moins partiellement, puisque Boyle admet également une variation dans les distances intercorpusculaires. Boyle n'est d'ailleurs pas très conséquent à cet égard: ses explications de la distillation [207] et de la sublimation [208] reviennent à la seule mutation des distances intercorpusculaires, donc comme autrefois chez Sennert.

Dans ce contexte il est, naturellement, très intéressant de voir comment Boyle conçoit l'espèce et l'individu substantiels. Or, d'une part, dans les *Two essays concerning the unsuccessfulness of experiments*, qui font partie de *Certain physiological essays* (1661), il compare les différences entre des échantillons d'une certaine espèce de minéral avec celles que montrent les exemplaires d'une certaine espèce de légumes, de plantes et d'animaux, prenant ainsi un échantillon minéral pour un *individu substantiel* [209]. D'autre part, dans le paragraphe 'Of the nature of a form' du traité *The origin of forms and qualities [..]*, Boyle analyse le rapport épistémologique entre les notions de genre, d'espèce et d'individu [210]. Le nom de « métal », dit-il ici, représente un genre à l'égard de l'or, de l'argent, etc., mais correspond à une espèce par rapport aux corps mixtes. La classification des corps s'effectue à l'aide de l' « agrégat ou réunion d'[..] accidents » et Boyle se rend compte du fait que cette classification est « plus arbitraire qu'on ne le pense ». Les accidents, ou bien les qualités, ne sont accidentels que par rapport à la matière universelle; pour le corps concret, chacun d'entre eux est une condition nécessaire, mais non suffisante. Ces qualités procèdent des « affections plus primaires et générales

---

moins pour les corps inanimés (Boyle 1772, iii, p.35): « yet since bodies having but one common matter can be differenced but by accidents, which seem all of them to be the effects and consequents of local motion, [..] almost of any thing, may at length be made any thing ».

[206] Boyle 1661, p.381.
[207] Boyle 1661, p.64 et p.85-86; cf. Boyle 1772, i, p.382.
[208] Boyle 1661, p.64 et Boyle 1772, iv, p.293-294.
[209] Boyle 1772, i, p.321.
[210] Boyle 1772, iii, p.27-29.

de la matière »: taille, figure et mouvement ou repos, et la texture qui en résulte, donc, tout simplement, la « modification essentielle » de la matière. Un échantillon d'un corps concret est alors pris « per modum unius », c'est-à-dire « comme un seul et entier agent corporel ». Boyle le compare avec une machine en général et, plus en particulier, avec son exemple favori, le montre. Il cite l'exemple d'un médicament purgatif qui, par le détour du lait maternel, atteint le bébé et dont les composants, comme ceux de la montre, retiennent apparemment leurs qualités. L'élaboration de l'analogie envisagée laisse quand même beaucoup à désirer et est en effet loin d'être sans équivoque. L'expression « per modum unius » est illustrative à cet égard. Comme nous l'avons vu tout à l'heure, Boyle considère le corpuscule d'une substance qui s'échappe du solide pendant la sublimation tout aussi « per modum unius » que l'échantillon concret, dont nous venons de parler. C'est pour cela que nous pouvons conclure que la distinction épistémologique entre le corpuscule individuel et son agrégat macroscopique, point de départ de la future doctrine de Georg Ernst Stahl, reste encore très vague chez Boyle: on peut dire qu'il confond l'agrégat macroscopique en tant que *corps pur*, et par là concept abstrait, avec l'échantillon d'une substance naturelle concrète.

Revenons quelques instants à la question des éléments ou principes. Comme il réduit toute réaction chimique à la syncrèse et la diacrèse des corpuscules (ultimes ou composés) de la matière commune, donc à une altération dans la texture [211], il dénie l'existence d'un certain nombre déterminé d'éléments ou de principes qui, étant absolument indécomposables, constitueraient *tous* les corps et seraient *tous* présents dans chaque corps composé [212]. Ainsi, pour Boyle, les seules catégories de la matière et de la structure suffisent pour comprendre les phénomènes chimiques et physiques, sans qu'il nous offre cependant de doctrine précise et sans ambiguïtés. Dans cette perspective on est très satisfait de voir considérer par Eleutherius, l'animateur de la discussion cicéronienne qu'est *The sceptical chymist*, une théorie corpusculaire des éléments, qui rappelle justement celle de Galilée et de Beeckman. C'est ainsi qu'Eleutherius suggère que les aristotéliciens auraient pu supposer que les corpuscules de chaque élément ont une taille et une figure particulières, pour expliquer par une pro-

---

[211] Boyle 1661, p.422-423.
[212] Boyle 1661, p.424 et 428.

portion et une manière de liaison variables l'existence des innombrables corps différents [213]. Pour Carnéade, le représentant sceptique de Boyle, ceci est fort juste et vaudrait aussi pour les principes des chimistes [214]. Les péripatéticiens et les chimistes devraient quand même admettre, dans ce cas, selon Carnéade [215] :

> « quelque chose qui n'est pas élémentaire, pour exciter et régulariser les mouvements des parties de la matière, et pour les arranger de la manière nécessaire pour la constitution des corps concrets particuliers ».

Cette chose non-élémentaire, responsable de l' « émergence des textures et des qualités de corps mixte » serait, encore selon Carnéade, la forme substantielle. Cette objection témoigne cependant d'une inconséquence très nette dans la logique du sceptique. Les atomes de sa propre théorie ne se meuvent-ils pas en effet conformément au « principe architectonique » qui détermine l'enchaînement actuel des phénomènes dans la nature ? Cette « force » (power), Boyle l'entend ainsi [216] :

> « ces déterminations variées, et cette direction compétente des mouvements des petites parties de la matière universelle par le plus sage Auteur des choses, qui

---

[213] Boyle 1661, p.42. Voir aussi les sections 4.5, p.121, note 111, et 7.4, p.290.

[214] Boyle 1661, p.43-44 : « I am thus far of your minde (sayes Carneades) that the Aristotelians might with probability deduce a much greater number of compound Bodies from the mixture of their four Elements, than according to their present Hypothesis they can, if instead of vainly attempting to deduce the variety and properties of all mixt Bodies from the Combinations and Temperaments of the four Elements, as they are (among them) endowd with the four first Qualities, they had endeavoured to do it by the Bulk and Figure of the smallest parts of those supposed Elements. For from these more Catholick and Fruitfull Accidents of the Elementary matter may spring a great variety of Textures, upon whose Account a multitude of compound Bodies may very much differ from one another. And what I now observe touching the four Peripatetick Elements, may be also applyed, mutatis mutandis (as they speak) to the Chymical Principles ».

[215] Boyle 1661, p.44 : « something that is not Elementary, to excite or regulate the motion of the parts of the matter, and dispose them after the manner requisite to the Constitution of particular Concretes ».

[216] Boyle 1661, p.375 : « those Various Determinations, and that Skilfull Guidance of the motions of the small parts of the Universal matter by the most wise Author of things, which were necessary at the beginning to turn that confus'd Chaos into this Orderly and beautifull World [..] ».

étaient nécessaires au commencement pour changer ce chaos confus en ce beau monde ordonné [..] ».

Dans *The origin of forms and qualities [..]* il s'explique [217]. Le monde est un « automaton » construit par Dieu à partir de la matière universelle, comme l'artisan compose une montre, en partant d'une matière incapable d'effectuer cette construction par elle-même. Une fois assemblé, l' « automaton » fonctionne indépendamment de son Créateur grâce aux lois qui y sont implicitées et qui sont définies comme un « principe architectonique ». Or les philosophes et scientifiques ayant soutenus une théorie corpusculaire d'éléments comme la su-dite et qui ont été plus nombreux sans nulle doute qu'on ne le pense [218], auraient pu choisir un même « principe architectonique ». Chez Beeckman déjà nous lisions en effet que les atomes se meuvent selon des lois imposées par Dieu au commencement. Certes le déisme implicite de la cosmogonie de Beeckman en général et sa doctrine des atomes en particulier auraient éventuellement pu séduire Boyle, les seules lois du mouvement local comme celles de Beeckman ou celles de Descartes cependant, ne sauraient jamais expliquer, à ces yeux, l'émergence de ce monde bien ordonné à partir des atomes [219].

A la fin de notre analyse de la philosophie corpusculaire boylienne, nous voudrions traiter, succinctement, de la question de savoir si Boyle a oui ou non réussi le but qu'il s'était proposé, dans la préface de l'ouvrage *Some specimens of an attempt to make chymical experiments useful to illustrate the notions of the corpuscular philosophy*, c'est-à-dire [220]:

« à réaliser une bonne compréhension entre les chimistes et les adhérents de la philosophie mécanique ».

De prime abord, il faudrait répondre par la négative. Bien qu'aussi riche sur le plan du style que dans sa teneur, l'œuvre de Boyle n'a pas su enchanter ni les physiciens, ni les chimistes. Tout en empruntant certaines

---

[217] Boyle 1772, iii, p.48-49.
[218] Voir ci-dessus, p.307, la note 213.
[219] Boyle 1772, iii, p.48.
[220] Boyle 1772, i, p.358: « to beget a good understanding betwixt the chymists and the mechanical philosophers ».

de ses expériences, comme André, Homberg, Guglielmini, Van Musschenbroek et beaucoup plus tard Lavoisier, ou une partie de son vocabulaire technique, comme Becher et Stahl, ces derniers rejetaient la tendance trop exigeante et par là même sceptique de la philosophie boylienne. Ce qui fait défaut à Boyle, savoir l'imaginabilité ou, si l'on veut, la ludicité, les chimistes et physiciens le trouvaient abondamment chez Descartes et ses partisans, à l'époque même où la doctrine dualiste acido-alcaline divisait les esprits et, peut-être malgré soi, imposait une choix en faveur de la charmante simplification cartésienne des petits glaives. D'autre part, les réactions de déplacement (doubles décompositions) des métaux et des composants des sels détournaient l'attention des corpuscules individuels, dont la figure et la taille seules étaient dans l'impossibilité de fournir une explication pour le nombre immense des relations mises en cause, à une étude des préférences chimiques en général, un développement qui aboutissait à des tables d'affinités comme celle d'Etienne François Geoffroy (1672-1731; 1718). Pour les chimistes, enfin, la philosophie de Boyle avait un caractère trop sceptique et partant peu pratique [221]. Notons d'ailleurs l'essor du newtonianisme, avec son insistance sur la *masse* en tant que quantité de matière mesurée par la balance et sur l'*action en distance*, et par ailleurs modelé sur une théorie moléculaire évidente de dimensions cosmologiques, et nous comprenons pourquoi Boyle, dans ce domaine, a été éclipsé par Newton presque immédiatement après la parution des *Philosophiae naturalis principia mathematica*. N'oublions pas, enfin, l'essor des mathématiques, plus particulièrement du calcul infinitésimal grâce notamment à Newton et Gottfried Wilhelm Leibniz. Or, on le sait, c'est surtout Leibniz qui s'est efforcé de répandre en écrit les fondements de ce nouveau algorithme permettant la détermination de grandeurs jusque-là virtuellement inaccessibles. Or Leibniz s'est rendu compte des rapports entre les différents genres d'entités infinitésimales, qu'elles soient de nature mathématique, physique, chimique ou biologique, voire psychologique et théologique. Nous y reviendrons dans la section suivante.

---

[221] Metzger 1923, p.266-272. Signalons pourtant la tentative de Jacob Berzelius de raviver, en 1819, sinon la notion de « philosophie corpusculaire » du moins celle de « théorie corpusculaire »; voir ci-après, la section 14.5.1, p.749-750.

7.6 Unité et diversité: Leibniz

Si le problème de la substance est abordé par Leibniz de plusieurs points de vue, l'inspiration phénoménale est omniprésente. Dans sa *Dissertation métaphysique sur le principe d'individuation*, soutenue en 1663, l'étudiant Leibniz - il a 17 ans - raisonne encore en commentateur péripatéticien borné et attardé [222]. C'est du moins l'impression que pourrait avoir quelqu'un qui connaît la philosophie naturelle de l'époque, plus particulièrement les innovations récentes de Descartes, de Gassendi et de Boyle, celles donc que nous venons d'analyser. Ce qui importe pour nous c'est que le problème disons physico-chimique de la substance lui fut très familier dès le début de ses travaux. Or les écrits plus mûris qui nous intéressent ici avant tout sont le *Discours de métaphysique* (1686), le *Système nouveau de la nature et de la communication des substances, aussi bien que de l'union qu'il y a entre l'ame et le corps* (1695), les *Principes de la nature et de la grâce, fondés en raison* (1714) et, enfin, le traité que nous connaissons depuis le XIXe siècle sous le titre de *Monadologie* (1714-1715). Or le seul traité ayant paru du vivant de Leibniz était le *Système nouveau [..]*, à savoir dans le fascicule de juin 1695 du *Journal des Sçavants*. Par après nous présenterons les grands traits de la doctrine leibnizienne sur la base du *Système nouveau [..]*, avec une attention spéciale pour les aspects plutôt physico-chimiques.

Dans le *Système nouveau [..]* Leibniz distingue les substances individuelles de leurs agrégés ou collections [223]. Le fait que, à notre échelle, nous n'observons que de multitudes, nous conduit à chercher partout les « véritables unités », que l'on peut s'imaginer à l'exemple de l'individu humain. Cependant on ne les trouve jamais, ces « unités », car, à en croire Leibniz, la matière est réellement divisée à l'infini, ce qui fait que tout morceau de matière quelque petit qu'il soit, sera toujours un agrégat d'une infinité de ces « unités ». Comme l'homme, ces « unités » sont à la fois indivisibles et agissantes. Chacune est « un point reel et animé », ou un « atome de substance »; ailleurs Leibniz parle aussi d' « unités substantielles » et de « points métaphysiques ». Les formes substantielles, qui par ailleurs ne posent aucun problème à Leibniz, en sont responsables; elles

---

[222] Voir sur ce point Bitbol-Hespéries 1991.
[223] Leibniz 1978, iv, p.477 et suiv.

sont éternelles, un peu comme les atomes de Gassendi et siens. Or ces « unités substantielles », les substances proprement dites, ont été créées par Dieu au commencement. Elles ont donc existé de tout temps depuis la Création et continueront à exister jusqu'à la fin du monde, quand Dieu détruira le tout. En conséquence il n'y a point de véritables générations et de décès, mais seulement une succession de transformations, d'accroissement et de décroissements. Leibniz se réfère sur ce point aux découvertes récentes dans le domaine de la microscopie, faites par Jan Swammerdam (1637-1680), Marcello Malpighi (1628-1694) et Antoni van Leeuwenhoek (1632-1723). Si, à notre échelle, l'analogie entre êtres vivants et machines semble s'imposer, selon son avis, il ne faut toutefois pas, en descendant à l'échelle microscopique, la pousser trop loin: c'est qu' « une machine *naturelle* demeure encor[e] machine dans ses moindres parties ». En effet, là où la machine à notre portée se résoud finalement en axes et en roues en tant que composants ultimes, la résolution d'un être vivant ne s'arrête jamais. D'autre part, les rapports entre eux des constituants de la matière - ou, dans les mots de Leibniz, la « communication » des « unités substantielles » - posent un problème, puisqu'ils sont en principe absolument indépendants les uns des autres. Or ces rapports ont été réglés à l'avance par Dieu, au moment de la Création, et grâce à eux il y a, chez l'homme, cette union réputée de l'âme et du corps. Il ne faut toutefois pas confondre la communication des « unités substantielles », autrement dit l' « harmonie préétablie », avec celle des agrégats qui se fait par l'émission et la réception de certaines « parties ». C'est que « tous les phénomènes de Physique » s'expliquent « mécaniquement », c'est-à-dire en termes de « parties » du reste non spécifiées. Apparemment Leibniz fait la distinction entre les composants des agrégats, ceux qui résument l'espèce du matériau en question, et les « parties » plus grosses qui donnent naissance aux phénomènes. Or, comme nous le verrons ci-après, au point de vue de l'histoire de la théorie moléculaire cette distinction n'est pas dans le moins évidente. Signalons par ailleurs que le mot de « monade » ne figure pas dans le *Système nouveau [..]*; au sens d' « unité substantielle » il fait sa première apparition, autant que nous sachons, dans un article paru dans les *Acta eruditorum* de septembre 1698 [224].

---

[224] Leibniz 1978, iv, p.504-516.

On peut donc conclure que, d'après Leibniz, tout objet perceptible n'est en dernier ressort qu'un agrégat d' « unités substantielles », de monades, vivantes et infiniment petites. Les êtres à notre échelle que nous appelons vivants sont des agrégats de toute une hiérarchie de monades, avec une seule monade dirigeante, celle appelée « âme ». C'est pour cela que la distinction entre matières morte et vivante n'est plus de mise; *toute* matière est vivante. Généralement parlé on peut soutenir que, pour Leibniz, un corps physico-chimique sera un agrégat de monades, qui quoique de même espèce ne sont pourtant pas entièrement identiques entre elles. Comme autrefois chez Descartes, l'univers est un agrégat immense de monades, sans interstices vides. Il n'y aura même pas d'interstices *infinitésimaux*, donc au contraire de ce qu'avait soutenu Galilée. Tout curieusement Leibniz suppose, nous l'avons vu, que la communication entre ces agrégats s'effectue par le biais de « parties » tout au moins non-monadiques. On peut y voir une réminiscence à l'idée de Galilée qui distinguait les *grains métalliques* dans une solution des *particules infinitésimales* dans une fonte. Ci-après, en détaillant, dans la section 8.3, les vues de Georg Ernst Stahl, nous voudrions revenir sur le côté *chimique* de cette distinction. Pour ce qui regarde Leibniz, nous nous contentons pour le moment de souligner que les phénomènes *physiques* sont engendrés par des processus *mécaniques*, qui demandent des « parties » de certaines dimensions. Il ne spécifie pas à quels phénomènes il pense au juste, mais on a l'impression qu'il s'agit de la lumière, du son et du magnétisme. C'est que l'espèce plutôt chimique est projetée dans chacune des monades et n'est apparemment pas d'ordre *mécanique*. Nous verrons pourtant que la postérité dans la personne de Ruder Boscovich (1711-1787), grand admirateur de Leibniz, a postulé d'abord l'existence de monades infiniment petites, puis l'intervention de particules secondaires en tant qu'*individus substantiels*, donc comme causes de la physico-chimie phénoménale [225].

Un aspect intéressant concerne du reste le rapport entre les monades et les différentielles du calcul infinitésimal. On sait que les publications au sujet de ce qui deviendra bientôt les calculs différentiel et intégral ont devancé l'élaboration, en 1686, du manuscrit du *Discours de métaphysique*. Pourtant, à en croire Herbert Breger, les idées de Leibniz sur la nature du continu mathématique sont modelées sur celles, foncièrement

---

[225] Voir ci-après, la section 10.3, p.478-479.

aristotéliciennes, concernant le continu physique [226]. C'est dire que la voie qu'a prise sa pensée est l'inverse de celle qu'avait autrefois suivie Beeckman. Quoiqu'il en soit, le célèbre « principe de continuité » serait universel dans ce sens que toute fonction mathématique ne saurait être qu'une fonction continue, où toute différence dans les données peut être réduite autant que l'on veut en donnant lieu à des variations correspondantes dans le recherché [227]. Quant à Leibniz, une fonction discontinue serait une *contradictio in terminis*. Ainsi le calcul de l'aire d'une surface se passe par l'application d'un formalisme dont la validité avait été confirmée auparavant dans quelques cas simples. Il revient à la recherche de la fonction primitive: on ajoute une unité à l'exposant en multipliant la fonction par l'inverse du nouvel exposant; enfin, il y aura une constante à additionner [228]. Ensuite on substitue les valeurs extrêmes de l'intervalle désiré et calcule la différence: il s'agit d'une différence entre deux surfaces correspondant à l'aire recherchée. Or cet algorithme s'applique en principe à toute fonction continue, où chaque valeur de l'abscisse correspond à une valeur de l'ordonnée et bien selon une seule et même dépendance. Dans la pensée de Leibniz, le calcul différentiel s'est modelé sur le calcul intégral. Ce qui importe pour nous c'est la relative simplicité et la part de généralité propre à l'interprétation de Leibniz. Une comparaison avec la méthode de Beeckman s'impose par ailleurs. On se souvient que Beeckman, comme Leibniz, avait été guidé par une conception générale de l'univers matériel. Or l'univers de Beeckman était essentiellement *discret*: ainsi, de même que les matériaux à notre échelle sont des agrégats d'unités discrètes, à savoir les *homogenea physiques*, de même les phénomènes qui se passent en fonction du temps - la chute des graves, en l'occurrence - peuvent être décrits comme des agrégats de dimensions croissantes. Ainsi, pour capter le propre de la chute des graves Beeckman

---

[226] Breger 1992, particulièrement p.76.
[227] Leibniz 1978, vi, p.129; pour une belle application physico-chimique, voir ci-après la section 11.3, p.526.
[228] En notation moderne:

$$\int x^n \cdot dx = \frac{1}{(n+1)} x^{(n+1)} + C$$

avait interprété la dépendance de l'espace parcouru du temps comme la sommation d'une suite arithmétique dont le résultat tend à une valeur unique. C'est-à-dire: aux yeux de l'homme, qui est incapable de discerner les unités discrètes du temps, les soi-disant « momenta individua ». Là où Leibniz, en bon aristotélicien, croit que la vraie mathématique sera nécessairement le reflet de la nature même, Beeckman situe cette mathématique idéale dans un autre ordre, seulement accessible par l'application d'un artifice du reste parfaitement valide dans la mathématique physique au demeurant discrète. Or cet artifice correspond, nous l'avons pu constater, à ce que la postérité appelera, depuis Jean le Rond d'Alembert (1717-1783), le passage à la « limite » [229]. Quoi qu'il en soit, tout au cours du XVIIIe siècle les mathématiciens continentaux ont mené un débat vigoureux sur ce qu'on s'habitua à appeler, avec d'Alembert, la *métaphysique* du calcul infinitésimal. Il s'agissa notamment de la nature des différentielles, de leurs ordres et de leurs proportions entre elles et le débat a donné naissance à un vocabulaire très varié. Suivant sa position on parla d' « infiniment petits », d' « infinitésimaux », de « zéros » ou d' « évanouissants », vocabulaire qui trahit le rapport direct avec la doctrine *physique* des monades. Rien ne saurait mieux illuminer le contraste doctrinal que nous avons signalé entre Leibniz en Beeckman, entre les visions continuiste et discontinuiste du monde phénoménal. Nous verrons que le même contraste est encore bien vivant à la fin du XIXe siècle, lorsque Ludwig Boltzmann, en dépit des perfections apportées par les mathématiciens, va s'efforcer de convaincre les opposants de la théorie moléculaire par une analogie suivie entre les molécules en soi et les différentielles des équations fondamentales de la mécanique. On conçoit que, chez cet apologiste pur sang de la théorie cinétique, la physique *discrète* de l'état gazeux se doublera d'une mathématique tout aussi *discrète*.

Pour montrer, enfin, les conséquences diverses que l'on pouvait tirer de la doctrine des monades, nous signalons le cas du naturaliste Louis

---

[229] D'Alembert, J. le Rond 1765: « On dit qu'une grandeur est la *limite* d'une autre grandeur, quand la seconde peut approcher de la premiere plus près que d'une grandeur donnée, si petite que l'on la puisse supposer, sans pourtant que la grandeur qui approche, puisse jamais surpasser la grandeur dont elle approche; en sorte que la différence d'une pareille quantité à sa *limite* est absolument inassignable ».

Bourguet (1678-1742), qui dans ses *Lettres philosophiques [..]* (1729), développa une théorie curieuse sur la composition moléculaire des cristaux. D'une manière générale il établit un parallèle entre les êtres vivants à notre niveau et les molécules cristallines. Or, selon les mots mêmes de Bourguet, ces molécules sont comme les termes ultimes d'une « gradation entre les corps organisés, qui va en descendant du plus composé au plus simple » [230]. L'être vivant, chez Bourguet, ne serait autre chose qu'un « méchanisme organique », un amas d' « une infinité de molécules » subordonnées à une « monade singulière et dominante » [231]. Il n'y a pas de doute: les « molécules » qui composent le « méchanisme organique » de Bourguet jouent le rôle des monades de Leibniz. Bourguet en convient lui-même qui dit que ses énoncés ne servent qu'à éclaircir la théorie des monades de « ce célèbre philosophe » [232]. Nous verrons bientôt que les naturalistes vont renverser l'analogie en question, en émettant, par la force des observations, l'hypothèse de la constitution *moléculaire* des êtres vivants.

7.7 L'individu substantiel à la veille du XVIIIe siècle, ou la « mécanisation de l'image du monde » au point de vue moléculaire

En dressant un bilan du développement du concept d'*individu substantiel* au XVIIe siècle, trois constats semblent s'imposer. C'est d'abord l'oubli sinon l'insu complet ou était tombée l'origine de ce joyau épistémologique, ceci bien entendu dans la mesure où les chefs de file des différents courants se rendaient compte de l'existence d'un dénominateur commun. Si pourtant d'aucuns soupçonnent, avec Boyle, un fond de ressemblance, toute idée d'une ancienneté remontant au-delà de la Renaissance et de la Scolastique latine occidentale, aux commentateurs grecs d'Aristote notamment, est absente. En effet, au point de vue de la théorie de la matière, les éditions imprimées des commentaires en question sur la *Physique* d'Aristote, sont passées virtuellement inaperçues. Feu Charles Schmitt, fin

---

[230] Bourguet 1729, p.58; voir aussi ci-après, les sections 9.1, p.386-387 et 16.5.1, p.944.
[231] Bourguet 1729, p.164-165.
[232] Bourguet 1729, p.167.

connaisseur de la Renaissance dans le domaine des sciences, a par ailleurs montré que, plus généralement parlé, l'impact des commentateurs grecs sur la pensée du XVIe siècle a été fort modeste [233]. Au XVIIe siècle la situation s'aggrave encore: parmi les grands théoriciens de la matière dont nous avons brossé un tableau, c'est seulement Pierre Gassendi qui paraît avoir connu le nom de Jean Philopon en l'associant à certaines précisions au sujet des propriétés des atomes épicuriens. Chez Robert Boyle, dans le *The sceptical chymist*, Philopon n'est plus qu'un symbole: il y personnifie l'innovation scientifique, ce qui après tout, vu le contexte du dialogue, n'est pas si mal que ça. En effet, le Philopon de Boyle est le représentant des chimistes novateurs, des iatrochimistes nommément qui, à l'instar de Paracelse, se sont efforcés de réorienter leur science au profit des sciences médicales. Le rôle de Philopon est en tout cas plus flatteur que celui que Boyle assignait à Thémistius; ce dernier, le même qui s'enorgueillit autrefois, dans les années 337-357, d'avoir paraphrasé toute l'œuvre d'Aristote, est devenu le symbole d'un aristotélisme des plus arriérés. Dans les deux cas pourtant, il n'y a, chez Boyle, aucune référence vraiment historique, ni à l'œuvre, ni à la personne de Thémistius ou de Philopon.

L'autre constat concerne le développement même du concept d'*individu substantiel* au XVIIe siècle, le sujet propre de ce chapitre. Or on est frappé par les multiples facettes qu'il a adoptées. Il y a d'abord les complexes atomiques secondaires dont le caractère de *molécules* au sens moderne relève de l'évidence nette. Si Beeckman et Basson nous ont paru inaugurer l'ère moléculaire, bon nombre de leurs collègues ont sinon adopté du moins examiné attentivement cette option de particules composées spécifiques. Le cas du médecin Guillaume Lamy est éclairant dans ce sens qu'il a élaboré dans le détail, puis publié en 1669, une théorie moléculaire des plus prometteuses. Or Lamy n'occupait pas le devant de la scène, n'en déplaise sa réputation, et sa tentative n'a pas su attirer l'attention méritée. A en croire ses publications postérieures, il lui a même fallu changer de cap. L'atomisme tel quel et à plus forte raison cette version nouvelle postulant des entités secondaires, souffrait encore du verdict lancé par Galien à l'encontre de toute philosophie niant la téléologie immanente de la nature. Toutefois certains naturalistes, dont Sennert, Magnenus et Sperling notamment, l'ont devancé dans la voie

---

[233] Schmitt 1990.

moléculaire; d'autres, tels Stahl et Newton, vont bientôt suivre avec des résultats lourds en conséquences.

Une deuxième forme qu'a reçue ce concept d'*individu substantiel* concerne la théorie des « particules » de Descartes et siens. Tout corps identifiable serait amas d'entités spatiales semblables d'une géométrie spécifique. Cette théorie a connu un succès éclatant dans le cercle des chimistes, des physiciens et des naturalistes-micrographes. Nicolas Lémery s'imposa en chimie, là où Christian Huygens dirigea la physique et Antoni van Leeuwenhoek les sciences de la vie. Ci-dessus nous avons étudié les travaux de Huygens et de Lémery; dans le chapitre IX nous comptons revenir sur Van Leeuwenhoek. Dans certains cas, on arrivait à estimer la proportion des dimensions de ces « particules ». C'est notamment le cas de Huygens qui calcula le rapport des axes des « sphéroïdes » du spath d'Islande, ceci sur la base des propriétés géométriques du cristal phénoménal. D'autres, tels Charleton, Boyle et Van Leeuwenhoek, allaient plus loin en entreprenant le calcul des dimensions exactes ou relatives des *individus substantiels*. Nous en reparlerons dans la section 10.2.1, qui traitera du technique proposé en la matière par Isaac Newton. C'est peut-être le moment requis pour faire l'honneur de Giovanni Alfonso Borelli pour avoir forgé ce beau mot de « machinules » (machinulae), ceci dans la conviction qu'une substance physico-chimique se comporte comme un agrégat de mécanismes infimes.

Les infinitésimaux avant la lettre de Galilée, ces « indivisibles matériels » composant le continu physico-chimique, préfigurent en quelque sorte, justement du fait de leur connotation mathématique, les « monades » de Leibniz. Le problème physico-chimique de la distinction à faire entre les différentes substances à notre échelle n'était guère en jeu. Nous avons remarqué, avec Lasswitz, le tour de force que Galilée s'était imposé depuis l'issue de son procès, savoir rien moins qu'une refonte de la science de la matière. Or la nouvelle doctrine devrait naturellement occulter le problème du rapport des qualités atomiques et phénoménales, dont Galilée avait traitée dans *L'Essayeur* et qui lui avait valu une dénonciation auprès du Saint-Siège pour raisons d'hérésie. C'est le problème ancien du rapport des qualités primaires et secondaires qui s'y cache et qui sera l'enjeu principal du débat entre Isaac Newton et John Locke.

Le cas des « monades » de Leibniz illustre du reste merveilleusement la puissance évocatrice de la notion d'*individu substantiel*. Il y a d'abord les sciences physiques et celles de la vie qui paraissent en jeu. Ensuite, les aspects théologiques sont évidents: on peut penser au rapport entre Dieu et sa Création et, quant à l'homme, à celui entre l'âme et le corps. Les implications socio-politiques d'une telle prise de position se révèlent accessoirement. Enfin, toute une nouvelle mathématique, celle du calcul infinitésimal, se situera dans le sillon de cette même « monadologie » leibnizienne. Ainsi, Leibniz s'imagine l'*infiniment petit*, c'est-à-dire la différentielle du calcul infinitésimal, comme *indéfiniment* petit, autrement dit, aussi petit qu'on le veuille [234]. Ceci rappelle le paragraphe de la *Monadologie* où Leibniz argue que toute « portion » de matière peut être conçue comme « un étang plein de poissons », alors que « chaque membre de l'animal [l'un des poissons], chaque goutte de ses humeurs est encore [..] un tel étang » [235]. D'autre part il y a, comme nous l'avons pu le remarquer, cette allusion à l'être vivant en tant que mécanisme dans la moindre de ses parties.

Un troisième constat touche aux facettes théologiques de notre notion-clé, plus particulièrement celle relative au dogme de la transsubstantiation [236]. Nous avons vu que, au début du XVIIe siècle chez Thomas Harriot, déjà l'atomisme tout seul suffissait pour s'exposer au désagrément des autorités ecclésiastiques anglicanes. Une curieuse *Refutation [..]* de Jean-Baptiste Morin, datant de 1624, nous révélait le rapport direct entre l'atomisme et la doctrine du Saint-Sacrement. Il y a, de surcroît, cette dénonciation manuscrite de Galilée auprès de la Sacrée congrégation pour la doctrine de la Foi, tout vraisemblablement datant de la même année 1624. Ainsi, dès la parution du *Discours de la méthode* Descartes était sous la menace d'une pareille démarche. Ceci explique le soin qu'il a pris, dans les *Quartae responsiones* (*Quatrièmes réponses*) qui suivent le corps des *Meditationes de prima philosophia* (*Méditations sur la première philosophie*), pour désamorcer la critique du théologien Antoine Arnauld (1612-1694) en démontrant que sa vision particulaire ne contredisait en rien la doctrine de l'Eglise catholique romaine, celle donc entérinée, en 1551, lors de la treizième séance du *Concile de Trente*. Il est toutefois équitable de constater, comme nous l'avons fait dûment, que la réception

---

[234] Edwards 1982, p.264-265.
[235] Leibniz 1978, p.618.
[236] Voir ci-dessus, la section 6.1, p.198.

de la théorie particulaire de Descartes aux Pays-Bas, dans le cercle des théologiens calvinistes, a été tout aussi défavorable. Enfin, dans la seconde moitié du XVIIe siècle les pressions sinon subies du moins ressenties pour ce qui concerne les détails de la théorie de la matière sont beaucoup moins évidentes, lors même que le débat sur l'Eucharistie entre les différentes écoles continuait sans relâche [237].

Par la suite nous allons étudier le développement de la théorie moléculaire proprement dite dans les différentes sciences de la nature telles que celles-ci se sont constituées au cours du XVIIIe siècle. Il apparaîtra que c'est d'abord dans de contextes plutôt chimiques que cette théorie se confirmait, d'une manière à la fois théorique et expérimentale (chapitre VIII). Dans le domaine de la science des cristaux et de celles de la vie, la question relative aux concepts d'*espèce* et d'*individu* se pose encore dans des termes assez abstraits. Nous verrons, dans le chapitre IX, que la solution chimique servira de point de repère: on s'imaginera l'être vivant et le cristal sur le modèle des agrégats physico-chimiques. La distinction à faire entre le vivant et le mort sera discutée dans le contexte des problèmes de la nutrition, de l'accroissement, de la reproduction (sexuée ou non) et de l'hérédité, mais toujours dans un état d'esprit moléculaire. Rien d'étonnant alors qu'à la fin du XVIIIe siècle, cette théorie moléculaire deviendra même la base axiomatique de toute la physique (chapitre X). C'est pour cela que nous nous sommes permis de parler de la « molécularisation de l'image du monde », en tant que caractéristique du développement qui s'est amorcé au XVIIe siècle pour dominer toujours plus impérieusement au siècle suivant. Notre terminologie reflète manifestement la métaphore élaborée autrefois par Eduard Jan Dijksterhuis, dans son chef-d'œuvre *De mechanisering van het wereldbeeld* (*La mécanisation de l'image du monde*), pour saisir le propre du progrès des sciences de la nature jusqu'à la fin du XVIIe siècle. Pour Dijksterhuis, on le sait, cette tournure fait le départ entre la science médiévale et la physique classique, celle de Newton, et se distingue par une mathématisation progressive de la mécanique en tant que science du mouvement des corps matériels [238]. La nouvelle mécanique serait en soi une mathématique pure, dans ce sens que ses notions de base sont des notions essen-

---

[237] Voir tout particulièrement Armogathe 1977, chapitre V.
[238] Dijksterhuis 1960, p.499.

tiellement mathématiques. Quant à la théorie de la matière, ce serait, aux yeux de Dijksterhuis, l'atomisme qui reclame une place toujours plus distinguée. Or en réexaminant les raisons qui ont guidées la pensée de Dijksterhuis, on s'aperçoit très vite que cette légère obscurité qui n'a cessé de planer au-dessus [239] et qui a donné naissance à des discussions approfondies sur la signification précise de la célèbre métaphore, se dissipe tout de suite, lorsqu'on se rend compte du rôle de la théorie moléculaire. En effet, nous verrons, dans le chapitre X, que cette théorie moléculaire était au cœur des préoccupations de Newton et de ses successeurs, tout particulièrement de celui surnommé « le Newton français », Pierre-Simon de Laplace (1749-1827). Pour Laplace la nouvelle dynamique sera une mécanique dont les axiomes s'expriment dans un langage foncièrement moléculaire. Ainsi les corps matériels dont la mécanique étudie le mouvement dans l'espace deviennent autant d'agrégats de molécules. La masse d'un corps pur sera nécessairement un multiple de la masse moléculaire, alors que la gravitation qui s'exerce entre les corps célestes n'est que le résultat accumulé d'une attraction intermoléculaire. En fait, nous serons témoins, dans les chapitres à venir, d'une tendance irrésistible d'interpréter les phénomènes naturels, qu'ils soient d'ordre physico-chimique ou plutôt d'ordre médico-biologique, dans des théories relèvant directement du concept d'*individu substantiel*, ce dernier sous sa forme moléculaire. Par cela même la portée de la métaphore de Dijksterhuis nous a paru dépasser les bornes temporelles de sa conception originale. En effet, la mathématisation progressive de la physique se double, au XVIIIe siècle, d'une molécularisation et cette dernière se manifeste dans virtuellement toutes les autres sciences de la nature, voire dans l'air du temps, l'*Encyclopédie [..]* de Diderot et d'Alembert. Si nous avançons la tournure de la « molécularisation de l'image du monde » pour capter le propre de cette tendance, nous sousentendons à l'évidence, justement chez les physiciens, la volonté de maîtriser la mathématique indispensable. Il appraîtra que depuis Laplace nous serons en droit de parler de *molécularisme*, dans ce sens que l'*atomisme* des Anciens cède la place à cette nouvelle vision universelle de la réalité matérielle, du moins dans une première approximation des problèmes en cause. C'est

---

[239] Voir surtout le commentaire que Dijksterhuis lui-même a ajouté à son chef-d'œuvre (Dijksterhuis 1960, 'Epilogue', p.495-501). Voir aussi Westfall 1977.

que Laplace va donner une base cosmogonique commune aux formes variées qu'a adoptées la théorie moléculaire dans les différentes sciences de la matière. Nous verrons aussi que, parallèlement, la mathématisation de la physique en termes d'équations différentielles sera accompagnée d'un débat interminable sur le statut des différentielles du calcul infinitésimal et sur leur rapport avec cette vision discrète de la matière. On se rendra compte en effet que sur ce niveau, et déjà chez Laplace, la métaphysique des sciences de la matière commande une métaphysique mathématique adaptée, et bien avant tout une métaphysique du calcul infinitésimal. L'historien Ivor Grattan-Guinness a même signalé, chez Laplace et ses élèves, une similitude structurale entre les conceptions des objets matériels et mathématiques. Nous en reparlerons dûment par la suite [240]. Contentons-nous ici d'indiquer que c'est James Clerk Maxwell (1831-1879) qui prendra la relève de Laplace en tant qu'apologiste de la vision moléculaire, alors que Ludwig Boltzmann succédera à Maxwell. Enfin, si les acteurs et les décors changent, le problème du rapport entre la physique de la matière et sa mathématique demeure en entier.

---

[240] Voir les sections 11.1 et 11.5, notamment.

CHAPITRE VIII

LA MOLECULARISATION DE L'IMAGE DU MONDE AU XVIIIe SIECLE ; CHIMIE

8.1 Stahl et Lavoisier

L'historiographie de la chimie du XVIIIe siècle semble chose faite dans ce sens que les principaux acteurs ont été identifiés et que les historiens, sauf quelques rares exceptions, se sont mis d'accord sur la nature révolutionnaire des événements. En effet en parcourant les manuels d'histoire des sciences en général et de la chimie en particulier, on est frappé par l'unanimité. Avant Lavoisier c'est une chimie obscurantiste, symbolisée par Georg Ernst Stahl, personnage du reste sinistre et querelleux, condamné sans appel pour avoir entravé, sinon à dessein du moins dans les faits, le progrès de la science de la matière. Enfin, Lavoisier entre en scène, se rend compte qu'il faut chasser l'infame et couper le nœud gordien, tout en menant à bien, dans une campagne acharnée s'étendant sur vingt ans, la révolution qu'il s'était proposée à faire lui-même.

Notre présentation de l'interprétation courante relève sans doute de la caricature, rappelant le récit ostentatoire de Marcelin Berthelot [1]. Il

---
[1] Berthelot 1890.

n'empêche que même dans l'historiographie la plus récente cette caricature subsiste, dans ce sens que l'on ne regarde la chimie nouvelle qu'à l'aune de ses propres critères, à savoir ceux développés par Lavoisier. Robert Siegfried, par exemple, a récemment avancé comme « vérité incontestable » le fait de « la réalité historique de la révolution traditionnelle centrée sur la répudiation de la théorie du phlogistique par Antoine-Laurent Lavoisier » [2]. Siegfried se rend toutefois compte que cette vision naquit à l'époque même de Lavoisier et qu'elle s'est renforcée depuis. Or l'auteur, comme autrefois Lavoisier et siens en quête de reconnaissance, fait simplement abstraction de l'œuvre de Stahl.

En fait les écrits de Stahl sont désavoués, dans l'historiographie, à point de n'avoir pas été, jusqu'ici, le sujet d'une étude de cas vraiment exhaustive. Ce sont seulement Hélène Metzger et Jerry B. Gough qui ont pris pour leur la cause de Stahl. Metzger s'est distinguée en présentant, en 1930 dans son ouvrage *Newton, Stahl, Boerhaave et la doctrine chimique*, une vue synthétique de la doctrine stahlienne par le biais des traductions françaises. Plus récemment, en 1988, Gough a courageusement mis en relief la distortion historiographique occasionnée par la négligence de l'œuvre de Stahl, plus précisément du rôle crucial de la théorie moléculaire dans la chimie du XVIIIe siècle [3].

Ainsi au point de vue de l'histoire de la théorie de la matière en général et de la théorie atomiste et moléculaire en particulier, Georg Ernst Stahl nous a paru l'un des savants les plus méconnus. Pour ce qui concerne l'histoire de l'atomisme, la négligence de son mémoire remonte, autant que nous avons pu l'établir, à Kurd Lasswitz, qui, sans doute malgré lui, ne le mentionne même pas.

Or en dépit du travail exemplaire de Metzger et exception faite de l'effort de Gough, la plupart des historiens modernes ne regardent la théorie de Stahl que du point de vue post-lavoisien, c'est-à-dire en ne considérant que les vicissitudes du *phlogistique* tout en ignorant que ce même *feu principe* n'était qu'un détail infime d'une imposante philosophie de la matière. Ainsi James Riddick Partington, dans sa monographie *A history of chemistry*, qui - du reste, à juste titre - fait encore autorité, consacre dûment

---

[2] Siegfried 1988, p.34: « unarguable truth »; « the historical reality of the traditional revolution centered on Antoine-Laurent Lavoisier's overthrow of the phlogiston theory ».
[3] Gough 1988.

deux chapitres au développement de la théorie du *feu principe* d'abord chez Johann Joachim Becher (1635-1682), puis chez Stahl et ses successeurs. Or le fond de la théorie de la matière de Stahl y fait singulièrement défaut. Ajoutons l'idée fixe, bien enracinée elle aussi, que Stahl était un esprit sinon carrément embrouillé du moins fort confus, s'exprimant dans un latin barbare parsemé de nombreux fragments allemands en lettres gothiques, et nous avons tous les ingrédients pour un drame historiographique presque sans précédent. Et encore: lors de la commémoration de 1984, à Halle, du deux-cent-cinquantenaire de la mort de Stahl, la théorie moléculaire n'a même pas valu une intervention particulière [4]. On comprend l'indignation de Gough, virtuellement le seul ces dernières années à s'occuper de Stahl, et qui a osé parler récemment d'un véritable « scandale » [5]. Enfin, nos résultats confirment incontestablement ceux de Gough là où il soutient que Lavoisier n'a pas tellement *initié* une révolution en chimie, mais bien plutôt s'est appropriée une révolution en marche, remontant à Stahl et concernant la composition de la molécule chimique [6]. C'est que cette chimie stahlienne, la même qui, par la consistance de sa logique interne comme par la force de ses appuis à la fois théoriques et expérimentaux, convainqua les plus grands des naturalistes du XVIIIe siècle, était une chimie on ne peut plus moléculaire.

Dans le cadre de cette monographie nous ne saurions réparer tout le tort qu'on a fait à Stahl. Nous nous contenterons seulement d'établir une fois pour toutes, que la brillante philosophie de la matière de Stahl était à la fois *atomiste* et *moléculaire* et qu'elle traduisait une vision bien développée de la complexité relative des corps ainsi que des réactions chimiques les plus fondamentales. Il apparaîtra que cette chimie moléculaire sans égale a dominé le débat du XVIIIe siècle. En effet, si la chimie de la fin du XVIIIe siècle, celle de Lavoisier notamment, sera une chimie foncièrement moléculaire, c'est incontestablement le mérite personnel de

---

[4] Kaiser et Völker 1985.
[5] Gough 1988, p.22, la note 17.
[6] Gough 1988, p.15: « [..] I shall argue that Lavoisier did not initiate a revolution in chemistry: rather, he seized hold of a revolution already in progress - a revolution that concerned the composition of the chemical molecule - and tacked his own colours on to it ».

Stahl. De ce point de vue Stahl est de ceux qui ont déterminés ce que nous avons appelée la « molécularisation de l'image du monde », cette tendance croissante au cours du XVIIIe siècle de traiter l'univers matériel en tant qu'amas d'entités spécifiques infimes composées d'atomes. Du reste, en dépit des préjugés concernant sa personnalité et son style de rédaction [7], Stahl nous a paru, du moins quant à sa théorie de la matière, un modèle de clarté scientifique latin. Il faut le lire, c'est tout. Ci-après nous présenterons donc un compte rendu assez complet de sa doctrine et de son développement, d'abord chez Stahl lui-même, puis chez ses successeurs. Pourtant, avant d'y procéder, nous parlerons de Becher, dont la chimie a servi de point d'ancrage pour la doctrine stahlienne. Becher résumait cette chimie dans un ouvrage intitulé *Physica subterranea* (*Physique souterraine*), paru en 1669; Stahl en fera paraître une deuxième édition avec commentaire annexe en 1703. C'est qu'il a en quelque sorte choisi consciemment cette chimie de Becher parmi d'autres, ceci pour éclaircir une théorie moléculaire déjà fort élaborée dans un autre contexte du reste tout aussi chimique. Ainsi, nous verrons que, dans la défense et illustration de la théorie moléculaire la puissante chimie du phlogistique prendra la relève de la chimie fermentative.

8.2   La chimie de Becher

En 1669 seul parut le premier volume du chef-d'œuvre de Johann Joachim Becher, la *Physica subterranea* (*Physique souterraine*) [8]. L'auteur, grand amateur de Boyle, se profile comme collectionneur de recettes chimiques avec un goût particulier pour la spéculation. On trouve chez lui aussi une prédilection assez singulière pour les implications chimiques de l'histoire mosaïco-biblique de la Création. Ainsi, la première section de la *Physica subterranea* concerne le début du *Pentateuque*. Becher y distingue cinq zo-

---

[7] Lester S. King, dont la bienveillance vis-à-vis de Stahl n'est du reste pas en doute, stipule, dans le *Dictionary of Scientific Biography* (King 1975, p.600): « Stahl's style of writing is prolixe and convoluted, and difficult to understand. Perhaps the style is the man himself ».

[8] Partington signale une édition de 1667 que nous n'avons pas pu retracer. Voir Partington ii, p.640.

nes dans l'univers, dont celle de la terre, de l'eau et de l'air - la zone terrestre - le préoccupe. La partie souterraine de cette zone est la région exclusive des processus *chimiques*, processus selon lesquels les minéraux s'engendrent à partir de *trois* principes, eux-mêmes produits de *deux* matières premières, la terre et l'eau. Ces trois principes seraient trois espèces de terres, qu'il traite en se référant aux *tria prima* de Paracelse. Le premier principe est une « pierre fusible » (lapis fusilis) ou bien une « terre pierreuse » (terra lapidea), que l'on appelait, selon Becher, improprement « sel » (sal) [9]. L'autre est une « terre grasse » (terra pinguis), souvent injustement nommée « soufre » (sulphur) [10]; le troisième principe, enfin, est une « terre fluide » (fluida terra), improprement appelée « mercure » (mercurius) [11]. Comme les *tria prima* paracelsistes, les principes de Becher sont des notions génériques.

Dans les préliminaires de la *Physica subterranea* Becher s'avoue partisan d'une théorie corpusculaire tout en rejetant l'existence du vide [12]: la *dilatation* des corps, phénomène d'une importance cruciale selon Becher, revient à l'extension des distances entre les corpuscules, qui ne saurait s'effectuer sans admettre de vide, sinon par l'interposition d'autres particules. C'est dans cette perspective qu'il considère que les quatre éléments classiques sont des substances pénétrantes: chacun à sa façon peut pénétrer dans les corps en écartant les corpuscules et en élargissant ainsi les distances entre ces derniers [13]. Une fois de plus, on le voit, ces quatre éléments font preuve de leur invraisemblable flexibilité épistémologique. Quoiqu'il en soit, cette dilatation des corps sous l'influence de la chaleur ne saurait être occasionnée, selon Becher, par les trois principes précités, puisque les corpuscules de ceux-ci s'échappent lorsqu'un corps est exposé au feu [14]. Il est intéressant de voir que la théorie corpusculaire de Becher, par son insistance sur les phénomènes de la dilatation et par son caractère du reste assez vague, ressemble fort bien à celle de Lavoisier [15].

[9] Becher 1669, p.135 et suiv.
[10] Becher 1669, p.146 et suiv.
[11] Becher 1669, p.168 et suiv.
[12] Becher 1669, 'Praeliminaria [..]', par.IV; voir aussi *ibid.*, p.30-31.
[13] Même pour Lavoisier la nature matérielle du « calorique », ce « fluide éminemment élastique » est démontrée par la dilatation des corps solides. Voir Lavoisier I, p.19-20.
[14] Becher 1669, 'Praeliminaria [..]', par iv; cf. *ibid.*, p.30-31: « cum ejusdem corpuscula in ignis examine evaporent ».
[15] Voir, par exemple, le mémoire 'Du passage des corps solides à l'état liquide par

Remarquons, enfin, que le corpuscularisme de Becher, autant que celui de Lavoisier, reste pour ainsi dire dans l'ombre d'une théorie générale concernant la *complexité relative* des substances naturelles.

Dans la sixième section de la *Physica subterranea* Becher étudie les relations matérielles des corps. La terre et l'eau sont, à son avis, les principes « les plus éloignés » (remotissima); les trois espèces de terre seraient les principes « prochains » (propinqua). Ces derniers constituent les « composés » (composita), qui, eux, forment les corps « doublement mixtes » (duplicata mixta), également appelés corps « composés de composé » (composita de composito), ou bien, par abréviation « décomposés » (decomposita) [16]. Les terres, les pierres et les métaux, en tant que substances tangibles, représentent l'état « composé », tandis que leurs produits entre-eux seront des exemples de l'état « décomposé ». Ainsi, le soufre et le mercure en tant que « composés » constituent un « décomposé » qui nous est déjà familier, le cinabre. Déjà à l'ère caroligien on savait défaire et refaire ce minérai, source de cette « eau qui ne mouillit pas les mains », selon l'expression sacrée des alchimistes. Il devint, chez Paul/Geber, le modèle même de l'alchimie, dans ce sens qu'il illustra la faisabilité de la production artificielle d'un produit naturel. Becher, lui aussi, a su apprécier son importance. Enfin, à côté de ce deuxième niveau de complexité, Becher considère un troisième, plus élevé encore, à savoir l'état « surdécomposé » (superdecomposita) [17]. Les corps qui ressortissent à cette classification quadripartite sont regardés comme les produits de ce que Becher appelle « mixtions centrales » (mixtiones centrales). Dans ces cas les composants « constituent des corps intégraux » (integra corpora constituant). L'exemple qu'il cite est inspiré de la philosophie de l'Ecole, mais se démarque cependant d'une façon assez étrange dans le contexte becherien. Il s'agit de l'eau pluviale qui se combine avec la semence du millet en donnant l'épi de millet, ce dernier jouant le rôle de « mixte central » [18]. Comme Becher ne lie pas ses idées sur la *complexité relative* avec sa théorie corpusculaire, nous nous trouvons dans l'impossibilité d'établir comment il s'imagine justement le caractère spécifique d'une

---

l'action du calorique' (1792; Lavoisier II, p.765 et suiv.).

[16] Becher 1669, p.527. Voir ci-dessus, la section 7.5, p.298-299, la note 172.
[17] Becher 1669, p.617.
[18] Becher 1669, p.71; voir aussi Becher 1703, p.102-103.

substance. C'est-à-dire: Becher laisse dans le vague le fait de savoir s'il prend l'échantillon sensible ou le corpuscule minimal comme *individu*, du moins bien entendu pour autant qu'il ait eu une idée suffisamment nette de ce que serait ce corpuscule minimal.

En tout cas, Becher oppose à la mixtion dite *centrale* une mixtion dit *superficielle*, au cours de laquelle les composants retiennent leur composition. Ce mode de mixtion revient à la *dilatation réciproque* des composants; Becher parle de « raréfaction » (rarefactio). Les corps plus subtils - les quatre éléments classiques nommément - pénètrent, le cas échéant, dans les interstices entre les « particules minimales » (minima particula) ou « atomes » des corps plus grossiers. Ainsi s'expliquent, selon Becher, les dissolutions et les précipitations, par exemple, et les réactions de déplacement des métaux. Le métal or en montre divers aspects: sa fusion est une « raréfaction » sous l'influence du feu, alors que son amalgamation revient à une « raréfaction » par le mercure. On peut utiliser l'or comme teinture, mais seulement lorsqu'il a d'abord été « subtilisé » dans un tel amalgame [19]. La sublimation de l'antimoine nous enseigne qu'un corps, même un métal, peut également être « raréfié » par l'air [20]. Selon Becher, il y a beaucoup de processus qui semblent être, à première vue, des mixtions « centrales » mais qui ne sont en fait que des mixtions « superficielles ». L'image donnée de la mixtion « superficielle » correspond plus ou moins à ce que nous avons nommé la *répartition uniforme*, qualité de ce qu'on va appeler bientôt le *mélange mécanique*. Un tel état de la matière ne saurait jamais représenter quelque chose de spécifique, du moins aux yeux de Becher, qui, comme le démontre son exemple d'une mixtion « centrale », vit encore dans une atmosphère déterminée en grande mesure par la terminologie péripatéticienne [21]. Toutefois il ne parle pas de l'arrangement spatial des particules composantes.

Quant à l'origine de ses termes de classification, Becher remarque qu'ils correspondent aux degrés linguistiques de comparaison. Ainsi, alors que tous les corps « souterrains » sont des corps « mixtes », le degré de mixtion varie: le *positif* correspondra aux corps « simples », le *comparatif*

---

[19] Becher 1669, 'Praeliminaria [..]', par.iv.; *ibid.*, p.23 et 30-31.
[20] Becher 1669, p.31.
[21] Voir, par exemple, Becher 1669, p.92.

aux corps « composés » et le *superlatif* aux corps « décomposés » ou « surdécomposés » [22]. Très vraisemblablement Becher a emprunté la série simple-composé-décomposé à Robert Boyle, dans sa conception le plus grand des chimistes contemporains et par cela même sa référence privilégiée, et y a ajouté la classe des « surdécomposés ». L'allusion vague de Boyle, dans *The sceptical chymist*, à l'origine grammaticale de la notion de « décomposé » se reflète dans les degrés de comparaison, analogie que Becher propose pour saisir la *complexité relative* des corps [23]. En tout état de cause, il s'agit d'une conception chimique fondamentale qui devait survivre tout le long du XVIIIe siècle. Elle paraîtra être en effet le noyau même de la *Méthode de nomenclature chimique*, proposée en 1787 par Lavoisier et collaborateurs pour codifier la nouvelle chimie, celle sur la base de l'élément analytique. Nous en reparlerons par la suite.

De ce fait la postérité doit à Becher, d'une part, une théorie de la *complexité relative* - empruntée, selon toute vraisemblance, à Boyle - et, d'autre part, quelques notions - assez vagues, par ailleurs - d'une théorie corpusculaire. Il est toutefois curieux de constater, nous l'avons déjà dit, que l'on chercherait vainement chez Becher une interprétation justement corpusculaire de la classification envisagée. De ce point de vue, il reste loin en arrière de Boyle. Cependant, du fait qu'il adoptait en même temps une théorie de principes très élaborée, Becher peut être considéré comme la principale source d'inspiration de Stahl, là où ce dernier était à la recherche d'une meilleure base expérimentale de sa théorie moléculaire déjà mûre.

8.3 Stahl: l'*individu physique*, l'*agrégat* et la complexité relative des substances

8.3.1 Eléments de biographie et de bibliographie

Une fois établie la disparité entre le rôle historique et l'appréciation historiographique de l'œuvre de Stahl, nous nous sommes efforcés de ras-

---

[22] Becher 1669, p.617; voir aussi Henckel 1722, p.251, note.

[23] Nous avons vu que la référence de Boyle renvoit à la théorie linguistique de Jules César Scaliger. Voir ci-devant, la section 7.5, p.298-299, la note 172.

sembler dans la mesure du possible les éléments d'une évaluation plus équitable. Or le point de départ naturel d'une étude de cas sera la bibliographie dressée par son élève, Johann Christopher Goetz (1688-1733), dont Partington reproduit l'essentiel [24]. Un curieux jeu du hasard a voulu que la plupart des travaux imprimés de Stahl qui nous intéressent - et qui par ailleurs nous ont paru assez rares - sont conservés, avec la bibliographie de Goetz, dans la Bibliothèque nationale de France, et dans cette bibliothèque seule. Notre compte rendu de la doctrine stahlienne, dans la section suivante, sera fondé sur la collection de la Bibliothèque nationale de France et, pour cela même, virtuellement complet. D'autre part, quant aux souvenirs manuscrits éventuels, nous nous sommes rendus aux autorités de la Martin-Luther-Universität Halle-Wittenberg, où Stahl fut professeur de médecine de 1694, année de l'ouverture de l'université, jusqu'à 1716 [25]. Or il nous a paru qu'il n'existe pas (ou pas plus) un fonds contenant des manuscrits autographes de Stahl: aucune pièce de sa correspondance, aucun texte préparatoire de ses ouvrages, aucun manuscrit n'a apparemment survécu. Ce qui reste ce ne sont que des pièces administratives relatives à ses activités à Halle, en tant que professeur de médecine (1694-1716) et à Berlin, en tant que médecin personnel du roi et président du collège supérieur de médecine (1716-1734).

Pour ce qui concerne la biographie, nous nous contentons de relever les grandes lignes [26]. Né en 1659, Stahl étudia la médecine à Iéna, où il soutint, en 1684, une thèse de doctorat. En 1687 il fut nommé médecin personnel du roi, à Weimar, puis en 1694, professeur de médecine à l'université de Halle. Il eut la charge de l'enseignement préparatoire, dont la physiologie, la pathologie et la chimie [27]. Enfin, de 1716 à 1734 il fut lié à la cour royale, à Berlin.

---

[24] Partington ii, p.659-662.
[25] Nous remercions très volontiers M. J. Coiffier, directeur des archives de la Martin-Luther-Universität Halle-Wittenberg (Halle), M. Pr J. Dietze, directeur de la Universitäts- und Landesbibliothek de Sachsen-Anhalt (Halle) et M. Dr J. Waldmann, directeur du Geheimes Staatsarchiv Preussischer Kulturbesitz (Merseburg) pour leur bienveillante coopération.
[26] Pour les détails, voir Strube 1984.
[27] Kaiser 1985, p.17.

8.3.2 L'œuvre

En 1683, le jeune doctorand Georg Ernst Stahl publia un recueil intitulé *Fragmentorum aetiologiae physiologico-chymicae [..] prodromus [..]* (*Précurseur [..] de fragments d'une étiologie physiologico-chimique*), dans lequel il jeta la base d'une interprétation physique des phénomènes chimiques, dans le prolongement de la théorie de « raréfaction » de Becher. Ce recueil donne, ce faisant, une nouvelle épistémologie des objets macroscopiques, qui sont divisés en « corps singuliers » et « corps agrégés », autrement dit en « individus » et « agrégats d'individus ». Dans les années 1690, dans sa *Zymotechnia fondamentalis, seu fermentationis theoria generalis [..]* (*Zymotechnie fondamentale, ou théorie générale de la fermentation [..]*), Stahl proposa une chimie moléculaire greffée sur cette distinction et inspirée du modèle fermentatif. Tout en élaborant le fond même de la théorie moléculaire, il échangea, en 1703, le modèle fermentatif pour celui des principes, version Becher. C'est cette chimie moléculaire de principes qui va dominer le XVIIIe siècle.

Dans le *Prodromus*, fruit direct de ses études universitaires, Stahl adresse le problème des causes engendrant les phénomènes physico-chimiques et qu'il cherche à résoudre par une interprétation « mécanique » de ce qu'il appelle la « raréfaction chimique », très proche de l'homologue becherien. Or le *Prodomus* ouvre avec des considérations sur la physique en tant que science naturelle et son rapport avec les sens et avec la raison. D'une manière générale Stahl admet que la perception devance toute connaissance [28]. Or grâce aux organes sensoriels la raison distingue unités pour soi et unités collectives [29]. Les « noms » expriment l'accord d'une certaine « multitude d'individus » [30]. On apprend à connaître les causes à partir d'un phénomène et non pas le phénomène à partir des causes [31]. Les corps affectent les sens par le contact [32]. Par rapport à la vue, ils présentent leurs trois dimensions, leur couleur et leur splendeur. Lorsqu'ils s'opposent au toucher, ce qui arrive dépend de la mobilité, soit du

---

[28] Stahl 1683, par.xxvii, p.12.
[29] Stahl 1683, par.xxxii, p.13-14: « seu una aliqua sit, seu collectiva unio plurimum ».
[30] Stahl 1683, par.xxxvii, p.15: « multitudo individuorum ».
[31] Stahl 1683, par.xlix, p.20-21.
[32] Stahl 1683, par.li, p.21.

tout, soit des « parties intégrantes » (partes integrantes). Le son revient au mouvement des « minima » du source qui pousse et retire l'éther ambiant « comme des ondes » (undulariter) [33]. Ainsi, les choses se présentent toujours sous forme d'une pluralité, ou bien aux sens, savoir lorsqu'elles se juxtaposent, ou bien à la mémoire, lorsqu'on n'a affaire qu'à un seul exemplaire [34]. Stahl illustre son point de vue original à l'exemple d'un morceau d'or. Le fait qu'on peut diviser un tel morceau en fragments tout aussi d'or nous enseigne que le morceau en tant que tel n'est pas l'essence d'or. Il n'empêche que toutes les qualités perceptibles viennent d'un morceau, quelque petit soit-il [35]. Le problème sera alors de coordonner ces sentences à première vue mutuellement exclusives. Selon Stahl, il faut considérer ce morceau comme un amas de « parties constituantes » (partes constituantes) arrangées en sorte que le tout est jaune, splendide, etc., et dont la dureté revient soit à l' « enlacement de minima » (nexus minimarum), soit à la combinaison de leurs surfaces [36]. Ainsi, l'or « en tant qu'agrégat » (qua aggregatus) est d'une grandeur et de dimensions quelconques, alors que cet agrégat consiste « en individus innombrables, de la même espèce » [37]. D'où la nécessité que le physicien regarde tout « corps naturel » (corpus naturale), ou bien comme une collection ou bien comme une chose pour soi [38]. Ainsi il faut mieux considérer un corps tel l'or comme un agrégat dont les propriétés diffèrent de beaucoup de celles des minima constituants, pris à part [39]. Stahl y ajoute expressément que, « selon la nature de l'homme » ($\kappa\alpha\tau'$ $\check{\alpha}\nu\theta\rho\omega\pi o\nu$), c'est tout à fait logique de considérer un morceau d'un corps comme un agrégat d'individus innombrables. Ce qui est davantage: on peut le démontrer [40].

Le bout d'or lui sert de nouveau comme exemple. Il peut être réduit

---

[33] Stahl 1683, par.liv, p.21-22.
[34] Stahl 1683, par.lv, p.22: « Compraesentia plurium sensibilium, sive in sensu externo, nempe actu iuxtapositorum: sive in memoria, & aliis antea vicibus sensui, & per hunc memoria [..] ».
[35] Stahl 1683, par.lviii, p.23-24.
[36] Stahl 1683, par.lviii, p.24.
[37] Stahl 1683, par.lxix, p.25: « [..] ex individuis innumeris, illis demum eiusdem generis [..] ».
[38] Stahl 1683, par.lx, p.25: « vel collectim, vel singulos ».
[39] Stahl 1683, par.lx, p.25.
[40] Stahl 1683, par.lxiii, p.26.

en poudre, mais chaque miette ne laisse pas d'être d'or: elle resplendit, est jaune etc. Il n'empêche qu'au moins une qualité n'est plus là, à savoir celle de produire le son caractéristique de l'or. En continuant la division de l'or on aura le cas extrême en utilisant l'*eau régale*: il en résulte un liquide jaune et claire, le célèbre « aurum potabile » (or potable) d'antan, passant à travers tout filtre. Pourtant la subsistance de la couleur jaune indique qu'on n'a pas encore atteint les véritables « individus », ceux mêmes qui portent l'essence d'or [41]. C'est sans doute pour une telle raison que Galilée, dans ses *Discours [..]* de 1638, avait argumenté que la dissolution d'un métal ne va pas au-delà d'un niveau granulaire, et ne touche aucunement les particules spécifiques infinitésimales [42]. Selon Stahl en tout cas, quand bien même toutes les qualités phénoménales, inclusivement la pesanteur, dépendent de l'agrégat [43], il n'en est pas moins vrai que l'essence de l'or réside dans chacun de ses « individus » imperceptiblement petits et se soustrait, par cela même, à notre intelligence. Elle se cache selon toute vraisemblance dans leur figure géométrique [44]. Ainsi, la chimie et la physique s'occupent de ces agrégats, qu'elles resolvent par le moyen du feu sinon en leurs « composants ultimes » (ultima combinabilia), du moins en leurs « composants les plus proches » (proxima combinabilia), qui sont alors transformés eux-mêmes ou arrangés autrement [45]. La *physique* concerne les corps naturels en tant que tels, alors que la *chimie* les considère sous l'aspect de leur complexité, donc comme mixte ou comme composé [46]. Ainsi la *chimie* est une science pratique qui cherche à diviser ces mixtes et composés, à constituer des agrégats plus importants des parties de leurs minima, ou à changer la « texture » de ceux-ci [47]. La *physique* concerne justement le comment et pourquoi des opérations chimiques; le doctorand en médecine que fut Stahl parle d' « étiologie », science des causes. Les opérations chimiques reviennent à des « mouvements instrumentaux » engendrés par le chimiste [48] et s'opèrent d'une

---

[41] Stahl 1683, par.lxiv, p.26.
[42] Voir ci-dessus, la section 7.4, p.293-294.
[43] Stahl 1683, par.lxxiii, p.31-32.
[44] Stahl 1683, par.lxxvii, p.33.
[45] Stahl 1683, par.lxxx, p.34-35.
[46] Stahl 1683, par.lxxxiv, p.36.
[47] Stahl 1683, par.lxxxvi, p.37.
[48] Stahl 1683, par.xciv, p.40-41.

« manière [..] vraiment mécanique »⁴⁹. Pour une meilleure compréhension de ce qui se passe il nous faut alors une « comparaison minutieuse de la structure mécanique des objets inanimés »⁵⁰. Le « mouvement » à engendrer par le chimiste dépend des particularités de la matière en question. Ainsi, la distillation, la sublimation et la liquéfaction ont toutes leurs propres « mouvements » spécifiques qui dépendent de ce que Stahl appelle la « nécessité de la matière »: soit la « figure essentielle », apparemment celles des composants individuels, soit la présence accidentelle d'autres corps⁵¹. Bref, pour comprendre la physique de la chimie il faut comprendre ce que c'est que le mouvement. Ce n'est pas à dire qu'on peut spécifier dans chaque cas les détails du mouvement en cause. Dans le cas de la distillation, par exemple, le peu que l'on puisse dire c'est que la « raréfaction » revient à un mouvement tel que les particules du liquide, en devenant du vapeur, vont occuper un espace sphérique plus grand. Dès que la cause s'arrête, les particules vont se rassembler de nouveau en reformant un agrégat liquide⁵². Le lecteur attisé s'imagine Stahl devant sa table de travail portant le *Discours de la méthode* de Descartes, ouvert sur la figure représentant les phénomènes météorologiques que nous avons reproduite (voir Figure 7, p.275), pendant qu'il s'emploie à développer ce que Descartes avait omis, à savoir le fond épistémologique du concept d'*individu substantiel*. On le voit se décider, comme tout lecteur critique des *Météores* devrait se décider, à savoir qu'en ce qui concerne l'explication des phénomènes il ne faut pas être par trop exigeant, car beaucoup de choses restent incertaines. Stahl signale en effet plusieurs questions qui demeurent. Comment se fait-il, par exemple, que ces particules du liquide - disons les cordelettes de Descartes - arrivent à se lever si promptement ? Si la figure suggère beaucoup, Descartes en dit fort peu. Une autre question concerne le facteur inconnu déterminant l'intensité du mouvement particulaire. Il y a enfin le problème de la « sphère d'activité » (sphaera activitatis) dont la grandeur serait déterminée par l'intensité du

---

[49] Stahl 1683, par.xcv, p.42: « modum [..] verè mechanicum ».
[50] Stahl 1683, par.xcvi, p.42: « comparatio structurae mechanicae rerum inanimatarum acutissima ».
[51] Stahl 1683, par.xcviii, p.43.
[52] Stahl 1683, par.c, p.43.

mouvement, etc. [53]. Stahl pose ces questions sans pourtant vouloir critiquer l'auteur des *Météores*. Avec ce dernier, il repousse par ailleurs l'hypothèse du vide: ce qui se passe dans l' « appareil [espace] pneumatique » (pneumatica castra) se soustrait aux organes sensoriels, ce qui nous empêche d'en savoir davantage [54].

Pour conclure, Stahl stipule une fois de plus que le fond physique des opérations chimiques est la raréfaction [55], dont les différents genres s'opèrent selon des mécanismes insensibles engendrés par des opérations mécaniques à notre échelle [56].

Ainsi Stahl nous dépeint, dans le *Prodromus*, un modèle corpusculaire mécanique général pour les processus chimiques, inspiré de Descartes, de Becher et de Boyle, du reste sans adopter une chimie appropriée. Il donne en quelque sorte la métaphysique, ou si l'on veut l'ontologie, de ce que Descartes avait résumé dans une seule figure du reste fort parlante. Nous avons constaté, chez Descartes, que ce dernier avait omis les quelques définitions qui auraient pu contribuer à une meilleure compréhension de sa doctrine particulière [57]. La faute, s'il y a faute, n'était pas à Descartes seule: ni Basson, ni Beeckman, ni Sennert ne s'était soucié de ce qu'ils auraient sans doute considéré comme une parfaite évidence. Encore la manque d'une métaphysique adaptée n'avait aucunement entravé l'essor de la théorie particulière, théorie qui culminait dans la soi-disant philosophie corpusculaire de Robert Boyle. Dans un passé plus lointain pourtant, nous avons rencontré l'Alexandrin Jean Philopon qui avait entrevu le problème et s'était occupé du statut logique de l'une des notions en cause, à savoir l'*amas*. Pour Philopon, on s'en souvient, l'*amas* représente un « ordre intermédiaire » et bien entre ceux des entités individuelles microscopiques et macroscopiques qui remplissent l'univers. Philopon s'était aperçu d'une inconséquence dans la doctrine des catégories d'Aristote, car il paraît y avoir des choses individuelles petites à point de se soustraire aux organes sensoriels et partant aux catégories; leur existence de fait n'en est pourtant pas moins certaine, même si l'on ne les apprend à con-

---

[53] Stahl 1683, par.ci, p.43-44.
[54] Stahl 1683, par.ciii, p.44.
[55] Stahl 1683, par.civ, p.45.
[56] Stahl 1683, par.cv, p.45.
[57] Voir ci-dessus, la section 7.3, p.278.

naître qu'indirectement, par le biais d'une pluralité [58]. Or en lisant le *Prodromus* de Stahl, on a l'impression que l'auteur, comme jadis Philopon, a été conscient de la tension ontologique sousjacente à la théorie particulaire: tout en prenant pour son compte le « cogito, ergo sum » [59], il développe une métaphysique à part entière sur la base d'une distinction entre entités individuelles et entités collectives. C'est seulement par après qu'il va à la recherche d'une chimie convenable, une chimie apte à fournir la contrepartie empirique indispensable pour une science de la matière vraiment « sensu-rationalis », c'est-à-dire à la fois théorique et appliquée.

En 1697 parut la monographie *Zymotechnia fondamentalis, seu fermentationis theoria generalis [..]* (*Zymotechnie fondamentale, ou théorie générale de la fermentation [..]*) qui consacrait en quelque sorte la position-clé du modèle *fermentatif* que nous avons déjà rencontré chez Guillaume Lamy. A côté de cette *zymotechnie*, qui revient à une chimie par la voie humide, Stahl admet également une *pyrotechnie*, laquelle concerne les réactions engendrées par le feu.

Or dès l' « Introduction » (Prœmium) Stahl attire l'attention sur la distinction à faire entre les propriétés de choses agrégées et celles des choses individuelles, le crux du *Prodromus*. Faute de cette distinction les œuvres contemporaines de physique abondent, à son avis, en vaines spéculations et en opinions stériles. Quant à la chimie Stahl fait ressortir que la plupart des opérations ne sont que superficielles et ne touchent que l'écorce crude des choses. Il n'y a qu'un très petit nombre d'opérations qui vont plus loin que l'amas, l' « agrégat », de choses individuelles, dont Stahl discerne ici deux niveaux, savoir la « composition » (compositio) et la « mixtion » (mixtio). Ces moyens chimiques peu nombreux qui affectent les corpuscules individuels ne touchent, en outre, que la « composition »; la « mixtion », représentant un niveau moins complexe, n'est presque jamais mise en cause. L'extrême petitesse des « corps mixtes » (corpora mixta) qui constituent l' « agrégat » n'empêche pas qu'ils sont composés de « corpuscules plus simples et primordiaux » (simpliciora & primordialia corpuscula), d'une manière quantitativement et qualitativement déterminée (numero & specie). Pour la dissolution de ces particules composées, il

---

[58] Voir ci-dessus, les sections 3.5, p.87-88 et 3.6, p.94-95.
[59] Stahl 1683, par.xvi, p.8.

faut, selon Stahl, des instruments extrêmement subtils, afin qu'ils puissent s'attaquer aux corpuscules primordiaux individuels et s'accrocher à eux, à la manière de leviers et de coins, un peu comme les glaives de Descartes et siens. Pourtant Stahl souligne un aspect nouveau, à savoir la durée et le nombre des interactions: il n'est pas vrai, à son opinion, que toutes les attaques d'un tel agent réussissent immédiatement à séparer les particules composées. La dissolution d'un agrégat de ces particules est alors un processus qui prend plus ou moins de temps. Nous reparlerons ci-après de cet aspect temporel de la nouvelle doctrine.

Quant au pouvoir résolutif, Stahl n'admet que deux instruments différents, à savoir le feu et l'eau, qui, tant par leur addition que par leur présence seule dans le corpuscule composé, favorisent la résolution. Le statut du feu n'est pas sans équivoque: par ce feu Stahl entend, d'une part, un principe matériellement existant dans le corpuscule mixte [60], donc sous forme de particules ultimes; ailleurs, il l'appelle « principe phlogistique ou [principe] lié premièrement et directement au mouvement igné » [61]. Nous nous bornons pour le moment à signaler la confusion entre un composant matériel, donc considéré plus ou moins selon la tradition inaugurée par Empédocle, et un « feu principe » dont le caractère reste dans le vague, encore que les deux interprétations se complètent en quelque sorte comme cause et effet [62].

Les deux instruments chimiquement actifs admis par Stahl représentent, à son avis, les deux parties en lesquelles il convient de diviser la chimie, c'est-à-dire la *pyrotechnie* et la *zymotechnie*, suivant que l'on se sert du feu ou de l'eau pour effectuer ce qu'il appelle, dans des termes on ne peut plus classiques, les diacrèses et syncrèses chimiques. La *zymotechnie* concerne les fermentations (de la bière, du vin, des pâtes, etc.), qui, selon Stahl, sont l'effet par excellence de l'eau.

---

[60] Stahl 1697, Procemium (p.iv): « materialiter in Mixtis inexistente ».

[61] Stahl 1697, Procemium (p.iv): « principium phlogiston, seu Motui igneo primò & immediate aptum ».

[62] On retrouvera la même ambiguïté chex Lavoisier qui, du reste, en était très conscient. En 1789, dans le *Traité élémentaire de chimie*, Lavoisier en parle ainsi: « Cette substance [= le calorique], quelle qu'elle soit, étant la cause de la chaleur, [..] on ne peut pas, dans un langage rigoureux, la désigner par le nom de chaleur, parce que la même dénomination ne peut pas exprimer la cause et l'effet » (Lavoisier I, p.19). Voir ci-après, la section 10.3, p.483.

Ayant posé, dans l' « Introduction » de la *Zymotechnia [..]*, les principes de sa conception essentiellement moléculaire de la matière, Stahl entre dans le vif du sujet. Ainsi, dans le deuxième chapitre il explique ce qu'il faut entendre par « fermentation » [63]:

> « La fermentation est un mouvement de très-nombreuses molécules composées de sel, d'huile et de terre (d'une manière relativement peu intime et peu forte, mais [plutôt] plus ou moins détachées), effectué par un fluide aqueux creusant et réagissant; par ce mouvement la liaison entre les principes dans les molécules concernées est affaiblie petit à petit, les principes - atténués par le creusement continuel - étant actuellement séparés et [ensuite] recombinés entre eux d'une nouvelle façon. Pour une partie les produits ainsi formés sortent du liquide et sont retenus pour l'autre partie; cette dernière partie pouvant également sortir du liquide ou en être ôtée ».

Dans une définition plus générale Stahl suggère que, lors d'une fermentation les corpuscules des principes sont réunis « dans une connexion nouvelle et plus ferme » [64]. Le lecteur moderne s'étonne de trouver une telle description minutieuse de ce que l'on devait appeler plus tard une *réaction de décomposition* [65]. La différence principale avec la définition que proposait Guillaume Lamy, dans son ouvrage *De principiis rerum* (1669), concerne la part de généralité qui y est attribuée [66]. Là où Lamy ne donne qu'une interprétation des phénomènes de la fermentation au sens strict, Stahl conçoit cette dernière comme étant la réaction type pour l'une des deux branches principales de la chimie [67]. C'est la raison pour laquelle la doctrine de Stahl, plutôt que celle de Lamy, peut être considérée comme réalisant la première grande percée qu'a connue le développement de

---

[63] Stahl 1697, p.6: « Fermentatio est numerosissimarum molecularum, ex Sale oleo, & terrâ, (non intimè quidem & firmissimè, aliquatenus tamen) connexarum, Motus, per fluidum aqueum, collisorius & attritorius, quo Nexus principiorum earum sensim labefactatur, illa actu dimoventur, frequenti attritu attenuantur, aliqua denuò inter se admota complicantur, & ita complicam, partim extra fluidum removentur, partim in eodem detinentur, ab ipso tamen etiam removeri seu abduci possunt ».
[64] Stahl 1697, p.6: « in novam firmiorem connexionem ».
[65] Stahl lui-même dit (Stahl 1697, p.177): « [..] Fermentatio potius sub Putrefactione comprehendi possit, quam contrà ».
[66] Voir ci-dessus, la section 7.2, p.269 et suiv.
[67] Stahl a par ailleurs connu la définition de la « fermentation » proposée par Thomas Willis, dans son *De fermentatione* (1656). Voir Stahl 1723, p.31.

la théorie moléculaire au XVIIᵉ siècle. Nous ne remarquons qu'en passant que Stahl discute la fermentation en termes de *molécules*, apparemment au sens de corpuscules secondaires caractéristiques.

Dans un certain corps fermentable, les « molécules », selon Stahl, sont d'une « pareille hétérogénéité » ⁶⁸, c'est-à-dire semblables entre elles. Les particules ultimes des composants de ces molécules, les principes, ont apparemment des dimensions spécifiques ⁶⁹ et des formes spéciales ⁷⁰; ce sont elles qui déterminent par leur proportion numérique la nature des corpuscules à fermenter ⁷¹, que « nous appelons molécules » ⁷². La discussion de Stahl ne nous permet malheureusement pas de déterminer exactement si ces principes sont des particules en tant que porteurs de qualités, au sens d'Empédocle, ou bien des particules d'une seule et même matière première, dont la nature est définie par la taille et la figure, bref au sens d'Epicure, ou enfin des particules d'un caractère mixte. Son insistance, dans la *Zymotechnia [..]* ainsi que dans les ouvrages ultérieurs, sur l'importance des propriétés géométriques des particules semble pourtant plaider en faveur du point de vue atomiste ⁷³.

La « molécule » pour soi est définie comme étant « absolument petite » et, ce qui est plus, en tant qu' « individu », c'est-à-dire par rapport à sa nature ⁷⁴. Pour Stahl, en effet, le corpuscule spécifique d'un corps fermentable est justement ce que nous aurions appelé un *individu substantiel*, condition à la fois nécessaire et suffisante pour l'existence d'une certaine espèce de substance. En 1700, dans le traité *De differentia mixti, texti, aggregati, individui (Sur les différences entre mixtes, tissus, agrégats et individus)*, Stahl lui-même va parler d' « individus physiques » ⁷⁵.

D'un point de vue rétrospectif on pourrait rapprocher cette *molécule* stahlienne du *minimum sui generis* de Sennert plutôt que de l'*homogeneum*

---

⁶⁸ Stahl 1697, p.10: « paris heterogeneitatis ».
⁶⁹ Stahl 1697, p.95.
⁷⁰ Stahl 1697, p.115 et 165.
⁷¹ Stahl 1697, p.93. Cf. Stahl 1746, par.4, p.7.
⁷² Stahl 1697, p.11: « moleculae à nobis appellantur ».
⁷³ Voir ci-dessous, cette section, p.346, la note 102 et p.349 et suiv. Cf. Stahl 1746, par.5, p.7. Pour l'opinion de Juncker, voir ci-après, la section 8.4, p.356-359.
⁷⁴ Stahl 1697, p.10: « absolutè parvis (seu minimis, &) Physice individualibus, corpusculis ».
⁷⁵ Stahl 1700, par.35, p.62: « individua physica ». Cf. Stahl 1703b, thèse 1, p.64.

de Beeckman ou du *minimum* de Basson: c'est que la *molécule* et le *minimum sui generis* représentent tous deux des entités spécifiques et « absolument petites », c'est-à-dire d'une extrême petitesse - bien déterminée, d'ailleurs - de par leur nature [76]. Une comparaison détaillée avec l'*individu animal*, principale source d'inspiration de Basson et de Beeckman, ne fait cependant pas défaut dans l'œuvre de Stahl [77]. Pour ce dernier, il existe en effet un abîme épistémologique entre l'*individu animal* et son propre *individu physique*, le plan et la constitution du premier étant gouvernés par la fin du tout comme unité, là où la formation du dernier n'est assujettie qu'à « la seule nécessité de la matière », par laquelle il entend, apparemment, la figure et la taille des composants [78]. Sur ce point il est alors diamétralement opposé à Lamy, qui, comme nous l'avons vu, combattait tout finalisme dans la nature, sans qu'il nous offrait du reste d'autre explication. Stahl, d'autre part, repousse la cause efficiente considérée par son grand exemple, Becher, à savoir la gravité spécifique. L'idée de nécessité qu'il propose à sa place, du moins pour la nature inorganique, ne nous semble d'ailleurs guère plus consistante que la théorie becherienne. Il n'en est pas moins vrai cependant que la solution qu'offre Stahl du problème classique concerné témoigne d'une rafraîchissante modestie scientifique dans un domaine où les esprits les plus simples se croyaient obligés d'échafauder de vastes doctrines. Pour Stahl tel n'était pas du tout le problème crucial de la chimie de son époque. Le vrai problème, dont il était très conscient et pour lequel il formulait une solution élégante et efficace, c'était encore toujours le mécanisme du processus de « mixtion », qui, on s'en souvient, suivant les mots classiques de Sennert, était le « fondement de presque toute la physique » [79].

Dans la terminologie élaborée, à partir de 1700, le mot de *molécule* au sens moderne d'*individu substantiel* est remplacé par celui d'*atome* [80].

---

[76] Voir ci-dessus, la section 5.4, p.182-183.

[77] Stahl 1700, par.8, p.51. Cf. Stahl 1703b, thèse XVII, p.23.

[78] Stahl 1700, par.25, p.57: « à sola materiae necessitate ». Voir aussi ci-dessous, cette section, p.353.

[79] Sennert 1636, p.118: « [..] totius penè Physicae fundamentum ». Voir ci-dessus, la section 5.4, p.180.

[80] Stahl 1700, par.26, p.57: « [..] indivisibilitas [..] vel ad minimum maxima dividendi difficultas, vel denique dividendi salva concreti essentia impossibilitas, physice ». Cf. *ibid.*, par.30, p.59. Voir par ailleurs Lamy 1669, p.330 et 331.

On ne rencontre plus le mot de *molécule* dans l'œuvre de Stahl, sinon au sens général de « petite masse quelconque », donc conforme à son étymologie. C'est aussi dans ce sens, généralement parlé, que ce mot est utilisé pendant tout le XVIIIe siècle. Il n'acquit qu'un sens plus strict ès sciences de la vie, chez Buffon et Maupertuis, en chimie, chez Macquer, et en cristallographie, chez Haüy. Par la suite nous reparlerons de Macquer; nous comptons traiter de Buffon, de Maupertuis et de Haüy dans le chapitre suivant.

Le remplacement du terme de *molécule* par le terme d'*atome* semble comporter, à première vue du moins, un avantage très net, puisque le concept d'*individu physique* implique l'indivisibilité quant à l'espèce et, depuis l'Antiquité, cette indivisibilité se traduit le mieux dans le mot d'*atome*. Comparons la logique du reste très réfléchie de Stahl sur ce point de vocabulaire avec celui de Jean Scot Erigène, qui, nous en avons parlé auparavant, avait réservé le mot d'*atome* pour les individus biologiques du fait de leur indivisibilité [81]. C'était en quelque sorte le renversement de l'analogie qui avait guidée Epicure, lors de son élaboration du système atomiste de Leucippe et de Démocrite.

La préférence de Stahl préfigure, d'autre part, le choix de John Dalton, en 1810, pour le terme de « compound atom » au lieu de quelques notions diminutives plus générales et moins évidents, dont « particules » et « molécules » [82]. Cependant, l'introduction du mot d'*atome* comporte une ambiguïté - et Dalton l'a fort bien senti, puisqu'il parle d' « atome composé » -, parce qu'il faut admettre deux sortes d'*atomes*: à savoir ceux des principes et ceux des corps mixtes [83]. Stahl lui aussi s'était rendu compte de cette difficulté. Dans son commentaire sur la *Physica subterranea* de Becher il évitait celle-ci en distinguant entre « partie constitutive », composant de l'individu, et « partie intégrante », cet individu même en tant que composant d'un « agrégat » [84]. Nous nous trouvons ici une fois

---

[81] Voir ci-dessus, la section 4.5.3, p.137 notamment.

[82] Roscoe et Harden 1896, p.111. Voir ci-après, la section 14.3.2, p.732-733.

[83] Nous avons vu que Daniel Sennert s'est décidé mêmement. Voir ci-dessus, la section 5.4, p.179-180.

[84] Stahl 1703b, thèse XVII, p.23. Comparer la classification de Lamy: atomes (de la matière première) - molécules (des principes) - parties intégrantes (des corps composés). Voir ci-dessus, la section 7.2, p.266-267.

de plus confrontés avec le fondement de la doctrine stahlienne, à savoir le couple individu-agrégat, qui, comme Stahl le montre abondamment, est l'essence même de la plupart des explications chimiques et physiques.

Son interprétation du processus de fermentation amène Stahl, par ailleurs, à faire une distinction entre le mouvement d'un corpuscule individuel et celui qui intervient dans l'agrégat d'un très grand nombre de ces corpuscules [85]. Il est à noter ici que Stahl ne conçoit donc pas ce dernier mouvement comme un simple *processus de masse*, où le tout, pour ainsi dire, est la somme des mouvements des corpuscules individuels. Il n'explicite pourtant pas en quoi précisément consisterait la différence. En tout état de cause, ce sont ces mouvements intestins qui incitent, selon Stahl, à la fermentation. Cette dernière serait alors un *processus de masse*, c'est-à-dire l'interaction simultanée de nombreuses particules des espèces concernées, celles du fluide aqueux et celles du corps fermentable. Nous avons remarqué déjà que cette représentation était une particularité commune aux théories cartésienne et gassendienne et qu'elle faisait déjà implicitement partie des théories de Basson et de Beeckman. Chez Stahl cependant nous trouvons une spécification intéressante, découlant, il est vrai, immédiatement de son point de départ, la fermentation. Pour lui, la réaction fermentative est un processus dont le degré d'avancement dépend du temps écoulé depuis le début de la fermentation. En d'autres termes: le *temps* est l'un des facteurs prédominants qui déterminent l'issue d'une fermentation [86].

D'autre part, la fluidité, la solidité, la mollesse, la dureté, l'expansion et la condensation « élastiques », et de façon très particulière la pesanteur et la légèreté, représentent des phénomènes physiques qui, eux aussi, s'expliquent en termes d'individu et d'agrégat. La fluidité - l'état gazeux et l'état liquide pour le lecteur moderne -, par exemple, est, selon Stahl, l'état d'un agrégat dont les *individus* font des mouvements autour de leur centre et/ou se déplacent par un mouvement de translation [87]. Dans ce contexte la chaleur est définie comme la cause principale de la fluidité; elle est [88]:

---

[85] Stahl 1697, p.10.
[86] Stahl 1697, p.135 et suiv.: « Ultima, sed sanè neqvaqvam minima, circumstantiarum magis Essentialium Fermentationis, est Tempus ».
[87] Stahl 1697, p.60.
[88] Stahl 1697, p.68: « Motus Corpusculorum Individualium, circà proprium suum

« le mouvement de corpuscules individuels, autour de leur centre ou plutôt autour de leur axe ».

On en peut inférer que la transition à l'état solide revient à une diminution suffisante dans ce mouvement. Pourtant, les *individus*, selon Stahl, ne s'arrêtent pas complètement: ils persistent dans un « mouvement peut-être vibratoire » [89]. Ce mouvement - comme tout mouvement - n'est pas engendré par le corpuscule lui-même (à se ipso), mais doit être attribué à une substance tierce, l' « éther ». Ainsi tout mouvement dans le monde inorganique dérive en dernier lieu de l' « éther » environnant. Voilà une réminiscence très claire au deuxième élément de Descartes et successeurs, élément qui par son extrême subtilité et mobilité soutenait le mouvement des particules des deux autres éléments. Qu'il s'agit en fait d'un déplacement du problème ne paraît pas préoccuper Stahl. Il n'est donc pas question d'un *vide*, disons au sens d'Epicure et de Beeckman, dans lequel les particules ultimes se meuvent grâce à un mouvement éternel ou bien reçu au commencement, respectivement. Quant à la quantité de mouvement, les nuances sont en tout cas infimes, car même dans un univers beeckmanien - avec son vide - la conservation de cette quantité lors de chocs semble s'imposer.

Aux yeux de Stahl, la dissolution d'un corps concret correspond à la démolition de l'agrégat, à la séparation des *individus* [90] les uns des autres, sans que ceux-ci soient eux-mêmes attaqués. Ce processus est appelé « diffission », terme rappelant la fission, le fendage, du tout; en tant que division *physique* il s'oppose à la division *mathématique* [91]. Stahl ne s'inquiète du reste point des conséquences épistémologiques de cette dernière opposition: l'idée que la division *physique* s'arrêtera est une conséquence directe de l'hypothèse moléculaire, c'est tout. La question du rôle et du statut des mathématiques dans le domaine des sciences de la nature ne l'affecte aucunement. Vu la profondeur de sa doctrine cela étonne tout de même.

---

centrum, aut potius circà suum axem ».
[89] Stahl 1697, p.50 (faute d'impression; on lit: 40): « tremulus forte seu vibratilis motus ».
[90] Stahl 1697, p.174-175: « minima aggregationis ».
[91] Stahl 1703b.

L'air, chez Stahl, consiste en de « petites spirales »[92], qui s'insèrent dans les « molécules » du corps fermentable sous une forme comprimée. Lors de la fermentation ces spirales se libèrent et tentent d'occuper un plus grand espace, ce qui entraîne une certaine effervescence[93]. Stahl explique par ailleurs l'élasticité des corps « sulfureux » par l'inclusion dans l'agrégat de ces corps d'une certaine quantité d'air[94].

Bien que le *mouvement* joue un rôle primordial dans le système de Stahl, sa connaissance et sa compréhension sont largement défectueuses et très arriérées par rapport à l'état de la mécanique des années 1690. En effet Stahl croit encore pouvoir saisir ce phénomène dans la terminologie naïve de l'expérience quotidienne, illustrée par des aphorismes, tel que[95]:

« Il est plus facile de mouvoir ce qui ne bouge pas, que d'arrêter ce qui meut ».

Cet adage sent l'ancienne Ecole et montre que le développement de la mécanique qui s'était amorcé avec Galilée et Descartes et qui avait culminé dans les *Philosophiae naturalis principia mathematica* de Newton, était passé inaperçu de Stahl. Il est vrai cependant qu'une notion élémentaire de ce qu'est ce mouvement peut suffire, du moins en matière de chimie. D'ailleurs ce qui valait pour Stahl, vaut encore toujours pour les chimistes modernes, qui décrivent, par des mécanismes détaillés, le cours des réactions étudiées.

L'ouvrage *De differentia mixti, texti, aggregati, individui* (*Sur la différence entre mixtes, tissus, agrégats et individus*), qui parut en 1700, occupe une place particulière dans l'œuvre de Stahl. On soupçonne que ses élèves et successeurs l'ont bien connu, mais les références directes sont rares. L'une de celles-ci date de 1753 et se trouve dans l'article « chymie », signé Venel, de l'*Encyclopédie [..]* de Diderot et d'Alembert. Sachant l'importance de ce petit traité, la référence dans l'*Encyclopédie [..]* illustre, si besoin en était, le rôle tout aussi scientifique que vulgari-

---

[92] Stahl 1697, p.77: « spirula ».
[93] Stahl 1703b, thèse XVI, p.17.
[94] Stahl 1697, p.189.
[95] Stahl 1697, p.194: « facilius est movere quietum, quam quietere motum ».

sateur de cette dernière. Il y aura d'autres occasions à souligner ce constat.

Or l'ouvrage traite de la distinction physico-chimique à faire entre les principaux objets d'étude d'un naturaliste. Stahl y effectue en effet une analyse précise et poussée de son langage scientifique. Plus qu'ailleurs on le voit ici s'employer à forger une terminologie apte à exprimer son interprétation des phénomènes inorganiques et de leur relation avec le monde organique. D'abord il oppose l'état « mixte », celui de l'*individu physique*, à l'état « tissé », que l'on rencontre le plus chez les êtres vivants, donc l'état de l'individu biologique. Le « mixte » en tant que corpuscule insensiblement petit est composé de particules encore plus petites d'une certaine taille et d'une certaine figure, et en certains nombres [96]. Ces particules conservent dans le « mixte » leur taille, leur figure et leur mouvement, et ne sont unies que dans une certaine structure [97]. Le « tissu » pour sa part, représente quelque chose d'agrégé et d'individuellement plus ou moins perceptible, dont les particules constitutives sont arrangées d'une manière spéciale, dans un certain « but organique » [98]. L' « agrégat », à l'opposé du « tissu » organique, ne s'engendre que « par la seule nécessité de la matière » [99]: il n'exige ou ne présuppose aucune structure spéciale, sinon celle qui découle de la proportion et de l'adaptation mutuelle des particules ou de l'environnement [100]. La figure géométrique singulière de certains agrégats, surtout chez les minéraux, n'est pas la manifestation d'une quelconque finalité. Dans les mots de Stahl, il est tout à fait « indifférent » [101] que les corpuscules individuels s'agrègent dans un tout régulier et limpide ou qu'ils forment un amas quelconque amorphe. Une fois de plus le finalisme organique paraît en opposition avec la « nécessité » inorganique.

Quant aux particules des principes, Stahl fait ressortir que celles-ci ne diffèrent entre elles qu'en figure et en taille [102]. Bienque la chimie

---

[96] Stahl 1700, par.4 et 5, p.49-50.
[97] Stahl 1700, par.6, p.50: « Non nisi exquisita justa positione, applicatione, & interdum implicatione [..] cohaereant ».
[98] Stahl 1700, par.21, p.55: « scopum organicum ».
[99] Stahl 1700, par.25, p.57: « à sola materiae necessitate ».
[100] Stahl 1700, par.22, p.55-56.
[101] Stahl 1700, par.23, p.56: « indifferens ».
[102] Stahl 1700, par.32, p.60: « quam simplices illas particulas, non nisi nuda figura

VIII   347

enseigne, à l'encontre des anciens atomistes, qu'il n'y a pas beaucoup d'espèces de principes [103], Stahl croit que c'est une erreur de s'attendre à ce que la chimie puisse élucider la forme précise de ces sortes de corpuscules [104]. Si l'on se rend compte, dit-il à peu près, combien défectueuse est l'expérience chimique et que celle-ci ne touche après tout que l'écorce des « corps composés » au plus haut, on concevrait facilement que l'aveugle guiderait l'aveugle [105]. Stahl a bien sûr parfaitement raison et sa doctrine reste en effet loin des spéculations superficielles bien qu'ingénieuses parfois, des Lémery, des Hartsoeker, des Borelli, des Jean Bernoulli. Dans un petit traité de 1703, encore moins connu que celui que nous venons d'analyser [106], Stahl discute la différence entre la « division mathématique » et la « division physique » [107]. Or il commence par présenter la description suivante de ce que c'est au juste, un « individu physique » [108] :

> « un corps tellement petit, qu'il soit absolument impossible de le réduire en plusieurs corpuscules plus petites, ou bien que l'on ne saurait réduire sans que l'espèce à laquelle il appartient soit détruite ou violée ».

Les particules des principes constituent le premier genre, alors que celles des mixtes et des composés appartiennent au second. Toutes deux sont imperceptiblement petites, mais ne laissent tout de même pas d'être des parties « discrètes » (discretae). Pourvu que le continu matériel est de cet ordre, la distinction entre la « diffission » physique et la division mathé-

---

inter se invicem distinctas: Aut sane, si maxime formam velut horum corpusculorum, magnitudine & figura praecipue absolvi, consentiat [..] ».
[103]   Stahl 1700, par.13, p.53.
[104]   Stahl 1700, par.33, p.61: « Certe enim odiosum prorsus hoc est, hodiernae philosophiae physica scandalum, quod nisi chymicae artis aliqvo subsidio, nempe à nuda experientia, nusquam ullius suppositae figurae corpuscula aut principia odorari vel venari possit [..] ».
[105]   Stahl 1700, par.33, p.61.
[106]   En fait nous n'avons trouvé aucune référence dans la littérature contemporaine.
[107]   Stahl 1703b, *De divisionis et diffisionis differentia*.
[108]   Stahl 1703b, thèse I, p.64: « [..] corpore ita minimo, ut vel absolute non possit in minora plura dissolvi; vel non debeat dissolvi, nisi species ejus, quam nunc habet, una tolli aut violari debeat [..] ».

matique est une nette évidence [109]. Dans le cas d'une telle « diffission » c'est simplement la distance entre les particules qui s'est agrandie [110], précisément ce qui se passe lors d'une « raréfaction » suite à la pénétration d'un autre corps. On voit que la suite d'idées de Stahl relatives à la constitution de la matière s'approche de beaucoup de celle de Beeckman. Pourtant ce dernier avait postulé en quelque sorte le caractère principalement discret, non seulement de la matière, mais de tout phénomène physique, avec sur toile de fond une mathématique adaptée.

La célébrité de Stahl au XVIIIe siècle tint principalement du commentaire *Specimen Beccherianum* (*Essai becherien*) qu'il a joint à une réédition du manuel de Becher, la *Physica subterranea*, parue en 1703. Venel, par exemple, la mettra, dans l'*Encyclopédie*, au même rang que le chef-d'œuvre de Newton. Dorénavant c'est une chimie de principes, celle de Becher, qui va appuyer la théorie moléculaire de Stahl. Cette chimie lui permettra non seulement d'expliquer les réactions de décomposition, comme dans la *Zymotechnia fondamentalis*, mais ce qui est beaucoup plus, les réactions en série - ou, le cas échéant, en cycle - pendant lesquelles une propriété, notamment la combustibilité, est transmise d'un corps à un autre. C'est que, dans le train d'idées de Stahl, cette combustibilité est un effet imputable à l'une des trois « terres » reconnues à côté de l' « eau », le phlogistique, en l'occurrence. Il s'agit des trois « terres » de Becher, qui, chez Stahl, sont des variantes de l'élément classique. Le transfer du phlogistique ou feu principe reviendrait, sur le niveau des *individus physiques*, à la transmission de particules ultimes de ce phlogistique d'un *individu* à un autre, processus principalement réversible. Rappelons que la combustibilité est en effet, disons avec le poids, l'une des rares propriétés transférables. Le charbon, par exemple, qui en soi est un corps qui brûle fort bien, est capable de transmettre cette qualité: en chauffant le minerai hématite, qui est incombustible, avec du charbon, on aura du fer, dont on sait qu'il est pyrophore. Dans la pensée de Stahl ceci implique que les *individus* du charbon ont cédé une partie de leur contenu en particules du phlogistique aux *individus* du minerai. En brûlant le fer nouvellement formé, les *individus* de celui-ci abandonnent ce qu'ils

---

[109] Stahl 1703b, thèse X, p.68.
[110] Stahl 1703b, thèse XIII, p.69-70.

viennent d'acquérir, à savoir le surplus de particules du phlogistique; ces dernières sont acceptées par l'air environnant. Par la combustion, le fer devient un corps très proche de l'hématite. Comme le poids d'un corps est simplement fonction du nombre de particules ultimes, abstraction faite de leurs espèces et de leur arrangement, on peut s'imaginer la combustibilité comme fonction du nombre de particules du phlogistique dans les *individus* d'un corps; elle sera alors, comme le poids, *additive*. Etant bien combustible impliquera alors que les *individus* du corps en question comprennent beaucoup de particules du phlogistique. La combustion en tant que telle reviendra donc au transfer de ces particules du corps combustible à l'environnement, à l'air, par exemple, ou à un corps surajouté dont les *individus* sont capables d'adopter un surplus de particules de phlogistique. Stahl cite l'exemple de la production artificielle du soufre et ce qu'il appelle la « destruction et la réduction des régules », c'est-à-dire la combustion, la rouillure ou la vitrification des métaux d'un côté et leur réduction de l'autre [111]. C'est qu'il s'aperçoit de l'équivalence chimique de trois processus aussi différents à première vue que la combustion, la rouillure et la vitrification et de leur rapport avec la production d'un métal. D'autre part la synthèse du soufre se fait à partir du tartre vitriolé (sulfate de potassium), lui même produit par la combinaison de l'acide vitriolique avec du potasse. Or le tartre est fondu en présence de charbon; le mélange qui en résulte est délayé dans de l'eau et il se forme du lait de soufre, dont le soufre se précipite. Etant donnée l'extrême combustibilité du soufre et du charbon, et partant leur richesse en phlogistique, le cycle s'explique facilement. C'est en effet un *cycle*, car on savait que le soufre brûlant donne un « esprit » qui, dans de l'eau, redonne l'acide vitriolique du départ. Dans les deux cas, l'essence des réactions se résume dans leur caractère non seulement réversible, mais encore cyclique. Or la correspondance entre faits empiriques et représentation théorique est impressionnante, aux yeux des contemporains comme d'ailleurs aux nôtres.

C'est donc dans ce *Specimen Beccherianum* que Stahl reprend entre autres choses la question de la figure des particules ultimes [112]. Sans pour autant renier que ces particules aient une figure et une grandeur pro-

---

[111] Stahl 1703a, thèse XXIII, p.40: « destructio & reductio regulorum ».
[112] Stahl 1703a, thèse XVI, p.17-21.

pres, il dit qu'il est inutile de s'occuper de tels problèmes puisqu'ils ne nous apprennent rien de *pratique*. Au lieu donc de vouloir définir la forme générale du corpuscule d'un sel, par exemple, il vaut mieux décrire ce corpuscule en termes de ses composants, savoir les particules de terre et celles d'eau. Cette représentation du corpuscule d'un sel est beaucoup plus pratique, puisqu'elle nous apprend qu'il se résoud, ou pour le moins peut se résoudre, en de la terre et de l'eau. Selon Stahl, il est beaucoup plus efficace de décrire un corps en termes qualitatifs, comme aqueux, terreux, salin, élastique, fixe, volatile, inflammable etc., que d'établir la « plus générale étiologie physico-mathématique » [113], qui n'enrichit en rien notre savoir faire chimique. Ce caractère disons pragmatique domine, nous semble-t-il, toute l'œuvre de Stahl et lui donne l'auréole d'une véritable doctrine parachevée dont la praticabilité sert de pont entre sa physique et sa métaphysique et qui lui fait oublier, au moment requis, quelques inconvénients épistémologiques, dont la nature précise du feu principe.

Revenons aux particules ultimes des principes. D'après Stahl, ces particules sont « impénétrables et véritablement solides » [114]. Leur accollement dans les corps mixtes, donc dans des corpuscules individuels [115], donne des unités secondaires relativement stables, en accord avec la « saine théorie mécanico-corpusculaire » [116]. Cette stabilité vient d'une « apposition serrée », d'une « jonction exacte » et d'un « certain enlacement » grâce à la forme extérieure des particules constitutives [117]. Par ailleurs, il nous manque simplement les instruments d'un degré de ténuité suffisant [118]. Il est remarquable que la théorie stahlienne, du reste très innovatrice, traite le problème de la liaison des atomes entre eux en termes apparemment empruntés directement soit à Lucrèce et Diogène Laërce, soit à des auteurs plus récents tels Gassendi et Boyle. Comme

---

[113] Stahl 1703a, thèse XVII, p.18.

[114] Stahl 1703a, thèse VII, p.5: « impenetrabilia, & vere solida ».

[115] Le processus de « mixtion », celui donc qui donne naissance aux « mixtes », est défini ainsi: « illa sit Cohaesio, numero plurium, Physice Minimorum, imo Physice & de facto Indivisibilium, corpusculorum [..] ». Voir Stahl 1703a, thèse XX, p.29.

[116] Stahl 1703a, thèse VI, p.3: « sana Theoria Mechanico-Corpusculari ».

[117] Stahl 1703a, thèse XX, p.29: « ob hanc conjunctionis exactitudinem, longe difficillima sit illorum à se mutuo separatio ». Voir aussi *ibid.*, thèse VI, p.3.

[118] Stahl 1703a, thèse XX, p.29: « sed etiam propter exiguitatem [..] Instrumenta nos destituant ».

nous le verrons plus loin, c'est ici que la théorie de l'attraction universelle de Newton offrait une solution certes provisoire, mais en tout cas très prometteuse, par son extrapolation au monde microscopique des atomes.

Stahl a utilisé tout de même un axiome concernant les relations affectives, pour ainsi dire, des *individus physiques* entre eux, axiome qui s'exprime en sorte que des « choses semblables s'accordent avec de choses semblables » [119]. Cet axiome nous rappelle naturellement la sentence des alchimistes médiévaux disant que des choses semblables s'attirent mutuellement et cherchent à s'assembler (similia similibus attrahuntur) [120]. Chez Stahl, la formation d'un « agrégat » à partir de corpuscules semblables s'explique par cet axiome, ainsi que celle des corps « surdécomposés », qui, à son avis, résultent de la surabondance d'un des composants. Les amalgames et les sels hydratés (vitriol, alun, borax) lui servent d'exemple dans ce dernier cas: le mercure et l'eau, qui sont parties constitutives des métaux et des sels, respectivement, sont par cela même facilement absorbés. Malheureusement Stahl ne précise pas si les amalgames et les sels hydratés devraient être conçus comme *agrégats* d'individus ou plutôt comme une solution des individus originels dans la substance surajoutée selon une certaine proportion, c'est-à-dire comme une *répartition uniforme* à la celle de Paul/Geber et siens. Dans ce contexte il est utile de signaler que Stahl s'est pourtant rendu compte d'un état de la matière s'approchant de ce que nous avons appelé *répartition uniforme*. Il dit que, selon l'opinion vulgaire, on parle aussi de « mixtion », lorsqu'il n'y a tout au plus qu'un mélange de particules de différentes espèces qui se sont agrégées. Stahl use dans ce cas des expressions de « mélange simple » ou « mélange grossier » [121]. Il n'est toutefois pas question d'une proportion numérique déterminée, moins encore d'une répartition spatiale spécifique. Enfin, ceci lui donne occasion de souligner que ce n'est point la bonne interprétation: il faut réserver le mot de « mixtion » pour le processus qui donne naissance aux *individus physiques*, chacun pour soi [122].

---

[119] Stahl 1703a, thèse XIV, intitulée 'Similia similibus quadrant; Tanto magis in aggregatione', p.13-15.
[120] Voir ci-dessus, la section 5.4, p.174.
[121] Stahl 1703a, thèse XX, p.30: « crassa confusio »; « nuda confusio ».
[122] Stahl 1703a, thèse XX, p.30: « Verum enimvero, certa atque vera consideratio

Comme nous l'avons vu chez Jungius, le concept de *répartition spécifique*, ajoutant un arrangement tridimensionnel caractéristique à celui de *répartition uniforme*, est la conséquence ultime de cette dernière. Or, chez Stahl, l'arrangement spatial ne joue qu'un rôle de moindre importance et ceci uniquement dans les *individus physique* et *biologique* et non pas dans l'agrégat inorganique, à tel point que même les cristaux ne méritent aucune attention spéciale. Sous ce rapport le concept d'*individu substantiel* tel que l'ont entrevu Simplicius et Philopon, puis Basson et Beeckman - par analogie avec l'individu animal, rappelons-le ! - paraît sinon plus réfléchi, du moins aussi consistant.

Terminons notre étude de l'œuvre de Stahl avec sa monographie *Fundamenta chymiae dogmaticae et experimentalis* (1723, *Fondements d'une chimie dogmatique et expérimentale*; nous citons d'après la deuxième édition, 1746). En général on peut dire que la doctrine s'est achevée. L'appareil terminologique s'est réduit au minimum indispensable: les substances inorganiques sont des agrégats « homogènes » ou « hétérogènes », c'est-à-dire des *corps purs* ou des *mélanges mécaniques*, comme dans la théorie moléculaire moderne [123]. S'il s'agit d'un agrégat homogène on peut avoir affaire à un « corps mixte » ou bien à un « corps composé ». Les « atomes » du corps mixte consistent en les particules ultimes; ceux du corps composé en « parties moins simples » (partes [..] minus simplices). Les « principes » sont ces particules ultimes [124]:

> « Le principe est défini tant à priori, qu'il est cela, dont - quant à l'être - il n'y a rien de plus premier [= rien de plus simple], qu'à posteriori, qu'il est cela en lequel le mixte est résolu en dernier lieu ».

Puisqu'en chimie on n'arrive jamais au but prescrit par ces définitions Stahl recourt à la distinction entre « principes physiques » et « principes

---

mixtionis, non in aggregatione plurium, cujuscunque (etiam unius ejusdemque) speciei, consistentis; sed in copulatione plurium diversae speciei, in unum, insensilis parvitatis corpusculum ».

[123] Stahl 1746, par.6, p.7-8.

[124] Stahl 1746, par.1, p.3: « Principium definitur tum a priori, quod sit illud, quo in essendo non datur prius: tum à posteriori, quod sit illud, in quod mixtum ultimo resolvitur ».

chimiques » [125]. Les premiers sont les particules ultimes de l'eau et de la terre, tandis que les derniers sont définis ainsi [126]:

> « Les [principes] chimiques sont en effet communément appelés ceux, que nous tenons pour éprouvés par les moyens les plus forts connus jusqu'ici et en lesquels tous les corps peuvent être résolus ».

En exemple d'un corps agrégé dont les corpuscules individuels seraient des « principes chimiques » Stahl mentionne le rubis [127]. On s'attendrait plutôt à ce que Stahl eut choisi, à l'instar de Jungius ou de Boyle, l'or et l'argent comme exemples d'agrégats homogènes, consistant en « principes chimiques ». Quoiqu'il en soit, ce sont l'or et l'argent que l'on retrouve chez Shaw, chez Juncker et chez Venel présentés en tant que corps « mixtes » - donc principes chimiques - et, partant, chimiquement irrésolubles. On a par ailleurs l'impression de voir, sous ses yeux, se transformer l'acception du mot *principe chimique* de *corpuscule individuel très stable* en *substance sensible indécomposable*. En d'autres termes: de voir se former le concept d'*élément analytique*. Il nous faut souligner cependant que les chimistes qui, comme Macquer et Guyton de Morveau, entrevoyaient en effet une certaine notion d'*élément analytique* au sens de corps chimiquement indécomposable, n'hésitaient souvent pas à présenter les quatre éléments aristotéliciens en tant que tel.

Jusqu'ici nous n'avons considéré que l'aspect moléculaire de la doctrine de Stahl. Pourtant, nous avons vu que la zymotechnie, cette chimie par la voie humide, embrassait des réactions de décomposition donnant naissance à des molécules moins complexes et plus stables. En fait Stahl souscrit, dès le départ dans le *Prodromus*, à une échelle de complexité

---

[125] Stahl 1746, par.2, p.3: « Cum vero in Chymia hactenus nota resolutio haec non cuivis occurrat, atque ita vix contingat tam facile artificialiter, hodie viget distinctio inter Principia Mixtorum physica & chymica ».

[126] Stahl 1746, par.3, p.4: « Chymica [principia] vero illa appellantur communiter, in quae, per Encheireses hactenus notas, omnia corpora reduci posse, expertum habemus ».

[127] Le rubis est une variété de corindon contenant de l'oxyde de chrome qui lui donne une couleur rouge sang de pigeon. Lorsqu'il est chauffé au rouge, cette gemme perd sa couleur typique, mais celle-ci revient pendant le refroidissement. Pour Stahl, ces phénomènes correspondraient respectivement à la désorption et l'absorption de phlogistique.

simple et bien déterminée, à savoir des particules ultimes aux composés en passant par les mixtes. Les particules ultimes - dont le phlogistique - constituent les « mixtes », alors que ces derniers sont à l'origine des « composés »: ainsi les « mixtes » soufre et mercure constituent le « composé » cinabre. Au fond, il n'y a que des *mixtes* et de *composés* dans la nature. Il s'agit d'une version simplifiée de l'échelle que Becher avait vraisemblablement empruntée à Boyle. Pourtant, dans les premières thèses du *Specimen beccherianum*, Stahl présente la division en corps mixtes, composés, décomposés et surdécomposés qu'avait considérée Becher. Or nous verrons que les successeurs de Stahl, pour la plupart lecteurs avisés de ce *Specimen beccherianum*, vont reprendre l'échelle détaillée de Becher tout en professant la théorie moléculaire de Stahl. D'une certaine manière, ils portaient atteinte à Stahl, car ce dernier avait bien pressenti que, dans une doctrine de porteurs de qualités atomiques élaborée au point de vue moléculaire, une division des corps phénoménaux en *mixtes* et *composés* suffirait pour saisir tout processus physico-chimique. C'est en tout cas ce que Lavoisier empruntera à son illustre prédécesseur. En effet, le couple d'*élément* et de *combinaison chimiques* reprend sur le niveau phénoménale l'ancienne distinction de Stahl.

8.4 Le stahlisme

Par sa consistance à la fois théorique et pratique, voire épistémologique, la doctrine de Stahl s'imposa irrévocablement, au cours du XVIIIe siècle, dans le débat sur la constitution de la matière, surtout dans le domaine de la chimie et, un peu malgré lui, dans celui où se succédaient la minéralogie et la cristallographie. Quant à la chimie, c'était celle des principes dont le phlogistique prenait la place de première importance. Ci-après nous nous proposons d'étudier de plus près les travaux des principaux tenants du stahlisme.

La doctrine de Stahl se divulgua rapidement en Europe occidentale, notamment en Angleterre, en Allemagne et en France. En Angleterre, c'était Peter Shaw (1694-1764) qui a pris le devant. On lui connaît par son édition des œuvres philosophiques de Boyle (1725) et de Francis Bacon (1733), ainsi que par quelques importantes traductions ou adaptations. En 1727, il fit imprimer - avec la collaboration d'Ephraïm Chambers - une traduction anglaise des *Institutiones chemiae* de Boerhaave, sous le titre *A new method of chemistry*. En 1730 parurent les *Philosophical principles of universal chemistry*, une adaptation anglaise des *Fundamenta chymiae* de Stahl. Tout influencé par l'esprit de Bacon et de Boyle, Shaw ne visa, par ces éditions, que l'avancement des sciences en général et de la chimie en particulier, tant sur le plan théorique que sur le plan pratique [128].

La partie théorique des *Philosophical principles* comprend quatre sections dont la première concerne « la structure des corps simples, mixtes, composés et agrégés » [129]. Chaque page de cette section porte l'en-tête aussi net que révélateur, du moins pour un lecteur moderne: « The structure of matter ».

Shaw traite d'abord de la « chemical structure » des corps mixtes, composés et agrégés, qui forment le sujet propre de la chimie. Dans une note en bas de page il se réfère directement à l'ouvrage *De differentia mixti, texti, aggregati, individui* de Stahl [130]. Ainsi que l'avait fait ce dernier, Shaw compare dans cette note l'*individu physique* en tant que mécanisme à l'individu biologique en tant qu'*organisme*. Quant à la théorie de la *complexité relative* il marqua une étape essentielle en prenant l'or et l'argent comme exemples du niveau chimiquement le moins compliqué, celui des « corps mixtes ». Apparemment, chez Shaw, la substance phénoménale indécomposable a pris la place du corpuscule individuel postulé à priori. Il est certain, du moins, que les deux points de vue lui ont été familiers. Comme nous le verrons ci-dessous, l'Allemand Johann Juncker (1679-1759), dans son *Conspectus chemiae* (*Vue d'ensemble de la chimie*) - également paru en 1730 -, a considéré la même précision.

Pour mieux comprendre les problèmes que posait la pratique chimique au théoricien du XVIIIe siècle, envisageons rapidement ce que Shaw écrit des métaux vils. Aussi claire que fut la distinction à priori de Stahl entre agrégats « homogènes » et « hétérogènes », la classification des produits métalliques n'en était guère facilitée, puisqu'il manquait encore un critère

---

[128] Pour une analyse de l'œuvre de Shaw, voir F.W. Gibbs 1951.
[129] Shaw 1730, p.3, Section I: « The structure of Simple, Mix'd, Compound and Aggregate Matter ».
[130] Il s'agit de l'une des rares références à ce traité à côté de celle de Venel, dans l'*Encyclopédie [..]*, que nous avons signalée ci-dessus et dont nous avons à parler bientôt. Voir aussi ci-après, cette section, p.359, la note 149.

pratique. Ainsi, lorsqu'il traite des métaux vils, Shaw écrit que ceux-ci en réagissant avec le soufre, l'arsenic, l'antimoine et le plomb, ne subissent que la dissolution de leur agrégat. Il en résulte, à son avis, un agrégat « hétérogène » - soit un exemple de la *répartition uniforme* déjà évoquée -, par exemple des particules d'étain parmi ceux du soufre, de l'arsenic, etc. Bienqu'on remarque dans tous ces cas un effet thermique assez prononcé et une disparition - au moins partielle - des qualités des composants, ces données, apparemment, ne suffissent pas pour décider en faveur d'un agrégat « homogène » dans lequel les composants ont constitué un nouveau genre d'*individus physiques* [131].

Plus systématique et plus approfondi que les *Philosophical principles* de Shaw, le *Conspectus chemiae* de Juncker peut être regardé comme le manuel par excellence des stahliens. Il a connu deux éditions, du reste identiques entre elles: une première en 1730 et une seconde en 1742-1744. Jacques-François Demachy en a établi une traduction française, qui vit le jour en 1758 sous le titre *Eléments de chymie, suivant les principes de Becker [sic] & de Stahl*. Ce qui nous intéresse surtout ce sont les exemples que cite Juncker pour chaque niveau de la classification des corps selon leur complexité relative, ainsi que ses énoncés sur le processus de mixtion, sur les particules ultimes de la matière et sur les changements d'états.

Quant à la *complexité relative* des substances, Juncker reprend la classification à priori de Becher: principes - corps mixtes - corps composés - corps décomposés [132]. On ne connaît, à son avis, que très peu de corps dits mixtes. En confondant, comme Shaw, le « corps mixte » stahlien en tant que corpuscule individuel avec son « agrégat », Juncker mentionne l'or, l'argent et le soi-disant « sel acide universel » [133]. Les corps « mixtes » constituent les corps « composés », dont il cite l'exemple du

---

[131] L'effet thermique qui accompagne l'amalgamation de l'or était déjà connu de longue date. Voir par exemple Boyle 1676.

[132] Juncker 1744, p.66 et p.103-104.

[133] D'après Stahl, le soufre vierge est peut-être presque identique au phlogistique (« in sulphure velut absolute totam formam [..] constituat »; Stahl 1703b, thèse XXV, p.45). Sa combustion, c'est-à-dire l'échappement du phlogistique, revient à la libération de l'autre composant, ce prétendu « acide universel ».

régule d'antimoine [134]. Une combinaison d'un « principe » et un corps « mixte » donnera également un corps « composé »: le soufre minéral, par exemple, résulte de la combinaison de l'acide universel déjà mentionné et de la deuxième terre, c'est-à-dire le phlogistique. L' « antimonium » (trisulfure d'antimoine) est un corps dit « décomposé »: il consiste en deux « composés », à savoir le soufre minéral et le métal natif [135]. D'autres exemples de ce niveau de complexité sont les minéraux métalliques consistant, d'après Juncker, en soufre, métal, arsenic et pierre. Les « surdécomposés », classe de corps mise à part déjà par Stahl, seront ceux dans lesquels l'un des composants est présent dans une quantité excessive, comme dans les amalgames, où le mercure a été surajouté au métal qui en contient déjà, parce que l'un des composants est la troisième terre de Becher, la terre « mercurielle », qui donne la métallicité [136].

En général, au cours de tout processus de mixtion, les particules des composants conservent leur intégrité dans le corpuscule individuel, dont elles déterminent l'espèce par leur proportion numérique [137]. Il n'est pas nécessaire, comme l'avait considéré Boyle, que tous les principes reconnus soient présents dans tout corps mixte [138]. A l'encontre de Stahl, Juncker s'avoue par ailleurs partisan de la distinction becherienne entre mixtions « centrales » et « superficielles ». Parmi les corps mixtes « centraux », Juncker compte le verre et le « sel alcali fixe » (carbonate de potassium). Les infusions végétales, les solutions des métaux et celles des vitriols sont regardées comme des mixtes « superficiels » [139]. Il est singulier, du moins pour un esprit aussi systématique que Juncker, qu'il ne compare aucunement les corps dits « surdécomposés » avec les mixtes « superficiels », qui, dans le cours de ses idées auraient pu présenter quelque chose de semblable.

---

[134] Henckel, dans sa *Flora saturnizans*, considère le sel gemme comme corps « composé ». Le traitement de ce sel avec de l'acide vitriolique donne un acide, qui avec le mercure donne le sublimé corrosif (chlorure mercurique). Selon Henckel, le sel gemme consiste donc en un sel acide et une terre alcaline. Voir Henckel 1722, p.261.
[135] Cf. Henckel 1725, p.717.
[136] Juncker 1744, p.103 et 118.
[137] Juncker 1744, p.104 (cf.p.103 et 129).
[138] Juncker 1744, p.98. Voir aussi ci-dessus, la section 7.5, p.303.
[139] Juncker 1744, p.105.

Les particules ultimes de la matière, celles de l'eau et des trois espèces de terres, sont indivisibles et impénétrables, et, en même temps, immuables. Elles diffèrent spécifiquement entre elles, d'après Juncker, sinon elles auraient pu être converties les unes en les autres, ce que l'expérience chimique dément [140]. La teneur de l'argumentation est telle que l'on s'attend à ce que les particules ultimes soient douées d'une grandeur et d'une figure spécifiques. En effet, pour Juncker, ces propriétés sont, en combinaison avec leur « mobilité » (mobilitas), les soi-disant « propriétés essentielles » [141]. En ce qui concerne la détermination éventuelle de la forme et de la taille des particules ultimes, Juncker confesse le même pragmatisme que Stahl [142]. En tout état de cause, ces particules ultimes sont apparemment supposées d'être d'un seul tenant et d'une seule et même matière première. Dans ce contexte, il est à propos de relever, d'une part, que Juncker présente le phlogistique - avec emphase - comme un principe véritablement matériel [143] et, d'autre part, qu'il approuve la possibilité théorique de la transmutation des métaux vils en or, bien qu'il juge sa réalisation effective très invraisemblable [144].

Quelques mots, enfin, sur les changements d'état d'agrégation. Juncker se réfère ici, très curieusement, à Daniel Sennert, qui, à son avis, avait conçu un mode de changement, appelé « immutatio », qui se distingue des processus de « syncrèse » et de « diacrèse » [145]. La référence, qui n'est d'ailleurs pas spécifiée, concerne probablement les *Hypomnemata physica* (*Mémoires physiques*; 1636) [146]. Ce mode de changement se manifesterait dans l'évaporation (volatilisatio), dans la solidification (fixatio) et dans la vitrification (vitrificatio; du plomb et de l'étain, probablement). Il s'agit apparemment de processus qui n'affectent pas la nature des *individus physiques* [147], ou, dans les termes de Sennert, des « minima sui generis ».

---

[140] Juncker 1744, p.68.
[141] Juncker 1744, p.136: « proprietates essentiales ».
[142] Juncker 1744, p.92-93.
[143] Juncker 1744, p.82: « Quod hoc $\phi\lambda o\gamma\iota\sigma\tau\acute{o}\nu$, inflammabile seu ignescendi principium [..] revera sit aliquid positivum & corporeum, non autem quidem modus materiae, accidens aut metaphysicae qualitates [..] ».
[144] Juncker 1744, p.143.
[145] Juncker 1744, p.41.
[146] Voir ci-dessus, la section 5.4, p.179 et suiv.
[147] Juncker 1744, p.143.

Les définitions que Juncker propose des processus qui, à ses yeux, ne concernent que le démontage et le remontage de l' « agrégat », comme la dissolution, l'extraction, la sublimation et la distillation, sont en tous cas nettement formulées dans ce sens [148].

Revoilà, en fin de compte, la distinction fondamentale entre *individu physique* et *agrégat*, l'un des trois piliers de la doctrine bechero-stahlienne. Or cette doctrine trouva un accueil particulièrement favorable, en France, dans le cercle du chimiste Guillaume-François Rouelle (1703-1770) [149]. Probablement à l'instigation de Rouelle lui-même le baron d'Holbach traduisit Henckel (*Introduction à la minéralogie*; 1756) et Stahl (*Traité du soufre*; 1766); alors Demachy réalisa cette version française du *Conspectus chymiae* de Juncker que nous avons signalée ci-dessus. De son côté, Pierre Joseph Macquer, dans son *Dictionnaire de chymie* [150], soutint sans réserve la théorie corpusculaire stahlienne. Dans l'article « aggrégation » il oppose la soi-disant « molécule primitive intégrante » (correspondant à l'*individu physique* de Stahl) à l' « agrégat » [151]. Il donne également une classification des principes des corps (principiés ou primitifs, secondaire, ternaire, ..) [152]. Les principes ultimes seraient, selon Macquer, les quatre éléments d'Aristote qui les [153]:

« avoit indiqués comme tels, bien long tems avant qu'on eût les connaissances de chymie nécessaires pour constater une pareille vérité ».

Pour Macquer cependant les quatre éléments ne sont point le fruit d'un raisonnement à priori; chez lui, ils sont en effet des éléments analytiques, ou, dans la terminologie très significative de Macquer, « le dernier terme de l'analyse chimique » [154]. Il est bien possible, poursuit l'auteur, que

---

[148] Juncker 1744, p.338, 366, 472 et 495, respectivement.
[149] Rouelle donna un cours de chimie publique qui a été suivi par entre autres Denis Diderot (1713-1784). Les notes prises par ce dernier ont survécu; voir Diderot ix, p.177-241 (extraits). Il en découle que Rouelle, lui aussi, se référait directement au petit traité de Stahl *De differentia mixti, texti, aggregati, individui*.
[150] Il s'agit du premier dictionnaire consacré exclusivement à la chimie.
[151] Macquer 1766, i, p.55-57.
[152] Macquer 1766, ii, p.323-328.
[153] Macquer 1766, ii, p.327.
[154] Macquer 1766, ii, p.327: « En effet, de quelque manière qu'on décompose les

ces « éléments » sont encore composés, de quelque matière que ce soit. Cependant [155]:

> « comme nous manquons de moyens pour les décomposer elles-mêmes [= les substances élémentaires] ultérieurement, nous les regardons comme des substances simples, quoique peut-être elles ne le soient pas [..] ».

L'image que préconise Macquer est du reste essentiellement stahlienne: les particules élémentaires sont les « parties constituantes » des mixtes, composants, eux, des « parties intégrantes » ou « molécules primitives intégrantes » qui, elles, constituent l'agrégat. Cependant la « partie intégrante » est définie plutôt comme dernière barrière de la division mécanique, donc à posteriori, qu'en tant qu'*individu substantiel* au sens de Stahl, donc à priori. Ceci marque par ailleurs une altération très evidente du point de vue. Chez Stahl, comme autrefois chez Sennert, le concept d'*individu substantiel* est encore conçu en tant que solution du problème fondamental de la mixtion. Au milieu du XVIIIe siècle, ère de l'analyse chimique (des eaux minérales, des plantes, des minéraux), l'*individu substantiel* sera regardé dans une perspective entièrement analytique. Il est vrai tout de même que le « mixte » stahlien, niveau le plus bas dans la classification des substances, portait déjà, par son irrésolubilité implicite, un caractère analytique. Nous avons d'ailleurs déjà insisté sur ce point.

Le représentant le plus important du cercle de Rouelle, du moins quant à la défense et à la propagation du stahlisme, fut sans doute Gabriel-François Venel (1723-1775). Son interprétation détermina l'image de la chimie que devait divulguer l'*Encyclopédie [..]*, image à la fois systématique et pragmatique. D'une façon générale on peut dire que l'approche de Venel porte un caractère préconçu tout aussi distinct que celui de Stahl. La « partie intégrante » sera, à son avis, le sujet propre de la chimie, tandis que la « masse », l'agrégat bien entendu, sera celui de la physique.

---

corps, on n'en peut jamais retirer que ces substances; elles sont le dernier terme de l'analyse chimique ». Dans l'ouvrage *Elémens de chymie théorique*, il était encore plus décidé: « nous ne pouvons la [= la décomposition des corps] pousser que jusqu'à un certain point, au-delà duquel tous nos efforts sont inutiles. De quelque manière que nous nous y prenions, nous sommes toujours arrêtés par des substances que nous trouvons inaltérables, que nous ne pouvons plus décomposer [..] »; voir Macquer 1749, p.1-2.

[155] Macquer 1766, ii, p.327.

Or, aux yeux de Venel, la cime de la chimie est personnifiée par le *Specimen beccherianum* de Stahl, celle de la physique par les *Philosophiae naturalis principia mathematica* de Newton [156]. On ne saurait contester la véridité de ce parallèle qui, dans le contexte de notre monographie, certifie en quelque sorte la fiabilité de Venel en tant qu'arbitre scientifique.

Venel simplifie d'abord, bien dans l'esprit de Stahl, le schéma de la complexité relative des corps en n'admettant que des corps « simples », des corps « mixtes » et des corps « composés » [157]. Comme exemples de corps dits « mixtes » il cite l'or et l'argent, comme Juncker et Shaw, et en outre le mercure [158]. Dans l'article « Mixte & Mixtion » il y ajoute entre autres le soufre, le charbon et les métaux [159]. Les « parties intégrantes » sont les « individus » des mixtes et des composés; Venel parle d' « individus chimiques » [160]. A leur niveau, ce sont les « rapports » chimiques et la « chaleur » en tant qu'instrument chimique qui comptent, et non pas l'attraction et la répulsion newtoniennes [161]. Cette revalorisation du rôle de la « chaleur » par rapport aux forces de Newton sera reprise par Anne-Robert-Jacques Turgot (1727-1781), qui était chargé de l'article « expansibilité » pour le sixième volume de l'*Encyclopédie [..]* (1756). Nous verrons que ce fut Turgot qui, le premier semble-t-il, se rendit compte de quelques failles dans le modèle de l'air selon Newton et qui en tira des conséquences d'une validité beaucoup plus générale concernant les différents états des corps [162].

Aux mixtes et aux composés correspond, selon Venel, toujours une « certaine proportion fixe, une certaine quantité numérique de parties déterminées »; à en croire l'auteur, il s'agit, d'un « dogme d'éternelle vérité » [163]. Cette proportion définie est même considérée condition es-

---

[156] Venel 1753, p.416b. Voir aussi ci-après, la section 10.1, p.439 et suiv.
[157] Venel 1753, p.411b.
[158] Venel 1753, p.413b.
[159] Venel 1765, p.588a; Venel mentionne également l' « acide » (c'est-à-dire l'acide dit « universel » de Stahl) et l' « huile ».
[160] Venel 1765, p.586a.
[161] Venel 1753, p.419a.
[162] Voir ci-après, la section 10.3, p.475 et suiv.
[163] Venel 1765, p.587a.

sentielle pour qu'une chose puisse être un corps mixte ou composé [164]. Les alliages qui se forment sans aucune proportion sont, par conséquent, des mélanges mécaniques, comme l'est le mélange d'eau et d'une solution aqueuse, pour autant qu'elles sont miscibles entre elles. La plupart des alliages seraient donc dans nos termes, des *répartitions uniformes* des individus métalliques en question.

A la veille de l'époque lavoisienne la théorie corpusculaire chimique était alors réduite aux idées que Venel avait résumées dans l'*Encyclopédie [..]*. La réaction chimique revient dans ce contexte à la destruction d'une ou plusieurs espèces d' « individus chimiques » et la naissance d'une ou plusieurs autres espèces. La contribution des théories physiques n'est pas tellement importante et ne concerne que le mode de cohésion des particules élémentaires dans le corps mixte et des individus de celui-ci dans l'agrégat, cohésion qui a donné lieu à de nombreuses distinctions concernant les affinités, ou rapports, ou attractions *intramoléculaires* et *intermoléculaires*, si l'on peut dire par anachronisme. Le grand problème épistémologique était un problème d'ordre chimique, à savoir la nature du phlogistique en tant que principe transférable mais non-isolable. Sans doute la doctrine originale ne connaissait point d'ambiguïtés: chacun des trois principes terreux - dont le feu principe -, est implicitement transférable mais non-isolable. Ce sont des particules ultimes d'une seule matière première qui composent les individus des substances, tout comme, autrefois, les quatre genres d' « atomes » de Beeckman composaient ses homogenea physiques. Aucun des trois principes, aucun des quatre éléments, ne saurait manquer. Les corps « mixtes » représentent la barrière ultime qu'oppose la nature au pouvoir chimique. Cependant, presque dès l'abord, une confusion profonde touchant l'eau ultime se développait, ce composant des trois principes étant identifié, le plus souvent, avec la substance perceptible connue sous ce nom. Rien de plus naturel que de supposer qu'il y existe également une substance observable correspondant au feu principe. Mais il y a plus. A la base de la doctrine du phlogistique était le fait empirique de la conversion et de la rétroformation d'un certain corps. Or, comme nous l'avons déjà fait savoir, Stahl lui-même commençait à voir des processus *chimiques* là où l'observation ne constatait que

---

[164] Venel 1765, p.587b-588a. Pour une évaluation du rôle que cette intuition va jouer dans la chimie quantitative du début du XIXe siècle, voir la section 14.2, p.702 et suiv.

des processus *réversibles* (décoloration et coloration du rubis). C'est ici en effet qu'entrait l'arbitraire dans la doctrine stahlienne. Le phlogistique devint successivement un colorant, la lumière, l'électricité, le magnétisme, l'hydrogène, sans que l'on se rendit compte que l'on chassa sa queue, comme l'*ouroboros* des anciens alchimistes.

8.5 La chimie moléculaire au temps de Lavoisier

Généralement parlé le développement de la chimie dans la deuxième moitié du XVIIIe siècle suivait deux voies, anglaise et française notamment. Quant à la théorie moléculaire, les deux voies se croisaient, au début du XIXe siècle, dans l'œuvre de John Dalton. Par la suite nous examinerons d'abord les vicissitudes de la théorie moléculaire dans l'école stahlienne de Rouelle, école à laquelle appartenaient - ne serait-ce que parfois indirectement à travers l'œuvre de Macquer - Baumé, Fourcroy, Guyton de Morveau et Lavoisier. Nous reviendrons enfin sur la connexion anglaise, ce qui nous permettra de cerner d'intéressantes nuances dans les approches française et anglaise, nuances qui ont guidé John Dalton dans son élaboration magistrale du premier fondement expérimental d'une chimie à la fois analytique et moléculaire.

Dans son *Manuel de chymie [..]* (1763), l'apothicaire Antoine Baumé (1728-1804), élève et collaborateur de Macquer, donne l'image connue de la doctrine stahlienne: « mixtion » parallèlement à « agrégation » et « partie constituante » parallèlement à « partie intégrante »[165]. Dans sa nomenclature pour la complexité relative des corps il préfère, selon ses dires, la terminologie de Macquer, qui revient à celle du physicien Peter van Musschenbroek[166]. Les principes « primitifs » composent les principes « secondaires », c'est-à-dire les mixtes de « Becker & Staahl [sic] ». Dans la terminologie de Van Musschenbroek ce sont les « composés du premier ordre ». Ceux-ci sont - tout comme les mixtes de Stahl - « indes-

---

[165] Baumé 1763, p.3-4.
[166] Baumé 1763, p.17-18. Dans sa *Chymie expérimentale et raisonnée*, Baumé attribue effectivement cette distinction à Van Musschenbroek. Voir Baumé 1773, p.46. Pour la théorie de Van Musschenbroek, voir ci-après, la section 10.2.2, p.469-470.

tructibles & inaltérables [..] par toutes nos analyses chymiques »¹⁶⁷. Chez Baumé, ces « composés du premier ordre » sont les quatre éléments classiques, le feu, l'air, l'eau et la terre, qui, eux, constituent les autres corps d'ordres plus élevés, par « leurs proportions différentes, & leurs manières de s'arranger ». Il s'agit d'un concept défini d'*individu substantiel* qui établit l'identité d'un corpuscule dans la proportion et l'arrangement des particules composantes. Dans la *Chymie expérimentale et raisonné* Baumé parle de « molécules intégrantes » en les présentant, à l'instar de son maître Macquer, comme dernières limites de la division mécanique¹⁶⁸. Ce sont elles qui composent l' « agrégat ».

Plus becherien que Becher, Antoine François de Fourcroy (1755-1809) proposa, en 1782, la division suivante: corps simples - mixtes - composés - surcomposés - surdécomposés, naturellement dans un ordre de complexité croissante¹⁶⁹. Les soi-disant quatre éléments ne sont pas tous de véritables éléments, c'est-à-dire « tout ce qui ne peut point être décomposé »¹⁷⁰. L'air, par exemple, a été décomposé auparavant en plusieurs substances¹⁷¹; en outre, il y a diverses espèces de terres très différentes entre elles qui paraissent aussi être simples¹⁷². D'autre part, les métaux, le soufre, etc. sont vraiment indécomposables. Les particules de ces « éléments », cependant, s'unissent « en différens nombres & dans différens états » et forment les corps de plus grande complexité¹⁷³. Les « parties intégrantes », les « molécules » selon le mot même de Fourcroy, constituent l' « agrégé »¹⁷⁴. Comme chez Baumé, on le voit, le concept d'*individu substantiel* stahlien est le pivot de la doctrine. La position fermement corpusculaire de Fourcroy est révélée du reste par la republication sous sa responsabilité, en 1793, de l'article « Chimie » de Venel et

---

¹⁶⁷ Baumé 1763, p.16. Il y ajoute: « En un mot, tous les efforts que l'on a faits jusqu'à présent pour les décomposer, ont été absolument inutiles ».
¹⁶⁸ Baumé 1773, p.12-13: « On peut supposer cette division portée à un tel excès, qu'il n'est plus possible de diviser davantage ces corps sans les décomposer ».
¹⁶⁹ Fourcroy 1782, p.34.
¹⁷⁰ Fourcroy 1782, p.37.
¹⁷¹ Fourcroy 1782, p.56-64.
¹⁷² Fourcroy 1782, p.72-78.
¹⁷³ Fourcroy 1782, p.34.
¹⁷⁴ Fourcroy 1782, p.23.

également par son propre article « Molécules » (1808), tous deux dans l'*Encyclopédie méthodique*.

Avant d'aborder l'étude de la doctrine corpusculaire de Lavoisier nous nous occuperons pendant quelques instants de celle de Louis Bernard Guyton de Morveau (1737-1816), un autodidacte qui s'était instruit à l'aide des ouvrages de Baumé et de Macquer. Chez lui, dans ses *Digressions académiques* (1762), nous trouvons la singulière renaissance d'une idée dont nous avons retracé l'origine chez Descartes et que nous avons retrouvée chez Lémery, entre autres. Ainsi, un acide est conçu comme un assemblage de corpuscules pointus [175]. Apparemment le renouveau de cette ancienne idée peut être mis au compte de gens, qui, comme Buffon, en identifiant l'affinité chimique avec l'attraction universelle, revalorisaient le rôle de la *figure* des particules chimiquement opératives. On se souvient que les *Elémens de chimie* de Lémery furent réimprimés avec les annotations de Théodore Baron, dans les années 1750, lorsqu'on s'aperçut des problèmes relatifs à l'affinité chimique, dont l'intensité ne parut point être fonction simple de la masse, mais variable, pour un même corps, de réaction en réaction [176]. Cette revalorisation de la figure des particules mena alors indirectement à une reconsidération de l'idée que nous avons résumée dans la notion d'*individu substantiel*.

Dans ses *Elémens de chymie [..]* (1777-1778), Guyton de Morveau admet une seule matière première, qui, par des modifications en densité, en porosité et en figure, forme les quatre éléments dit « naturels ». Ceux-ci sont donc des corps « déjà composés » [177], comme le confirme la décomposition de la lumière par le prisme, l'élément du feu étant « le même que celui de la lumière » [178]. En extrapolant cette donnée, Guyton de Morveau note que les « élémens chymiques » sont donc « à bien plus forte raison » des corps déjà composés, « peut-être même dans un ordre très avancé ». Ils sont cependant [179] :

---

[175] Guyton de Morveau 1762, p.282.
[176] Voir surtout Goupil 1991, p.115.
[177] Guyton de Morveau 1777-1778, i, p.11.
[178] Guyton de Morveau 1777-1778, i, p.12.
[179] Guyton de Morveau 1777-1778, i, p.12.

« simple pour l'art, puisqu'il [= l'art] ne peut desunir leurs principes, ni faire cesser, par aucun moyen, la dernière surcomposition qui constitue leur caractère actuel ».

Le terme de « surcomposition » correspond ici au niveau secondaire relatif à la matière première; il est, très visiblement, un reste de la terminologie bechero-stahlienne [180]. Guyton de Morveau cite par ailleurs, comme exemples de ce que nous appelerions *éléments analytiques*, les acides, les terres métalliques, les terres vitrifiables, les terres calcaires, les alcalis et les huiles. Cette série démontre clairement qu'il s'agit d'un concept à priori d'*élément analytique*, et ceci dans un sens bechero-stahlien.

Invité, en 1780, à diriger des volumes chimiques de l'*Encyclopédie méthodique [..]*, Guyton de Morveau commença par entreprendre une réforme de la nomenclature chimique, réforme pour laquelle le chimiste Macquer et le minéralogiste suédois Torbern Bergman (1735-1784) avaient plaidé avant lui. Ses propositions initiales, formulées en 1782, concernaient en particulier les acides, les bases et les sels, et reposaient tout naturellement sur la doctrine de la complexité relative. En 1787, cette même doctrine sera la base de la nomenclature de la nouvelle chimie. Cependant, pour ce qui concerne la terminologie bechero-stahlienne, ce qui en reste dans la *Méthode de nomenclature chimique [..]*, ne sont que des traces éparses, traces qui se sont volatilisées lors du développement ultérieur de la théorie chimique [181]. C'est que cette doctrine qui avait été un argument primordial contre l'image péripatéticienne du processus de « mixtion » et qui était encore une partie essentielle dans la chimie bechero-stahlienne, était devenue une nette tautologie. En effet, dans le nouveau système, où l'on part de l'*élément analytique* comme substance

---

[180] Le terme de « surcomposition » remplace apparemment celui de « décomposition », qui signifiera dorénavant « analyse ». Pour un premier exemple de ce changement de signification, voir ci-dessus, cette section, p.359-360, la note 154.

[181] Guyton de Morveau lui-même parle de « composition » et de « surcomposition », là où il s'agit des acides et de leurs combinaisons avec les bases (les sels), respectivement. Voir Guyton de Morveau *et al.* 1787, p.36-37. Les rapporteurs de l'Académie royale des Sciences - Baumé, Cadet, Darcet et Sage - citent « les ordres différens & abstraits de mixtion, de composition, de surcomposition & d'agrégation ». *Ibid.*, p.245. Pour le terme de « surcomposition », voir par exemple Dolomieu 1801, p.41. La division en « ordres » sera reprise par Berzelius; voir ci-après, la section 14.5.1, p.749-750.

tangible, la doctrine de la complexité relative fait implicitement partie de la définition de ce concept.

A la veille du XIXe siècle, la chimie était donc une science foncièrement moléculaire. Pourtant les découvertes en chaîne d'Antoine-Laurent Lavoisier (1743-1794) concernant justement les conversions des substances dominent la scène [182]. Ces recherches amènent à l'invention puis la perfection progressive de tout un éventail de procédures expérimentales et d'instruments de laboratoire. C'est surtout la chimie et la physique de ce que Lavoisier va appeler les « gaz » qui en profitent [183]. Les conséquences sont en effet énormes: elles se résument dans le concept d'*élément chimique*, dans la théorie de la combustion et dans celles relatives aux acides et bases, et, enfin, dans la doctrine des trois états d'agrégation. Le problème de la chimie de Stahl avait été justement l'idée qu'un *élément* était une espèce de particule ultime, sinon isolable du moins transférable et composant d'un tout d'ordre moléculaire. Or Lavoisier s'y oppose tout en se contentant de dire que [184]:

> « si par le nom d'éléments nous entendons désigner les molécules simples et indivisibles [= atomes] qui composent les corps, il est probable que nous ne les connaissons pas: que, si, au contraire, nous attachons au nom d'éléments ou de principes des corps l'idée du dernier terme auquel parvient l'analyse, toutes les substances que nous n'avons encore pu décomposer par aucun moyen sont pour nous des éléments [..] ».

Ce fragment illustre clairement la différence entre l'ancienne et la nouvelle chimie. En effet, chez Stahl, la théorie moléculaire précédait en quelque sorte la chimie: étant donnés les *individus physiques* composés de particules ultimes, il lui fallait choisir un modèle chimique correspondant. C'était d'abord la *chimie fermentative*, modèle très attrayant pour la dégradation

---

[182] Pour une biographie fort soignée, voir Poirier 1993.
[183] Le mot de « gaz » remonte à Jean Baptiste van Helmont. Voir ci-après, la section 10.3, p.484, la note 127.
[184] Lavoisier I, p.7. Voir aussi la contribution de Lavoisier à la *Méthode de nomenclature chimique [..]* (Guyton de Morveau *et al.* 1787, p.17): « Nous serions en contradiction avec tout ce que nous venons d'exposer, si nous nous livrions à de grandes discussions sur les principes constituans des corps & sur leurs molécules élémentaires. Nous nous contenterons de regarder ici comme simples toutes les substances que nous ne pouvons pas décomposer [..] ».

de grandes molécules en des molécules toujours plus petites. Pourtant il n'était pas certain que les molécules nouvellement formées étaient à vérité plus petites que celles du départ. C'est dire que la mainmise de la théorie sur les phénomènes était défectueuse. Or ce défaut de parallélisme a sans doute amené Stahl à chercher une chimie plus apte, celle des *principes* en l'occurrence, où l'un des trois genres d'atomes admis pouvait être interprété comme porteur de la combustibilité, l'une des peu nombreuses qualités transférables à côté de la pesanteur. Enfin chez Lavoisier la théorie moléculaire cède la priorité aux résultats de la chimie expérimentale. Ce contexte explique pourquoi la théorie moléculaire, bien que partout présente dans les ouvrages de Lavoisier, lui était assez indifférente, du moins, comme l'a démontré Maurice Daumas, jusqu'au début des années quatre-vingt-dix [185]. Par après nous nous référerons d'abord au *Traité élémentaire de chimie* (1789), dans la version des *Œuvres de Lavoisier*, pour présenter ensuite les résultats importants des recherches de Daumas en matière des notes manuscrites inédites, datant de 1792 et conservées à l'Académie des Sciences de l'Institut de France.

Le *Traité élémentaire de chimie* consiste en trois parties. La première concerne la formation de ce que Lavoisier appelle les « fluides aériformes » et de leur « décomposition », d'une part, et de la combustion des corps simples et de la formation des « acides », d'autre part. La seconde partie s'intitule 'De la combinaison des acides avec des bases salifiables et de la formation des sels neutres'. La troisième et dernière partie est consacrée à une analyse des appareils chimiques et des opérations manuelles les plus courantes. Dans les termes de Guyton de Morveau on pourrait soutenir que la première partie concerne les « compositions », alors que la deuxième adresse les « surcompositions ». Ceci dit, on voit que la doctrine de la complexité relative est effectivement au cœur du *Traité élémentaire [..]*.

D'une manière générale les phénomènes chimiques et physiques sont interprétés en termes de petites particules, le plus souvent appelées « molécules ». Outre cette notion vague Lavoisier connaît également un concept assez défini de « molécule primitive », marquant comme auparavant chez Macquer et Baumé, la barrière entre les moyens mécaniques et

---

[185] Daumas 1955, p.110-112 et p.168-171.

les moyens chimiques [186]. Il paraît être question d'un véritable concept d'*individu substantiel*, du moins dans le cas des sels. En effet, en faisant appel aux travaux du cristallographe René-Just Haüy (1743-1822), Lavoisier écrit notamment [187]:

> « Non-seulement tous les sels cristallisent sous différentes formes, mais encore la cristallisation de chaque sel varie suivant les circonstances de la cristallisation. Il ne faut pas en conclure que la figure des molécules salines ait rien d'indéterminé dans chaque espèce; rien n'est plus constant au contraire que la figure des molécules primitives des corps, surtout à l'égard des sels. Mais les cristaux qui se forment sous nos yeux sont des agrégations de molécules, et ces molécules, quoique toutes parfaitement égales en figure et en grosseur, peuvent prendre des arrangements différents, qui donnent lieu à une grande variété de figures, et qui paraissent quelquefois n'avoir aucun rapport, ni entre elles, ni avec la figure du cristal originaire ».

Du reste, la théorie moléculaire ne sert que pour appuyer, à coté du « calorique », de l' « attraction » et de la « pression atmosphérique », la statique des corps, c'est-à-dire le comportement physique de ces derniers. C'est la doctrine des *trois états d'agrégation* qui se dessine comme fondement de la chimie lavoisienne. Nous en reparlerons amplement dans le chapitre X. La théorie moléculaire fait par ailleurs fonction de modèle pour expliquer la manière dont s'opèrent les manipulations quotidiennes du chimiste et qui visent la division ou la reconstitution de l'agrégat. C'est ainsi donc qu'il décrit la solution des sels et leur cristallisation, la lixiviation d'un mélange, l'évaporation, la distillation et la sublimation [188]. On voit que ce sont justement les processus qui avaient soutenus autrefois, disons depuis Daniel Sennert, le bien-fondé de la théorie corpusculaire. Lavoisier, de sa part, en déduit d'une manière aussi simple qu'originale, que les « molécules primitives » de même espèce devront être identiques

---

[186] Lavoisier I, p.305: « C'est en cela que diffèrent les agents mécaniques des agents chimiques: ces derniers divisent un corps dans ces molécules primitives. Si, par exemple, c'est un sel neutre, ils portent la division de ses parties aussi loin qu'elle le peut être sans que la molécule cesse d'être une molécule du sel ».

[187] Lavoisier I, p.316.

[188] Lavoisier I, partie III, chapitre V: 'Des moyens que la chimie emploie pour écarter les unes des autres les molécules des corps sans les décomposer, et réciproquement pour les réunir'.

entre elles: en évaporant des quantités égales d'une même solution saline, on trouve toujours des masses de cristaux de même pesanteur [189]. Observons par ailleurs que cette même expérience aurait pu être utilisée comme argument en faveur de l'existence d'une *répartition* sinon *spécifique* du moins *uniforme* dans les corps solides ou dans leurs solutions. Or, autant que nous sachons, Lavoisier n'a pas considéré une idée alternative de la structure de la matière: apparemment faute de mieux, la conception « moléculaire » n'avait pas besoin d'être justifiée.

L'étude des manuscrits inédits de Lavoisier effectuée par Daumas a révélé que le *Traité élémentaire [..]* n'était pas plus que l'ébauche, pour ainsi dire, d'un ouvrage d'envergure qui devrait s'intituler *Cours de chimie expérimentale rangée suivant l'ordre naturel des idées* [190]. Les brouillons qui nous restent de ce *Cours [..]* datent de 1792. D'après Daumas, Lavoisier envisageait, dans le *Cours [..]*, l'élaboration finale de son système de chimie, rassemblant toutes les connaissances nécessaires à comprendre cette science. Une théorie détaillée de la structure de la matière devait en faire partie. Cette théorie est esquissée dans la première partie qui porte l'en-tête 'Des propriétés générales des corps'. Lavoisier y discute d'abord des catégories cartésiennes de l' « étendue » et de la « figure ». Il traite ensuite le problème classique de la divisibilité de la matière, en distinguant, selon la tradition, la division mathématique de la division physique. Daumas y a trouvé la définition suivante des « molécules primitives » [191]:

> « Les molécules primitives des corps sont indivisibles, ce sont des atomes de figures et de grosseurs déterminées qu'il n'est plus possible de diviser ».

---

[189] Daumas 1955, p.170. John Dalton (1808; ci-après, p.718) et James Clerk Maxwell (1870; ci-après, p.651) ont avancé des déductions comparables de l'identité des molécules de même espèce. Remarquons que le raisonnement de Lavoisier - comme d'ailleurs ceux de Dalton et de Maxwell - n'exclut pas forcément une certaine variabilité, comme l'avaient considérée les premiers protagonistes de la théorie moléculaire, Basson et Beeckman. L'expérience de Lavoisier appuyait autrefois, chez Newton, l'idée que les particules en solution seront à la même distance les unes des autres; voir ci-après, la section 10.2.2, p.465.

[190] Daumas 1955, p.110-112 et p.168-171.

[191] Daumas 1955, p.168.

Apparemment Lavoisier parle ici de ce qu'il appelle ailleurs, dans le *Traité élémentaire [..]*, « molécules élémentaires ». Pourtant la « molécule primitive » du *Traité [..]* était le terme ultime de la division mécanique, divisible en principe, mais uniquement par des agents chimiques. Comme Haüy avant lui, Lavoisier a apparemment opté entretemps pour la pensée que les particules des éléments, comme celles des combinaisons, ont une forme et une taille déterminées. Toutefois, il ne considère aucunement, dans les manuscrits consultés, la nature précise de ces « atomes », du moins l'exposé de Daumas ne nous permet pas de tirer des conclusions sur ce point fondamental. Cependant, les doctrines élaborées dans les ouvrages auxquels il se réfère sont fondées le plus souvent, comme nous allons le voir, sur une seule et unique matière première, à l'instar de celle de Stahl et de Newton. Dans ce contexte, la « molécule primitive » de 1789 en tant que véritable *individu substantiel* peut être rapprochée de l' « individu physique » de Stahl et de la « particule de l'ultime composition » de Newton [192] : dans les trois cas en effet il est question de complexes secondaires spécifiques constitués d'atomes diversement figurés mais néanmoins d'une seule matière première, disons celle des anciens atomistes.

En résumant la position de Lavoisier nous dirons qu'il avait, lui aussi, bien que dans l'ombre de sa doctrine révolutionnaire, une théorie proprement dite *moléculaire*. Dans cette théorie, comme dans celles de ses contemporains Baumé, Guyton de Morveau et Fourcroy, l'*individu substantiel* extrêmement petit s'oppose à l'*agrégat*.

L'arrière fond anglais de la synthèse moléculaire de John Dalton est dominé par George Fordyce (1736-1802), Bryan Higgins (1737-1818) et son neveu William Higgins (1762-1825). Il apparaîtra que les théoriciens anglais, à la différence de leurs collègues d'outre-Manche, se sont concentrés sur la manière dont il faut s'imaginer la structure des molécules, ceci en rapport précisément avec leur comportement vis-à-vis de la chaleur. C'est avec une analyse succincte de leurs doctrines que nous voudrions terminer cette section.

Dans ses *Elements of agriculture and vegetation* (1771), Fordyce, un élève de William Cullen (1710-1790) qui enseigna publiquement la chimie à Londres de 1758 jusqu'à c.1788, a développé une théorie particulière de

---

[192] Voir ci-après, la section 10.2, p.455 et suiv.

la constitution des corps. D'une part, il présente une doctrine corpusculaire de caractère classique de la complexité relative; d'autre part, il incorpore cette doctrine dans une théorie plus ou moins quantitative de la réaction chimique.

Chaque corps, selon Fordyce, consiste en particules, qui, comme l'indique le phénomène de rétrécissement, ne se touchent pas, mais adhèrent seulement grâce à l'attraction [193]. Chaque particule possèderait une « sphère d'action chimique » et une « sphère d'action mécanique », dont la dernière disparaît lors de la combinaison chimique de deux particules différentes [194]. Au lieu des deux « sphères d'action mécanique » originales, la combinaison n'aura qu'une seule « sphère » en commun [195]. Ainsi, une particule de l'acide nitrique et une particule d' « alcali fixe végétal » (carbonate de potassium) concourent « de façon à ne former, d'un point de vue mécanique, qu'une seule particule » [196]. Sous ce même rapport le « nitre » (nitrate de potassium), le produit de cette réaction, devra être considéré comme une seule substance [197]. Un tel composé peut se comporter en « élément » vis-à-vis d'autres corps [198]. Ainsi une particule d'acide marin (acide chlorhydrique) se combine avec une particule de l'alcali volatile (ammoniac) en formant un corpuscule de sel ammoniac (chlorure d'ammonium); celui-ci peut se combiner avec une particule de cuivre, d'où résulte un corpuscule plus complexe encore (voir la Figure 10).

Ce que Fordyce nomme « corps mécaniquement simple » correspond plus ou moins au concept moderne de « corps pur », ce dernier pris dans le sens moléculaire du mot. La particule d'un tel corps est donc, comme par exemple la « molécule primitive intégrante » de Macquer (1766), le dernier terme de la division mécanique. Il est surprenant que Fordyce n'entame pas le problème des éléments véritables au sens de particules

---

[193] Fordyce 1771, p.2.
[194] Fordyce 1771, p.100.
[195] Fordyce 1771, p.100.
[196] Fordyce 1771, p.3: « so as to form but one Particle considered Mechanically ».
[197] Fordyce 1771, p.3: « [..] Nitre, which is to be considered Mechanically, as one simple Substance ».
[198] Fordyce 1771, p.3.

ultimes. C'est que sa théorie corpusculaire s'inspire des corps phénoménaux et de leurs relations experimentales. Enfin, on pourrait s'attendre à ce que Fordyce ait connu un concept d'*élément analytique*, qui, comme nous l'avons vu parmi les chimistes français, était assez répandu à l'époque. Or il n'en est pas. Ceci montre que la théorie de Fordyce doit être regardée comme une tentative tout aussi originale qu'indépendante.

Pour examiner la théorie moléculaire de Bryan Higgins, qui, comme Fordyce, enseignait publiquement la chimie à Londres, nous n'avons malheureusement pas pu disposer des ouvrages fondamentaux, qui semblent être assez rares. Il s'agit de son ouvrage *A philosophical essay concerning light*, de 1776, et d'un *Syllabus [..]* de son cours de chimie, datant selon toute vraisemblance de 1778. De ce fait nous avons dû nous contenter

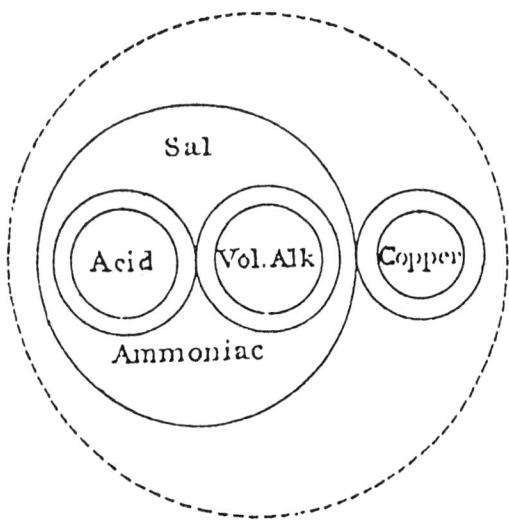

Figure 10

Une « particule » composée, selon Fordyce, d'une particule de sel ammoniac [formée, elle, de particules d'alcali volatile (ammoniac) et d'acide marin (acide chlorhydrique)] et d'une particule de cuivre. Le cercle pointillé représente la « sphère d'action mécanique » du tout. Le cercle autour du « sal ammoniac » donne la « sphère d'action chimique en commun » des deux particules composantes; cette sphère permet l'union chimique au cuivre (source: Fordyce 1771, p.100, planche 3, figure 7).

de donner un résumé de la doctrine qui y est contenue, telle qu'elle est présentée par Partington [199].

Dans le *Syllabus [..]* Higgins propose une théorie corpusculaire de caractère presqu'entièrement à priori. D'après Partington, il y admet six éléments: l'eau, la terre, l'air, l'alcali, l'acide, le phlogistique et la lumière. Chaque élément consiste en « atomes » de forme globulaire ou presque; ceux de la lumière sont les plus petits. Les « atomes » de l'eau et de la terre s'attirent mutuellement; ceux des quatre autres, par contre, sont répulsifs. Lors des réactions, il n'est pas nécessaire que les « atomes » se touchent, ce qui fait que leur figure reste intacte. La réaction chimique revient à la « saturation » réciproque de ces « atomes ».

A côté des six « éléments », il existe un « fluide élastique » matériel, le « feu ». Ce « feu » serait responsable de la dilatation des corps solides, de leur mollissement, de leur fusion et de leur évaporation; le « feu » oppose une force répulsive à l'attraction.

Plus détaillé que ne l'était le *Syllabus [..]*, l'ouvrage *A philosophical essay concerning light* met en lumière les relations entre des « atomes » différents. Deux « atomes » différents qui s'attirent peuvent former une « molécule ». La réaction entre de l' « air alcalin » (ammoniac) et de l' « air acide » (acide chlorhydrique), déjà citée par Fordyce, lui inspire une théorie de la « saturation ». L'état gazeux en général est présenté, conformément à l'image newtonienne de l'air (voir ci-après, la section 10.2), comme une *répartition uniforme* statique de particules. Durant la réaction les particules de l'acide s'interposent entre les particules de l'alcali et il en résulte un arrangement régulier où chaque particule de l'un des corps est entourée par quatre de l'autre. Si la force attractive entre les « atomes » acides et alcalins est égale ou presque à la force répulsive des « atomes » acides entre eux et des « atomes » alcalins entre eux, il est question de « saturation ». Si la force attractive dépasse la force répulsive, il peut se former l'agrégat d'un corps solide (dans le cas envisagé, le chlorure d'ammonium). Ce qui frappe c'est que les nombres de particules de chaque dénomination sont égaux dans la *répartition uniforme* envisagée par Higgins. Cette égalité numérique explique, chez lui, la proportion déterminée suivant laquelle les réactions chimiques s'opèrent. C'est presque en passant qu'il montre sa familiarité avec cette idée nouvelle et fonda-

---

[199] Partington iii, p.727-736.

mentale de la proportion pondérale fixe qui présiderait à toute réaction. Ci-dessus nous avons fait état de la position-clé de cette idée dans la doctrine de Venel, le plus distingué des chimistes stahliens en France [200]. Quoiqu'il en soit, lors d'une *combustion* les « atomes » du phlogistique qui s'échappent se combinent avec les « atomes » de l'air, tout en formant de véritables « molécules », chacune composée de deux « atomes », un partout. Ces « molécules » nouvellement formées prennent moins de place que la quantité d'air originale, ce qui explique la diminution du volume d'air au cours d'une telle réaction.

Higgins développe plus tard le concept de « molécule » et celui de « feu » dans son livre *Experiments and observations relating to acetous acid, [..] and other subjects of chemical philosophy* (1786), ouvrage que nous avons pu consulter. Comme chez Lavoisier, le « feu » de Higgins devient de plus en plus le principe explicatif de l'état gazeux. Chaque groupe de « particules attractives et gravitiques » est entouré d'une « atmosphère de matière du feu » dont la densité diminue en raison inverse du carré ou d'une certaine puissance plus élevée de la distance du groupe d'atomes central [201]. La force répulsive d'une particule est en raison directe de la quantité de son « atmosphère de feu »; c'est à cette atmosphère qu'est due l'élasticité des corps gazeux. Sans aucune gêne épistémologique, Higgins attribue à la « matière du feu », qui entoure les particules, les phénomènes des « proportions limitées », donc de la « saturation » [202].

Malgré bon nombre d'idées ingénieuses, la théorie corpusculaire de Bryan Higgins laisse une impression de confusion qu'une étude plus attentive de notre part, nous semble-t-il, ne saurait supprimer. D'envergure beaucoup plus modeste que ne l'était la doctrine que nous venons d'exposer, la théorie contemporaine de Fordyce paraît du moins être aussi performante et assurément plus prometteuse. Fordyce, après tout, partait de

---

[200] Voir ci-dessus, la section 8.4, p.361-362.
[201] B. Higgins 1786, p.301 et suiv.: « attractive and gravitating particles »; « atmosphere of fiery matter ».
[202] B. Higgins 1786, p.310: « As the matter of fire is manifestly the agent which resists the coalescence and union of attractive particles in these cases; and as the same matter demonstrably exists in all bodies that unite only in limited proportions, we must ascribe to this only competent and manifest agent, all those limitations which we experience, in regard to the proportions in which bodies can be chemically united, and which we briefly express by the word saturation ».

substances réelles et de leurs relations chimiques, leur complexité relative étant constatée non pas par la balance mais, apparemment, par d'autres critères chimiques (par exemple, la couleur bleu foncé en cas du complexe cuprammonium résultant de l'addition du sel ammoniac à une solution cuivreuse). Tout ceci était condensé dans des termes et des dessins fortement suggestifs. Ce qui manque, nous l'avons déjà remarqué, c'est un point fixe par rapport auquel la complexité relative pourrait être définie, c'est-à-dire le concept d'*élément analytique*. Si nous comparons la théorie de Higgins avec celle de Lavoisier, qui, comme elle, accorde un rôle fondamental au « feu », son insuffisance apparaît d'une manière encore plus nette.

Pour conclure notre étude de la théorie moléculaire pré-daltonienne, abordons l'examen des vues de William Higgins, le neveu de Bryan et, plus tard, le seul qui ait osé disputer à John Dalton l'honneur d'avoir perçu et développé toutes les possibilités intrinsèques de l'atomisme moléculaire de la fin du XVIIIe siècle.

La théorie de Higgins neveu se trouve élaborée dans l'ouvrage *A comparative view of the phlogistic and antiphlogistic theories* [203]. Cette théorie peut être résumée de la manière suivante.

Il n'y a qu'une seule matière première qui est à l'origine de plusieurs espèces de « particules ultimes », différant entre elles sinon par la figure du moins par la taille [204]. Les données expérimentales relatives aux proportions quantitatives sont extrapolées à l'échelle moléculaire. Sans qu'il spécifie s'il s'agit d'une proportion de volumes ou de masses, Higgins, par exemple, attribue la proportion de 2 à 1 suivant laquelle l' « air déphlogistiqué » (oxygène) réagit avec l' « air phlogistiqué » (azote) aux nombres des atomes concernés. Ainsi, deux « particules ultimes » d'oxygène se combinent avec une seule d'azote en formant une « molécule » de « nitrous air » (gaz nitreux; NO en formule moderne) [205]. Chaque « par-

---

[203] La première édition date de 1789; nous citons d'après la deuxième édition, celle de 1791, qui d'après Partington est page pour page identique à la première (Partington 1962, iii, p.738).
[204] W. Higgins 1791, p.36: « ultimate particles ».
[205] W. Higgins 1791, p.14-15. L'origine de la proportion de 2 à 1 (oxygène : azote) n'est pas évidente. S'il s'agit de volumes, il aurait dû trouver une proportion de 1 à 1; s'il s'agit de masses, il aurait dû trouver également une proportion de (presque) 1 à 1. Voir Partington iii, p.739.

ticule ultime » et chaque « molécule » est entourée d'une « atmosphère de feu », tout comme chez Higgins senior. William Higgins spécule également, comme son oncle, sur l'influence de cette « atmosphère de feu » sur l'union chimique, sans émettre du reste d'affirmations trop explicites [206]. L'affinité des « atomes » les uns pour les autres est exprimée en nombres, qui expliquent d'une part la stabilité d'un certain type de molécules et prédisent, d'autre part, la conduite chimique vis-à-vis de molécules d'un autre type [207].

L'aspect entièrement personnel de la théorie de Higgins neveu concerne le rapport qu'il établit entre les proportions numériques que suivent les réactions chimiques (volume par volume ou poids par poids) et celle selon lesquelles les « particules ultimes » s'unissent en formant des « molécules ». Cette prise de position marque un grand avantage distinctif par rapport à d'autres théories corpusculaires contemporaines et se révèlera être la seule voie qui soit apparue aussi prometteuse que performante. En déduisant la composition numérique des « molécules », Higgins, cependant, recourrait à quelques règles à priori impératives. Ainsi, s'il n'y a qu'une seule proportion macroscopique (par exemple, volume par volume, hydrogène : oxygène = 2 : 1), la « molécule » sera composée d'une « particule ultime » de chaque dénomination [208]. S'il y en a plusieurs, la proportion la plus simple correspondra à la « molécule » la plus simple, c'est-à-dire celle composée d'un atome de chaque dénomination; l'autre proportion - qu'il ne juge même pas nécessaire de spécifier dans le cas présent - correspondra automatiquement à une proportion d'atomes de 2 à 1 [209].

La distinction qu'admet Higgins entre « réaction chimique » et « dissolution » constitue un point d'ambiguïté dans sa doctrine. D'une part, la combustion du soufre qui s'opère sans changement de volume de l'état gazeux (formation du bioxyde de soufre) est interprétée en termes molécu-

---

[206] W. Higgins 1791, p.15-16.
[207] L'expression des affinités chimiques en nombres semble être pratiquée pour la première fois par William Cullen; voir Partington iii, p.134. On la retrouve chez ses élèves Joseph Black et Fordyce, mais aussi chez Bergmann, Fourcroy et Guyton de Morveau.
[208] W. Higgins 1791, p.37.
[209] W. Higgins 1791, p.36. Il cite l'exemple soufre : oxygène = 100 : 100 ou 102 (poids par poids); l'autre proportion n'est pas mentionnée.

laires, donc en tant que réaction chimique. D'autre part, le sulfure d'hydrogène est présenté comme une dissolution de soufre dans le gaz hydrogène sans altération du volume du gaz. D'après Higgins, ceci peut être déduit de la facile décomposition du « hepatic air » (sulfure d'hydrogène) par l'étincelle, dans l'eudiomètre [210]. Le dégagement de soufre à volume constant du gaz reviendrait alors à une précipitation. Higgins pourtant sait bien que le corps concerné se dissoud intégralement dans l'eau et peut en être chassé sans dégât. La facilité de la décomposition par l'étincelle lui semble être apparemment un argument plus fort. Ce qui vaut pour le sulfure d'hydrogène, vaudrait par ailleurs également pour son phosphure et son carbure [211]. Il semble, en fin de compte, que Higgins considère que l'hydrogène est un dissolvant, comme le feu et l'eau [212]. Remarquons pour clore cette section, que, bien que Higgins ait effectivement connu la *proportion définie* en rapport notamment avec la « saturation », il n'a pas pu en tirer profit pour distinguer la *dissolution* de la *réaction chimique*. La grande force évocatrice, pour les contemporains comme pour nous autres modernes, des figures qu'il présente pour illustrer le caractère numérique des affinités, ne saurait dissimuler son ignorance quant aux *proportions multiples*, le fondement même de la doctrine de John Dalton. Cependant Higgins neveu a reconnu - et c'est son mérite personnel, à notre opinion - qu'il faut extrapoler les données quantitatives expérimentales, les masses et les volumes, jusqu'à l'échelle atomique et moléculaire. Les règles à priori qu'il considère se retrouvent en effet chez Dalton. D'une certaine façon, les lois quantitatives avec lesquelles ce dernier va bientôt enrichir la chimie, ne sont que des conséquences directes de l'interprétation moléculaire, style Higgins neveu.

8.6 L'achèvement de la molécularisation de la chimie

En dressant un bilan du développement de la chimie au point de vue de la théorie moléculaire, nous arrivons à la conclusion que cette dernière

---

[210] W. Higgins 1791, p.72-73.
[211] W. Higgins 1791, p.77-78: « phosphoric air » et « heavy inflammable air », respectivement.
[212] W. Higgins 1791, p.78: « light inflammable air ».

constitua la base même des vues des principaux chimistes de la fin du XVIIIe siècle. Cette conclusion n'est pas vraiment étonnante dans la mesure où la plupart de leurs devanciers avaient suivi Stahl en adoptant sa brillante théorie de la structure de la matière et que, eux-mêmes, s'inscrivaient le plus souvent dans la nouvelle voie ouverte par Lavoisier, sur ce point comme sur d'autres le principal des chimistes stahliens. Lavoisier avait raffermi le fond épistémologique de la chimie stahlienne en le greffant sur une physique moléculaire des trois états d'agrégation et une théorie de la chaleur assez consistante pour rendre compte de ces états. Nous verrons dans la section 10.3 que cette doctrine physique, en soi, n'était pas nouvelle. Elle était le fruit d'une critique fort réfléchie de la théorie de Newton à propos des rapports interparticulaires, critique qu'Anne-Robert-Jacques Turgot avait lancée dans l'un de ces précieux recoins de l'*Encyclopédie [..]* de Diderot et de d'Alembert. Or nous verrons combien Lavoisier lui-même, en collaboration étroite avec Pierre-Simon de Laplace (1749-1827), a contribué à l'établissement de cette physique des trois états. Pour le moment nous nous bornons à faire ressortir que cette doctrine aura bientôt le statut d'une évidence dépassant celle de la théorie moléculaire proprement dite. Ainsi, nous constaterons que John Dalton (1766-1844), le physico-chimiste qui donnera, au début du XIXe siècle dans son chef-d'œuvre *A new system of chemical philosophy*, un nouvel élan à la chimie justement moléculaire, légitimera l'*hypothèse* moléculaire par la *doctrine* des trois états. Etant donné la permanence de la substance lors des changements d'état, *il faudrait* dans ce train d'idées qu'il y ait des entités invisiblement petites, les molécules bien entendu, qui subsistent malgré toutes les apparences. Ce n'est qu'à posteriori que ces molécules redeviennent les vecteurs de l'identité physico-chimique et que Dalton va s'appliquer à rendre plausible l'égalité entre elles de molécules de même espèce.

Pour Lavoisier en tout cas la solution du problème essentiellement chimique de l'*identification* à la fois conceptuelle et empirique d'une substance, passait à travers cette notion de molécule. C'est dans une telle entité secondaire spécifique que se résume l'espèce, ce qui fait que les molécules lavoisiennes sont de véritables *individus substantiels*. Nous avons vu que Lavoisier a même pris la peine d'arguer en faveur de l'identité complète des molécules de même espèce. Bien d'autres chimistes, physiciens et cristallographes suivront bientôt, qui, convaincus eux aussi de la véracité de la théorie moléculaire, vont développer des arguments semblables. On s'aperçoit en effet que l'analogie fondamentale qui a guidée les premiers théoriciens et qui figure encore chez Stahl, celle donc entre les corpuscules caractéristiques des substances et les individus biologiques, ne fait plus partie du vocabulaire apologétique de la théorie moléculaire. Parallèlement le besoin de démontrer la variabilité des corpuscules de même espèce a perdu de son actualité.

Chez Lavoisier par ailleurs certaines lignées physiques et chimiques se croisent avec en conséquence que la notion de *molécule* est également utilisée pour décrire le comportement du *calorique*, la chaleur d'autrefois: c'est que ce *calorique* imite les « fluides élastiques », c'est-à-dire les gaz, dans la mesure où il a tendance à se distribuer uniformément dans les corps qu'il occupe, tout comme un tel « fluide » dans l'espace qui lui est assigné. Déjà chez Lavoisier, on le voit, le modèle moléculaire est tellement évident et suggestif qu'il est appliqué dans des domaines qui, au point de vue chimique, n'y invitent que tout au plus accessoirement. On peut y voir, selon notre avis, une nouvelle manifestation de cette volonté accrue de voir le monde à travers cette charmante conception moléculaire. En effet, dans l'œuvre de Lavoisier la « molécularisation de l'image du monde » devient presque tangible. Or cette innovation conceptuelle se double d'un souci de la rendre praticable au laboratoire. Ainsi on voit que Lavoisier va élargir l'application de la *densité relative*: pour retrouver le poids d'une quantité d'un « fluide aériforme », indispensable pour vérifier la constance de la masse lors d'une réaction, il mesure son volume pour le multiplier après par sa densité relative déterminée à l'avance. C'était, il est vrai, dans la logique de la reconnaissance de la valeur intrinsèque de ce troisième état de la matière. Parallèlement, on voit que l'intérêt s'intensifie pour le *point d'ébullition* et le *point de fusion* en tant que propriétés caractéristiques des corps, ainsi que pour leur dépendance de la pression atmosphérique [213]. Lavoisier les sousentend là où il discute en détail les conséquences d'un changement dans la position de la terre vis-à-vis du soleil .

L'étude des manuscrits de Lavoisier conservés à l'Académie des Sciences de l'Institut de France, étude effectuée par Maurice Daumas, a

---

[213] Pour le rôle postérieur de ces qualités numériques dans l'identification des corps chimiques, voir ci-après, la section 14.8, p.792 et suiv.

révélé que Lavoisier a effectivement considéré, en 1792, l'idée que les *éléments analytiques* correspondraient à autant d'espèces atomiques. D'une certaine manière c'est là la conséquence principale à tirer de la théorie à la fois atomiste et moléculaire qu'il avait héritée de Stahl. On se souvient que Stahl lui-même avait distingué, dans ses *Fundamenta chymiae* (1723), deux genres de principes, les uns *physiques*, les autres *chimiques*: les premiers seraient les *atomes* ultimes, alors que les derniers correspondraient aux *molécules* des corps qui, peut-être provisoirement, font échec à toute tentative de décomposition. Ce sont surtout les successeurs de Stahl - Shaw, Juncker et Venel en l'occurrence - qui ont su apprécier cette distinction. Remarquons que Lavoisier ne va pas aussi loin que ses illustres devanciers: il fait abstraction de la composition éventuelle des particules de ses *éléments analytiques*. Ici comme ailleurs, il ne dépasse pas les confins de l'expérience analytique: quant à lui, postuler une espèce atomique revient à l'admission de l'existence d'un agrégat, et inversement, trouver par voie expérimentale un corps indécomposable amène inéluctablement à l'admission d'une espèce atomique. D'autre part, et bien dans le même esprit, il ne se permet pas de précisions concernant la nature de ces particules élémentaires.

Or le *Cours de chimie expérimentale [..]*, destiné à remplacer le *Traité élémentaire [..]*, n'a pas vu le jour et les suites que Lavoisier y avait considérées n'ont pas pu influer sur l'histoire. C'est John Dalton qui va réinventer l'idée que chaque « corps simple » au sens de Lavoisier sera agrégat d'atomes semblables. Dalton trouvera moyen en outre pour suivre leurs vicissitudes dans les combinaisons chimiques, qui, elles, seront des agrégats d'entités secondaires tout aussi spécifiques.

Si nous avons décrit et analysé, dans ce chapitre, le développement de la chimie au XVIIIe siècle au point de vue moléculaire, nous nous sommes employé en grande partie à redorer le blason historiographique de Georg Ernst Stahl. Il nous a paru que la méconnaissance du rôle de Stahl relève directement de la négligence virtuellement complète de son œuvre. Le sort de Stahl ressemble tristement à celui de Philopon et de Simplicius, dont l'apport à la théorie de la matière souffre d'un même défaut d'intérêt. Enfin, nous avons constaté dans les faits que la doctrine de la matière de Stahl, en dépit de sa terminologie vacillante, était une philosophie essentiellement moléculaire, autrement dit une ontologie moléculaire, avant d'être une chimie. En effet, la chimie du phlogistique succédait à une chimie plutôt fermentative, pendant que le fond moléculaire demeurait. Nous avons vu que Stahl a pris soin, à plusieurs reprises, de développer les détails épistémologiques de cette ontologie moléculaire. L'un de ses termes, celui d'*individu physique* nommément, nous a permis de forger un terme adéquat pour capter le diviseur commun des différentes variétés. Notre *individu substantiel* renvoit en effet directement à cette notion stahlienne, alors que l'épithète en question est un emprunt de la terminologie d'Isaac Beeckman. Nous verrons, dans les chapitres XIII et XIV, que ce choix s'est justifié par après: si le physicien Ludwig Boltzmann (1904) parlera d'*individus mécaniques*, le mathématicien Arthur Schoenflies (1894) y verra de véritables *individus substantiels*. Schoenflies et Boltzmann s'ignoreront mutuellement, comme ils ignoreront leurs prédécesseurs ainsi que leur historien de la fin du XXe siècle.

Or cette étonnante chimie stahlienne de qualités transférables, dont la masse et la combustibilité, a su séduire les naturalistes du XVIIIe siècle, surtout les chimistes et indirectement, comme nous le verrons par après, les minéralogistes, les cristallographes et les biologistes. C'est que le transfer *en cycle* du vecteur de la combustibilité, l'un de trois genres d'atomes reconnus par les chimistes stahliens était d'une telle évidence expérimentale, qu'il reconfortait à lui seul le statut de la doctrine moléculaire. Nous verrons donc que les minéralogistes, les cristallographes et les biologistes reprennent sans aucun problème cette doctrine moléculaire, tout en faisant abstraction du phlogistique. Quant au développement de la chimie, nous avons pu constater que l'influence de Stahl s'est exercée par le détour des manuels de Peter Shaw (1730) et de Johann Juncker (1730) et, d'autre part, par certains articles de Gabriel François Venel, dans l'*Encyclopédie [..]* de Diderot et de d'Alembert. Le message de ces trois auteurs était du reste sans équivoque: la « structure de la matière », selon les mots de Shaw, est essentiellement moléculaire. Ajoutons les précisions sur la *complexité relative* des corps physico-chimiques: elles traduisent souvent des rapports expérimentaux des plus exactes, à témoin le cinabre, ce « decompositum » de deux choses, à savoir le mercure et le soufre, qui, elles, sont des « composita » de certains corps dits « mixta ». A quelque niveau de complexité que ce soit, l'espèce réside dans chacun des « individus chimiques » qui y appartiennent, selon le mot de Venel.

VIII

En clôturant ce chapitre, nous rejoignons très volontiers Jerry Gough, qui a osé renverser la perspective historiographique reçue du développement de la chimie du XVIIIe siècle. En effet, on ne porte aucunement préjudice à Lavoisier en soutenant qu'il a - sans doute brillamment - mené à bien une révolution chimique déjà en cours et remontant incontestablement à Stahl. Chez Lavoisier justement, ce processus que nous avons résumé dans l'expression la « molécularisation de l'image du monde » touche à sa fin. En effet, non seulement Lavoisier applique-t-il la doctrine moléculaire dans le domaine proprement dit chimique, mais il se rend compte aussi de sa valeur heuristique pour capter le propre de cet agent omniprésent qu'est la chaleur. Dans un futur encore lointain cette valeur heuristique refera surface; nous en traiterons dûment.

Dans les chapitres XIV et XV nous reprendrons le développement de cette chimie éminemment moléculaire qu'avait léguée Lavoisier. Elle était imparfaite, certes, mais sa méthode n'avait plus beaucoup à désirer. Il faudra l'enter sur une conception atomique de l'élément chimique en tant que dernier terme de l'analyse chimique. Ce sera une tâche à accomplir pour John Dalton qui s'en acquittera, comme nous le verrons, tout aussi brillamment que son illustre prédécesseur. Ainsi, grâce à Dalton et ses successeurs, dont notamment Jøns Jacob Berzelius, la chimie du XIXe siècle aura une vision presqu'exclusivement moléculaire de ses matières. Bon nombre de conceptions lavoisiennes, voire stahliennes, survivront aux développements hectiques engendrés par les découvertes spectaculaires dans le domaine de l'électricité. La pile d'Alessandro Volta se révélera puissant outil analytique et le nombre de corps simples devait aller en croissant. Les notions fondamentales seront adaptées: la chimie deviendra, chez Berzelius, électrochimie, dont le dualisme illuminera l'arrangement des sous-particules, puis des particules élémentaires, dans les entités caractéristiques des substances.

CHAPITRE IX

LA MOLECULARISATION DE L'IMAGE DU MONDE AU XVIIIe SIECLE ; MINERALOGIE-CRISTALLOGRAPHIE ET SCIENCES DE LA VIE

9.1 Matière morte, matière vivante

Le débat sur la nature de la matière s'est doublé de tout temps d'une interrogation tout aussi passionnée sur la différence, si tant est qu'il en existe une, entre la vie et la mort. C'était d'abord une question scientifique, celle, fondamentale, de la classification. La tripartition classique de la nature en *règnes* est éclairante dans ce sens qu'elle permet de tirer une ligne de démarcation très nette entre les mondes des animaux et des plantes, d'un côté, et le monde des minéraux, de l'autre. Or cette ligne correspondrait, du moins à première vue, avec la césure entre êtres vivants et objets morts. L'adhésion à une quelconque classification avec en annexe une ligne de démarcation dépend, à l'évidence, de la réponse à la question préalable concernant la nature de la matière et relève ainsi également de la théologie et de l'éthique. C'est le complexe de problèmes qu'Epicure et ses devanciers avaient voulu traiter, sinon résoudre, dans les termes d'une seule matière première existant sous forme de particules infimes inaltérables et éternelles. Pour les partisans d'Epicure la distinction entre choses vivantes et choses mortes était un sophisme imputable à un trompe-l'œil imposé par la condition humaine au demeurant aléatoire. L'hypothèse d'une âme composée d'atomes pour sauvegarder la dignité de l'homme était en fait un élément de trop, étranger à l'essence de la doctrine.

D'autre part, dans l'hypothèse hylémorphiste, toute substance serait unité de matière et de forme. Or cette *forme* deviendra l'âme distinguant l'être vivant des choses mortes, mais il est arrivé aussi qu'on a pris toute *forme* pour une âme définissant un certain niveau de vie, donc en abolissant la distinction envisagée. D'où souvent une hiérarchie d'âmes: âme formative, âme végétative, âme sensitive, âme consciente, âme rationnelle, etc. Dans le prolongement de cette hiérarchie d'âmes se situe l'idée de l'*échelle des êtres* où les animaux, les végétaux et les minéraux s'échelonnent en fonction des capacités de leur âme. Le sommet de l'échelle appartiendrait à l'homme, la couronne de la Création et demandant une survaleur intellectuelle; tout en bas il y aurait les minéraux amorphes. Nous verrons donc que d'aucuns n'hésitaient point à attribuer un certain genre de vie aux cristaux, inférieur bien entendu à celui des plantes, mais quand même réel. La géométrie constatée exigeait au moins une « âme formative », une âme qui se manifestait par ailleurs lors de certaines cristallisations, de l'argent notamment, quand le métal cristallin prend l'air d'un tout petit arbre. D'autres naturalistes niaient simplement toute différence entre les deux genres d'entités, hommes et cristaux. Gottfried Wilhelm Leibniz était de ceux qui ne voyaient qu'une dégradation progressive, dans les facultés de l'âme, c'est-à-dire selon l'*échelle des êtres*, de l'homme aux animaux, des animaux aux plantes, des plantes aux cristaux et, enfin, des cristaux aux minéraux amorphes. Chaque homme pris à part serait du reste un agrégat hiérarchique, de la monade unique et supérieure, l'âme proprement dite, aux monades composantes de ses matériaux toujours plus petites. Nous avons vu, dans la section 7.6, que Louis Bourguet avait extrapolé cette *échelle des êtres* en soutenant l'idée que même les composants des cristaux, c'est-à-dire les molécules physico-chimiques, sont des êtres vivants et bien les plus petits possibles. S'il y a lieu de parler d'une *échelle des êtres*, Bourguet semble-t-il arguer, il faut y voir des êtres tout aussi individuels que l'homme, si bien qu'on arrive, en descendant, aux molécules plutôt qu'à leurs agrégats, combien géométriques que ceux-ci puissent paraître.

Il se trouve que la théorie moléculaire s'est développée, d'ores et déjà au XVIIe siècle, par le biais d'allées et venues de considérations sur la constitution des êtres vivants et de leurs matériaux, ainsi que des corps physico-chimiques, cristallins ou non. Basson et Beeckman s'imaginaient les êtres vivants et leurs matériaux comme des amas harmonieux d'entités moléculaires. Le vivant avait effectivement la préséance: Beeckman, par exemple, partait d'une conception sur la composition élémentaire d'un être vivant, idée qu'il allait appliquer par la suite aux matériaux (chair, os, nerfs) sains ou malades, puis aux médicaments, ensuite aux métaux, enfin, à tout corps physico-chimique. L'univers de Beeckman était un univers essentiellement *discret*; les phénomènes transitoires y ressortissaient au même titre que les phénomènes durables. De ce chef il n'y avait aucun lieu de distinguer matière morte de matière vivante, encore que le Dieu des deux Testaments avait investi, au commencement, le cours de l'histoire dans les propriétés géométriques et le mouvement des atomes élémentaires.

Gassendi, de sa part, en constatant la permanence de la figure octaédrique lors de l'accroissement de cristaux d'alun, spéculait, en 1635, sur la figure des particules composantes. Il avait constaté la dissolution indépendante de certains sels: une solution saturée d'alun, n'admet plus d'alun, mais ne s'oppose pas à ce qu'une quantité de sel gemme se dissoud comme si de rien n'était. Inversément, les deux sels se cristallisent d'une même eau-mère indépendamment l'un de l'autre, comme s'ils y étaient seuls. A en croire Gassendi, c'était une question de pores d'une forme apte à accueillir les octaèdres de l'alun ou les cubes du sel gemme.

Dans le présent chapitre nous nous proposons d'aller suivre l'essor des théories sur la nature des cristaux, d'une part, et sur celle des êtres vivants, d'autre part. C'est encore une question de classification et partant de nomenclature, mais cette fois-ci le débat joue pour la plus grande partie à l'intérieur de chacun des trois règnes. Dans son ouvrage *Les sciences de la vie aux XVIIe et XVIIIe siècles. L'idée d'évolution*, Emile Guyénot a décrit en détail le développement de la classification dans les cercles des botanistes et des zoologistes [1]. Nous en avons emprunté le précis suivant. Notre attention se portera tout particulièrement sur les cas limitrophes défiant les systèmes des classificateurs. Nous verrons, ce faisant, que la logique de l'histoire à long terme rejoindra admirablement la logique des naturalistes d'antan.

Depuis le XVIe siècle, la classification et la nomenclature avaient été l'une des préoccupations principales des médecins-naturalistes. Celle du règne végétal, où les ressemblances sont plus évidentes qu'ailleurs, avait connu le plus de succès. Il s'agissait non seulement d'inventorier et de classer ce qui était connu, mais également de développer un système de détermination permettant de ramener des espèces nouvellement découvertes, notamment dans le Nouveau Monde. L'Anglais John Ray (1628-1705), puis le Français Joseph Pitton de Tournefort (1656-1708) se distinguaient fort avantageusement. Au XVIIIe siècle, les médecins-naturalistes d'autrefois sont devenus des naturalistes pur sang. C'est le Suèdois Carl von Linné (1707-1778) qui va remarquablement faire la synthèse des travaux antérieurs tout en proposant un système fondé sur les parties de la fructification, les étamines et le pistil notamment. L'idée d'une *parenté* se dégage petit à petit; on va parler de « familles ». Michel Adanson (1727-1806) montre que, pour exclure tout élément d'arbitraire et atteindre, ce faisant, une classification vraiment *naturelle* des végétaux, il ne faut pas privilégier certaines parties, combien importantes de notre point de vue, mais compter avec toutes leurs parties.

Spécialement en zoologie, c'est l'influence d'Aristote qui se fait valoir encore longtemps, jusqu'à la fin du XVIIIe siècle. Aristote avait distingué d'abord les animaux pourvus de sang de ceux qui en sont dépourvus. Les premiers sont divisés en cinq genres: l'homme et les quadrupèdes vivipares, les oiseaux, les quadrupèdes ovipares, les cétacés et les poissons. Les seconds embrassent quatre genres: les mollusques, les malacostracés (les crustacés supérieurs), les testacés (dont les crustacés inférieurs; ayant un couvercle minéral protégeant) et les entomes (ou animaux articulés, dont les insectes, etc., mais aussi les vers), ainsi qu'un groupe de cas difficiles, les dits « reliqua ». Les amateurs de zoologie de la Renaissance gardent simplement la division assez réfléchie d'Aristote et se permettent tout au plus quelques précisions. Certains adressent effectivement le monde ani-

---

[1] Guyénot 1941, livre I.

mal comme tout, donc bien dans l'esprit d'Aristote. On peut penser à Edward Wotton (1492-1553), qui en prenant pour son compte le système aristotélicien parle, en 1552, de « zoophytes » pour désigner ceux des cas difficiles d'Aristote qui montrent à la fois des caractères végétaux et animaux. Au XVIIIe siècle, c'est Linné qui s'impose en zoologie comme en botanie.

Jacques Roger a montré, dans sa monographie *Les sciences de la vie dans la pensée française au XVIIIe siècle*, que ces spécialistes de la classification soupçonnent l'existence d'un « ordre » dans la nature, un « ordre » que Dieu y a mis et qui, quoique caché, n'en serait pas moins décelable [2]. Or la recherche de cet « ordre » se passe, le plus souvent, dans un esprit de piété profonde devant la grandeur de Dieu, le Créateur *ex nihilo* de notre univers. Trouver cet « ordre » revient, aux yeux du naturaliste, à découvrir l'épure utilisée, au commencement, par le Créateur. Par rapport à celle, plutôt physico-mathématique, admise par Descartes et successeurs, l'épure des naturalistes concerne les rapports structuraux entre elles des « merveilles de la nature », les cristaux et les êtres vivants en l'occurrence. On conçoit que les cas limitrophes, permettant des passages entre les trois règnes jouissent d'un intérêt particulier. Ainsi, on rencontre des botanistes s'interrogeant sur la nature des coraux, des « lithophytes », selon le mot de Linné. Il y en a aussi des zoologistes se posant des questions sur la mobilité de la sensitive, un « zoophyte », selon la terminologie de Wotton, et bien l'un des plus fascinants. Enfin, il y a les minéralogistes troublés par l'origine, sinon la genèse, de la figure étonnamment géométrique des cristaux qu'ils considèrent comme les bornes entre les règnes des minéraux et des végétaux, comme des « lithophytes », vus de l'autre côté de l'échelle. C'est en effet en prêtant attention à ces cas limitrophes que les spécialistes s'employaient à délimiter leur champ de travail. Nous verrons, par exemple, le cristallographe et amateur de botanique René-Just Haüy (1743-1822) s'efforçant de rendre compte, dans une vue générale, du propre des trois règnes. Or, là où les animaux et les végétaux de même espèce manifestent l' « empreinte visible d'un modèle commun », les cristaux, eux, montrent le plus souvent « aucun rapport ». Les individus animaux et végétaux sont en majorité tels qu'ils représentent l'espèce entière. Pourtant ces cristaux, en dépit de leur

---

[2] Roger 1963, p.446-447.

dissemblance extérieure, seraient constitués d'unités « parfaitement semblables ». Ailleurs, il y ajoute que ce qui s'appelle « organisation » chez les êtres vivants correspond à la « structure » dans le monde des cristaux. Dans les trois règnes cependant, les unités composantes seront des « molécules », ce qui met à l'évidence le point de vue unitaire adopté, à la fin du XVIIIe siècle, par la plupart des naturalistes. Par après nous allons nous occuper des détails du développement qui a mené à ce résultat éclatant. Il apparaîtra que l'on est effectivement en droit de parler, dans le domaine des sciences naturelles - au même titre qu'en chimie - d'une « molécularisation de l'image du monde ». Avant de procéder à cette étude de cas, nous signalons toutefois que, historiquement parlé, la théorie moléculaire, sans vraiment avoir été absente, refit surface dans le domaine des sciences de la vie par une étonnante analogie suivie avec la théorie courante de la structure cristalline, raison pour laquelle nous commençons avec une analyse du progrès de la minéralogie et de la cristallographie, qui couvrent dans leur ensemble les produits de la nature inorganique. Si le mot de « cristallographie » n'existait pas encore, selon Marjorie Senechal dans sa récente étude de l'histoire de la cristallographie géométrique, beaucoup de travaux antérieurs adressaient tout de même la structure des minéraux figurés [3]. Ci-dessus, on s'en souviendra, nous nous sommes référés à Kepler, à Gassendi et à Huygens, qui, sans prétendre à des théories générales de l'état cristallin, ont pas moins considéré attentivement la structure particulière de certains genres de cristaux.

9.2   Minéralogie et cristallographie: de Guglielmini à Haüy

En 1705 parut la *De salibus dissertatio epistolaris [..]* (*Dissertation épistolaire sur les sels [..]*) de Domenico Guglielmini (1655-1710), professeur de médecine théorique dans l'académie de Padoue. L'auteur se réfère à Démocrite, à Descartes, à Gassendi, à Boyle et à Van Leeuwenhoek, mais ne paraît pas connaître l'œuvre de Stahl. Or son intérêt historique consiste justement en son indépendance relative du courant stahlien.

---

[3] Senechal 1990. Selon Senechal (*op.cit.*, p.44) le terme de « cristallographie » remonte à Maurice Antoine Cappeller (1685-1769), qui fit paraître, en 1723, un *Prodromus crystallographiae [..]* (*Précurseur d'une cristallographie [..]*).

A en croire Guglielmini, le « sel » est celui des trois principes - les *tria prima* de Paracelse, apparemment - qui se prête le mieux à un examen expérimental, car il se distingue des autres par la constance de sa figure lors des cristallisations [4]. A elle seule, poursuit-il, cette propriété suffit pour soutenir l'atomisme de Démocrite ou la théorie particulaire de Descartes comme la base de toute théorie de la matière. Selon le « système mécanique », disons celui de Descartes, de Gassendi et de Boyle, l'essence de tout « sel » est déterminée par la figure, la grandeur et le mouvement de ses particules. De ces trois catégories, la figure et le mouvement sont aisément abordables, mais la grandeur, non [5].

D'emblée il est clair que Guglielmini prend les composants ultimes des cristaux comme le sujet propre de sa dissertation. Ceci découle directement de ce qu'il entend par le mot de « sels ». Il les définit comme des [6]:

« petits corpuscules indivisibles terminés par des surfaces planes, inclinées en sorte qu'ils renferment une figure simple ».

Le « sel » proprement dit sera donc un véritable *individu substantiel* dont l'amas plus ou moins régulier correspond à ce que nous connaissons sous le nom de « cristal ». La figure des individus salins ne sera du reste rien d'autre que celle du cristal perceptible; c'est elle qui constitue la « différence essentielle » entre les « sels », d'où la condition de l'indivisibilité de ces corpuscules [7]. C'est Dieu qui les a créé au commencement [8] et par cela même elles sont immuables [9]. Il faut quand même que cette figure géométrique soit telle que le cristal puisse se former en la gardant [10]. Guglielmini répudie l'opinion de Boyle qui veut que ce sont justement les

---

[4] Guglielmini 1705, 'Lectori benevolo', p.v-vi. Guglielmini parle en termes non de principes mais d'éléments.
[5] Guglielmini 1705, 'Lectori benevolo', p.vii.
[6] Guglielmini 1705, prop.v, p.10: « corpuscula insectilia terminata planis superficiebus, ita ad invicem inclinatis, ut simplicem aliquam includant figuram ». Voir aussi *ibid.*, p.23 et 46.
[7] Guglielmini 1705, prop.viii, p.12: « differentia essentialis » (cf. *ibid.*, prop.xviii, p.22).
[8] Guglielmini 1705, prop.xix, p.23 (cf. *ibid.*, prop. xxvii, p.32).
[9] Guglielmini 1705, prop.xxvii, p.33.
[10] Guglielmini 1705, prop.ix, p.13.

particules ultimes qui affectent les pores des organes sensoriels: à en croire le Padouen, ces particules ultimes sont simplement trop petites. Les propriétés que nos sens recueillissent viennent d'entités agrégées [11]. C'est pourtant une question relevant de la figure de l'agrégat qui, comme nous venons de le voir, serait celle du « sel » proprement dit. On se souvient des considérations d'inspiration semblable de Galilée et de Stahl et nous nous proposons d'y revenir dans la suite.

Selon Guglielmini, il paraît y avoir quatre figures principales, à savoir celle du sel marin, le cube; celle du vitriol, le parallélipipède rhomboïde; celle de l'alun, l'octaèdre; et, enfin, celle du nitre, le prisme hexagonal. Or le cube et le parallélipipède ne sont que des variantes du prisme, alors que l'octaèdre est une combinaison de deux pyramides. En fait, il n'y a donc que deux figures vraiment simples, le prisme et la pyramide. Guglielmini considère que ceci ne suffit pourtant pas pour saisir toutes les variétés. Pour cela il faudra distinguer les sels « primogènes » des sels « dérivés » [12]. Les quatre précités sont des sels « primogènes »; les « dérivés » consistent en combinaisons de sels « primogènes » entre eux, ou avec les autres principes [13]. Il se pourrait bien par ailleurs qu'il y ait des « sels » tétraèdres ou dodécaèdres, mais nous ne les connaissons pas; la possibilité de leur existence n'est pourtant pas exclue.

Pour ce qui concerne la figure ultime on peut deviner que le prisme hexagonal du nitre vient d'une combinaison de 6 triangles équilatéraux, alors que la pyramide de l'alun, elle, résulte de l'empilement de plans carrés [14]. C'est que, dans le cas d'alun, on observe souvent des cristaux de forme trapézoïde, c'est-à-dire des pyramides imparfaites. Quant au sel commun et au vitriol, il n'y a pas de problèmes.

Souvent il arrive pourtant que les cristaux se démarquent de leur figure caractéristique. Ainsi, les cristaux du sel commun sont souvent des parallélipipèdes rectangles et non des cubes, du fait que l'accroissement s'est produit d'une manière inégale selon les trois directions. L'alun de sa part montre parfois l'aspect d'un octaèdre allongé en largeur, si bien que le

---

[11] Guglielmini 1705, prop.xiii, p.16.
[12] Guglielmini 1705, prop.xix, p.23.
[13] Guglielmini 1705, prop.xix, p.23-24.
[14] Guglielmini 1705, prop.xx et xxi, p.26-27.

sommet devient une arête et le carré un rectangle [15]. Encore il y a souvent de petits cristaux qui s'agglutinent aux grands. Selon Guglielmini, il faut simplement faire abstraction de ces irrégularités: ce qui compte c'est seulement l'inclinaison des facettes [16]. La tâche du naturaliste sera alors de réduire les figures des autres sels aux quatre précitées. Ainsi, comme la figure du sel de tartre (carbonate de potassium ?) et celle du sucre sont approximativement celle du vitriol, ces trois substances constituent un genre [17].

Guglielmini se réfère à Boyle, plus spécialement à l'ouvrage *Chymista scepticus*, pour les expériences concernant le principe de « sel » [18]. Boyle y attribue aux « sels » deux qualités principales, savoir celle d'être soluble dans de l'eau et celle d'avoir un goût. Or, pour Guglielmini ce ne sont pas ces qualités qui comptent [19]. Le goût, par exemple, n'est pas engendré, comme le pensait Boyle, par les particules salines ultimes: selon Guglielmini, ce sont des petits amas qui pénètrent dans les pores de la bouche et qui causent la sensation [20]. En revanche, si la solubilité et le saveur n'appartiennent pas aux particules ultimes, ces dernières en sont pourtant bel et bien l'origine.

Le nombre des « sels » ne saurait être augmenté: l'art chimique ne concerne que la séparation de particules contigues et la formation de nouvels amas. Elle ne saurait donc produire de nouveaux « sels » ou transformer un « sel » en un autre [21].

La cristallisation s'opère par l'empilement de particules ultimes dans des masses qui tendent à reproduire la figure caractéristique, le « type » selon le mot de Guglielmini [22]. Ceci fait que les cubes ultimes du sel commun constituent des cristaux cubiques, de grandeur du reste variable. Les plus grands résultent des plus petits par l'accrétion régulière, de tous

---

[15] Guglielmini 1705, prop.xxv, p.30.
[16] Guglielmini 1705, prop.xxv, p.30.
[17] Guglielmini 1705, prop.xxvi, p.31.
[18] Guglielmini 1705, prop.xxx, p.37.
[19] Guglielmini 1705, prop.xxx et xxxi, p.37-39.
[20] Guglielmini 1705, prop.xxxi, p.39 et prop.xxxiii, p.41-42.
[21] Guglielmini 1705, prop.xxxvii, p.47-48.
[22] Guglielmini 1705, prop.cvii, p.154: « [..] cum quaelibet crystallus ex uno oriatur typo, id est ex una salis vel particulâ vel moleculâ [..] ». Chez Guglielmini, le mot de « molécule » a trait à quelque chose d'agrégée, donc composée de « particules » ultimes.

côtés. Pourtant par des déviations dans l'accroissement il y naissent de cristaux de figures dérivées [23]: ainsi le cube du sel commun devient parallélipipède et la pyramide de l'alun trapézoïde [24]. Ces imperfections peuvent être attribuées aux circonstances accidentelles du moment, tout comme la naissance de monstruosités dans le règne animal [25].

En résumant la théorie de Guglielmini, nous dirons qu'il identifie le monde des cristaux avec celui des « sels », ou plutôt avec celui des agrégats salins. C'est qu'il situe le caractère spécifique d'un « sel » dans les composants ultimes de ses cristaux, dont il ne discute d'ailleurs pas la composition. Ces unités géométriques très cartésiennes seraient invariables en dépit de toute variation dans l'apparence macroscopique des cristaux. Ce sont donc effectivement des *individus substantiels*, qui résument l'espèce.

On ne connaît pas la réaction de Stahl sur la dissertation de Guglielmini, mais on soupçonne qu'il aurait pu agréer la conception de « sels » comme entités d'ordre moléculaire. En outre, Stahl aurait pu accepter sans doute la distinction que Guglielmini propose entre les corpuscules ultimes et les particules agrégées, dont seulement les dernières sont à même d'affecter les organes des sens et partant accessibles pour l'intelligence. On se souvient que cette sentence était au cœur du *Prodromus*, dans lequel Stahl avait approfondi la métaphysique de la théorie particulaire, et que, dans un passé plus lointain, Galilée s'était expliqué semblablement. Pourtant l'hypothèse de la permanence de la figure géométrique aurait fait horreur à Stahl, car selon ce dernier la figure qu'adopte l'agrégat est parfaitement arbitraire. Dans son traité sur la constitution des sels, la *Ausführliche Betrachtung [..] von den Saltzen [...]* qui devait paraître en 1723, il fait de nouveau preuve de son pragmatisme épistémologique sur ce point: les recherches sur le rapport entre la proportion des composants et la forme cristalline particulière ne servent, à son avis, aucun but *chimique* [26]. Dans ce genre de recherches c'est donc seulement l'analyse qui compte, car l'espèce d'un corps s'exprime dans sa composition chimique: après

---

[23] Guglielmini 1705, prop.cvii, p.154.
[24] Guglielmini 1705, prop.cix, p.157.
[25] Guglielmini 1705, prop.cix, p.157-158.
[26] Stahl 1723, p.275: « [..] die ganze Sache [..] zu keinem chymischen Zweck weder abzielet noch passet ».

tout c'est elle qui détermine les produits, disons le profit, que l'on en peut tirer. Juncker, le grand systémateur de la doctrine stahlienne, renchérissa en quelque sorte en stipulant que le peu que l'on sait ne justifie aucune conclusion sur la figure des « individus physiques » et son rapport avec la forme cristalline macroscopique [27].

Nous trouvons une attitude moins sceptique quant à l'utilité de la forme cristalline chez le minéralogiste et géologue Abraham Gottlob Werner (1749-1817). Dans son ouvrage *Von der äußerlichen Kennzeichen der Foßilien*, qui parut en 1774, il présente une version simplifiée de la théorie stahlienne. Ainsi le monde des minéraux est celui des « mixtes » et des « agrégats », autrement dit des « molécules » et des « masses ». Les représentants des autres règnes, les animaux et les plantes, sont considérés comme des « composés », c'est-à-dire comme des complexes de « masses » [28]. Pour ce qui concerne les minéraux, les différences dans la composition du « mixte » correspondent à des différences dans le minéral, les dernières étant observables à l'extérieur du cristal. En revanche, des différences à l'extérieur n'impliquent pas nécessairement des différences dans le « mixte » [29]. Si le zoologiste et le botaniste pourraient peut-être se contenter d'une étude de l'extérieur, il n'en est pas de même, selon l'avis de Werner, pour le minéralogiste. Ce dernier devrait tenter d'abord d'établir la composition chimique du « mixte » et déterminer ensuite les caractères extérieurs. C'est-à-dire: l'espèce minéralogique est définie avant tout par la composition chimique [30]. Tous les minéraux qui s'accordent « essentiellement » (wesentlich) dans leur composition constituent la même espèce. Chaque échantillon d'une telle espèce sera un « individu minéralogique »; les échantillons qui ont une forme de transition entre deux espèces représentent des variétés [31]. Ainsi, Werner joue sur deux registres. D'une part il est le collectionneur qui se doit de ranger, dans son cabinet,

---

[27] Juncker 1744, p.93.
[28] Werner 1774, p.22 (note d).
[29] Werner 1774, p.25-26 (note d, suite).
[30] Werner 1774, p.29 (note d, suite): « so sind Gattungen überhaupt alle Foßilien, die in den Verhältissen [sic] ihrer Mischung wesentlich von einander verschieden sind [..] ». Cf. *ibid.*, p.20.
[31] Werner 1774, p.29 (note d, suite).

toutes sortes d'échantillons de toute grandeur: des bouts de gangue et de filon aux cristaux idéaux en passant par les macles. Son cabinet sera une collection d' « individus minéralogiques ». D'autre part, il est le chimiste stahlien pour lequel l'espèce réside dans la composition des « mixtes », les unités constitutives des minéraux. Après tout c'est cette composition qui détermine ce qu'on en peut tirer. Pour ce qui concerne la description géométrique et/ou qualitative (couleur, poli, transparence, odeur, etc.) de l'extérieur des minéraux, elle ne reste principalement, quant à son aspect minéralogique, qu'un moyen auxiliaire sans statut propre. Après tout, dans le règne minéral, les figures polyèdres régulières constituent l'exception plutôt que la règle, alors que la couleur, le poli, etc. varient à l'infini. Or si donc l'analyse chimique constitue l'idéal, la complexité de ses procédures et en outre sa défaillance assez fréquente nous mettent dans l'embarras sinon en échec. Ainsi, Werner le chimiste cède devant Werner le minéralogiste qui s'adonne à l'exposé d'une méthode qualitative fondée sur l'étude de l'extérieure des minéraux.

Le caractère à priori de la minéralogie de Werner n'empêche pas que sur le rôle ambigu de l'analyse chimique il aboutit aux mêmes conclusions que Jean-Baptiste Louis Romé de l'Isle (1736-1790), dans son traité *Des caractères extérieurs des minéraux* (1784). Suivant l'opinion de Romé, l'analyse chimique est presque toujours incomplète et, en outre, elle n'est que rarement susceptible d'être confirmée par une synthèse [32]. La chimie ne donne que l'un des critères pour la classification des minéraux, et cela seulement dans le cas rare où elle se laisse appliquer. Selon Romé, le minéralogiste devrait, partant, porter son attention sur les propriétés extérieures des minéraux, dont chacune, prise séparément, ne saurait peut-être suffir, mais dont une combinaison d'un petit nombre choisies avec adresse parmi les plus générales justifie de parler de véritables « espèces » en minéralogie [33]. Cette combinaison serait, dit Romé, « le vrai cachet de la Nature » [34] et concerne la forme cristalline et la pesanteur et la dureté spécifiques [35]. Cette empreinte spécifique tripartite serait la conséquence immédiate de la nature, du nombre et de la proportion des principes qui

---

[32] Romé de l'Isle 1784, p.51.
[33] Romé de l'Isle 1784, p.39.
[34] Romé de l'Isle 1784, p.54.
[35] Romé de l'Isle 1784, p.6.

concourent à former la « molécule primitive intégrante »[36], également appelée « molécule intégrante »[37], du mixte, du composé ou du surcomposé en question[38]. Ainsi, les données chimiques déterminent à différents niveaux de complexité la nature de ces « molécules intégrantes » et, ce faisant, le propre des cristaux qui en résultent. Or[39]:

> « Les corps homogènes de la même espèce seront donc ceux qui admettront dans leur composition non-seulement les mêmes principes constituans, mais encore une quantité déterminée de ces mêmes principes. D'où résulte, 1°. Une forme cristalline particulière avec certains angles déterminés, constamment les mêmes dans chaque espèce; 2°. Une pesanteur ou gravité spécifique proportionnée au nombre & à la nature des principes qui sont entrés dans le composé; 3°. Une dureté également proportionnelle à l'intimité du contact & à l'affinité plus ou moins grande qu'ont entr'elles les molécules intégrantes de ce composé ».

Pourtant s'il est vrai qu'il y a beaucoup de corps révèlant une forme cristalline octaèdre (sels, pierres, métaux), il ne faut pas en conclure que tous ces octaèdres sont semblables. La différence se cache dans les inclinaisons des facettes entre elles, qui, pour tous les exemplaires d'une certaine espèce, quelles que soient les troncatures qu'ils font apparaître, sont constamment les mêmes et identiques à celles du cristal le plus simple et le plus régulier de cette espèce. Il s'agit, selon Romé, d'une véritable « loi » de la nature, comparable à la loi de Newton de la gravitation universelle, celle qui dicte la constance et la permanence des phénomènes célestes. Dans le cas cristallographique envisagé on parle de la *loi de la constance des angles dièdres*. Elle fut découverte par Arnould Carangeot, assistant de Romé, et énoncée dans sa forme générale pour la première fois dans l'ouvrage *Cristallographie [..]* (1783). Enfin, c'est elle qui permit à Romé de rattacher les nombreuses formes cristallines d'un même minéral à une seule « forme primitive ». Notons, pour conclure, que la constance des angles dièdres n'est pas un critère en soi spécifique: la présence d'autres particules dans les interstices entre les « molécules

---

[36] Romé de l'Isle 1784, p.36. Cette terminologie s'apparente à celle de Macquer; voir ci-dessus, la section 8.4, p.360.
[37] Romé de l'Isle 1784, p.10.
[38] Romé de l'Isle 1784, p.6.
[39] Romé de l'Isle 1784, p.9-10.

intégrantes » fait changer le plus souvent la dureté et la densité spécifiques, sans que les angles dièdres se modifient avec elles [40]. Bref, ce sont toujours les *trois* propriétés précitées qui, par leur combinaison, déterminent l'espèce minéralogique.

Déjà dans son *Essai de cristallographie* (1772) Romé de l'Isle avait mis le doigt sur les minéraux ayant une géométrie plus ou moins développée au détriment des cailloux ou terres informes. Il signalait que les minéraux qui prennent des figures polyédriques, sont caractérisés par « certains angles déterminés » [41], sans insister sur ce point. Romé y adhérait encore à l'idée ancienne - récemment soutenue par Carl von Linné, son grand inspirateur -, que chaque cristallisation exige la présence d'un certain « sel » qui donne la forme cristalline, même dans le cas de pierres ou de métaux [42]. Quant aux « molécules intégrantes », il leur attribue une figure constante et déterminée, chacune suivant son espèce [43]. Dans l'*Essai [..]* on retrouve également l'idée extrêmement féconde de la distinction, dans une espèce minéralogique, entre l'unique « forme primitive » et les nombreuses « formes accidentelles » [44]. L'attribution d'une certaine « forme primitive » à telle ou telle espèce n'est d'ailleurs fondée que sur la seule inspection de l'extérieur des formes diverses. C'est surtout une question de simplicité et de fréquence. Ainsi la forme tétragonale-pyramidale que prend parfois le sel marin n'est qu'une « forme accidentelle »; la « forme primitive » est le cube. Romé donne même une image de la genèse d'un cristal pyramidal du sel marin, image qui s'approche de beaucoup de la représentation de Guglielmini [45]:

> « ces pyramides sont toutes formées accidentellement par la réunion de plusieurs prismes quadrangulaires, qui sont eux-mêmes composés de cubes appliqués successivement sur les côtés d'un premier cube ».

En effet, que les cristaux *cubiques* du sel marin soient des amoncellements de cubes ultimes est une idée déjà très ancienne, dont déjà Gassendi fit

---

[40] Romé de l'Isle 1784, p.28.
[41] Romé de l'Isle 1772, p.6.
[42] Romé de l'Isle 1772, p.2 et *passim*.
[43] Romé de l'Isle 1772, p.14.
[44] Romé de l'Isle 1772, p.15.
[45] Romé de l'Isle 1772, p.16.

preuve à l'issue de ses recherches microscopiques. Au XVIIIe siècle elle devint même assez répandue. Nous en avons des témoignages précieux d'entre autres Guglielmini et Rouelle. En plus, l'idée que les cristaux de forme *accidentelle* de ce sel puissent être dérivés, en pensée et en réalité, de cubes ultimes en tant que « molécules intégrantes », - et c'est ce que considère Romé ici - est une idée remontant à Guglielmini. Elle fut approfondie par Rouelle et réapparut chez Romé pour devenir l'idée-clé de la doctrine de René-Just Haüy [46]. Or ce dernier symbolise à lui seul l'essor de la cristallographie scientifique.

Le mérite de René-Just Haüy (1749-1822) consiste d'abord à avoir su extrapoler de la « forme primitive » jusqu'à la « molécule intégrante » [47]. A l'inverse de Romé de l'Isle, la nature de cette « forme primitive » est déterminée par voie expérimentale, c'est-à-dire par le clivage de cristaux qui s'y prêtent. Dans le cas contraire, où les cristaux sont trop durs pour être fendus, on peut trouver la « forme primitive » à l'aide de certains caractères extérieures, par exemple la striation éventuelle. C'est ce que Haüy élabore dans son *Essai d'une théorie sur la structure des crystaux [..]*, essai qui vit le jour en 1784.

Ainsi, comme le cube chez le sel marin, c'est le rhomboèdre régulier chez le « spath calcaire » (une forme du carbonate de calcium) qui représente la forme de la « molécule intégrante » [48]. Haüy distingue en principe autant de sortes de formes primitives qu'il y a d'espèces de minéraux [49]. Il les divise ailleurs, un peu comme Guglielmini, en six « types » principaux [50]: parallélipipède (cube, rhomboèdre, etc.), tétraèdre, octaèdre, prisme hexagonal, dodécaèdre à plans rhombes et dodécaèdre à plans triangles. Le cristal phénoménal est conçu comme étant, en première ap-

---

[46] Pour des études précieuses de la genèse de la doctrine de Haüy et de son influence sur le développement de la cristallographie nous renvoyons très volontiers aux travaux de Wiederkehr 1977 et 1978 et de Hooykaas 1994.
[47] En 1784 Haüy parla encore de « molécules constituantes ». Pour des raisons de clarté, nous n'usons que du terme de « molécule intégrante », terme dont Haüy se servit plus tard et, comme nous allons le voir, à peu près dans la même acception (voir ci-après, cette section, p.406-407).
[48] Haüy 1784, p.19.
[49] Haüy 1789, p.7.
[50] Haüy 1789, p.37.

proximation, un agrégat sans interstices - un « assemblage », selon le mot de Haüy - de « molécules intégrantes ». Il est à souligner, du reste, que la nouvelle théorie n'adresse aucunement le processus de la genèse des cristaux, c'est-à-dire les étapes successives de l'empilement des molécules au cours de la cristallisation [51].

Pour concevoir les relations géométriques entre les échantillons diversement figurés d'une seule et même espèce, Haüy prend un morceau de ce cristal possédant la « forme primitive ». Ce morceau sera, d'une part, la partie restante du cristal considérée après un nombre suffisant de clivages et partant appelé le « noyau » [52] et, d'autre part, le point de départ d'une différenciation mentale, permettant de rapporter la figure des soi-disant « cristaux secondaires » à celle de ce « noyau ». Ainsi Haüy est en état d'expliquer le phénomène de la *discontinuité régulière* qui se manifeste dans les angles dièdres correspondants chez les exemplaires d'une certaine espèce de minéral. Nous verrons que Haüy parle de « limites », dont le cas le plus simple sera le plus fréquent. Ces « limites » se résument dans les *lois des décroissements*. Elles présentent une nouvelle manifestation du caractère législatif de la nature, que la postérité a résumée dans la *loi de la rationalité des indices* dite aussi *loi des troncatures rationnelles* ou *loi des caractéristiques entières*. Notons pour mémoire que chez Romé de l'Isle les angles dièdres des faces « accidentelles » n'admettent aucune discontinuité. Nous en reparlerons plus loin.

Supposons maintenant que nous avions un cube pour « noyau » de tel ou tel minéral, la forme de la « molécule intégrante » étant également cubique. Le « noyau » sera dans ce cas un « assemblage » - sans interstices bien entendu - de cubes moléculaires (Figure 11). Appliquons alors, par la pensée, sur chacune des six faces du « noyau » une lame d'épaisseur monomoléculaire, composée de cubes ultimes et à laquelle manque sur tous les côtés une unique rangée de ces cubes, par rapport à la face du « noyau » concernée. Répétons cette opération avec des lames toujours plus petites, de tous les côtés, d'*une* rangée de cubes par rapport à la lame précédente. Il en résultera sur les six faces du « noyau » un total de six pyramides tétragonales, qui dans le cas présent où il s'agit d'un décroisse-

---

[51] Pour la pensée - d'ailleurs très détaillée - de Haüy sur la cristallisation voir Haüy 1784, p.55-56 et p.206 et suiv. et Haüy 1789, p.48 et suiv.
[52] Haüy 1784, p.12.

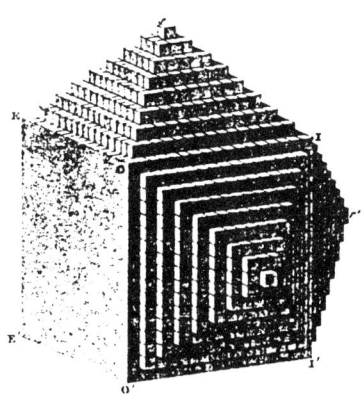

Figure 11

Un « noyau » cubique qui sert de point de départ pour s'imaginer la « structure » des cristaux ayant des « molécules intégrantes » tout aussi cubiques. Sur les facettes supérieure et de droite on voit l'entassement de lames moléculaires décroissantes par une seule rangée de molécules sur les quatre côtés. Les triangles des pyramides qui se constituent se situeront dans le même plan et formeront un losange (source: Haüy 1801, atlas).

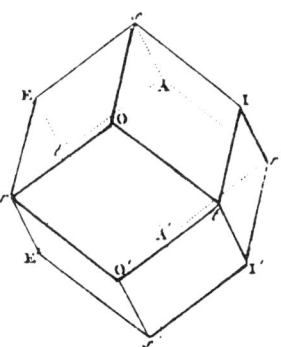

Figure 12

Un empilement de lames monomoléculaires comme celui représenté dans la Figure 11 sur toutes les facettes d'un « noyau » cubique donnera naissance à un dodécaèdre à plans rhombes (source: Haüy 1801, atlas).

ment d'une rangée de molécules par lame, seront des pyramides dont chaque angle de base saillant mesurera 45°. Dans ce cas spécial, chaque triangle d'une de ces pyramides sera dans le même plan qu'un des triangles d'une pyramide voisine et formera avec celui-ci un losange. La figure du tout sera par conséquent un dodécaèdre rhomboïdal, les six groupes de quatre triangles étant réduits à douze losanges (Figure 12). Si, par contre, le décroissement des lames sera, de tous côtés, de deux rangées de molécules ou même plus, par lame, les triangles (devenus isocèles) des pyramides voisines ne seront plus dans le même plan et le cristal, considéré dans son ensemble, aura la forme d'un tétrakishexaèdre (Figure 13).

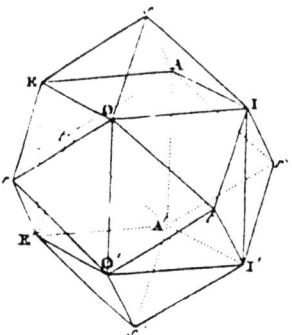

Figure 13

Lorsque le décroissement des lames *mono*moléculaires est de deux ou de plus de rangées de molécules de tous côtés, les triangles des pyramides qui se constitueront comme dans la Figure 11 ne sont plus dans le même plan, si bien qu'il en résulte un tétrakishexaèdre (source: Haüy 1801, atlas).

Si, enfin, les décroissements des lames ne sont pas les mêmes de tous les côtés, mais deux à deux dans une proportion différente de 1 : 1 de façon que l'une sera l'inverse de l'autre (par exemple, 1 : 2 et 2 : 1), le cube deviendra un dodécaèdre pentagonal (Figure 14 et 15). De toute manière la formation d'un dodécaèdre pentagonal *régulier*, le corps platonicien, est

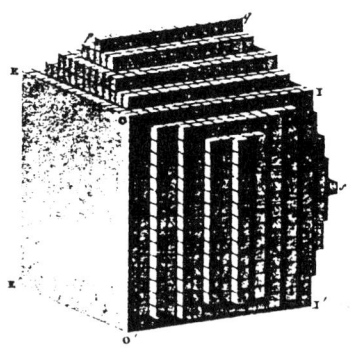

Figure 14

L'empilement sur un « noyau » cubique de lames moléculaires décroissantes, selon les côtés, par deux et par une rangée de molécules cubiques. Les facettes trapèze et triangle de deux ajouts avoisinants constitueront un pentagon (source: Haüy 1801, atlas).

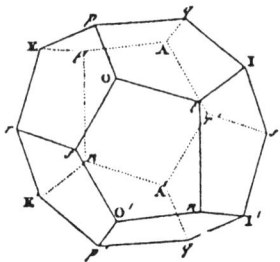

Figure 15

L'empilement de lames moléculaires selon la Figure 14 sur toutes les six facettes du noyau cubique donnera naissance à un dodécaèdre à plans pentagonaux (source: Haüy 1801, atlas).

exclue, puisqu'il n'existe aucune proportion simple dans le décroissement qui pourrait le donner. L'attribution de la forme du corps platonicien à la « pyrite martiale » (bisulfure de fer) par Werner et Romé de l'Isle est alors, selon l'opinion de Haüy, entièrement erronée [53]. Une simple inspection des angles dièdres, un peu « plus de géométrie », selon les mots de Haüy, aurait suffi pour découvrir la différence d'environ 11°1/4. L'angle dièdre de la pyrite, le plus grand des deux angles comparés, mesure 127° 56′ 8″, ce qui correspond « visiblement », selon le calcul, à une proportion de 2 à 1 des deux décroissements dont il s'agit. La théorie prévoit même que, jamais, le dodécaèdre idéal ne saurait se produire, car il n'y a aucun décroissement simple qui puisse donner naissance à l'angle dièdre requis. Ainsi, la théorie développée semble en effet, du moins aux yeux de Haüy, un véritable décalque de la nature. Et l'auteur de s'exclamer [54]:

> « si cette théorie était fausse, elle conduiroit à des écarts sensibles que l'instrument ne manqueroit pas de rendre sensibles ».

Regardons d'un peu plus près la transition du dodécaèdre rhomboïdal (Figure 12) au tétrakishexaèdre (Figure 13). Haüy se rend compte qu'en principe il devait y avoir une infinité de tétrakishexaèdres, ceci en fonction du nombre des rangées de molécules que perdent les lames monomoléculaires successives [55]. Il croit pourtant que la nature tend au décroissement *le plus simple*, ce qui privilège la figure la plus régulière, le dodécaèdre rhomboïdal en l'occurrence. Ce faisant le décroissement ultime sert en quelque sorte de « limite ». En fait, on ne rencontre qu'un petit nombre de variétés, que Haüy considère comme autant de « limites » et qui correspondent à un petit nombre de décroissements, notamment les plus simples, à savoir d'une ou de deux rangées de molécules par lame. Dans le cas considéré, celui de la pyrite de fer, ceci implique qu'il n'y aura qu'un *seul* dodécaèdre pentagonale et un *seul* tétrakishexaèdre.

Aux deux types de décroissement admis en 1784 (sur les arêtes et sur les angles des lames monomoléculaires) Haüy, en 1789, en a ajouté deux

---

[53] Haüy 1789, p.19-22.
[54] Haüy 1789, p.21.
[55] Haüy 1784, p.21 et 71.

autres afin de pouvoir rendre compte de certaines irrégularités. L'un d'eux est appelé « décroissement mixte » et c'est ce type qui nous intéresse ici particulièrement [56]. Ce type de décroissement concerne, par exemple, la superposition sur un « noyau » d'une lame d'une épaisseur trimoléculaire, qui diffère, en longueur et en largeur, par deux « molecules intégrantes » de la face du « noyau » en question (Figure 16). Ce décroissement est exprimé par la fraction 2/3 [57]. Or l'exposé de Haüy nous amène à nous demander si l'auteur s'est rendu compte que la mesure de discontinuité prescrite par sa loi initiale, c'est-à-dire le décroissement d'une ou de deux « molécules intégrantes » par lame monomoléculaire, n'aurait pas dû être exprimée en fractions telles que m/m (= 1/1) et n/2n (= 1/2), respective-

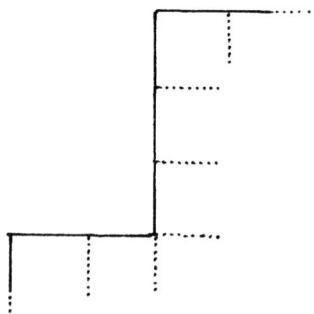

Figure 16

Un exemple d'un « décroissement mixte » dans le rapport de 2/3 sur l'une des facettes d'un noyau cubique.

ment (m,n = nombres entiers). Une telle idée, qui ne tient compte que de proportions numériques, aurait dû faire renoncer naturellement à tout désir d'atteindre les dimensions exactes des « molécules intégrantes ». Or dès 1784 Haüy s'est rendu compte du problème [58]. Il montre en effet qu'il faudrait en vérité parler en termes de décroissements simples, doubles ou

---

[56] Haüy 1789, p.32-33.
[57] Haüy 1789, p.32.
[58] Haüy 1784, p.24, la note 1.

triples, sans y ajouter l'hypothèse de lames monomoléculaire, bimoléculaire, etc. Pourtant cette dernière hypothèse lui semble « très-probable », car elle paraît la plus simple et la seule à s'accorder avec les faits. Il n'empêche que, comme nous allons le voir par la suite, c'est précisément le désir d'atteindre les dimensions réelles des « molécules intégrantes » qui a guidé la pensée de Haüy.

A côté des décroissements par une ou par deux rangées de molécules Haüy fait également état de décroissements par trois, par quatre ou même par cinq rangées [59], d'autant moins probables, à son avis, que le nombre de molécules est plus élevé. Outre ces possibilités toujours plus improbables, Haüy s'était vu obligé d'admettre des décroissements anomaux, dont celui dit « mixte » que nous avons analysé tout à l'heure. En fin de compte, il lui faut tout un éventail de « lois de décroissement » pour rendre justice aux variétés cristallines. Il n'empêche que les cas les plus simples, notamment ceux de 1/1 et de 1/2, font fonction de l'idéal à atteindre. En principe, dans l'hypothèse d'un nombre restreint de « lois de décroissement », on pourrait calculer à l'avance le nombre tout aussi restreint des variétés possibles et c'est ce que fait Haüy à plusieurs reprises [60].

Parfois le clivage pose un problème supplémentaire. Dans le cas du spath fluor phosphorique (fluorine; fluorure de calcium), par exemple, le cristallographe aura le choix quant à la « molécule intégrante ». C'est que la « forme primitive » ou le « noyau » de ce spath est le plus souvent de figure cubique sans être clivable selon des plans parallèles aux facettes du cube. Les clivages se font plutôt selon des plans perpendiculaires aux diagonales, ce qui fait que la figure de la « molécule intégrante » ne correspond pas à celle du « noyau » initial. Ainsi, la figure de la « molécule intégrante » du spath fluor phosphorique pourrait être soit un octaèdre soit un tétraèdre. Pour des raisons de simplicité Haüy préfère le polyèdre ayant un minimum de facettes, dans ce cas le tétraèdre. Or à partir de ce genre de molécules tétraèdres Haüy s'imagine l'intervention d'un nouveau genre d'entités constitutives, les « molécules soustractives », dont la figure est censée correspondre avec celle du « noyau » trouvée par voie expérimentale. Chez le spath fluor phosphorique, une telle « molécule soustractive » serait un complexe de « molécules intégrantes » tétraédri-

---

[59] Haüy 1784, p.74.
[60] Voir entre autres Haüy 1784, p.216 et Haüy 1789, p.34.

ques criblé de vacuoles de forme octaèdre. Ces « molécules soustractives » composent d'abord le « noyau » et c'est donc à elles que s'appliquent ensuite les particularités des décroissements. Un cristal du spath fluor phosphorique sera donc un agrégat de molécules tétraèdres parsemé de pores. Or ces pores permettent justement l'inclusion de ce que Haüy appelle l' « eau de crystallisation » ou toute autre matière étrangère.

En généralisant on peut donc soutenir, avec Haüy, que le clivage d'un cristal quelconque donne toujours un « noyau » de forme parallélipipède qui puisse ou non être fendu selon des plans parallèles aux facettes [61]. Si oui, la figure du « noyau » correspondra à celle de la « molécule soustractive », qui, elle, ne sera autre chose qu'une masse sans pores de « molécules intégrantes » de même forme. Si non, la figure du « noyau » sera celle de la « molécule soustractive », qui, elle, sera composée de « molécules intégrantes » d'une forme différente. Que l'on se rende compte toutefois que les « molécules intégrantes » représentent les molécules physico-chimiques et que cette « molécule soustractive » n'est qu'une fiction géométrique supplémentaire permettant de faire le pont entre les composants physico-chimiques et le cristal phénoménal.

Occupons-nous, enfin, de ces unités physico-chimiques ultimes. En 1784, dans l'*Essai [..]*, Haüy use encore du mot de « molécules constituantes » [62] :

> « J'entends par molécules constituantes celles qui, suspendues d'abord dans le fluide [63] où elles étoient en dissolution, se sont attirées mutuellement, & réunies pour former, par leur aggrégation, des polyèdres de figure régulière. Tout ce qui s'étend jusqu'à cette limite inclusivement, est du ressort de l'Histoire Naturelle. Le Chymiste, qui commence où finit le Naturaliste, décompose les cristaux jusque dans leurs molécules constituantes, pour y retrouver les premiers principes des corps ».

En 1789, Haüy parle de « molécules intégrantes », et celles-ci sont encore plus distinctement présentées comme le dernier terme de la division

---

[61] Haüy 1789.
[62] Haüy 1784, p.48-49.
[63] Par « fluide » il entend non seulement les dissolvants liquides, mais également le « calorique ». Cf. Haüy 1801, p.5-6, note 1.

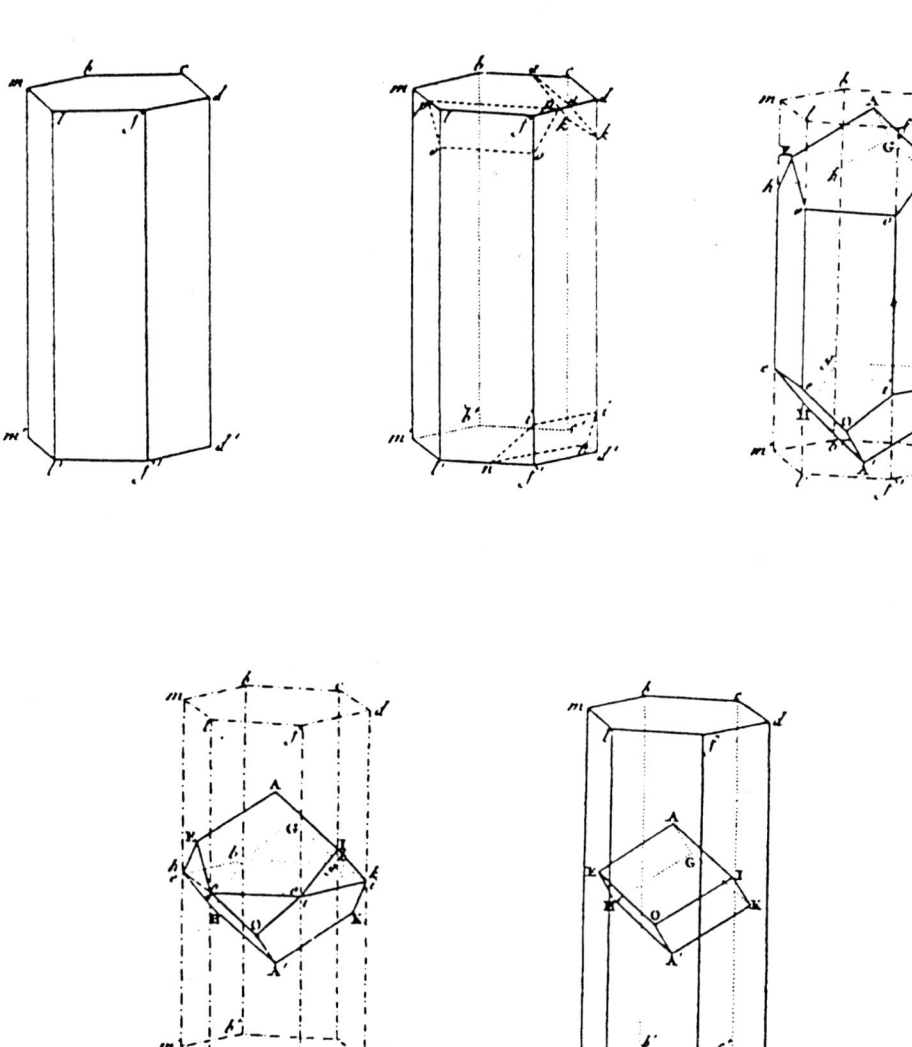

Figure 17

Le clivage d'un cristal hexagonal de « chaux carbonatée » donne un rhomboèdre régulier comme « noyau ». Ce dernier est divisible selon des plans parallèles aux facettes, si bien que la figure de la « molécule soustractive » correspond avec celle de la « molécule intégrante » (source: Haüy 1801, atlas).

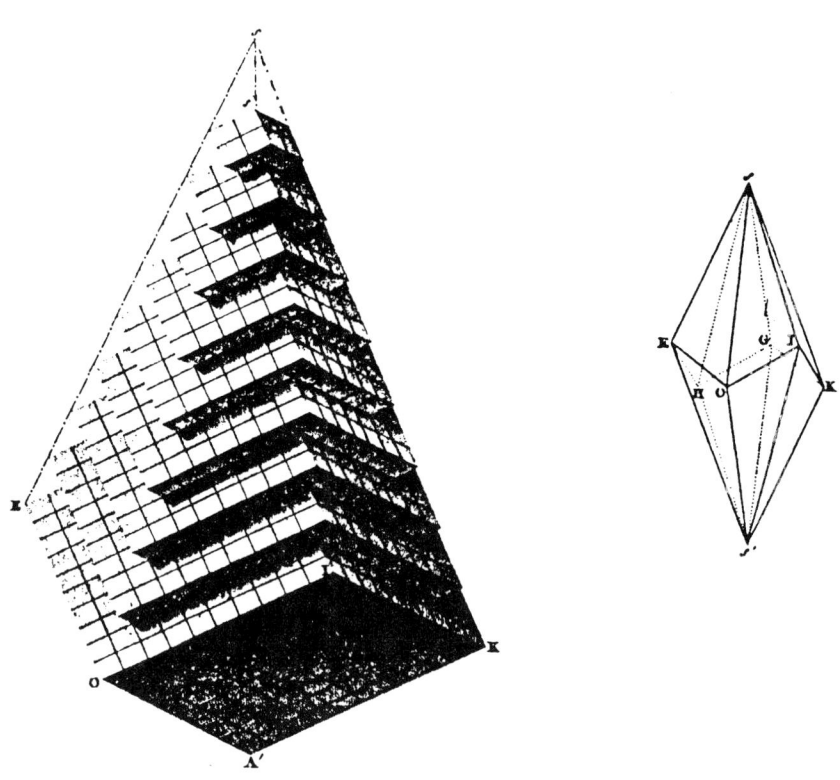

Figure 18

A partir du « noyau » rhomboédrique on peut s'imaginer la structure d'une variété du chaux carbonatée connue à l'époque sous le nom « dent de cochon ». Remarquons le décroissement par une rangée de « molécules soustractives » ou « molécules intégrantes » sur les bords des calottes successives (source: Haüy 1801, atlas).

mécanique, c'est-à-dire comme [64]:

> « des particules si petites, qu'on ne pourroit plus les diviser [..] sans détruire la nature de la substance ».

Chaque espèce minéralogique aura son propre type de « molécule intégrante ». D'une part, Haüy le juge « plus à sa portée » de déterminer uniquement la forme de ces molécules et leur arrangement dans le cristal; la détermination du « volume des molécules », donc de leurs dimensions précises, lui semble ici très difficile [65]. D'autre part, il dit que la loi des décroissements permet de déterminer, par le calcul, « la hauteur des molécules » [66]. Ceci nous semble par ailleurs un lapsus qui trahit l'arrière-pensée dont nous avons déjà fait état, à savoir le désir de Haüy de saisir la « molécule intégrante » en tant qu'unité qui définit l'espèce, donc, dans notre terminologie, en tant qu'*individu substantiel*. Cette même impression s'impose lorsqu'on lit le 'Discours préliminaire' de son *Traité de minéralogie* (1801), où il remarque que « les angles et les dimensions respectives » des « molécules intégrantes » sont données « par le calcul combiné avec l'observation » [67]. L'invisibilité de ces molécules - à cause de leur petitesse, bien entendu - n'empêche qu'il soit permis d'extrapoler les résultats de la division mécanique jusqu'à l'échelle moléculaire. Dans ce stade Haüy fait une observation particulièrement intéressante, qui relie la notion d'élément chimique au sens où Lavoisier venait de l'énoncer dans le *Traité élémentaire [..]*, à son propre concept de « molécule intégrante » [68]:

> « Les derniers résultats sensibles de la division mécanique des minéraux, s'ils ne nous donnent pas la figure des véritables molécules intégrantes employées par la nature, les représentent du moins par rapport à nous, *à peu près* comme les

---

[64] Haüy 1792, p.9. Comparer la vue de Macquer (ci-dessus, la section 8.4, p.360) et celle, moléculaire, de Lavoisier (section 8.6, p.368-369).
[65] Haüy 1784, p.8-9. Comparer la tâche du cristallographe que Haüy décrit ainsi (*ibid.*, p.25): « Etant donné un crystal, déterminer la forme précise de ses molécules constituantes, leur arrangement respectif, & les lois que suivent les variations des lames dont il est composé ».
[66] Haüy 1784, p.24.
[67] Haüy 1801, i, p.xiv.
[68] Haüy 1801, i, p.7 (le soulignement est dû à nous).

substances que les chimistes ne peuvent plus analyser ultérieurement, sont des substances simples par rapport à eux, quoique dans la réalité elles puissent être encore susceptibles de décomposition ».

Les réserves dont cette réflexion témoigne déjà quant à la figure seule des « molécules intégrantes », sont très rares dans l'œuvre de Haüy. Notons enfin que nulle part dans cette œuvre, le calcul suggéré des dimensions précises d'une quelconque « molécule intégrante » n'est véritablement tenté, du moins pour autant que nous le sachons.

Dans ce train d'idées la « molécule intégrante » de Haüy ne se distingue donc aucunement de celle d'un Macquer, par exemple: en fin de compte, elle n'est que le point de passage entre la division mécanique et la division chimique d'une certaine espèce de substance.

Terminons notre aperçu de la théorie de Haüy avec les résultats de ses recherches sur les rapports entre la figure du cristal phénoménal et celle de la « molécule intégrante » concernée [69]:
- des molécules de figure différente peuvent donner, par le biais d'une même « molécule soustractive », des cristaux de formes semblables (le sel marin et le spath fluor phosphorique);
- des molécules de figure semblable peuvent donner naissance à des cristaux de nature différente (de forme pareille ou non) à cause d'une différence dans leur constitution (pyrite martiale et arséniate de cobalt; grenat et spath fluor phosphorique).

D'une manière générale il se pourrait que différents éléments combinés de diverses manières donnent des « molécules intégrantes » de même figure. En conséquence, si les molécules sont de figure diverse des cristaux différents de figure semblable peuvent en résulter, quoique la réciproque de cette règle ne soit pas valable. Toutefois la solution entière du problème de l'origine de la forme cristalline est dans la figure, aussi régulière que constante, des « molécules élémentaires », celles des éléments chimiques [70]. La « molécule intégrante » consiste alors en « molécules élémentaires » dans « une certaine proportion » et « d'après un arrange-

---

[69] Haüy 1784, p.36-37.
[70] Haüy 1784, p.37. Cf. Haüy 1801, p.6.

ment déterminé » [71]. La « molécule intégrante » de Haüy est donc bel et bien, selon une tradition qui remonte directement à Georg Ernst Stahl, un véritable *individu substantiel*, c'est-à-dire la condition à la fois nécessaire et suffisante pour l'existence d'une espèce substantielle. Chez Haüy pourtant l'*espèce minéralogique*, qui ne regarde que les cristaux macroscopiques, domine la scène et c'est pour cela que l' « assemblage », chez lui, est beaucoup plus important que l' « agrégat » chez le savant allemand. Ceci explique également le caractère à posteriori du concept d'*individu substantiel* de Haüy à l'encontre de son caractère à priori chez Stahl. Nous avons remarqué auparavant, on s'en souvient, un pareil changement de point de vue chez Macquer. Le mot d' « assemblage » est du reste très illuminant en ce sens qu'il renvoie au contexte général ès sciences de la nature, où il était déjà monnaie courante. Nous y reparlerons dans la suite.

Dans cette perspective il est tout à fait compréhensible que la doctrine de Haüy a pu être, d'un côté, un soutien pour la théorie moléculaire physico-chimique du début du XIXᵉ siècle et, d'autre côté, le point à partir duquel s'est développée la théorie de réseau cristallin, fondement de la cristallographie moderne. Gabriel Delafosse (1840), puis Auguste Bravais (1848) vont tenter d'éliminer les nombreuses complications pratiques que la beauté de la théorie de Haüy ne saurait masquer à la longue. La molécule centre de gravité, porteuse d'une symétrie toute particulière et occupant les sommets des « mailles » d'un réseau tridimensionnel, va faire son apparition afin de résoudre le semblant de contradiction entre les symétries géométrique et physique du cristal empirique. Nous verrons ainsi, dans le chapitre XVII, que les deux approches ne se gênaient aucunement: la *molécule intégrante*, ou plutôt la *molécule soustractive* de forme parallélipipède de Haüy, devient la *maille* géométrique de Delafosse et de Bravais, polyèdre fictif dont les sommets sont occupés par les véritables molécules, celles qui déterminent les propriétés physico-chimiques. L'approche réticulaire complétée par un concept de symétrie toujours plus poussé se prêtera par ailleurs à une déduction aussi abstraite que rigoureuse de toutes les possibilités à admettre, ceci grâce à la théorie de groupes que Camille Jordan élabora dans son *Traité des substitutions* (1870). Enfin, dans les années 1890 des mathématiciens tels Evgraf Fedorov et Arthur Moritz Schoenflies arriveront à déterminer le nombre

---

[71] Haüy 1801, p.5.

exact de groupes spatiaux que la théorie classique permet de prévoir. Nous verrons que, pour ces mathématiciens, les *points* de leurs *réseaux* sont encore toujours les molécules des chimistes et des physiciens. Assurément, les dissemblances entre théorie et pratique n'étaient point évidentes. Par contrecoup, on dirait, les rayons-X vont bientôt permettre de se décider sur ce point capital.

9.3 Les sciences de la vie; Trembley, Buffon

Le progrès ès sciences de la vie dans la seconde moitié du XVIIe siècle est déterminé en grande mesure par l'invention et la perfection successive d'un nouvel instrument d'observation, à savoir le microscope. Jacques Roger a remarqué fort à propos que, pour les savants naturalistes, cet instrument a changé « la face du monde » [72].

Du point de vue optique l'histoire du microscope se confond avec celle des lunettes astronomiques. Au début des années 1620, Peiresc, le mécène de Gassendi, est en possession d'un instrument qui grossit déjà considérablement. Beeckman, lui, possède un verre lui permettant de constater qu'une puce peut se faire prévaloir d'une queue. Au debut des années 1630 il dessine un microscope composé installé sur un tripied. Comme chez Beeckman, l'attention se porte d'abord sur les êtres vivants minuscules et leurs apparences. Des gravures à grande échelle d'animaux comme la moustique effrayent le laïc curieux. D'aucuns, comme Gassendi, emploient le microscope pour des recherches moins spectaculaires, comme la naissance et l'accroissement de cristaux à partir de leurs eaux-mères.

La microscopie ne devait démarrer vraiment qu'avec la parution, en 1665, de l'ouvrage *Micrographia: or some physiological descriptions of minute bodies made by magnifying glasses [..]* de Robert Hooke (1635-1702). Hooke, démonstrateur de la Société royale, donne des gravures magnifiques accompagnées de légendes suggestives de toutes les choses qu'il avait étudiées par le moyen de son microscope composé. Selon toute vraisemblance le travail de Hooke est tombé, en 1668, entre les mains d'Antoni van Leeuwenhoek, commerçant de draps en visite d'affaire à

---

[72] Roger 1963, p.183.

Londres [73]. Rentré en Hollande, ce dernier réussit à se faire des lentilles minuscules d'un pouvoir grossissant pour longtemps sans égal. Depuis 1673, des découvertes riches en conséquences se succèdent presque sans interruption. La nouvelle de ces découvertes se répandra depuis la Société royale de Londres, qui les a su apprécier instamment et qui devient le lieu de rattachement privilégié du micrographe de Delft. Au macromonde de l'univers et au monde à notre échelle, Van Leeuwenhoek va d'abord ajouter un troisième, invisible à l'œil nu, avec un faune tout particulier et du reste d'apparences des plus invraisemblables. Van Leeuwenhoek découvre des globules rouges dans le sang se précipitant dans un liquide incolore (1674) [74], confirme leur circulation dans le système sanguin (1688) et par cela même l'hypothèse que William Harvey (1578-1657) avait émise, en 1628, sur le mouvement du cœur et du sang (Figure 19) [75]. D'autres micrographes avant lui, nommément Marcello Malpighi (1628-1694) et Jan Swammerdam (1637-1680), avaient remarqué ces globules, mais Van Leeuwenhoek, en ignorant ses devanciers, est le premier à y consacrer une étude de cas [76]. Etant donné le rôle soupçonné du sang dans la nutrition, idée courante depuis au moins Platon [77], Van Leeuwenhoek va étudier la constitution du corps (os, muscles, cerveaux, cheveux; sueur, salive), de la nourriture (toute sorte de farine; lait) et même d'autres substances (craie, argile, métaux). Bientôt, il voit des globules partout. Sur la base de ces observations il va fonder l'hypothèse de la constitution universellement globulaire des substances. Dans les amas de globules la figure de ces derniers se trouve être déformée et Van Leeuwenhoek, pour en rendre compte, les compare avec des vessies de moutons qui remplies d'eau et entassées les unes sur les autres prennent une forme adaptée. Pourtant, selon son avis, le globule rouge du sang se distingue des autres espèces en ce qu'il est quelque chose de *composé*: chacun consisterait en 6 sous-globules, arrangés en octaèdre, le tout ayant, suite à la compression

---

[73] Ford 1991, p.19-20.
[74] Van Leeuwenhoek I, p.72-77 (lettre 5, du 7 avril 1674), à Henry Oldenburgh; un résumé en Anglais a paru dans *Philosophical Transactions 9* (102) 23-25 (1674).
[75] Van Leeuwenhoek VIII, p.2-57 (lettre 110, du 7 septembre 1688).
[76] Van Leeuwenhoek III, p.244-267 (lettre 62, du 14 juin 1680). Voir aussi, ci-après, p.426, note 110.
[77] Voir ci-dessus, la section 2.3, p.42-43.

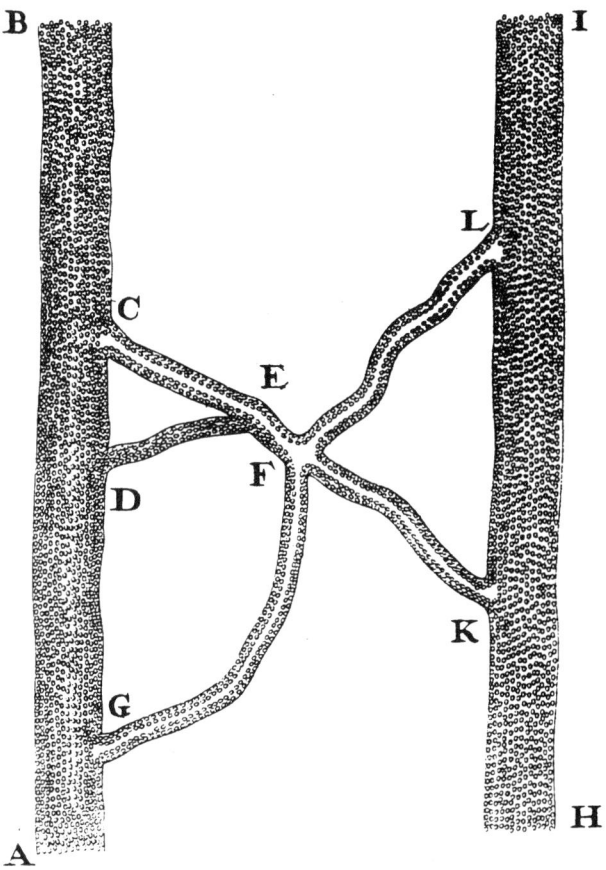

Figure 19

Veine (AB), artère (HI) et les tuyaux capillaires, ainsi que les globules sanguins qui y circulent en masse sous l'impulsion du battement du cœur (1702; source: Van Leeuwenhoek XIII, planche VI). Pour la première fois on avait sous les yeux des entités se rapprochant de l'état moléculaire.

expériencée lors de la circulation, une forme plus ou moins sphérique. Van Leeuwenhoek va chercher l'origine de ces sous-globules dans la nourriture [78]. Or, dès 1678, il croit avoir constaté que les sous-globules des

 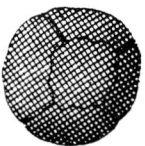

Figure 20a   b

Modèle en boules de cire d'un globule rouge du sang selon Van Leeuwenhoek. Les six sous-globules se sont arrangés en octaèdre (a); suite aux compressions ressenties au cours de la circulation l'octaèdre adopte lui-même la forme globulaire (b)(1702; source: Van Leeuwenhoek XIII, planche VI).

corpuscules sanguins ont la même taille que ceux de la farine. En conséquence, il s'imagine la digestion du pain, par exemple, comme la séparation des globules de la farine, puis la pénétration de ces derniers dans le sang, ensuite la composition d'un globule sanguin par l'agrégation de six globules de farine et, enfin, la formation de « fibres » de chair par l'alignement de globules sanguins. Dans cet ordre d'idées, la chair ne sera donc que du « sang caillé » (geronnen bloet). On le voit, l'observation de ces globules rouges bien visibles et du reste parfaitement égaux entre eux, fourmillant et entraînés dans un courant incolore est la charnière de la doctrine que s'est faite Van Leeuwenhoek. Certes, à travers les généralisations par trop hardies, cette observation incontestable va compter à la longue: pour la première fois on observe de ses propres yeux des entités appuyant l'hypothèse de la structure « moléculaire » de la matière, ce

---

[78] Van Leeuwenhoek II, p.304-323 (lettre 37, du 14 janvier 1678). Cette idée sera reprise par entre autres Herman Boerhaave et Peter van Musschenbroek; voir ci-après, la section 10.2.2, p.469, la note 87.

niveau ontologique introduit par Basson et Beeckman et, à proprement parler, le quatrième, s'insérant entre les niveaux des atomes ultimes et des êtres à notre échelle [79]. Conformément aux prévisions des inventeurs et, bien sûr, dans les limites de la résolution optique, les entités spécifiques en question paraissent effectivement avoir la même figure et la même taille. Nous verrons, dans la section 10.2.2, qu'un physicien tel Peter van Musschenbroek a été bien conscient des leçons épistémologiques que l'on peut tirer de cette découverte. Van Leeuwenhoek, lui, s'en doute qui va comparer l'apparence microscopique de toute sorte de matières et, le cas échéant, estimer leur position dans la séquence des processus physiologiques. Bientôt pourtant, à partir de 1680, son esprit inventif l'abandonne et, dans ses lettres à la Société royale, il ne reparlera plus de la théorie globulaire. Celle-ci réapparaît néanmoins dans les recueils imprimés de ses lettres, ainsi que dans leurs traductions latines, dont notamment les *Arcana naturae* (*Secrets de la nature*; 1722).

En 1677, l'attention de Van Leeuwenhoek est attirée par l'observation de bestioles dans la semence de l'homme, d'une grandeur légèrement inférieure à celle des corpuscules sanguins [80]. Or Van Leeuwenhoek va trouver des « animalcules » dans le sperme de tout un éventail d'êtres vertébrés et invertébrés. Jusque-là l'image courante de la reproduction sexuée était celle de William Harvey (1578-1657) que ce dernier avait réduite à la proposition lapidaire « omne vivum ex ovo » (1651), autrement dit: tout être vivant vient d'un œuf. Selon Harvey, l'être vivant préexiste dans son entièreté dans l'œuf de la femelle et le rôle du mâle n'est que passablement accessoire. Or les anatomistes eurent trouvé une ressemblance assez nette et significatif entre les systèmes génitaux d'animaux ovipares et vivipares, ce qui fit que l'on pressentit la présence d'œufs dans ce qui s'appela déjà, pour raisons d'analogie, les *ovaires* des femelles. Pourtant on n'arriva pas à trouver ces œufs. Van Leeuwenhoek lui-même a fait des efforts pour les mettre au jour, mais en vain. Or la découverte des vers spermatiques changea la perspective de fond en comble, car enfin on eut quelque chose vraiment omniprésente dans les

---

[79] Selon l'atomisme d'Epicure, il y aurait *trois* niveaux ontologiques: les atomes, les êtres à notre échelle, et les mondes dans l'univers de dimensions infinies. Voir ci-dessus, la section 4.2, p.103-104.

[80] Van Leeuwenhoek II, p.276-299 (lettre 35, de novembre 1677).

liqueurs séminaux et, ce qui est plus, douée d'une mobilité manifeste et partant animée. Pour ce qui concerne l'hérédité le problème des contributions respectives des deux parents resta toutefois en entier. Les partisans de Harvey cherchaient le fœtus dans l'œuf et avaient du mal à justifier l'intervention du mâle, alors que Van Leeuwenhoek et siens, eux, s'efforçaient à démontrer l'apport exclusif des animalcules nouvellement découverts. Or François Jacob a bellement mis en lumière les expériences réalisées plus tard, au début du XVIIIe siècle, pour déterminer « la limite que trace la nature aux amours des bêtes » [81], ainsi que les recherches menées pour retracer la transmission de certaines déviations héréditaires. Van Leeuwenhoek est encore loin de là; il se borne à présenter, dans une seule espèce, ce qui se passe suite à l'accouplement comme la pénétration de l'animalcule dans l'un des endroits préférentiels de la matrice, laquelle se comporte comme la terre par rapport à la semence dans le règne des végétaux [82]. Ainsi, l'apport héréditaire de la femelle est assuré par le biais de la nutrition du fœtus.

Or les trouvailles spectaculaires de Van Leeuwenhoek refocalisèrent l'intérêt des savants sur les problèmes de la reproduction et par cela même un autre problème, fort banal en l'occurrence et connu de tout temps, refit surface. En effet, si la reproduction revient à la génération d'un être *complet*, il y avait bon nombre de phénomènes où il n'était question que de la génération d'une *partie* d'un individu, ou plutôt la régénération d'une partie perdue ou cassée. On peut penser à la croissance des cheveux et des ongles, à la reconstitution de la peau suite à la desquamation, mais aussi à la fermeture d'une plaie. Dans le cas des animaux qui connaissent la mue, celle-ci concerne les poils, les plumes, les écailles, la ramure. On savait par ailleurs que certaines plantes se reproduisent non seulement à partir d'une semence, mais encore par voie de boutures: si l'on arrache une branche de certains arbres (l'orme, par exemple) ou d'une certaine plante (le troène, le papyrus, etc.) pour la mettre dans de la terre, on remarquera que la bouture deviendra un nouvel individu complet de même espèce. Ainsi, pour ces végétaux, la reproduction en tant que telle se situe dans le prolongement de la régénération partielle. Or, dans le règne ani-

---

[81] Jacob 1970, p.80.
[82] Van Leeuwenhoek IV, p.2-43 (lettre 70, du 22 janvier 1683). Voir aussi Van Leeuwenhoek V, p.138-213 (lettre 84, du 30 mars 1685).

mal il parut y avoir d'autres exemples. On connaissait sans doute depuis longtemps le comportement du salamandre, qui, ayant perdu une patte, une mâchoire, un œil ou la queue, paraît à même de se faire un nouveau. Or il y avait aussi l'écrévisse, qui, quant à ses pinces, parut avoir un pouvoir régénérateur comparable à celui du salamandre. Les limaçons, eux aussi, étaient assez forts: ils parurent en état de se régénérer la tête. On découvrit, d'autre part, que certains vers de terre, les polypes d'eau douce, les anguilles et les étoiles de mer étaient plus performants encore: lorsqu'on les coupa en un certain nombre de parties, chacune de ces dernières devint un individu complet. Toutes ces observations tendirent à chercher la cause de la génération (sexuée ou non) et de la régénération dans des entités microscopiques, constituants de toute partie quelconque d'un animal ou d'une plante. Les polypes d'eau douce se révélèrent sans égaux dans ce domaine. Après quatre années d'études systématiques et virtuellement exhaustives Abraham Trembley (1700-1784) publia, en 1744, un recueil de *Mémoires [..]* à leur sujet. Il eut trouvé que ces polypes forment un genre d'êtres vivants très petits et du reste assez difficile à classer. Au début, Trembley crut qu'il s'agit d'une espèce d'animal: c'est qu'ils mangent (des vers, des daphnies, des petits poissons) et digèrent leur nourriture; ils se déplacent spontanément et font des mouvements également spontanés avec leurs tentacules; ils sont à même de se contracter [83]. Un peu plus tard Trembley leur attribua même une volonté (rassasiés, ils ne mangent plus) [84] et un sentiment (ils aperçoivent leur proie) [85]. Le nombre des bras et des pieds n'était tout de même pas constant, ce qui suggéra qu'il s'agit malgré tout d'une espèce de plante. Mais Trembley raisonna-t-il, si le polype était effectivement une plante, il pourrait peut-être se multiplier par bouture. Par conséquent, si, lorsqu'on coupe un polype en deux, les deux bouts deviennent autant d'êtres complets, les polypes sont des plantes; sinon, ils sont des animaux [86]. Sitôt dit, sitôt fait: comme les deux morceaux devinrent effectivement des individus complets, Trembley dut conclure que la question n'était pas encore

---

[83] Trembley 1744, 'Premier mémoire'.
[84] Trembley 1744, p.106.
[85] Trembley 1744, p.110.
[86] Trembley 1744, p.12-13.

tranchée [87]. Afin de trouver un caractère vraiment distinctif il coupa des polypes d'abord selon la longueur, puis selon la largeur en autant de parties que possibles [88]; ensuite il les hâcha à la fois selon la longueur et la largeur [89]. Toutes les parties ainsi obtenues parurent devenir des nouveaux individus. En ne fendant un polype que partiellement depuis sa tête, Trembley acquérit un polype à plusieurs têtes et éventuellement plusieurs corps sur un seul pied; ou bien un seul polype à une tête, plusieurs pieds et, le cas échéant, plusieurs corps. En ne fendant que la tête d'un polype, les deux parties devinrent des têtes complètes; en fendant ces dernières, les nouvelles extrémités devinrent à leur tour des têtes complètes. C'est pourquoi Trembley compara ses polypes avec l'hydre de Lerne de l'ancienne mythologie [90]. A son opinion, la réalité qu'il vint de découvrir était plus fantastique encore que la mythe d'antan, car si l'on sépare les têtes d'un polype polycéphale, chacune des têtes devient un polype complet, prêt à être fendu à son tour.

L'étude de la génération des polypes lui réserva encore d'autres surprises. Il lui parut que la mère pousse le petit hors de son corps, un peu comme un tronc de saule pousse une branche [91]. Apparemment la multiplication s'effectue par rejettons et bien de tout endroit du corps de la mère. Il n'est toutefois pas question d'accouplement [92], tous les polypes étant en état de donner naissance à des petits. Sur le corps du parent poussent souvent plusieurs petits en même temps avant d'être lâchés, chacun à son tour. Apparemment, chaque partie du corps d'un polype est à même de se transformer en un polype junior et c'est précisément la remarque dont on s'attend de la part de Trembley, sans toutefois qu'il la fait. Il s'aperçut cependant bien et le rapporte dûment que sur la peau d'un polype il y a parfois des petites « excrescences sphériques » sur un petit pédicule qui se séparent du corps; une fois il avait même l'impression que celles-ci, après la séparation, devenaient des individus complets [93].

---

[87] Trembley 1744, p.302-303.
[88] Trembley 1744, p.233-237 et 239-245, respectivement.
[89] Trembley 1744, p.245 et 248.
[90] Trembley 1744, p.246-247.
[91] Trembley 1744, p.160.
[92] Trembley 1744, p.171.
[93] Trembley 1744, p.196-197.

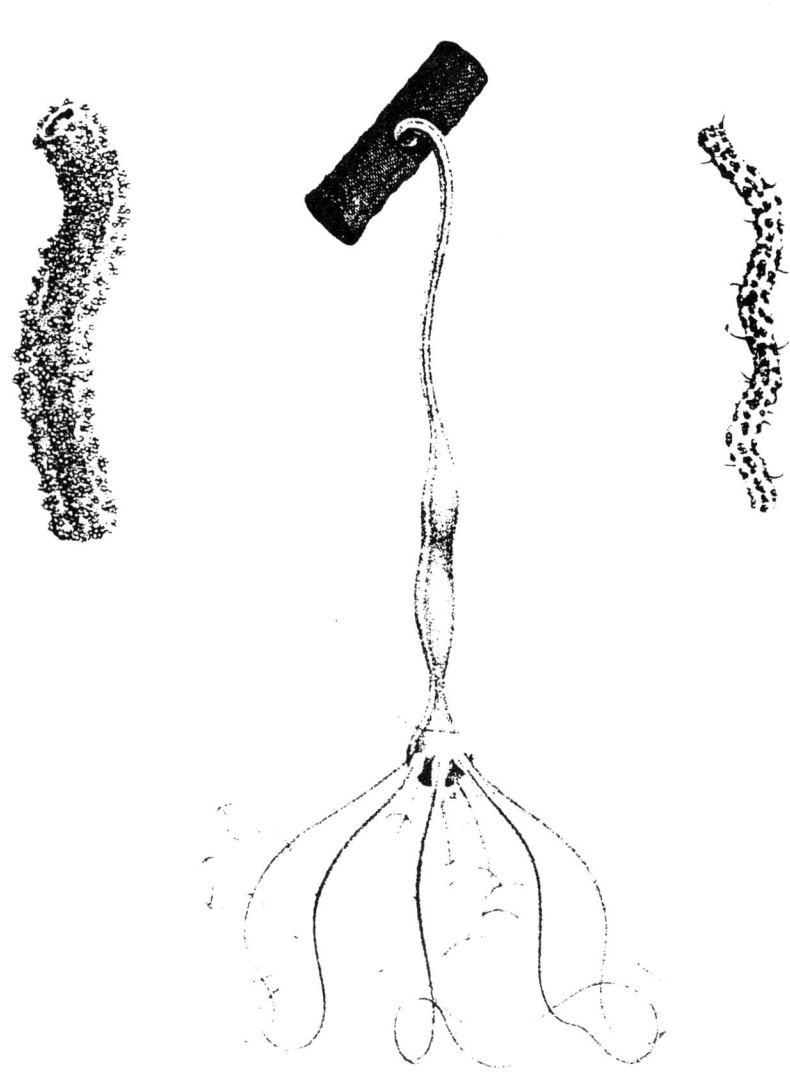

Figure 21

L'un des polypes d'eau douce étudiés par Abraham Trembley pendant à un bout de branche; les agrandissements montrent la structure granulaire du corps et des bras (source: Trembley 1744, planche 5, mémoire I).

Le conditionnel et la réserve avec lesquels justement ces résultats sont présentés contrastent avec le ton assuré du reste des *Mémoires [..]*. Ailleurs, dans le 'Premier mémoire', il signale que la peau des polypes est constituée, à l'extérieur comme à l'intérieur, de « petits grains » liés entre eux par une « matière glaireuse » [94]. Ces « grains » lui parurent la cause de la couleur du polype entier, bras inclus [95]; parfois ils se détachent de leur polype [96]. De par la dépendance de leur couleur de la nourriture du polype, Trembley considère qu'ils sont autant de « glandules » ou de « vessicules » [97]. Plusieurs « grains » constituent de temps à autre ce qu'il appelle un « bouton » à la surface extérieure du corps du polype [98]. Le lecteur fasciné par la logique impressionnante des *Mémoires [..]* s'attend alors à une tentative expérimentale pour établir les rapports entre les trois composants mentionnés. Or il n'en est rien. Trembley se contente de relever que les « boutons » sont constitués de plusieurs « grains » et c'est tout. La question de savoir, par exemple, si les « excrescences sphériques » résultent ou non de « boutons » n'est pas étudiée, ni même posée. Cette question n'en est pas moins fondamentale, car, selon les mots mêmes de Trembley, ces « excrescences sphériques » semblent pouvoir devenir des individus complets, tandis que les « boutons », eux, se composent de « grains ». En fait, l'absence de toute réflexion sur ce point est d'autant plus navrante parce que Trembley se pose précisément la question si les polypes pourraient se reproduire par voie de graines, donc comme certaines plantes, en répondant par la négative [99].

Relevons toutefois brièvement, pour rendre justice au grand expérimentateur qu'était Trembley, qu'il visa tout autre chose que ce que certains de ses contemporains et au reste la postérité ont cru trouver dans ce trésor de données expérimentales que voici ses *Mémoires [..]*. En effet à la fin de son chef-d'œuvre il s'explique assez longuement sur la méthode à suivre en histoire naturelle. Selon son avis, il faut s'abstenir consciem-

---

[94] Trembley 1744, p.54-57.
[95] Trembley 1744, p.58-59, 64, 126-132.
[96] Trembley 1744, p.58.
[97] Trembley 1744, p.132.
[98] Trembley 1744, p.64; cf. p.108.
[99] Trembley 1744, p.204: « Nous n'avons, jusqu'à présent, rien découvert dans les Polypes, que l'on puisse assurer être la graine [..] ».

ment de toute hypothèse, car celle-ci [100]:

> « dispense de la peine d'observer, mais [..] ne sert souvent qu'à multiplier nos erreurs ».

Il espéra, pour sa part, que ses expériences jetèrent les naturalistes dans [101]:

> « une grande défiance à l'égard de ces règles générales [il parle de la distinction entre les plantes et les animaux], auxquelles [..] on a prétendu borner la Nature [..] ».

Pour Trembley, le but de l'histoire naturelle est de « découvrir le plus de Faits qu'il nous sera possible » [102]. Et il continue [103]:

> « Si nous connoissions tous les Faits que la Nature renferme, nous en aurions l'Explication, nous verrions le Tout qu'ils forment ensemble ».

Et encore [104]:

> « La Nature doit être expliquée par La Nature, & non par nos propres vûes, qui sont trop bornées pour envisager un si grand Objet dans toute son étendue ».

Quant à Trembley, chercher une explication au-delà des « faits » serait en quelque sorte rien moins qu'une offense de Dieu.

Heureusement la proscription de Trembley n'a pas été suivie à la lettre par tous ses lecteurs. D'abord Maupertuis, puis Buffon ont su apprécier les observations et les expériences sur les polypes d'eau douce. Pierre-Louis Moreau de Maupertuis (1698-1759) les incorpora dans sa *Dissertation [..]* (1744), puis dans sa *Vénus physique* (1745), toutes deux consacrées aux problèmes de la reproduction (sexuée ou non) et de l'hérédité. Quant à la reproduction sexuée, Maupertuis opta pour l'ancienne doctrine des

---

[100] Trembley 1744, p.309.
[101] Trembley 1744, p.311.
[102] Trembley 1744, p.312.
[103] Trembley 1744, p.312.
[104] Trembley 1744, p.312.

deux semences: le fœtus se formerait à partir de « parties » déjà existantes des deux sexes, parties qui s'unissent successivement [105]. La reproduction sans accouplement et la régénération partielle que manifestent les polypes d'eau douce de Trembley sont ainsi commentées [106]:

> « Que peut-on penser de cette étrange espèce de génération; de ce principe de vie répandu dans chaque partie de l'animal ? Ces animaux ne seroient-ils que des amas d'embrions tout prêts à se développer, dès qu'on leur feroit jour ? ou des moiens inconnus reproduisent-ils tout ce qui manque aux parties mutilées ? »

Ainsi, pour Maupertuis, la voie normale de la procréation dans le règne des animaux et de l'homme est à travers les semences des deux sexes. Un cas spécial est formé par les polypes d'eau douce qui le plus souvent se multiplient par « rejettons » à partir du corps de la mère: chaque partie du corps de cette mère est apparemment à même de devenir un individu complet. Or, Maupertuis raisonne-t-il à peu près, il y a aussi des animaux dont les parties ne sont peut-être pas en état de reproduire un animal complet, mais qui peuvent néanmoins régénérer l'organe qu'on leur a ôté. Si ces considérations ne lui suggèrent pas l'hypothèse que tous les êtres vivants sont des amas d'embryons de même espèce, comme il l'avait considéré dans le cas des polypes, du moins ce sont entre autres elles qui lui font s'interroger [107]:

> « Si cet instinct des animaux qui leur fait appercevoir ce qui leur convient ou ce qui leur nuit, & qui leur fait chercher l'un & fuir l'autre, n'appartient pas aux plus petites parties dont l'animal est formé ? »

Par cet « instinct » chaque « partie » quelconque saurait ses fonctions et ses facultés, ce qui serait un vrai dénominateur commun sinon pour tous les animaux, du moins pour des êtres aussi disparates que les polypes, les écrévisses, les hommes, les serpents, les salamandres, les cerfs et les lézards. Dans son *Essai sur la formation des corps organisés*, publié comme la *Dissertation [..]* et la *Vénus physique* sous la couverture de l'anony-

---

[105] Maupertuis 1745, p.105-106.
[106] Maupertuis 1745, p.66.
[107] Maupertuis 1745, p.111-112.

mat, Maupertuis distingua des « parties » plus ou moins « actives ». Les « parties » moins actives formeraient les métaux, etc., les « parties » plus actives les animaux et l'homme [108]. En se référant surtout, nous semble-t-il, à l'homme et aux animaux, il remarque au sujet des amas de « parties » [109] :

> « C'est ainsi qu'une armée vûe d'une certaine distance, pourroit ne paraître à nos yeux que comme un grand animal; c'est ainsi qu'un essaim d'abeilles, lorsqu'elles se sont assemblées & unies autour de la branche de quelque arbre, n'offre plus à nos yeux qu'un corps qui n'a aucune ressemblance avec les individus qui l'ont formés ».

Cet *Essai [..]* vit le jour en 1754, donc cinq ans après la parution des trois premiers tomes de l'*Histoire naturelle, générale et particulière, avec la description du cabinet du roi* de George-Louis Leclerc (1707-1788), comte de Buffon, et Louis-Jean-Marie Daubenton (1716-1800), ouvrage qui devait jouer un rôle de référence dans l'histoire naturelle jusqu'au milieu du XIXe siècle. Depuis 1733 jusqu'à sa mort, l'auteur principal, Buffon, va dominer les sciences naturelles, surtout en France: le cristallographe Haüy et le physicien Laplace s'inspireront directement de sa vision profondément moléculaire du monde et de la genèse de ce dernier. Si les naturalistes étaient, le plus souvent à l'exemple de Stahl et de Newton, convaincus de la validité de la théorie en question en matières physico-chimiques, les sciences de la vie, encore sous l'emprise de la médecine - universitaire et partant omnipotente - semblent s'y soustraire. Or Buffon a largement contribué à l'émancipation d'une science générale de la vie, adressant à la fois les deux règnes des êtres vivants, disons la future *biologie* de Jean-Baptiste de Monet de Lamarck (1744-1829). Il se trouve, comme nous le verrons par la suite, que cette vision moléculaire a servi de fond général permettant justement la synthèse buffonienne. Cette dernière se révélera plus fondamentale que celle, tout aussi unitariste, des *fibres*, remontant à Galien et encore courante dans les rangs des médecins. A la longue, au milieu du XIXe siècle, c'est la vision moléculaire qui va s'imposer, par ricochet en quelque sorte, en médecine. Toutefois, les ambitions scientifiques de Buffon dépassent le cadre des sciences de la vie. Il se permet

---

[108] Maupertuis 1754, p.46.
[109] Maupertuis 1754, p.47-48.

même d'adresser le problème de la genèse de notre système solaire et d'envisager, dans ce cadre, l'histoire de la terre. Bref, dans la personne de Buffon, le savant-naturaliste avec une vision globale sur l'univers en voie de développement prend la relève du médecin-naturaliste-théologien d'autrefois. Par la suite nous étudierons les grands traits de la doctrine de Buffon concernant la structure et le fonctionnement des êtres vivants.

C'est dans le deuxième volume de l'*Histoire naturelle [..]* que Buffon présente ce qu'il appelle l'*Histoire générale des animaux*. Il y développe une comparaison suivie entre les représentants des trois règnes de la nature et donne un précis factuel de leur reproduction. Puis il traite de la nutrition et du développement en général, pour consacrer après la plus grande partie de ce volume à la génération des animaux, les théories anciennes et modernes là-dessus, ses propres expériences et observations ainsi qu'une comparaison de ces dernières avec celles d'Antoni van Leeuwenhoek [110]. Il clôt avec quelques réflexions sur les expériences rapportées et un aperçu des modalités de la génération des animaux.

Les chapitres I et II nous regardent d'abord. C'est en effet là que Buffon s'étend sur la composition matérielle de tout objet naturel, qu'il soit organique ou inorganique. Il part du constat que les trois règnes de la nature ne sont point équivalents: il y a d'abord les animaux, puis les plantes et, enfin, les minéraux. Dans l'ordre de la nature, l'homme est le « chef-d'œuvre » [111]. Tout étonné qu'on puisse être par la complexité des objets pris à part, il ne faut toutefois pas chercher « la plus grande merveille » dans ces individus, mais « dans la succession, dans le renouvellement & dans la durée des espèces » [112]. Dans l'esprit de Leibniz, Buffon fait ressortir que [113]:

> « [l']individu [animal] est un centre où tout se rapporte, un point où l'Univers entier se réfléchit, un monde en raccourci ».

---

[110] Buffon se réfère à l'ouvrage *Arcana naturae*, un recueil de lettres traduites en Latin, plus particulièrement à la première lettre qui y est reproduite, celle du 14 juin 1680. Voir Van Leeuwenhoek 1722, i, p.1-5; voir aussi ci-dessus, la section 9.3, p.414.
[111] Buffon 1749, ii, p.2; cf. p.4.
[112] Buffon 1749, ii, p.3.
[113] Buffon 1749, ii, p.6.

Les animaux diffèrent peut-être à première vue des végétaux par leur faculté de mouvoir et de sentir et par la manière de se nourrir, mais un examen détaillé nous enseigne que, encore dans l'esprit de Leibniz, il n'y a pas de différence essentielle [114]:

> « la Nature descend par degrés & par nuances imperceptibles d'un animal qui nous paroît le plus parfait à celui qui l'est le moins, & de celui-ci au végétal ».

Buffon cite deux exemples: d'une part, la sensitive qui montre que la faculté de sentir est apparemment « plus essentielle » que celle de se mouvoir et, d'autre part, le polype d'eau douce qui sera « si l'on veut, le dernier des animaux & la première des plantes ». La position-clé de la sensitive et du polype d'eau douce en tant que « zoophytes » au sens d'Edward Wotton, donc comme cas limitrophes dans la descente de l'échelle des êtres, paraît assurée dès le début. Remarquons par ailleurs que la sensitive était souvent présentée comme point de transition en passant, inversement, du règne des plantes au règne des animaux. Encore au XIXe siècle elle aura ce statut; c'est elle en effet qui a été au centre des préoccupations d'un Henri Dutrochet (1776-1847), par exemple, le même qui devait raviver la doctrine buffonienne [115].

Par la suite Buffon considère la reproduction et l'accroissement dans les végétaux et les animaux. Là aussi il constate aucune différence fondamentale, puisque, dans les animaux, il y a beaucoup de parties (os, cheveux, ongles, cornes) qui semblent résulter d'une « vraie végétation » [116]. Encore, il y a beaucoup d'animaux, tels que les pucerons [117] et les polypes, qui se reproduisent comme des plantes. Il n'y a donc effectivement pas un véritable hiatus entre les animaux et les plantes; ils sont vraiment « des êtres du même ordre » [118]. C'est dans ce contexte qu'il définit son fameux concept d' « espèce » en termes de la perpétuation par

---

[114] Buffon 1749, ii, p.8.
[115] Voir ci-après, la section 16.3, p.906.
[116] Buffon 1749, ii, p.9.
[117] La reproduction asexuée des pucerons avait été découverte, en 1740, par Charles Bonnet. On parle de *parthénogenèse*.
[118] Buffon 1749, ii, p.10.

copulation. En fin de chapitre il arrive à la conclusion que [119]:

> « le vivant & l'animé, au lieu d'être un degré métaphysique des êtres, est une propriété physique de la matière ».

Il s'agit en quelque sorte d'une annonce de la thèse principale du second chapitre, consacré, lui, à la reproduction en général. Dans ce chapitre, il dit, en raisonnant du point de vue d'une nature personnifiée [120]:

> « Le premier moyen, & [..] le plus simple de tous est de rassembler dans un être une infinité d'êtres organiques semblables, & de composer tellement sa substance, qu'il n'y ait pas une partie qui ne contienne un germe de la même espèce & qui par conséquent ne puisse elle-même devenir un tout semblable à celui dans lequel elle est contenue ».

De toute évidence ce sont les expériences sur les polypes, les ormes, les vers, etc. qui l'ont montré que [121]:

> « chaque partie [de ceux-ci] contient un tout, qui par le seul développement peut devenir une plante ou un insecte ».

Ainsi [122]:

> « [..] un individu n'est qu'un tout uniformément organisé dans toutes ses parties intérieures, un composé d'une infinité de figures semblables & de parties similaires, un assemblage de germes ou de petits individus de la même espèce ».

C'est à partir de cette idée qu'il arrive à trouver un rapprochement des plus inattendus entre les végétaux et les animaux, d'un côté, et les minéraux, de l'autre. En effet, écrit-il à peu près en se référant aux observations de Van Leeuwenhoek [123], de même que le cristal cubique du sel marin consiste en une infinité de petits cubes qui sont comme ses « parties

---

[119] Buffon 1749, ii, p.17.
[120] Buffon 1749, ii, p.18.
[121] Buffon 1749, ii, p.18-19.
[122] Buffon 1749, ii, p.19.
[123] Van Leeuwenhoek 1722, i, p.3.

primitives & constituantes », les animaux et les plantes qui se reproduisent par toutes leurs parties, eux [124]:

> « sont des corps organisés composés d'autres corps semblables, dont les parties primitives & constituantes sont aussi *organiques* & *semblables* & dont nous discernons à l'œil la quantité accumulée, mais dont nous ne pouvons apercevoir les *parties primitives* que par le raisonnement & par l'analogie que nous venons d'établir ».

Ainsi, comme il y a, dans la nature, des « particules brutes » à la base des corps bruts, il y a des [125]:

> « *parties organiques*, actuellement existantes, vivantes, & dont la substance est la même que celle des êtres organisés ».

L'analogie entre les êtres vivants et les cristaux est poussée très loin [126]:

> « [..] comme il faut séparer, briser & dissoudre un cube de sel marin pour apercevoir, au moyen de la crystallisation, les petits cubes dont il est composé, il faut de même séparer les parties d'un orme ou d'un polype pour reconnoître ensuite, au moyen de la végétation ou du développement, les petits ormes ou les petits polypes contenus dans ces parties ».

Certes, Buffon s'est bien rendu compte de l'étrangeté de son analogie pour des gens qui d'habitude décrivent la constitution organique en termes de particules inorganiques. En effet [127]:

> « il paroît plus aisé de concevoir comment un cube est nécessairement composé d'autres cubes, que de voir qu'il soit possible qu'un polype soit composé d'autres polypes [..] ».

Un peu plus loin il conclut [128]:

> « Il me paroît donc très-vrai-semblable [..], qu'il existe réellement dans la Natu-

---

[124] Buffon 1749, ii, p.20; c'est nous qui soulignons.
[125] Buffon 1749, ii, p.20; c'est nous qui soulignons.
[126] Buffon 1749, ii, p.20.
[127] Buffon 1749, ii, p.21.
[128] Buffon 1749, ii, p.24; c'est nous qui soulignons.

> re une infinité de petits êtres organisés, semblables en tout aux grands êtres organisés qui figurent dans le monde, que ces petits êtres organisés sont composés de *parties organiques* vivantes qui sont communes aux animaux & aux végétaux, que ces *parties organiques* sont des parties primitives & incorruptibles, que l'*assemblage* de ces parties forme à nos yeux des êtres organisés, & par conséquent la reproduction ou la génération n'est qu'un changement de forme qui se fait & s'opère par la seule addition de ces *parties* semblables, comme la destruction de l'être organisé se fait par la division de ces mêmes *parties* ».

Retenons de ce qui précède que, pour Buffon, tout être vivant est un « assemblage » de *parties organiques* de même espèce. Or à partir du troisième chapitre Buffon va parler de « molécules organiques ». Ce sont ces « molécules organiques » qui, dit-il ici [129]:

> « forment de petits corps organisés semblables au premier; & auxquels il ne manque que les moyens de se développer ».

Le chapitre suivant concerne la reproduction sexuée qui est définie dans le prolongement de la nutrition: la nourriture consistant en « molécules organiques » et « molécules brutes », le corps sépare et rejette d'abord les dernières pour incorporer ensuite les premières. Dans la meilleure tradition galienne, Buffon décrit alors la formation du semen - dans les deux sexes - comme un mélange de « molécules organiques » superflues provenant de tous les organes du corps adulte, qui, eux, les ont extrait de la nourriture [130]. Ainsi, les vers spermatiques seraient des « petits corps organisés » qui résultent immédiatement des « molécules organiques » du mâle. Il les considère comme une « ébauche de l'animal » et remarque à leur sujet [131]:

> « [..] ces prétendus animaux ne sont que les *parties organiques* vivantes dont nous avons parlé, qui sont communes aux animaux & aux végétaux, ou tout au plus, ils ne sont que la première réunion de ces *parties organiques* ».

Dans le chapitre VI, consacré aux 'Expériences au sujet de la génération', il est plus clair: les *parties organiques* des chapitres I et II sont sim-

---

[129] Buffon 1749, ii, p.49.
[130] Buffon 1749, ii, p.57-58.
[131] Buffon 1749, ii, p.60; c'est nous qui soulignons.

plement devenues les *molécules organiques* du chapitre III. Ainsi, dans un fragment d'une teneur visiblement comparable à celle du fragment précédent, il dit [132]:

> « [..] & les animalcules qu'on voit dans la semence des mâles ne sont peut-être que ces mêmes *molécules organiques* vivantes, ou du moins ils ne sont que la première réunion ou le premier *assemblage* de ces *molécules* [..] ».

Convaincu qu'il est de la justesse de la doctrine des deux semences il suppose ensuite la présence de telles molécules organiques dans la semence de la femelle. Avec l'assistance du célèbre micrographe John Turberville Needham (1713-1781) et de Daubenton, il va s'efforcer de les découvrir - dans le liquide contenu dans les « corps glanduleux » des ovaires - et y réussit, selon ses dires, sans trop de problèmes (1748) [133]. Mais il y eut davantage. Le triumvirat trouva des entités comparables dans toutes sortes de préparations, soit d'origine animale, soit d'origine végétale, ce qui fit remarquer Buffon [134]:

> « Que seront-ils donc ? On les trouve partout, dans la chair des animaux, dans la substance des végétaux; on les trouve en plus grand nombre dans les semences des uns et des autres, n'est-il pas naturel de les regarder comme des *parties organiques* vivantes qui composent l'animal ou le végétal, comme des parties, qui ayant du mouvement & une espèce de vie, doivent produire par leur réunion des êtres mouvans & vivans, & former les animaux & les végétaux ? »

Ce qui nous intéresse surtout c'est que Buffon suggère ici que les « molécules organiques », redevenues « parties organiques », sont, pour ainsi dire, les unités constituantes dont le corps de tout être vivant n'est que l'agrégat, ou plutôt, selon ses mots, l' « assemblage ». Or, on le sait, les procédures expérimentales de Buffon et siens ont été critiquées sévèrement, surtout par Lazzaro Spallanzani (1729-1799; 1765). Ce dernier réussit à démontrer, par une brillante série d'expériences, que les entités motiles observées en nombre toujours croissant ne sont point les briques libérées successivement de la masse, comme le prétendit Buffon, mais des

---

[132] Buffon 1749, ii, p.169; c'est nous qui soulignons.
[133] Buffon 1749, ii, p.169 et suiv.
[134] Buffon 1749, ii, p.267; c'est nous qui soulignons.

micro-organismes qui, se nourrissant du matériau organique, se multiplient très rapidement. Resta la question de savoir d'où venaient justement ces micro-organismes, question tout aussi passionnante qui explique que Spallanzani a pu traiter la doctrine des « molécules organiques » de Buffon dans la seule perspective de la génération spontanée, cette transition fabuleuse de matière morte en matière vivante. C'est donc à l'aune de cette question assez délicate que les naturalistes vont juger Buffon. Les tenants d'une distinction préalable entre matières morte et vivante le condamnent en effet le plus souvent du fait du peu de précautions prises pour exclure, lors des expériences, l'influence de l'environnement. Ils ont eu sans doute parfaitement raison, mais lors du démêlé le fond même de la doctrine de Buffon, à savoir le concept de « molécule organique » et l'analogie avec les molécules des cristaux, se dissipait sous la critique incisive [135]. C'est ce noyau qui sera retrouvé, dans les années 1820, par Henri Dutrochet.

9.4 Assemblages moléculaires: Buffon et Haüy

La doctrine des molécules organiques vise principalement, comme nous l'avons vu, les processus de la nutrition, de la reproduction (sexuée ou non) et de la régénération partielle, ainsi que d'une manière plus générale la constitution des êtres vivants. S'il est vrai que la terminologie de Buffon n'est pas dépourvue d'équivoque, il demeure qu'il a su réunir sous un seul point de vue ces trois processus physiologiques des plus importants, tout en rendant compte des données expérimentales les plus récentes. Comme Leibniz et Maupertuis avant lui, Buffon a cherché l'unité des phénomènes de la vie dans des entités individuelles constituant les êtres vivants. Cette tendance au monisme s'est perpétuée à travers les nombreuses éditions de l'*Histoire naturelle [..]* et c'est elle qui, au XIXe siècle,

---

[135] Phillip Sloan a montré que le microscope utilisé par Buffon et Needham n'était pas celui qui orne l'un des dessins du deuxième tome de l'*Histoire naturelle [..]*, mais un exemplaire beaucoup plus performant et en fait d'un pouvoir grossissant supérieur à celui de Spallanzani et siens. Sur la base de ce dessin les derniers se croient en droit de soutenir que les observations de Buffon et Needham étaient nécessairement trompeuses. Voir Sloan 1992.

animera des successeurs partisans de la doctrine des molécules organiques, tels Henri Dutrochet et Mathias Schleiden [136]. Dans le train d'idées de Buffon, l'analogie entre la structure « moléculaire » des cristaux et des êtres vivants, joue un rôle essentiel. Plus tard, et sous l'influence directe de Buffon, ce sont les cristallographes qui apprécieront cette portée unificatrice de la doctrine des « molécules organiques ». Ainsi, c'était bien dans l'esprit de Buffon que Haüy allait rassembler les structures de tous les cristaux sous le seul point de vue d'abord de la « molécule intégrante », puis de la « molécule soustractive » (1789). Cette dernière nous semble, en effet, une notion tout aussi abstraite que celle de « molécule organique ». La fiction géométrique des cristallographes s'est modelée donc sur une fiction biologique déjà courante: dans les deux cas le but plus ou moins explicite était de réunir sous un seul point de vue les êtres de tout un règne de la nature avec les particularités de leur économie. Tout être sera dorénavant un amas, ou plutôt un « assemblage » selon le terme de Buffon retenu par Haüy, de « molécules ». Or ces « assemblages » ne sont aucunement des amoncellements arbitraires comme l'avait soutenu, pour les cristaux, Georg Ernst Stahl au début du XVIIIe siècle. On se souvient que, aux yeux de Stahl, l'amas des molécules composant un être vivant sera au contraire doué d'un « but organique » (scopum organicum). Du reste, il s'imaginait les molécules comme parfaitement indépendantes les unes des autres et résumant, chacune pour soi, toutes les caractéristiques physico-chimiques de l'espèce. Dans ce contexte la géométrie cristalline n'est qu'une coïncidence des plus fortuites, exception manifeste de la marche ordinaire que prend la nature inorganique. On voit que les unités de Stahl se rattachent encore directement à la tradition du XVIIe siècle, qui ne faisait pas encore le départ entre matériaux organique et inorganique. Sur ce point les « molécules organiques » et l' « assemblage » de Buffon marquent une étape importante. Dorénavant il faudra compter avec les nombreux phénomènes justement biologiques que Buffon avait mis en jeu. Parler seulement d'un « but organique », comme l'avait fait Stahl et successeurs, ne suffit plus pour saisir le propre du monde vivant. D'autre part dans le domaine des minéraux cristallins on réussit, malgré le désaveu de Stahl, à formuler, pour une même espèce, des rapports fixes entre les multiples formes géométriques que

---

[136] Quant à Schleiden, voir ci-après, la section 16.4.1, p.909 et suiv.

peut adopter l' « assemblage » et la figure hypothétique de cette unique brique qu'est la « molécule intégrante » ou, dans un sens plus stricte, la « molécule soustractive ». Nous avons vu que cette dernière a été inventée pour sauver les cas où la géométrie du cristal et la figure moléculaire trouvée par voie expérimentale s'excluent mutuellement. Ainsi, dans le cas des « molécules intégrantes », on est en droit de parler d'*individus substantiels*: elles sont les vecteurs des propriétés physico-chimiques et déterminent directement - ou indirectement, par le détour des « molécules soustractives » - la géométrie de l' « assemblage ». Le mot d'*individu* pourtant ne fait plus mode, c'est-à-dire pour indiquer les composants spécifiques des corps physico-chimiques [137]: chez Haüy et Buffon l'analogie se fait sur le niveau des êtres vivants et cristallins, les deux au sens d' « assemblages ». On conçoit que, malgré tout, la conception moléculaire ne pouvait que profiter de ces développements où la part de l'expérience s'accrut de jour en jour. Chez Stahl, elle avait encore le statut d'une notion essentiellement théorique inventée pour expliquer généralement l'espèce physico-chimique et de rendre compte de quelques phénomènes fondamentaux. Or Haüy réussit à lier le monde moléculaire et le monde phénoménal des cristaux. C'est qu'il trouve par voie expérimentale des figures moléculaires aptes à expliquer, par leur empilement régulier, la structure, non seulement des cristaux les plus courants mais encore celle des cristaux plutôt rares, mais pourtant de même espèce. Ainsi, dans le cas de la pyrite, des molécules cubes ont été à l'origine de cristaux cubiques, mais aussi de cristaux moins fréquents de forme octaèdre ou dodécaèdre. Haüy se rend compte du reste que les constituants de ces entités microscopiques seront les particules des *éléments analytiques* de Lavoisier et il se permet de spéculer sur leurs figures géométriques et leur arrangement caractéristique. Ainsi, la théorie de la structure cristalline renforcera le statut de certains phénomènes chimiques, dont tout particulièrement les rapports pondéraux fixes lors des réactions; ces derniers vont bientôt devenir l'enjeu d'un débat vigoureux entre Louis-

---

[137] Déodat de Gratet de Dolomieu fait l'exception, notamment dans son essai *Sur la philosophie minéralogique et sur l'espèce minéralogique*. Selon l'avis de Dolomieu, la « molécule intégrante » d'une substance doit être considérée comme un « individu complet », alors que les masses ne sont que des « collections d'individus minéraux ». Voir Dolomieu 1801, p.44. Nous y reviendrons ci-après, la section 17.1, p.982-986.

Joseph Proust (1754-1826) et Claude-Louis Berthollet (1748-1822). Nous verrons, dans le chapitre suivant, comment Pierre-Simon de Laplace, inspiré lui aussi par Buffon, va élaborer les aspects cosmologique et cosmogonique de la théorie moléculaire.

Il est intéressant de constater que la tendance au monisme que nous avons signalée chez Buffon, s'exprimait aussi dans une théorie médicale contemporaine, celle des *fibres* nommément. Herman Boerhaave (1668-1738) et Albrecht von Haller (1708-1777) en particulier avaient prôné cette théorie qui se fondait sur l'apparence des tissus animaux et végétaux déjà visible à l'œil nu et qui était par cela même d'une ancienneté fort respectable [138]. Nous avons vu que Van Leeuwenhoek les avait étudié, les fibres de la chair, à l'aide de son microscope et qu'il croyait y remarquer les globules sanguins qui les avaient constitués. Or même si le naturaliste que fut Buffon laissa cette théorie autrement unitaire de côté, son intérêt historique est bien documenté. Assez récemment l'historien Lelland Rather en a dressé un bilan précieux [139]. Or à en croire Rather les médecins du XVIIIe siècle, s'accordaient en ce qu'ils soutenaient que les animaux et les plantes sont, tous, composés de *fibres*, que ces *fibres* sont composées de particules inorganiques, que les organes et les tissus naissent d'un arrangement ordonné de ces unités et, enfin, que ces dernières ont une signification à la fois fonctionnelle et structurale [140]. Les *fibres* adressent apparemment, tout comme les *molécules organiques*, un ensemble de phénomènes physiologiques cruciaux. Ces dernières nous semblent tout de même d'un statut plus général et abstrait, dans ce sens qu'elles sont supposées être impliquées, et ceci à dessin, dans les processus de reproduction. Les phénomènes de la régénération partielle, de la reproduction asexuée (puceron, polype d'eau douce), puis de la reproduction sexuée demandent en effet des entités beaucoup plus performantes. Nous avons vu que Maupertuis et Buffon croyaient y discerner des embryons infimes prêts à se développer du moment où les circonstances le permettent. Pour les naturalistes-libertins du XVIIIe siècle, ceux donc du genre de Buffon et de Maupertuis, le problème des sciences de la vie

---

[138] Nous avons vu que Platon déjà considérait la formation des tendons « à partir des fibres » (ἐξ ἰνῶν); voir ci-dessus, la section 2.3, p.42.
[139] Rather 1969.
[140] Rather 1969, p.199.

n'était pas premièrement d'ordre anatomique ou physiologique. Bien sûr, il y avait la structure des tissus et des organes, la nutrition, la digestion et l'accroissement, mais le foyer de l'intérêt était occupé par les problèmes de la reproduction et de l'hérédité. Les recherches de Charles Bonnet sur les pucerons et celles d'Abraham Trembley sur les polypes d'eau douce, pour ne pas parler du problème de l'homme blanc ayant toutes les caractéristiques d'un homme noir sauf la couleur de peau [141], étaient sans doute beaucoup plus captivantes que les résultats aussi solides que dénués de portée philosophique des exercices d'anatomie, faites dans les cabinets médicaux universitaires. D'une certaine manière c'était aussi une question de langue: le Français de Bonnet, de Trembley, de Maupertuis et de Buffon, celui des Lumières, battait le Latin des médecins, manifestement trop conservateur et en perte de vitesse. On peut y voir aussi, nous semble-t-il, l'amorce de l'émancipation de la biologie avant la lettre [142], laquelle en tant que science de la vie la plus générale, sur le plan théorique autant qu'expérimentale, va se substituer petit à petit à la médecine. Quoiqu'il en soit, la théorie des *fibres* va céder, dans le premier quart du XIXe siècle, devant l'évidence expérimentale nouvellement trouvée en faveur de la théorie moléculaire de Buffon. C'est dire que la théorie cellulaire, celle indiquée par Henri Dutrochet et élaborée par Mathias Schleiden (1838) et Theodor Schwann (1839) se référera directement aux aspects biologiques tout en négligeant, le plus souvent, les côtés médicaux. Grâce à Rudolf Virchow notamment, elle deviendra, dans les années 1850, le fondement même des branches principales de la médecine, savoir la physiologie et la pathologie. Nous y reviendrons dans le chapitre XVI.

Les conséquences de la « molécularisation de l'image du monde » pour ce qui concerne la proto-biologie et la cristallographie ont été aussi nombreuses que fondamentales. L'univers en tant qu' « assemblage » d'entités moléculaires, sur quelque niveau que ce soit, a su séduire les biologistes avant la lettre, esprits plutôt libertins et ludiques, autant que les systémateurs de la science des cristaux, esprits plutôt géométriques et abstraits. Dans le chapitre précédent nous avons vu comment cette

---

[141] Le premier ouvrage de Maupertuis s'intitulait *Dissertation physique à l'occasion du nègre blanc* (Maupertuis 1744).

[142] Le néologisme de « biologie » date de 1802; voir ci-après, la section 16.1, p.890, la note 17.

doctrine moléculaire a joué dans l'arrière-fond de la chimie, du début du XVIIIe siècle, chez Stahl, jusqu'à la fin, chez Lavoisier. Le présent chapitre a montré qu'elle s'est imposée aussi dans le domaine de l'histoire naturelle, malgré les réserves de Stahl vis-à-vis du statut de la géométrie cristalline. Le chapitre suivant adressera le développement de la théorie de la matière dans le domaine de la physique. Une fois de plus le rôle de l'*Encyclopédie [..]* de Diderot et de d'Alembert dans la dissémination de la science en général et des sciences physiques en particulier apparaîtra au grand jour.

CHAPITRE X

LA MOLECULARISATION DE L'IMAGE DU MONDE AU XVIIIe SIECLE ; PHYSIQUE

10.1 Le statut de la physique

Dans son article sur la « chymie » dans l'*Encyclopédie [..]* de Diderot et d'Alembert, Gabriel-François Venel (1723-1775) développa, dans les détails, les distinctions à faire entre les principales sciences de la matière, la physique et la chimie en l'occurrence. Pour lui, l'ouvrage physique par excellence est le chef-d'œuvre de Newton, les *Philosophiae naturalis principia mathematica*; il serait, selon les mots de Venel, le fruit du « génie physicien porté peut-être au plus haut degré où l'humanité puisse atteindre »[1]. Or, poursuit-il, ce que les *Principia [..]* symbolisent pour la physique proprement dite, c'est que le *Specimen Beccherianum* de Stahl signifie pour la chimie. En rétrospect cette prise de position de Venel a de quoi déranger, du moins à première vue. Elle s'oppose en effet à l'historiographie reçue, qui ne nous enseigne point le diptyque requis de deux images sinon équivalentes du moins complémentaires, mais bien plutôt une seule, savoir celle de l'incomparable Newton auteur d'au

---

[1] Venel 1753, p.416b.

moins un ouvrage « immortel » ², traduit en différentes langues vivantes, réédité à plusieurs reprises et, assez récemment, sujet d'une savante édition critique ³. Or l'image actuelle de Stahl, nous l'avons vu dans le chapitre VIII, souffre d'une négligence systématique de ses travaux, du *Prodromus [..]* (1683) jusqu'au *Fundamenta chymiae [..]* (1723) en passant par le *Specimen Beccherianum* (1703), ce qui fait que, déjà par rapport à Lavoisier, l'ignorance est presque tangible. Pourtant dans le contexte de notre monographie la comparaison aussi à propos et directe que sincère de Venel reprend en quelque sorte toute la vigueur qu'elle avait à l'époque où le mouvement encyclopédiste secoua la France, puis l'Europe toute entière. Certes, les lumières étaient venues d'Angleterre. François-Marie Arouet (1694-1778), surnommé Voltaire, eut visité le pays de la *Révolution glorieuse*, le fief d'Isaac Newton et de John Locke, et fut impressionné de la manière dont le royaume britannique remplit sa tâche envers ses citoyens, des philosophes les plus illustres jusqu'aux franc-bourgeois les plus humbles. La France de Louis XV n'avait pas de choix, à son avis, et devait suivre l'exemple d'outre-Manche. Or l'*Encyclopédie, ou Dictionnaire raisonné des sciences, des arts et des métiers [..]*, prouesse continentale, devint cheval de bataille pour une vague de réformes de tout ordre, non seulement politiques, sociales et religieuses, mais aussi sèchement scientifiques. Ainsi, dans le sillage du troisième volume de l'*Encyclopédie [..]* et presque simultanément parut, en novembre 1753, un petit recueil de *Pensées de l'interprétation de la nature* de la plume du rédacteur en chef, Denis Diderot (1713-1784). Or ce recueil peut être regardé comme un éloge soutenu de la nouvelle philosophie expérimentale, style Newton bien sûr mais au sens large, dont le principe unificateur ne sera autre chose que la théorie moléculaire. Les *Pensées [..]* se situent du reste, par leur aversion contre les mathématiques et leur attention particulière pour le développement conceptuel ès sciences de la vie, dans la lignée directe de Buffon et de Maupertuis. Pour Diderot en effet toute matière, vivante et/ou morte, sera essentiellement moléculaire. Il établit, lui aussi, un parallèle entre Newton et Stahl et se réfère sur ce point

---

² Hall 1993, p.3.
³ Sous la rédaction de Bernard Cohen et d'Alexandre Koyré. Voir Cohen 1971 et Koyré et Cohen (éds.) 1972.

directement à l'article « chymie » de Venel⁴. Tout compte fait, les *Pensées [..]* offrent rien moins que la contrepartie biologique de cette entrée « chymie » de l'*Encyclopédie [..]*. Les deux auteurs se sont sans doute bien connus personnellement par ailleurs, en dehors des affaires. C'est que tous deux fréquentèrent, à ce début des années 1750, le célèbre cours de chimie dispensé au Jardin des Plantes, à Paris, par Guillaume-François Rouelle, le plus illustre des interprètes français de la chimie stahlienne⁵.

Or la distinction entre les champs d'étude de la physique et de la chimie proposée par Venel devait faire école, ceci dans la mesure qu'elle ne résumait pas encore un état de fait. Dorénavant la physique sera la science des agrégats et la chimie celle des molécules. Venel le formulait ainsi⁶:

> « Le Physicien verra des masses, des forces, des qualités; le chimiste verra des petits corps, des rapports, des principes. Le premier calculera rigoureusement, il réduira à des théories des effets sensibles & des forces, c'est-à-dire, qu'il soûmettra ces effets & ces forces au calcul (car c'est-là la théorie du physicien moderne) & il établira des lois que les expériences confirmeront [..]. Les théories du second seront vagues & d'approximation; ce seront des expositions claires de la nature, & des propriétés chimiques d'un certain corps [..] ».

Bon nombre des opérations de laboratoire du chimiste ne portent que sur l'agrégat et sont par cela même de nature physique. Venel cite à titre d'exemple la raréfaction, la liquéfaction, l'ébullition et l'évaporation⁷. Ainsi, la division d'un agrégat « poussée même jusqu'à l'unité individuelle de ses parties » relève de la physique plutôt que de la chimie⁸. Celle-ci commence, où celle-là s'arrête, savoir lorsque la constitution de ces « parties » entre en lice. Il est par ailleurs curieux de constater que, relatif à la contribution de Venel, le compte rendu de Jean le Rond d'Alembert (1717-1783), collègue de Diderot et physico-mathématicien s'il en était un dans le cercle des encyclopédistes, concernant la « physique » proprement

---

[4] Diderot 1753, Pensée XL.
[5] Voir ci-dessus, la section 8.4, p.359, la note 149.
[6] Venel 1753, p.416a. Au lieu de « petits corps » il parle ailleurs de « molécules intégrantes » (*ibid.*, p.411b).
[7] Venel 1753, p.415a.
[8] Venel 1753, p.414b.

dite manque cruellement de précisions. La « physique méchanique » sera, selon les termes de d'Alembert, une physique « corpusculaire », qui [9] :

> « se propose de rendre raison des phénomenes de la nature en n'employant point d'autres principes que la matiere, le mouvement, la structure, la figure des corps & de leurs parties; le tout conformément aux lois de la nature & du méchanisme bien constatées ».

Cette « physique méchanique » ne sera que l'une des trois branches de la physique en tant que science générale pour tous les règnes de la nature, c'est-à-dire à côté de la « physique péripatéticienne », celle remontant à Aristote, et la nouvelle « physique expérimentale », celle de Newton. C'est virtuellement tout ce que d'Alembert a à dire à ce sujet, abstraction faite de quelques généralités sur la psychologie du bon physicien, qui se distinguera non seulement par sa retenue et circonspection, mais aussi par sa patience et son courage. En ce qui concerne justement la théorie moléculaire la position de d'Alembert est ambigue, pour dire le moins; ce qui est sûr, c'est que dans le 'Discours préliminaire' de l'*Encyclopédie [..]*, où la classification des sciences sert de trame pour expliquer l'ordre et l'enchaînement des connaissances, la théorie moléculaire brille par son absence.

D'autre part, on retrouve des réminiscences à la physico-chimie moléculaire de Newton et de Venel aussi nettes et élaborées qu'inattendues dans un article intitulé « expansibilité », de la main d'Anne-Robert-Jacques Turgot (1727-1781) [10]. Autant que l'on sache il s'agit de la seule publication dans le domaine des sciences physiques de ce futur économiste physiocrate et ministre aux services de Louis XVI. Or l'auteur, dont on sait qu'il a fréquenté, en compagnie de Venel et de Diderot, le cours de Rouelle, offre une analyse à la fois innovatrice et complète des différents états que puissent adopter les corps physico-chimiques, tout en faisant élégamment abstraction des complications en cause. L' « expansibilité » en tant que telle paraît être la propriété essentielle d'un *troisième* état de la matière, à côté de l'état solide et liquide; Turgot parle de l' « état expansible ». Dans le contexte du temps ceci revient à dire que l'air

---

[9] D'Alembert 1765, p.539a.
[10] Turgot 1756.

atmosphérique n'est plus conçu comme un dissolvant neutre, autrement dit comme l'un des quatre éléments d'antan devenus, depuis Becher et Stahl, « instruments » de laboratoire. L'air sera dorénavant un corps physico-chimique comme tout autre et, par voie de conséquence, capable de passer éventuellement à l'état liquide, puis à l'état solide, et inversement, en fonction de la « chaleur ». C'est que cette « chaleur » va jouir d'une nette revalorisation. En effet, les lois de force envisagées par Newton pour résumer le comportement des corps se révélaient contradictoires. Nous verrons, dans la section 10.3, comment Turgot se propose d'éviter les écueils de cette paradoxe dynamique. Or la généralisation qu'il nous offre contribuera énormément à l'achèvement de ce que nous avons appelé la « molécularisation de l'image du monde » (section 10.4). En effet, chez Pierre-Simon de Laplace (1749-1827), la théorie moléculaire, celle reprise de Newton, deviendra *molécularisme*, dans ce sens qu'elle va définitivement se substituer à l'atomisme séculaire, disons celui d'Epicure et de Lucrèce, ceci bien entendu dans une première approximation des problèmes physico-chimiques en cause. Tout phénomène physique sera par la suite un processus essentiellement *moléculaire*; ce n'est qu'en second lieu qu'on va se poser la question de savoir, si le phénomène concerné relève de la masse, c'est-à-dire de l'agrégat, ou plutôt de la composition atomique des molécules individuelles. Ainsi, par le biais de la physique avec son privilège d'universalité sur le plan cosmique, le *molécularisme* deviendra la nouvelle métaphysique de la matière, sinon en un mot l'ontologie de toute science de la nature. A plus long terme c'est ce *molécularisme* qui a dicté, à la fin du XIXe siècle et au début du XXe siècle, les grands traits de la *physique quantique*, celle inaugurée par Max Planck (1858-1947) et par Albert Einstein (1879-1955).

10.2 L'atomisme moléculaire selon Newton; attraction et/ou répulsion

En ce qui concerne la théorie de la matière, on ne saurait méconnaître la différence entre ce que feu Richard Westfall a appelé, dans sa majestueuse biographie de Newton, les deux « pilliers jumeaux de sa réputation ès sciences »[11]. En effet, l'abstrait des *Philosophiae naturalis principia*

---

[11] Westfall 1980, p.548: « twin pillars of his reputation in science ».

mathematica (*Principes mathématiques de la philosophie naturelle*) s'oppose on ne peut plus vivement au concret de l'*Opticks*. Par après nous étudierons ces deux chefs-d'œuvre plus en détail. Quant aux *Principia [..]*, nous nous référerons pour cela à la première édition, ainsi qu'à la remarquable édition critique d'Alexandre Koyré et d'I. Bernard Cohen. Cette dernière reproduit la troisième édition, revue et corrigée par l'auteur et parue à Londres en 1726, et donne en bas de page les variations par rapport aux éditions précédentes, aux marginalia autographes dans les exemplaires personnels, ainsi qu'au manuscrit original. Pour l'arrière fond épistémologique des *Principia [..]* nous renverrons à la monographie d'I. Bernard Cohen. Quant à l'*Opticks*, nous aurons recours à la quatrième édition anglaise et bien dans sa réédition de 1952. C'est que les parties qui touchent le plus directement la théorie de la matière s'y retrouvent le mieux développées. Récemment Alfred Rupert Hall a consacré une étude de cas à l'*Opticks*, à laquelle nous nous référerons également.

Dans le premier livre des *Principia [..]* Newton s'occupe du mouvement des corps en général sous l'effet de forces centripètes, d'abord en orbites coniques stables autour d'un foyer occupé par un autre corps, puis pour des corps se rapprochant l'un de l'autre. Dans ce contexte il traite la force centripète comme une force attractive émanant d'un corps sphérique ou non. Dans un *scholium* il introduit la notion d'*attraction*, comme la tendance des corps à se rapprocher les uns des autres, une tendance qui sera fonction de la quantité des corps, ainsi que ceci apparaît lors des expériences magnétiques. Chaque « particule » (particula) des corps en question y contribue indépendamment [12]. Il importe donc de voir comment des corps composés de ces « particules » se comportent vis-à-vis d'un corpuscule ou corps tiers. Or dans la Section XII du Livre I Newton analyse d'abord le cas d'un « corpuscule » situé à l'intérieur d'une surface sphérique du reste creuse, puis à l'extérieur. Dans le premier cas l'attraction nette subie par le « corpuscule » sera nulle, car les contributions des différentes « particules » composant la surface se neutralisent [13]. Dans le second cas, il y aura une attraction en direction du centre de la sphère et

---

[12] Newton 1687, livre i, sect. xi, scholie, p. 191 : « Et quoties hujusmodi casus incidunt, aestimandae erunt corporum attractiones, assignando singulis eorum particulis vires proprias, & colligendo summas virium ».

[13] Newton 1687, livre i, sect. xii, prop. lxx (théor. xxx), p. 192-193.

la force sera inversement proportionnelle à la distance jusqu'à ce centre [14]. Ce qui importe, pour nous, c'est que Newton prend ces sphères vides comme des couches de « particules » distribuées en sorte que la « densité » de la sphère soit partout la même, disons comme des sphères *isotropes*. D'autre part, un corpuscule tiers à l'intérieur d'un globe *massif* n'expérience une attraction que de la partie plus près du centre du globe ce qui fait que l'attraction sera fonction de la distance depuis ce centre; les effets de la couche extérieure se sont neutralisés. Pour démontrer ceci, le globe en question ainsi que la couche enveloppante est conçu, dans une scholie spéciale, comme un emboîtèment d'un nombre toujours plus grand de « sphères » d'une épaisseur toujours plus petite, autrement dit comme un amas d'enveloppes sphériques d'épaisseur infinitésimale; les « particules » dont Newton parle seront, elles aussi, d'une grandeur infinitésimale [15]. De ce point de vue, un corpuscule tiers au dehors du globe ressentit une force attractive qui sera comme le carré inverse de la distance jusqu'au centre de ce globe [16]. D'autre part, deux globes - composés de « particules », mais tout de même isotropes - s'attirent par une force qui sera comme le carré inverse de la distance entre leurs centres. La corollaire principale de cette proposition est que deux globes s'attirent en raison directe de leur masse et en raison inverse du carré de la distance entre leurs centres [17], corollaire que nous connaissons comme la loi de la gravitation universelle. D'une manière générale il y aura donc *deux* forces à effet centripète, l'une croissant en raison directe de la distance du centre, l'autre diminuant en raison inverse du carré de cette distance [18].

Dans la section suivante Newton va s'occuper de corps non-sphériques, composés de « particules ». C'est là qu'il considère d'abord le cas

---

[14] Newton 1687, livre i, sect.xii, prop.lxxi (théor.xxxi), p.193-195.
[15] Newton 1687, livre i, sect.xii, scholie, p.196: « *Superficies* ex quibus solida componuntur, hic non sunt pure Mathematicae, sed Orbes adeo tenues, ut eorum crassitudo instar nihili sit; nimirum Orbes evanescentes, ex quibus Sphaera ultimo constat, ubi Orbium illorum numerus augetur & crassitudo minuitur in infinitum, juxta Methodum sub initio in Lemmatis generalibus expositam. Similiter per *puncta*, ex quibus lineae, superficies & solida componi dicuntur, intelligendae sunt particulae aequalis magnitudinis contemnendae » (c'est nous qui soulignons).
[16] Newton 1687, livre i, sect.xii, prop.lxxiv (théor.xxxiv), p.197.
[17] Newton 1687, livre i, sect.xii, prop.lxxv (théor.xxxv), coroll.i, p.198.
[18] Newton 1687, livre i, sect.xii, prop.lxxviii (théor.xxxviii), scholie, p.203.

de forces de petite portée, diminuant en raison inverse d'une certaine puissance plus élevée de la distance. Le centre du globe de la section XII devient ici le centre de gravité d'un corps de figure quelconque. La section XIV adresse le cas spécial de très petits corpuscules sollicités par une force émanant d'un corps tiers très grand: c'est ce qui ce passe lorsqu'un corpuscule tiers s'approche d'un milieu moins attirant (ou plus repoussant) puis passe à travers pour regagner ensuite le premier milieu. Or Newton montre que la trajectoire de ce corpuscule obéit à une loi de sinus, pareille à celle - sinon la même - que Snellius et Descartes avaient déduite pour la réfraction de la lumière. La lumière se prête donc effectivement à un traitement en termes de « corpuscules » et de « forces ». Une telle interprétation corpusculaire de la lumière se justifie également, selon Newton, par deux découvertes récentes, savoir celle d'Ole Rømer (1675) concernant la vitesse de propagation de la lumière et celle de Francesco Maria Grimaldi (1665) relative à son infléchissement par les tranches de pièces de monnaie et de couteaux. La lumière n'est donc guère l'effet d'un phénomène instantané, tel que l'avait considéré Descartes. C'est dire qu'elle est sujette à un mouvement successif et relèvera du même ordre que tous les autres phénomènes physiques. Elle s'expliquera conséquemment en termes de « corpuscules » sujets à un jeu de « forces » qui reste à être déterminé. Ainsi, dans le cas de l'infléchissement, les particules de la lumière sont déviées de leur trajectoire suite à l'attraction ressentie et bien d'autant plus lorsqu'elles passent plus près. Newton réussit ensuite, en se référant à la *Dioptrique* de Descartes, à déduire la figure qu'il convient de donner à la surface d'un milieu pour que les corpuscules luminifères lesquels divergent d'une source extérieure aillent se converger dans un seul point à l'intérieur. C'est sur cette application qu'il parachève le premier livre.

Le deuxième livre des *Principia* [..] concerne le mouvement rectiligne, courbe ou circulaire d'un corps sous l'influence d'une résistance du milieu. Newton y analyse les cas d'une résistance en raison directe de la vitesse simple, puis du carré de cette vitesse, ensuite d'un cas mixte, avec une attention spéciale pour les corps sphériques. D'une manière générale l'effet de la *densité relative* d'un fluide suivrait le *carré* de la vitesse, alors que celui de sa *tenacité* serait en raison directe de la vitesse *simple*. Un tel fluide est défini ainsi [19]:

---

[19] Newton 1687, livre ii, sect.v, p.290: « Fluidum est corpus omne cujus partes cedunt

« Un fluide est tout corps dont les parties cèdent devant toute force qui y est appliquée et qui, en cèdant, sont mues facilement entre elles ».

Les parties d'un tel fluide homogène, en repos et comprimé dans une enceinte close tout aussi en repos, ne changent pas de place, sauf en cas d'un changement en pression. La densité de ce fluide sera proportionnelle à la pression exercée par la paroi ou ressentie autrement. Un cas particulier est celui d'une couche fluide entourant un globe et sujette à la force gravitationnelle émanant de ce globe, bref celui de la terre avec son atmosphère: Newton en traite la densité qui sera fonction de la distance au centre. Dans ce contexte il postule que, dans le cas d'un fluide dont les « particules » se fuient alors que la densité soit proportionnelle à la compression, ces « particules » sont douées d'une force dite « centrifuge » qui sera en raison inverse de la distance simple. Le contraire vaudrait également: un fluide dont les « particules » exercent entre elles une telle force « centrifuge » aura une densité en raison directe de la compression [20]. En considérant que cette densité sera en raison inverse du volume, le lecteur attentif y reconnaît sur le champ la régularité établie par Robert Boyle dans le rapport du volume et de la pression d'une quantité d'air et dont nous avons parlé ci-dessus [21]. Newton raisonne ainsi. Imaginons le fluide dans une enceinte cubique *ACE* qui sera comprimée pour former le cube *ace* (Figure 22). Dans les deux cas les « particules » occuperont des places fixes, mais les distances interparticulaires seront comme les arêtes *AB* et *ab*. La densité sera par ailleurs en raison inverse du volume, c'est-à-dire en raison inverse du *cube* de l'arête. Or la compression exercée par l'une des parois dans une même enceinte sera proportionelle à sa surface, donc au *carré* de l'arête. Ceci revient à dire, selon Newton, que la pression exercée par le plan *ABCD* est à celle exercée par *abcd* comme *ab* à *AB*. Ce qui tient pour la pression d'une paroi tient aussi pour celle exercée par les « particules » avoisinantes du fluide à travers un plan tel *FGH* et *fgh*. D'où la conclusion que les valeurs de la force « centrifuge » seront dans le même rapport inverse des arêtes; autrement dit, la *répulsion* des « particules » entre elles sera en raison inverse de la distance *simple*.

vi cuicunque illatae, & cedendo facile moventur inter se ».
[20] Newton 1687, livre ii, sect.v, prop.xxiii (théor.xviii), p.301-302.
[21] Voir ci-dessus, la section 7.5, p.296-298.

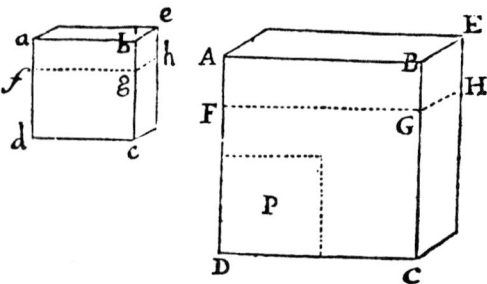

Figure 22

L'enceinte *ACE* remplie d'un fluide est comprimée jusqu'à *ace*. A partir de la proportionnalité de la densité et de la compression Newton déduit l'intervention d'une force « centrifuge » en raison inverse de la distance simple (source: Newton 1687, livre ii, prop.xxiii/théor.xviii, p.301).

Q.e.d., selon Newton, « ce qu'il fallait démontrer ».

Dans une scholie à part Newton considère quelques alternatives, à savoir des répulsions en raison inverse du carré, du cube, etc. de la distance interparticulaire, tout en soulignant que l'effet de ces forces ne portera point au-delà - ou seulement un petit peu au-delà - des particules voisines, comme dans le cas des corps magnétiques [22]. Si les forces en question s'étendraient « infiniment » (in infinitum) il y aurait des problèmes. Du reste, il s'abstient consciemment de statuer que les « fluides élastiques » sont à vérité composés de ce genre de « particules ». Il lui suffit, selon ses dires, d'avoir montré *mathématiquement* que les propriétés observées s'accordent avec le modèle « particulaire » envisagé. La question de la véridicité de ce modèle relèverait de la philosophie proprement dite.

Ayant traité du mouvement des pendules, Newton va analyser le mouvement de fluides et la résistance qu'ils opposent à des projectiles (section

---

[22] Newton 1687, livre ii, sect.v, scholie, p.302-303.

VII), puis la manière dont des mouvements sont transmis à travers des fluides (section VIII), enfin, pour finir le deuxième livre, le mouvement circulaire de fluides (section IX). Le troisième livre sera consacré au « système du monde » (systema mundi). Ce livre adresse les phénomènes célestes du point de vue de la gravitation universelle, la force centripète des livres précédents. Il suffit, quant à nous, de faire remarquer que cette gravitation s'exerce, aux yeux de Newton, depuis les particules composantes des corps célestes: soleil, planètes, lunes, comètes. Newton a par ailleurs pris la peine d'expliciter, au début de justement ce livre, les « hypothèses » (hypotheses) qu'il faudrait respecter en philosophie naturelle. D'abord on ne devrait pas introduire plus de « causes » qu'il ne fallait pour expliquer les phénomènes: la Nature se réjouit de la simplicité et ne fait rien en vain (hypothèse I). Pour cette raison il faut, selon la deuxième hypothèse, dans la mesure du possible, attribuer un même effet à une même cause. La troisième hypothèse nous concerne plus particulièrement du fait qu'elle adresse les transformations des corps [23]:

> « Tout corps peut être transformé en tout autre corps de quelque genre que ce soit et adopter successivement tous les degrés des qualités intermédiaires ».

Dans le contexte des *Principia [..]* et au point de vue de notre enquête, cette « hypothèse » a de quoi surprendre. Enfin, les « hypothèses » de la première édition deviendront les « règles [à philosopher] » des éditions ultérieures. Newton a par ailleurs supprimé la troisième hypothèse originale, ce qui constitue une nouvelle surprise [24]. La nouvelle « règle III » adressera les qualités des corps; seules celles qui n'admettent aucun changement d'intensité et qui, autant que nous sachons, sont propres à tous les corps, devront être reconnues « qualités universelles ». Ainsi, l' « étendue » (extensio), la « dureté » (durities), l' « impénétrabilité » (impenetrabilitas), la « mobilité » (mobilitas) et la « force d'inertie » (vis inertiae) appartiennent aux corps à notre échelle et puissent donc être attribuées aux « particules » composantes. Dans les mots de Newton, cette extrapolation

---

[23] Newton 1687, livre iii, hypothesis iii: « Corpus omne in alterius cujuscunque generis corpus transformari posse, & qualitatum gradus omnes intermedios successivè induere ».
[24] Quant aux problèmes entourant la troisième « hypothesis » ou « regula philosophandi », voir Cohen 1972, section 2.2.

jusqu'aux constituants de la matière est rien moins que « tout le fondement de la philosophie » [25]. La même expérience qui nous enseigne cette conséquence nous dit par ailleurs que les « parties » qui s'avoisinent dans l'amas des corps [26] puissent être séparées, les unes des autres. Lors de telles séparations, ces « particules » subsistent intactes, quoiqu'on puisse concevoir qu'elles sont composées d'entités plus petites encore. Pourtant on ne saurait déterminer avec certitude si les « forces de la nature » (vires naturae) sont, oui ou non, capables de diviser davantage de telles « particules ».

D'une manière générale, notre analyse des *Philosophiae naturalis principia mathematica* aboutit à la conclusion que les effets physiques macroscopiques sont conçus comme d'origine essentiellement « particulaires ». Les seules qualités qui importent à notre échelle sont projetées dans le monde des « particules » ultimes, qui sont, par exemple, aussi « impénétrables » que les *atomes* de Gassendi et Boyle. L'important c'est que la gravité (gravitas) de ces « particules » ne se fait point en raison de leur surface extérieure, mais bien plutôt en raison de la quantité de matière solide, ainsi que Newton a pris soin de préciser lui-même dans la bien-connue « scholie générale » jointe à la seconde édition des *Principia [..]*, celle de 1713 [27]. Il y souligne aussi que la gravité (gravitas) du soleil est composée des contributions de ses « particules » [28], que cette gravité se dirige en toute direction, indéfiniment mais toutefois en raison inverse du carré de la distance, et, enfin, qu'elle pénètre les corps célestes jusqu'à leur centre. On le voit, cette gravitation n'est en fin de compte qu'un phénomène d'origine *atomique*: la nature chimique des substances en question n'y intervient aucunement. L'image abstraite que Newton présente d'un corps céleste est très illuminante: de tels globes sont traités en tant qu'emboîtements de sphères « particulaires » de densité diverse, chaque sphère ayant toutefois une densité uniforme et une épaisseur du

---

[25] Koyré et Cohen (éds.) 1972, ii, p.554: « Et hoc est fundamentum Philosophiae totius ».

[26] Newton parle de « partes indivisae & sibi mutuo contiguae » [Koyré et Cohen (éds.) 1972, ii, p.554]. L'amas sera donc un « contiguum » plutôt qu'un « continuum ».

[27] Koyré et Cohen (éds.) 1972, ii, p.764.

[28] Koyré et Cohen (éds.) 1972, ii, p.764: « Gravitas in solem componitur ex gravitatibus in singulas solis particulas [..] ».

reste négligeable, ce qui lui permet de réduire un tel corps à son centre de gravité. Enfin, on le voit c'est la future *physique du point matériel* qui s'y dessine clairement.

Newton considère également l'intervention d'autres forces, notamment une répulsion pour expliquer la tendance expansive de l'air. Cette répulsion sera sans doute fonction de l'inverse d'une certaine puissance de la distance. Or Newton considère plusieurs fonctions de force, mais conclut qu'il s'agit du cas le plus simple, à la précision près que cette force ne portera pas (ou presque pas) au-delà des particules attenantes. En conséquence de cette force curieuse les corpuscules de l'air occupent des positions d'équilibre fixes, à d'égales distances entre eux. Certes, nous verrons que la postérité se rendra compte qu'une répulsion en raison inverse de la distance *simple* ne cadre pas forcément avec une gravitation universelle qui serait inversement proportionnelle au *carré* de cette même distance. Pourtant elle appréciera la méthode de Newton pour la « philosophie expérimentale »: proposition d'un modèle physique des plus simples suivie de la recherche d'une fonction mathématique permettant la déduction des phénomènes observés. Au contraire de Boyle, Newton ne se prononce du reste pas sur la nature des particules de l'air; il fait aussi abstraction de leur nombre. Retenons pour le moment l'idée d'une *répartition uniforme* que Newton postule pour la structure de l'air: un arrangement statique où les particules, grâce à cette force répulsive, se tiennent à des distances égales et invariables. Cette image sera populaire au XVIIIe siècle et dans la première moitié du XIXe. Dans le chapitre VIII nous avons déjà rencontré un exemple de cette popularité dans l'une des publications du chimiste Bryan Higgins (1786) [29]. Au début du XIXe siècle elle sera reprise par John Dalton; Laplace s'efforcera d'en remanier la mathématique.

Ce qui occupe Newton surtout, nous l'avons vu, c'est la dynamique du mouvement local et sa mathématisation et c'est dans cette perspective qu'il présente, tout au début des *Principia [..]*, la définition suivante de ce qu'il appelle la « quantité de matière » [30]:

---

[29] Voir ci-dessus, la section 8.5, p.374.
[30] Newton 1687, p.1, Definitio I: « Quantitas materiae est mensura ejusdem orta ex illius densitate & magnitudine conjunctim ».

« La quantité de matière est la mesure de ce qui naît de la conjonction de la densité et de la grandeur ».

Etant donné ce qui n'était pas encore évident en 1687, à savoir l'atomisme *moléculaire* que devait adopter leur auteur, on conçoit que cette « quantité de matière » représente la masse des atomes dans le volume occupé par l'agrégat [31]. Dans l'*Opticks* notamment, Newton va approfondir sa théorie de la matière. Or, si la première édition de ce chef-d'œuvre de logique optique expérimentale date de 1704, les expériences rapportées ainsi que les réflexions les concernant de l'auteur remontent jusqu'au début des années 1660. Alfred Rupert Hall en a décrit minutieusement la genèse dans une savante monographie [32]. A en croire Hall, c'est en 1672 que Newton résuma les résultats de ses recherches menées jusque-là, lesquelles tendent à la conclusion que la lumière blanche n'est qu'un mélange des couleurs du spectre fait par un prisme. Le mélange en question se laisse faire et défaire à volonté et toutes les expériences semblent appuyer le caractère élémentaire des couleurs ainsi que leur préexistence et leur permanence dans le mélange de la lumière blanche. L'expérience dite « cruciale », executée - ou plutôt composée à partir d'essais précédents - cette même année 1672, démontra d'abord le caractère mélangé de la lumière solaire, puis la manière de décomposer et de recomposer ce mélange, enfin le caractère *élémentaire* des couleurs différentes du spectre engendré (Figure 23) [33]. Rien de plus naturel que de concevoir cette lumière blanche émise par le soleil comme un mélange de corpuscules luminifères, chaque couleur ayant ses propres corpuscules; des idées semblables avaient été considérées auparavant, dans la meilleure tradition épicurienne, par Gassendi et par Beeckman [34]. Or cette approche nettement moléculaire se révèlera très fructueuse chez Newton à la longue, non seulement en optique au sens

---

[31] L'interprétation de cette notion de « quantité de matière » a donné lieu à une discussion approfondie. Voir sur ce point Dijksterhuis 1962, p.467 et Figala 1984, p.162.

[32] Hall 1993.

[33] L' « expérience cruciale » de Newton a été répétée à l'Université de Groningue, le 24 octobre 1995, avec la bienveillante collaboration de Hedzer Ferwerda, Hans Jordens et Guus Armbrust (Université de Groningue, Faculté des Sciences). Leo van den Raadt, Louis Mathot, Ronald Coerse et Willem Beets (Lycée Waterlant, Amsterdam) se sont distingués, en 1987-1988, par leur appui aussi généreux qu'efficace lors des préparations.

[34] Voir ci-dessus, les sections 6.2.1.2, p.220 (Beeckman) et 7.2, p.254 (Gassendi).

strict, mais aussi dans des contextes plus généraux de physique et de chimie. Nous verrons en effet que la doctrine moléculaire a incontestablement été au cœur des préoccupations optiques de Newton.

Ainsi ayant traité des principaux phénomènes d'optique générale, dans le premier livre de l'*Opticks*, Newton s'apprête, au début du Livre II, à analyser un cas particulier, savoir l'optique des lames minces dont les couleurs semblent être fonction de leur épaisseur. Il souhaite tout spécialement que ses résultats puissent amener à une meilleure compréhension de « la constitution des particules des corps naturels »[35]. Après avoir discuté les spectres successifs qui se présentent entre une lentille plano-convexe et une surface plane, les deux en verre, et leur dépendance de la distance depuis le centre de contact et partant de l'épaisseur de la couche de matière (air, eau), bref les célèbres « anneaux de Newton » de la postérité, il va s'occuper plus particulièrement, dans la troisième partie du Livre II, des couleurs permanentes que les choses manifestent par la réflexion de la lumière et du rapport de ces couleurs avec celles des lames minces[36]. D'une manière générale, ce sont les particules caractéristiques des corps qui sont responsables de cette couleur et Newton va tenter d'établir une méthode pour déterminer la grosseur de ces particules à partir de l'épaisseur de lames minces de couleur correspondante. Nous voudrions y revenir dans la section 10.2.1. Pour le moment nous nous contentons de faire ressortir que, suivant l'opinion de Newton, tout phénomène naturel est sinon carrément moléculaire, du moins plus généralement corpusculaire, les conversions chimiques certes, mais aussi la lumière, le magnétisme, voire la gravitation. Or ce qui lui semble préalable, c'est l'extrême porosité de la matière qu'il faudrait présupposer[37]. De nombreux phénomènes en témoignent, selon son avis. Si l'or, par exemple, est quelque 19 fois plus dense que l'eau, il n'oppose tout de même aucun obstacle aux effluves magnétiques et permet même la pénétration du mercure. L'or serait également perméable pour l'eau: une sphère d'or laminé très mince et remplie d'eau montrerait, lorsqu'elle est comprimée, des gouttes à l'extérieur. Dans ce dernier cas Newton a pris soin d'y ajouter prudem-

---

[35] Newton 1730 (1952), p.193: « the constitution of the parts of natural Bodies ».
[36] Newton 1730 (1952), livre ii, part.iii, 'Of the permanent Colours of natural Bodies, and the Analogy between them and the Colours of thin transparent Plates'.
[37] Newton 1730 (1952), livre ii, part.iii, prop.viii.

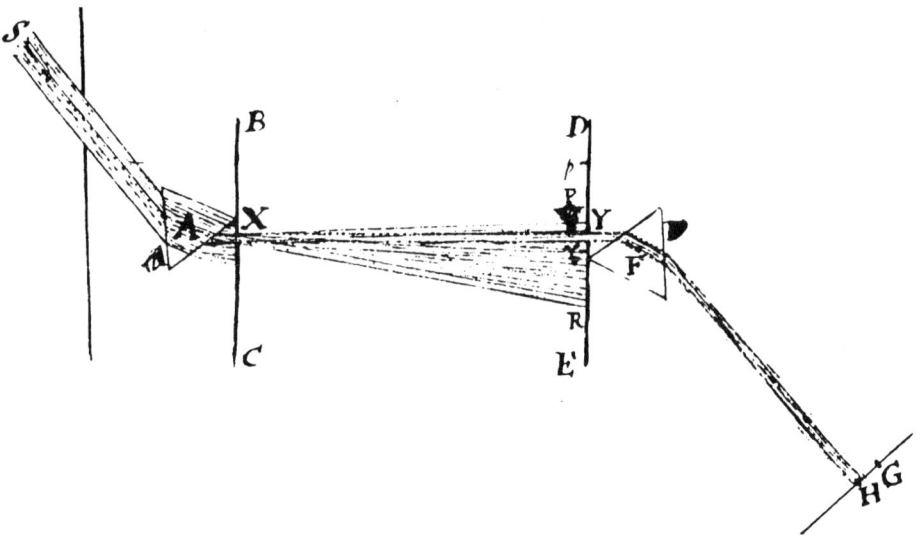

Figure 23

L' « expérience cruciale » de Newton selon son propre dessin du dispositif (Bibliothèque universitaire de Cambridge MS. Add. 4002, fol.128a): le faisceau divergent depuis X donne un spectre sur DE (P = pourpre; R = rouge). En interposant le diaphragme BC on coupe la plus grande partie du spectre pour ne faire passer qu'un faisceau légèrement divergent que l'on interrompt par le diaphragme DE. En ménageant DE avec le prisme en F on peut filtrer les couleurs successives du spectre pour trouver qu'elles ne se laissent pas résoudre davantage.

ment « ainsi que j'ai été informé par un témoin oculaire »[38]. Quoiqu'il en soit de cette fameuse expérience, l'eau beaucoup plus légère que l'or ne laisse pas d'être virtuellement incompressible, ce qui donne, si ce n'est qu'en passant, une impression des forces immenses en cause. L'extrême porosité de la matière est par ailleurs attestée par d'autres phénomènes, dont la propagation rectiligne de la lumière lorsqu'elle se meut à travers des corps solides transparents. Cette transparence même en rend compte:

---

[38] Newton 1730 (1952), livre ii, part.iii, prop.viii, p.267: « [..] as I have been inform'd by an Eye witness ».

si les rayons de lumière se heurtaient tant soit peu aux particules constituantes, le verre devrait être opaque. Il y a encore la transmission de la gravitation du soleil qui atteint même le centre des planètes.

Or dans le style décontracté que l'on connaît des parties plutôt spéculatives de l'*Opticks*, Newton développe l'hypothèse selon laquelle la matière à notre échelle est un agrégat de particules spécifiques séparées les unes des autres par des pores de même grandeur. A en croire Karin Figala, fine connaisseuse du legs manuscrit de Newton, celui-ci parle de particules « de l'ultime composition » (ultimae compositionis) [39], terme se révélant assez maladroit à la longue; ceci étant et, en outre, pour raisons de concision nous l'abrévions par la suite par « pulcoms » [40]. Or ces *pulcoms* seraient composées de sous-particules et d'interstices vides en sorte que le volume occupé par les sous-particules égalera celui des interstices. Or ces sous-particules seraient composées, elles aussi, de particules encore plus petites et d'espace vide dans la même proportion de 1 : 1, et ainsi de suite. En continuant on arrivera enfin aux atomes, les « solid particles » dans les mots de Newton, qui seraient tous d'une seule et même matière première. Newton calcule ensuite le rapport existant entre l'espace occupé par les atomes et l'espace vide sur quelques niveaux, à compter des atomes. Ainsi, dans une *pulcom* ayant trois niveaux de complexité, ce rapport sera de 1 : 7; pour quatre niveaux il sera de 1 : 15; pour cinq, de 1 : 31; pour six, de 1 : 63 [41]. Arnold Thackray a développé, dans sa belle monographie consacrée à la théorie de la matière de Newton et son influence sur le développement de la chimie, un modèle élégant à base d'atomes cubiques que nous avons représenté dans la Figure 24.

Selon Newton, ce sont les *pulcoms* qui causent les couleurs des corps: c'est qu'elles ne reflètent que les particules de lumière correspondant avec cette couleur, étant transparentes pour les autres. D'autre part, ce sont el-

---

[39] Figala 1984, p.163.

[40] Le sigle « pulcom » nous semble aussi évocateur - et par-là même tout aussi performant - que le terme « boule de colle » (glue ball), qui, en physique de particules moderne, résume l'une des idées les plus promettrices concernant les interactions particulaires.

[41] On voit que le rapport matière : vide décroît hyperboliquement selon l'expression $1 : (2^n - 1)$. Le lecteur moderne remarquera que ce rapport indique qu'il s'agit d'une structure fractale au sens de Benoit Mandelbrot. En fait il est question d'un fractale qui se reproduit sur chaque niveau de l'échelle. Voir Mandelbrot 1983.

les aussi qui occasionnent les phénomènes physico-chimiques [42]. Il s'agit, on le voit, de véritables *individus substantiels* qui, pris à part, rassemblent toutes les propriétés essentielles de l'espèce, dont, innovation importante, la couleur. En effet, à la différence d'entre autres Galilée et Stahl, Newton s'imagine que la couleur de l'agrégat - un peu comme la pesanteur - n'est que la sommation des apports des *pulcoms* individuelles. Newton se rend compte toutefois que ces *pulcoms* devront avoir une certaine taille et que celle-ci représente une grandeur tout à fait intéressante et, ce qui est plus, qu'elle devrait se prêter à une détermination expérimentale.

Par après nous traitons plus en détail les différentes méthodes envisagées déjà au XVIIe siècle pour déterminer la taille des particules spécifiques des corps, ainsi que la solution proposée par Newton dans l'*Opticks* (section 10.2.1). Ensuite nous abordons la physico-chimie des rapports interparticulaires selon la célèbre *Query 31*, la dernière des questions d'envergure que s'est posées Newton et qui clôture l'*Opticks* (section 10.2.2). Nous terminerons sur la chimie de Newton, ou plutôt sur son alchimie exacte. Il se trouve en effet que Newton fut, à son heure si ce n'est dans une clandestinité presque parfaite, un chimiste assidu et enthousiaste qui visa rien moins qu'à établir le rapport entre le niveau de complexité n des particules caractéristiques d'un certain corps et sa densité relative macroscopique. C'est ce qu'a révélé Karin Figala suite à une étude précieuse des manuscrits inédits de Newton, conservés à Cambridge; dans le paragraphe 10.2.3 nous reprenons la teneur de son analyse. Nous nous référerons dans ce contexte aussi aux remarquables travaux historiographiques d'Arnold Thackray. En ce qui concerne la théorie de la matière, les travaux de Thackray et ceux de Figala nous ont paru les plus fidèles à la pensée de Newton.

10.2.1 La taille des « particules de l'ultime composition » (« pulcoms »)

La question de la taille des particules caractéristiques des corps était déjà

---

[42] Newton 1730 (1952), *Query 31*, p.394: « [..] the biggest Particles on which the Operations in Chemistry, and the Colours of Natural Bodies depend, and which by cohering compose Bodies of a sensible Magnitude ».

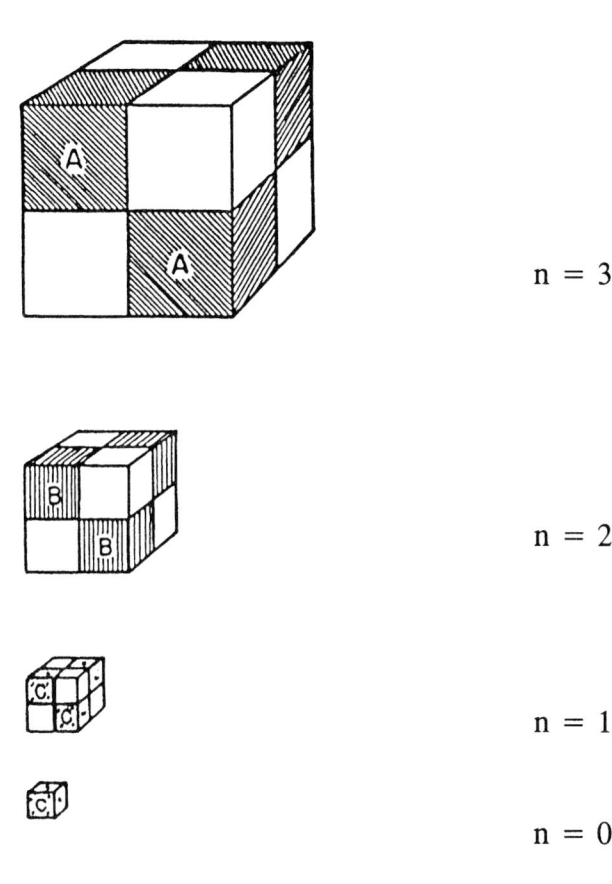

Figure 24

Le modèle cubique de Thackray pour visualiser la théorie de la matière de Newton; n représente le niveau de complexité (source: Thackray 1970, p.64). Remarquons que les « solid Particles », les atomes, auront en réalité, chez Newton, des figures diverses tout en étant d'une seule et même matière première.

d'une actualité certaine. Robert Boyle, par exemple, développa une échelle descendante allant des particules d'or (dans des feuilles battues) et de l'argent (étiré en fil très fin) aux vecteurs odoriférants captés par les chiens de chasse et aux vecteurs de maladies contagieuses, en passant par la couleur de solutions toujours plus diluées et le décroissement en poids négligeable de certains remèdes et de parfums du reste fort actifs. Toutefois il ne se permit pas de précisions quantitatives sur les dimensions exactes de ces particules [43]. Avant Boyle, Walter Charleton avait pourtant indiqué une voie, notamment dans sa *Physiologia Epicuro-Gassendo-Charltoniana* (1654) [44]. A ses yeux, l'évaporation de fragrances nous rend en état d'établir une proportion numérique entre le volume originel de l'odorant à l'état solide ou liquide et le volume occupé par sa vapeur, ceci bien sûr dans l'hypothèse que ce sont des particules spécifiques intégrales, dans nos termes des *individus substantiels*, qui se répandent dans l'air. En se référant à Jean Chrysostome Magnenus, il calcule, approximativement, le nombre de particules d'encens présentes dans un seul grain (de l'ordre de grandeur d'une graine de lupin) à partir de l'espace que, étant brûlé, ce grain parvient à remplir de son odeur. Or ce dernier paraît 777.600.000 plus grand que le grain originel. Sachant que l'on peut diviser un tel grain d'encens, à l'aide d'un couteau, en au moins 1.000 parties distinctement visibles sous un microscope, on aura, selon Charleton, pour le nombre de particules contenues dans le seul grain 777.600.000.000 [45]. Charleton cite aussi l'exemple d'un colorant dont une toute petite quantité est capable d'affecter une grande quantité d'eau, qui, elle, peut être utilisée pour teindre une quantité immense de feuilles de papier [46]. Une première esti-

---

[43] Boyle 1673.

[44] Charleton 1654, p.113-116.

[45] Afin de pouvoir traduire dans des catégories modernes l'ordre de grandeur considérée par Charleton, nous avons pesé, avec l'aimable collaboration de Gerrit Wiegers et de Jannes Hommes (Université de Groningue, Faculté des Sciences), une échantillon de graines de lupins vivaces (*Lupinus polyphyllus Russell*) et déterminé leur poids moyen. Ce dernier nous a paru égal à 20,633 mg. Le volume moyen était de 18,665 mm^3. Apparemment, les 777.600.000.000 particules d'encens de Charleton supposées de forme sphérique auront un diamètre d'au maximum 360 nm et une masse inférieure ou égale à $2,7.10^{-14}$ g.

[46] Charleton parle de vermeille (cinabre; sulfure de mercure), mais ce colorant est parfaitement insoluble dans de l'eau.

mation « directe » de la grandeur d'entités infimes plus ou moins dans l'esprit de la théorie moléculaire et distinctement visibles date de 1677 et après lorsque Van Leeuwenhoek compare le diamètre des globules rouges du sang avec celui de grains de sable et d'un cheveu, d'un côté, et avec les plus petits des microorganismes qu'il vint de découvrir, de l'autre. Or le diamètre des plus petits de ces derniers serait 3x moindre que celui d'un globule rouge [47]. Le diamètre d'un globule rouge serait à son tour la centième partie de celui d'un gros grain de sable ou la cinquième partie d'un cheveu de sa perruque. Dans sa lettre du 20 mai 1679 Van Leeuwenhoek dessine ce qu'il appelle une « pouce cube » - apparemment à grandeur réelle - dérivée de son étalon (Figure 25) et il rapporte que 600 cheveux de perruque parallèles couvrent une seule pouce, alors que 80 grains de sable alignés font autant. Ceci revient à dire que le diamètre d'un tel globule sanguin sera d'entre 1/3000 et 1/8000 pouce [48]. En 1679, il calcule le nombre des « animalcules » dans la laitance du cabillaud (15 pouces cubiques): ce nombre serait de 150.000.000.000, soit 10x supérieur au nombre d'hommes sur terre que Van Leeuwenhoek estime, depuis son cabinet, à 13.385.000.000 [49]. Si nous reproduisons ces chiffres, c'est seulement pour donner une idée de leur ordre de grandeur, qui du reste paraît se rapprocher de celui du chiffre avancé par Charleton pour les particules de l'encens dans un seul grain [50]. Toutefois, les « animalcules » du cabillaud

---

[47] Van Leeuwenhoek II, p.198-207 (lettre 31, du 23 mars 1677); publiée sous forme d'un résumé dans *Philosophical Transactions* 12 (134) 844-847 (1677).

[48] Van Leeuwenhoek III, p.52-67 (lettre 47, du 20 mai 1679; à Constantin Huygens; une copie a été soumise à la Société royale). Selon le dessin de la pouce cubique reproduite dans la Figure 25, la pouce de Van Leeuwenhoek était d'environ 2,25 cm. Le diamètre d'un globule rouge serait alors d'entre $2,8.10^{-6}$ et $7,5.10^{-6}$ m. La valeur moderne est de $7,3.10^{-6}$ m.

[49] Van Leeuwenhoek III, p.4-35 (lettre 43, du 25 avril 1679); publiée en résumé par Robert Hooke dans son ouvrage *Philosophical collections*, Londres, 1679 (1), p.3-5.

[50] Pour un développement comparable voir Van Musschenbroek 1734, section 26, p.16-17. En évaluant l'expérience de Boyle avec le grain de cuivre en dissolution ammoniacale, Van Musschenbroek conclut que ce grain contient « au moins » (ad minimum) 22.788.000.000 particules de cuivre. Or étant donné qu'un grain de 1734 correspond à c.65 mg (voir Staring 1902) et que la densité relative de cuivre est de 9,1 (voir le Tableau I, ci-après, p.473), on peut en déduire que le diamètre d'une particule de cuivre sera d'au maximum 850 nm.

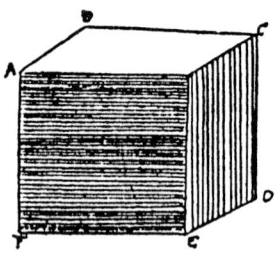

Figure 25

> Le dessin de la « pouce cubique » - à grandeur réelle, apparemment - que Van Leeuwenhoek joignait à sa lettre du 20 mai 1679 à Constantin Huygens (source: Van Leeuwenhoek III, p.52-67, lettre 47; une copie a été soumise à la Société royale). Il a été emprunté à Van Leeuwenhoek III, table III, figure I. Voir aussi la note 48.

nagent dans un fluide séminal, ce qui fait que les particules de ce dernier devront être beaucoup plus petites encore.

Dans l'*Opticks*, Newton propose une approche tout autre. Avant d'entrer dans le détail, nous reproduirons pour une meilleure compréhension les grandes lignes de la partie de l'*Opticks* qui précède. Ainsi, le premier livre concerne les éléments de l'optique géométrique, la composition de la lumière solaire et l'origine des couleurs des objets transparents. Or Newton distingue la couleur due à la transmission de la lumière de celle qui résulte de la réflexion. Ainsi, une feuille d'or est jaune par réflexion alors que la lumière qu'elle transmet paraît plutôt verte. C'est dire que la couleur jaune vient de ce que les particules luminifères jaunes sont les seules à être reflétées par les *pulcoms* de l'or, tandis que les particules vertes transpercent la feuille; dans le cas d'une grosse masse d'or ces dernières particules se perdront dans l'agrégat [51].

Or dans le deuxième livre Newton développe toute une série d'expériences sur les couleurs que manifestent les lames minces de matières transparentes, ceci dans le but bien affiché d'apprendre à connaître la « consti-

---

[51] Newton 1730 (1952), livre i, part.ii, prop.x, probl.v, p.184.

tution des parties des corps naturels, dont dépendent leurs couleurs ou leur transparence », bref: des *pulcoms* [52]. Ces *pulcoms* se comportent comme autant de fragments cassés d'une telle lame [53]. Le phénomène donnant la clef du problème de la grandeur des *pulcoms* concerne les couleurs que montrent des couches minces d'air et d'eau entre une lentille plano-convexe et une surface de verre plane. Des bulles de savons et des lames minces de mica montrent un effet semblable, mais dans ce cas le milieu est plus dense que l'environnement [54]. La vivacité des couleurs observées paraît par ailleurs décroître avec l'épaisseur. Ainsi une bulle de savon pendante montre, autour d'une calotte noir, des zones en arc-en-ciel toujours moins claires; la noirceur de la calotte indique qu'elle est trop mince pour renvoyer n'importe quelle lumière, alors que la clarté diminuante renvoie à l'épaisseur croissante de la pellicule. Dans une lame mince de mica d'une épaisseur uniforme on constate la prévalence d'une seule couleur, d'où l'idée, élaborée dans la troisième partie du Livre II, que cette couleur vient justement des *pulcoms* du mica, la lame étant conçue comme une couche monoparticulaire. Or ces *pulcoms*, les « least parts » dans ce contexte, sont toutes plus ou moins transparentes, alors que l'opacité de l'agrégat vient de la réflexion de la lumière à l'intérieur où elle se perd [55]. En effet, les corps qui, en tôle épaisse, sont opaques, deviennent transparents lorsqu'on les amincit. Si la plupart des métaux font l'exception, c'est sans doute imputable à leur grande densité qui cause qu'ils reflètent toutes les couleurs et auront une apparence blanchâtre. Mais une fois dissouts dans un liquide et réduits à l'état de tout petites particules, ces dernières seront, elles aussi, transparentes [56]. L'opacité en tant que

---

[52] Newton 1730 (1952), livre ii, part.i, p.193-194: « [..] constitution of the parts of natural Bodies, on which their Colours and Transparency depend ».

[53] Newton 1730 (1952), livre ii, part.iii, prop.v, p.251-252: « [..] the parts of all natural Bodies being like so many Fragments of a Plate, must on the same grounds exhibit the same Colours ».

[54] Newton 1730 (1952), livre ii, part.i, obs.17 et suiv.

[55] Newton 1730 (1952), livre ii, part.iii, prop.ii, p.248: « The least parts of almost all natural Bodies are in some measure transparent: And the Opacity of those Bodies ariseth from the multitude of Reflexions caused in their internal Parts ».

[56] Newton ne discute pas les couleurs particulières des solutions métalliques. Dans ce contexte il ne parle même pas de l'or dont la solution en *aqua regia* est tout aussi jaune que la masse. On se souvient que Galilée et Stahl en avaient tiré la conclusion que même

telle vient de la présence d'un grand nombre d'interstices remplies d'une matière d'une densité fort différente: suite à la grande différence en indice de réfraction, la lumière incidente est reflètée à l'intérieur de l'agrégat et n'est donc pas transmise. Remplir ces pores avec une matière de même densité ou presque suffit pour que la transparence s'installe. Ainsi un bout de papier devient translucide lorsqu'on l'imprègne avec de l'eau ou de l'huile, alors qu'un cristal devient opaque lorsqu'on lui ôte l'eau (de cristallisation); le verre réduit en poudre, l'eau en petites bulles dans l'air, l'eau et l'huile de terpentine bien mélangées, tous deviennent opaques. Newton en conclut que, inversement, la transparence d'un matériau dépend de la grandeur des particules et des interstices: à mesure que celles-ci sont plus petites, les réflexions diminuent et la transparence augmente [57]. Enfin, les *pulcoms* pour avoir une couleur ne devront pas être trop petites, sinon elles ne reflètent rien du tout [58]. Comme dans le cas des bulles et des lames minces, la couleur que reflètent ou transmettent les *pulcoms* des corps dépendra de leur grosseur [59]: leur aspect extérieur résulte de la réflexion des particules colorifères correspondantes, alors que les autres particules sont simplement transmises ou se perdent à l'intérieur. D'une manière générale la couleur sera plus vive à mesure que la différence en densité entre les *pulcoms* et l'environnement sera plus grande.

Or Newton en déduit un moyen d'inférer la taille des « pulcoms » sur la base de la couleur de l'amas. C'est que l'épaisseur d'une lame de même couleur correspondra avec le diamètre de la *pulcom* en question [60]. Ainsi, la *pulcom* d'un corps quelconque ayant la même densité que le mica et reflètant une certaine variante de la couleur verte, aura une certaine grosseur que l'on peut trouver à l'aide d'un tableau donnant les différentes variantes de la couleur verte en fonction de l'épaisseur des lames de référence.

---

en solution on n'a pas atteint les particules ultimes de l'or. Voir ci-dessus, les sections 7.4, p.293, et 8.3.2, p.333-334.

[57] Newton 1730 (1952), livre ii, part.iii, prop.v.

[58] Newton 1730 (1952), livre ii, part.iii, prop.iv.

[59] Newton 1730 (1952), livre ii, part.iii, prop.v: « The transparent parts of Bodies, according to their several sizes, reflect Rays of one Colour, and transmit those of another, on the same grounds that thin Plates or Bubbles do reflect or transmit those Rays. And this I take to be the ground of all their Colours ».

[60] Newton 1730 (1952), livre ii, part.iii, prop.vii: « The bigness of the component parts of natural Bodies may be conjectured by their Colours ».

Newton se rend compte que le problème principal sera de déterminer rigoureusement la variante exacte de la couleur. Pour cela il donne quelques règles empiriques du reste assez peu pratiques. Un autre problème, que nous nous bornons à relever, concerne le petit nombre des corps de référence dont la densité devrait égaler celle du corps étudié. Les mesures expérimentales que Newton a rassemblées dans un tableau viennent de couches minces de seulement trois corps de référence, à savoir l'air, l'eau et le mica. On est par ailleurs surpris de constater qu'il se contente d'esquisser la méthode à suivre pour déterminer la taille des *pulcoms*, sans aucune tentative de vérification expérimentale.

A en croire les chiffres avancés par Newton, la méthode optique donnera des dimensions du même ordre de grandeur que celles calculées, par Charleton, pour le cas de l'encens. C'est du moins ce que l'on peut deviner, là où Newton dit que les plus grandes des *pulcoms* seront visibles dès que l'on arrivera à construire des microscopes ayant un grossissement de 500 à 600 [61]. Pour un grain d'encens ceci revient à un nombre de particules dans l'ordre de grandeur correspondant au cube de ces mêmes nombres, c'est-à-dire de 125.000.000 à 196.000.000, à multiplier par 1.000, comme l'avait fait Charleton. Regarder plus loin, savoir dans l'intérieur d'une *pulcom*, serait impossible du fait de leur transparence [62]. En fait, le meilleur microscope disponible à la fin du XVIIe et au début du XVIIIe siècle avait déjà un grossissement d'entre 200 à 300, alors que l'on soupçonne que le *primus* des micrographes contemporains, Van Leeuwenhoek, en avait des plus performants encore [63]; du point de vue technique l'espoir de Newton ne fut donc point déraisonnable. De son côté, Van Leeuwenhoek fut pourtant plutôt négatif, du moins pour ce qui concerne les particules caractéristiques de l'eau: selon son avis, on n'arrivera jamais à les discerner prises à part, ces *pulcoms* de l'eau selon notre sigle newto-

---

[61] Newton 1730 (1952), livre ii, part.iii, prop.vii.

[62] Newton 1730 (1952), livre ii, part.iii, prop.vii, p.262: « [..] For it seems impossible to see the more secret and noble Works of Nature within the Corpuscles by reason of their transparency ».

[63] Van Zuylen 1982. L'auteur a mesuré le grossissement des neuf microscopes d'Antoni van Leeuwenhoek qui ont survécus. Le meilleur connaît un grossissement de 266. Certain des dessins de Van Leeuwenhoek suggèrent qu'il avait des microscopes allant jusqu'à un grossissement de 500x et un pouvoir résolutif de 10^{-6} m. Voir Van Leeuwenhoek III, p.336, note 173.

nien [64]. Ce qui manque en tout cas chez Newton ce sont d'abord et avant tout des résultats expérimentaux permettant une discussion critique de ses résultats sur la base des estimations venant d'autres sources. En fait il se borne à indiquer une méthode et de suggérer indirectement un ordre de grandeur pour les dimensions des *pulcoms*, tout en laissant à la postérité le soin de vérifier si les prévisions s'accordent avec les faits empiriques.

10.2.2 Les rapports interparticulaires selon *Query 31*

Dans la célèbre *Query 31* qui couronne l'*Opticks* depuis sa deuxième édition anglaise, celle de 1717-1718, Newton discute en détail les phénomènes physico-chimiques qui demandent une analyse en termes de « forces ». Cette « question » date de 1706, lorsqu'elle fut insérée sous le numéro 23 dans la traduction latine de Samuel Clarke (1675-1729). Toutefois, nous nous référerons à la quatrième édition anglaise, celle de 1730, dans la version de 1952.

D'après Newton, les phénomènes chimiques laissent entendre qu'il est question d'une force attractive du reste assez singulière en comparaison avec les forces électrique, magnétique et gravifique, dans ce sens qu'elle est sélective, c'est-à-dire: elle n'agit pas partout, là où elle est active, avec la même intensité entre les particules des corps en question [65]. Ainsi, les *pulcoms* du « sel de tartre » [66] attirent celles de l'eau, alors que celles de l'eau et de l'huile sont plutôt indifférentes, les unes par rapport aux autres. Encore la force qu'exerce un certain corps dépend de la nature de l'autre corps que l'on met en sa présence; elle paraît pourtant en raison directe de la quantité du premier corps. Enfin, elle n'est pas constante mais diminue à mesure que le premier corps se sature du second. Certaines *pulcoms* sont à même de séparer les composants d'autres particules: ainsi les *pulcoms* de l' « esprit de vitriol » chassent celles de l' « esprit de

---

[64] Van Leeuwenhoek III, p.52-67 (lettre 47, du 20 mai 1679), plus particulièrement p.54: « [..] ick vertrouw noeijt Mensch in konst soo verre sal avanceren, omme de deelen van het water te konnen aen schouwen ».

[65] Newton 1730 (1952), *Query 31*, p.376.

[66] Il s'agit vraisemblablement d'un mélange d'oxyde et d'hydroxide de potassium fait par le chauffage énergique du « sel de tartre » (carbonate de potassium) proprement dit.

sel » de leur combinaison avec les particules d' « alcali fixe »⁶⁷. Bref, ce sont les phénomènes que l'on s'accoutuma déjà à rassembler sous le dénominateur d'*affinité chimique* et qui demandent cette force attractive assez étonnante au point de vue de la gravitation universelle⁶⁸. Le cas le plus dérangeant était sans doute la séparation de l'argent et de l'or de leur mélange: l'eau régale dissout l'or et laisse l'argent, alors qu'un dissolvant *moins* puissant, l'eau forte nommément, dissout l'argent mais n'affecte pas l'or⁶⁹.

Bien d'autres phénomènes semblent exiger au contraire l'intervention d'une force répulsive. La dissolution spontanée d'un sel tel le « sel de vitriol » (sulfate de potassium) dans de l'eau montre que les *pulcoms* d'un corps ayant une densité supérieure à celle du dissolvant puissent tout de même se répandre dans le liquide disponible⁷⁰. Il est vrai qu'il pourrait éventuellement y avoir une force attractive entre les particules du dissolvant, d'un côté, et celles du sel, de l'autre. Dans ce cas la dissolution sera la conséquence d'une différence dans les attractions en cause. Enfin, la cristallisation par après suggère que les *pulcoms* s'étaient réparties régulièrement dans le liquide, à des distances égales⁷¹, comme les particules de l'air dans les *Principia*. Apparemment il y a, selon notre terminologie, une *répartition uniforme* qui s'installe. L'arrangement des *pulcoms* dans les solides indique par ailleurs qu'il y a une certaine force attractive, très énergique dans le contact direct, effectuant les phénomènes chimiques à de très petites distances et évanouissant tout de suite après⁷². L'existence d'une telle force découle aussi de la cohésion de plaques de marbre bien polies, d'autant plus que ce phénomène ne se lasse pas dans le vide de la machine pneumatique. Il y a par ailleurs l'effet de succion entre deux plaques de verre bien polies et mises à une très petite distance l'une de l'autre: lorsqu'on les dispose dans de l'eau cette dernière s'élèvera dans l'espace vide en sorte que la hauteur paraît inversement proportionnelle

---

[67] Chlorure de sodium + acide vitriolique → acide chlorhydrique (gaz) + sulfate de sodium. L' « alcali fixe » correspond ici à l'oxyde et/ou l'hydroxide de sodium.
[68] Voir Goupil 1991.
[69] Newton 1730 (1952), *Query 31*, p.382-383.
[70] Newton 1730 (1952), *Query 31*, p.382-383.
[71] Newton 1730 (1952), *Query 31*, p.388.
[72] Newton 1730 (1952), *Query 31*, p.389.

à la distance entre les plaques. Le même effet et la même proportionnalité se vérifient pour des tuyaux de verre très fins, alors que les hauteurs paraîtront égales quand le rayon de courbure du tuyau égalera la distance entre les plaques [73]. Enfin, tous ces phénomènes de capillarité, ainsi qu'on les nommera plus tard, confirment qu'il y a des attractions très fortes d'une toute petite portée. A en croire Newton, ce sont sans doute celles-ci qui occasionnent que les « particules solides » des corps, les atomes, se réunissent pour former des *pulcoms* toujours plus grandes et du reste moins stables. Ce sont ces dernières qui causent les phénomènes chimiques et les couleurs. Newtons s'exprime ainsi [74]:

> « Ainsi les plus petites particules des corps puissent s'assembler par les plus fortes attractions et composer de particules plus grandes mais moins fortes; et beaucoup de celles-ci s'assemblent et composent des particules plus grandes encore d'une force toujours moins forte, et ainsi de suite jusqu'à ce que la progression s'arrête dans les particules les plus grandes dont dépendent les opérations chimiques et les couleurs des corps naturels et qui en s'assemblant constituent les corps de grandeur perceptible ».

En fonction de l'attraction qu'exercent ces *pulcoms* entre elles, les agrégats se révèleront du reste durs et élastiques ou plutôt mous et malléables. Enfin, cette même attraction fait qu'une goutte d'eau et la terre entière sont d'une figure sphérique.

Or on peut s'imaginer, par analogie avec les nombres en algèbre, une force émanant de la *pulcom* dont l'effet attractif décroît très rapidement pour s'évanouir à une certaine distance et se changer après en effet répulsif [75]. Beaucoup de phénomènes vérifient en tout cas l'existence de cette répulsion: l'émission et la réflexion de la lumière pas moins que la production d' « air » lors de certaines fermentations et l'évaporation de l'eau. Dans ce dernier cas on constate, suivant l'auteur, que le volume du vapeur

---

[73] Newton 1730 (1952), *Query 31*, p.391.

[74] Newton 1730 (1952), *Query 31*, p.394: « Now the smallest Particles of Matter may cohere by the strongest Attractions, and compose bigger Particles of weaker Virtue; and many of these may cohere and compose bigger Particles whose Virtue is still weaker, and so on for divers Successions, until the Progression end in the biggest Particles on which the Operations in Chymistry, and the Colours of natural Bodies depend, and which by cohering compose Bodies of a sensible Magnitude ».

[75] Newton 1730 (1952), *Query 31*, p.395.

est souvent plus qu'un million fois plus grand, ce qui exclut que les particules composantes sont comme des ressorts disons sphériques, un peu comme l'avait pensé Robert Boyle. Or cette répulsion se présente à bien d'autres instances, ce qui fait remarquer Newton que la nature « sera très simple et conforme à elle même » dans toutes ses opérations [76].

En résumant sa théorie de la matière Newton stipule, à la fin de la *Query 31*, qu'il lui semble probable que Dieu a créé la matière - une seule apparemment, du moins dans notre partie de l'univers - sous forme de « particules primitives », les *atomes* de la tradition bien sûr, qui, elles, seront, conformément à la « règle III » des versions ultérieures du Livre III des *Principia [..]*, solides, pesantes, dures, impénétrables et d'une grandeur et figure aptes à donner naissance aux phénomènes que Dieu s'était proposés [77]. Ce sont ces *atomes* qui composent les particules caractéristiques des corps à notre échelle, les *pulcoms*, les causes de la physico-chimie. Pour garantir la permanence de la nature, les conversions des corps se réduisent aux « séparations et nouvelles associations » [78] des atomes et des particules composées. Or c'est depuis ces atomes et ces *pulcoms* qu'émanent la force d'inertie et les autres « principes », nommément ceux qui causent la gravitation, la fermentation et la cohésion [79]. Etant donnés les atomes, il est évident, selon Newton, que le Créateur les a mis dans des arrangements *ordonnés*, ce qui devient apparent lorsqu'on s'aperçoit de la régularité, non seulement dans la structure de notre système planétaire, mais encore dans celle des corps des êtres vivants [80]. Il se pourrait éventuellement que Dieu créait des mondes différents dans différents recoins de l'univers, chacun composé d'atomes d'une densité particulière et par cela sujets à des forces et des lois tout aussi particulières [81]. Pour Newton, il n'y a aucune contradiction là-dedans [82].

---

[76] Newton 1730 (1952), *Query 31*, p.397: « [..] Nature will be very conformable to her self and very simple [..] ».
[77] Newton 1730 (1952), *Query 31*, p.400.
[78] Newton 1730 (1952), *Query 31*, p.400: « Separations and new Associations ».
[79] Newton 1730 (1952), *Query 31*, p.401.
[80] Newton 1730 (1952), *Query 31*, p.402.
[81] Nous verrons que John Dalton, en 1810, utilise ce passage pour rendre plus plausible sa théorie qui postule autant de matières premières - et partant d'espèces d'atomes - qu'il y a d'éléments chimiques au sens de Lavoisier. Voir ci-après, la section 14.3.2, p.733.
[82] Newton 1730 (1952), *Query 31*, p.403-404.

Pour conclure nous remarquerons que les particules spécifiques des corps à notre échelle, les *pulcoms* selon notre sigle ou plutôt les *molécules intégrantes* de la postérité, sont pour Newton de véritables *individus substantiels*. En effet, leur caractère est déterminé par la structure hiérarchique, le rapport volumique constante sur chaque niveau et la figure et grandeur des atomes composants, alors qu'elles sont, ce faisant, douées de toutes les forces nécessaires pour engendrer les phénomènes. Une particularité de la théorie de Newton est pourtant qu'elle présuppose, avec les *pulcoms* d'un certain corps, des pores de même grandeur, ceci pour expliquer l'extrême rareté qui découle des phénomènes optiques, magnétiques et gravifiques. Apparemment les *pulcoms* dépassent le niveau d'hypothèse dont Newton, à la fin de *Query 31* et dans la scholie générale des *Principia [..]*, s'était défendu l'usage [83]. Parmi les incertitudes qui demeurent il y a le rapport entre les *pulcoms* en tant que composants d'agrégats stables et celles qui seraient à l'origine de la lumière, du magnétisme et de la gravitation. Newton évite ce problème délicat. Toutefois pour ce qui concerne la lumière, il stipule que le phénomène de la double réfraction semble imposer le choix pour le modèle corpusculaire, faute de quoi il faudrait avoir recours à deux genres de matière subtile, deux « éthers » distincts [84]. Dans le cas de la lumière, le modèle corpusculaire se vérifie en quelque sorte par les phénomènes de l'émission et de l'absorption. Tout corps chauffé à blanc rayonne de la lumière qui est rattrapée ensuite par les corps où elle tombe au dessus [85]:

> « Le changement des corps en lumière et de la lumière en corps semble très conforme à la marche de la nature qui semble se délecter en transmutations ».

On peut y entendre l'écho de l' « hypothèse III » de la première édition des *Principia [..]*, qui devait céder sa place, devant cette « règle » plus générale concernant les qualités des corps et de leurs plus petits constituants. Enfin, Newton discute l'éventualité d'un « éther » en tant que cause

---

[83] Newton 1730 (1952), *Query 31*, p.404: « For Hypotheses are not to be regarded in experimental Philosophy ».

[84] Newton 1730 (1952), *Query 25-29*.

[85] Newton 1730 (1952), *Query 30*, p.374: « The changing of Bodies into Light, and Light into Bodies, is very conformable to the Course of Nature, which seems delighted with Transmutations ».

de la gravitation, mais tout en arguant que cet « éther » devrait être extrêmement raréfié en même temps qu'élastique et sans résistance, il laisse le problème indécis [86]. C'est, comme nous venons de le voir, seulement la lumière qui permet certaines précisions.

L'un des premiers partisans de Newton sur le Continent, Peter van Musschenbroek (1692-1761), reprendra, dans ses *Elementa physicae [..]* (*Eléments de physique [..]*) de 1734, toute la théorie des *pulcoms* et empruntera un argument pour leur structure hiérarchique aux observations de Van Leeuwenhoek concernant les globules rouges du sang. Or considérés pour soi, nous l'avons stipulé dans un autre endroit, ces globules auraient pu plaider d'une manière fort persuasive pour une théorie de la matière en termes d'*individus substantiels*, sinon de molécules proprement dites. En effet, un seul coup d'œil, comme celui rapporté par Van Leeuwenhoek en 1677, sur la masse de corpuscules sanguins tous identiques entre eux, nageant dans un fluide incolore et se précipitant par les vaisseaux de la queue d'un anguille aurait pu persuader l'observateur le plus sceptique de sa valeur intrinsèque. Van Musschenbroek, lui, reprend en tout cas la vue de Van Leeuwenhoek selon laquelle ces globules seraient composées de six sous-globules et chacun de ses derniers de six globules plus petits encore [87]. A l'en croire, la structure interne de ces derniers se déroberait à la vue, même à l'œil armé. Les observations, où plutôt les spéculations, de Van Leeuwenhoek confirmeraient alors à posteriori l'aspect hiérarchique considéré par Newton. Toutefois on se souvient que les sous-globules de Van Leeuwenhoek étaient déformables comme des vessies de moutons remplies d'eau entassées les unes sur les autres, si bien que le globule rouge observable, lui, puisse adopter l'apparence sphérique - ou du moins rond - que l'on sait. Il n'est donc aucunement question de pores de même grandeur, sur quelque niveau que ce soit [88]. Van Musschenbroek ne va pourtant pas aussi loin que ça.

De la section qui s'achève, nous rappelons, en conclusion, que la

---

[86] Newton 1730 (1952), *Query 21-22*.

[87] Van Musschenbroek 1734, par.40, p.23. La référence est sans doute à la lettre du 12 novembre 1680 à la Société royale et publiée dans Van Leeuwenhoek 1722, p.6-25. Voir aussi ci-dessus, la section 9.3, p.416. Cette vision sera combattue, en 1774, par William Hewson; voir ci-après, la section 16.3, p.907-908.

[88] Voir ci-dessus, la Figure 20, p.416.

structure hiérarchique des *pulcoms* serait très poreuse à point que la proportion volumique matière : vide décroît très rapidement. Pour capter cette caractéristique de la théorie newtonienne, Arnold Thackray a ravivé un terme remontant à Joseph Priestley (1733-1804), qui, dans le dernier quart du XVIIIe siècle, avait parlé de la « théorie coque de noix »[89]. Pour Priestley, c'était une manière de dire que l'univers est tellement vide qu'il se pourrait bien que tous les atomes, rassemblés dans un amas d'un seul tenant, ne sauraient même pas remplir une seule coque de noix. C'est en très peu de mots ce que les physiciens partisans de Newton retenaient de sa théorie de la matière: une théorie essentiellement moléculaire, certes, mais avant tout modèle visant à rendre compte de l'extrême rareté de la matière.

10.2.3 Une « alchimie exacte »: la chimie de Newton

Longtemps avant de devenir l'intendant de la Monnaie de Londres, en 1696, Newton s'occupa déjà de la théorie et la pratique de l'alchimie contemporaine, et bien avec avidité[90]. S'il avait été nommé du fait de sa célébrité nouvellement acquise en tant que mathématicien et physicien, il demeure qu'il était d'ores et déjà un fin connaisseur des métaux, de leurs alliages, de leurs minérais et de leurs propriétés chimiques. Or vu dans la perspective de son atomisme moléculaire la transmutation des métaux devrait lui sembler un processus parfaitement raisonnable et digne d'une recherche approfondie. On s'étonne peut-être que Newton n'a virtuellement rien publié sur ses activités alchimiques visant cette transmutation, mais l'auréole de chimère qui entourait l'alchimie auprès du grand-public l'a sans doute retenu. Pourtant le cas n'est pas si simple que ça. En effet, Karin Figala a pu démontrer que, d'après Newton, non seulement les métaux sont congénères et partant transmuables, mais en principe *tous* les corps, car il n'y a qu'*une seule* et même structure

---

[89] Thackray 1970.
[90] Pour une belle revue des travaux alchimiques de Newton, exécutés dans la période de 1668 à 1675, voir Dobbs 1975. Feu Betty Dobbs négligea pourtant presque systématiquement les aspects non-obscurantistes, ceux que Karin Figala appelle à juste titre « exactes ».

hiérarchique [91]. Si donc la figure et la grandeur des atomes puisse varier, le mode de leur rassemblement dans les *pulcoms* sera toujours le même, c'est-à-dire dicté par le rapport volumique de 1 : 1, sur chaque niveau de l'échelle. La transmutation revient alors au démontage des *pulcoms* de départ par l'enlèvement d'atomes jusqu'au tronc commun des deux genres, suivi du montage des *pulcoms* du produit. Jamais on n'atteindra pourtant l'atome ultime qui sera au cœur de la *pulcom* [92].

Etant donnée l'unique structure hiérarchique des *pulcoms* on conçoit qu'il devait y avoir un rapport entre le niveau de complexité n d'un certain genre de *pulcoms* et la densité relative de la substance à notre échelle. Généralement parlé, cette densité diminuera évidemment avec le nombre de niveaux, car avec ce dernier augmente la fraction volumique de vide. Si Newton, dans ses publications, ne se prononce pas ouvertement, ses brouillons manuscrits inédits ont révélé qu'il a cherché fiévreusement le rapport en question. Or Figala a réussi à trouver la clé sur l'alchimie de Newton, une alchimie qui lui a paru une science véritablement exacte. Par la suite nous reproduirons l'essence de l'analyse de Figala relative à la théorie moléculaire.

Dans l'hypothèse que le corps de référence dans les déterminations de densité, l'eau, est, sur le niveau moléculaire, caractérisée par une proportion de matière : vide de 1 : 65, Newton va tenter de déterminer le niveau de complexité n des autres corps. L'or, par exemple, a une densité relative de 19,2 par rapport à l'eau, si bien qu'il contient 19,2 fois plus de matière atomique que l'eau, qui, elle, en contient une fraction volumique de 1 : (65 + 1). Ceci implique que, pour l'or, la fraction du volume occupée par les atomes sera de 19,2 : 66 = 0,29 : 1, si bien que celle du vide sera 0,71 : 1. Ainsi, la proportion volumique de matière : vide de l'or sera 0,29 : 0,71, ou 1 : 2,45. Etant donné que, selon les calculs que présente Newton dans l'*Opticks*, cette proportion suivra l'expression [93]:

$$1 : (2^n - 1)$$

---

[91] Figala 1977a,b et 1984.
[92] Figala 1984, p.172.
[93] Voir ci-dessus, la section 10.2, p.455, la note 41.

on aura

$$2^n - 1 = 2{,}45$$

d'où $\qquad n = 1{,}79.$

Il paraît donc que les *pulcoms* de l'or sont caractérisées par un niveau de complexité n ayant une valeur entre 1 et 2. A vrai dire, Newton ne fait pas tout le calcul. Dans le cas présent, il se contente de calculer le nombre 2,44 (notre 2,45) pour la proportion vide : matière. Figala a retrouvé, dans les brouillons de Newton, des valeurs comparables pour le mercure (4), l'argent (5,3), le cuivre (6,3) et le fer (8,4), valeurs qui correspondent assez bien avec celles calculées par après à partir des densités que rapporte Newton lui-même (voir le Tableau 1).

Ce qui importe pour nous c'est que Newton est persuadé que *tous* les corps physico-chimiques sont congénères. Déjà dans la troisième « hypothèse » de la version originale des *Principia [..]* il avait laissé entrevoir cette idée [94]. Toutefois si l'hypothèse devait céder devant la nouvelle « règle III », elle ne fut pas abandonnée pour autant. En effet nous avons fait remarquer ci-dessus que Newton, dans la *Query 30* notamment, s'est dit frappé par cette faculté apparente des corps chauffés à blanc de se transformer en lumière, phénomène de « transmutation » qui lui semble « très conforme à la marche de la nature ». Nous avons compris que, considérée pour soi, l'idée générale de « transmutation » était déjà depuis longtemps acquise, non seulement dans le cercle des alchimistes, mais encore parmi les partisans de l'atomisme. Le plus souvent pourtant il s'agissait de « transmutations » de corps plus ou moins affiliés, sinon dans les faits, du moins conceptuellement, comme les métaux et les minéraux dans la théorie soufre-mercure des alchimistes. Newton généralise cette idée pour couvrir toutes les substances, dont la densité relative par rapport à l'eau est en fin de compte la seule propriété vraiment distinctive. A son avis il n'y a qu'une seule épure structurale, dont, à en croire Figala, il pense même avoir trouvé le secret, savoir ce rapport quantitatif $1 : (2^n - 1)$ entre les espaces occupés par la matière et le vide. L'idéal des alchimistes

---

[94] Voir ci-dessus, la section 10.2, p.449, la note 23.

Corps	Densité relat.		Fraction volumique		Proportion volumique [3]		n
			mat.	vide			
or	19,2	[1]	0,29	0,71	2,45	(2,44)	1,79
mercure	13,7	[1]	0,21	0,79	3,76	(4)	2,25
plomb	11,6	[1]	0,18	0,82	4,56		2,48
argent	10,4	[1]	0,16	0,84	5,25	(5,3)	2,64
cuivre	9,1	[1]	0,14	0,86	6,1	(6,3)	2,8
fer	8,0	[1]	0,12	0,88	7,3	(8,4)	3,1
diamant	3,4	[2]	0,052	0,948	18,2		4,3
salpêtre	1,9	[2]	0,029	0,971	33,5		5,1
succin	1,04	[2]	0,016	0,0984	61,5		5,97
eau	1		1/66	65/66	65		6
alcool	0,866	[2]	0,013	0,987	75,9		6,26

Tableau 1
Source: Figala 1984

Notes: [1] BU Cambridge, MS Add.3996.
      [2] *Opticks*, livre II, part.III, prop.X.
      [3] vide : mat.; entre parenthèses: BU Cambridge MS Add.3696, fol.112.r

devient alors chez lui la synthèse du corps ayant la densité la plus élevée connue. Faire de l'or reviendrait, autrement dit, à l'épluchage systématique des couches extérieures des *pulcoms* du corps de départ. Un moment donné on arrivera au tronc commun des *pulcoms* de départ et de celles de l'or: en remplissant les places vides avec les atomes de la forme exigée, on aura à un moment donné des *pulcoms* de l'or, qui, vu sa densité relative, seront les plus petites connues. Il se pourrait éventuellement que l'on arrivera directement au but envisagé, par la seule épluchage. On conçoit que l'alchimie de Newton était une science exacte, au même titre que son optique et sa dynamique, ou plus généralement parlé, sa philosophie naturelle considérée dans son ensemble.

10.3 Les états d'agrégation: Turgot, Black, Lavoisier

Pour Newton le comportement des *pulcoms* les unes par rapport aux autres est déterminé par certains « principes », parmi lesquels il compte la force d'inertie, la gravitation, la fermentation et cette force répulso-attractive qui donnera naissance à la cohésion et l'adhésion. Toutefois, en ce qui concerne les phénomènes exigeant une répulsion, il sera contredit carrément par Venel, dans l'*Encyclopédie [..]*. A en croire Venel, là où Newton écrit « répulsion » il faut lire systématiquement « chaleur »[95]. Ainsi, les quatre processus nettement physiques qui ponctuent le travail quotidien d'un chimiste au laboratoire, à savoir la raréfaction, la liquéfaction, l'ébullition et l'évaporation, demandent toutes l'intervention d'une « chaleur » modérée[96]. A en croire Venel, tous les phénomènes que les newtoniens attribuent à la répulsion, puissent sans problèmes être imputés à cette même « chaleur ». Peu importe, dans ce contexte, que la « chaleur » de Venel n'est autre chose que l'élément de feu, l'un des quatre d'antan, devenus depuis Becher et Stahl des instruments chimiques pour traiter les agrégats.

Or il se trouve que le rôle de la « chaleur » était au cœur d'une contribution à l'*Encyclopédie [..]* d'Anne-Robert-Jacques Turgot (1727-1781) sur l'« expansibilité », un long article qui devait paraître en 1756,

---

[95] Venel 1753, p.413b.
[96] Venel 1753, p.415a.

dans le sixième volume. Dans le domaine de l'histoire des sciences Turgot est virtuellement inconnu [97]. Le peu que l'on sait, c'est qu'il fréquenta, avec entre autres Diderot et Venel, le cours que le chimiste Guillaume François Rouelle dispensa au Jardin des Plantes. Or la chimie de Rouelle, nous l'avons relevé ci-dessus, était la chimie de Georg Ernst Stahl [98]. Enfin, la contribution remarquable de Turgot est une preuve de plus du rôle pivotal qu'a joué Rouelle dans la dissémination d'une physico-chimie essentiellement moléculaire.

Selon Turgot, l' « expansibilité » en question ne serait autre chose que la faculté de l'air et « toutes les substances qui ont acquis le degré de chaleur nécessaire pour leur vaporisation » de s'étendre indéfiniment [99]. Il critique d'abord l'interprétation que Newton avait offerte du phénomène découvert par Boyle, savoir la proportionnalité réciproque entre le volume et la pression d'une quantité d'air. Newton en avait déduit l'intervention d'une force répulsive qui devait diminuer linéairement avec la distance. Une telle force décroît donc moins vite que la gravitation ce qui donne lieu à un paradoxe éclatant. En effet, dans l'état actuel de l'air la distance entre les molécules est telle qu'elles se repoussent assez énergiquement, ce qui implique que déjà à cette distance la répulsion dépasse la gravitation. A des distances plus considérables, sur l'échelle de l'univers, la répulsion devrait donc s'imposer au détriment de l'attraction, car cette dernière décroît beaucoup plus vite [100]. Le physicien constate pourtant, en astronome, que la gravitation est réelle, ce qui exclut que la répulsion obéit à une fonction de la distance simple. Turgot repèse alors la suggestion de Newton que cette répulsion, de quelque origine qu'elle soit, sera nécessairement d'une petite portée et ne touche à proprement parler que les molécules voisines. Par cela même, argue-t-il, cette force n'est plus une « force mathématique » qui s'étend indéfiniment selon une certaine fonction *continue* de la distance et qui, ce faisant, touche *toutes* les molécules; elle sera plutôt l'effet d'une « cause méchanique », c'est-à-dire discontinue, et se soustrait pour cette raison à des considérations mathématiques.

---

[97] Pour sa carrière politique, voir surtout Gillispie 1980, chapitre I.
[98] Voir ci-dessus, la section 8.4, p.359.
[99] Turgot 1756, p.274b.
[100] Turgot 1756, p.278a.

Du reste la propriété de l'*expansibilité* n'est pas une particularité de l'air; elle appartient à tous les corps qui peuvent passer à l'état de vapeur [101]. Il y a beaucoup de liquides qui sont évaporables, tels l'esprit de vin et le mercure, mais aussi des solides, tels le soufre et le cinabre. Ces derniers se liquéfient d'abord, sous l'effet de la chaleur, pour se transformer par après en vapeur [102]. Pour les liquides il y a un certain « degré de chaleur » auquel ils adoptent l'état de vapeur; il s'agit d' « un point fixe & qui ne varie jamais » [103]. Un peu plus loin Turgot y ajoute que la pression de l'air joue aussi, ce qui découle des expériences dans la machine pneumatique. Certains corps surajoutés augmentent, par ailleurs, ce « degré de chaleur », les sels nommément, alors que d'autres, tels « la partie aromatique des plantes », l'abaissent [104]. D'une manière générale, ce « degré de chaleur », autrement dit le « point de vaporisation », dépendra de trois forces [105]:

« 1. la pression exercée sur la surface du fluide par l'atmosphère ou par tout autre corps;
2. la pesanteur de chaque molécule;
3. la force d'adhésion ou d'affinité qui l'unit aux molécules voisines, soit que celles-ci soient de la même nature ou d'une nature différente ».

Turgot discute en détail le chauffage de la glace et les phénomènes qui se succèdent. En absorbant de la chaleur celle-ci se fond, le liquide se chauffe pour devenir une vapeur, alors que l'expansibilité de cette dernière augmente, lorsqu'on continue le chauffage. D'après Turgot on peut en déduire que, dans le cas semblable de l'air, l'expansibilité sera due à la même cause, savoir la chaleur. En d'autres mots: l'air n'a rien de singulier, il est une substance comme toute autre. On peut même s'attendre à ce que l'expansibilité de l'air augmentera, lorsqu'on le chauffe. En se référant à Venel, Turgot y ajoute que l'expansibilité et la liquidité de l'air et de l'eau, respectivement, ne concernent que les « agrégations », les

---

[101] Turgot 1756, p.276b et suiv.
[102] Turgot 1756, p.277a: « [..] aucun corps solide ne devient expansible par la chaleur, sans avoir passé auparavant par l'état de liquidité ».
[103] Turgot 1756, p.277a.
[104] Turgot 1756, p.281b.
[105] Turgot 1756, p.282a.

« masses », non les molécules prises à part [106]. Les deux états relèvent de la même cause, à savoir la « chaleur ». Turgot se pose ensuite la question de savoir si cette chaleur pourrait être un « fluide » comme ceux de l'électricité et du magnétisme. L'électricité est intéressante car, elle aussi, a tendance à écarter les parties qui s'en sont également chargées. Il ne faut toutefois pas confondre chaleur et électricité, selon l'avis de Turgot, la première, seule, ayant la propriété de pénétrer *tous* les corps et de « s'y mettre en équilibre ». Encore l'électricité n'occasionne pas l'évaporation d'un liquide, si bien que l'expansibilité peut être définie sans risque de confusion « l'état des corps vaporisés par la chaleur » et bien par la chaleur seule [107].

Trois questions méritent une attention spéciale, selon Turgot. C'est d'abord celle de savoir si l'expansibilité des différentes vapeurs obéit à la même loi, c'est-à-dire celle constatée par Boyle et reformulée par Newton en termes de force intermoléculaire à faible portée [108]. Or Turgot énumère les problèmes expérimentaux qui font obstacle à une détermination rigoureuse de la dépendance en question. Il s'avoue pourtant partisan d'une seule loi.

Une deuxième question concerne le « degré de chaleur » ou plutôt le « point de vaporisation » des différents liquides. Il faudrait, dans les mots de Turgot, faire « une table de tous ces points fixes ». Or les derniers résultats expérimentaux rapportés par les physiciens et les chimistes indiquent en effet la constance de ces points, leur abaissement dans la machine pneumatique et l'influence de corps surajoutés (sels; matières aromatiques). Or, ce point se révèle donc effectivement sujet aux trois forces distinctes que nous avons signalés ci-dessus, savoir la pression atmosphérique, la pesanteur des molécules et leur attraction réciproque.

Une dernière question touche au changement que subit l'expansibilité des vapeurs lorsqu'on ajoute de la chaleur, plus particulièrement le rapport entre le poids et le volume. En effet, l'expansibilité et la liquidité d'un corps diffèrent dans ce sens que, à l'état de vapeur [109]:

---

[106] Turgot 1756, p.279a.
[107] Turgot 1756, p.280b.
[108] Turgot 1756, p.280b-281b.
[109] Turgot 1756, p.282b.

« les liens de l'union chimique ou aggrégative qui retenoient ses molécules sont entièrement brisés, ces molécules sont hors de la sphère de leur attraction mutuelle ».

Il apparaît que Turgot opte, si ce n'est qu'avec une certaine réserve, pour une « chaleur » sous forme d'un « fluide » qui agit sur chaque molécule par impulsion [110]: sur le niveau moléculaire il faudra alors compter non seulement avec la pesanteur des molécules, mais aussi avec leur figure et le rapport de leur surface à la masse.

On voit que Turgot a développé toute une théorie des différentes « agrégations » que les molécules d'un corps puissent adopter sous l'influence d'une chaleur « fluide » et de la pression atmosphérique et qu'il en distingue *trois*: solide, liquide et expansible. Sa critique de la loi déduite par Newton était du reste fort à propos. En effet l'accord entre elles des différentes forces envisagées par Newton et ses successeurs était encore loin d'être acquis. En fait c'était la notion même de « force » qui sollicitait une reconsidération. Pour le moment nous nous bornons à signaler la recrudescence, chez Turgot, de l'idée que les particules caractéristiques des corps soient entourées d'une sphère d'activité, l'attraction en l'occurrence. Cette idée remonte à Descartes et Stahl notamment [111] et elle réapparaît chez Newton, nous semble-t-il, dans cette répulsion intermoléculaire avec sa contrainte spatiale introduite en vue de la déduction du rapport que Boyle avait constaté entre le volume et la pression de l'air. Dans les rangs des chimistes elle sera aussi monnaie courante, comme en témoigne George Fordyce [112].

Or l'approche de Venel et de Turgot contraste assez vivement avec celui d'un partisan de Newton tel Ruder Boscovich (1711-1787), qui, à la même époque, tenta d'élaborer la notion de « force » en proposant, dans sa monographie *Philosophia naturalis redacta ad unicam legem virium in natura existentium* (*Une philosophie naturelle réduite à une seule loi des forces existantes dans la nature*), une seule « loi » tout en éliminant la ma-

---

[110] Turgot 1756, p.282b.
[111] Pour Descartes, voir la section 7.3, p.275, Figure 7; pour Stahl, la section 8.3.2, p.335.
[112] Voir ci-dessus, la section 8.5, p.371-373.

tière première dont le Dieu de Newton avait usée pour créer les atomes. Chez Boscovich les atomes sont devenus des « atomes-points », c'est-à-dire autant de « centres de force ». Cette force est décrite qualitativement, comme chez Newton. Tout près du « point », elle sera d'abord asymptotiquement répulsive pour devenir, à une certaine distance, légèrement attractive. Etant attractive, elle passe bientôt par un maximum et redevient, un peu plus loin, de nouveau répulsive. Ainsi se succèdent des distances d'attraction et de répulsion maximales intersemées de distances, disons des nœuds, où la force est nulle. Pourtant, à partir d'une certaine distance, l'attraction ne devient plus répulsion mais s'approchera de manière asymptotique à la neutralité. Enfin, à l'instar de Newton, Boscovich s'imagine la formation de toute une hiérarchie de particules, dont chacune représente une espèce physico-chimique [113]. Sa force alternante était particulièrement intéressante pour le cristallographe qui se devait d'expliquer la figure régulièrement géométrique des cristaux ainsi que leur clivage selon des facettes merveilleusement lisses. Par la réunion d'un petit nombre de « points » résulte, par exemple, un tétraèdre en telle sorte que la résultante des quatre fonctions de force n'est plus d'action sphérique, mais connaît dans certaines directions et à certaines distances des nœuds et des ventres, ce qui rend vraisemblable que l'agrégat adopte une figure géométrique bien déterminée. D'autre part, ce n'est qu'une tout petite délocalisation des parties à séparer qui suffit pour que les ventres d'attraction qu'elles s'opposaient deviennent des ventres de répulsion, ce qui explique le clivage selon des facettes du reste tout aussi déterminées.

Il est vrai, Boscovich ne fut guère chimiste, homme de laboratoire. Aussi ne parla-t-il point des questions relevées par Turgot notamment au sujet de la « chaleur ». Celles-ci vont être étudiées avec tout le soin requis par l'Ecossais Joseph Black (1728-1799), depuis 1756 professeur à l'université de Glasgow. Il se trouve malheureusement que Black n'a rien publié à ce sujet. Ce qui reste de ses recherches, ce ne sont que des cahiers d'étudiants qui reproduisent son cours professoral et dont le plus ancien date de 1776-1777 [114]. Encore ce dernier est-il assez lapidaire.

---

[113] Il se trouve que la structure hiérarchique des particules que considère Boscovich est, comme celle proposée par Newton, de nature *fractale*. Voir ci-dessus, la section 10.2, p.455, la note 41.
[114] Il a été édité par Douglas McKie. Voir McKie 1966.

Comme nous n'avons pas pu consulter les autres, nous nous appuyons par après sur le compte rendu précieux qu'en a fait Henri Guerlac dans le *Dictionary of scientific biography* [115].

A en croire Guerlac, l'incitation à une recherche des phénomènes de la chaleur venait de William Cullen (1710-1790). Celui-ci eut constaté, dès 1754, le refroidissement de l'environnement qui accompagne l'évaporation de substances volatiles telle l'éther. D'autre part, il y eut une observation très étonnante de Daniel Gabriel Fahrenheit (1686-1736) concernant l'eau: il se trouva que cette eau demeure parfois liquide tout en étant refroidie largement en dessous de son point de fusion et que, remuée un petit peu, elle se congèle d'un coup en libérant une grande quantité de chaleur, donc en faisant monter le thermomètre. Dans cet état de surfusion aussi étrange qu'instable, il y a apparemment une quantité de chaleur qui se soustrait à l'observation, du moins à première vue. Black va parler à juste titre de « chaleur latente », une chaleur qui effectue la fusion de la neige sans qu'elle n'affecte la température de cette dernière. Bientôt il se rendit compte de la distinction à faire entre la « quantité de chaleur » et la « température ». Pour *mesurer* - ou plutôt comparer entre elles - des « quantités de chaleur », il supposa une proportionnalité entre le temps nécessaire pour le refroidissement d'un corps d'une « température » à une autre et la « quantité de chaleur » dégagée. Ainsi, la « chaleur » dégagée lors de la congélation d'une certaine quantité d'eau ayant déjà la bonne « température » est estimée en mesurant le temps nécessaire et en déterminant la baisse en « température » que subit, dans le même temps, une même quantité d'eau liquide d'une « température » initiale suffisamment élevée. Or, pour Black il fut évident qu'il y a égalité entre les « quantités de chaleur » impliquées dans la congélation et la fusion d'une même quantité d'eau. Il s'aperçut aussi que, au point de vue de la « chaleur latente », l'évaporation de l'eau au point d'ébullition est comparable à la fusion de la glace. Enfin, il comprit que différentes substances ont différentes « capacités » pour stocker la « chaleur », qui du reste ne paraissent pas être fonction de leur densité. En coopération avec James Watt (1736-1819), il va les mesurer à partir de 1764.

Si nous avons bien compris Guerlac, Black considérait que la « chaleur » n'est pas tellement l'effet d'un mouvement intestin des parties, mais

---

[115] Guerlac 1973.

qu'il vaut mieux la considérer comme un fluide. Du reste Black s'abstenait de précisions: le seul que l'on puisse déduire du compte rendu de Guerlac c'est qu'il s'agit de quelque chose qui est transférable et qui se conserve. Ajoutons que, selon Guerlac, la théorie atomiste ou moléculaire n'était point au goût de Black. On a l'impression que ce dernier, quant au rôle des hypothèses ès sciences physiques, était plus newtonien que son grand exemple, Newton, qui, comme nous l'avons vu, en posant le principe se permit tout de même une certaine licence. Nous nous contentons ici de souligner que Black a entrevu, dans le domaine de la chaleur, les premières notions pratiques et qu'il a développé une méthode pour les mesurer. S'il a bel et bien reconnu l'égalité des « chaleurs » de fusion et de congélation et établi, comme Turgot, un parallèle entre la fusion et l'ébullition, il n'a tout de même pas généralisé ses vues originales. Enfin, ce qui lui manque du côté théorique, c'est ce qui faisait défaut à Turgot sur le plan pratique.

A la fin des années 1770 le problème de l'évaporation spontanée sous abaissement de la température ambiante de l'éther refait surface, cette fois-ci, en France. En 1780, Antoine-Laurent Lavoisier présente à l'Académie royale des Sciences un mémoire 'De la combinaison de la matière du feu avec les fluides évaporables, et de la formation des fluides élastiques aériformes' [116]. Or pour lui, la « chaleur » est devenue, bien dans l'esprit de Turgot, « un fluide très-subtil » qu'il compare avec de l'eau: de même que l'on connaît de l' « eau de composition », c'est-à-dire l'eau de cristallisation, et de l' « eau de solution », donc l'eau en tant que dissolvant, il y a une « chaleur combinée » et une « chaleur libre ». Cette dernière se mesure par la dilatation des corps, notamment de l' « esprit-de-vin » et du mercure dans les thermomètres. Pendant les réactions chimiques il se peut de trois choses l'une: ou bien la somme des « chaleurs » combinées ne change pas, ou bien cette somme augmente, ou bien elle diminue. Quand la quantité totale ne change pas, comme dans le cas simple des mélanges mécaniques, la température de l'environnement ne change pas non plus. Lorsqu'elle augmente, une partie de la « chaleur libre » sera absorbée; on constate une baisse de la température. Dans le cas contraire, la « chaleur libre » augmente, si bien que la température s'élèvera. D'une manière générale, l'évaporation d'un liquide tel l' « éther

---

[116] Lavoisier II, p.212-224.

vitriolique » (éther) [117] s'accompagne d'une absorption de « chaleur libre » aux dépens de l'environnement. A l'aide de la machine pneumatique on peut établir en outre que l'atmosphère y est également pour quelque chose. D'autre part, et Lavoisier aurait pu se référer à l'article de Turgot, il y a aussi des corps solides qui peuvent se volatiliser. Lavoisier cite la combinaison de l' « alcali volatil » (ammoniac) avec l' « esprit de sel » (acide chlorhydrique à l'état gazeux) et celle avec l' « air fixe » (acide carbonique) [118]. A ce moment-là, il ne connaît apparemment pas encore les recherches de Black sur les phénomènes de la « chaleur ».

Dans une nouvelle communication sur le problème de la « chaleur », faite devant l'Académie en 1784, Lavoisier confrontait ses collègues avec une expérience de pensée, qui consiste à faire changer la place de la terre dans notre système solaire, d'abord en l'approchant du soleil, puis en l'éloignant, et d'en considérer les conséquences relatives à l'état d'agrégation des corps [119]. C'est que l'état des corps est manifestement fonction de la température ambiante et de la pression atmosphérique, ce qui amène Lavoisier à la conclusion que ce qu'il appelle *solidité*, *liquidité* et *élasticité*, sont, selon ses mots [120],

> « trois états différents de la même matière, trois modifications particulières par lesquelles presque toutes les substances peuvent successivement passer, et qui dépendent uniquement du degré de chaleur auquel elles sont exposées [..] ».

Ainsi [121],

> « [..] l'air est un fluide naturellement en vapeur, ou, pour mieux dire, que notre atmosphère est un composé de tous les fluides susceptibles d'exister dans un état de vapeur et d'élasticité constante, au degré habituel de chaleur et de pression que nous éprouvons [..] ».

Apparemment les corps qui composent la terre et son atmosphère peuvent

---

[117] Fait par l'action de l'acide sulfurique sur l'alcool.
[118] Il s'agit du chlorure et du carbonate d'ammonium, respectivement.
[119] Lavoisier II, p.261-270: 'Mémoire sur quelques fluides que l'on peut obtenir, dans l'état aériforme, à un degré de chaleur peu supérieur à la température moyenne de la terre'.
[120] Lavoisier II, p.269.
[121] Lavoisier II, p.269.

exister en *trois* états en fonction de la température et de la pression ambiantes [122]. Signalons en passant que Lavoisier ne mentionne ni Black, ni Turgot. Toutefois, ce sera dans le *Traité élémentaire de chimie* qu'il reconnaîtra sa dette vis-à-vis de Black.

De fait les travaux en commun avec Laplace, déjà en cours en 1780, vont déboucher sur un 'Mémoire sur la chaleur', lu le 18 juin 1783 devant l'Académie. Or ce mémoire est devenu classique pour avoir inauguré une nouvelle branche des sciences physiques, à savoir la calorimétrie [123]. Les auteurs discutent la nature de la « chaleur » de deux points de vue, d'une part en tant qu'effet d'un fluide transférable style Turgot et d'autre part comme l'effet des mouvements intestins des molécules. Selon le dernier point de vue, toute molécule aura une « force vive » qui égale le produit de sa masse par le carré de sa vitesse et la « chaleur » de l'amas ne sera autre chose que la somme de ces « forces vives » moléculaires. Laplace et Lavoisier ne se décident pourtant pas. Certains phénomènes plaident pour la dernière hypothèse, le frottement notamment de deux corps solides, alors que d'autres appuient la première. Il se pourrait éventuellement que les deux hypothèses tiennent toutes deux à la fois. Ce qui compte c'est que l'on peut soutenir, dans les deux hypothèses, que [124]:

> « Toutes les variations de chaleur, soit réelles, soit apparentes, qu'éprouve un système de corps, en changeant d'état, se reproduisent dans un ordre inverse, lorsque le système repasse à son premier état ».

Or si les auteurs ne se décident donc pas sur la nature de la « chaleur », il est frappant de constater qu'ils considèrent la théorie moléculaire comme allant de soi et ne méritant aucun éclaircissement supplémentaire. Ainsi, le phénomène de la surfusion de l'eau découvert voici bien longtemps par Fahrenheit est analysé, un peu en passant, en termes de l'affinité des molécules d'eau et de la « chaleur ». A en croire Lavoisier et Laplace,

---

[122] Il y a un mémoire inédit datant de 1777 où il est déjà question des trois états qui se succèdent sous l'influence de la chaleur et de la pression atmosphérique. Voir Lavoisier II, p.783-803. Il est question d'expériences faites le 27 février 1776, en présence de Laplace.
[123] Lavoisier II, p.283-333.
[124] Lavoisier II, p.287-288.

cette affinité fait que les molécules d'eau tendent à se réunir tout en chassant la « chaleur » qui les écarte.

Dans le *Traité élémentaire de chimie* de Lavoisier la doctrine de la chaleur, ou plutôt du *calorique*, avec en corollaire celle des trois états d'agrégation, constituent, signe de distinction, le premier chapitre. Le « calorique » serait un « fluide éminemment élastique », la cause ultime derrière la répulsion des molécules tendant à se répandre partout. Les amas des molécules sont tels que ces dernières ne se touchent probablement pas [125]; elles nagent simplement dans le « calorique ». L'état d'un corps dépend alors d'un jeu de trois facteurs, savoir la quantité du calorique, l'attraction des molécules et la pression atmosphérique. Pourtant à la différence de Turgot, Lavoisier se rend compte que l'intervention de cette dernière explique pourquoi il y a des liquides: sans la pression atmosphérique les corps passeraient directement de l'état solide à l'état aériforme [126]. Chez Lavoisier, les « fluides élastiques aériformes » deviennent par ailleurs autant de « gaz » [127]. Il est curieux de constater que le « calorique » se voit attribué une certaine élasticité, c'est-à-dire la propriété de se répandre dans tout l'espace disponible, de « se mettre en équilibre », comme l'aurait dit Turgot. Or cette idée amène Lavoisier à la conviction que le « calorique », lui aussi, serait d'une nature essentiellement « moléculaire » [128]. Le développement de sa pensée reflète par ailleurs dans l'interligne la réserve de Turgot vis-à-vis de la « force répulsive » considérée par Newton [129]. On se souvient qu'il faut supposer que cette force - qui serait en raison inverse de la distance simple - soit de petite portée pour éviter l'écueil de la concurrence avec la gravitation: mais l'hypothèse supplémentaire de la petite portée implique rien moins qu'une atteinte à la nature « mathématique » de cette force. Enfin, de ce point de vue le « calorique » ne se distinguera pas des autres « fluides élastiques », dont

---

[125] Lavoisier I, p.18.
[126] Lavoisier I, p.20-21.
[127] Lavoisier I, p.26. Le mot de « gaz » remonte à Jean-Baptiste van Helmont, qui, au sujet des phénomènes météorologiques de l'eau, distinguait l'état plus subtil de « gaz » (de χάος, « liquide », plus particulièrement l' « eau », mais aussi « masse confuse des éléments répandus dans l'espace ») de l'état de « vapeur ». Voir Van Helmont 1660, livre i, section x, p.92 et suiv.
[128] Lavoisier I, p.30-31.
[129] Lavoisier I, p.30-31.

l'air. Lavoisier compare le rapport entre un corps et le « calorique » avec celui d'une éponge et de l'eau: ce qui se passe est l'effet additionné d'un jeu de forces attractives que l'on résume en disant « que le calorique communique une force répulsive aux molécules des corps » [130].

On peut donc conclure que la doctrine des trois états d'agrégation fut développée sinon inventée par Turgot, dans les années 1750, et qu'elle devint, enrichie avec les nouvelles notions de « chaleur » et de « température » de Black, le préambule de la chimie révolutionnaire de Lavoisier. Ainsi, le traitement que Newton consacrait à l'élasticité de l'air servit, en combinaison avec une théorie moléculaire d'inspiration stahlienne, de point de départ. L'analyse du comportement d'un agrégat moléculaire en termes de *deux* forces concurrentes, les deux en raison inverse de *différentes* puissances de la distance, se révèlait extrêmement douteuse.

10.4 La cosmogonie de Laplace ou le molécularisme achevé

En 1796 parut *Le système du monde* de Pierre-Simon de Laplace, dans le prolongement direct de son cours de mathématique à l'Ecole normale de l'An III, le futur Ecole normale supérieure [131]. Le cours en question consista en dix leçons, dispensées entre le 20 janvier et le 10 mai 1795 et destiné à une audience de professeurs de l'enseignement primaire, c'est-à-dire préparatoire aux universités et aux écoles militaires. Dès l'abord on s'aperçoit que Laplace a su séduire et convaincre son auditoire de parfois mille étudiants. En effet, la haute vulgarisation rejoignit d'une façon on ne peut plus attractive le goût pour les récentes innovations. Ainsi, après avoir traité de l'arithmétique, de l'algèbre, de la géométrie et de la géométrie dite analytique, Laplace introduisit ses auditeurs dans le nouveau système décimal de poids et mesures ainsi que, plus personnellement encore, dans sa propre nouvelle théorie des probabilités. Or le style rhétorique du Newton des *Queries* est échangé pour un langage plutôt affirmatif modellé sur le concept de « probabilité ». Ainsi, ce qui avait frappé Newton dans le système planétaire, à savoir l'ordre qui y règne, Laplace va en faire l'analyse probabiliste. Pourtant, là où Newton, dans la *Scholi-*

---

[130] Lavoisier I, p.31.
[131] Dhombres (dir.) 1992, i.

um generale à la fin des *Principia [..]*, décernait pieusement l'intervention de Dieu [132], Laplace ne dépasse point les bornes de la mécanique. Ainsi il constate que notre système solaire consiste en sept planètes et quatorze satellites et que tous les mouvements de rotation de ces corps, trente en total, se font dans le même sens. D'une manière générale, le cas est aussi simple que le tirage au sort de boules blanches et noires d'une urne renfermant de nombres égaux des deux couleurs. Or en raisonnant de la sorte par rapport à la terre, Laplace montre que la probabilité qu'au moins l'un de ces mouvements aurait pu être rétrograde est de $1 - (1/2)^{29}$, ou bien de 536.870.911 : 536.870.912. Ce qui lui permet de conclure que cette égalité de directions ne saurait être l'effet du hasard, mais qu'il y a une seule et même cause en jeu [133]:

> « [..] elle ne peut avoir été qu'un fluide d'une immense étendue, disposé comme une atmosphère autour du soleil. Les mouvements des planètes nous conduisent donc à penser que l'atmosphère du soleil s'est primitivement étendue au-delà des orbes de toutes les planètes et qu'elle s'est resserrée successivement jusqu'à ces limites actuelles, ce qui peut avoir eu lieu par des causes semblables à celle qui fit briller du plus vif éclat, pendant plusieurs mois, la fameuse étoile qui parut tout à coup dans la constellation de Cassiopée, en 1572 ».

On le voit, l'analyse probabiliste n'exclut pas la synthèse apodictique sinon spéculative. C'est rien moins qu'une hypothèse cosmogonique, qui, déduite sur le niveau de notre système solaire, s'appliquerait à tout autre. Or cette hypothèse synthétique réapparut, élaborée jusque dans les détails, à la fin de l'*Exposition du système du monde*, ouvrage que Laplace avait déjà en portefeuille mais qui ne devait paraître qu'en 1796. En tout état de cause ce qui n'était pas encore évident dans son analyse probabiliste de 1795, c'est la perspective foncièrement moléculaire dans laquelle il considéra la physique en général et sa cosmogonie en particulier. Or si cette perspective est déjà apparente dans quelques articles antérieurs, parus dans les *Mémoires de l'Académie royale des Sciences* et concernant la figure de

---

[132] Koyré et Cohen (éds.) 1972, ii, p.760: « Elegantissima haecce solis, planetarum & cometarum compages non nisi consilio & dominio entis intelligentis & potentis oriri potuit. Et si stellae fixae sint centra similium systematum, haec omnia simili consilio constructa suberunt *Unius* dominio [..] ».

[133] Laplace, *Leçons de mathématiques*, in: Dhombres (dir.) 1992, i, p.133.

la terre et de Saturne, elle sera centrale dans le *Système du monde*. Par la suite nous nous référerons à la cinquième édition de cet ouvrage, celle de 1835, qui a encore été revue par l'auteur; nos références concernent plus particulièrement sa réédition de 1984.

L'*Exposition du système du monde* consiste en cinq livres dont les premiers traitent des mouvements apparents et réels des corps célestes appartenant à notre système solaire. Suivent alors des livres consacrés aux lois du mouvement et à la théorie de la pesanteur universelle, alors que le livre cinq termine sur un précis de l'histoire de l'astronomie. Or c'est dans le contexte de la gravitation que Laplace, en raisonnant du système solaire aux systèmes planétaires, puis d'un système planétaire à de planètes tout seules, montre que la sphéricité des corps célestes suffit pour conclure que leurs molécules sont sollicitées par une seule et même force centrale [134]. A cette attraction planétaire s'ajoute l'attraction solaire et dans les deux cas l'attraction remonte à chacune des molécules, prise à part, sinon il y aurait, par exemple, des variations dans le niveau de l'océan beaucoup plus importantes et irrégulières que celles que l'on constate quotidiennement [135]. D'une manière générale [136],

> « toutes les molécules de la matière s'attirent mutuellement, en raison des masses, et réciproquement au carré des distances ».

Ceci posé en principe, les phénomènes s'ensuivent immédiatement, même les changements dans le niveau de l'océan. En effet, la gravitation qui émane d'une planète est la somme des attractions de ses molécules. Or ces dernières sont telles, qu'à de très grandes distances on peut faire comme si la masse des molécules de toute la planète est concentrée dans son centre de gravité [137], ce qui par ailleurs tient non seulement pour une sphère mais aussi pour un ellipsoïde de révolution, ce dernier conçu comme une « masse fluide douée d'un mouvement de rotation » [138]. Sur ce point, comme sur bien d'autres il suit le Newton des *Principia [..]*, qui, on s'en souvient, avait raisonné en termes de « particules » de grandeur infinité-

---

[134] Laplace 1835 (1984), p.249.
[135] Laplace 1835 (1984), p.250.
[136] Laplace 1835 (1984), p.251.
[137] Laplace 1835 (1984), p.313-314.
[138] Laplace 1835 (1984), p.316.

simale. De même, Laplace discute les marées en termes de l'influence du soleil sur les molécules individuelles de la mer [139]. Si l'effet sur une seule molécule est insensible, celle exercée sur l'océan comme tout est bien perceptible [140]. Etant donné l'ellipsoïde de la terre, Laplace la conçoit comme une sphère entourée d'un ménisque - plus précisément du corps de révolution d'un segment d'ellipse - dont la hauteur serait la plus élevée à l'équateur: chacune des molécules composantes de ce ménisque peut alors être considérée comme une lune adhérente, qui par rapport aux molécules de la sphère sousjacente subissent, par l'action du soleil, un net ralentissement, ce qui, aux yeux de Laplace, explique par ailleurs le mouvement rétrograde des équinoxes [141].

D'une manière générale la loi de la pesanteur universelle admet en premier lieu que la gravitation est un effet essentiellement moléculaire [142]. Aux yeux de Laplace cet effet est la suite de l'égalité postulée par Newton, dans sa troisième loi de mouvement, entre l'action et la réaction: chaque molécule attire la terre entière, comme elle en est attirée elle-même. Or sur le niveau planétaire elle est proportionnelle aux masses et réciproque aux carrés des distances [143]. Il signale que les phénomènes électriques et magnétiques suivent la même loi que la gravitation universelle, phénomène établi dernièrement par Charles-Augustin Coulomb (1736-1806) [144]. Suivant l'opinion de Laplace les deux électricités sont autant de fluides élastiques composés de molécules; quant à ces dernières, celles d'un même fluide se repoussent, alors qu'elles attirent celles de l'autre [145]. Ce sont des fluides expansibles bien dans l'esprit de Turgot, dont la constitution moléculaire ne sert qu'à visualiser la tendance à se répandre, à la différence près que le fluide élastique gazeux se distribue uniformément sur l'espace disponible - comme le sel dans sa dissolution -, alors que celui de l'électricité cherche à occuper la surface du conducteur. On serait peut-être tenté d'y voir la conséquence d'une différence en loi

---

[139] Laplace 1835 (1984), p.346.
[140] Laplace 1835 (1984), p.347.
[141] Laplace 1835 (1984), p.377-378.
[142] Laplace 1835 (1984), p.397-398.
[143] Laplace 1835 (1984), p.398.
[144] Pour un bilan du débat sur le statut de la preuve de Coulomb, voir Blondel et Dörries 1994.
[145] Laplace 1835 (1984), p.401.

de répulsion: celle des molécules de l'électricité serait en raison inverse du carré des distances, écrit Laplace, alors que celle des molécules d'un gaz suivrait la raison inverse des distances simples. Pourtant même si la répulsion électrique diminue plus vite on aurait pu s'attendre à ce que les molécules en question se tiennent à une distance *maximale* les unes des autres, donc comme les molécules d'un corps à l'état gazeux dans le modèle statique de Newton. La différence entre les fluides élastiques s'accentue du reste par le fait que celles de l'électricité et du magnétisme n'ont pas de poids, sont impondérables. Or le fluide de la chaleur, le calorique de Lavoisier, fait en quelque sorte le pont entre les pondérables et les impondérables: il suit la loi des gaz - répulsion inversement proportionnelle aux distances simples - mais ne laisse pas d'être impondérable. Le fluide magnétique, si tant est qu'il existe, émane de toutes les molécules matérielles de l'aimant et suit des parcours très particuliers au dehors. Laplace a sans doute éprouvé de l'embarras devant ces divers genres d'attraction et de répulsion et de leurs dépendances variées de la distance intermoléculaire. Si la vérification de l'équivalence mathématique de la gravitation, de l'électricité et du magnétisme par Coulomb l'avait reconforté sans doute, le problème de l'élasticité des gaz restait en entier. Là il y avait deux forces non seulement inséparables mais encore concurrentes et qui suivent deux lois plus ou moins contradictoires, voire mutuellement exclusives: une attraction universelle fonction des carrés inverses, bel et bien « mathématique » au sens de Turgot et par cela même s'étendant à l'infini, s'ajoutant à une répulsion fonction de l'inverse de la distance simple avec comme condition supplémentaire - et principalement non-mathématique - une portée fort petite. A côté de l'élasticité de l'état gazeux demandant cette répulsion douteuse, il y avait la capillarité qui suggérait l'intervention d'une force attractive d'une portée infime. Pour des raisons à développer par la suite, cette capillarité va s'imposer comme conjointe naturelle de la gravitation universelle. Nous en reparlerons ci-après, avec les détails mathématiques nécessaires, dans le chapitre suivant.

Quant à Laplace, dans le cas du fluide électrique les forces ne sont que des [146]:

---

[146] Laplace 1835 (1984), p.402.

« concepts mathématiques propres à les soumettre au calcul et non comme des qualités inhérentes aux molécules électriques ».

Ce qui est certain, même dans le cas des deux électricités, c'est que le modèle moléculaire d'un fluide paraît fort pratique pour visualiser la tendance indéniable des parties - tout hypothétiques qu'elles soient - à se fuir ou à s'attirer. Il va de soi que les « molécules » en question, même si elles ont été conçues sur le modèle moléculaire de l'état gazeux, ne sont plus des *individus substantiels* au sens physico-chimique du mot. Elles deviennent plutôt des vectrices de force individualisées.

Un chapitre spécial du *Système du monde*, le numéro 18, est consacré à l'attraction moléculaire des corps pondérables. Laplace y distingue plusieurs forces attractives, dont celle de la gravitation est la seule à s'étendre indéfiniment dans l'espace. Les autres déterminent les effets physico-chimiques sur le niveau moléculaire et ne sont effectives qu'à des distances imperceptibles. Ce sont ces dernières qui déterminent la solidité des corps et, le cas échéant, la cristallisation, la réfraction de la lumière et les effets de la capillarité. A en croire Laplace, cette portée infime ne porte aucune préjudice à leur traitement mathématique.

Ainsi la réfraction de la lumière s'explique par la force attractive et partant accélératrice qu'exercent les molécules de la surface du milieu plus dense sur celles de la lumière incidente: au-dessus et au-dessous de cette couche limitrophe ces dernières se propagent avec un mouvement rectiligne et uniforme, mais dans le milieu plus dense la vitesse sera plus grande et bien dans la proportion des sinus d'incidence et de réfraction, laquelle est une constante [147]. Du reste le phénomène de la double réfraction analysé par Huygens et celui de la polarisation récemment découvert par Etienne-Louis Malus (1775-1812) ont confirmé, d'après Laplace, que ceux-ci relèvent, avec les autres du même genre, d'une action de molécule à molécule [148].

Or les phénomènes de la capillarité relèveraient d'une force d'attraction de faible portée comparable à celle engendrant les phénomènes optiques [149]. En effet, dans le cas d'un liquide s'élevant dans un tuyau

---

[147] Laplace 1835 (1984), p.404.
[148] Laplace 1835 (1984), p.408-418.
[149] Laplace 1835 (1984), p.418 et suiv.

fin, l'épaisseur de la paroi du tuyau n'importe point. Les couches successives qui entourent la couche limitrophe intérieure attirent donc bel et bien la colonne liquide, mais en fonction de leur distance: ceci n'exclut pas que leur action soit approximativement nulle par rapport à celle exercée par la couche limitrophe. Etant donné que dans la colonne liquide les attractions se compensent, exception faite de celles exercées depuis le ménisque, à partir de la paroi du tuyau selon une échelle moléculaire descendante. Ainsi on peut s'imaginer tout au milieu du tuyau, selon l'axe, une colonne d'eau d'épaisseur monomoléculaire portée en quelque sorte par la toile moléculaire constituée par la surface courbe du ménisque, qui, elle, sera soutenue par les dernières molécules mouillées du tuyau. Le même vaudra pour les cylindres monomoléculaires qui recouvrent successivement la colonne centrale [150]. On peut donc soutenir avec une certaine raison que c'est la géométrie de la surface qui détermine la force exercée sur la colonne et partant la hauteur jusqu'où s'élève le liquide. Pour le moment nous nous contentons d'esquisser seulement le problème de la capillarité. Laplace va le traiter en tant que sujet relevant de la physique mathématique dans une section spéciale de son chef-d'œuvre, la *Mécanique céleste*, dont le premier tome était sous presse. Pour le XIXe siècle, son traitement mathématique de la capillarité avec le modèle moléculaire accessoire, sera une source de débat et d'inspiration continus. Nous le présenterons dans la section 11.2.

Relevons pour conclure que Laplace ne se prononce nulle part sur la taille de ses « molécules », qu'elles soient pondérables ou non. Il les traite plus ou moins dans l'esprit du Newton des *Principia [..]*, qui avait considéré que les « particules » des corps sont comme les évanouissants, ou si l'on veut les indivisibles, de son calcul infinitésimal. Pourtant les « particules » de Newton étaient les causes ultimes de la gravitation universelle et correspondent, pour cela, avec les atomes de la tradition. Les molécules pondérables de Laplace - c'est-à-dire les molécules aussi chimiquement actives -, réduites à leur centre de gravité, remplacent en quelque sorte les « particules » d'antan. Sous ce rapport il est en effet curieux de constater que Laplace n'a pas suivi l'exemple de Newton en ce qui concerne la détermination de l'échelle moléculaire de grandeur. En fait, même s'il reprend le modèle moléculaire de la lumière de l'*Opticks*, Laplace se tait

---

[150] Laplace 1835 (1984), p.420.

précisément sur le but que Newton s'y était posé, savoir la mesure de la taille des *pulcoms*. En rétrospect, il nous semble que les molécules de Laplace représentent le dénominateur commun des « particules » des *Principia [..]* et des *pulcoms* de l'*Opticks*. C'est qu'il les traite le plus souvent comme les indivisibles du calcul infinitésimal, tout en les considérant comme les porteuses des particularités physico-chimiques, c'est-à-dire sujettes à des contraintes verbales imposées par l'expérience. Le contraste conceptuel entre la « force mathématique » style Turgot, fonction continue et monotone de la distance et s'étendant à l'infini, et l'attraction capillaire de Laplace n'en est pas moins significatif [151].

Dans une 'note 7 et dernière', Laplace généralise sa vision moléculaire du monde à point de remonter à l'origine des systèmes solaires [152]. Les innombrables « nébuleuses » que William Herschel (1738-1822) avait décrites depuis 1783 seraient des étoiles en voie de naissance et de développement. Notre système solaire dans son état actuel ne serait autre chose que le fruit d'un tel processus se déroulant dans le temps et partant historique au sens propre du mot. Or d'après Laplace ce processus revient à la limite à la succession des états d'agrégation dans une masse gigantesque intialement gazeuse, savoir une nébuleuse: cette nébuleuse moléculaire qui tournerait autour d'un axe, se refroidit petit à petit, si bien que, au milieu, les molécules vont s'assembler pour former une sphère liquide, dont le centre va se solidifier progressivement à la longue tout en donnant naissance au soleil. Suite à la rotation accélérée de la boule centrale, le tout adoptera la figure d'une disque entourant cette boule. Or la partie vaporeuse de cette disque se condense, elle aussi, en formant un anneau liquide ou même solide. Selon Laplace, la planète Saturne avec son apparence stupéfiante en offre un exemple des plus évocateurs, encore que le seul [153]. A cause de perturbations locales dans la solidification de l'anneau solaire, des pièces d'un seul tenant naîtront, les planètes proprement dites, avec leurs satellites éventuelles. Ce modèle de la genèse du système solaire explique bon nombre de phénomènes astronomiques dont le sens unique que montrent les mouvements de rotation et de révolution des planètes et de leurs satellites. A l'Ecole normale, nous l'avons relevé au

---

[151] Voir aussi ci-après, la section 11.5, p.548 et suiv.
[152] Laplace 1835 (1984), p.564-575; voir aussi *ibid.*, p.547-548.
[153] Laplace 1835 (1984), p.568.

début de cette section, Laplace avait déjà calculé la probabilité qu'au moins l'un de ces corps célestes aurait pu choisir le sens opposé, probabilité qui parut s'approcher de l'unité.

Ce qui compte surtout dans le contexte de notre monographie, c'est que Laplace opte pour une vision exclusivement moléculaire, non seulement pour l'état actuel de l'univers, mais encore pour la genèse des différents systèmes solaires à partir des nébuleuses. Cette cosmogonie moléculaire se substitue en quelque sorte, au-delà des siècles, à la cosmogonie atomiste que Lucrèce avait présentée dans le cinquième livre de son majestueux poème didactique, *De rerum natura*. Or Lucrèce et son chef-d'œuvre étaient encore une référence privilégiée au XVIIIe siècle dans les rangs des philosophes, surtout en France, comme il paraît clairement de la monographie exhaustive de Gustav René Hocke qui couvre la période de la Renaissance jusqu'à la Révolution [154]. On peut donc soutenir que cette tendance progressive des scientifiques de ne voir que de processus moléculaires, cette « molécularisation de l'image du monde » dont nous parlions, culmine dans l'œuvre de Laplace, plus précisément dans sa cosmogonie. En effet, la théorie moléculaire s'était imposée aux différentes sciences de la nature inorganique et organique à point de devenir, enfin, la nouvelle catégorie pour des questions concernant sinon la Création de l'univers tout court du moins la genèse des systèmes solaires. Pourtant il y a plus. En fait, c'est l'atomisme séculaire, cette ontologie - ou, si l'on veut: cette métaphysique - de toute philosophie naturelle, qui cède ici, une fois pour toutes, devant une nouvelle vision du monde, savoir le *molécularisme*. Dorénavant en effet c'est le molécularisme, avec ses connotations de tout ordre, qui préside non seulement ès sciences physico-chimiques et ès sciences de la vie, mais encore en philosophie et ès sciences de l'homme qui y ressortissent encore (sociologie, psychologie, histoire). D'une certaine façon le Lucrèce du Siècle des Lumières, celui de Voltaire et de Melchior de Polignac, deviendra, au XIXe siècle, le Laplace d'Auguste Comte et d'Ernst Mach. Les philosophes du XVIIIe siècle s'affrontèrent en effet dans les termes de l'atomisme antique, comme si la théorie moléculaire n'existait pas encore [155]; ceux du XIXe siècle, par contre, se révèleront, souvent malgré eux, imbus de

---

[154] Hocke 1935.
[155] Une exception notable fut Denis Diderot; voir ci-après, la section 12.1, p.560.

la nouvelle ontologie moléculariste. La physique en général et la cosmogonie de Laplace en particulier éblouiront les philosophes amateurs des sciences. Ce n'est pas à dire que Lucrèce ne figure plus dans les bibliothèques des scientifiques du XIXe siècle. En effet, il y a James Clerk Maxwell, le grand promoteur de la théorie moléculaire version Laplace, qui relira le panégyrique de Lucrèce en vue d'une refonte de la base même de la théorie de la matière.

Le semblant de simplicité épistémologique du molécularisme et sa grande part de généralité ne sauront pourtant masquer les nombreuses faiblesses qu'éprouveront les différentes sciences à saisir les détails les concernant. En physique on verra que la théorie moléculaire de l'école de Laplace se retrouvera dans l'embarras devant les tenants d'une physique de la matière continuiste, reconfortés par les récentes innovations optiques de Thomas Young (1801) et d'Augustin Fresnel (1818). Même l'interprétation sinon moléculaire du moins matérielle d'un impondérable comme le calorique se révélera intenable à la longue. Il y aura pourtant, à côté de Maxwell, Johannes Diderik van der Waals qui s'inspirera directement de la théorie de Laplace pour capter le propre des gaz réels, dont les molécules sont des entités spatiales et non des infiniments petits. Nous verrons dans le chapitre suivant comment Van der Waals réussit bellement à rendre compte des déviations que manifestent ces gaz dans leur comportement physique, notamment en ce qui concerne la loi de Boyle-Mariotte. Pour Van der Waals et Maxwell, l'état gazeux ne sera par ailleurs plus cet arrangement statique que Laplace avait repris de Newton. Ils se fonderont sur un nouveau modèle, dit « cinétique », selon lequel les molécules d'un agrégat gazeux se précipitent en ligne droite à travers le vide comme des boules de canon. C'est le modèle que Rudolf Clausius avait approfondi avec tant d'éclat entretemps. Bientôt le traitement classique se complétera d'une vision statistique essentiellement nouvelle, du moins pour ce qui est de la théorie de la matière. Nous relèverons, dans le chapitre XIII, comment ces nouvelles versions du molécularisme avec leur mathématique parfaitement adaptée vont influencer, notamment grâce à Ludwig Boltzmann, sur le développement qui débouchera, aux environs de 1900, sur la physique quantique de Max Planck.

Parallèlement une nouvelle philosophie s'était présentée, savoir le positivisme, développée depuis le début des années 1820 par un ancien élève de l'Ecole polytechnique, Auguste Comte. Celui-ci avait conçu une nouvelle classification des sciences, ceci en vue de la constitution d'une véritable science de la société permettant de sortir de la crise socio-politique du moment. Cette science devrait se façonner à l'instar des mathématiques pour atteindre à la longue un même niveau de certitude « positive ». C'est dire qu'il y a un élément temporel dans sa construction. En effet, aux yeux de Comte, l'individu humain, la société comme la science se développent dans le temps selon une seule et même loi et, chose étonnante, celle-ci paraîtra rien moins qu'une dérivée de la loi cosmogonique de Laplace. Sachant l'apport du positivisme au débat sur le statut de l'atomisme et du molécularisme aux environs de 1900, une étude de cas a été effectuée dont nous présenterons un sommaire dans le chapitre XII.

En chimie, les problèmes commencent dès que l'on va aborder la composition atomique des entités moléculaires au sens de John Dalton. Ce dernier, apparemment en mal d'une didactique moléculariste, devait renverser l'ordre historique en arguant que les changements d'état d'agrégation sous permanence de l'espèce chimique démontrent la vérité de la théorie moléculaire. Nous suivrons les aléas captivants de cette chimie devenue à la fois moléculaire et atomiste dans les chapitres XIV et XV. En cristallographie, science sœur très proche de la physique et de la chimie contemporaines, les ravissantes généralisations de Haüy nécessiteront pas moins une reconsidération de la notion de « molécule soustractive »: cette dernière sera un polyèdre dont les sommets sont occupés par les centres de gravité des « molécules » véritables, c'est-à-dire les molécules physico-chimiques. Si la cristallographie vivra l'une des faîtes de la mathématisation du molécularisme, elle sera aussi à l'origine du constat de son insuffissance. Il y aura dorénavant *deux* théories de la matière, l'une moléculaire, l'autre réticulaire, lesquelles dans leur ensemble couvrent le champ de la physico-chimie de la matière. Nous en reparlerons amplement dans le chapitre XVII. Enfin, ès sciences de la vie, on découvrira une preuve de plus de la vérité et de l'efficacité de la vision moléculaire, version Buffon notamment. C'est que Henri Dutrochet trouvera moyen de dissoudre des tissus organiques dans de l'acide nitrique en constatant, à la microscope, la désagrégation de l'amas et la naissance d'entités individuelles. Ces observations lui font penser irrésistiblement à la doctrine des trois états d'agrégation que les physiciens étaient en train de parfaire. Dutrochet en tire les conséquences qui s'imposent en élaborant l'analogie entre cristaux et êtres vivants. Dans le chapitre XVI nous reprendrons la teneur de son enquête et verrons qu'il s'agit en fait d'une étape cruciale dans la genèse de la théorie cellulaire.

Tout compte fait, l'année 1800 - ou, si l'on veut, la *Mécanique céleste* de Laplace - marque une césure dans le développement de la théorie de la matière. Le molécularisme s'est substitué une fois pour toutes à l'atomisme séculaire. Cet atomisme n'est pourtant point abandonné: il n'entre les considérations qu'en seconde instance. Comme autrefois l'atomisme, le molécularisme rayonnera dans les différentes sciences de la nature, non seulement par ses conceptions justement particulières de la matière telle qu'elle se présente à l'observateur, mais aussi par le biais des mathématiques qu'il sut engendrer. Dans le chapitre XVIII nous nous proposons de peindre les vicissitudes de la théorie moléculaire dans des contextes physiques, notamment au sujet des grandeurs numériques. Il y aura question des travaux de Josef Loschmidt sur le nombre de molécules sous l'unité de volume, mais aussi de la vérification de la théorie moléculaire par Jean Perrin, ceci entre autre sur la base des prévisions d'Albert Einstein et de Maryan Smoluchowski. Nous nous proposons de terminer notre travail, dans le chapitre XIX, avec un compte rendu du développement ultérieur de la physique et de la chimie moléculaires, atomiques et subatomiques.

Composition, photogravure et impression
JOUVE, 18, rue Saint-Denis, 75001 PARIS
N° 293075E — Dépot légal : Août 2001